INTRODUÇÃO AOS
PROCESSOS DE USINAGEM

Equipe de tradução

Alexandre Augusto Castello Andrade
Atos Rodrigues da Silva
Caio César Valdevite Pinto
Eduardo Iacona de Bello
Eduardo Vargas da Silva Salomão
Fernando de Sousa Ghiberti
Henrique de Oliveira Franco
Igor Kendi Kondo
Pablo Andrés Kamienomostki
Paulo Henrique Carvalho Parada
Tamires Yurie Mori

F559i   Fitzpatrick, Michael.
            Introdução aos processos de usinagem / Michael Fitzpatrick ; [tradução: Alexandre Augusto Castello Andrade ... et al.] ; revisão técnica: Sergio Luís Rabelo de Almeida, Carlos Oscar Corrêa de Almeida Filho. – Porto Alegre : AMGH, 2013.
            xviii, 488 p. : il. color. ; 25 cm.

   ISBN 978-85-8055-228-7

   1. Usinagem. 2. Tecnologia mecânica. I. Título.

CDU 621.7

Catalogação na publicação: Ana Paula M. Magnus – CRB 10/2052

MICHAEL FITZPATRICK

INTRODUÇÃO AOS PROCESSOS DE USINAGEM

Revisão técnica

Sergio Luís Rabelo de Almeida
Doutor em Engenharia Mecânica pela FEM - Unicamp
Professor da Escola de Engenharia da Universidade Mackenzie
e do Instituto Mauá de Tecnologia

Carlos Oscar Corrêa de Almeida Filho
Mestre em Engenharia Mecânica pela EPUSP
Professor da Escola de Engenharia da Universidade Mackenzie
e do Instituto Mauá de Tecnologia

Reimpressão 2018

AMGH Editora Ltda.
2013

Obra originalmente publicada sob o título *Machining & CNC Technology*, 2nd Edition
ISBN 0077388070 / 9780077388072

Original edition copyright © 2011, The McGraw-Hill Companies, Inc., New York, New York 10020. All rights reserved.

Portuguese language translation copyright © 2013, AMGH Editora Ltda.
All rights reserved.

Gerente editorial: *Arysinha Jacques Affonso*

Colaboraram nesta edição:

Editora: *Verônica de Abreu Amaral*

Capa e projeto gráfico: *Paola Manica*

Imagem da capa: *istockphoto/Mike_kiev*

Leitura final: *Bianca Basile, Gabriela Barboza e Maria Cecília Madarás*

Tradução do índice: *Gabriela Seger de Camargo*

Editoração: *Techbooks*

Reservados todos os direitos de publicação, em língua portuguesa, à
AMGH EDITORA LTDA., uma empresa do GRUPO A EDUCAÇÃO S.A.
A série TEKNE engloba publicações voltadas à educação profissional, técnica e tecnológica.

Av. Jerônimo de Ornelas, 670 – Santana
90040-340 – Porto Alegre – RS
Fone: (51) 3027-7000   Fax: (51) 3027-7070

É proibida a duplicação ou reprodução deste volume, no todo ou em parte, sob quaisquer formas ou por quaisquer meios (eletrônico, mecânico, gravação, fotocópia, distribuição na Web e outros), sem permissão expressa da Editora.

Unidade São Paulo
Av. Embaixador Macedo Soares, 10.735 – Pavilhão 5 – Cond. Espace Center
Vila Anastácio – 05095-035 – São Paulo – SP
Fone: (11) 3665-1100   Fax: (11) 3667-1333

SAC 0800 703-3444 – www.grupoa.com.br

IMPRESSO NO BRASIL
PRINTED IN BRAZIL
Impresso sob demanda na Meta Brasil a pedido de Grupo A Educação.

Enquanto incontáveis outras pessoas passaram pelo meu caminho, estes quatro fizeram toda a diferença na minha carreira e na minha vida. Sem eles, questiono se este livro aconteceria.

Para Linda, minha esposa
por nunca se queixar sobre o tempo que nos foi tirado para fazer este livro, por acreditar e perdoar.

Para Jan Carlson
por demonstrar, com atitudes, como um profissional cuidadoso deve ser e, especialmente, pelo espaço encorajador para crescer.

Para Bill Simmons
por confiar em mim, com mais que sua caixa de ferramentas, e por sua doce orientação. Nós todos sentimos sua falta, tio Bill.

Para Bill Coberley
por me impulsionar no começo da carreira e se tornar um amigo de longa data.

O autor

Lembro-me, como se fosse ontem, de carregar minha caixa de ferramentas nova pelo corredor da Caminhões Kenworth de Seattle. Scotty, o rude operador de furadeira de coluna, afastou-se de sua máquina e se plantou diante de mim. Sem dizer nem "bem-vindo", ele levantou suas sobrancelhas cerradas, bateu com dois dedos sobre meu peito, disse " você vê todos esses homens aqui? " e esperou. Aos 18 anos, lembro-me apenas de acenar com a cabeça, incapaz de dizer uma palavra. Ele continuou: "...cada um de nós vai mostrar a você tudo que sabe, se você prestar atenção. Nós vamos lhe dar anos de experiência, mas saiba, rapaz, que isso vem com uma obrigação. Algum dia você passará este conhecimento adiante".

Olá, meu nome é Mike Fitzpatrick, seu instrutor de usinagem por escrito. Já que você me honrou ao escolher este livro, imagino que seja uma forma de construir uma confiança mútua se eu contar um pouco do porquê sou qualificado para passar adiante o que Scotty e inúmeros outros profissionais me ensinaram.

Comecei este aprendizado na primeira segunda-feira após minha formatura no Ensino Médio, em 1964. Cerca de um ano depois, tive a oportunidade única de ser o primeiro empregado a operar a primeira máquina de Comando Numérico (CN) na área de Seattle, além daqueles que já a operavam na Boeing. Nada comparável às máquinas computadorizadas que você irá aprender, aquela máquina CN era basicamente um cabeçote de furadeira de coluna, comandada por fitas perfuradas de papel. Não distante de uma caixa de música no que se refere à sua tecnologia, a máquina era primitiva, se comparada com as máquinas existentes em seu laboratório de treinamento. Ainda assim, foi suficiente para me alavancar para a vida. Então, com um ano de inscrições e entrevistas, fui transferido para a Boeing, onde completei minha certificação em usinagem. Lá, aprendi a operar máquinas programáveis que tinham subsolo e escadas para chegar ao cabeçote!

Passando pelo rigoroso exame final com 100% de aproveitamento, qualifiquei-me para o teste ainda mais rigoroso a fim de me tornar um aprendiz ferramenteiro. Fiz e terminei meu treinamento em 1971. Esse processo totalizou 12.000 horas de treinamentos práticos sob o comando de um exército de pessoas qualificadas, além de muitas horas de aulas técnicas. Desde então, tenho atuado como profissional de usinagem/ferramenteiro ou ensinado outros por toda a minha vida adulta. Nos últimos 25 anos, ensinei manufatura em escolas técnicas, indústrias, centros de nível médio e fundamental e em dois países estrangeiros.

Hoje, posso ficar na frente de qualquer pessoa e dizer com orgulho: "Eu sou um oficial ferramenteiro e mestre na minha profissão". Próximo do fim da minha jornada, as lembranças de Scotty me conduzem a passar este conhecimento adiante. Mas não se esqueça: o que nós, instrutores e profissionais da usinagem, damos a você vem com a mesma obrigação.

Uma característica que claramente vejo que você irá precisar muito mais do que a minha geração é adaptação. Além de transmitir habilidades e competências, este livro tem uma missão: iniciar seus leitores no longo e sempre acelerado caminho da tecnologia. Claramente, o profissional da usinagem do futuro é aquele que pode ver e se adaptar ao futuro em mudança. Quando você passar o bastão adiante, o mercado não será o mesmo que você encontrou neste livro. Mas estou confiante de que mesmo assim o bastão será passado, pois os profissionais da usinagem têm uma longa história de adaptação.

Agradecimentos

Meus mais profundos agradecimentos vão para estes colaboradores principais, sem os quais este livro não seria possível:

Bates Technical College (*Tacoma – Washington*) *Bob Storrar, instrutor-orientador*
Um programa completo de instrução de usinagem focado no futuro do aluno. Bob trouxe para este livro sua habilidade e conhecimento para o ensino de ferramentaria com 16 anos de experiência na indústria e 15 anos ensinando em nível universitário. Obrigado por sua crença neste projeto, por sua edição meticulosa, encorajamento e especialmente por sua amizade.

Lake Washington Technical College (*Kirkland – Washington*) *Mike Clifton, instrutor-chefe*
Um programa em crescimento de instrução em usinagem dedicado tanto a profissionais de carreira como àqueles com interesse em atualizar seus conhecimentos. Obrigado, Mike, por contribuir com 25 anos de experiência em pesquisa avançada e manufatura, além do treinamento do aprendizado, e pelo interesse no portfólio de fotos.

CNC software, Inc. Mastercam – *Mark Summers, presidente; Dan Newby, diretor de treinamento*
Obrigado, Mark, por acreditar em educação, e Dan, pela colaboração na edição e sua orientação; e muito obrigado ao seu time por melhorar nossa profissão e apoiar a educação mundo afora.

Auburn Comprehensive High School (*Auburn, Washington*) *Ron Cughan, instrutor de usinagem*
Um programa de qualidade na área de manufatura dos metais para o ensino médio, servindo o vale de Auburn. Agradeço por dedicar um tempo extra para revisar este livro e também por acreditar nele, e ser um bom amigo.

Milwaukee Area Technical College (*Milwaukee, Wisconsin*) *Patrick Yunke & Dale Houser, instrutores-orientadores*
Oferece um diploma nacionalmente reconhecido de 2 anos em ferramentaria. Os graduados na MATC aprendem confecção de moldes e matrizes e se qualificam para o certificado de aprendizagem de Wisconsin. Assim, a escola oferece aprendizado completo na área altamente remunerada da manufatura.
Sr. Dale Houser: Além dos 28 anos de experiência no ofício da ferramentaria, com 15 anos de ensino nessas disciplinas, Dale obteve grau de ferramenteiro em ferramentas e matrizes pela Milwaukee Area Technical College e educação profissional da Stout University. Ele também trabalha no desenvolvimento de material educacional para a Precision Metalforming Association e programas de aprendizagem de Wisconsin.
Patrick Yunke: Graduado pelo programa de matrizaria da Wisconsin's Madison Area Technical College e em educação profissional pela Stout University, Patrick trouxe muitos anos de experiência em todos os aspectos de matrizes de precisão e fabricação de moldes de metal e plástico para o MATC, onde ensina há 15 anos. Ele também atua com o consultor de

manufatura e programas educacionais personalizados para a indústria.
Muito obrigado a ambos, por sua experiência e por fornecer ótimas fotos de sua bem organizada oficina.

NTMA – National Tooling and Machining Association – *Dick Walker, presidente*
Muito obrigado por estar na raiz deste novo livro, por investir tempo e energia nele e pelos 45 desenhos doados de seu material de treinamento.

NTMA Training Centers, California – *Max Hughes, decano de instrução*
Obrigado, Max, pelo auxílio com a parte de CNC deste livro.

Dr. Keith Ellis – *Northwest Metalworker Magazine*
Obrigado pelos maravilhosos desenhos para enfatizar a segurança.

Hass Automation, Inc. *(Oxnard, Califórnia) Scott Rathburn, gerente de* marketing, *editor sênior* CNC Machining
Agradeço, Scott, pelo seu comprometimento na educação sobre máquinas-ferramentas (veja a capa e direitos autorais) e por sua contribuição, suporte, energia e muitas fotos para este livro.

Boeing Commercial Airplane Co. – *Tim Wilson, instrutor de aprendizagem*
Obrigado à Boeing por me fornecer a melhor educação possível no início da minha carreira, e ao Tim, pelo suporte contínuo na qualidade da aprendizagem, pela ajuda em planejar e executar este livro e por ser um amigo de longa data.

Brian Mackin – *McGraw-Hill – Publishing*
Foi você quem viu uma mudança de paradigma na manufatura e percebeu que um novo livro deveria ser escrito. Eu lhe agradeço por essa visão. Não sei se teria escrito este livro sem seu apoio.

À toda a equipe técnica de educação profissional da divisão de educação superior – McGraw-Hill Publishing
Jean Starr, Vicent Bradshaw, Sarah Wood, Kelly Curran, Kevin White, Jenean Utley, Srdj Savanovic e todo o grupo de educação profissional Burr Ridge
Sem brincadeira, até cruzar com vocês todos, eu havia decidido que este seria meu último livro – mas mudei de ideia! Esta foi uma experiência totalmente positiva, apesar dos obstáculos. Obrigado, colegas. Vocês são mais que um grupo: são um time composto de pessoas verdadeiramente simpáticas, positivas e revigorantes. Espero poder trabalhar com vocês novamente.

Pat Steele – Editor de texto manuscrito
O que normalmente é a pior fase de escrever um livro se tornou uma experiência maravilhosa. Com confiança na sua edição, nós desenvolvemos uma só voz e então escrevemos este livro juntos e nos tornamos amigos. Obrigado, Pat.

Northwest Technical Products, Inc. – *Vic Gallienne, presidente*
Servindo às necessidades da comunidade do nordeste do Pacífico nas áreas científica, técnica e de carreira; obrigado, Vic, por colocar este projeto no caminho certo com o Mastercam.

Brown and Sharpe Corp. *(Rhode Island)*
Equipamento de metrologia
Pelo seu comprometimento com a educação em metrologia nas escolas técnicas e faculdades.

Kennametal Inc. – *Kennametal University, dedicada a encontrar melhores métodos e educar onde quer que o ensino da usinagem seja aplicado.*
Obrigado pelos dados, ferramentas avançadas, fotos, textos e gráficos.

Iscar Metals – *Bill Christensen, fotos de ferramentas avançadas e texto*

Conhecimento avançado através de pesquisa e educação; obrigado, Bill, pelo artigo de HSM (usinagem em alta velocidade).

Coastal Manufacturing – *Joel Bisset, gerente de controle de qualidade*
Obrigado, Joel, por editar os arquivos de CEP e por seu longo comprometimento com a qualidade na manufatura norte-americana.

Northwood Designs – MetaCut Utilities – *Bill Eliot, presidente/CEO, e Paulo Elliot, engenheiro de* software *sênior. Desenvolvendo software para o mundo da manufatura.*
Agradeço a vocês pelo apoio e por nos permitir utilizar os programas maravilhosos de verificação de trajetória de ferramenta neste livro e dentro do Mastercam.

Sandvik Coromat – Obrigado pelas fotos de "*Modern Metal Cutting*".

SME – Society of Manufacturing Engineers –
Exposição de máquinas-ferramentas e produtividade Westech

Optomec – *Texto e fotos do Processo LENS®*
Obrigado por nos mostrar uma grande nova tecnologia.

Além disso, gostaria de agradecer aos seguintes revisores do manuscrito da versão final:

Richard Granlund, *Hennepin Technical College*
Thomas E. Clark, *National Institute of Technology*
Martin Berger, *Blue Ridge Community College*

Gostaria também de agradecer aos seguintes revisores do texto, por contribuir para o desenvolvimento desta atualização:

Glenn Artman, *Delaware County Community College*
Christina Barker, *North Central State College*
Alan Clodfelter, *Lake Land College*
Daniel Flick, *Ivy Tech Community College*
Ken Flowers, *Lake Michigan College*
Bill McCracken, *Western Colorado Community College*
Eric McKell, *Western Washington University*
Troy Ollison, *University of Central Missouri*
Alan Trundy, *Maine Maritime Academy*

Prefácio

Orgulhosamente, olhamos para trás e vemos que estamos bem na vanguarda da revolução informática. Começamos a utilizar as máquinas programáveis há mais de 50 anos. Isso é anterior a projetistas usando desenhos auxiliados por computador ou cientistas fazendo pesquisa em computadores de grande porte. Embora as linhas que tracei a seguir para definir eras sejam nebulosas, a evolução da máquina-ferramenta programável pode ser feita em três gerações, baseadas na forma como eram usadas na indústria e no ensino em escolas técnicas.

Primeira geração: 1940-1965

Elas começaram como experimentos de laboratórios e, por 20 anos, vagarosamente apareceram em oficinas mais avançadas. Assim como minha furadeira por fita perfurada em Kenworth, no início, apenas poucas máquinas apareceram dentro da região manufatureira. Mas, próximo ao fim dessa era, aproximadamente metade das grandes oficinas tinha pelo menos uma máquina movida a fita. No entanto, durante esse período, *o CN era sempre considerado uma especialização*. A maior parte da usinagem era realizada em máquinas operadas manualmente (convencionais) ou equipamentos automáticos. A programação requeria muita mão de obra e consumia muito tempo. A compra de uma máquina CN (movida a fita, sem computador) só poderia ser justificada se o chão de fábrica fizesse milhares de peças semelhantes ou se o trabalho não pudesse ser realizado de nenhuma outra forma. Como o comando numérico era uma especialização, só era ensinado em poucas escolas e apenas no *fim dessa geração. Os trabalhos em CN nunca eram dados a principiantes.*

Segunda geração: 1965-1990

Essa fase pode ser considerada como a de grande expansão. Ela começou com uma razão estimada de 20/80 de máquinas programáveis comparada com máquinas convencionais, mas terminou com algo em torno de 90/10! Durante o meio da fase, os PCs se tornaram acessíveis e os *softwares* ficaram populares. A programação se tornou uma atividade de computadores de mesa (*desktops*). Com a velocidade dos processadores crescendo, as máquinas programáveis se tornaram cada vez mais acessíveis e capazes; o trabalho era então planejado especificamente para manufatura com CNC. Próximo ao fim dessa fase, *a corrente principal da manufatura era realizada por máquinas programáveis*. As escolas ensinavam a disciplina como um curso avançado, próximo ao fim do curso de usinagem.

Terceira geração: 1990 - presente

As máquinas programáveis representam próximo de 100% da manufatura e, de grande impacto para você, dos novos empregos gerados. *Os profissionais iniciantes normalmente começam no chão de fábrica como operadores de CNC*. Flexíveis e amigáveis, as máquinas e os sistemas de programação são tão rápidos e fáceis de aprender que agora podem ser aplicados tanto na fabricação de um único molde como em produção regular. *As escolas integram e* ensinam CNC como disciplina básica, começando com a primeira lição no primeiro dia.

Para servir à terceira geração de estudantes, dividi os assuntos em três livros:

Introdução à manufatura

A manufatura é um mundo próprio. Este livro foi desenvolvido para abrir esta porta. Ele fornece a fundamentação necessária para você se ajustar ao chão de fábrica, entender suas regras, ler e interpretar desenhos técnicos, se sentir confortável com a exatidão extrema e, especialmente, se sentir seguro.

Introdução aos processos de usinagem

O segundo livro ensina como remover metal da forma correta. Essas lições assumem que você eventualmente desempenhará atividades em um equipamento CNC, mas que provavelmente começará com máquinas convencionais, pois são simples e seguras para aprender ajustes e operações.

Introdução à usinagem com Comando Numérico Computadorizado

Agora, chegamos ao núcleo do texto, ou seja, como aplicar os assuntos dos outros dois livros para preparar, programar e rodar uma máquina-ferramenta CNC. Nesse livro, aprenderemos a manusear profissionalmente o mundo do CNC. Por se mover em alta velocidade e com grande potência, a segurança deve ser integrada com tudo que se estude sobre o assunto.

Capítulos online – Tecnologia avançada e evolutiva

Visite o site loja.grupoa.com.br e procure pelo livro. Na página do livro, clique em Conteúdo online. Lá você terá acesso a capítulos suplementares em português.

Muito obrigado por usar meu livro para iniciar sua carreira na área de manufatura. É uma honra ser seu instrutor. Aqui está o que posso passar sobre nosso ofício!

Mike Fitzpatrick

Sumário

capítulo 1	Geometria das ferramentas de corte		1
capítulo 2	Operações de furação e furadeiras		35
capítulo 3	Operações de torneamento		105
capítulo 4	Fresas e operações de fresagem		229
capítulo 5	Operações de retificação de precisão e retificadoras		309
capítulo 6	Roscas técnicas		373
capítulo 7	Metalurgia para mecânicos – Tratamentos térmicos e medida de dureza		403
capítulo 8	Planejamento de trabalho		445
apêndices			464
créditos			475
índice			479

Visão geral do livro

Características de aprendizagem

Introdução aos processos de usinagem traz muitos recursos de aprendizagem ao longo dos capítulos, entre eles:

Introdução ao capítulo
Cada capítulo começa com uma breve introdução, preparando o terreno para o que os alunos estão prestes a aprender.

Objetivos do capítulo
Este recurso fornece uma concisa descrição dos resultados de aprendizagem esperados.

Recursos motivacionais
Quadros como o **Conversa de chão de fábrica**, **Dica da área** e **Ponto-chave** mostram aos estudantes o lado prático do assunto.

>> capítulo 1

Geometria das ferramentas de corte

As seções a seguir abordarão as principais instruções dos processos de furação, torneamento e fresamento. Para absorver o máximo dessas instruções, primeiramente, daremos uma olhada de perto no que acontece quando uma ferramenta corta um cavaco de uma peça, e por que tais ferramentas são da forma que são. Esta teoria é o alicerce de toda usinagem, até a retificação, quando os cavacos apresentam um tamanho microscópico, porém são os mesmos do início. Surpreendentemente, com mais de duzentos anos de estudos sobre tal assunto, a tecnologia de ferramentas de corte está, atualmente, passando por seu maior desenvolvimento, desde quando a comercialização do carboneto de tungstênio ficou economicamente viável. As ferramentas são uma das poucas áreas que se desenvolvem na mesma velocidade dos computadores e softwares que as movimentam. De fato, os dois – ferramenta de corte e comandos CNC – estão condicionados a um crescimento vertiginoso, e cada um estimula o outro a melhorar.

Objetivos deste capítulo
- Identificar superfícies de saída, folga e ângulos de posição
- Conhecer os benefícios do raio de ponta em ferramentas de corte
- Definir a linha de cisalhamento do cavaco
- Identificar duas fontes de aquecimento de cavaco
- Conhecer variáveis de controle para estudantes
- Melhorar os resultados das variáveis

Se o *furo piloto* é muito grande, não há metal suficiente restante para o alargador cortar um cavaco eficientemente. Ele pode quebrar e as marcas de perfuração podem não ser completamente removidas.

A *localização exata* do furo piloto também é importante. O alargador tenderá a se alinhar ao furo e segui-lo mesmo que o eixo esteja desalinhado com o furo. O alargador vai flexionar ao girar e seguirá o furo um pouco como uma cobra em uma canalização. Referimo-nos a isso como **alargador flutuante**.

Seleção de brocas para alargadores

À medida que aumenta tamanho do alargador, também cresce o excesso a ser deixado para ele cortar, porque as arestas se tornam maiores e podem retirar mais volume do cavaco para fora do furo. Existe alguma prudência aqui, com base no material que está sendo alargado e da profundidade do furo há recomendação dos tamanhos. O gráfico é um guia aproximado para o excesso de

A resposta é que $\frac{9}{16}$ se enquadra na faixa entre $\frac{1}{4}$ e $\frac{3}{4}$ polegadas – subtraia $\frac{1}{32}$ polegadas no quadro de perfuração para selecionar uma broca piloto de $\frac{17}{32}$ polegadas.

Ponto-chave:
Este é um guia aproximado. A leve diferença no tamanho da broca-piloto, maior ou menor, vai funcionar muito bem. Se o material é rígido, escolha menos excesso do que o sugerido na tabela; se macio, um pouco mais de excesso de usinagem é aceitável.

Dica da área
Controle por som Durante a prática de laboratório, faça um esforço para aprender os sons normais de ferramentas afiadas perfurando, alargando e rosqueando. Então, se o som mudar, isso é um forte sinal de que a ferramenta pode estar enfraquecida ou cheia com cavacos. Pare imediatamente se houver qualquer dúvida.

Revisão do capítulo

Os alunos podem usar os resumos quando estiverem fazendo revisão para as avaliações ou apenas para ter certeza de que não perderam conceitos importantes.

REVISÃO DO CAPÍTULO

Unidade 1-1

Abordamos aqui somente os princípios básicos da geometria das ferramentas de corte. Como a habilidade aumenta com a experiência em máquinas, vamos dar uma olhada em mais três tipos de ângulos de saída. Procure, nas ferramentas de torno, por ângulos de saída compostos que permitam o movimento da ferramenta para a direita ou para a esquerda. Procure fresas com várias combinações de geometrias radiais positivas e negativas (centro para fora da ferramenta) e geometrias axiais (paralela ao eixo) e por ressaltos nas superfícies de saída. Mas todos eles começam com os quatro princípios básicos: saída, folga, posição e raio de canto. Cada ferramenta os possui, embora em alguns casos eles sejam nulos, como acontece com os raios de canto. Esteja certo de que você os identificará em qualquer ferramenta que usar. Esta é a fronteira – você deve conhecer as geometrias das ferramentas de corte.

Unidade 1-2

Atualmente, as ferramentas de corte estão evoluindo a um ritmo fantástico, impulsionadas pela necessidade de altas velocidades. Melhor ferramentaria é uma das fronteiras que imagino (e espero) que nunca ultrapassemos por completo. Como um mecânico novato, você será bombardeado por amostras de novas ferramentas, com artigos fornecidos pelos seus fabricantes e por usuários finais como você, para testá-las. Haverá demonstrações, folhetos e discursos de vendas no percurso. Apesar de caras, algumas ferramentas novas se pagam em questão de dias, ainda que não atendam à expectativa em suas aplicações particulares. Parte do trabalho inclui fazer pesquisas inteligentes com base nos conhecimentos das Unidades 1-1, 1-2 e 1-3.

Unidade 1-3

Se alguma vez houve um teste perfeito de raciocínio lógico combinado com a adivinhação, deve ter sido a solução de problemas sobre ferramentas de corte. Lembro-me de apostas e disputas entre três ou mais mecânicos em nossa oficina para descobrir exatamente qual era o problema e como resolvê-lo. Cada um de nós podia, e fizemos, a máquina funcionar melhor, mas a verdade é que a resposta absoluta não existe, pois esta é uma ciência de variáveis. A usinagem com CNC torna-se ainda mais complexa à medida que exigimos uma demanda mais rápida de produção por minuto e por dia. Aprenda bem essas lições.

Questões e problemas

1. Identifique as características geométricas das ferramentas de corte que podem ser usadas como variáveis de controle.
2. Descreva brevemente o propósito de cada resposta da Questão 1.
3. Qual não é variável de controle: saída, posição, folga e cisalhamento? Explique.
4. Das quatro características da Questão 3, quais não estão na ferramenta de corte? Explique.
5. O que acontece com o cavaco se o alteramos para um ângulo de saída mais negativo?
6. Em termos de requisitos de usinagem, o que acontece quando alteramos para uma ferramenta com geometria negativa?
7. Qual é a razão mais provável de ter um raio de canto acima de 0,125 pol.?
8. Cite duas correções ou alterações para resolver o problema da aresta postiça de corte.
9. A sentença seguinte é verdadeira ou falsa? A zona de contorno é definida como o espaço entre o ponto de interferência e a aresta de corte.

>> capítulo 1

> # Geometria das ferramentas de corte

As seções a seguir abordarão as principais instruções dos processos de furação, torneamento e fresamento. Para absorver o máximo dessas instruções, primeiramente, daremos uma olhada de perto no que acontece quando uma ferramenta corta um cavaco de uma peça, e por que tais ferramentas são da forma que são. Esta teoria é o alicerce de toda usinagem, até a retificação, quando os cavacos apresentam um tamanho microscópico, porém são os mesmos do início. Surpreendentemente, com mais de duzentos anos de estudos sobre tal assunto, a tecnologia de ferramentas de corte está, atualmente, passando por seu maior desenvolvimento, desde quando a comercialização do carboneto de tungstênio ficou economicamente viável. As ferramentas são uma das poucas áreas que se desenvolvem na mesma velocidade dos computadores e softwares que as movimentam. De fato, os dois – ferramenta de corte e comandos CNC – estão condicionados a um crescimento vertiginoso, e cada um estimula o outro a melhorar.

Objetivos deste capítulo

- >> Identificar superfícies de saída, folga e ângulos de posição
- >> Conhecer os benefícios do raio de ponta em ferramentas de corte
- >> Definir a linha de cisalhamento do cavaco
- >> Identificar duas fontes de aquecimento de cavaco
- >> Conhecer variáveis de controle para estudantes
- >> Melhorar os resultados das variáveis

Cada nova geração de processadores fica mais veloz, o que torna possível alimentar máquinas a velocidades e rotações nunca antes possíveis. Consequentemente, as ferramentas de corte precisam ser melhoradas a fim de suportar o aumento de velocidade. Assim que elas se tornam compatíveis, por um tempo, novas composições, novos recobrimentos, e até mesmo cristais de gema crescendo em sua superfície, são desenvolvidos, sempre com o objetivo de melhorar o desempenho. Ferramentas de corte também são moldadas em formas totalmente novas, porque as simulações feitas em computador fornecem uma análise mais profunda sobre como o cavaco escoa pela ferramenta de corte em alta velocidade. Portanto, por um certo período, as ferramentas de corte podem suportar todos os abusos que essa nova geração de CNCs dispõe e o processo continua. Mas, antes de discutimos as operações básicas e o futuro, precisamos de um ponto de partida. As duas primeiras unidades deste capítulo explicam como todas as ferramentas de corte produzem cavaco. Depois, observaremos as variáveis que podem ser ajustadas por um mecânico especializado para melhorar o acabamento, a precisão, a vida da ferramenta e a segurança. Certifique-se de compreender completamente o material na sequência apresentada. Essas unidades são como degraus de uma escada, em que cada degrau leva ao próximo, atingindo o pleno entendimento e controle da usinagem no topo.

Resolvendo o mistério do autoaquecimento do cavaco!

Há um enigma que resolveremos no Capítulo 1: cavacos de metal tornam-se extremamente quentes durante a usinagem de metal – isso não é nenhuma surpresa! Mas o mistério ocorre quando eles são cortados e ficam no chão: eles ficam mais quentes? Aqui está a prova: em razão desse intrigante aquecimento, depois de estarem totalmente formados, os cavacos dos metais oxidam e mudam de cor, ficam coloridos diante de seus olhos. Por que, então, isso acontece quando o atrito acaba? À medida que avançarmos, obteremos pistas para resolver esse mistério.

>> Unidade 1-1

>> Quatro características universais de ferramentas de corte

Introdução: Todas as ferramentas de corte compartilham quatro características de forma comuns – ângulo de saída, ângulo de posição, raio de ponta e ângulo de folga. Cada uma delas deve estar presente em vários graus para que a ferramenta funcione bem. Elas são a base da geometria de uma ferramenta de corte.

O bit mostrado na Fig. 1-1 é genérico. Ele pode ser a ponta de uma broca quando rotacionada para perfurar o metal, movendo-se para a esquerda na ilustração. Ele também pode ser a ponta de uma pastilha de torno, em que a peça gira passando para a direita, ou pode ser a fresa de uma fresadora quando ela gira e a peça avan-

> **Conversa de chão de fábrica**
>
> A Cincinnati-Millacron (famosa fabricante de ferramentas para máquinas CNC), em seu vídeo instrutivo, "Refrigeração do cavaco", ilustra a formação de cavaco semelhante a uma pá movendo a neve.

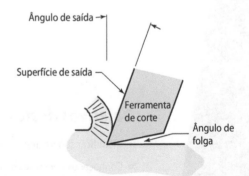

Figura 1-1 Ângulos de saída e de folga de uma ferramenta de corte genérica.

ça. Representando os três, a figura mostra duas das quatro características necessárias para usinar metal. Por enquanto, como um exemplo simples, vamos relacionar a figura a um processo que você conhece: furação. Suponha que o bit esteja girando e observamos lateralmente, na região onde há formação de cavaco espiralado. Enquanto a aresta afiada corta, a ação não é um simples corte como se poderia imaginar. Há algumas surpresas aqui. Como sempre, a compreensão dos termos será muito útil para a sua carreira e para desvendar o mistério do aquecimento do cavaco.

Termos-chave

Ângulo de folga
Folga atrás da aresta para possibilitar contato de corte.

Ângulo de posição/ângulo de corte
Ângulo do bit comparado com o ângulo do corte.

A posição distribui a largura do cavaco sobre uma área maior.

Ângulo de saída/superfície de saída
Superfície sobre a qual o cavaco necessariamente desliza.

Deformação
Dobra permanente de qualquer material, no caso do cavaco, quando é arrancado.

Geometria negativa
Ferramenta que dobra o cavaco ao máximo.

Geometria positiva
Ferramenta que dobra o cavaco ao mínimo.

Raio de canto (raio de ponta)
Arredondamento da ponta ou junção entre as arestas principal e secundária de uma ferramenta de corte.

Raio de ponta
Termo usado para raio de canto em ferramentas de torno.

Trepidação
Vibração indesejada no ferramental, na peça ou na máquina.

Duas seções distintamente diferentes: cisalhamento e recalque

Duas ações acontecem simultaneamente quando o cavaco é formado. Primeiramente, o cisalhamento se dá onde a aresta afiada destaca o cavaco da matéria-prima. Imediatamente depois, ocorre o recalque na saída e, agora, o fluxo de cavaco é forçado para cima, pela superfície ou face da ferramenta.

Superfície de saída

Durante essa breve fase, o cavaco entra em forte contato com o bit. Uma vez que ele desliza sobre a superfície de saída, o cavaco é redirecionado e dobrado para fluir em outra direção.

Há muito atrito no ponto de contato entre o cavaco e a sufercície de saída por onde o cavaco é expelido. Essa zona de forte pressão de saída é fundamental para a ação de corte. (Veja a Conversa de Chão de Fábrica.)

Além da zona de saída, o cavaco está completamente formado. Ele continua a deslizar ao longo da extensão da superfície e para fora do furo brocado, em nosso exemplo, ou para fora do bit em outras operações. Mas o verdadeiro recalque ocorre a partir de alguns milímetros a, no máximo, $\frac{1}{8}$ de polegada além da aresta de corte. Essa distância depende de quão forte a ferramenta é pressionada contra o metal, e este processo é chamado de *avanço*.

Se o avanço é pequeno, o recalque pode ter uma contribuição menor comparada ao corte; ou pode ter uma contribuição maior na remoção de cavaco. No exemplo de furação, você pode exercer uma força de 5 a 10 libras de magnitude sobre a alavanca de avanço da furadeira, produzindo um pequeno cavaco. Nesse caso, haverá um pequeno recalque.

O recalque torna-se mais significativo quando o avanço aumenta. Empurrando para baixo com uma força de 25 libras, a pressão do cavaco aumenta na face da cunha e a zona de recalque se alarga, afastando-se da ponta de corte. O recalque contribui mais na formação do cavaco.

Na produção CNC, estamos sempre procurando maneiras de cortar o metal mais rapidamente. Avançando com muito mais força, a fase de recalque é mais importante, como veremos daqui a pouco. Testamos com diferentes ângulos de saída, melhorando a composição de refrigeração, e utilizando materiais de antifricção melhores, para ajudar o cavaco a deslizar pela superfície de saída, tudo para obter um tempo de corte mais rápido e aumentar a vida útil da ferramenta.

> **Ponto-chave:**
> Quando o avanço aumenta, o recalque se torna mais significativo relativamente ao cisalhamento e podemos usar esse fato em nosso favor.

Deformação de cavaco

A **superfície de saída** da cunha redireciona o cavaco quando ele flui. Ela curva o cavaco da direção que ele tomaria se a superfície de saída não estivesse em seu caminho, como se fosse uma cunha. Essa ação permanente de flexão é chamada de **deformação de cavaco.** Lembre-se disso, esta é mais uma pista para desvendar o mistério do aquecimento do cavaco! Mas há mais um fato interessante e possivelmente outra pista: apenas 25% do calor produzido na formação do cavaco vêm da fricção entre a aresta de corte com a superfície de saída.

> **Ponto-chave:**
> A cunha não separa o cavaco da peça como quando a madeira é separada, mas, logo após o corte, o cavaco é deformado para outra direção devido ao atrito na superfície de saída.

Geometrias positivas e negativas

A mudança do ângulo de saída relativo à direção de corte pode acarretar um efeito drástico na usinagem da peça e no cavaco. Voltaremos a falar sobre os vários ângulos posteriormente, mas note na Fig. 1-2 que a **geometria positiva** deforma o cavaco ao mínimo, enquanto a **geometria negativa** deforma-o mais. A mudança do ângulo de saída é uma das variáveis de controle.

Investigue!

Solicite ao encarregado do almoxarifado uma broca larga de aproximadamente meia polegada de diâmetro ou mais. Procure uma que já tenha sido usada por um certo tempo. Agora, a partir de uma das duas arestas de corte, trace uma linha até o canal helicoidal. A ranhura é chamada de *aresta principal de corte.*

Semelhante à microfotografia da Fig. 1-3, provavelmente haverá uma pequena porção brilhante próxima da aresta de corte, onde o acabamento escuro ou opaco fora desgastado. Essa é uma evidência de fricção na suferfície de saída.

Note que, além da saída em torno de 0,050 polegada, a superfície da broca retorna à sua cor original.

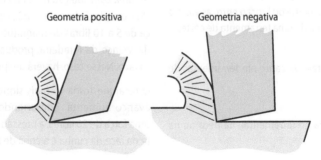

Figura 1-2 Geometrias positivas e negativas da cunha de corte.

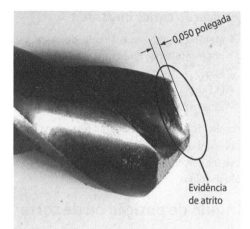

Figura 1-3 A pequena aresta brilhante é uma evidência da fricção entre o cavaco e a superfície de saída da broca.

Tenha essa broca por perto, voltaremos a estudá-la mais adiante.

Verificação crítica na escada

Antes de irmos para os ângulos de folga, tenha certeza de que você sabe definir as duas diferentes fases que o cavaco passa em sua formação. Você pode descrevê-las para outro aluno? O que acontece com o cavaco na fase de recalque?

Ângulo de folga (incidência)

Voltemos à Fig. 1-1. Nela, observe o **ângulo de folga**. Existe um propósito diferente da saída – ele permite que a aresta de corte entre em contato com a peça sem que haja atrito atrás dela. Você também já deve ter ouvido ele ser chamado de ângulo de incidência, porque é o que ele faz: alivia o corte atrás da aresta de corte para evitar atritos indesejáveis.

Na Fig. 1-4, você verá uma ferramenta de corte correta e uma incorreta, sem ângulo de folga. A ponta de corte à direita não usinará o material. E não apenas isso, ela irá superaquecer mais rapidamente por causa do atrito entre a superfície de folga – às vezes chamado de calcanhar da cunha – e a peça.

Apenas o suficiente e nada mais!

Enquanto uma quantidade mínima de folga estiver presente, a ferramenta vai funcionar. Aumentando mais o ângulo, não haverá efeito algum na operação de corte. Porém, com o aumento da folga, a vida da cunha de corte diminuirá. Uma folga excessiva enfraquece a cunha de corte, devido ao afinamento da sua estrutura, como mostra a Fig. 1-5. Ela geralmente quebrará antes de perder o fio. O ângulo correto, geralmente, encontra-se entre 5° e 10°.

> **Conversa de chão de fábrica**
>
> Quando uma cunha de corte com folga inadequada fricciona na peça sem cortá-la ou a corta insuficientemente, isso é chamado de "arrasto de calcanhar".

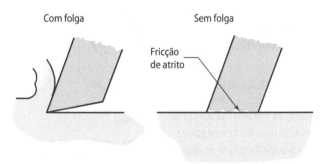

Figura 1-4 A cunha à esquerda irá usinar, enquanto a da direita, sem folga, vai apenas atritar.

Figura 1-5 Folga excessiva *cria uma ferramenta fraca propensa ao acúmulo de calor e à quebra.*

> **Ponto-chave:**
> A alteração da folga provoca um pequeno efeito na formação de cavaco. É preciso que haja apenas uma folga mínima. Não ajustamos a folga para alcançar um resultado, pois ela não é uma variável de controle.

O ângulo excessivo não apenas enfraquece a cunha de corte, mas também provoca o aquecimento da aresta de corte. Com menor área de contato para dissipar o calor, as ferramentas queimam mais rapidamente com uma folga excessiva.

Há apenas um ponto positivo em adicionar mais folga: o espaço triangular oco criado pelo ângulo de folga permite a entrada de um refrigerante, o que é uma vantagem. Porém, quando comparada com o potencial de quebra e superaquecimento da cunha de corte, a adição do refrigerante não justifica o aumento da folga!

Identifique o ângulo de folga da sua broca de exemplo. Na oficina, você precisará identificar o ângulo de folga de qualquer ferramenta de corte escolhida. Note que, ao afiar uma ferramenta novamente, você irá retificar a superfície que produz a folga, chamada de *calcanhar da cunha*. (Veremos mais sobre isso no capítulo sobre furação.)

Verificação crítica na escada

- Mecânicos alteram o ângulo de saída para obter resultados diferentes, não o ângulo de folga.
- O ângulo de folga deve ser "apenas o necessário" e nada mais.

Pegou a ideia? Se sim, demos um passo a mais para desvendar o mistério do cavaco, o qual, como você deve ter percebido, não tem nada a ver com o ângulo de folga.

Ângulo de posição ou de corte

O terceiro ângulo universal é chamado de **ângulo de corte** ou **ângulo de posição** em várias ferramentas de corte (nas oficinas, geralmente, ele é chamado de "posição", pois indica o ângulo de posição da aresta principal com a direção de avanço). O ângulo de corte é uma importante característica de controle do cavaco em todas as ferramentas de corte.

Ângulo de posição é o ângulo formado entre a aresta de corte e a direção do avanço. Ele oferece muitos benefícios para a ação de corte. Para ver a ângulo de posição no exemplo da broca, rotacionamos a figura em 90°. Na Fig. 1-6, os ângulos de posição de ambas as arestas formam a ponta da broca.

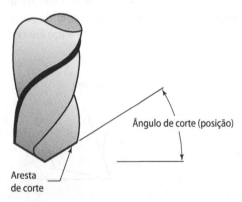

Figura 1-6 O ângulo de corte também pode ser chamado de ângulo de posição em outras ferramentas de corte. A combinação da aresta com o ângulo forma a ponta de corte desta broca.

O que é ângulo de posição?

Para compreender a função do ângulo de posição, imagine-se talhando madeira com uma faca. Se você segurar o cabo da faca perpendicularmente à direção que for entalhar, o cavaco (apara, neste exemplo) será da mesma largura que a da peça (Fig. 1-7). A faca entra na madeira de uma vez só e sai do mesmo jeito, abruptamente – isto é posição zero.

Isso seria esquisito e não funcionaria muito bem; portanto você, naturalmente, giraria a faca em um ângulo de aproximadamente 20° em relação à direção do entalhe – isto é um ângulo de posição. Aqui está o porquê.

Entrada e saída fácil

Mediante uma inclinação, a faca começa a cortar em um único ponto de contato e a largura de contato aumenta, gradualmente, para a largura completa do cavaco. Então, desliza-se facilmente à medida que a faca avança, e ela sai da peça gradualmente, do mesmo jeito que entrou. A razão pela qual a ferramenta com inclinação corta melhor é que ela promove uma ação de corte diagonal, como um movimento de deslocamento para frente. Observe a Fig. 1-7. Há mais contato com a aresta de corte com inclinação do que sem ela. Ângulos de posição em ferramentas de corte variam de 0 a no máximo 30°, assim como nas brocas.

Além disso, quando essa inclinação é usada, o cavaco produzido é mais largo que a peça. Uma vez que ele se espalha sobre uma aresta de corte maior, a ferramenta também tem a vida maior, na maioria dos casos. O cavaco é mais fino e mais fácil de cisalhar quando o ângulo de posição é utilizado.

> **Ponto-chave:**
> O ângulo de posição proporciona:
> A. Entrada e saída mais suave.
> B. Maior vida útil da ferramenta de corte em virtude do melhor aproveitamento da aresta de corte.
> C. Melhor acabamento final.
>
> Alteramos o ângulo de posição como uma variável de controle.

Aumentar muito o ângulo de posição pode causar trepidação

Há um limite superior para os benefícios gerados pelo aumento do ângulo de posição. Ao aumentar muito o ângulo de posição, se produzirá cavacos muito grandes. Além de um certo ponto, quando grande parte da aresta de corte entra em contato com a peça, acarreta uma vibração indesejada conhecida como *trepidação*. Se isso não for corrigido, a trepidação poderá comprometer o aca-

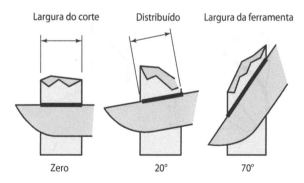

O ângulo de posição espalha a força de corte em uma área maior

Figura 1-7 Comparação entre três ângulos de posição.

bamento da peça e, até mesmo, levar à quebra da ferramenta de corte.

Essa é uma maneira de usar o ângulo de posição como uma variável de controle. Para reduzir a trepidação quando isso ocorrer, diminua o ângulo de posição. Essa redução estreita o contato entre a aresta de corte e a peça. Há outras variáveis que podem reduzir a trepidação. Vamos aprender como solucionar esses problemas.

Muito pouco

Retornando ao exemplo da broca, suponha que não exista ângulo de posição. O corte seria plano na ponta, como mostra a Fig. 1-8. Nessa broca de ponta reta, o cavaco tem a largura do corte igual ao raio da ferramenta. Tentando remover uma largura inteira de cavaco no instante em que toca na peça, ela a agarraria, tentaria sair do centro e, então, voltaria repetidamente antes de começar a perfurar. Isso pode até quebrar a própria broca.

No entanto, se usinarmos um ângulo de ponta (um ângulo de posição em cada lado), a broca tenderia a começar o trabalho mais suavemente, em um pequeno círculo que se alarga à medida que a broca avança. A largura do cavaco aumenta até o comprimento da aresta de corte. Assim, comparando este exemplo com o do entalhe de madeira, percebemos que a ponta de corte sai do outro lado da peça da mesma maneira que entrou, fazendo um pequeno círculo que, gradualmente, alarga-se até o diâmetro máximo da broca; isto porque agora ela possui ângulo de posição.

Adicionando e mudando o raio de canto da aresta de corte

Raio de canto é a quarta forma básica de ferramenta. Na Fig. 1-9, uma broca é mostrada com um raio de canto, que é um arredondamento da ponta de corte obtido pela intersecção entre as bordas principal e lateral. As arestas à direita representam uma afiação padrão, sem modificação, com pontas afiadas. O raio de canto é muito mais comum em ferramentas para tornos e fresadoras, mas ele oferece os mesmos benefícios em brocas e qualquer outra ferramenta de corte. (Veja a Dica da área.)

Há três benefícios:

1. **Corte suave e distribuição de cavaco**
   A adição do raio de ponta na aresta de corte tem um efeito similar à adição do ângulo de posição. Ele suaviza o corte e distribui o cavaco sobre uma área maior da aresta de corte. Mas o raio de curvatura traz mais dois benefícios para a geometria da ferramenta de corte.

2. **Melhor acabamento e 3. Ferramentas mais resistentes**
   Com o raio de canto, a ferramenta fica mais forte e menos propensa à quebra no ponto de intersecção. Uma ferramenta com cantos

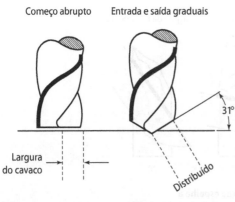

Figura 1-8 Uma broca sem ângulo de ponta (posição) terá dificuldades para começar a perfurar.

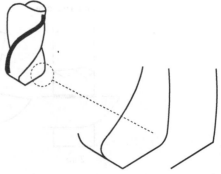

Figura 1-9 O raio de canto é mais comum em outras ferramentas de corte, mas também pode ser retificado em broca.

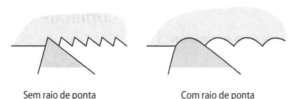

Sem raio de ponta   Com raio de ponta

Figura 1-10 O acabamento é melhorado com o raio de ponta.

vivos tende a trincar ou quebrar nesse ponto. Ferramentas com cantos arredondados produzem acabamentos mais suaves. A Fig. 1-10 mostra duas ferramentas de torno. Com arredondamento, a ferramenta deixa pequenas marcas de onda na superfície acabada, em comparação com as marcas de dentes deixadas pela ferramenta de cantos vivos. Quando esse **raio de canto** é feito em uma ferramenta de torno mecânico, como na Figura 1-10, ele é também chamado de **raio de ponta.**

Dica da área
Caso não haja um alargador, peça a um mecânico para demonstrar como se arredonda a ponta de uma broca. A principal vantagem é um melhor acabamento do furo e controle do tamanho do furo. Cantos arredondados também previnem a quebra da broca quando fura-se materiais mais duros; brocas arredondadas duram mais.

Muito arredondamento

Grandes raios de canto podem causar trepidação, da mesma forma que um grande ângulo de posição produz, pois há muito contato entre a aresta de corte e a peça. Se a trepidação aumentar, reduza o raio de canto para diminuir o contato entre a aresta de corte e a peça. Pode existir um momento em que a trepidação fica tão problemática, que a única resposta é usar uma ferramenta de cantos vivos.

Ponto-chave:
Raio de canto é uma das variáveis de controle.

A adição de raio de canto traz três benefícios:
- Ferramentas mais resistentes.
- Usinagem mais suave.
- Melhor acabamento superficial.

Unidade 1-1 Revisão
Revise os termos-chave

Ângulo de folga
Folga atrás da aresta para possibilitar contato de corte.

Ângulo de posição/ângulo de corte
Ângulo da ferramenta comparada com o ângulo do corte. O ângulo de posição distribui a largura do cavaco sobre uma área maior.

Ângulo de saída/superfície de saída
Superfície sobre a qual o cavaco necessariamente desliza.

Deformação
Dobra permanente de qualquer material, no caso do cavaco, quando é arrancado.

Geometria negativa
Ferramenta que dobra o cavaco ao máximo.

Geometria positiva
Ferramenta que dobra o cavaco ao mínimo.

Raio de canto (raio de ponta)
Arredondamento da ponta ou junção entre as arestas principal e secundária da ponta de corte.

Raio de ponta
Termo usado para o raio de canto em ferramentas de torno.

Trepidação
Vibração indesejada no ferramental, na peça ou na máquina.

Reveja os pontos-chave
- Ângulo de saída é uma variável de controle.
- Com o aumento do avanço, o recalque torna-se mais significativo em relação ao corte.
- Durante a fase de recalque, o fluxo de cavaco é deformado em outra forma.
- Ângulo de folga é uma questão de ter o suficiente e nada mais.
- Ângulo de folga não é uma variável de controle enquanto a cunha não estiver atritando no calcanhar.
- Ângulo de posição é uma variável de controle.
- Ângulo de posição permite entrada/saída graduais no corte, maior vida útil e melhor acabamento.

Responda
1. Cite e descreva os três ângulos básicos das ferramentas de corte.
2. Das três respostas da Questão 1, quais delas são variáveis de controle?
3. Verdadeiro ou falso? O ângulo de posição deve ser alterado a fim de obter diferentes resultados na usinagem.
4. Nomeie as duas etapas de formação de cavaco.
5. Das duas etapas da Questão 4, qual torna-se mais significativa quando se aumenta a força de avanço?
6. Qual é a faixa de largura de uma zona de recalque comum?
7. Quais são os dois benefícios de arredondar a ponta de corte?

>> Unidade 1-2

>> Mecânica e forças na formação de cavaco

Introdução Na Unidade 1-1, não investigamos tudo o que acontece dentro do cavaco. Após completarmos esta unidade, metais duros e inflexíveis vão parecer mais com argila ou plástico quente, quando usinados.

Os mecânicos devem operar suas máquinas com máxima eficiência, sem que haja a quebra ou destruição das ferramentas. Para isso, as escolhas devem se basear nos próximos conhecimentos. Cortar rápido demais pode queimar ou quebrar a ponta de corte, exigindo tempo extra para afiá-la ou substituí-la, e, muitas vezes, pode ser mais custoso, perdendo tempo de produção para configurar e voltar a funcionar novamente. Porém, ao executar em baixa velocidade, para preservar a ferramenta, pode-se também reduzir a produtividade. Essa decisão deve ser equilibrada, baseando-se na experiência e nos conhecimentos dos fatos aqui apresentados.

Termos-chave

Aresta postiça de corte
Resultado da solda do cavaco na superfície mantendo-se por muito tempo, permitindo que uma pequena parte escape por debaixo da cunha e seja soldada novamente na superfície da peça.

Deformação
Dobra e empilhamento de cavaco na fase de recalque do cavaco.

Deformação plástica
Característaica do cavaco de se deformar sem retornar à sua forma original.

Fluxo de cavaco
A quantidade de cavaco que está sendo gerada pela combinação do avanço e da profundidade do corte. Veja a taxa de remoção.

Conversa de chão de fábrica

Taxa de remoção = Velocidade e avanço = Volume em polegadas cúbicas/minuto Há duas maneiras de usinar metal mais rapidamente: cortando uma espessura maior de cavaco, conhecido como profundidade de corte, e aumentando a taxa de avanço. Assim, elevando a velocidade de corte em rpm, eles combinam-se para formar a **taxa de remoção** em minutos/polegadas cúbicas. Taxa de remoção é uma medida de eficiência. Usaremos esse termo para depois calculá-lo.

Linha de cisalhamento
Linha dentro do cavaco por onde a deformação ocorre.

Ponto de interferência (contato)
Centro pontual de pressão entre o cavaco e a ferramenta de corte.

Soldagem
Adesão instantânea do cavaco na ferramenta de corte. Conduz à formação de crateras e arestas postiças de corte.

Taxa de remoção
Combinação do resultado da profundidade de corte, do avanço e da velocidade de corte (rpm) em polegadas cúbicas (ou litros por minuto). É diretamente proporcional à potência requerida para o corte.

Zona de contorno
Pequeno espaço entre o ponto de interferência e a ponta de corte na ferramenta.

Força, atrito e aquecimento

A escolha certa das velocidades de corte e do avanço pode prolongar a vida da ferramenta de corte de forma surpreendente. Para entender como, olhe atentamente para o cavaco sendo produzido. Observe que há uma curva de pressão contra a superfície de saída. Ela começa bem perto da ponta de corte e aumenta para um ponto atrás da aresta de corte, depois, ela diminui até o limite de contato entre o cavaco e a cunha de corte (Fig. 1-11).

Evidências dessa graduação de pressão podem ser demonstradas observando a superfície de saída da ferramenta de corte que foi utilizada na usinagem de aço por um longo tempo sem refrigeração. Quando fazemos isso, vemos a formação de uma área desgastada em virtude do atrito extremo que remove pequenas partículas da ferramenta. Vamos observar maneiras de previnir a **formação de crateras**, pois isso acabará eventualmente destruindo a ferramenta de corte. Por enquanto, vamos usá-la para demonstrar como a pressão está distribuída.

O centro da cratera situa-se onde a pressão é mais acentuada, um pouco atrás da aresta de corte. Esse ponto é chamado de **interferência** ou **ponto de contato.**

Formação de cratera
Erosão da superfície de saída devido à soldagem.

Geometria negativa
A ferramenta de corte deforma o cavaco por um ângulo agudo causando maior dobra que a geometria positiva.

Geometria positiva
A ferramenta de corte deforma o cavaco por um ângulo menor causando menor deformação do cavaco.

Ponto-chave:
Boas escolhas de velocidades de corte e avanço deslocam o ponto de interferência para a superfície de saída, longe da ponta de corte, de modo que a pressão mecânica, o atrito e o calor são distribuídos sobre a parte mais resistente da ferramenta.

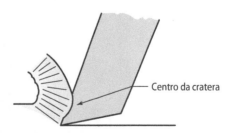

Figura 1-11 O gradiente de pressão no centro da face de saída, no ponto de interferência.

Atrito externo e calor

A pressão no ponto de interferência pode ter um salto de 100 mil libras por polegada quadrada entre o cavaco e a ferramenta – isso não é um erro de impressão! A força total está concentrada em pontos de contato microscópicos quando o cavaco desliza. Em uma preparação sem refrigeração ou com uma velocidade de corte extrema, o calor resultante pode causar a **soldagem** do cavaco na ferramenta de corte. Mas cada pequena solda irá ceder quando o cavaco avançar. Esse ciclo de solda-quebra-solda não apenas causa crateração, como pode comprometer o acabamento final.

Tal contato de alta pressão causa o "atrito e calor externo". Parte do calor externo é conduzida para a ferramenta de corte e também para o refrigerante, se utilizado, mas a maior parte é conduzida para o cavaco e, também, para a parte não usinada da peça. Tudo se aquece: peça, ferramenta de corte e cavaco podem se tonar perigosamente quentes! Novamente, por conhecer as forças e ações, o mecânico habilidoso pode controlar o calor e até mesmo usá-lo para tirar bom proveito, como na usinagem com alta velocidade (veja no site!).

Então, eis outra pista para resolver o "mistério do aquecimento do cavaco". Enquanto o cavaco removido recebe parte do calor externo, esta pista não chega a explicar por que o cavaco continua a aquecer depois de ser removido. Não há mais atrito, uma vez que ele passa pela superfície de saída.

> **Ponto-chave:**
> O cavaco pode atingir temperaturas superiores a 1000 °F.

Surpreendentemente, apenas 25% de todo calor gerado na usinagem são atribuídos ao atrito externo.

Descontrolado, o calor queima a ferramenta e, possivelmente, endurece a peça. Isso é realmente perigoso quando o cavaco aquecido sai voando da peça. A expansão do metal, devido ao calor, pode causar também estragos na precisão da peça, como visto anteriormente (Fig. 1-12).

Figura 1-12 Atrito descontrolado e seu comparsa, o calor, podem fazer qualquer ferramenta de corte falhar cedo demais.

Calor de deformação é interno

A última pista para solucionar o mistério está dentro do cavaco, quando ele é deformado e destacado da peça. Observe, na Fig. 1-13, que, quando o cavaco é pressionado contra a superfície de saída, o atrito faz ele empilhar. O cavaco, na verdade, fica mais espesso que a profundidade de corte.

Conforme o cavaco é arrancado, há um "fluxo" contínuo forçado de metal ao longo de uma linha real chamada de **linha de cisalhamento**. Isso ocorre no "ângulo de cisalhamento", que está no cavaco. Por causa do atrito externo contra a cunha, o cavaco é empilhado, ficando cada vez mais grosso. Conforme ele é empilhado, grãos de metal são friccionados ao longo de uma linha que se extende do ponto A até próximo à ponta de corte, como na Fig. 1-13.

Mistério resolvido!

A maior parte do calor produzido no processo de usinagem do cavaco vem do atrito interno. O calor origina-se dentro do cavaco e é conduzido para parte externa.

É desejável aumentar o ângulo de cisalhamento. Para tanto, diminui-se a linha de cisalhamento, a qual, em termos, reduz o atrito interno e o aquecimento. O ângulo de cisalhamento pode ser alterado por três elementos de controle:

- Refrigeradores para lubrificar o atrito externo.
- Ferramentas mais rígidas que resistam ao atrito para que o cavaco deslize sobre ele.
- Variação do ângulo de saída da ferramenta.

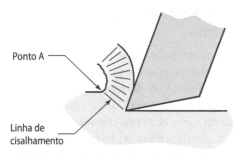

Figura 1-13 Conforme o cavaco deforma, ele fica mais espesso que a profundidade de corte ao longo da linha de cisalhamento.

Investigue

Mecânicos e programadores devem compreender os princípios de formação de cavaco, particularmente, quando forçando ao limite com equipamentos CNC velozes. A seguir, são apresentados quatro experimentos que abordam os conceitos da geometria de ferramentas de corte de forma clara.

Experimento 1 – Massa de modelagem

Utilizando massa plástica e uma cunha de madeira, podemos simular quase todos os conceitos que discutimos até agora – saída, folga, deformação e linha de cisalhamento. A Fig. 1-14 mostra uma ferramenta avançando sobre o material. Observe a deformação e a espessura do cavaco relativas à profundidade de corte. Se você realizar esse experimento, observe atentamente, verá a linha de cisalhamento (enfatizada na foto).

- Tente variar o ângulo de saída e observe a espessura do cavaco.
- Tente usinar sem ângulo de folga.
- Tente usinar com uma ferramenta de madeira não polida, áspera, e depois com uma superfície de saída lisa. Note a diferença no empilhamento.

(Ferramentas modernas são revestidas em sua superfície por materiais extremamente duros, e alguns são, até mesmo, polidos microscopicamente na superfície de saída.)

Experimento 2 – Observe um cavaco qualquer

Para ver evidências do efeito de empilhamento em primeira mão, coloque os óculos de proteção, vá à oficina e procure algum exemplo de cavaco feito por um processo qualquer. Note que ele é liso de um lado e áspero do outro. Não o retire de uma máquina em funcionamento. Está claro qual lado estava virado para a ferramenta de corte e qual estava do outro lado? Quando a velocidade de corte é muito lenta, o lado áspero mosta sinais de **deformação** "irregular" (Figura 1-15).

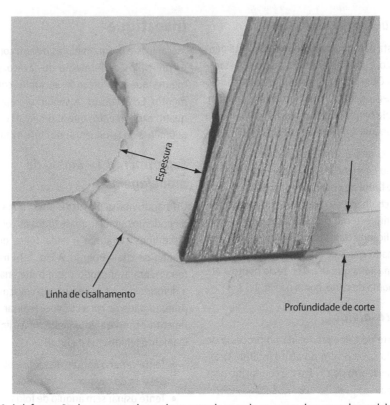

Figura 1-14 A deformação do cavaco pode ser demonstrada usando um peça de massa de modelagem.

Figura 1-15 O lado liso e áspero de um cavaco típico indica a deformação.

Experimento 3 – Calor interno

Segure uma chapa fina de metal sem os cantos vivos, para proteger as mãos, e tente dobrá-la repetidamente. O que acontece na dobra? Ela se aquece a partir dos grãos de metal que se dobram. Eventualmente, as ligas granulares do metal fadigam-se e ocorre a quebra ao longo da dobra.

Experimento 4 – Cavaco de aço azulado

Seu instrutor pode ter exemplos desse fenômeno. Evidências do aquecimento do cavaco podem ser vistas na usinagem de aço (Fig. 1-16). Quando a temperatura ultrapassa 375 °F, a superfície começa a oxidar com o ar da sala. Diferentes temperaturas produzem cores diferentes. Na foto, o cavaco de baixo começa com uma cor de palha, perto de 430 °F, até a cor marrom, em 450 °F. O exemplo de cima começa em uma cor marrom, em 500 °F, e termina em

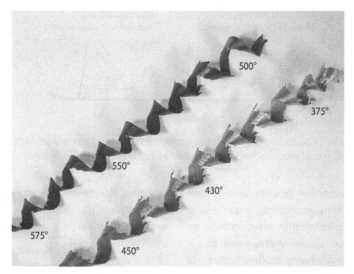

Figura 1-16 Cavacos de aço mudam de cor devido à oxidação. Cores diferentes indicam temperaturas diferentes.*

um azul marinho, em torno de 550 °F. Esses cavacos foram produzidos a partir de uma programação que diminuía a força de avanço constantemente, enquanto a rotação era aumentada em uma broca.

Mas um fato curioso é quando o cavaco destaca-se da peça com uma cor de aço brilhante e, depois, caindo no chão, ele começa a mudar de cor, indo de um amarelo claro para um azul claro e, então, para um azul escuro, uma vez que se aquece de dentro para fora. Quer uma pista?

Usinabilidade

Resistência à deformação diferencia vários metais quanto à sua relativa facilidade ou dificuldade com que podem ser usinados. Por exemplo, alumínio maleável será fácil de se deformar, enquanto os aços resistem de três a dez vezes mais à deformação se comparado ao alumínio. O metal mais maleável aquecerá menos, tanto interna quanto externamente, e requererá menos potência da máquina. Isso pode ser verificado nos experimentos com argila. Argila quente contra fria, como cada uma delas irá se deformar quando o modelo de ferramenta passar por elas?

* N. de E.: Para ver estas fotos coloridas, acesse o site loja.grupoa.com.br e busque pelo título do livro. Na página do livro, acesse o conteúdo online.

Ponto-chave:
Há duas fontes de calor no cavaco: a externa, a partir do atrito entre o cavaco e a ferramenta de corte, e a interna, causada por deformação ou deslizamento interno do cavaco contra si mesmo.

Agora que você compreende as fontes de calor, vamos ver como controlá-los.

Mudando ângulos de saída

A Fig. 1-17 descreve formatos exagerados de três ferramentas produzindo cavaco. Note que a profundidade de corte mantém-se a mesma, apenas o ângulo de saída mudou, e isso alterou a espessura do cavaco. Enquanto a inclinação fica mais negativa, a cunha fica mais espessa e o cavaco deve se deformar mais.

Ponto-chave:
Não alterando as outras variáveis, o cavaco produzido por uma ferramenta de geometria positiva é mais fino, próximo da espessura da profundidade de corte, comparado com o cavaco produzido por uma ferramenta de geometria negativa. Ferramentas com **geometria positiva** consomem menos energia para produzir cavaco.

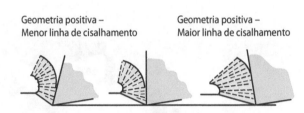

Mudando o ângulo de saída

Figura 1-17 A mudança do ângulo de saída afeta o comprimento da linha de cisalhamento, modificando a espessura do cavaco, o qual produz aquecimento e altera a força requerida pela máquina.

À medida que a superfície de saída torna-se mais negativa, ocorre mais deformação, o que resulta em maior aquecimento tanto externamente, no aumento da pressão, quanto internamente, no aumento da linha de cisalhamento. Uma ferramenta de **geometria negativa** também consome menos energia (potência da máquina).

Refrigerantes encurtam a linha de cisalhamento

Refrigerantes também lubrificam. Eles reduzem o atrito externo, o que aumenta o ângulo de cisalhamento, resultando em uma menor deformação e menor aquecimento em geral. Portanto, refrigerantes têm um papel duplo na redução de aquecimento.

Ferramentas duras encurtam a linha de cisalhamento

Se o material da ferramenta for mais duro, ele oferecerá menor resistência ao atrito com o cavaco. Em outras palavras, o cavaco desliza mais facilmente. Ele tem o mesmo efeito que a adição de lubrificante no ponto de interferência.

Questão de pensamento crítico

Admitindo que não haja mudanças nas outras variáveis, quais diferenças você esperaria encontrar na usinagem se mudasse para uma cunha com geometria mais negativa?

1. Maior ficção externa e internamente.
2. Mais força requerida para realizar o trabalho.
3. Cavaco mais quente.

Partindo desses fatos, alguém poderia assumir que uma geometria positiva é o caminho certo – porém, nem sempre é assim. Na verdade, na usinagem de produção, ferramentas com geometria negativa são mais comuns.

Por quê? A resposta exige uma investigação.

Por que não utilizar sempre ferramentas com geometria positiva?

Essa é uma pergunta natural e parece que todos os fatores melhoram quando a fazemos. Menor calor produzido, menor força requerida, e o cavaco é mais frio. A resposta seria simples se pudéssemos utilizá-la, porém a ferramenta com geometria positiva é mais frágil devido à sua forma. Se desejássemos forçar a ferramenta com geometria positiva, isto é, usinar mais metal por minuto, a ponta de corte se quebraria por causa de sua forma fina. Também, ferramentas com geometria positiva não conduzem o calor tão bem em razão da falta de área. Elas são mais propensas a queimarem. Mas força e área não são as únicas razões para se utilizar ferramentas com geometria negativa. A resposta mais longa está por vir – empurrando a fronteira.

Cada ângulo de saída tem sua aplicação correta. Seu objetivo é entendê-los e saber quando utili-

> **Conversa de chão de fábrica**
>
> **Geometria neutra.** Em teoria, na Fig. 1-17, a ferramenta do meio tem geometria neutra. No entanto, em oficinas, uma ferramenta com geometria neutra possui desempenho tão bom quanto a outra com geometria negativa.

zar cada um deles. A Unidade 1-3 lhe ajudará juntamente com a experiência de usinagem.

> **Ponto-chave:**
> Aumento da taxa de remoção é a razão principal de selecionar uma ferramenta com geometria negativa.

Prevenindo a formação de crateras e arestas postiças de corte

Com o aumento da taxa de remoção ao máximo, dois problemas podem surgir, ambos causados pelo atrito no ponto de interferência: desgaste da cratera e aresta postiça de corte. Como foi mencionado anteriormente, o desgaste da cratera (Figs. 9-18 e 9-19) pode destruir a ferramenta de corte e a aresta postiça de corte pode arruinar o acabamento da peça. Ambos são resultados da alta pressão no ponto de interferência.

Aresta postiça de corte

O segundo problema mais comum associado à soldagem é chamado de **aresta postiça de corte**. Aqui, ocorre a soldagem, mas, dessa vez, um pouco mais apertada. Ela não se solta instantaneamente. O fluxo de metal com o cavaco começa a recuar, o que perturba a área que se eleva dentro do cavaco, atrás do congestionamento, até que a pressão torne-se grande o bastante para cisalhar a solda persisten-

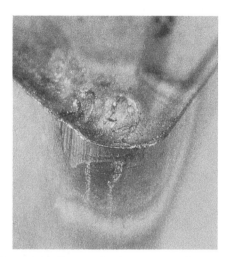

Figura 1-19 Crateras são vistas na ponta da ferramenta de carboneto depois de cortar metal por algum tempo.

te. Imagine uma grande pedra em um rio. A água à montante acumula-se atrás da pedra, e então escoa ao redor, quando a pressão é alta o suficiente.

O problema na usinagem é que, se o acúmulo não é corrigido, alguns dos distúrbios escapam *sob* a cunha e tornam-se uma parte irregular e permanente do acabamento final. A Fig. 1-20 mostra essa perturbação no modelo de argila.

Para simular a soldagem, um prego foi fixado na superfície de saída da ferramenta de madeira (Figura 1-21). Observe que a área perturbada se estendeu à frente da aresta de corte, propensa à quebra e tornou-se parte da superfície da peça. Foi adicionada argila vermelha para enfatizar a área perturbada, mas, se você realizar o mesmo experimento com massa de modelagem, não verá nenhuma marcação.

Figura 1-18 O desgaste de cratera, eventualmente, romperá a ponta da ferramenta por causa do ponto fraco que gera.

> **Ponto-chave:**
> Caso sua configuração produza aresta postiça de corte, o acabamento resultante parecerá liso, então áspero, depois liso, em um padrão de repetição. Às vezes, a rugosidade se parece com pequenos fios saindo da superfície.

Figura 1-20 Representação de arestas postiças de corte escapando sob a ferramenta.

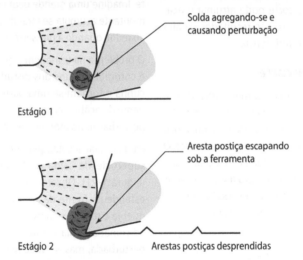

Figura 1-21 A solda detém-se por mais um pouco, a área perturbada apoia-se por trás da solda, e pequenas quantidades de solda escapam por baixo da cunha.

Soluções

As mesmas variáveis de controle que previnem a formação de crateras também eliminam a aresta postiça de corte.

Ferramentas mais duras ou superfície de saída revestidas eletricamente Quanto mais dura for a superfície de saída, menos cavaco se arrastará sobre ela. É por isso que ferramentas de geometria negativa são construídas com carboneto de tungstênio, em razão de sua extrema dureza.

Lubrificantes na refrigeração Tanto o óleo de corte como os refrigerantes formam uma barreira antiatrito entre a ferramenta e o cavaco. Reduzir o atrito no ponto de interferência encurta a linha de cisalhamento, diminuindo assim o calor e a pressão – e a solda não se formará. No entanto, há várias outras vantagens adquiridas quando refrigerantes são introduzidos.

Refrigerantes causam cavaco mais fino Com menos atrito na superfície de saída, o ângulo de cisalhamento é reduzido e o cavaco resultante é mais fino. O calor interno diminui assim como a enegia necessária para realizar o corte. O resultado final é que a ferramenta se comportará mais como uma ferramenta de geometria positiva, sem alteração em sua forma. A redução de calor produz um aumento na vida da ferramenta, melhor acabamento (Fig. 1-22) e segurança!

> **Ponto-chave:**
> A lista de benefícios da refrigeração está crescendo:
> A. Prevenção de crateras.
> B. Redução externa e interna de calor.
> C. Geração de cavacos mais frios e mais seguros.
> D. Melhora no acabamento final.
> E. Aumento de vida da ferramenta.
> F. Término das arestas postiças de corte.
> G. Estabilização de problemas de medição devido à dilatação térmica.

Por que usamos ferramentas de geometria negativa

Por que a vida da ferramenta de corte aumenta quando usinamos mais metal por minuto ou quando mudamos para uma ferramenta de geometria negativa que provoca mais atrito e calor? A resposta parcial é que, afastando o ponto de contato para longe da ponta de corte, distribuímos a força sobre a parte mais rígida da ferramenta.

Além disso, a deformação do cavaco concentra grande parte da pressão na ferramenta, mas não exatamente na ponta de corte. Há uma pequena área entre

> **Conversa de chão de fábrica**
>
> **Reduza o calor – poupe a ferramenta** Partes aquecidas são difíceis de medir não só porque são difíceis de lidar, mas também porque encolhem após o resfriamento. Peças e cavaco aquecidos são perigosos também. O ponto principal aqui é que o calor consome a vida da ferramenta. Experimentos mostram* que uma pequena redução de temperatura externa de menos de 50 °F pode prolongar a vida útil da ferramenta em mais de seis vezes.
>
> *Cincinnati-Millacron Company, *Resfriamento de cavacos*.

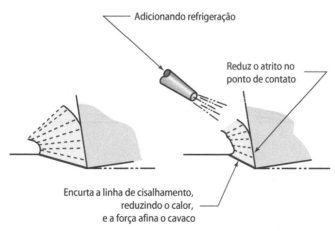

Figura 1-22 Refrigerantes reduzem o atrito de interface, reduzindo, assim, a força de deformação. O resultado é um cavaco mais fino e uma redução de calor e de potência.

o ponto central da força e a ponta de corte chamada de **zona de contorno**. Retornando à Fig 9-18, a fronteira é ilustrada como uma pequena parte plana entre a depressão e a ponta de corte e, de fato, pode aparecer em ferramentas de corte reais. Essa zona está sujeita a menos força e atrito do que existe no centro da depressão mais acima da ferramenta.

A zona de contorno mostrada na Fig. 1-23 pode ser beneficamente extendida mais para trás da ponta de corte, forçando a ferramenta de corte (mais avanço), aprofundando o corte (mais profundidade de corte) ou alterando para uma ferramenta de geometria negativa. Geralmente, quando a zona de contorno é extendida para longe da ponta de corte vulnerável, a ferramenta dura mais, porque a força, o calor e o atrito foram deslocados para partes mais rígidas da ferramenta. Você consegue visualizar como isso prolonga a vida da ferramenta?

No entanto, a melhor combinação refere-se à quantidade de força que a ferramenta e o ajuste podem suportar. Há um limite superior para quão forte pode-se empurrar a configuração. Conhecer esse limite é uma questão de experiência prática e cálculo dos avanços.

Deformação plástica

A **deformação plástica** se refere a como a aceleração do corte afeta a deformação do cavaco. Se a taxa de deformação é aumentada – ou seja, mais rápida a usinagem —, o calor interno amolece o cavaco e ele flui mais facilmente.

Em cada seção da máquina, há uma unidade de seleção de velocidades do corte e do avanço. Essa é a última informação de que você precisa para fazer as escolhas corretas da taxa de remoção.

> **Ponto-chave:**
> A vida da ferramenta muitas vezes pode ser habilmente prolongada com uma das duas maneiras seguintes:
>
> A. O aumento da força de corte desloca ou redireciona a zona limite para longe do ponto fraco da ponta de corte, o que aumenta a profundidade ou a taxa de corte.
>
> B. Aumento da velocidade de corte faz o cavaco fluir mais facilmente.
>
> No entanto, ambas as técnicas têm limites superiores, em que a ferramenta fica comprometida pela força e pelo calor. Você vai balancear esses fatores na sua seleção de velocidades de corte, avanços e na profundidade do corte.

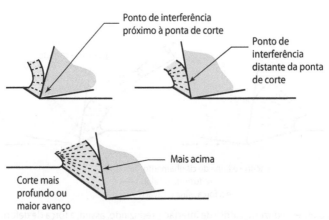

Figura 1-23 A zona de contorno pode ser deslocada para longe da ponta de corte, aumentando a força de corte.

Dica da área
Grande fluxo de cavaco em titânio e aços inoxidáveis

Ao usinar certos metais duros, as ferramentas perdem o corte rapidamente, a menos que a força de corte seja suficiente. Manter a ferramenta em operação forçada é denominado grande **fluxo de cavaco**. Na usinagem do titânio, da maioria dos metais inoxidáveis e do bronze duro, exige-se grande fluxo de cavaco para prolongar a vida útil da ferramenta.

Na usinagem desses materiais, você deve "enterrar" a ferramenta de corte (maior profundidade de corte) e manter a operação forçada (altos avanços). Cortes leves tiram o fio da ferramenta. O fluxo de cavaco pesado estende-se pela zona de contorno e alivia a ponta de corte.

Revisão da Unidade 1-2
Revise os termos-chave

Aresta postiça de corte
Resultado da solda do cavaco que mantém-se por muito tempo, permitindo que uma pequena parte escape por debaixo da ferramenta e seja soldada novamente na superfície da peça.

Deformação
Dobra e empilhamento do cavaco durante a fase de recalque.

Deformação plástica
Característica do cavaco que lhe causa deformação sem voltar à sua forma original.

Fluxo de cavaco
A quantidade de cavaco que está sendo formada pela combinação do avanço e da profundidade de corte. Veja taxa de remoção.

Formação de cratera
Erosão causada na superfície de saída da ferramenta devido à soldagem realizada.

Geometria negativa
A ferramenta de corte deforma o cavaco por um ângulo agudo, causando maior dobra que a geometria positiva.

Geometria positiva
A ferramenta de corte deforma o cavaco por um ângulo menor, causando menor deformação do cavaco.

Linha de cisalhamento
Linha dentro do cavaco por onde a deformação ocorre.

Ponto de interferência
Centro pontual de pressão no ponto de contato entre a ferramenta e o cavaco.

Soldagem
Adesão instantânea do cavaco na ferramenta de corte. Leva à formação de crateras e arestas postiças de corte.

Taxa de remoção
Combinação do resultado da profundidade de corte, avanço e velocidade de corte (rpm) em polegadas cúbicas por minuto (ou litros por minuto). É diretamente proporcional à potência requerida para o corte.

Zona de contorno
Pequeno espaço entre o ponto de interferência e a ponta de corte na ferramenta.

Reveja os pontos-chave

- Cavaco deforma-se quando entra em contato com a superfície de saída.
  - Cavaco esquenta por atrito externo −25% do calor total.
  - Cavaco esquenta por atrito interno −75% do calor total.
  - Ferramentas são desgastadas pela força de contato com o cavaco – a soldagem ocorre causando crateras.
  - Vários fatores podem afetar o ângulo de cisalhamento, com resultados diferentes no processo de usinagem.

- Mudança do ângulo de saída afeta o atrito.
  - Geometria positiva causa menos atrito e menos deformação do cavaco.
  - Geometria positiva é mais fraca e fina, por isso, aquece-se rapidamente.
  - Ferramentas de geometria negativa podem operar com forças de corte maiores.
  - Ferramentas de geometria negativa são geralmente feitas com material mais duro para resistirem ao atrito adicional.
- Há vários outros fatores de controle que afetam a linha de cisalhamento e a formação de cavaco:
  - refrigeração;
  - ferramentas duras;
  - avanço e velocidade de corte;
  - ângulos de corte;
  - profundidade de corte.

Responda

Determine sua capacidade de ir adiante ao responder as seguintes questões. Este é o ponto crítico do qual você não deve passar até que tenha uma sólida compreensão sobre linha de cisalhamento, ângulos de saída e formação de cavaco.

1. Por que as ferramentas com geometria negativa duram mais em uma preparação?
2. Quais são as duas maneiras de os refrigeradores reduzirem o calor no processo de usinagem?
3. Identifique e explique duas maneiras de controlar a formação de arestas postiças de corte no acabamento da peça.

Questões de pensamento crítico

4. Uma ferramenta continua quebrando antes de perder o corte. Identifique, pelo menos, duas maneiras para prevenir isso.
5. De onde vem a maior parte do calor originado na usinagem de cavaco?

>> Unidade 1-3

>> Ajustando variáveis

Introdução Esta unidade é para colocar o que acabou de aprender para trabalhar para você. Tudo sobre o que acontece quando mudamos as variáves da geometria da ferramenta e os fatores de ajuste e por quê. No final, olharemos brevemente para solução de alguns problemas comuns.

Leia as sugestões a seguir, mas não tente absorver tudo. Quando quiser melhorar uma preparação ou quando as coisas não saírem como esperado, volte para revê-las. A experiência em máquinas o trará para o foco. Também pergunte ao seu instrutor e a outros mecânicos especializados, mas não fique surpreso se cada um deles oferecer uma solução diferente.

Quase todos os problemas ou melhorias podem ser tratados usando várias combinações de consertos. Por exemplo, se uma ferramenta está com trepidação, você provavelmente diminuirá a velocidade de corte e, possivelmente, diminuirá o ângulo de saída. Outra variável seria o aumento do avanço e/ou a troca do ângulo de posição da ferramenta. A preparação pode ter de ser reforçada também, uma vez que as vibrações talvez sejam provenientes da fixação da peça, e não da peça propriamente. O raio de canto pode também ter que ser reduzido. Cada caso será um desafio.

Logo você terá o conhecimento para perceber o que há de errado e resolvê-lo por conta própria. Para fazer isso, é necessária uma grande quantidade de conhecimento, o que envolve a intuição baseada na sua experiência – que é a essência para ser qualificado!

Termos-chave

Classe de metal duro

Dureza relativa de uma ferramenta indo de muito dura a muito tenaz, mas macia na outra extremidade da escala.

Corte interrompido
Ação de corte não contínua causando choques na ferramenta.

Entupimento
Cavacos obstruem a ferramenta, destruindo acabamentos e até mesmo quebrando a ferramenta.

Produtividade
Fazer uma preparação mais eficiente visando a produzir mais peças por minuto.

Trepidação
Vibração indesejada que muitas vezes ocorre durante a usinagem. Ruídos podem destruir a ferramenta e arruinar o acabamento.

Resumindo as variáveis de controle

Aqui estão as possibilidades resumidas.

Alterando a forma da ferramenta

Há três variáveis de forma:

Raio de canto

Ângulos de corte/posição

Ângulos de saída

Mude o raio de canto para:

prevenir avaria na ferramenta;

melhorar o acabamento;

reduzir a trepidação;

formar um canto interno arredondado na peça.

Aumente o raio quando:

o acabamento for grosseiro;

as ferramentas estiverem queimando ou quebrando frequentemente.

Diminua o raio quando:

a **trepidação** for um problema.

Alterando o ângulo de saída

As ferramentas com geometria positiva e negativa podem gerar bom acabamento quando aplicadas corretamente. Use geometria positiva quando:

O trabalho exige taxas de remoção moderadas ou em peças moles, tais como alumínio ou latão macio.

A usinagem é executada em baixa velocidade, tal como rosquear usando um torno manual.

A retirada de cavaco é um problema para ferramentas de geometria negativa. É mais comumente usada na usinagem de ligas moles de alumínio. O cavaco é soldado e aglomerado na ferramenta, sendo chamado de **entupimento**.

É desejável alterar para uma ferramenta de geometria negativa quando houver uma maior remoção de metal.

As peças de material duro devem ser usinadas.

Ferramentas queimam ou quebram-se com geometria positiva.

Mudando os ângulos de corte/posição

Os ângulos de posição são alterados por três razões:

1. Para suavizar a ação de corte.
2. Para aumentar a taxa de remoção.
3. Para formar uma peça como a da direita na Fig. 1-24. A peça gira enquanto a ferramenta do torno move-se para a esquerda, deixando uma superfície angular e arredondada.

Aumente o ângulo de posição quando usar uma ferramenta:

com posição a 0 grau (lado esquerdo), comum em preparações de moderada remoção de metal.

com 20°, para um corte com alto volume.

Diminua o ângulo de posição quando:

a ferramenta de 20° causar trepidação; portanto, pode ser escolhida uma ferramenta com inclinação de 10°.

Forma

Às vezes, até mesmo em tornos CNC, há situações em que é preciso usar ferramentas de corte com 20°, como mostra a Fig. 1-24, para criar a forma de

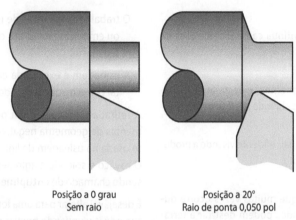

Posição a 0 grau
Sem raio

Posição a 20°
Raio de ponta 0,050 pol

Figura 1-24 Observando estas ferramentas de torno, a da esquerda tem posição zero enquanto a da direita tem posição a 20°, com raio de ponta.

uma peça. A forma da ferramenta gera a forma na peça. Ferramentas de forma têm o efeito de um longo ângulo de posição.

Com ferramentas de forma, selecione uma velocidade baixa e use muito refrigerante e óleo de corte. Também tenha certeza de que a preparação esteja rígida. Em virtude da grande área de contato entre a ferramenta e a peça, a trepidação é o inimigo quando se está modelando. As correções seguem esta ordem:

- Diminua a rotação.
- Melhore a rigidez da preparação.
- Adicione óleo lubrificante em vez de refrigerante.
- Às vezes, alterar o avanço(aumentando ou diminuindo, caso a caso) pode ajudar, mas é o último item a tentar.

Mudando a dureza da ferramenta

A mudança na dureza da ferramenta geralmente é acompanhada por uma mudança para a geometria negativa visando a aumentar a produção, mas nem sempre. Às vezes, precisamos mudar para uma ferramenta de corte menos dura, porém com maior tenacidade.

Ferramentas duras *versus* tenazes Ferramentas de metal duro são fornecidas em uma variedade de dureza que discutiremos em detalhes mais tarde. A faixa vai de muito duro em uma extremidade da escala até tenaz, porém maleável na outra extremidade. Ferramentas de aço rápido são mais moles do que o último metal duro da escala, mas são mais capazes de suportar vibrações e choques.

Mude para uma ferramenta mais tenaz quando a ferramenta de metal duro estiver quebrando ou lascando na ponta, antes que perca o corte pelo uso normal.

Ferramentas HSS resistem à quebra em cortes intermitentes também – isto é, uma ação corta-não corta, tal como torno usinando um objeto não arredondado ou com um furo na lateral. A ferramenta deve entrar, sair e entrar na peça em cada revolução. Esse tipo de ação adrupta é chamada de **corte interrompido**.

Mude para uma ferramenta dura quando

- O trabalho exigir uma grande taxa de remoção.
- A ferramenta estiver queimando, antes de começar a perder seu corte.
- A peça for muito dura e a ferramenta perder o corte muito rapidamente.

Mudando velocidades de corte e o avanço

Essas duas variáveis de controle vitais podem ser alteradas com o virar de um botão por um operador de CNC e de algumas alavancas ou correias em máquinas manuais. Elas são, quase sempre, as primeiras variáveis a ser ajustadas para a melhoria ou solução de problemas. Nas seções sobre furação, torneamento e fresamento deste livro, calcularemos a velocidade certa para o trabalho. Aqui, discutiremos esse assunto de maneira genérica.

Um lembrete rápido – velocidade de corte é a velocidade com que o cavaco sai da ferramenta, ou seja, é a velocidade em que ocorre o corte. Nas operações de furação e fresamento, a periferia da ferramenta é ajustada para girar em taxas específicas, em pés por minuto. No torneamento, é a periferia da peça que deve girar na velocidade específica. Em ambos os casos, o objetivo é calcular e ajustar a rotação para atingir uma velocidade de corte em pés por minuto (pés/min) ou metros por minuto (m/min).

> **Ponto-chave:**
> Velocidade de corte é a velocidade em pés/min ou m/min com que o metal passa pela ferramenta ou a ferramenta passa pela peça. Mudar a velocidade de corte significa ajustar a rotação.

A meta é encontrar o ponto perfeito no qual resulta o melhor acabamento, mas as ferramentas também devem durar. Não calcular a rotação correta com base na velocidade de corte recomendada é um dos erros mais comuns que os instrutores observam nos novos operadores.

Segurança Usinar muito rápido significa que algo está girando muito rapidamente. A peça ou a ferramenta podem estar excedendo os limites de segurança. O trabalho em torneamento é mais perigoso quando temos uma máquina em velocidade excessiva. Aqui, a peça pesada e o dispositivo de fixação estão girando. Além disso, com maior velocidade, o cavaco torna-se mais quente e sai voando mais rápido.

Potência e remoção de cavaco são limites práticos para ajustar a velocidade para cima. Muitas vezes, o cavaco não consegue sair da área de corte e adere-se à superfície de saída independentemente se é positiva ou negativa. A primeira correção é adicionar refrigeração ao corte.

Diminua a velocidade de corte quando

A rotação for ligeiramente menor que a calculada. Quando preparar a máquina para o primeiro corte, é inteligente começar com uma velocidade ligeiramente abaixo da calculada e ir aumentando-a, observando os resultados tanto em relação à peça como à ferramenta.

Ferramentas queimam antes de perderem o corte devido à dureza da peça.

Ocorre trepidação. Reduzir a rotação é a correção imediata para a trepidação.

A preparação parece ser insegura ou incomum.

Aumente a velocidade de corte quando

O corte não estiver cisalhando o cavaco corretamente. A deformação do cavaco ocorre em grandes pedaços e não está fluindo em camadas.

As ferramentas quebrarem antes de perderem o fio.

Aqui está um exemplo. Se uma máquina é desligada, mas deixada cortando até que ela pare, ela desacelerará enquanto estiver gerando o cavaco. Em geral, pouco antes de parar completamente, a ferramenta se romperá devido à má deformação do cavaco. Isso é mais comum em pastilhas de metal duro frágil, mas o aço rápido fará o mesmo em cortes pesados.

Ao examinar o cavaco produzido nessa condição de baixa velocidade, você verá que a parte traseira estará extremamente áspera por causa dos grandes pedaços de metal deformados deslizando e grudando (Fig. 1-25).

> **Ponto-chave:**
> Uma velocidade de corte muito baixa resulta em quebra, mau acabamento e baixa produção – taxas de remoção ineficientes.

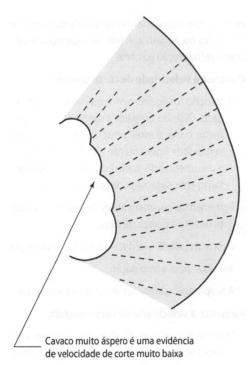

Cavaco muito áspero é uma evidência de velocidade de corte muito baixa

Figura 1-25 Um cavaco com aspereza extra pode ser um sinal de má deformação do cavaco.

Ajustando o avanço

Semelhante à velocidade de corte, mudanças no avanço afetam tanto a vida da ferramenta (Fig. 1-26) como o acabamento e a exatidão da peça. Calcular a taxa de corte é importante, mas menos crítica que a velocidade de corte, porque normalmente há uma faixa de valores aceitáveis para o avanço.

O limite superior é devido à resistência da preparação e da rugosidade do acabamento produzido. Altos avanços são o objetivo em termos de eficiência. Baixo avanço não é problema, exceto pelo fato de se tratar de uma usinagem de baixo volume. Eles são comumente usados para acabamento final e a exatidão é uma preocupação primordial. Aqui seguem duas exceções.

Aumente o avanço quando

- O endurecimento estiver ocorrendo por causa do atrito de alguns metais sensíveis, tais como aço inoxidável, aço de alto carbono ou certos bronzes.
- A trepidação estiver ocorrendo – às vezes, um avanço maior pode estabilizar a trepidação, porque o cavaco mais largo é forçado contra a superfície de saída da ferramenta.

Desbaste pesado e depois diminua o avanço Baixos avanços deixam marcas mais finas e um acabamento mais suave. Além disso, exercem forças menores na ferramenta, melhorando assim a exatidão. Um bom plano geralmente inclui uma ou mais passadas pesadas de desbaste, depois um corte de semiacabamento para estabilizar a exatidão e, por último, uma passada final com avanço de corte fino.

Figura 1-26 Falha prematura da ferramenta pode ocorrer por diversos fatores.

Diminua o avanço quando

A peça e a máquina estiverem sujeitas a forças questionáveis.

O acabamento final for mais grosseiro que o esperado.

Exatidão e repetibilidade estiverem abaixo da tolerância do trabalho.

Ferramentas estiverem quebrando antes de perderem o corte.

Problema	Possível causa
Mau acabamento	Ferramenta sem corte (cega) Avanço e/ou profundidade de corte excessivos Sem refrigeração Ferramenta com ângulo de folga inadequado Baixa velocidade de corte Ângulo de saída errado Ferramenta sem raio de canto Ferramenta sem ângulo de posição
Aresta postiça de corte	Ausência ou pouca refrigeração Ferramenta sem corte Ferramenta muito mole
Trepidação/Vibração	Rotação excessiva Ferramenta de raio grande Grande ângulo de posição na ferramenta Mau suporte de apoio da peça Peça muito fina ou fraca para a operação Baixo avanço e profundidade de corte Ferramenta muito profunda; profundidade de corte muito grande
Inexatidão/ inconsistência na repetibilidade	Ferramenta sem corte Mau suporte de apoio da peça Ausência de fluidos refrigerador e de corte Avanço excessivo Profundidade de corte excessiva Ângulo de folga inadequado Ferramenta flexível – muito balanço/força excessiva para o tamanho da ferramenta
Aquecimento excessivo da peça	Alta rotação Ferramenta sem corte Ferramenta com geometria negativa Pouca refrigeração
Quebra da ferramenta	Avanço e profundidade de corte muito altas (causa número 1) Ferramenta frágil Ferramenta muito dura Preparação não rígida ou mal apertada Geometria positiva não resistente Taxas lentas de corte causam má deformação

Solução de problemas

Aqui estão alguns problemas e suas causas associadas. Enquanto você trabalha para alcançar operações mais eficientes, tenha em mente que o primeiro objetivo é a segurança e depois a exatidão. A rapidez também é desejada, conhecida como **produtividade**, desde que nunca se arrisque a segurança e a qualidade.

> **Dica da área**
>
> **Ruído** Às vezes, um ruído muito agudo ocorrerá sem evidências de marcas de trepidação na peça. Este som irritante não afeta a vida da ferramenta ou a exatidão de trabalho, mas pode levar você à loucura e estragar seu dia. Ele ocorre na usinagem de aços muito duros, em alguns aços inoxidáveis e no bronze duro. Mais do que irritante, a exposição prolongada pode resultar na perda auditiva – use protetores auriculares para evitar os danos causados por esse tipo de barulho.

Problema	Possível causa
Desgaste de cratera	Ausência de refrigeração
	Refrigerador não atinge a área de corte – o cavaco o desvia
	Ferramenta muito tenaz – use uma classe mais dura
Adesão de cavaco	Alta rotação
	Ausência de refrigeração
	Ferramenta sem corte
	Ferramenta com geometria negativa
Superaquecimento da peça	Rotação excessiva
	Profundidade de corte excessiva
	Avanço excessivo
	Ferramenta sem corte
	Ferramenta sem ângulo de folga
Queima de ferramenta	Uso de ferramenta de metal duro (mais dura)
	Avanço muito alto
	Rotação muito alta
	Profundidade de corte muito grande
	Ausência de fluido de corte
	Ferramenta sem corte
	Rotação no sentido inverso
	Atingir (ou criar) uma região de trabalho endurecida
Ruído alto e agudo	Peça dura
	Velocidade excessiva
	Ausência de ângulo de folga
	Ferramenta com balanço excessivo – muito longa
Cavacos perigosos, quentes e rápidos	Sem refrigeração
	Rotação excessiva
	Sem proteção de segurança
	Sem limpeza do cavaco à medida que há acúmulo perto da peça e de fusos rotativos
Cavacos longos e aderentes	Avanço ou profundidade de corte muito baixos
	Avanço contínuo
	Ausência de quebra-cavaco na ferramenta

Unidade 1-3 Revisão

Revise os termos-chave

Classe de metal duro
Dureza relativa de uma ferramenta – indo de muito dura e resistente até macia na outra extremidade da escala.

Corte interrompido
Ação de corte não contínua causando choques no cortador.

Entupimento
Os cavacos obstruem a ferramenta, arruinando acabamentos e, até mesmo, quebrando a ferramenta.

Produtividade
Fazer uma preparação mais eficiente com a meta de produzir mais peças por unidade de tempo.

Trepidação
Vibração indesejada que muitas vezes ocorre durante a usinagem. O ruído pode destruir a ferramenta ou arruinar o acabamento.

Reveja os pontos-chave

- Velocidade de corte é a velocidade da borda da ferramenta ou da peça (que estiver girando).
- Obter a velocidade de corte correta significa calcular e ajustar a rotação para cima ou para baixo.
- Escolher uma velocidade de corte baixa resulta em mau acabamento, quebra de ferramentas e, geralmente, usinagem ineficiente.
- Escolher uma velocidade de corte muito alta resulta em queima de ferramentas, endurecimento da peça, cavacos extremamente quentes e velozes e condições perigosas.
- Avanços são importantes, porém há uma larga faixa que proporciona resultados aceitáveis.

Responda

Verifique sua compreensão da solução de problemas.

1. Identifique, pelo menos, três maneiras para interromper o trepidação.
2. Verdadeiro ou falso? O avanço se baseia na velocidade de corte. Se falso, o que a tornaria verdadeiro?
3. Quais variáveis de controle diminuem o calor do cavaco em uma operação? Explique cada uma brevemente.
4. Quais as três variáveis de forma de uma ferramenta que podem ser ajustadas?

Questões críticas para reflexão

5. Quando é desejável mudar para uma ferramenta mais mole?

REVISÃO DO CAPÍTULO

Unidade 1-1

Abordamos aqui somente os princípios básicos da geometria das ferramentas de corte. Como a habilidade aumenta com a experiência em máquinas, vamos dar uma olhada em mais três tipos de ângulos de saída. Procure, nas ferramentas de torno, por ângulos de saída compostos que permitam o movimento da ferramenta para a direita ou para a esquerda. Procure fresas com várias combinações de geometrias radiais positivas e negativas (centro para fora da ferramenta) e geometrias axiais (paralela ao eixo) e por ressaltos nas superfícies de saída. Mas todos eles começam com os quatro princípios básicos: saída, folga, posição e raio de canto. Cada ferramenta os possui, embora em alguns casos eles sejam nulos, como acontece com os raios de canto. Esteja certo de que você os identificará em qualquer ferramenta que usar. Esta é a fronteira – você deve conhecer as geometrias das ferramentas de corte.

Unidade 1-2

Atualmente, as ferramentas de corte estão evoluindo a um ritmo fantástico, impulsionadas pela necessidade de altas velocidades. Melhor ferramentaria é uma das fronteiras que imagino (e espero) que nunca ultrapassemos por completo. Como um mecânico novato, você será bombardeado por amostras de novas ferramentas, com artigos fornecidos pelos seus fabricantes e por usuários finais como você, para testá-las. Haverá demonstrações, folhetos e discursos de vendas no percurso. Apesar de caras, algumas ferramentas novas se pagam em questão de dias, ainda que não atendam à expectativa em suas aplicações particulares. Parte do trabalho inclui fazer pesquisas inteligentes com base nos conhecimentos das Unidades 1-1, 1-2 e 1-3.

Unidade 1-3

Se alguma vez houve um teste perfeito de raciocínio lógico combinado com a adivinhação, deve ter sido a solução de problemas sobre ferramentas de corte. Lembro-me de apostas e disputas entre três ou mais mecânicos em nossa oficina para descobrir exatamente qual era o problema e como resolvê-lo. Cada um de nós podia, e fizemos, a máquina funcionar melhor, mas a verdade é que a resposta absoluta não existe, pois esta é uma ciência de variáveis. A usinagem com CNC torna-se ainda mais complexa à medida que exigimos uma demanda mais rápida de produção por minuto e por dia. Aprenda bem essas lições.

Questões e problemas

1. Identifique as características geométricas das ferramentas de corte que podem ser usadas como variáveis de controle.
2. Descreva brevemente o propósito de cada resposta da Questão 1.
3. Qual não é variável de controle: saída, posição, folga e cisalhamento? Explique.
4. Das quatro características da Questão 3, quais não estão na ferramenta de corte? Explique.
5. O que acontece com o cavaco se o alteramos para um ângulo de saída mais negativo?
6. Em termos de requisitos de usinagem, o que acontece quando alteramos para uma ferramenta com geometria negativa?
7. Qual é a razão mais provável de ter um raio de canto acima de 0,125 pol.?
8. Cite duas correções ou alterações para resolver o problema da aresta postiça de corte.
9. A sentença seguinte é verdadeira ou falsa? A zona de contorno é definida como o espaço entre o ponto de interferência e a aresta de corte.

Questões de pensamento crítico

10. Em uma dada configuração, a ferramenta quebra-se prematuramente com a aresta de corte, antes de perder o fio em uso normal. Por que e como isso deve ser corrigido? Identifique pelo menos quatro soluções.
11. A ferramenta está queimando antes de perder o corte. Identifique pelo menos quatro causas e suas soluções.
12. A ferramenta possui um revestimento dourado em sua superfície. Com base no que você acabou de aprender, para que serve isso?
13. A ferramenta é alterada de uma versão sem revestimento para uma com revestimento, igual à da Questão 12. Identifique pelo menos dois benefícios, assumindo que as outras variáveis e configurações se mantenham iguais.
14. Qual é a principal razão de mudar de uma ferramenta de metal duro para uma de aço rápido (HSS)?
15. O acabamento feito por uma superfície fresada é muito grosseiro para passar em uma inspeção. Sem olhar no quadro de soluções de problemas da Unidade 1-3, quais seriam as mudanças para resolver esse problema?
16. Em que ordem você colocaria as correções propostas no Problema 15?
17. Um trabalho deve ser levado a uma fresadora manual que é limitada a oito seleções de velocidade de rotação. Após fazer as contas (a ser aprendidas no Capítulo 4), você determinou que a velocidade calculada é de 375 rpm, que está entre duas velocidades, 250 e 400 rpm. Qual delas você deve usar?
18. Utilizando a mesma fresadora da Questão 17, a rotação necessária calculada é 300 rpm. Agora, o que deve ser feito?

Perguntas de CNC

19. Uma ferramenta de metal duro padrão está produzindo 15 peças em um torno CNC antes que perca o corte e precise ser trocada por uma pastilha nova. No entanto, você suspeita que outra ferramenta com revestimento de diamante artificial pode usinar 40 peças por aresta, com diminuição de quase 50% no tempo de ciclo por peça. O que você deve se perguntar antes de fazer essa mudança?
20. Se sua carreira está orientada para oficinas com equipamentos CNC, por que você deve se manter informado sobre os avanços em ferramentas de corte?

RESPOSTAS DO CAPÍTULO

Respostas 1-1

1. Saída, superfície sobre a qual o cavaco desliza e é deformado; permite que apenas a ponta de corte toque e previna fricção; posição, ângulo relativo que a ferramenta faz com a direção de avanço, distribui o cavaco por uma área mais ampla.
2. Saída e posição.
3. Verdadeiro.
4. Corte e saída.
5. Com o aumento do avanço, o ângulo de saída torna-se mais importante.
6. Aproximadamente $\frac{1}{8}$ polegada, dependendo da pressão de avanço.
7. Ferramentas mais resistentes, cortes mais suaves e acabamentos mais finos.

Respostas 1-2

1. Elas são mais resistentes e capazes de conduzir melhor o calor do que as de geometria positiva.
2. Lubrifica a área de contato reduzindo o calor externo do atrito; menor atrito resulta em menos deformação, portanto, menos calor interno.
3. Refrigerantes lubrificam, assim, a difusão não ocorre; ferramentas mais duras evitam o atrito contra o cavaco.
4. Menos força = menor velocidade de avanço ou menor profundidade de corte. Mudança para uma cunha mais resistente = geometria negativa.
5. Da deformação dentro do cavaco.

Respostas 1-3

1. Baixa rotação, redução do ângulo de posição, redução do raio de canto, fortalecimento da fixação, aumento do avanço (ou profundidade de corte).
2. Falso. Velocidade de corte; a rotação se baseia na velocidade de corte.
3. Refrigerantes, gera menos calor reduzindo o calor externo e o interno; geometria positiva reduz o ângulo de cisalhamento com menor deformação de linha; cunhas mais duras, reduz a fricção externa, a qual reduz a fricção interna.
4. Ângulo de saída, raio de canto, ângulo de posição.
5. Em termos de vida útil e desempenho, a resposta simples é "nunca". Mais duro é melhor em todos os casos, exceto no lascamento e quebra da ferramenta em virtude de cortes interrompidos e trepidação. Porém, mais mole equivale a ferramentas mais tenazes.

Respostas para as questões de revisão

1. Saída; posição; raio de canto.
2. Saída, superfície e ângulo da cunha que deforma o cavaco; posição, angulação da aresta de corte relativa à direção de avanço para distribuir a ação sobre uma maior área da aresta de corte, também suaviza a entrada e saída da ferramenta na peça; raio de canto, similar à posição, distribui a ação de corte por uma distância maior, mas também cria uma ferramenta mais forte e um acabamento melhor.
3. Folga – uma quantidade mínima é tudo que é necessário.
4. Linha de cisalhamento está dentro cavaco.
5. Mais deformação, maior linha de cisalhamento, mais atrito e calor.
6. Mais força e potência requerida.
7. É uma ferramenta de *forma*.
8. Refrigerante e uma ferramenta mais dura.
9. Verdadeiro.
10. *Aumente a velocidade de corte*, pode ser de uma deformação lenta; *reduza o avanço ou a profundidade de corte*, menor força; *ferramenta é muito dura*, mude para uma ferramenta de cunha mais resistente; *ferramenta fraca*, adicione raio de canto para fortalecê-la, use uma geometria negativa, veja se há excesso de folga; *melhore e aperte* as fixações para diminuir vibrações, não suficientemente apertado.
11. Velocidade de corte excessiva.
    Avanço e profundidade de corte excessivos.
    Ângulo de saída muito negativo – muito atrito.
    Saída muito positiva e o calor está se concentrando na ponta.
    Ausência de refrigeração.
    Folga insuficiente – atrito.
    Ferramenta muito mole – mude para um metal duro.

12. É necessária uma superfície revestida mais dura para diminuir a fricção.
13. Reduzindo o atrito de contato, o calor de deformação diminuirá, levando a uma vida útil maior. Isso também significa que a máquina não está trabalhando com carga tão alta para realizar o mesmo corte.
14. Eles são mais duros, por isso há menos atrito na área de contato. Note que, por causa das ferramentas de carboneto de tungstênio serem mais densas que o aço, são melhores na condução de calor para fora da ferramenta, mas isso é uma vantagem secundária se comparada à dureza.
15. Ferramenta cega, cheque e troque-a se necessário; trepidação – diminua a velocidade, reduza o raio de canto, diminua o ângulo de posição, mude o ângulo de saída; melhore a rigidez da preparação; algumas vezes (não frequentemente), aumentar o avanço vai funcionar.
16. Na ordem apresentada na Resposta 15.
17. Escolha 400 rpm, uma vez que 400 rpm são apenas 6% mais rápidos que o calculado. No entanto, observe cuidadosamente os sinais de queima da ferramenta ou o endurecimento da peça.
18. Isso ocorre muitas vezes em máquinas manuais. Inicialmente, escolha a de 250 rpm e observe os resultados. Se você vê características de corte lento, tente a de 400 rpm, mas tenha muita cautela, pois estará trabalhando com uma velocidade 25% maior que a calculada. Ela poderá funcionar, mas, com certeza, a vida útil da ferramenta diminuirá.
19. O aumento da produção justifica o custo da ferramenta? (Faça as contas.) Você tem acesso suficiente a essas novas ferramentas para continuar com a produção? Você possui grande estoque das ferramentas que devem ser usadas? Quantas peças faltam para serem usinadas – fazer uma parada para trocar a ferramenta seria benéfico nesse instante? O aumento da velocidade de corte levaria a uma menor qualidade e menor segurança?
20. Esta resposta está na utilização eficiente da capacidade. Máquinas CNC são caras e precisam se pagar, o que significa trabalhar com a maior taxa de remoção dentro de sua capacidade. Como as máquinas evoluem, elas podem ser mais velozes. Não tendo ferramentas capazes de seguir essa evolução, grande parte da vantagem é anulada.

>> capítulo 2

Operações de furação e furadeiras

Objetivos deste capítulo

>> Selecionar as brocas certas para o trabalho

>> Medir, nomear e descrever uma broca industrial

>> Selecionar um mandril para um alargador

>> Selecionar o tipo correto de haste e adaptador

>> Identificar as várias características em furadeiras padrão

>> Conhecer os hábitos seguros de trabalho e métodos de fixação para morsas, placas, dispositivos e grampos

>> Calcular ou selecionar uma rotação inicial em qualquer operação de perfuração ou alargamento

>> Consultar quadros de velocidades tangenciais recomendadas nos livros de referência

>> Posicionar e realizar a localização do furo pelo método de puncionamento com repetibilidade de 0,030-pol

>> Posicionar e realizar a localização do furo pelo método de centragem com repetibilidade de 0,010-pol

>> Escolher a broca para macho correta para um macho específico

>> Cortar roscas usando macho em uma furadeira

>> Selecionar e usar um rebaixador e um escareador

>> Estabelecer configurações de perfuração para furos perpendiculares e inclinados

>> Afiar segura e corretamente uma broca usando um esmeril de pedestal

>> Reconhecer uma broca danificada precisando de reafiação

Aprender a operar uma furadeira é menos desafiador do que outros tipos de usinagem, mas não confunda sua experiência aqui como algo menos importante. Além de aprender a usar uma máquina de perfuração manual com segurança e eficiência, o Capítulo 2 aborda uma importante família de operações em que rotacionamos uma ferramenta de corte e então a introduzimos diretamente na peça para criar um furo preciso. Usinar diâmetros exatos na posição correta a uma profundidade específica é um dos mais fundamentais métodos de o metal ser conformado. A possibilidade dentro de qualquer programa CNC utilizando três ferramentas ou mais, é de que pelo menos uma irá executar algum tipo de perfuração para completar a forma da peça.

Não importa se os furos são produzidos por meio de alta ou baixa tecnologia, um operador competente deve ser capaz de movimentar e manter uma broca na posição correta e deve saber como fazer furos profundos, mantendo a forma retilínea e cilíndrica. Um terceiro desafio é evitar o entupimento da broca com cavaco e eventualmente quebrá-la. Por último, as configurações da broca também devem incluir segurança e longa vida útil da ferramenta. Atualmente, o foco não é sobre o custo menor da interrupção para troca e afiação de uma broca danificada devido à má configuração, ao contrário, recai no maior custo da perda de produção devido à parada por qualquer motivo!

Além do básico, há outra razão para aprender a furação. Atualmente, nos programas de fresadoras CNC, a furação é usada para usinagem de desbaste em metais extremos, os quais, caso contrário, seriam de corte difícil. Devido à capacidade do *software* CAM de determinar rapidamente locais de perfuração ao longo do perímetro da peça, programadores criam sequências de corte que removem o sobremetal em formas complexas por meio da perfuração em vez de usinar o contorno externo. A vantagem é que uma broca de carboneto dura, mas frágil, suportará uma pressão final muito melhor do que uma fresa de carboneto que pode sofrer um impulso radial. A perfuração é uma opção eficiente do CNC comparada à fresagem e, se feita corretamente, a broca durará mais do que outros tipos de ferramentas de corte.

Há nove desafios para uma perfuração com sucesso:

- Escolher a ferramenta certa
- Perfurar na posição correta
- Dar o acabamento final segundo especificações do desenho
- Perfurar na profundidade correta
- Calcular a velocidade e o avanço
- Fazer fixações seguras e fortes
- Remover cavaco de furos profundos
- Prolongar a vida da ferramenta
- Atingir o tamanho correto, incluindo circularidade e linearidade

Praticamente todas as habilidades necessárias para enfrentar esses desafios podem ser praticadas em uma furadeira de uso diário, como as encontradas em seu laboratório da escola técnica. Uma vez estabelecida, a sua capacidade será transferida para as máquinas-ferramenta de nível superior.

>> Unidade 2-1

>> Ferramentas básicas de perfuração

Introdução Brocas e alargadores são fornecidos em diâmetros tão pequenos quanto um fio de cabelo humano e tão grandes como 6 polegadas ou mais, em casos especiais. A profundidade das operações de perfuração padrão é limitada a cerca de 5 a 10 vezes o diâmetro da broca. É possível, no entanto, perfurar bem mais profundo usando técnicas especiais denominadas bicadas, ou mudando para ferramentas denominadas brocas espadas ou brocas canhão (todas serão estudadas neste capítulo).

Começamos o desafio de fazer um furo observando as ferramentas básicas: brocas e alargadores. Como de costume, há palavras para aprender.

Termos-chave:

Adaptador cone Morse
Tanto uma *luva* para ampliação como um *soquete* de redução.

Broca espiral
Ferramenta de corte de aço rápido feita com estria espiral.

Chanfro
Semelhante às margens, uma superfície pequena na ferramenta de corte.

Cone Morse
Furo usinado autotravante de $\frac{5}{8}$ pol. por pé.

Cunha de extração (extrator de broca)
Pequena cunha plana usada para vencer a força de retenção de ferramentas de haste cônica.

Escareador flutuante (ferramenta flutuante para outros tipos de ferramentas de corte)
Tendência de ferramentas de corte em acomodar-se e seguir formas previamente usinadas, como um alargador acompanhando um furo usinado localizado incorretamente mesmo que a furadeira esteja no local correto.

Furo cego
Furo que não atravessa – isso conduz a desafios em cavaco e líquido refrigerante, especialmente quando se está rosqueando.

Haste
Extremidade de montagem da ferramenta.

Haste rebaixada
Broca maior do que $\frac{1}{2}$ pol. de diâmetro, mas com uma haste reta. Pode ser feita a partir de uma broca de haste cônica danificada.

Margens
Faixa estreita em que o diâmetro das brocas é total.

Ponto morto
Centro ineficiente de uma broca que não corta.

Rebaixo
Apoio de aplicação do torque em brocas e alargadores de haste cônica.

Escolhendo a broca certa e o alargador

A **broca espiral** usual (arestas helicoidais) que você vai usar em trabalhos de laboratório é normalmente feita de aço rápido (AR). AR é usado também para muitos outros cortadores porque tem quatro características excelentes para este dever:

1. Pode ser afiado usando o rebolo padrão.
2. Flexiona para suportar a força específica de perfuração.
3. Mantém a borda bem afiada, mesmo quando aquecido a altas temperaturas de trabalho.
4. Resiste ao amolecimento pelo calor gerado.

Você pode ler um anúncio para conjuntos de perfuração feito a partir de aço alto-carbono (AC). Embora o preço seja tentador, eles são ferramentas inferiores em termos de força e vida útil. Além de lâminas de serra, o aço de alto-carbono nunca é trazido para as oficinas profissionais. Além disso, o AC da lâmina de serra de fita é considerado uma série descartável. Brocas de alto-carbono e outras ferramentas de corte são apenas suficientes para oficinas caseiras se usadas em marcenaria, mas elas são inúteis para o trabalho com metal.

Ao selecionar uma broca para um trabalho, eis o que você precisa procurar:

- *Diâmetro*
- *Método de retenção da ferramenta*
- *Geometria da broca*

Quatro sistemas de tamanho diferente da broca

Brocas fracionárias (por exemplo, diâmetro de $\frac{3}{16}$ pol.) são as mais comuns. Mas utilizando incrementos fracionários, não cria diferenças de tamanho suficientes para a fabricação. Portanto, três sistemas de tamanho adicionais estão em uso, e eles se encaixam entre as frações.

Conversa de chão de fábrica

AAR forte quando quente Aço rápido de alta velocidade mantém a sua resistência plena até cerca de 230°C (450°F) e muito da sua resistência até incríveis 340°C (650°F)!

Série de números	Tamanhos de 1 a 80 (grande para pequeno)
Série de letras	Tamanhos de A a Z (pequeno para grande)
Série métrica de brocas	Tamanhos de 0,5 mm para cima

Isso é confuso no início porque o sistema evoluiu sem orientação. Para organizar o processo, maquinistas utilizam um gráfico como o mostrado na Figura 2-1, encontrado na parede de todas as oficinas, no Apêndice deste livro, na tampa de sua caixa de ferramentas e em livros de referência como Pronta referência do Operador © por Prakken Publicações (ISBN: 0-011168-90-7). Utilizar um gráfico de perfuração é fácil com um pouco de investigação.

Por exemplo, observe, no gráfico da Figura 2-1, que, perto do diâmetro broca-pol. (0,375 pol.), uma broca de tamanho "U" é encontrada, medindo 0,368 pol. e uma broca "V" com 0,377 pol. Isso não é muita diferença no tamanho, mas é o suficiente para fazer uma grande diferença no produto final.

Pergunta Qual é o tamanho da broca recomendado para rosquear uma rosca de $\frac{1}{4}$-20?

Resposta: A broca de tamanho "F", com diâmetro de 0,201 pol.

Responda 2-1A

Para ter certeza de que você compreendeu o conteúdo, aqui estão algumas perguntas com as respostas encontradas no final do Capítulo 2.

1. Quais são as duas dimensões de brocas em torno do tamanho fracionário comum de $\frac{3}{16}$ pol.?
2. Olhando para a tabela de tamanhos de broca, o que é estranho em relação à série de tamanho numerada? Por quê?
3. Qual é a menor broca de tamanho numerada e seu tamanho em polegadas decimais na tabela?
4. Quais brocas em milímetros inteiros estão mais próximas de $\frac{3}{8}$ pol.? (Tamanho métrico maior e menor mais próximos?)
5. Qual é a letra de tamanho de broca mais próxima de $\frac{1}{2}$ pol.? Qual é o tamanho?
6. Brocas de tamanhos fracionários ou letras ficam maiores em diâmetro quando se observa a tabela para baixo. Essa declaração é verdadeira ou falsa?
7. Qual é o equivalente decimal da broca com letra de menor tamanho?
8. Em geral, quais são as maiores brocas: as de tamanho numerado ou letrado?

Seleção de tamanho para brocas e alargadores

Agora, a partir do gráfico, você já sabe o tamanho de broca de que precisa. No entanto, é fundamental saber como verificar a ferramenta para ter certeza de que o tamanho escolhido é o correto. Há três maneiras de determinar o diâmetro de uma broca ou alargador:

- Marcando o tamanho
- Medindo a broca
- Calibrando o tamanho da broca

O medidor do tamanho da broca mostrado na Figura 2-2 é semelhante ao que estamos usando como exemplo em outras unidades – uma série de tamanhos de furo ascendente, usada como um teste de melhor ajuste dos diâmetros de perfuração. Mas, como vimos, pode haver uma pequena diferença entre algumas das brocas menores, de modo que deve ser considerado apenas como um guia rápido e aproximado de classificação. Como as brocas, os calibres de tamanho são fornecidos em cada uma das quatro séries: métricas, frações polegadas, número e tamanhos de letra.

Marcas de diâmetro

Quando são feitas, brocas e alargadores (um cortador de furo de acabamento que se segue uma broca) são de tamanho marcado perto da **haste**, sua extremidade de fixação (Fig. 2-3). Se as marcas são legíveis, acredite que a broca tem o tamanho mostrado, *mas nunca confie no tamanho de um alargador* (veja a seguir tamanhos fora do padrão).

Feito na América
Starrett
Qualidade de precisão desde 1880
A Companhia L.S. Starrett - Athol MA 01331, U.S.A.

Equivalência decimal da broca padrão e de macho

FRAÇÃO OU TAMANHO DA BROCA	EQUIVALÊNCIA DECIMAL	TAMANHO DO MACHO	FRAÇÃO OU TAMANHO DA BROCA	EQUIVALÊNCIA DECIMAL	TAMANHO DO MACHO	FRAÇÃO OU TAMANHO DA BROCA	EQUIVALÊNCIA DECIMAL	TAMANHO DO MACHO
80	0,0135		9/64	0,1406		23/64	0,3594	
79	0,0145		27	0,1440		U	0,3680	7/16-14
1/64	0,0156		26	0,1470		3/8	0,3750	
78	0,0160		25	0,1495	10-24	V	0,3770	
77	0,0180		24	0,1520		W	0,3860	
76	0,0200		23	0,1540		25/64	0,3906	7/16-20
75	0,0210		5/32	0,1562		X	0,3970	
74	0,0225		22	0,1570		Y	0,4040	
73	0,0240		21	0,1590	10-32	13/32	0,4062	
72	0,0250		20	0,1610		Z	0,4130	
71	0,0260		19	0,1660		27/64	0,4219	1/2-13
70	0,0280		18	0,1695		7/16	0,4375	
69	0,0292		11/64	0,1719		29/64	0,4531	1/2-20
68	0,0310		17	0,1730		15/32	0,4688	
1/32	0,0312		16	0,1770	12-24	31/64	0,4844	9/16-12
67	0,0320		15	0,1800		1/2	0,5000	
66	0,0330		14	0,1820	12-28	33/64	0,5156	9/16-18
65	0,0350		13	0,1850		17/32	0,5312	5/8-11
64	0,0360		3/16	0,1875		35/64	0,5469	
63	0,0370		12	0,1890		9/16	0,5625	
62	0,0380		11	0,1910		37/64	0,5781	5/8-18
61	0,0390		10	0,1935		19/32	0,5938	
60	0,0400		9	0,1960		39/64	0,6094	
59	0,0410		8	0,1990		5/8	0,6250	
58	0,0420		7	0,2010	1/4-20	41/64	0,6406	
57	0,0430		13/64	0,2031		21/32	0,6562	3/4-10
56	0,0465		6	0,2040		43/64	0,6719	
3/64	0,0469	0-80	5	0,2055		11/16	0,6875	3/4-16
55	0,0520		4	0,2090		45/64	0,7031	
54	0,0550		3	0,2130	1/4-28	23/32	0,7188	
53	0,0595	1-64,72	7/32	0,2188		47/64	0,7344	
1/16	0,0625		2	0,2210		3/4	0,7500	
52	0,0635		1	0,2280		49/64	0,7656	7/8-9
51	0,0670		A	0,2340		25/32	0,7812	
50	0,0700	2-56,64	15/64	0,2344		51/64	0,7969	
49	0,0730		B	0,2380		13/16	0,8125	7/8-14
48	0,0760		C	0,2420		53/64	0,8281	
5/64	0,0781		D	0,2460		27/32	0,8438	
47	0,0785	3-48	1/4	0,2500		55/64	0,8594	
46	0,0810		E	0,2500		7/8	0,8750	1-8
45	0,0820	3-56	F	0,2570	5/16-18	57/64	0,8906	
44	0,0860		G	0,2610		29/32	0,9062	
43	0,0890	4-40	17/64	0,2656		59/64	0,9219	
42	0,0935	4-48	H	0,2660		15/16	0,9375	1-14
3/32	0,0938		I	0,2720	5/16-24	61/64	0,9531	
41	0,0960		J	0,2770		31/32	0,9688	
40	0,0980		K	0,2810		63/64	0,9844	1 1/8-7
39	0,0995		9/32	0,2812		1	1,0000	
38	0,1015	5-40	L	0,2900		1 3/64	1,0469	1 1/8-12
37	0,1040	5-44	M	0,2950		1 7/64	1,1094	1 1/4-7
36	0,1065	6-32	19/64	0,2969		1 1/8	1,1250	
7/64	0,1094		N	0,3020		1 11/64	1,1794	1 1/4-12
35	0,1100		5/16	0,3125	3/8-16	1 7/32	1,2188	1 3/8-6
34	0,1110		O	0,3160		1 1/4	1,2500	
33	0,1130	6-40	P	0,3230		1 19/64	1,2960	1 3/8-12
32	0,1160		21/64	0,3281		1 11/32	1,3438	1 1/2-6
31	0,1200		Q	0,3320	3/8-24	1 3/8	1,3750	
1/8	0,1250		R	0,3390		1 27/64	1,4219	1 1/2-12
30	0,1285		11/32	0,3438		1 1/2	1,5000	
29	0,1360	8-32,36	S	0,3480				
28	0,1405		T	0,3580				

TAMANHO DA BROCA MÉTRICA

MACHO MÉTRICO	BROCA PARA MACHO mm	EQUIVAL. DECIMAL polegadas
M1.6 x 0,35	1,25	0,0492
M1.8 x 0,35	1,45	0,0571
M2 x 0.4	1,60	0,0630
M2.2 x 0,45	1,75	0,0689
M2.5 x 0,45	2,05	0,0807
M3 x 0.5	2,50	0,0984
M3.5 x 0,6	2,90	0,1142
M4 x 0,7	3,30	0,1299
M4.5 x 0,75	3,70	0,1457
M5 x 0.8	4,20	0,1654
M6 x 1	5,00	0,1968
M7 x 1	6,00	0,2362
M8 x 1,25	6,70	0,2638
M8 x 1	7,00	0,2756
M10 x 1,5	8,50	0,3346
M10 x 1,25	8,70	0,3425
M12 x 1,75	10,20	0,4016
M12 x 1,25	10,80	0,4252
M14 x 2	12,00	0,4724
M14 x 1,5	12,50	0,4921
M16 x 2	14,00	0,5512
M16 x 1,5	14,50	0,5709
M18 x 2,5	15,50	0,6102
M18 x 1,5	16,50	0,6496
M20 x 2,5	17,50	0,6890
M20 x 1,5	18,50	0,7283
M22 x 2,5	19,50	0,7677
M22 x 1,5	20,50	0,8071
M24 x 3	21,00	0,8268
M24 x 2	22,00	0,8661
M27 x 3	24,00	0,9449
M27 x 2	25,00	0,9843
M30 x 3,5	26,50	1,0433
M30 x 2	28,00	1,1024
M33 x 3,5	29,50	1,1614
M33 x 2	31,00	1,2205
M36 x 4	32,00	1,2598
M36 x 3	33,00	1,2992
M39 x 4	35,00	1,3780
M39 x 3	36,00	1,4173

TAMANHO DA ROSCA DOS TUBOS

TUBO	ROSCA
1/8-27	11/32
1/4-18	7/16
3/8-18	37/64
1/2-14	23/32
3/4-14	59/64
1-11 1/2	1 5/32
1 1/4-11 1/2	1 1/2
1 1/2-11 1/2	1 3/4
2-11 1/2	2 7/32
2 1/2-8	2 21/32
3-8	3 1/4
3 1/2-8	3 3/4
4-8	4 1/4

Figura 2-1 Tabela de equivalência decimal da broca padrão e de macho são frequentemente encontradas em gráficos de bolso em plástico e na maioria das paredes das oficinas. Você utilizará esta tabela diariamente neste tipo de oficina.

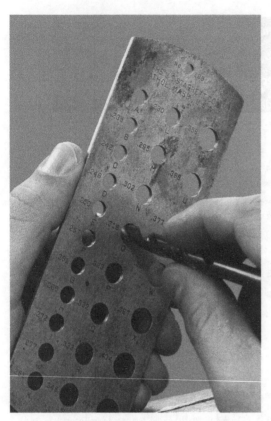

Figura 2-2 Um medidor de tamanho de broca pode classificar rapidamente brocas, mas deve ser considerado apenas como uma medida aproximada.

Figura 2-3 Dimensões de brocas carimbadas ou gravadas na haste da broca podem ser apagadas.

No entanto, em brocas que são presas por mandris, o tamanho é muitas vezes obliterado porque a broca gira durante o uso e a identificação é eliminada. A palavra final sobre qualquer diâmetro de ferramenta é medi-lo antes de usar.

> **Ponto-chave:**
> Crie o hábito de medir uma ferramenta de corte antes de usá-la. Da mesma forma que usar um micrômetro não calibrado, se a ferramenta de corte não tem o tamanho certo e você a utiliza para fazer as peças, a culpa pelo desperdício ou trabalho em dobro recai sobre o mecânico, não sobre a pessoa que entregou a ferramenta ruim para ele.

Medição nas margens

Na Figura 2-4 (olhando para a ponta da broca) e na Fig. 2-5, observe a faixa estreita ao longo do comprimento da broca em cada lado, a **margem**. Sempre meça o tamanho da broca nessas margens perto da aresta de corte, pois essa é a única porção com diâmetro total. As margens estreitas fornecem folga lateral no furo. Atrás delas, a broca é aliviada para reduzir o atrito e permitir que o refrigerante penetre de cima para baixo no corte.

Diâmetro padrão e não padrão

Embora tanto brocas como alargadores sejam fornecidos em cada uma das séries de quatro tamanhos, os alargadores podem ser encontrados em oficinas em qualquer diâmetro. Há duas razões para que esses alargadores de tamanho estranho se escondam sob a oficina à espera de apanhar o mecânico desavisado:

Alargadores especiais abaixo do tamanho Para fixar uma bucha de 0,500 pol. em um prato, alguém alargaria o furo para 0,4985 pol. Esse alargamento é feito pela redução de um alargador de tamanho padrão de 0,500 pol. pela afiação das bordas cortantes laterais. Quando um alargador (ou qualquer diâmetro de ferramenta de corte) é modificado, *espera-se* que o afiador da ferramenta remarque o

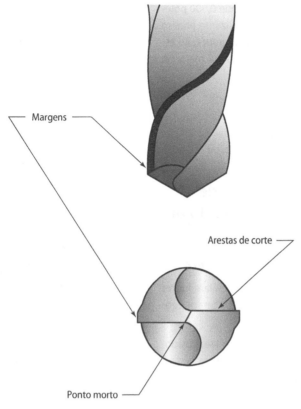

Figura 2-4 Sempre meça à margem da broca.

Figura 2-5 O micrômetro é colocado nas margens.

novo tamanho e eles *devem* ser mantidos em uma gaveta especial longe dos tamanhos padronizados.

Reafiamento torna-os menores Quando uma broca é afiada, apenas a face de folga é retificada, assim, ela permanece quase com o mesmo diâmetro para a sua vida inteira de serviço. No entanto, as laterais dos dentes de alargadores eventualmente sofreram desgaste. Eles, assim como as arestas de corte, devem ser retificados. Nesse momento, o objetivo é remover uma quantidade mínima do diâmetro de corte para restaurar a borda afiada, mas não importa quão pouco seja removido para afiá-lo, o alargador acaba com um tamanho fora do padrão. Novamente, eles deveriam ser remarcados quando afiados e armazenados longe de tamanhos padronizados, mas isso nem sempre acontece, ou eles não são guardados no lugar certo quando são utilizados.

Alargadores acima do tamanho Ou talvez um alargador de diâmetro especial possa ser necessário apenas um pouco maior do que 0,500 polegadas para permitir um ajuste deslizante preciso no furo. É possível comprar um alargador feito especialmente de 0,0001 pol. até 0,005 pol. maior do que um tamanho padrão.

> **Ponto-chave:**
> Marcações de tamanho podem não ser o diâmetro verdadeiro em alargadores. Sempre meça-os!

Selecionando o método de fixação mandril – Haste reta ou cônica

Ferramentas de haste reta e cônica

Esses são os dois modos de brocas e alargadores serem mantidos em furadeiras. Cada um oferece alguma vantagem.

As brocas de haste reta (Fig. 2-6) devem ser posicionadas em um mandril que as aperte entre as mordentes. Sob uma carga pesada, elas podem girar no mandril. Em contraste, as ferramentas de haste cônica são montadas pressionando-as em um soquete de alojamento – a fixação é mais firme tanto para a centralização como para a aplicação de torque.

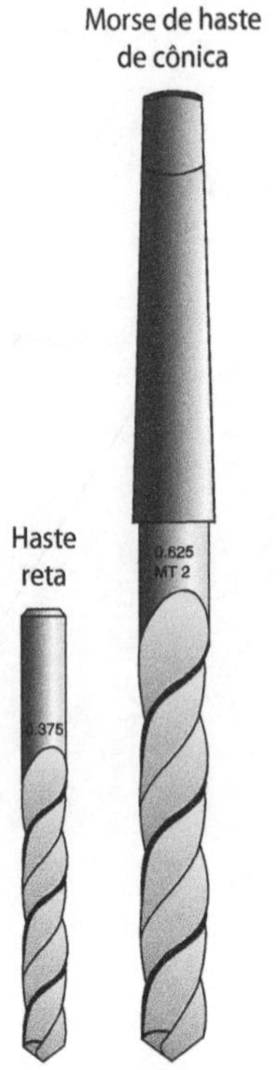

Figura 2-6 Brocas de haste reta e cônica.

> **Ponto-chave:**
> Brocas pequenas de até $\frac{1}{2}$ pol. são geralmente de haste reta, enquanto, na indústria, tamanhos maiores são normalmente de haste cônica tanto para trabalho manual como para CNC.

Há exceções à regra de tamanho em que brocas maiores do que $\frac{1}{2}$ polegada apresentam hastes retas, denominadas **brocas de haste rebaixada**. Elas são usadas onde a furadeira não tem a capacidade de prender hastes cônicas, ou elas são feitas de brocas de haste cônica danificada para continuar a usá-las. Seu uso não é uma prática recomendada, já que tensionam os mandris além dos limites de projeto. Há também brocas menores do que $\frac{1}{2}$ polegada usadas em configurações em que um mandril não é possível, mas um pequeno diâmetro é necessário. Ambos os tipos não são uma prática padrão.

Ferramentas de haste reta para mandril

Alargadores e brocas de haste reta requerem um mandril para mantê-los na máquina (Fig. 2-7). Pode ser tanto do mandril do tipo a chave, muitas vezes denominado de mandril "Jacobs" devido a um fabricante conhecido, como do mais preciso e caro, sem chave. Ambos possuem três garras que se fecham simultaneamente e permanecem no centro do mandril – denominado mandril de mandíbula universal. Devido à mudança relativamente rápida da broca, quando comparada às ferramentas cônicas, o mandril é o método mais universal de fixação da broca.

Figura 2-7 Duas variedades de mandris – mandril com e sem chave. Se estiver usando um mandril tipo com chave, nunca a deixe no mandril!

Limitações do mandril

Enquanto mandris são rápidos e fáceis de usar, a força de aperto na broca é limitada em ambos os tipos, com chave ou sem chave. O mandril sem chave tem alguma vantagem sobre o tipo com chave, já que tende a aumentar seu aperto sobre a ferramenta. No entanto, isso pode levar a sobreapertar se a broca travar-se no furo.

Mas ambas as variedades do mandril podem permitir que a broca deslize. Mesmo que as mordentes sejam feitas mais duras do que a haste da broca, com o tempo, essa ação degrada a precisão de centragem de mandris. Suas mordentes podem ser retificadas, mas, na maioria das vezes, elas são substituídas.

> **Dica da área**
> **Apertando mandril de brocas** Ao apertar qualquer tipo de mandril de broca, aperte levemente a ferramenta, em seguida, solte-a um pouco, duas ou três vezes, enquanto movimenta a ferramenta, antes do aperto final. Isso ajuda a eliminar o pinçamento da broca, fora do centro, entre duas das três mordentes (Fig. 2-8).

Dica de segurança Nunca deixe a chave do mandril em um mandril. Se a furadeira for acidentalmente ligada, a chave de repente se tornará um míssil descontrolado!

Figura 2-8 Evite pinçar a broca entre duas das três mordentes.

Fixando ferramentas de haste cônica

Ferramentas de haste cônica têm três grandes vantagens sobre as ferramentas haste reta.

1. **Torque positivo**
   Elas são projetadas para transferir cargas de maior torque sem escorregar. O **rebaixo** plano da Fig. 2-9 transfere torque do fuso para a ferramenta. A extremidade interna do furo cônico possui um ranhura onde o rebaixo de acionamento se encaixa.

2. **Centragem precisa**
   Cones ficam mais precisamente no centro do fuso, desde que nem o fuso nem o cone estejam danificados.

3. **Projeto sólido com autorretenção**
   Se estiver limpa e fixada levemente em um fuso limpo, a haste cônica fica posicionada até ser retirada novamente. Após limpar o cone e o fuso, insira e soque-a com um martelo macio. Para removê-la, utilize a cunha de sacar broca (ou apenas cunha de sacar) mostrada na Figura 2-9.

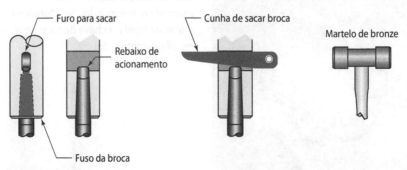

Figura 2-9 Limpe todas as hastes cônicas antes da montagem. Então, remova-as com uma cunha de sacar broca.

Luvas adaptadoras cone Morse

Tornados populares pela Companhia de Ferramenta Morse, os cones para ferramentas de perfuração têm seu nome – o **cone Morse**. O formato de cone da haste cônica é um padrão universal. (Há vários outros cones usados para fixar ferramentas em máquinas, mas apenas um para ferramentas de perfuração.) O padrão de conicidade é de $\frac{5}{8}$ polegadas por pé.

Há seis tamanhos de cone Morse: CM1 (menor, próximo de meia polegada) até CM6, o maior (Fig. 2-10). Eles são realmente diferentes segmentos do mesmo cone $\frac{5}{8}$ pol/pé. Ao montar ferramentas cônicas (um **adaptador de cone Morse**), pode ser necessário aumentar ou diminuir o tamanho da ferramenta para corresponder ao tamanho do eixo da furadeira.

Buchas cônicas podem ser necessárias para aumentar o cone da ferramenta até o cone do eixo (Fig. 2-10). *Soquetes* cônicos são utilizados para reduzir um cone para baixo, como mostrado na Figura 2-11. Tanto os soquetes quanto as buchas são marcados segundo o seu tamanho menor e maior: por exemplo, CM 1-3 representa cone Morse de número 1 ao número 3.

Monte ferramentas cônicas corretamente – Limpe!!!

Ao montar ferramentas com haste cônica ou adaptadores, é fundamental que ambas as partes este-

Figura 2-10 Variados adaptadores de cone Morse.

jam perfeitamente limpas. Um único cavaco mesmo do metal mais macio preso entre o cone e o furo cônico amolgará a haste da ferramenta, o que, então, destruirá a centralização e autorretenção da ferramenta (até que seja reparada).

O cone no fuso da máquina é deliberadamente feito com aço mais duro do que as ferramentas que

Aumente o tamanho com um soquete

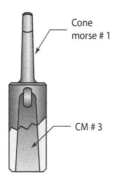

Figura 2-11 Um soquete cone Morse aumenta o tamanho do cone.

Geometria da broca padrão

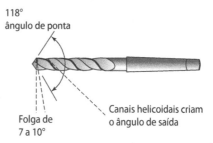

Figura 2-12 A geometria da ponta da broca padrão mostra os três ângulos principais.

ele aloja, por isso, tende a sobreviver a um ato tão descuidado. Mas ele pode ser danificado também. Uma maneira rápida de ser visto como um amador é batê-los juntos, sem tomar o tempo necessário para limpar ambos os componentes!

Geometria da broca

Variação do ângulo de ponta

Como já discutimos, os três ângulos básicos da ferramenta são vistos em qualquer broca. O ângulo de ponta é formado por dois ângulos de guia ou de corte em ambas as arestas em relação ao eixo da broca. Eles se combinam para fornar o ângulo de ponta.

> **Ponto-chave:**
> Um ângulo de ponta de 118° é padrão para aço macio a moderado, alumínio, latão e ferro fundido.

A maioria dos metais é perfurada bem com um ângulo interno de 118° (Fig. 2-12). Para verificar esse ângulo, usamos um *medidor de ponta de broca*, que verifica se cada aresta de corte está a 59° em relação à linha de centro da broca – metade do ângulo de ponta.

Ao perfurar materiais como aço duro, bronze ou aço inoxidável, às vezes, achatamos o ângulo de ponta a um ângulo interno de 135° ou mais, não porque ele corta melhor, mas porque torna o canto externo da broca mais forte e, portanto, menos propenso ao lascamento e ao aquecimento. O raio de canto entre a aresta de corte e a margem também ajuda a broca a suportar a perfuração de metais duros (Fig. 2-13).

Como eles têm menor ângulo de ponta, essas brocas planas não iniciam bem sem um furo piloto, por isso, tendem a vaguear fora da localização ao tocarem o material da peça. Para evitar o *desvio*, o furo pode ser iniciado com uma broca de ponta padrão do mesmo diâmetro, mas avançando apenas o suficiente para que a broca achatada comece a perfurar totalmente dentro do furo. Em outras palavras, a broca central cria um furo raso que não deixa a broca plana oscilar.

Para perfuração de plásticos, às vezes, usamos uma broca mais pontuda do que o ângulo padrão de 118°, mas todos os materiais macios ou finos tendem a agarrar e rasgar quando a broca estoura pelo lado oposto da peça. Isso deixa uma margem irregular na borda do furo. Para evitar esse problema, há uma modificação diferente que pode ser afiada na ponta para plásticos ou chapas finas, denominada *broca de ponta piloto* ou *ponta em espora*.

Brocas de ponta piloto

A ponta piloto impede a broca de oscilar porque as esporas em forma de V cortam primeiro a borda

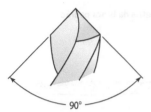  

90°	118°	de 118° para plano
Não é comum para o trabalho CNC Materiais macios Materiais abrasivos	Ponta padrão Metais em geral Trabalho manual ou CNC	Materiais duros Furos com planos rasos Necessita pré-furação – incomum para CNC Não iniciará um furo

Ponta piloto ou espora Materiais finos, não é para o trabalho CNC Resolve problemas de desagregação	Ponta escalonada Broca e rebaixador Várias formas Perfuração manual ou CNC	Brocas espada Furos profundos Perfuração em CNC Qualquer tamanho possível

Figura 2-13 Modificações em pontas padrão para diversos materiais, alguns para trabalho CNC e outros não.

do furo, produzindo assim um bom acabamento na borda externa. Essas brocas são às vezes denominadas apontadoras de chapa. Elas também são usadas para madeira e materiais plásticos de qualquer espessura (Fig. 2-14).

Embora brocas possam ser compradas pré-retificadas com essa configuração, a ponta pode ser retificada em qualquer broca com diâmetro grande o suficiente (de $\frac{3}{16}$ polegadas ou mais). Para criar o pequeno V na aresta de corte em ambos os lados da ponta, o rebolo deve ser afiado com um canto de 90°, como mostra a Figura 2-15. O desafio é combinar a a elevação e o giro da broca para criar a folga lateral necessária na ponta e a folga frontal nas arestas de corte das esporas. Corretamente posicionada contra o rebolo, as faces frontal e lateral do rebolo produzirão todos os ângulos neces-

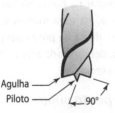

Figura 2-14 Um estímulo ou ponto de broca piloto é a base para materiais de corte fino, plásticos e madeira.

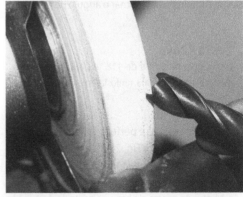

Figura 2-15 Retificar uma ponta em espora requer um rebolo bem afiado. Nota: Os protetores de segurança foram removidos somente para melhor visualização!

sários ao mesmo tempo. Solicite ao seu instrutor ou a alguém mais experiente para mostrar-lhe como fazer.

Adição de um ângulo de saída negativo para impedir a autoalimentação

Devido ao ângulo da hélice e da ação de escavação da superfície de saída, as brocas às vezes apresentam autoavanço em materiais macios ou finos. Elas literalmente parafusam-se na peça como um parafuso de madeira faz. Em certos materiais, como de latão macio, o autoavanço pode ocorrer mesmo quando o furo piloto não foi broqueado. Essa ação indesejada pode quebrar a broca e arrancar a peça do suporte. Isso já aconteceu comigo! Uma broca sem modificações literalmente rosqueou o seu caminho através de uma guarnição de latão da fechadura da porta! Não havia furo algum, a broca atravessou direto, mas travou quando rompeu do lado oposto da peça e avançou tão rápido que puxou a alavanca de avanço da minha mão!

Para evitar que isso aconteça, retifique um pequeno **chanfro** neutro ou até mesmo negativo na aresta de corte na ponta da broca, como mostrado na Figura 2-16. (Chanfro significa local plano e estreito semelhante a uma margem.) Não mais do que um chanfro com 0,015 polegada de largura é necessário para retardar a tendência de autoavanço. Retificar mais do que isso não acrescentará nada à ação. Entretanto, um chanfro negativo largo é mais difícil de retificar para restaurar a aresta de corte para a posição normal quando ele não for mais necessário.

Desgaste da margem e/ou aresta de corte

Danos na broca são identificados visualmente antes de montar a ferramenta na máquina. Procure cortes óbvios e lascas na aresta de corte ou arestas arredondadas, especialmente no canto externo (Fig. 2-17).

No entanto, quando a aresta de corte desgastou normalmente pelo uso, isso requer uma análise mais atenta. A aresta deformada, que pode ser tão pequena quanto alguns milésimos de uma polegada, será semelhante a uma linha brilhante exatamente na ligação da aresta de corte com a superfície de saída. Para detectar, gire a broca até que a luz da sala seja refletida no raio desgastado. A aresta desgastada é facilmente afiada. O desgaste da margem não é tão fácil de corrigir. Todo o comprimento danificado deve ser cortado usando uma serra abrasiva e então uma nova ponta deve ser afiada a partir daí.

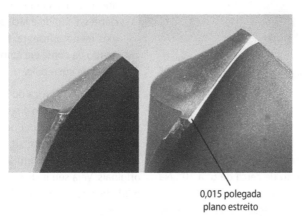

0,015 polegada
plano estreito

Figura 2-16 Compare uma broca sem modificações com uma com adição de inclinação negativa para parar a autoalimentação.

Dica da área
À espera de mudança de ferramentas Queremos utilizar as ferramentas ao máximo, usinar por mais tempo antes de parar para substituir ou afiá-las. No entanto, superestimar e usar qualquer ferramenta de corte para além do momento em que devem ser afiadas pode causar todos os tipos de trabalho extra e problemas. A broca danificada na Fig. 2-17 é o exemplo perfeito. Vai dar muito trabalho restaurar sua utilidade.

Uma ferramenta de corte afiada pode ser retificada em apenas alguns segundos, enquanto uma muito defeituosa ou danificada leva muito tempo para restabelecer a aresta de corte, ou pode até mesmo ir além do reparo. Mas, ainda pior, uma espera demasiado longa pode arruinar o trabalho também!

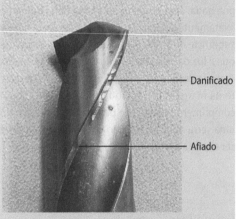

Figura 2-17 Danos graves como este, tanto de ponta e margens, requerem muito tempo para reparar.

Folga

Ao selecionar uma broca, verifique se ela tem um ângulo de folga correto de cerca de 6° a 10°. Na indústria, é improvável que você encontre uma broca com falha na retificação – no entanto, no treinamento, a experiência tem mostrado que a folga é muitas vezes esquecida pelos iniciantes. Verificando o ângulo de folga (Fig. 2-18) e reafiando, se necessário, evita-se uma broca queimada ou um material da peça endurecido.

O ponto morto

As arestas de uma broca são mantidas juntas por um corpo sólido de metal em seu centro, denominado *núcleo*. Na Fig. 2-18, olhando para a ponta da broca, o núcleo cria o **ponto morto**, assim denominado porque ele não tem ângulo de saída, folga ou aresta de corte. Sem modificação, o ponto morto não corta, ele simplesmente arrasta o metal. Há duas escolhas a respeito de como proceder.

1. *Deixar o ponto morto como está*. Embora seja ineficiente, essa geometria de ponta é aceitável em muitos casos, por exemplo, em perfuração de alumínio, aço ou latão. Sem modificações, a broca necessita maior pressão para forçar o corte, mas ela vai perfurar com sucesso. Pré-perfurando com uma broca piloto menor alivia-se a pressão de forçar o ponto morto através da peça. É claro, o piloto também tem um ponto morto, mas é muito menor.

2. *Afinar o núcleo com uma retificação extra*. Há duas maneiras de fazer isso. O método simples mostrado na Figura 2-19 torna o núcleo mais fino, mas não gera arestas de corte muito eficientes. É rápido e fácil para retificar a ponta, mas menos eficiente. É criado pelo entalhamento da ponta em ambos os lados usando o canto de um rebolo.

A nova ponta da broca do lado direito na Figura 2-19 foi retificada com duas arestas de corte. Este segundo método requer um canto afiado no rebolo, uma mão firme e alguma prática, mas cria arestas cortantes em um ângulo com as bordas originais. Veja seu instrutor demonstrar essa habilidade e depois pratique retificando brocas na Unidade 5.

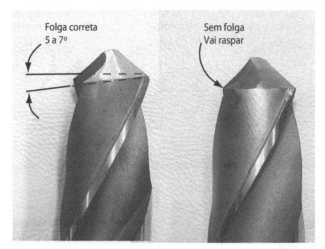

Figura 2-18 Compare duas brocas – uma com folga correta (esquerda) e uma retificada de forma incorreta, sem folga.

Dica da área

Faça uma experiência Quando avançando manualmente uma broca através de uma peça que não tenha sido preperfurada, torna-se óbvio quando o ponto morto é desbastado e quando não é. Aliviar um ponto morto pode reduzir a força de avanço em até 50% em alguns casos. Se o seu instrutor permite uma experiência desse tipo e tem duas brocas de reposição do mesmo diâmetro para esse teste, afine no ponto morto de uma, mas deixe a segunda com o seu ponto não modificado. Use brocas de $\frac{1}{2}$ polegada de diâmetro ou mais, para que a resistência de avanço seja mais pronunciada. Fixe cada uma na furadeira e compare a resistência de avanço quando estiver perfurando aço.

Alargadores

Alargadores de máquinas

Esses alargadores são projetados para ser aplicados por uma furadeira ou outra máquina (Figs. 2-20 e 2-21). São fornecidos nas versões haste cônica e reta. O alargador para máquina tem várias arestas posicionadas em linha reta ou espiral. O alargador com arestas helicoidais tende a não vibrar tão facilmente como a estria reta. Arestas retas trabalham bem, mas a rotação deve ser mantida em cerca de 25% da velocidade de corte recomendada para evitar vibração. A forma espiral não só tende a amortecer a vibração, como também direciona melhor os cavacos para fora do furo e faz um acabamento mais fino, devido ao ângulo de posição do lado das bordas cortantes no furo.

Alargadores especiais

Existem várias outras opções de alargadores além do alargador de máquina padrão (Fig. 2-22).

Alargadores concha são comuns na produção, onde eles têm a vantagem do custo de cabeças de corte intercambiáveis em uma haste. Essas ferramentas compactas também são muito fáceis de reafiar.

Alargadores expansivos podem ser ajustados para qualquer tamanho dentro de um pequeno intervalo. Alargadores expansivos são fornecidos nas versões manual ou máquina.

Alargadores cônicos são feitos para acabamento de furos cônicos, como, por exemplo, o cone interno em uma luva de cone Morse. Ao usar alargadores cônicos, tenha cuidado porque empurrá-los um pouco profundo demais pode causar agarramento, pelo qual o alargador muitas vezes quebra.

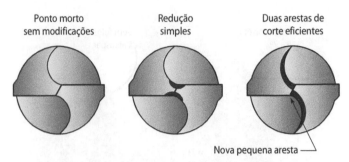

Figura 2-19 Reduzir o ponto morto ajuda a broca a cortar com menor pressão de avanço e aquecimento.

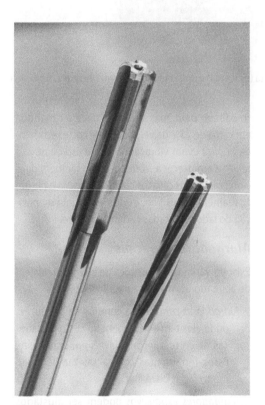

Figura 2-20 Alargadores de canais helicoidais e retos.

Alargadores de hélice reversa são usados no lugar de alargadores padrão, que são feitos com uma hélice destra. Embora a hélice destra ajude a trazer o cavaco e retirá-lo do furo, ocasionalmente, um alargador com a hélice padrão vai agarrar e tender ao autoavanço em uma peça da mesma forma que uma broca. Isso acontece em material macio, como latão ou chumbo. Quando o autoavanço acontece em uma máquina motorizada, o alargador tenderá a puxar a haste cônica para fora do fuso. A solução é o alargador com hélice à esquerda, que cancela o autoavanço, mas exige maior força para empurrar pelo furo. Elas empurram cavaco para a frente no furo perfurado em vez de removê-los, assim funcionam melhor quando o furo na peça é passante.

Dica da área

Ao alargar Primeiro, use grande quantidade de líquido refrigerante ou óleo de corte.

Em segundo lugar, empurre o alargador através do orifício em uma velocidade moderadamente alta. (Isso é conhecido como *aglomeração* do alargador na oficina.) O avanço deve ser aproximadamente igual a $\frac{1}{4}$ do diâmetro. Muitas vezes, em vez de diminuir a rotação, aumentar a velocidade de avanço irá produzir uma quantidade maior de cavaco e parar a vibração. Quando praticar na furadeira manual, experimente com várias combinações para ver esse efeito por si mesmo.

Finalmente, há a *remoção do alargador do furo*. Normalmente, não há problema em puxar o alargador girando para fora do furo antes de desligar o eixo em furadeiras ou em máquinas CNC. No entanto, em metais mais macios como o alumínio ou o latão, essa ação pode remover mais material durante a saída resultando em um furo com dimensões maiores. Para resolver esse problema em furadeiras manuais, desligue o eixo na parte

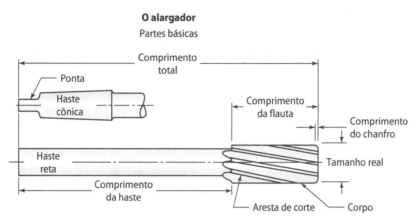

Figura 2-21 As principais partes de um alargador.

inferior do curso, espere até que ele quase pare, então rapidamente retire o alargador quando estiver prestes a parar. Mas não deixe que ele pare de girar completamente, porque fará marcas em linha reta ao longo da parede do furo, resultantes do contato com as arestas de corte do alargador. Se ele parar, gire o eixo para a frente uma meia volta, mais ou menos à mão enquanto você retira o alargador. *Atenção:* Não gire o alargador para trás enquanto ele estiver no furo, isso pode destruir a aresta de corte. Se uma operação de alargamento em CNC tem esse problema de duplo corte, edite o programa para diminuir a rotação abaixo de 150 rpm antes de puxá-lo para fora.

Perfuração do furo piloto para o alargador

Alargadores requerem um furo piloto ligeiramente menor do que o seu tamanho final. O tamanho e a localização da broca-piloto, denominada às vezes *broca para alargador*, são importantes para resultados precisos e suaves.

Conversa de chão de fábrica

Furos cegos Quando um furo não atravessa todo o caminho através da peça, ele é denominado **furo cego** porque você não pode ver através dele.

Se o *furo piloto* é muito pequeno, o alargador vai entupir devido aos cavacos. Uma vez que os alargadores não são tão eficientes em remover o cavaco para

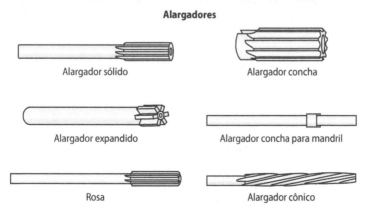

Figura 2-22 Existem diversas outras opções para alargadores além da versão padrão.

fora do furo como são as brocas, para ajudar, sempre use um fluido de corte em grande quantidade. Óleo ou fluido refrigerante são essenciais para um bom acabamento, para a vida da ferramenta, para a redução de calor e para a ejeção dos cavacos.

Se o *furo piloto* é muito grande, não há metal suficiente restante para o alargador cortar um cavaco eficientemente. Ele pode quebrar e as marcas de perfuração podem não ser completamente removidas.

A *localização exata* do furo piloto também é importante. O alargador tenderá a se alinhar ao furo e segui-lo mesmo que o eixo esteja desalinhado com o furo. O alargador vai flexionar ao girar e seguirá o furo um pouco como uma cobra em uma canalização. Referimo-nos a isso como **alargador flutuante**.

Seleção de brocas para alargadores

À medida que aumenta tamanho do alargador, também cresce o excesso a ser deixado para ele cortar, porque as arestas se tornam maiores e podem retirar mais volume do cavaco para fora do furo. Existe alguma prudência aqui, com base no material que está sendo alargado e da profundidade do furo há recomendação dos tamanhos. O gráfico é um guia aproximado para o excesso de material no furo a ser deixado para o alargamento.

Por exemplo, considere que o tamanho fracionado da broca trabalharia bem como um piloto para um alargador de $\frac{5}{8}$ polegadas. Resolva isso a partir do quadro de perfuração ou calcule o tamanho da broca.

A resposta é que $\frac{5}{8}$ se enquadra na faixa entre $\frac{1}{4}$ e $\frac{3}{4}$ polegadas – subtraia $\frac{1}{32}$ polegadas no quadro de perfuração para selecionar uma broca piloto de $\frac{19}{32}$ polegadas.

Ponto-chave:
Este é um guia aproximado. A leve diferença no tamanho da broca-piloto, maior ou menor, vai funcionar muito bem. Se o material é rígido, escolha menos excesso do que o sugerido na tabela; se macio, um pouco mais de excesso de usinagem é aceitável.

Dica da área
Controle por som Durante a prática de laboratório, faça um esforço para aprender os sons normais de ferramentas afiadas perfurando, alargando e rosqueando. Então, se o som mudar, isso é um forte sinal de que a ferramenta pode estar enfraquecida ou cheia com cavacos. Pare imediatamente se houver qualquer dúvida.

Gráfico para o excesso de alargamento

Tamanho em polegadas

Faixa de diâmetro de alargador	Excesso para alargamento (deduzir do diâmetro acabado)
$0-\frac{1}{4}$	$\frac{1}{64}$
$\frac{1}{4}-\frac{3}{4}$	$\frac{1}{64}-\frac{1}{32}$
$\frac{3}{4}-1$	$\frac{1}{32}-\frac{1}{16}$
1 e maior	Pode ser maior que $\frac{1}{16}$ polegadas, mas não tem utilidade; $\frac{1}{16}$ polegadas é adequado.

Sistema métrico

0–6	0,5 mm
6–12	0,5–0,75 mm
12–24	0,75–1,0 mm
24 e maior	1,0–1,5 mm
	Pode ser maior, mas não tem utilidade.

Revisão da Unidade 2-1

Revise os termos-chave

Adaptador cone Morse
Tanto uma *luva* para ampliação como um *soquete* de redução.

Broca espiral
Ferramenta de corte de aço rápido feito com estria espiral.

Chanfro
Semelhante às margens, uma superfície pequena na ferramenta de corte.

Cone Morse
Furo usinado autotravante de $\frac{5}{8}$ polegadas por pé.

Cunha de extração (extrator de broca)
Pequena cunha plana usada para vencer a força de retenção de ferramentas de haste cônica.

Escareador flutuante (ferramenta flutuante para outros tipos de ferramentas de corte)
Tendência de ferramentas de corte em acomodar-se e seguir formas previamente usinadas, como um alargador acompanhando um furo usinado localizado incorretamente mesmo que a furadeira esteja no local correto.

Furo cego
Furo que não atravessa – isso conduz a desafios em cavacos e líquido refrigerante, especialmente quando se está rosqueando.

Haste
Extremidade de montagem da ferramenta.

Haste rebaixada
Broca maior do que $\frac{1}{2}$ polegadas de diâmetro, mas com uma haste reta. Pode ser feita a partir de uma broca de haste cônica danificada.

Margens
Faixa estreita em que o diâmetro das brocas é total.

Ponto morto
Centro ineficiente de uma broca que não corta.

Rebaixo
Apoio de aplicação do torque em brocas e alargadores de haste cônica.

Reveja os pontos-chave
- Os cinco fatores que determinam a broca certa para o trabalho são o *tamanho*, o *tipo da haste*, o *ângulo de ponta*, a *afiação* e o *ponto morto*.
- Brocas e alargadores podem ser especificados como *métricos*, *frações de polegadas*, *letras* e *números*.
- Sempre meça um alargador antes de usar.
- Meça o diâmetro da broca ou alargador na margem.
- O furo piloto necessário para um alargador tem o diâmetro com um valor calculado menor que o alargador.

Responda 2.1B

1. Volte ao desenho no Apêndice – calibre de perfuração, e, usando um quadro de broca, escolha brocas para alargador para cada tamanho de furo listado no desenho de até $\frac{1}{2}$ polegada. Use esta guia para encontrar o excesso correto. Anote e escolha o maior excesso (furo menor) dos dois possíveis.
2. Usando o quadro de perfuração, selecione a broca para alargador métrica para um furo de 12 mm de diâmetro.
3. Dos furos no calibre de broca, quais provavelmente serão apropriados para ferramentas de haste cônica?
4. Qual é o ângulo de ponta padrão para brocas?
5. Para perfurar bronze duro, que ângulo de ponta pode ser necessário para evitar colapso na aresta 108° ou 135°?
6. Por que escolher o ângulo de ponta da Questão 5?
7. Qual é o problema que surge quando optamos por modificar a geometria da ponta da broca como na Questão 5?
8. Descreva as três opções possíveis que um operário tem ao lidar com o ponto morto de uma broca.

>> Unidade 2-2

>> Furadeiras e fixações

Introdução Antes de investigar as fixações da furadeira, precisamos dar uma breve olhada nas máquinas manuais normalmente encontradas em laboratórios e na indústria. Existem quatro tipos gerais com muitas variações entre eles. Elas são classificadas tanto pela forma de alimentação de energia quanto pelo tipo mandril que apresentam:

Furadeiras padronizadas

Furadeiras motorizadas

Furadeiras radiais

Furadeiras de produção multifuso/múltiplas cabeças

Fresadoras CNC (muitas vezes denominadas centros de usinagem) estão rapidamente substituindo muitos dos furos em produção porque elas também podem cortar e moldar o metal, bem como brocá-lo, tudo em uma configuração eficiente denominada fixação única. Então, vamos limitar nossa investigação para os três primeiros. No entanto, o conhecimento adquirido aqui será transferido para as máquinas de produção que você provavelmente encontrará no serviço.

Termos-chave:

Bucha (bucha de deslizamento)
Guia de aço duro para garantir a localização do alargador e da broca.

Fixação (gabarito)
Dispositivo de fixação da peça que segura precisamente formas irregulares e encurta o tempo de troca de peça.

Furadeira de braço radial
Furadeira para peças grandes em que a bandeira é movida sobre o furo desejado usando o movimento radial de um braço.

Furadeira sensível
Furadeira leve de alta velocidade para brocas de pequeno porte.

Furação em bicadas
Ação de entra-e-sai usada para quebrar cavacos longos em pequenos segmentos e para limpar cavacos durante a perfuração profunda.

Fuso
Cilindro que contém os rolamentos do eixo e do fuso. O fuso desliza para dentro e para fora para criar o eixo Z da maioria das máquinas.

Furadeira padrão

Pelo menos uma é encontrada em qualquer oficina. Essas máquinas de perfuração simples foram projetadas para serviço leve de perfuração e trabalho de alargamento até cerca de $\frac{1}{2}$ polegada de diâmetro. Elas são subdivididas em dois tipos gerais.

Furadeiras sensíveis ou de bancada

Por quebrarem com facilidade, as brocas menores que 3 mm ou $\frac{1}{8}$ pol. exigem rotação muito alta para um corte eficiente e pouco avanço por toque pelo operador. A **furadeira sensível** satisfaz essa necessidade, porque pode atingir rotações de fuso tão elevadas como 12.000 rpm ou mais. Para aumentar a sensibilidade do operador, a furadeira sensível tem um **fuso** mais leve e mola de retorno menos potente em comparação com suas irmãs maiores.

O que é um fuso? Fusos são usados em muitas máquinas em que a ferramenta deve girar e também deslizar para dentro ou para fora ao longo de um eixo. Em um programa CNC, este eixo é sempre identificado como Z. Em uma furadeira, o fuso é o elemento que contém os rolamentos do mandril e o mandril rotativo (Fig 2-23). O fuso desliza para baixo com a pressão de uma alavanca manual e retorna por ação de mola.

Ponto-chave:
Quando um cortador giratório desliza para dentro e/ou para fora, este é sempre denominado eixo Z se é o único cabeçote na máquina.

Figura 2-23 Uma furadeira sensível é melhor para pequenos furos abaixo de $\frac{1}{16}$ de pol. (0,5 mm), pois ela pode alcançar 20.000 rpm e tem uma mola de retorno do fuso leve.

Figura 2-24 Furadeira padrão.

Como o fuso é relativamente leve na furadeira sensível, a mola de retorno pode ser fraca, permitindo assim que uma boa sensação da resistência ao corte seja obtida através da alavanca de alimentação manual. O operador pode perceber ou sentir como a broca está progredindo. A furadeira sensível usa apenas ferramentas de haste reta, acionadores cônicos não são necessários aqui. Furadeiras sensíveis geralmente não podem inverter a sua rotação, isso significa que uma fixação especial denominada cabeça de rosqueamento é necessária para executar o corte de roscas. Vamos analisar a cabeça de rosqueamento em seguida.

Furadeiras de coluna

A Figura 2-24 mostra a furadeira padrão maior, o cavalo-de-batalha de todas as oficinas. Sua maior diferença em relação à furadeira sensível é o tamanho maior e a potência. Essas furadeiras apresentam uma gama mais baixa de rotação de cerca de 500 até 3.000 rpm ou mais, dependendo da fabricação e do motor, mas sempre mais potência em relação aos modelos de bancada, seus irmãos menores.

A maioria dessas furadeiras apresenta um fuso cone Morse de número CM de 2 ou 3. Brocas de haste cônica podem ser montadas diretamente no cone do fuso ou mandris podem ser inseridos no cone do eixo. O mandril é normalmente deixado no fuso por tornar a troca de ferramentas mais rápida. Como as furadeiras de bancada, a maioria das furadeiras padrão não pode inverter a rotação.

As furadeiras de bancada e de coluna apresentam:

A. Velocidade variável para brocas de diferentes tamanhos. A seleção da velocidade pode ser por polia escalonada, que oferece um número limitado de seleções de rotações (Fig. 2-25) ou a rotação pode ser alterada com uma transmissão variável de polias cônicas, oferecendo ajuste infinito de velocidade (Figs. 2-26 e 2-27).

Acionamentos de velocidade variável Este é um bom momento para entender as transmissões por variadores cônicos de velocidade, pois são usados em outras máquinas de pequeno porte na oficina. A Figura 2-27 é uma ilustração simplificada de uma transmissão cônica. Girar o disco de seleção da velocidade (Fig. 2-26) faz com que um par frontal de

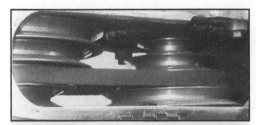

Figura 2-25 O jogo de polias fornece um número limitado de velocidades no mandril.

Figura 2-26 Seletor de variador de velocidade.

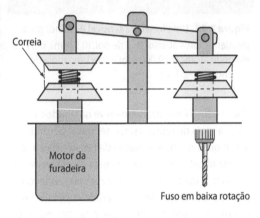

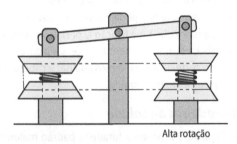

Figura 2-27 O princípio de uma transmissão de cone variável.

cones afaste-se, criando assim uma circunferência menor para o contato da correia, enquanto os outros dois cones movem-se em conjunto, ao mesmo tempo, criando uma circunferência maior. Essa ação altera a relação de transmissão. Como os cones mudam os diâmetros, a tensão na correia permanece sempre a mesma, mas a relação de transmissão do motor para o fuso altera continuamente.

Dica da área

Mudar a rotação, o caminho certo Se a velocidade do fuso é selecionada por redutor variável, apenas altere a velocidade quando o fuso estiver rotacionando. Acionar incorretamente o disco de velocidade com o fuso desligado pode desalojar a correia das polias de modo similar ao câmbio de uma bicicleta de 10 marchas, enquanto não está se movimentando.

B. Mesa ajustável verticalmente – A mesa de trabalho pode deslizar ou ser dobrada para cima e para baixo para acomodar peças grandes ou pequenas.

C. Girar horizontalmente a mesa – A mesa de trabalho pode oscilar em torno da coluna para acomodar o trabalho em forma diferente ou para retirar completamente a mesa para montar uma peça extremamente alta na placa de base (Fig. 2-28).

D. Fuso graduado de controle de profundidade (também denominado fuso graduado de parada) – Este equipamento é feito para limitar e controlar a profundidade do furo. A maioria dos fusos graduados (Fig. 2-29) é formada com uma régua vertical e linhas de divisão em torno da circunferência da porca de limitação. Uma volta completa muitas vezes é igual a um incremento comum tal como variação de $\frac{1}{16}$ pol. de profundidade no fuso graduado, ou uma alteração de 2 mm, por exemplo. Aproveite o tempo para investigar a que as graduações correspondem na furadeira do seu laboratório de forma que esse conhecimento possa eliminar muitas dúvidas ao perfurar a uma profundidade exata.

E. Algumas furadeiras padrão apresentam uma mesa inclinável que se movem no sentido horário e anti-horário quando visto do lado do operador.

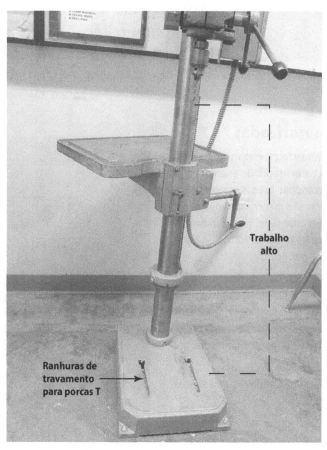

Figura 2-28 Uma mesa de furadeira girou para fora do caminho para acomodar uma peça muito alta para montar sobre a mesa.

 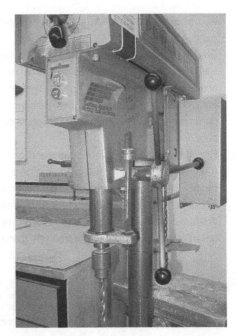

Figura 2-29 O fuso graduado de parada permitirá que o eixo abaixe outros 20 mm. Uma volta completa do batente é igual a 1,0 mm.

Furadeiras motorizadas

Evoluindo em tamanho e força, essa máquina mais pesada possui uma alimentação de energia e um fuso maior para acomodar brocas maiores (Fig. 2-30). Essas furadeiras são menos comuns nas escolas, mas estão bem adaptadas para a indústria, onde são colocadas para trabalhar furos de 12 mm até 30 mm ou mais ($\frac{1}{2}$ pol. acima).

Devido à força extra a que devem resistir, muitas dessas furadeiras não utilizam transmissão por correias. Em vez disso, uma série de engrenagens é usada para mudar as velocidades. Por essa razão, você também pode ouvir serem denominadas "comando engrenado".

Além das características da furadeira padrão, essas furadeiras apresentam:

A. Seleção de avanço automático variável – O fuso graduado pode ser empurrado para baixo com a mão, como as duas furadeiras anteriores, ou o operador pode puxar a alavanca para o lado para acionar o avanço au-

Figura 2-30 Furadeira de avanço automático ou às vezes denominada furadeira de comando engrenado.

tomático. Essa característica não só previne a fadiga do operador, mas também transmite consistência para operações de perfuração. É desafiador manter consistentemente o avanço correto por pressão manual.
B. Micrômetro com fuso graduado – Interrompe tanto o avanço manual quanto o automático.
C. Reservatório e sistemas de refrigeração – Uma opção muito comum nessas furadeiras.
D. Fuso grande, geralmente #3cm.
E. Essas máquinas têm um eixo de inversão para permitir rosqueamento automático. Algumas possuem parada automática para inverter o motor a uma profundidade pré-definida.
F. Comando engrenado para criar velocidades mais lentas, mas maior torque rotacional (força) para rosqueamento e alargamento.

A furadeira motorizada é projetada para perfurar grandes lotes de peças. Típica para todo equipamento operado manualmente, furadeiras de cabeçote engrenado estão sendo deslocadas pelas fresadoras e tornos CNC. Isso também é verdade para a próxima furadeira. No entanto, elas são máquinas fortes e precisas e estarão nas oficinas nos próximos anos. Elas ainda fazem o trabalho quando as máquinas CNC estão carregadas com peças!

Furadeira de braço radial (furadeira radial)

Essa máquina é geralmente a mais poderosa das três (mas há exceções cruzadas). Ela é geralmente maior do que as duas anteriores. Na indústria, há **furadeiras de braço radiais** grandes o suficiente para usinar um automóvel em cima da mesa de trabalho. Há também *radiais* com duas cabeças completas de perfuração em cada extremidade da mesa de trabalho para permitir alcançar peças extremamente grandes.

Furadeiras de braço radial tomam o controle do trabalho

As furadeiras discutidas até agora necessitam do operador para empurrar ou controlar a peça em alinhamento vertical com a broca e então travá-la para baixo. No entanto, com a peça se tornando muito grande ou volumosa, torna-se difícil ou mesmo impossível fazê-lo. Usando a capacidade do braço radial nessas grandes furadeiras, depois de girar o braço para fora do caminho, o operador pode mover a peça diretamente sobre a mesa com uma ponte rolante, para posicioná-la. A ponte rolante é removida e a peça apertada firmemente no lugar sobre a mesa (Fig. 2-31). O operador então posiciona o braço e traz o cabeçote de perfuração para cima da peça, movendo-se para dentro ou para fora ao longo do trilho e em um arco circular sobre a coluna. Uma vez que a broca esteja em posição sobre o trabalho, uma trava elétrica (ou uma manual em radiais menores) é acionada.

Além das características da furadeira motorizada, as furadeiras radiais (Fig. 2-32) têm estas características:

A. O cabeçote radial inteiro se move para cima e para baixo ao longo da coluna, por manivela ou por acionamento motorizado. A mesa não se move para cima ou para baixo. Algumas mesas podem inclinar, outras não.
B. O motor inverte pela ação da embreagem.
C. Uma embreagem verdadeira é incluída permitindo gentilmente iniciar rotação do eixo e inverter deslizando a embreagem. Esse é um

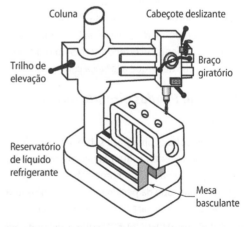

Figura 2-31 A furadeira de braço radial pode ser posicionada sobre a mesa de trabalho ou oscilar para permitir que o guindaste atue sobre a mesa.

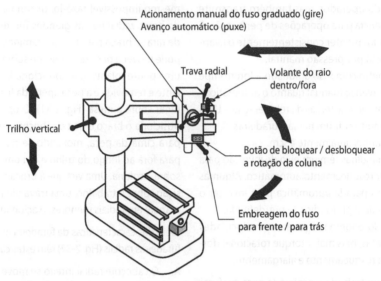

Figura 2-32 As principais partes e características de uma furadeira de braço radial.

ótimo recurso para rosqueamento automático e outras operações que exigem o controle do operador, tais como faceamento de áreas.

D. Mesa de trabalho extra grande está incluída com capacidade de fixação com ranhuras tipo T.

Furadeiras sempre seguras

Porque furadeiras parecem ser simples e inofensivas, muitos operadores tanto novos como experientes deixam a sua postura de lado quando estão operando-as. Nós, instrutores, vemos os três seguintes acidentes ocorrendo com demasiada frequência – não deixe que aconteça com você!

Peças não fixadas girando fora de controle

É tentador colocar uma peça sobre a mesa e furá-la sem aperto tentar segurá-la pela mão! Não faça isso! O problema é que, como a broca rompe o lado mais afastado da peça não fixada, isso segura a peça, puxando-a para cima, a broca parece com um parafuso em madeira, em seguida, ela gira e sai do controle sobre a broca. Dependendo da rotação da broca, a peça pode descontroladamente bater na sua mão várias vezes antes que você possa reagir. Mas o acidente ainda não acabou!

Como o objeto desequilibrado gira fora de controle sobre a broca, ela muitas vezes quebra, então a peça voa para fora da furadeira. Esse é um "tiro de broca" facilmente evitável guardando alguns momentos para prender a peça em uma morsa ou à mesa com grampos antes da perfuração.

Se, devido à fixação incorreta, a peça se soltar durante a perfuração, suas ações devem ser desligar imediatamente a furadeira e afastar-se. Não há heróis em oficinas mecânicas, apenas pessoas inteligentes. Não tente agarrar a peça girando descontroladamente com a mão! Veja a Figura 2-33.

> **Ponto-chave:**
> Preste atenção para instruções sobre como prender a peça da maneira correta para evitar este tipo de acidente!

Cabelo ou roupa enroscados no fuso

O fuso e a broca podem atrair e imediatamente enrolar e puxar qualquer item solto que fique

Figura 2-33 Atenção! Este acidente acontece quando a peça não está presa!

muito perto. Isso acontece por três razões. Uma delas é que o atrito de perfuração provoca um acúmulo de energia estática na ferramenta, semelhante a um pente passado sobre o seu braço depois de pentear seu cabelo. Itens como roupas ou cabelos são atraídos para a ferramenta. Uma vez que o contato é feito, eles enrolam-se rapidamente como um raio!

A segunda razão é que existem correntes de ar criadas pela ferramenta em rotação. Como um ventilador, o ar é atirado para fora e para longe. Se ele é expulso para fora, mais ar deve entrar em outro lugar para substituí-lo, trazendo consigo o cabelo ou um pano.

Esse acidente ocorre geralmente quando um operário com cabelos longos se inclina para ver como a broca está operando.

Ponto-chave:
Use um boné ou um prendedor de cabelo e roupas apropriadas para o ambiente industrial. Nada de mangas compridas ou joias ao operar qualquer máquina, especialmente uma furadeira!

Cavacos que voam para fora (e, raramente, uma ferramenta quebrada)

A terceira maneira de ser pego pela furadeira é pelos cavacos longos e fibrosos que são produzidos por elas (Fig. 2-34). Se não forem quebrados por ação do operador, eles são arremessados para fora em um raio em expansão à medida que crescem em comprimento. Proteja-se contra eles usando óculos de segurança, nenhuma roupa longa ou solta, sem luvas de tecido que serão agarradas pelos cavacos e remova qualquer coisa na mesa que possa ser pega por eles. Se, como na próxima Conversa de chão de fábrica, cavacos longos se tornarem um verdadeiro problema, use um movimento de entrada e saída com a alavanca de avanço, denominado *quebra de cavacos* ou **furação em bicadas**.

Perfurar até uma profundidade controlada

Limpando e quebrando cavacos durante a perfuração Este é um bom exercício para praticar e conhecer as operações de perfuração e os limites antes de escrever programas. À medida que a broca penetra mais fundo no furo, em um primeiro momento, pequenas bicadas quebram segura-

Figura 2-34 Os cavacos inteiros podem ser perigosos.

mente o cavaco, mas a uma determinada profundidade (aprendida com a experiência), você deve começar as bicadas de limpeza do cavaco. Comece a sentir a necessidade de bicar a broca e pratique isso na furadeira manual. A única maneira de ir muito mais profundo do que seis a oito vezes o diâmetro de perfuração, utilizando uma broca torcida padrão, é realizar a furação por bicadas.

> **Ponto-chave:**
> Como um guia, mude para furação por bicadas quando a profundidade do furo é de cinco vezes o diâmetro do furo.

Conversa de chão de fábrica

Perfuração por bicadas em máquinas manuais ou programáveis Máquinas CNC que realizam furos apresentam dois diferentes ciclos de furação por bicadas que tanto quebram o cavaco por repetidamente parar e recuar alguns milésimos, depois ir à frente de novo, denominado *ciclo de pequenas bicadas* ou *quebra dos cavacos*; ou, para perfuração muito profunda, eles puxam a broca toda para fora do furo em cada bicada, denominado *ciclo de limpeza do cavaco* ou *bicadas grandes*. Após o curso para cima, o controlador recorda a profundidade do último avanço de broca e rapidamente se move para dentro do furo, perto da profundidade de perfuração antes de usinar de novo. Bicadas grandes também permitem que o refrigerante flua para fundo do furo, enquanto a broca é retirada.

Pequenas bicadas, ou mesmo a ausência delas, funcionam bem para as profundidades do furo até cerca de cinco vezes o diâmetro da broca, dependendo da liga e fluxo de refrigerante. Uma broca de $\frac{1}{8}$ pol., por exemplo, não necessitará limpar cavacos até perfurar em torno de $\frac{5}{8}$ pol. ou próximo, dependendo do tipo de metal a ser perfurado. Mas a perfuração mais profunda exige a mudança para grandes bicadas. Se não o fizer, as arestas da broca vão atolando com cavacos e não serão capazes de expulsá-los para fora do furo, denominado *entupimento* ou *carregamento*. Se não parou, a broca carregada rapidamente irá quebrar-se ou queimar-se devido à fricção entre a broca carregada e o furo. Os cavacos atolados também podem arranhar o furo acabado.

Líquidos de arrefecimento ajudam a lubrificar os cavacos e a evitar o entupimento. Mas, à medida que a profundidade progride, os cavacos tornam-se mais firmemente embalados nas arestas da broca e impedem que o líquido de arrefecimento desça para a área de corte. Novamente, para evitar queimar a broca, bicadas grandes permitem ao refrigerante momentaneamente fluir para a área de contato para resfriar a broca e se preparar para a próxima bicada.

Configuração da furadeira

Agora, vamos olhar para quatro métodos comuns de fixação da peça em uma furadeira: morsas, pinças, placas e dispositivos. Cada um tem sua própria finalidade. Todos são empregados em equipamentos automatizados, exceto morsas de furadeiras (veja as dicas da Conversa de chão de fábrica).

Morsas de furadeiras

Essas morsas especializadas são feitas de forma diferente a partir de morsas de usinagem padrão de dois modos (Fig. 2-35). A característica mais evidente é o recurso de abrir e fechar rapidamente para rápido ajuste de tamanho e tempo de troca (mudando uma peça por outra).

A segunda característica que define a morsa de furadeira é a plataforma nas mordentes que permite a suspensão e manutenção da peça acima da base da morsa para perfurar inteiramente através da peça sem a broca tocar na base da morsa.

> **Ponto-chave:**
> **Prenda a morsa na furadeira!** Se a peça está presa na morsa, você não terminou a configuração. Em seguida, prenda a morsa à mesa em uma das formas descritas a seguir.

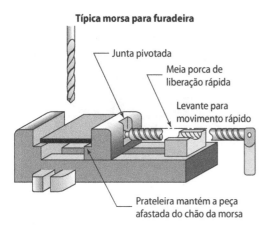

Figura 2-35 A morsa para furadeira tem duas características.

em outras máquinas e algumas são feitas expressamente para o trabalho da furadeira, uma vez que não resistem às forças que não aquelas da perfuração vertical.

Utilizando grampos de mesa O grampo mais frequentemente utilizado em toda fábrica é uma simples barra com uma ranhura através da qual um parafuso é colocado (Fig. 2-36). É suportado na parte de trás com um bloco de calço. Há uma variedade de modificações feitas nesses grampos que você verá ao estudar fresagem. Há um jeito certo e errado de usar grampos de mesa.

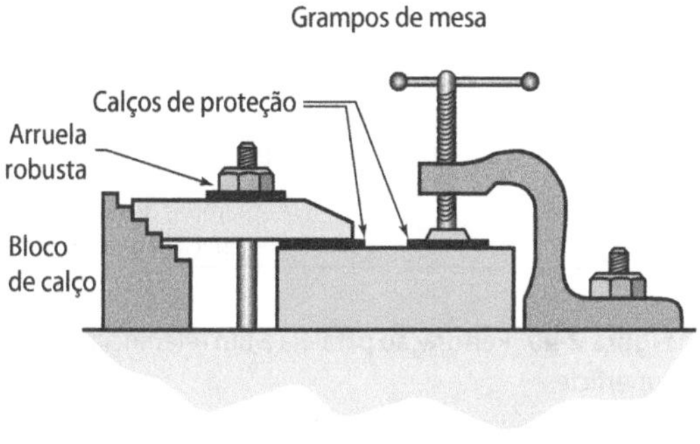

Dica da área
Morsas de furadeiras não podem segurar a peça para fresagem! Nunca use morsas de furadeira para operações que produzam um empuxo lateral, como a fresagem. Elas são projetadas para a pressão apenas na vertical, e será perigosamente subestimada para esse trabalho. Aprenda a diferença entre morsas de furadeiras e morsas de fresagem e use-as corretamente.

Ponto-chave:
Para concentrar a pressão sobre a peça, e não sobre o bloco de calço, coloque o parafuso próximo da peça, não próximo ao bloco de calçar. Além disso, defina o bloco de calçar de tal forma que o grampo esteja no nível ou ligeiramente inclinado em direção à peça, o que impede de puxar a peça para fora dele.

Peças de fixação

Há uma variedade de ferramentas de travamento para o trabalho de furadeira. Algumas são usadas

Teste seu poder de observação

Na Fig 2-37, há quatro coisas erradas com o grampo à direita. Quais são elas? Mas também há algo de errado com a configuração do grampo à esquerda. O que é? As respostas são encontradas antes da revisão da unidade.

Outros grampos de mesa são usados exclusivamente em furadeira. Um exemplo típico de fixação rápida é mostrado na Fig. 2-38. Normal-

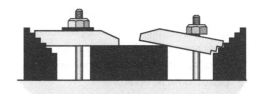

Figura 2-36 Dois tipos de grampos de mesa.

Figura 2-37 O que há de errado com esses dois grampos?

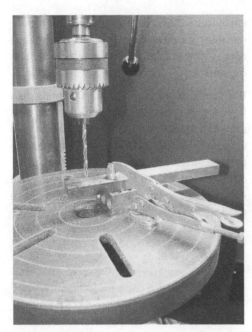

Figura 2-38 Grampo de mesa de ação rápida para uma furadeira.

mente grampos "C" também são utilizados em furadeiras.

Previna a perfuração do torno ou da mesa!

Ao localizar e fixar peças diretamente na mesa de perfuração, ou em qualquer máquina, certifique-se de que a instalação proporcione limites para as ferramentas de corte que lhes impeça de entrar em contato com a superfície da mesa. Existem duas soluções em furadeiras.

- *Use o furo de alívio* (Fig. 2-39). Coloque a peça com a posição prevista do furo diretamente sobre o furo de alívio na mesa da máquina. Antes de fixar, primeiro teste o posicionamento da broca com o furo de alívio. Rotacione a mesa, se necessário, de tal modo que a broca passe através do buraco.
- *Levante* a peça sobre a mesa de fixação com barras paralelas (Fig. 2-39), um bloco de me-

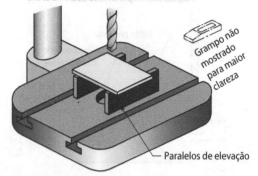

Figura 2-39 Duas maneiras de proteger a mesa da furadeira.

tal ou mesmo uma folha de madeira compensada para proporcionar afastamento da broca da mesa. Nesse caso, utilize o fuso graduado de controle na furadeira para evitar que a broca atinja a mesa quando romper através da peça.

Placas de fixação da peça criam referência vertical

Quando furos ou outros cortes devem ser paralelos a uma referência, ou quando a peça é de difícil fixação em uma morsa ou diretamente na mesa da furadeira (Fig. 2-40), uma solução é a cantoneira

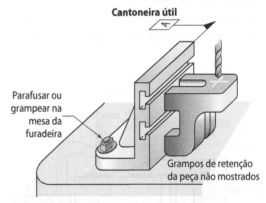

Figura 2-40 Perfuração paralela a um referencial ou superfície.

graduada. Lembre-se que essas placas úteis são diferentes da versão para traçagem que não são para serem usadas durante a usinagem. Elas são placas de fixação de peças para trabalho pesado com orifícios para os parafusos ou aberturas em T para fixação da peça. Os grampos que discutimos podem ser adicionados à Fig.2-40 para segurar firmemente a peça sobre a placa.

Gabaritos de perfuração

Na manufatura, a palavra **gabarito** significa uma ferramenta que garante segurar as peças de difícil fixação de outra maneira para usinagem, soldagem ou montagem. Gabaritos asseguram um posicionamento preciso da peça de trabalho na máquina e precisão das operações a serem executadas. Eles também tornam mais rápida a troca de uma peça para a próxima durante a produção. Na Fig. 2-41, a parte superior do gabarito desliza sobre dois pinos para troca de peças. Esse gabarito posiciona a face da peça no referencial A, de forma semelhante à configuração da cantoneira da Fig. 2-40. Ao utilizar a posição esquerda-direita da peça no gabarito, a referência B é obtida por deslizamento da ranhura central na peça ao longo de um localizador no gabarito. Quando em posição, uma braçadeira é aparafusada contra a peça de trabalho. Uma vez em posição, a bucha de deslizamento endurecida assegura que a broca não oscilará.

Gabaritos de perfuração assumem duas formas:

- As ferramentas personalizadas são construídas especificamente para uma única peça ou talvez para fixar uma família de peças muito semelhantes. A Figura 2-41 é um gabarito feito sob medida que consiste em quatro chapas de aço presas juntas.
- Os conjuntos universais permitem que o operário construa um gabarito usando componentes. Esses são algumas vezes denominados gabaritos de caixa, pois eles começam com diversos tamanhos de caixas quadradas. Uma quarta placa no lado mais próximo da Fig. 2-41 simularia uma caixa de gabarito. Para a caixa básica, pontos de suporte da peça são adicionados para criar pontos referenciais, localizadores e os parafusos de fixação. Barras com furos embuchados são aparafusadas à caixa, conforme necessário, e, finalmente, as pernas são colocadas onde o gabarito deve ser mantido acima da mesa para permitir a perfuração através da peça.

> **Conversa de chão de fábrica**
>
> **Peças e acessórios** Comerciantes abreviam "gabarito de furação" para "GF", mas a **fixação** da palavra é muitas vezes trocada por gabarito (Fig. 2-42). Qual é a diferença? Não há muita diferença. Ambos executam a mesma tarefa – manter o trabalho firme para a usinagem. Mas, quando eles são usados em uma fábrica ou tornos, ferramentas personalizadas de detenção são chamadas de equipamentos. Enquanto que em uma furadeira de broca, eles são chamados de gabaritos.
>
> Como tudo no nosso comércio, CNC mudou a necessidade de peças e acessórios. Já que muitas vezes pode colocar a peça em uma única máquina para perfurar e moldá-la, gabaritos menores ou acessórios são necessários quando as ferramentas de máquinas programadas são usadas.

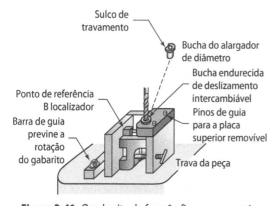

Figura 2-41 O gabarito de furação fixa a peça e guia a broca.

Buchas de guia intercambiáveis Onde a perfuração e alargamento devem estar em um local preciso, mas a peça será feita em uma furadeira manual, gabarito de furação com buchas guia são usados na Fig. 2-42 – denominados **buchas de deslizamento**. Primeiro, a bucha no tamanho da broca é inserida no furo e fixada com uma torção de um quarto de volta que trava-a em posição. Então o furo é broqueado. Em seguida, a bucha para broca é trocada por uma adequada ao alargador. Cada bucha guia cada ferramenta para uma localização exata.

Respostas da observação

O grampo da direita está inclinado para baixo, ele vai empurrar a peça para fora ou escorregar. Não há uma arruela, a porca está tocando só no canto. Não há calço, de modo que irá marcar a peça de trabalho. Finalmente, o parafuso está demasiado longe da peça de trabalho.

O grampo do lado esquerdo não tem calço de proteção, pode marcar a peça!

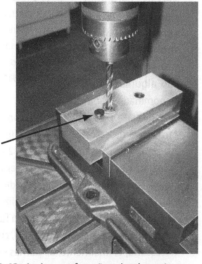

Figura 2-42 Após a perfuração, a bucha guia removível será girada para destravar se, a partir do gabarito e, em seguida trocada pela bucha alargadora.

Revisão da Unidade 2-2

Revise os termos-chave

Bucha (bucha de deslizamento)
Guia de aço duro para garantir a localização do alargador e da broca.

Fixação (gabarito)
Dispositivo de fixação da peça que segura precisamente formas irregulares e encurta o tempo de troca de peça.

Furação em bicadas
Ação de entra-e-sai usada para quebrar cavacos longos em pequenos segmentos e para limpar cavacos durante a perfuração profunda.

Furadeira de braço radial
Furadeira para peças grandes em que a bandeira é movida sobre o furo desejado usando o movimento radial de um braço.

Furadeira sensível
Furadeira leve de alta velocidade para brocas de pequeno porte.

Fuso
Cilindro que contém os rolamentos do eixo e do fuso. O fuso desliza para dentro e para fora para criar o eixo Z da maioria das máquinas.

Reveja os pontos-chave

- Ajuste a rotação em transmissões variáveis de velocidade apenas quando o eixo estiver girando.
- Quando estiver configurando qualquer máquina, certifique-se de que a ferramenta de corte não entrará em contato com a mesa da máquina.
- Furadeiras podem ser perigosas, apesar de parecerem simples e seguras.

Responda

1. Qual é o limite superior normal de diâmetro de brocas de haste reta? Para a furadeira padrão? Limite métrico?

2. Quais furadeiras estão equipadas com um motor de inversão para permitir rosqueamento automático?
3. O que é diferente em uma morsa para furadeira em comparação com uma morsa padrão?
4. Verdadeiro ou falso? Por segurança, você deve tanto apertar a sua peça contra a mesa ou cantoneira como colocá-la em uma morsa. A morsa também deve ser fixada. Se esta afirmação é falsa, o que a tornaria verdadeira?
5. Nomeie o tipo de furadeira mostrado na Fig. 2-43.

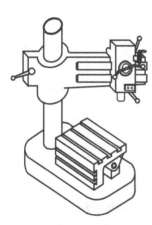

Figura 2-43 Identifique esta furadeira industrial.

6. Quais são os quatro métodos existentes para a fixação de uma peça em uma furadeira?
7. Que o método na Questão 6 corre o risco de perfuração da mesa?
8. Como evitar o problema da Questão 7?
9. Nomeie um método de prevenir cavacos espirais longo em uma furadeira.
10. Descreva os quatro métodos de fixação de peças em uma furadeira.

» Unidade 2-3

» Velocidades e avanços para perfuração

Introdução É necessário definir a rotação correta e a velocidade de avanço para se chegar a um bom acabamento, para a vida da ferramenta e para a precisão dimensional em todas as máquinas. Todos os métodos que discutiremos determinam os melhores valores *iniciais*. Depois de testá-los na máquina, eles são quase sempre ajustados para cima ou para baixo para se adequarem a uma situação especial. Por exemplo, a configuração tende a vibrar, como é o comportamento particular da ferramenta, a refrigeração está disponível, e assim por diante? A habilidade de afinar uma configuração melhora com a experiência. É quase intuitiva, às vezes. Também é fundamental reconhecer os limites de segurança tanto para a velocidade quanto para taxas de avanço, e não superá-los.

Ao praticar na furadeira manual, observe de perto o resultado da mudança de rotação (velocidade de corte) e velocidade de avanço, reduza a pressão. Esse conhecimento vital o ajudará a garantir sucesso em seus programas CNC!

Termos-chave:

Dados empíricos
Dados coletados por experimentação em vez de cálculo. Todos os gráficos de velocidade e de alimentação são empíricos.

Velocidade de avanço
Avanço do cortador através da peça de trabalho, expresso em polegadas ou décimos de milímetro por minuto.

Velocidade de corte
Velocidade em pés por minuto, ou metros por minuto, do perímetro da broca.

Rotação de broqueamento

Como discutido anteriormente, existe uma velocidade de corte ideal quando se perfura um determinado material que se traduz na rotação das várias ferramentas em sua configuração.

Por exemplo: no Apêndice III deste livro, uma velocidade de corte de 100 pés por minuto (pés/min) para perfuração de aço é recomendada e 175 pés/min durante a perfuração de bronze ou 30 metros por minuto. *Mas isso não é a rotação, é a velocidade do perímetro do objeto que está girando.*

Ponto-chave:
A. Há uma **velocidade de corte** "melhor" para qualquer material que esteja sendo perfurado.
B. Brocas de diferentes diâmetros devem ser rotacionadas em diferentes revoluções por minuto – de modo que a sua borda esteja na velocidade de corte correta.
C. Brocas menores precisam de rotações *maiores*, enquanto brocas maiores devem ir *mais devagar* para atingir a mesma velocidade superfícial em sua borda: broca grande = baixa rotação e broca pequena = alta rotação.

Cinco métodos para acessar RPM

Existem cinco maneiras de determinar a rotação certa para uma broca ou qualquer outra ferramenta rotacional.

- *Gráfico de rotações* com base no material que está sendo usinado e no diâmetro da ferramenta.
- *Fórmula* usando velocidade de corte e o diâmetro da ferramenta como variáveis.
- *Discernimento* baseado na experiência.
- *Velocidade e avanço específicos, régua de cálculo.*
- *CAM*, cálculo embutido da rotação dentro do programa.

A calculadora S&F específica será estudada no Capítulo 4. O cálculo da rotação por CAM, o último método, é incorporado em programas de programação, tanto externo quanto inserido no controle da máquina. Você terá a chance de usar essa habilidade no Capítulo 9. Se for dado o diâmetro da ferramenta e a dureza do material, programas modernos, como o Mastercam®, contêm a fórmula que estamos prestes a explorar. Eles podem, se ordenado, calcular automaticamente a rotação da ferramenta.

Conversa de chão de fábrica

Estimando a rotação Vamos estudar tabelas de rotações e fórmulas neste capítulo mas, ao mesmo tempo em que usá-las, você também estará desenvolvendo seu sentido interior da velocidade certa. Mesmo tendo consciência de que "saber quando é certo ou errado" não seja exato, isso faz parte das competências muito importantes do industriário. O trabalhador é capaz de olhar para uma ferramenta de giro e instantaneamente saber se está próximo do correto ou se está perigosamente errado. Típico das demais lições de vida, esse conhecimento será provavelmente alcançado mais com seus erros do que com seus sucessos. Mas é bom desenvolvê-lo antes de tentar escrever programas. As máquinas CNC são mais rápidas, mais fortes e menos tolerantes do que as manuais.

Gráfico da velocidade da broca

Esta é uma maneira simples de obter a rotação da ferramenta. Você vai encontrá-los na parede da maioria das oficinas, nos gráficos de bolso em plástico, placas de metal na própria máquina e em livros de referência. O gráfico é inserido com duas variáveis de referência cruzadas: *diâmetro da broca* e *tipo de material*.

Ponto-chave:
As tabelas de brocas assumem que a ferramenta foi feita a partir de AR (típico da maioria das brocas industriais de qualidade). Mas, se estiver usando uma broca de metal duro, a rotação pode ser aumentada por um fator de três ou mais.

Não há necessidade de muito treinamento para aprender a usar um gráfico de rotações. A forma mais rápida é tentar alguns problemas práticos.

Responda 2-3A

Use o Apêndice III, a tabela de velocidade para brocas. As respostas estão no final do Capítulo 2.

1. Qual deve ser a velocidade de rotação da broca de $\frac{3}{8}$ pol. quando perfurando aço temperado?
2. Qual é a rotação correta para uma broca de diâmetro de $\frac{1}{4}$ pol. em alumínio?
3. Qual é a rotação para uma broca de 1,0 pol. em bronze?

Pensamento crítico

4. A rotação muda com a mudança de diâmetro da broca. Observe no Apêndice III para alumínio e compare a rotação para uma broca de $\frac{1}{8}$ pol. com uma de $\frac{3}{16}$ pol. (diferença de diâmetro = $\frac{1}{16}$ pol.). Agora, compare a rotação para uma broca de diâmetro de $1\frac{1}{8}$ pol. com uma de $1\frac{3}{16}$ pol. (também diferença de $\frac{1}{16}$ pol.). Explique por que a diferença de rotação é tão grande entre as duas brocas menores, mas a mudança é muito pequena entre as duas brocas maiores.
5. Olhando para o gráfico, o que você pode dizer sobre a usinabilidade do aço de carbono, em comparação com aço inox recozido?
6. Não abrangidos na leitura: O que você deve logicamente fazer se a rotação que você encontrou não está disponível na máquina que você está operando? (Isso acontece em máquinas manuais como furadeiras de polias escalonadas, em que existem apenas oito velocidades disponíveis, mas nunca na CNC, em que fusos são controlados por computador.)

Calculando rotação

Gráficos de brocas são específicos, não cobrem diâmetros que se encontram entre duas brocas comuns, e cobrem apenas uma gama de tamanhos, de modo que, para qualquer broca maior ou menor do que as mostradas no gráfico, a rotação deve ser calculada. Por outro lado, os resultados das fórmulas cobrem qualquer diâmetro, grande ou pequeno. Além disso, quando se utiliza a fórmula curta a seguir, os cálculos podem muitas vezes ser realizados na sua cabeça; assim, não há necessidade de um gráfico. Fórmulas utilizam duas variáveis:

- Diâmetro da broca (*DIA*)
- Velocidade de corte recomendada (para o metal a ser perfurado) (*Vc*)

Outra vantagem de uma fórmula é que ela pode ser programada na calculadora com paradas para cada variável (velocidade de corte e diâmetro da ferramenta). Uma vez que a calculadora está sempre ao seu lado, é um método rápido, mas você deve lembrar-se de velocidades de corte recomendadas ou ter um gráfico Vc manual ou armazenado na memória.

Velocidade de corte Para usar qualquer fórmula, longa ou curta, é preciso começar com um gráfico de velocidade de corte recomendada. O Apêndice IV fornece aos estudantes números de tendências e também possui números arredondados que são facilmente lembrados. Isso deve auxiliar no desenvolvimento da sensibilidade da rotação para o trabalhador.

Fórmulas para rotação – versão longa e curta
A versão curta é derivada da longa. Ambas produzem resultados aceitáveis com diferença de apenas 5% na rotação, o que está bem dentro da expectativa, desde que a rotação inicial seja um processo estimativo (melhor estimativa) de qualquer maneira.

Quando se trabalha no sistema em polegadas, a velocidade de corte é introduzida em pés por minuto, enquanto os diâmetros são dados em polegadas, o que requer o fator de 12 para equalizar unidades. Esta fórmula é derivada a partir da circunferência da ferramenta rotativa em um minuto:

> Fórmula longa para rotação (os diâmetros em polegadas decimais, PI = 3,14159)
>
> $$rpm = \frac{Vc \times 12}{\pi(PI) \times Diâmetro}$$

Exemplo de cálculo: Uma broca de diâmetro $\frac{3}{8}$ pol. cortando aço doce. Volte ao Apêndice IV para obter a velocidade de corte.

$$rpm = \frac{100 \text{ pés/min} \times 12}{3,14159 \times 0,375 \text{ DIA}}$$
$$= 1018,6 \text{ rpm}$$

Agora, compare o resultado com o do Gráfico no Apêndice, rotação da broca em 1066 rpm, apenas ligeiramente mais rápido. A fórmula longa é a versão que você programaria em sua calculadora e aquela encontrada em programas CAM.

A versão curta mostrada a seguir é útil porque muitas vezes pode ser realizada em sua cabeça. É derivada do encurtamento de PI para 3,0, não 3,14159. Isso reduz a fórmula para:

> Fórmula curta (Diâmetros em polegadas decimais)
>
> $$rpm = \frac{Vc \times 4}{diâmetro do objeto em rotação}$$

Agora, resolva para a broca de $\frac{3}{8}$ pol. do exemplo usando essa fórmula. Resolva em sua cabeça primeiro.

A resposta é 400 dividido por um número ligeiramente menor do que 0,4 – o resultado será próximo, mas ligeiramente maior do que 1.000.

$$rpm = \frac{100 \times 4}{0,375}$$
$$= 1066 \text{ rpm}$$

Fórmula métrica curta Se o diâmetro da ferramenta rotativa (ou da peça de trabalho no torno) está dimensionado em milímetro e a velocidade de corte em metros por minuto, substitua o 4 por 300 na fórmula anterior.

> Fórmula métrica curta (Diâmetros em mm e Vc em metros/minuto)
>
> $$rpm = \frac{Vc \times 300}{diâmetro do objeto em rotação em mm}$$

Alargador rpm

Em teoria, a rotação do alargador deve ser a mesma de uma broca de igual tamanho. Uma vez que ambas as ferramentas são de AR e a diferença de diâmetro é pouquíssima, a velocidade de corte e a rotação resultantes devem ser quase as mesmas. No entanto, na prática, isso não é tão verdade.

O alargamento traz o desafio adicional da vibração devido ao cavaco fino que é produzido e às múltiplas arestas do alargador. Para interromper a vibração do alargador, geralmente diminuímos a rotação para menos de metade da rotação de perfuração, às vezes, ainda menos. O objetivo é encontrar a rotação mais próxima da velocidade correta que não gere vibração. Se o alargador vibrar, o furo ficará enorme e com acabamento ruim.

Velocidade de avanço da broca

Na penetração da broca, a **velocidade de avanço** em que a ferramenta avança na peça é expressa em *milésimos de polegada por revolução* ou em décimos de milímetro *por rotação*. Ao acionar a alavanca de avanço à mão, a penetração em uma furadeira manual padrão é uma questão de sensibilidade, de som e observação do cavaco – todos rapidamente aprendem com a prática. O avanço em furadeiras automáticas e em máquinas CNC deve ser selecionado antes da perfuração.

> **Ponto-chave:**
> O avanço nas brocas varia de leve, 0,0005 pol. (0,1 mm) por rotação, a pesado, 0,040 pol. (1,0 mm) por rotação, ou mesmo mais em grandes máquinas de braço radial.

> ### Conversa de chão de fábrica
>
> **A velocidade de corte recomendada é um dado empírico** Embora os gráficos de rotação forneçam dados confiáveis, você vai encontrar variações entre os gráficos. Isso porque a velocidade de corte (Vc), a velocidade da borda em pés ou em metros por minuto do cortador rotativo, são os dados de base usados para calcular a rotação. Velocidade de corte é derivada da observação de usinagem experimental. O objetivo é aumentar a velocidade até a falha ocorrer na ferramenta e acompanhar a vida da ferramenta até esse limite. O autor retorna no gráfico até encontrar a sua rotação particular determinada. Dados obtidos dessa forma, experimentalmente, em vez de calculados, são denominados **dados empíricos**.
>
> Dependendo de quem está criando o gráfico da rotação, os dados representam uma tendência especial. Alguns autores de gráfico trazem mais próximo da falha, trocando a vida mais curta da ferramenta por aumento da produção para promover suas ferramentas. Outros favorecem a vida útil da ferramenta, mas com velocidades mais lentas, como aquelas encontradas em materiais de referência para operadores. No entanto, os instrutores muitas vezes colocam maior segurança na lista e, assim, velocidades ainda mais baixas. O gráfico de velocidade de corte baixa no Anexo IV deste livro é inclinado para a segurança do iniciante. A rotação obtida será baixa para o trabalho de produção, mas uma boa plataforma para a inicialização.

> ### Conversa de chão de fábrica
>
> Por que se preocupar com a fórmula longa se a curta é tão simples e eficiente? Primeiro, ela é a que está por trás dos cálculos da rotação em sistemas CAM, em que o usuário insere o diâmetro da ferramenta, o tipo da ferramenta AR/metal duro e o tipo de material. O programa grava a rotação correta da ferramenta com base na fórmula longa. Mas há uma razão mais forte do que somente conhecimento. A diferença da rotação de 5% tem pouco efeito sobre os resultados a esse nível de formação, mas ela pode fazer uma grande diferença quando se está configurando para usinagem em alta velocidade. Durante UAV (Capítulo online do livro *Introdução à Usinagem com Comando Numérico Computadorizado*), um erro de cálculo de pequeno porte pode ser um desastre, porque as velocidades das máquinas estão deliberadamente no limite. Há cálculos que devem ser tão precisos quanto possível e que requerem a fórmula de rotação completa baseada em PI.

Selecionar a velocidade de avanço é um equilíbrio de três vias entre a vida da ferramenta, o tempo de ciclo e o acabamento usinado. Aqui está uma lista dos fatores a serem considerados:

1. **Profundidade do furo – Capacidade para retirar cavacos do furo**
   Como o furo fica mais profundo, a remoção de cavacos se torna um problema. Muitas vezes você deve diminuir o avanço ou começar a furação em bicadas em uma determinada profundidade.

2. **Tipo de material**
   Alguns materiais produzem cavacos que tendem a avançar para fora do furo facilmente: ferro fundido, aço de corte livre, alumínio rígido e alguns latões são materiais bons de perfuração. Por outro lado, alumínio macio e os aços inoxidáveis mais resistentes são mais difíceis de perfurar porque os cavacos tendem a acumular-se nas estrias da broca.

3. **Disponibilidade refrigerante**
   O fluxo do líquido refrigerante (um jato bombeado para fora pela máquina) não só reduz o atrito durante a fase de perfuração, mas também lubrifica o cavaco que está passando pelas estrias e para fora delas. Se um jato de fluxo não estiver disponível, típico para a maioria das pequenas furadeiras de broca, então, em seguida, óleo de corte aplicado com uma escova sobre a ferramenta é uma segunda escolha adequada, ou uma garrafa de *spray* com líquido refrigerante sintético pode ser usada.

4. **Tamanho da broca**
   Conforme será mostrado no gráfico do exemplo a seguir, brocas menores requerem menores avanços para evitar a ruptura.

5. Força da instalação
6. Acabamento esperado e precisão do furo

Empurrar mais forte produz furos mais ásperos e menos precisos.

Velocidades de avanço das brocas

Tamanho da broca	Taxa de avanço (faixa) em pol/rot
$\frac{1}{16}$ a $\frac{3}{16}$	0,001 a 0,004
$\frac{3}{16}$ a $\frac{3}{8}$	0,002 a 0,006
$\frac{3}{8}$ a $\frac{1}{2}$	0,003 a 0,008
$\frac{1}{2}$ a $\frac{3}{4}$	0,004 a 0,010
$\frac{3}{4}$ a $1\frac{1}{2}$	0,005 a 0,015

Nota: Lembre-se, estas são taxas moderadas.

Revisão da Unidade 2-3

Revise os termos-chave

Dados empíricos
Dados coletados experimentalmente, em vez de calculados. Todos os gráficos de velocidade e de avanço são empíricos.

Velocidade de avanço
Avanço do cortador através da peça de trabalho, expresso em polegadas ou décimos de milímetro por minuto.

Velocidade de corte
Velocidade em pés por minuto ou metros por minuto do margem da broca.

Reveja os pontos-chave

- Existe uma velocidade de corte "melhor" para qualquer material a ser perfurado.
- Brocas de diferentes diâmetros devem ser definidas para rotacionar em diferentes revoluções por minuto – de modo que a margem esteja na velocidade de corte correta.
- Brocas menores requerem maiores rotações, enquanto brocas maiores devem ir mais devagar para atingir a mesma velocidade de corte em sua margem.
- Os gráficos de rotação da broca e de taxa de avanço presumem uma ferramenta de AR. Se a ferramenta é de carboneto, tais taxas podem ser aumentadas.
- A rotação do alargador é frequentemente ajustada à metade da rotação da broca para parar de trepidar.

Responda 2-3B
Velocidades de cálculo e alimentações

A menos que instruído de outra forma, encontre as velocidades de corte no Anexo IV.

1. Use a fórmula longa para resolver a rotação correta para uma broca de diâmetro de 2,0 polegadas em bronze.
2. Use a versão curta (sem calculadora): uma broca de $\frac{1}{2}$ polegada em aço inox recozido.

Questões de pensamento crítico

3. Uma linha de um programa inclui o código *S400*, significando que a rotação programada é para ser 400 (fuso a 400). Está escrito para perfurar $\frac{1}{2}$ em aço inox rígido, usando uma broca de $\frac{7}{8}$ polegada Está escrito corretamente? Assuma uma velocidade de corte de 70 FPM para este material. Use a fórmula curta para analisar isso em sua cabeça antes de calculá-la.
4. Use ambas as fórmulas para calcular a rotação. Em seguida, compare a diferença percentual entre o resultado mais rápido e o mais lento da broca letra "A" em alumínio.
5. Calcule a rotação para de uma broca de 12 mm para usinagem de aço com velocidade de corte de 30 m por minuto.

Referência estendida

6. Usando a fórmula curta e o *Manual de construção de Máquinas* para encontrar a velocidade de corte recomendada, calcule a rotação para uma broca de letra J, cortando latão vermelho. [*Dicas*: qual é o principal ingrediente no latão? (Unidade 5-2) Você precisa de tabelas de velocidade e avanço para a perfuração, a fim de acessar a velocidade de corte correta.]

7. Usando dados do *Manual de construção de Máquinas* e a fórmula longa, calcule a rotação correta para broca de 2,0 pol. cortando aço AISI4140 (um aço cromo – molibdênio discutido no Capítulo 7). Esse material está em seu estado recozido mais macio.

8. Ainda perfurando o material da Questão 7, você deve mudar agora para uma broca de diâmetro 36 mm. Ela deve girar a quantos rpm? Que fórmula deve ser usada?

9. Um furo de acesso de 0,625 pol. deve ser perfurado e alargado no lado de uma caixa de transmissão em ferro fundido. Em uma folha de papel separada, preencha os dados de configuração listados a seguir. Use apenas os dados encontrados neste livro e a fórmula de rpm curto.
   Diâmetro da broca do alargador
   RPM da broca do alargador
   Velocidade de avanço da faixa das brocas
   RPM do alargador

10. Usando um manual de construção de Máquinas e a fórmula longa, determine a velocidade e avanço de uma broca de 1,0 pol. para cortar uma liga de aço carbono 1010, laminado em seu estado (mais macio) recozido.
    Velocidade de corte recomendada
    Rotação da broca
    Faixa da velocidade de avanço da broca

» Unidade 2-4

» Perfuração por furadeira e operações secundárias

Introdução Agora, investigaremos a execução do furo na posição correta na peça, dentro da tolerância dimensional (Fig. 2-44). Vamos explorar alguns métodos para furadeiras padronizadas na Unidade 4*, onde nos movemos ou tocamos na peça para alinhamento com o fuso. Um deles produz uma precisão de localização repetitiva de 0,030 pol. e outro em torno de 0,010 pol. No entanto, isso não é bom o suficiente para muitos trabalhos.

Uma vez que a ferramenta esteja posicionada corretamente sobre a peça, resta ainda o desafio de obter a broca para encostar e perfurar naquele local. Mesmo quando a peça está perfeitamente alinhada e apertada, as brocas tendem a vagar se as etapas seguintes forem ignoradas.

Figura 2-44 Um centro de usinagem CNC pode posicionar, furar o centro, furar e alargar com tolerâncias abaixo de um milésimo de polegada.

---

* N. de E.: Capítulo do livro Fitzpatrick, M. *Introdução à Manufatura*. Porto Alegre: AMGH, 2013.

Termos-chave:

Broca calibradora
Lâmina multiestriada entre uma broca e um alargador, que deve seguir um furo piloto. Usada principalmente para perfurar núcleos rugosos em peças fundidas.

Brocas canhão
Ferramentas especializadas para a perfuração de furos extraprofundos.

Brocas escalonadas
Ferramentas para furadeiras que cortam várias características e diâmetros de uma vez. Pode criar transições angulares entre os diâmetros.

Brocas espada
Ferramentas planas de corte com duas arestas de corte, utilizadas em máquinas mais rígidas do que furadeiras.

Engate (rosca)
Intensidade de contato entre um parafuso e porca, em comparação com a porcentagem teórica 100%; engajamento de 75% é comum.

Escareado (Escareador)
Abertura em forma de cone na entrada de um furo (a ferramenta que produz esta forma).

Faceamento
Superfície lisa em torno de um furo, criada para uma arruela ou porca.

Localizador de aresta
Ponteiro ajustável usado para marcar um ponto, o centro exato de um eixo rotativo.

Localizador de centros
Conjunto de dispositivos de fixação úteis que pode ser usado como um posicionador, um localizador de borda e um localizador de centro.

Rebaixamento
Abertura circular em torno de um furo, geralmente para alojar uma cabeça de parafuso. *Ver também* Faceamento

Dois métodos de posicionamento de furadeiras

O primeiro método é fácil, mas não muito preciso. O segundo aumenta a precisão, mas leva mais tempo para executar. A melhor precisão para ambos os métodos começa com linhas de traçagem boas e aguçadas com contraste elevado entre a linha e o metal pintado. Uma vez que você usará seus olhos para determinar o alinhamento nos dois casos, uma boa iluminação é também muito importante.

Método de traçagem por puncionamento – repetibilidade de aproximadamente 0,030 polegada

Passo 1 – Traçagem da posição dos furos

Sempre referencie a referência da peça como base para as linhas de traçagens (se estiverem mostradas no desenho) (Fig. 2-45).

Passo 2 – Puncionamento piloto (Picada de puncionamento)

Aplique um leve golpe no punção piloto enquanto segura-a perpendicularmente à superfície da peça (Fig. 2-46). Após verificar a precisão da marca, um segundo golpe um pouco mais forte deve ser realizado.

Passo 3 – Puncionamento de centro

Siga o puncionamento piloto com uma marca de centro mais ampla e profunda (Fig. 2-47). Nova-

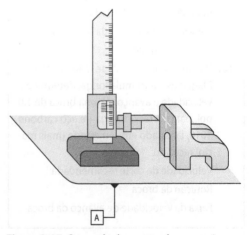

Figura 2-45 O traçado deve estar claro e preciso.

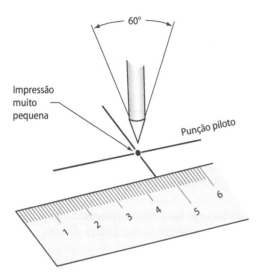

Figura 2-46 Um punção piloto (bico) cria um pequeno entalhe com 60° na posição do traçado.

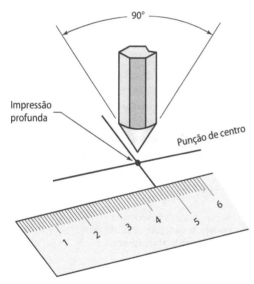

Figura 2-47 Seguindo o piloto, o punção de centro com 90° torna a marca mais larga e profunda.

mente, esteja certo de que o punção está seguro verticalmente. Lembre-se: não faça esses martelamentos na mesa de traçagem.

Passo 4 – Posicione visualmente e faça um círculo para testar o posicionamento

Antes da furação piloto, teste a posição na peça para estar certo do alinhamento da broca com a linha do traçado. Com a peça levemente presa no lugar, uma broca de centro é montada no mandril e girada vagarosamente à mão enquanto a peça é tocada com um martelo de borracha para alinhar-se. Aperte os grampos um pouco mais quando a peça parecer estar abaixo do fuso, então, marque a posição. Ligue o fuso e toque de leve a superfície da peça com a broca de centro piloto. Esta não é uma operação de furação – não remova material ainda. Pare e observe a mancha cintilante gerada. Se ela estiver correta sobre o alvo, um anel brilhante será criado em torno da marca de centro puncionada. Agora, aperte as garras da peça uma última vez e fure o centro até a profundidade mostrada na Fig. 2-49.

> **Ponto-chave:**
> O objetivo da furação da mancha é remover não o metal, mas a tinta para traçagem somente – no local exato onde o centro irá começar quando avançar.

Brocas de centro são melhores para essa operação por serem ferramentas curtas e rígidas. Elas executam um furo liso com precisão e um piloto muito pequeno em sua ponta. Brocas de centro foram originalmente projetadas para trabalho em tornos, que será analisado posteriormente, mas elas trabalham melhor para usinar a marca no ponto de cruzamento das linhas do traçado na Fig. 2-48. As brocas de centro são fornecidas em quatro tamanhos, do menor (n° 1) ao maior (n° 4). Na furadeira, normalmente utilizamos a de (n° 2), a menos que o piloto seja maior do que o diâmetro do furo desejado.

> **Dica da área**
> A rotação de uma broca de centro deve ser calculada com base no piloto delgado. Dessa forma, ela requer uma rotação elevada para assegurar um posicionamento com boa precisão. Contudo, a rotação correta irá frequentemente exceder a faixa de velocidades da furadeira. Quando isso acontece, selecione a maior rotação possível e empurre muito suavemente a alavanca do fuso. A broca de centro é mais dura do que as brocas comuns e a ponta fina piloto quebra facilmente.

Passo 5 – Fure o piloto até a profundidade correta

Troque para a broca piloto e siga o furo da broca de centro com o piloto. Fure na profundidade suficiente (a meio caminho através da peça ou próximo) de modo que a próxima broca tenda a seguí-lo (Fig. 2-49).

Passo 6 – Fure no tamanho

Verifique a afiação e a geometria da broca antes de fixá-la no mandril. Selecione a rotação correta na furadeira e então verifique a posição tocando levemente a borda do furo com a broca girando.

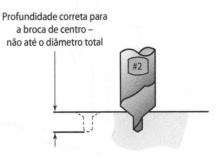

Figura 2-49 Uma broca de centro não fura abaixo desta distância.

> **Dica da área**
> **Colocando uma broca desalinhada na posição** Uma broca inicial que tenha oscilado para fora de sua posição pode ser reconduzida para a posição correta com este truque tecnológico. Mas isso somente funciona se você detectar o problema antes de furar até o diâmetro total da broca (Fig. 2-50).
>
> Com um martelo ou formão crie marcas profundas na superfície angular cônica do furo inicial. As marcas são feitas somente do lado para o qual você deseja que a broca retorne. Elas agarram na aresta de corte e puxam a broca na direção delas e também podem trazer a posição da broca de volta para o alvo.

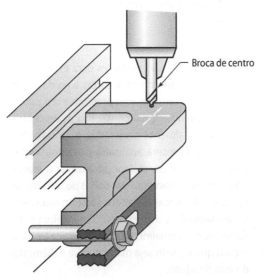

Figura 2-48 Para *marcar* a posição, toque a superfície da peça com a broca de centro em rotação, então veja a marca.

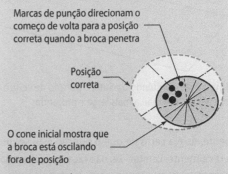

Figura 2-50 É possível recolocar uma broca deslocada na posição correta, se o começo não está no diâmetro máximo.

Método traçado / Localizador de centro ponto de referência – repetibilidade aproximadamente igual a 0,010 pol. ou melhor

Este método usa uma ferramenta de alinhamento, **localizador de aresta**, para refinar a localização (Fig. 2-51). Um localizador de aresta é um apontador com duas peças cuja ponta pode tocar ou cutucar levemente em um centro perfeito sem oscilação na sua base rotativa. Teoricamente, um apontador de metal sólido e precisamente retificado pode ser usado, mas na prática cada mandril e fuso possui alguma oscilação. O localizador de centro elimina qualquer desalinhamento de furo da oscilação do mandril ou do fuso. Alguns passos e fotos foram omitidos porque eles duplicam os passos do primeiro método.

> **Ponto-chave:**
> Para usar o localizador de arestas corretamente, nenhuma marca puncionada é feita na traçagem.

Passo 1 Traçagem

Passo 2 Posicionamento grosseiro da peça Adicione o método de fixação apertando somente de leve.

Passo 3 Posicionamento com o localizador de centro Com o localizador levemente preso ao mandril, ajuste a furadeira para rotação moderada de 400 a 900 rpm máxima. Se uma rotação muito alta for estabelecida, o localizador de arestas poderá ser danificado pela força centrífuga. A ponta ajustável é presa no corpo por uma mola. Ela pode ser esticada além da sua aplicação se a ponta for arremessada para fora devido à rotação excessiva.

Centralize o ponto Cutuque levemente a ponta oscilante até ela acomodar-se no eixo exato de rotação do fuso. Use um lápis, régua ou outro instrumento pequeno, mas rígido para esse propósito.

Passo 4 Alinhe a peça sob o localizador de arestas rotativo Com o mandril rotacionando, traga o fuso para baixo aproximadamente $\frac{1}{16}$ pol. da superfície traçada. Com leves toques na peça com um martelo de borracha ou plástico, mova a peça até o apontador estar exatamente sobre a intersecção de ambas as linhas traçadas (Fig. 2-52). Esteja certo de posicionar seus olhos alinhados com a direção X e depois com a direção Y para evitar erros de paralaxe.

> **Ponto-chave:**
> O localizador de arestas nunca toca a peça. *Ele não deixa marca!*

Figura 2-51 Um localizador de arestas é utilizado para melhorar o posicionamento do fuso sobre as linhas traçadas.

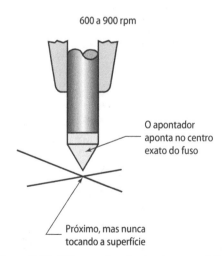

Figura 2-52 Utilizar um localizador de arestas é fácil.

Passo 5 Prenda a peça na posição Use o localizador de arestas novamente para ver se o travamento alterou o posicionamento.

Passo 6 Usine a marca para testar o alinhamento

Dica da área
Usando um localizador de aresta e o conceito de colinearidade Aqui está um truque óptico para melhorar a precisão de posicionamento utilizando o localizador de arestas. O segredo está em como você pode ver o alinhamento entre duas linhas melhor do que estimar a posição de um ponto relativo a uma linha.

As duas linhas que deverão ser colineares são a linha do traçado e seu *reflexo* no cone brilhante do localizador de arestas (Fig. 2-53). Para evitar erro de paralaxe, posicione seu olho alinhado diretamente com a linha do traçado e então cutuque a peça até seu reflexo aparecer. Depois, repita com a outra linha do traçado. Retorne para ver se a primeira foi alterada.

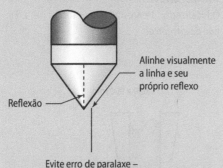

Figura 2-53 Outro modo de usar um localizador de arestas.

Há uma segunda antiga ferramenta que realiza a tarefa de posicionamento do localizador de arestas, denominada **localizador de centros** (Fig. 2-54). O localizador de centros é uma ferramenta universal que também prende indicadores em mandris e da mesma forma realiza a localização de lados. Não pode ser usada no truque óptico tecnológico. Se sua oficina tem essa ferramenta, solicite uma demonstração.

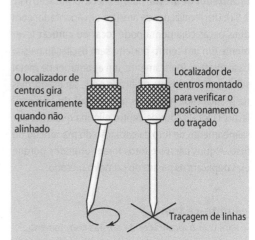

Figura 2-54 Um localizador de centros é outra ferramenta de posicionamento do fuso.

Broqueando e rosqueando furos em uma furadeira

Selecionando a broca para macho correta

Recorde do Capítulo 5* que há uma broca designada para um macho específico. Se não for pré-furada em um tamanho específico, o macho quebrará se o furo for muito pequeno, enquanto um furo muito grande produzirá roscas fracas ou inexistentes. Quando você ler um aviso como este:

Broca e macho $\frac{1}{2}$-13 UNC
ou
$\frac{1}{2}$-20 UNF
ou
M8-1,25 ISO

---

* N. de E.: Capítulo do livro Fitzpatrick, M. *Introdução à Manufatura*. Porto Alegre: AMGH, 2013.

ele está especificando não somente certo macho, mas também um tamanho específico de broca. Essa seleção de tamanho é encontrada na tabela de brocas ou na referência padrão do operador.

Usando uma tabela de brocas para machos

Volte ao Apêndice I, a tabela de brocas. Qual é o tamanho de broca correto para um macho $\frac{1}{2}$ -13 UNC?

Resposta: Uma broca de $\frac{27}{64}$ pol.

Agora, observe a broca para macho $\frac{1}{2}$-20 UNF

Resposta: $\frac{29}{64}$ pol. (0,4531 pol.)

> **Ponto-chave:**
> Mesmo dois passos diferentes na mesma rosca requerem diâmetros de brocas para macho diferentes. Cada designação de rosca tem seu próprio tamanho de broca.

Por que tamanho específico de broca para macho?

> **Conversa de chão de fábrica**
>
> **Broca para macho errada** Um erro comum cometido por aprendizes é escolher o tamanho da broca igual ao tamanho da rosca. Por exemplo, para broquear um furo de diâmetro de $\frac{1}{2}$ pol. para um macho $\frac{1}{2}$ -13fpp. Se você fizer isso, o macho cairá através do furo porque não haverá metal para os filetes.

Você deve ter visto uma nota em tabelas de brocas para machos (Apêndice I) que a broca indicada produz uma rosca com 75% de **engate**. Essa é a recomendação padrão. Eis o que significa. O tamanho da broca é calculado de modo que cada parafuso, inserido no furo corretamente broqueado e roscado, tocará em 75% das faces dos filetes; 75% do quê?

Uma rosca teórica, com topo triangular pontudo e folga mecânica nula entre o parafuso e a porca, pode produzir um contato de 100%. Mas, como discutimos antes, a rosca triangular é truncada, cortada em pequenos pontos. Usando o diâmetro recomendado pela tabela, formam-se os truncamentos no diâmetro interno da rosca, como mostrado na Fig. 2-55.

Métodos de rosqueamento

Há três métodos comuns usados em furadeiras para o rosqueamento.

Manual   Motorizado   Cabeçotes de rosqueamento

Rosqueamento manual usando a furadeira como guia do macho

Este método é usado para um único ou um número limitado de roscas (Fig. 2-56). Para iniciar, um localizador de centros é montado no mandril será usado como guia para manter o macho perpendicular à peça. *O eixo motorizado não será usado neste método.* Com uma mão na alavanca do fuso para manter uma leve pressão contra o macho, gire o macho manualmente com sua mão livre. Esteja seguro de usar um composto de rosqueamento ou óleo de corte.

Rotacionando o macho pelo motor

Esta operação é realizada em uma furadeira com cabeçote engrenado ou radial, com um eixo reversível e faixas de velocidade baixas (Fig. 2-57). Furadeiras comuns não podem ser usadas dessa forma.

Precauções de segurança Aqui, a furadeira rosqueia o macho para dentro e para fora enquanto

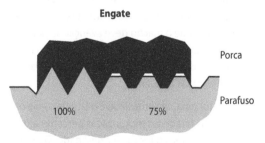

Figura 2-55 A escolha correta da broca para machos produz roscas internas com 75% de engate.

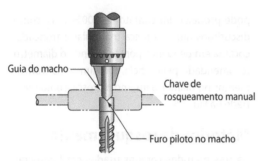

Figura 2-56 O acionamento manual do macho na furadeira é útil para uma ou duas peças.

Figura 2-57 Complicado de se fazer, este operador habilidoso montou um macho em um mandril em uma furadeira com cabeçote engrenado reversível.

você mantém leve pressão na alavanca de avanço. Quando rosquear em uma furadeira, esteja certo de não ligar acidentalmente o avanço motorizado quando o macho estiver no furo. O avanço automático irá avançar o fuso a uma taxa diferente daquela em que o macho deve avançar na peça. A pressão irá aumentar instantaneamente e o macho irá quebrar ou a peça se moverá para acomodar as diferentes taxas de avanço.

Outro fator para ser controlado é o fato de o eixo da maioria das furadeiras motorizadas percorrer alguma distância após o motor ser desligado. Quando estiver próximo do fundo das roscas, certifique-se de dispor da distância extra para o macho avançar enquanto o eixo desacelera e reverte. O rosqueamento automático requer prática e uma demonstração por parte de seu instrutor! As chances de quebrar o macho são quase de 100%, pelo menos para os principiantes! Este método deve ser escolhido para rosquear um ou dois furos, mas nunca para produção extensa de muitos furos roscados se um cabeçote de rosqueamento estiver disponível.

Acessórios de cabeçote de rosqueamento

Cabeçotes de rosqueamento são boas soluções para orientar machos em qualquer furadeira com ou sem eixos motores reversíveis (Fig. 2-58). Quando muitas peças precisam ser rosqueadas, esse acessório previne a quebra de machos e a fadiga

Figura 2-58 Um cabeçote de rosqueamento adiciona muitas vantagens quando usado em uma furadeira normal ou em uma com cabeçote engrenado.

do operador. Ele transforma qualquer furadeira em uma máquina eficiente de rosqueamento.

Um cabeçote de rosqueamento adiciona quatro ou cinco características a uma furadeira padrão:

- Redutor de rotação engrenado – Segurança para o rosqueamento.
- Mecanismo de reversão rápida – Quando o macho atinge o limite inferior, o operador retorna a alavanca do fuso e o cabeçote instantaneamente reverte sem necessidade de reverter o motor na furadeira.
- Eficiente prendedor de macho tipo colete (não um mandril) – Com frequência, o colete é isolado com borracha de modo a absorver a maior parte dos choques que ocorrem durante o rosqueamento para evitar a ruptura enquanto em rotação e mantendo o macho centrado com o eixo.
- Mecanismo flutuante de fixação do macho – Uma maior vantagem do cabeçote de rosqueamento, esta característica permite ao macho mover-se para cima e para baixo no eixo, mas não permite movimento lateral. Isso resulta em aceitar algum excesso de velocidade do eixo motor e falta de habilidade do operador.
- Torque de atrito ajustável que permite ao macho deslizar rotativamente no fixador se ele travar durante o corte (não disponível em todos os cabeçotes de rosqueamento).

> **Dica da área**
> **Não se esqueça do fluido de rosqueamento apropriado** Eles fazem maravilhas para roscas cortadas. Os fluidos de rosqueamento reduzem o atrito muito mais do que os fluidos de corte padrões. Também melhoram o acabamento da rosca e reduzem a ruptura dos machos. Há fluidos gerais para muitas ligas e compostos específicos para alumínio titânio e outros metais. Embora de alto custo, pagam-se na vida da ferramenta e nos resultados consistentes.

Operações de rebaixamento e faceamento de assentos

Duas operações especiais são realizadas nas furadeiras utilizando ferramentas de corte projetadas para esta aplicação (Fig. 2-59). Essas operações orientam-se em um furo broqueado e produzem uma superfície circular plana e suave em torno do furo. Operações de rebaixamento e faceamento de assentos são denominações diferentes para a mesma operação, a profundidade de corte é a única diferença. Um **rebaixamento** é um corte profundo, enquanto um **faceamento** de assento é um corte raso. As ferramentas de corte são corretamente denominadas tanto de rebaixadores como faceadores de assentos.

Na Fig. 2-60, o símbolo computado para rebaixamento/faceamento é um largo "U" e a profundidade é o símbolo da seta para baixo. O símbolo computado é mostrado na parte superior da figura enquanto a antiga versão escrita é mostrada na parte inferior.

Facear os assentos para uma arruela ou cabeça de parafuso é usualmente requerido em torno de um furo para parafuso em um fundido rugoso. A profundidade de faceamento é chamada na ilustração como *mínima limpeza* ou às vezes abreviada para M/L.

O *rebaixamento* é usinado a uma profundidade controlada, é uma aplicação típica para um furo rebaixado para alojar a cabeça de um parafuso abaixo da superfície da peça. Quando rebaixado, você deve ajustar um batente para o fuso para obter a precisão na profundidade.

Há três versões de rebaixadores. Alguns são simples cortadores com um piloto sólido, mas os mais populares são aqueles com pilotos intercambiáveis (Fig. 2-61). Pela troca do piloto, esses rebaixadores podem alcançar uma gama de dimensões de furos. A terceira ferramenta que rebaixa é uma broca escalonada apropriada (veremos a seguir). Elas são usadas principalmente para furar e rebaixar uma

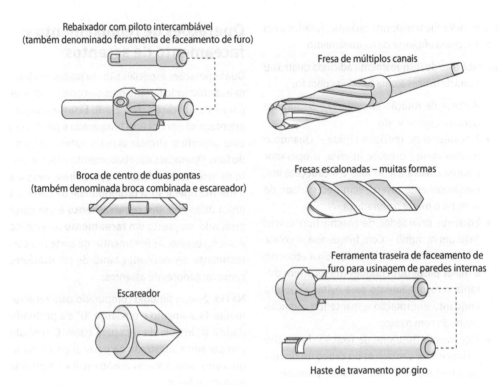

Figura 2-59 Ferramentas secundárias para furadeiras que você necessitará reconhecer, algumas usadas em operações em CNC.

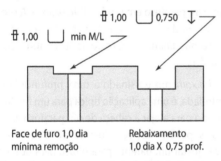

Figura 2-60 Compare o símbolo CAD (acima) para face de furo/rebaixamento com a palavra anterior chamada abaixo.

dimensão padrão de cabeça e parafuso em uma única operação. Todas elas apresentam um piloto central que garante que o cortador esteja centrado com o furo. O piloto também garante que a aresta com ângulo guia de zero grau não agarre ou oscile quando tocar na superfície da peça.

> **Ponto-chave:**
> **Rebaixadores** O fluido de corte executa aqui uma função adicional: ele lubrifica o piloto, que pode engripar pelo aquecimento e cavacos. Por ter as arestas de corte planas (zero de inclinação), elas tendem a vibrar. Similarmente ao alargamento, reduza a rotação do eixo à metade do valor calculado ou mesmo menor para prevenir a vibração do rebaixador.

Escareador

Esta é uma operação de furadeira que produz uma abertura cônica ao redor do furo broqueado, por muitas razões:

- Para remover bordas agudas e rebarbas (recorde o termo: *eliminando arestas*)
- Para fornecer um encosto para machos

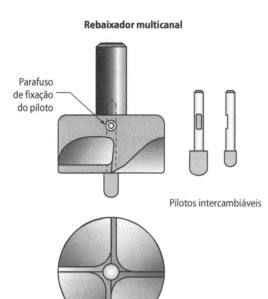

Figura 2-61 Os rebaixadores são usados também para faceamento de furo.

Figura 2-62 Escareadores: face fechada (à esquerda); face aberta e com parada micrométrica (à direita).

- Para acabamento da borda bruta de um furo por questões estéticas ou requisitos funcionais
- Para fornecer um assento cônico para um parafuso de cabeça plana (como mostrado brevemente na Fig. 2-63)

O **escareamento** é similar ao faceamento. A ferramenta necessita ser girada a uma taxa menor do que a velocidade de corte normal (50% ou menos) para prevenir vibração. O escareador de face fechada (Fig. 2-62) é o menos inclinado a vibrar e tende a produzir um melhor acabamento, mas, uma vez que possui somente uma aresta de corte, não dura tanto quanto os outros antes de ser necessária a reafiação.

Eliminando confusões – *escareamento* versus *chanframento*

Você pode ver um ou outro termo usado em um desenho (Fig. 2-63). Embora estejam relacionados, eles são termos diferentes. Um chanfro é normalmente um pequeno corte na intersecção de duas superfícies e ele pode estar em torno da entrada de um furo.

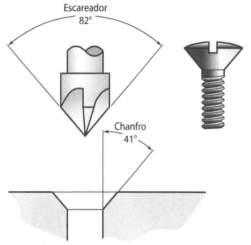

Figura 2-63 Um escareador de 82° produz um chanfro de 41°.

Ponto-chave:
Um chanfro é especificado como o ângulo de um chanfro quando comparado a uma linha axial vertical. Um escareador é denominado como o ângulo interno do cone.

Os dois ângulos internos comuns para escareador são 82° e 90°, embora outros ângulos sejam usados na indústria. Parafusos de cabeça plana e cabeça oval (Fig. 2-63) são fabricados com encostos de 82°.

> **Ponto-chave:**
> Um escareador de 82° produz um chanfro de 41° ao redor de um furo.

Escareador com parada micrométrica

Quando a profundidade do escareador necessita ser controlada com uma tolerância mais apertada do que a obtida usando o batente do fuso, em uma furadeira, utilizamos o escareados com parada micrométrica (Fig. 2-64). Ele permite ao escareador estender-se através da camisa de contato a uma profundidade pré-ajustada. Essa ferramenta é extremamente útil quando a espessura do material varia ou é áspera, e ainda a profundidade do escareador deve ser mantida em uma tolerância justa. Escareadores podem também ser usados fora da furadeira, em aplicações manuais.

Configurações especializadas

Logo você será que fazer muitas configurações é similar à construção de uma obra-prima com blocos Lego®. Você deve trabalhar com componentes básicos para montar algum ajuste personalizado a uma forma de uma peça e fazê-lo manualmente. Acredito que configurar seja a parte divertida da usinagem. Aqui estão algumas sugestões que funcionarão em uma furadeira.

Perfuração em uma peça cilíndrica

O desafio é fazer a broca começar no centro da superfície circular. Primeiramente, um par de linhas de traçado é necessário. Uma (circular) da extremidade do objeto, 0,75 pol. no exemplo (Fig. 2-65).

A seguir, uma linha de centro (longitudinal) é traçada com a peça presa a um bloco V, mas com ele apoiado em seu lado. Toque a superfície superior da peça cilíndrica com o traçador. Agora, com a peça presa ao bloco V, gire-o para cima e posicione-o em uma morsa para furadeira. A intersecção assinalada estará na vertical e pronta para o posicionamento do localizador de centros.

Note que um segundo bloco V está apoiando a peça em ambos os lados do furo. O par de blocos V pode ser preso na morsa para furadeira, ou preso diretamente na mesa (Fig. 2-66).

Figura 2-64 Um escareador com parada micrométrica controla a profundidade com precisão.

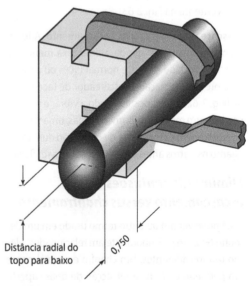

Figura 2-65 Traçar uma linha de centro inicia o processo.

Figura 2-66 Apoiando a peça em dois blocos V para furação.

Figura 2-68 Iniciando uma broca em uma posição com superfície inclinada, sem oscilação.

Broqueamento de furo inclinado em relação a uma face ou referencial

Aqui estão dois métodos de furar em ângulo. O método simples é rotacionar a mesa da furadeira como mostrado na Fig. 2-67, se a furadeira estiver equipada com isso. Caso não esteja, a peça é inclinada e fixada no ângulo correto em uma morsa inclinável. O desafio em ambas as configurações é iniciar precisamente na posição do furo em uma superfície inclinada (Fig. 2-68). A broca tende a descer a rampa inclinada antes de cortá-la. Para prevenir isso, inicie com a broca de centro número 1 colocada em alta rotação. Toque levemente a superfície com a broca, então retorne imediatamente. Repita essa operação com uma série de leves bicadas, cada uma alguns centésimos mais profunda do que a anterior. Uma vez que o piloto tenha entrado totalmente na peça, você pode aumentar a força.

Se a superfície está inclinada além de 15° relativamente ao eixo da broca, nada poderá evitar a oscilação, especialmente se o material da peça for duro. A face representada está a 12° e você pode ver o problema – sem um furo piloto, a broca está deslizando para a direita. Dependendo do tipo de material, duro ou mole, mesmo nessa inclinação elevada não será possível furar precisamente em uma furadeira, a menos que uma bucha guia para brocas possa ser montada para prevenir a oscilação. Nesses casos, movemos a peça para uma fresadora vertical com um eixo mais rígido. Aqui, uma região circular de assentamento pode ser criada de modo a ser perpendicular ao eixo do furo pretendido denominada pré-marcação do furo. O cortador é uma ferramenta rígida de face plana e dois canais, denominada fresa de topo. É similar a uma broca com ângulo de ponta de 0° (Fig. 2-69). Estudaremos esses cortadores em detalhe no Capítulo 4.

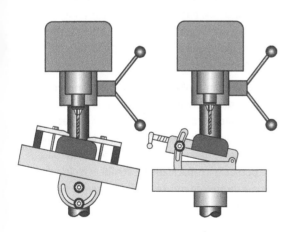

Mesa inclinável Morsa inclinável

Figura 2-67 Duas configurações para furação.

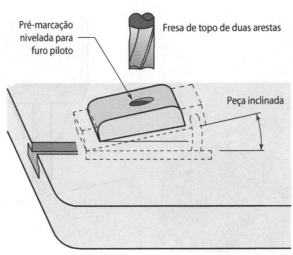

Figura 2-69 Às vezes, é necessário criar pré-marcações para permitir que a broca corte o material na posição.

Brocas especializadas

Há quatro tipos de brocas além das brocas helicoidais comuns que você poderá encontrar em seu primeiro ano de emprego, mas não em uma escola técnica. São elas: a broca espada, a broca canhão, a broca escalonada ou broca piloto e a broca calibradora. Aqui, segue uma breve descrição de cada uma.

Brocas espada são usadas para broquear furos grandes acima de 2 pol. de diâmetro ou para tamanhos maiores. Uma broca espada pode remover grandes quantidades de metal a uma taxa elevada. Possui uma ponta removível que pode ser de metal duro (carboneto de tungstênio) ou de aço rápido. Essas brocas não são comuns em furadeiras padrões devido à necessidade de rigidez, mas são usadas em torneamento CNC de produção e, ocasionalmente, em tornos manuais. Brocas espada podem furar mais profundo do que as brocas helicoidais em função da sua habilidade de remoção de cavacos. Variações muito precisas no diâmetro do furo são possíveis pela afiação personalizada das pontas inseridas (Fig. 2-70).

Brocas canhão são ferramentas especializadas e processos projetados especificamente para furos extraprofundos. Quando perfuram profundamente, brocas helicoidais tendem a oscilar em eixos curvos e eventualmente quebram nos furos. As brocas helicoidais também são ineficientes na remoção do cavaco em qualquer profundidade elevada pelo aumento do atrito entre o cavaco e o canal helicoidal.

Uma broca canhão corrige esses problemas utilizando uma cabeça de sustentação em três pontos que se suporta enquanto corta (Fig. 2-71). Uma broca canhão tem uma única aresta cortante em metal duro e dois patins de suporte espaçados a 120° do cortador. Também apresenta um canal reto que direciona melhor os cavacos para fora usando a pressão do óleo ou fluido injetado através do corpo da broca, para forçar os cavacos para fora. O fluido é bombeado através de uma galeria (furo do óleo) que segue através do corpo da broca; e é injetado diretamente no corte.

A furação com canhão é realizada em um torno normal usando bombas especiais de óleo e acessórios. Contudo, se uma quantidade de furações canhão deve ser realizada em uma oficina, elas são normalmente designadas para máquinas especiais que possuem a capacidade de bombear o elevado volume de óleo de corte e recolhê-lo dentro do reservatório novamente (Fig. 2-72).

Broca calibradora é uma combinação de uma broca e um alargador (Fig. 2-73). O principal objetivo é o de usinar furos em fundidos que já te-

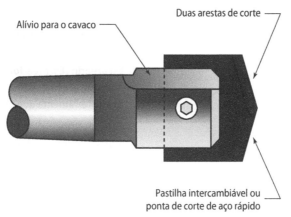

Figura 2-70 Cortador com inserto, broca espada.

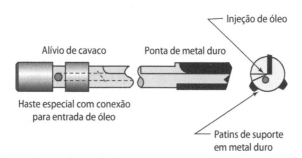

Figura 2-71 Uma broca canhão pode realizar furos extremamente profundos.

nham um furo rústico de fundição – denominado *furo fundido*. Uma broca calibradora apresenta um corpo muito forte e muitos canais (três, quatro, seis ou mais para ferramentas grandes). Não iniciará um furo sem um pré-furo ou um furo piloto no metal. Essas brocas tendem a produzir um acabamento fino, frequentemente, tão bom quanto um alargador.

Brocas escalonadas são projetadas para realizar duas tarefas ao mesmo tempo (Fig. 2-74). Elas podem furar e chanfrar, furar e rebaixar ou chanfrar dependendo da forma como foi afiada.

Figura 2-72 Máquina de usinagem de canhão na indústria.

Broca calibradora com múltiplos canais

Figura 2-73 Uma broca calibradora é projetada para acompanhar furos rústicos em fundidos. Ela parece com um alargador, porém com canais mais profundos.

Formas típicas de brocas escalonadas

Figura 2-74 Várias brocas escalonadas.

Revisão da Unidade 2-4

Revise os termos-chave

Broca calibradora
Lâmina multiestriada entre uma broca e um alargador, que deve seguir um furo piloto. Usada principalmente para perfurar núcleos rugosos em peças fundidas.

Brocas canhão
Ferramentas especializadas para a perfuração de furos extraprofundos.

Brocas escalonadas
Ferramentas para furadeiras que cortam várias singularidades e diâmetros de uma vez. Pode criar transições angulares entre os diâmetros.

Brocas espada
Ferramentas planas de corte com duas arestas de corte, utilizadas em máquinas mais rígidas do que furadeiras.

Engate (rosca)
Intensidade de contato entre um parafuso e porca, em comparação com a porcentagem teórica 100%; engajamento de 75% é comum.

Escareado (Escareador)
Abertura em forma de cone na entrada de um furo (a ferramenta que produz esta forma).

Faceamento
Superfície lisa em torno de um furo, criada para uma arruela ou porca.

Localizador de aresta
Ponteiro ajustável usado para marcar um ponto, o centro exato de um eixo rotativo.

Localizador de centros
Conjunto de dispositivos de fixação úteis que pode ser usado como um posicionador, um localizador de borda e um localizador de centro.

Rebaixamento
Abertura circular em torno de um furo, geralmente para alojar uma cabeça de parafuso. *Ver também* Faceamento.

Reveja os pontos-chave

- O objetivo do assentamento é não remover mais metal do que o necessário – no ponto exato onde a broca de centro deve iniciar quando avançar.
- Nenhuma marca de centro é feita ao obter a posição de furos do traçado usando um localizador de arestas. O localizador de arestas nunca toca ou marca a superfície da peça.
- Dois passos diferentes de um mesmo tamanho de rosca requerem brocas para macho de diferentes diâmetros. Cada designação de rosca tem seu próprio diâmetro de broca para macho.
- Um chanfro é especificado como o ângulo do chanfro em relação à linha axial vertical.
- Um escareador é denominado como o ângulo interno do cone.
- Um escareador de 82° produz um chanfro de 41° ao redor do furo.

Responda 2-4

1. Usando o Apêndice II, qual é a broca para macho correta para uma rosca $\frac{5}{16}$-24 UNF?
2. Verdadeiro ou Falso? Dois métodos comuns de localizar uma peça exatamente no eixo de uma furadeira são o localizador de arestas (ou de centros) e o método de puncionamento do traçado. Se essa afirmação for falsa, o que a torna for verdadeira?
3. Denomine um terceiro método mais acurado de posicionamento de uma broca em uma furadeira.
4. Faça um esboço ou descreva o método usado para "trazer" uma broca de volta à sua posição se observado que ela andou para fora da posição. Em que etapa da furação isso pode ser realizado?
5. Verdadeiro ou Falso? Montar um alargador cone Morse em um eixo de furadeira requer uma cápsula adaptadora. Se esta afirmação for falsa, o que a torna verdadeira?
6. Denomine dois métodos de rosquear por máquina em uma furadeira capaz de reverter a rotação.
7. Faça um esboço ou descreva o método colinear de alinhamento de uma broca com a linha do traçado. Que ferramenta e procedimento você necessitaria?
8. Denomine as operações na sequência necessária para *alargar um furo* em um material não perfurado (o método de marcação por puncionamento).
9. Verdadeiro ou Falso? Usinar um chanfro ao redor de um furo é denominado espaçamento plano. Se esta afirmação for falsa, o que a torna verdadeira?
10. Qual é a diferença entre um *faceamento* e um *rebaixamento*?
11. Identifique dois métodos de perfuração para cortar furo extra profundo.
12. Dos dois métodos acima, qual requer uma máquina especial ou acessórios e por quê?
13. Identifique as ferramentas mostradas da esquerda para a direita na Fig. 2-75.

Figura 2-75 Identifique as três ferramentas para furadeiras da esquerda para a direita.

>> Unidade 2-5

>> Afiando brocas

Introdução Uma vez que existem manuais de afiação fáceis de usar, gabaritos e máquinas automáticas para afiação de brocas (Fig. 2-76), nos concentraremos na afiação manual de brocas. Essa é uma habilidade que nenhum operador deve desprezar. Você usará no trabalho e na oficina em casa também. Mais do que útil, a retificação manual de broca é um dos modos mais rápidos e baratos de aumentar o conhecimento sobre a geometria da ferramenta.

No entanto, *há uma razão maior para a Unidade* 2-5. As habilidades técnicas e de coordenação manual requeridas para retificar uma broca serão aplicadas para afiar ou retificar manualmente muitas outras

Figura 2-76 Uma afiadora de brocas na indústria.

ferramentas na oficina. Tentaremos evitar ferramentas afiadas manualmente em usinagem de produção, mas ocasionalmente elas serão a solução mais rápida para manter a máquina em funcionamento. Ferramentas fabricadas à *mão são mais comuns para a indústria de ferramentas e matrizes e*, especialmente, o fabricante de moldes. Mesmo hoje na era das máquinas afiadoras CNC, às vezes, o único modo de produzir alguma ferramenta de forma original é fazê-la com a velha e boa habilidade manual.

Antes de afiar uma ferramenta, é importante reconhecer se está na hora de afiá-la ou não. A retificação reduz o tempo de vida na oficina. Enquanto o gasto de tempo não produtivo pode ser gerado pelo operador parando mais cedo para retificar ou substituir uma ferramenta danificada, esperar demais, levando a ferramenta além de seu desgaste normal, resulta geralmente em desastre tanto para a peça como para a ferramenta de corte!

Termos-chave:

Escudo de proteção (protetor do rebolo)
Protetor metálico do rebolo sobre o rebolo, projetado para conter um rebolo quebrado se ele explodir.

Ponto morto (broca)
Região não cortante da ponta da broca – causada pelo entrelaçamento central.

Sobrerevenimento
Redução da dureza de qualquer corpo de ferramenta em aço *rápido pelo aquecimento durante a retificação*.

Reconhecimento de uma ferramenta danificada

Há duas maneiras de reconhecer uma ferramenta danificada.

Inspeção antes da montagem

Verifique a aresta de corte especialmente no canto externo e ao longo das margens próximas da aresta de corte. Procure por lascas na aresta de corte e cantos arredondados nas margens. Mas nem todas as brocas danificadas são tão óbvias. Então, para o desgaste normal da broca, levante-a para captar a luz. A aresta de corte aparecerá como uma linha brilhante. Compare uma broca afiada e uma danificada – você verá a diferença. (Fig. 2-77).

Observando sinais enquanto perfura

Há cinco sinais que indicam que a broca está falhando.

- Ruído excessivo – guincho, vibração e trepidação.
- Cavacos interferindo nos canais. Isso também pode ser devido à furação profunda, à falta de fluido de corte e/ou velocidades de corte ou avanço errados.
- Cavacos amarelos, marrons ou azuis saindo do furo quando usinando aço. Cavacos descoloridos também podem ser causados por velocidades de corte ou de avanço excessivas, mas qualquer que seja a causa, isso levará logo a uma ferramenta danificada.
- Dimensões do furo usinado muito grandes.
- Calor excessivo – vapor se usando refrigerante ou fumaça se usando óleo de corte.

Não reconhecer esses sintomas pode resultar em uma ponta arruinada ou destruição total da ferramenta (Fig. 2-77).

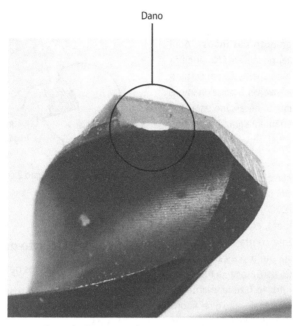

Figura 2-77 Esta broca não pode ser facilmente reafiada. Observe os danos na margem.

Retificando a ferramenta

Há duas características a serem controladas enquanto se retifica uma broca helicoidal padrão, desgastada normalmente:

1. **Ângulo de ponta (ângulo de guia)**
   Ambas as arestas de corte têm o mesmo comprimento e o mesmo ângulo.

2. **Ângulo de folga**
   De 6° a 10°.

Segurando a ferramenta para afiação

Como mostrado na Fig. 2-78, segure o corpo com a aresta de corte *horizontal* (paralela ao piso) com a aresta de face para cima.

> **Ponto-chave:**
> A aresta de corte deve permanecer horizontal durante todo o tempo que estiver em contato com o rebolo.

Sua mão direita suporta a frente da ferramenta enquanto sua mão esquerda está na haste. Note: a posição das mãos pode ser trocada conforme sua preferência.

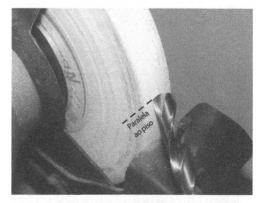

Figura 2-78 Mantenha a aresta de corte nivelada com o piso durante todo o procedimento de retificação. A proteção foi removida para clareza.

Dica da área

Prática de posicionamento das mãos Aqui está uma "simulação" (termo que em CNC significa executar um programa ou operação sem cortar o metal) segura para desenvolver o posicionamento das mãos e o movimento necessário para afiar uma broca. Use uma ferramenta grande em torno de meia polegada ou maior que esteja corretamente retificada.

Posicione a aresta de corte na posição 2, no topo do apoio de retificação, de encontro ao rebolo como mostrado na Fig. 2-79 – **Aviso!!! O rebolo não está girando**. Agora, enquanto pressiona a ferramenta levemente contra a roda, abaixe a ponta da ferramenta até a posição 1, como na Fig. 2-80, e, fazendo isso, arraste a roda para baixo com o movimento. Ao fazê-lo, mantenha a aresta de corte na horizontal – não gire! Agora, mova a ferramenta (e a roda) de volta à posição 2. Repita o movimento, sempre mantendo a aresta de corte na horizontal.

Aviso de segurança – O protetor de olho não está mostrado nesta figura somente por clareza; certifique-se de utilizar esse importante protetor na prática de retificação. Repetir esse movimento para cima e para baixo é o movimento necessário para retificar a ferramenta.

Por que o fator de horizontalidade da aresta de corte é tão importante? Vá para a Fig. 2-86 desta unidade para ver o motivo.

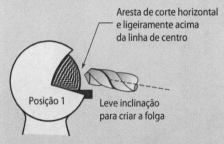

Figura 2-79 Limite inferior do movimento, a posição 1 está formando a aresta de corte.

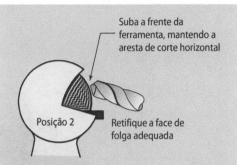

Figura 2-80 A posição 2 cria o ângulo de folga necessário.

Lista de verificação de segurança

☐ Você está com óculos de segurança.

☐ Está seguro de que o suporte da ferramenta está ajustado próximo ao rebolo (folga de $\frac{1}{16}$ a $\frac{1}{32}$ pol.).

☐ Tanto o protetor de olhos quanto o **escudo de proteção** estão posicionados.

☐ Faça uma inspeção visual do rebolo quanto a trincas ou lascas. Também inspecione para ver se a superfície do rebolo está reta e sem incrustações por metal macio.

☐ Esteja seguro de que o recipiente de água está pronto – calor pode ser gerado.

Agora, com o rebolo girando, posicione a ferramenta de acordo com a posição 2 próxima, mas não encostando no rebolo. Mova-a à frente e com um leve toque até faíscas brilhantes se formarem. Ao tocar na roda com a ferramenta na posição 2, verifique se você não danificou acidentalmente a aresta de corte.

Então, imediatamente, abaixe a ferramenta da posição 2 para a posição 1, mantendo a aresta de corte na horizontal, volte para a posição 2 novamente. Repita essa ação muitas vezes, pare e faça o mesmo com a outra aresta de corte. Não force, deixe-a tocar o rebolo primeiro para sentir a ação.

> **Ponto-chave:**
> O objetivo é retificar as arestas com comprimentos iguais e ângulos iguais relativamente ao eixo da broca.

Controle por leitura de faíscas

A faísca padrão pode ser usada como um controle visual do ângulo da aresta de corte que você está produzindo (Fig. 2-81). As faíscas serão igualmente distribuídas ao longo da aresta se o ângulo na ferramenta está sendo reproduzido. Para mudar o ângulo de corte, concentre as faíscas em uma extremidade ou na outra até a superfície estar totalmente reafiada.

Para controlar o ângulo de folga no movimento para baixo, você deve parar na posição 1. Não vá para baixo ou então a aresta será arredondada e a ferramenta não cortará. A faísca padrão pode ser usada como gabarito quando a broca está abaixada na posição 1 (Fig. 2-82). Abaixar a ferramenta além da posição 1 arredondará a folga da aresta de corte e a ferramenta não cortará (um erro comum feito por principiantes). Veja também a Fig. 2-83.

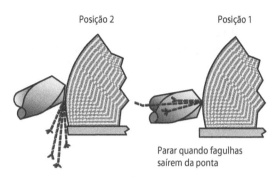

Figura 2-82 Lenitura das faíscas para criar uma aresta de corte perfeita!

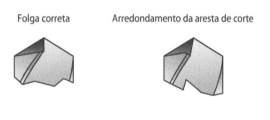

Figura 2-83 Abaixamento além da posição 1 cria uma broca que não corta.

No instante em que a aresta de corte está na posição 1, as faíscas sairão pelo lado superior da ferramenta através da superfície de saída como um cavaco o faria. Antes de alcançar a posição 1, as faíscas passam a aresta de corte – diretamente para baixo.

> **Ponto-chave:**
> Quando as faíscas passam pela superfície de saída, você está na posição 1. Não vá mais abaixo.

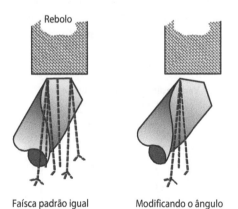

Figura 2-81 Leitura da faísca padrão para controlar o ângulo da aresta de corte.

Dica da área

Gabarito visual de 59° Se você estiver tendo dificuldade em obter o ângulo de corte de 59°, aqui está uma dica que pode ajudá-lo. Utilizando um transferidor, marque uma linha a 59° no apoio da ferramenta na afiadora. Observe abaixo a linha guia enquanto segura a ferramenta. O ângulo correto se tornará natural de reproduzir (Fig. 2-84).

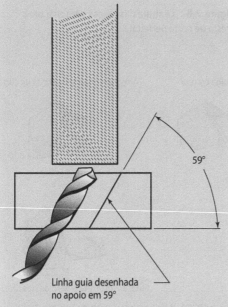

Figura 2-84 Uma linha guia ajuda a manter o ângulo correto.

Dica da área

O alargamento do furo causado pela ponta descentrada é às vezes usado deliberadamente por operadores para produzir um furo ligeiramente maior do que a broca. Esta dica funcionará somente quando não houver furo piloto. Sem o furo piloto, a broca fora de centro gira ao redor do centro morto, o que produz um furo não exatamente igual a duas vezes a aresta de corte mais longa.

Mantenha a ferramenta fria Mergulhe a ferramenta no pote de água enquanto a retifica. Não espere aquecer muito para resfriá-la. Nunca a deixe descolorir de todo. Se você deixar aquecer, a dureza poderá reduzir e se tornará danificada mais rapidamente. Isso é denominado **sobrerevenimento** do material.

Verificando o ponto morto Como discutido anteriormente, o entrelaçamento da broca helicoidal cria um bisel ineficiente que somente raspa o metal para fora. Se você segurar a broca corretamente durante a retificação, com a aresta de corte na horizontal, o entrelaçamento ocorrerá na sua menor dimensão. O ângulo será de aproximadamente 115° relativo à aresta de corte (à esquerda na Fig. 2-86). Contudo, se você girou ou inclinou a aresta de corte, o **ponto morto** apa-

Verificando e corrigindo a forma

Durante a retificação, use um gabarito de ponta da broca (Fig. 2-85) para verificar o ângulo de corte e a centralização da ponta.

Ângulo errado

Dois problemas podem surgir. Ângulos diferentes em cada aresta de corte causam falha precoce devido a um lado somente contatar a peça e realizar o corte sozinho em função disso. Ângulos iguais, mas fora de centro, ocasionam alargamento do furo (Fig. 2-85). O raio maior forma o raio do furo.

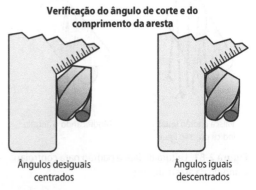

Verificação do ângulo de corte e do comprimento da aresta

Ângulos desiguais centrados

Ângulos iguais descentrados

Figura 2-85 Dois problemas típicos de ponta de broca.

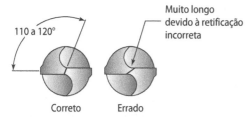

Figura 2-86 O ponto morto se parece como isso quando a broca não é segura horizontalmente durante a retificação.

recerá como na broca à direita. A broca à direita pode ter seu centro afinado, mas o melhor a ser feito é reafiá-lo.

Centro morto longo em brocas curtas Você pode produzir um centro morto que se parece com a Figura 2-87. O ângulo da aresta está correto, mas o comprimento é muito longo. Você não fez nada errado. Para acrescentar resistência, o corpo da broca helicoidal é feito progressivamente mais espesso próximo da haste. Em brocas que foram retificadas sucessivas vezes e perderam mais da metade de seu comprimento total, o ponto morto se torna mais largo. Você deve afinar esse centro morto para todas as condições de furação (Fig. 2-87).

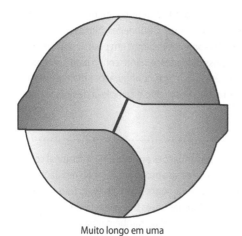

Figura 2-87 O centro morto aparece em uma broca encurtada por muitas reafiações.

Revisão da Unidade 2-5

Revise os termos-chave

Escudo de proteção (protetor do rebolo)
Protetor metálico do rebolo sobre o rebolo, projetado para conter um rebolo quebrado se ele explodir.

Ponto morto (broca)
Região não cortante da ponta da broca – causada pelo entrelaçamento central.

Sobrerevenimento
Redução da dureza de qualquer corpo de ferramenta em aço rápido pelo aquecimento durante a retificação.

Reveja os pontos-chave

- Durante a afiação da ferramenta, a aresta de corte deverá permanecer horizontal durante todo o tempo que estiver em contato com o rebolo.
- O objetivo da reafiação é retificar um comprimento igual para arestas e ângulos iguais relativos ao eixo da broca.
- Quando se retifica uma broca, quando as faíscas saem pela superfície de saída, você está na posição 1 – não vá mais abaixo.

Responda

1. Explique por que você deve segurar a aresta de corte de uma broca horizontalmente durante a retificação.
2. Quando está reafiando uma broca, qual face ou superfície está em contato com o rebolo?
3. Para produzir uma ponta de broca padrão, em que ângulo você retificará a aresta de corte relativamente ao eixo da broca?
4. Como você sabe que está reproduzindo o ângulo na broca ou mudando-o durante a retificação?
5. No movimento de descida em direção à posição 1, quando você sabe que deve parar de abaixar a broca?

REVISÃO DO CAPÍTULO

Unidade 2-1

Aprendemos que a combinação entre broca e alargador é o melhor método para produzir um furo que é cilíndrico, liso e de precisão consistente. Aprendemos também que há dois meios de fixação de uma broca ou alargador em uma furadeira, tanto por haste reta como por haste cônica, e vimos que há muitas modificações que podem ser feitas na forma da ponta da broca para alcançar um objetivo especial.

Unidade 2-2

Furadeiras padrões são divididas pelos seus tamanhos e cabeçotes de furação. Iniciando com as de peso leve, furadeiras sensíveis usadas para furos extremamente pequenos, vimos furadeiras com potência e tamanhos crescentes ao longo do caminho até a gigantesca furadeira radial, grande o bastante para levar um carro em sua mesa. Talvez a maior linha divisória entre furadeiras seja sua capacidade de rotacionar seu fuso avançando e retornando. Sem essa capacidade, um cabeçote de rosqueamento é requerido. Também observamos os métodos de fixar seguramente a peça na furadeira.

Unidade 2-3

Há diversos modos de um operador poder determinar a rotação da broca e do alargador: tabelas, cálculos realizados em sua mente, calculadoras de velocidade inseridas em programas de CAM e a boa e antiga intuição baseada na experiência. Esta última categoria será alcançada não somente quando estiver ajustando máquinas manuais, mas também quando estiver testando um novo programa. Um bom operador deve estar apto a ver a rotação da ferramenta e saber instantaneamente quando uma ação é ou não requerida.

Unidade 2-4

Até agora, se você tem qualquer experiência em oficina nas máquinas, você verá que configurações são muito semelhantes ao trabalho com blocos Lego®. Cada forma nova de uma peça e sequência de corte traz novos quebra-cabeças para solucionar e para saber como fixar o objeto de forma segura e confiável, usando alguns componentes tais como morsas, grampos, cantoneiras, blocos paralelos e outros, somente tocamos em poucas entre mais de mil possibilidades. Adiante com o planejamento da sequência de corte, configurações maiores são a parte mais desafiante e complexa de nossa tarefa!

Unidade 2-5

Retificar uma ferramenta que pareça boa e trabalhe bem requer prática. Mesmo que você tenha uma máquina ou dispositivo que também faça esse serviço, vale a pena o esforço de aprender a fazê-las à mão? Sim. Mesmo na era das máquinas computadorizadas, há muitas situações em que um profissional competente deve estar apto a modificar ou rapidamente afiar uma ferramenta manualmente. Não somente brocas, algumas vezes nos encontraremos acionando um torno especial ou também uma mandriladora.

Questões e problemas

Teste seu conhecimento sobre furação. As respostas seguem a revisão.

1. Verdadeiro ou Falso? O melhor material para uma broca helicoidal industrial é o aço de alto carbono. Se esta afirmação for falsa, o que a torna verdadeira?
2. Você pode ver a seguinte chamada em um impresso técnico:
   Broca e Macho $\frac{5}{16}$ 18 UNC
   Que broca você deve selecionar para este furo?
3. Agora que você verificou a broca correta para rosquear a rosca $\frac{5}{16}$ 18 UNC da Questão 2, denomine os cinco fatores remanescentes que você deve examinar na ferramenta antes de montá-la em uma furadeira.
4. Qual é, em pol, pés, a razão de uma haste cone Morse?
5. Explique por que oficinas de usinagem usam brocas com haste cônica acima de $\frac{1}{2}$ pol., apesar de estas ferramentas serem mais caras?
6. Identifique as características de A até G da broca na Fig. 2-88.

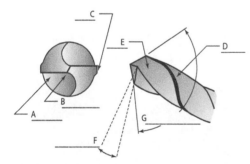

Figura 2-88 Identifique as características principais de uma broca padrão.

7. Na Fig. 2-89, a mesma peça é ajustada para furar em duas morsas diferentes.
   a. Que morsa é projetada para ser uma morsa de furadeira na Fig. 2-89?
   b. Qual característica distingue a morsa de furadeira do outro tipo?
   c. Por quais razões de segurança é importante saber a diferença entre os dois tipos de morsa mostrados?
   d. O que está errado com a preparação, usando a morsa superior?

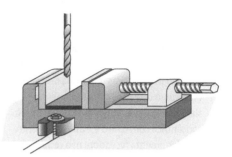

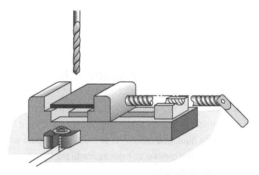

Figura 2-89 Identifique a morsa de furadeira por suas características.

8. Quais duas variáveis são usadas para entrada em uma tabela de velocidades de broca?
9. Use a fórmula curta e as velocidades de corte recomendadas no Apêndice IV para calcular a rotação correta para uma broca de 0,4375 pol. ($\frac{7}{16}$ pol.) usinando ferro fundido.
10. Use a fórmula longa para solucionar o problema. (A resposta será maior ou menor e em quanto?) Use o Apêndice IV para obter as velocidades de corte.
11. Indique os dois métodos diferentes de broquear um furo em uma furadeira padrão em uma posição traçada. Relacione a respectiva repetibilidade de cada método. Descreva sucintamente cada uma.

12. Um localizador de arestas pode ser usado de duas formas para marcar uma posição: como um eixo apontador preciso ou como um localizador colinear ótico. Qual método é mais preciso? Qual é a repetibilidade de cada um?
13. Há dois métodos de *rosqueamento automático de roscas internas* em algumas furadeiras, mas somente um em uma furadeira que não tenha reversão no fuso.
    a. Identifique o método de rosqueamento que leva o macho para dentro e para fora em furadeiras sem reversão.
    b. Quais furadeiras têm fusos reversíveis?
14. Verdadeiro ou Falso? Uma ferramenta alargadora requer um piloto para mantê-la concêntrica com o furo e evitar batimento. Uma ferramenta faceadora não requer piloto, uma vez que corta com menor profundidade do que a alargadora.
    Se esta afirmação for falsa, o que a torna verdadeira?
15. Um parafuso padrão de cabeça plana tem um ângulo interno de quantos graus? Qual escareador você precisa selecionar para produzir uma localização cônica para essa cabeça de parafuso?
    (A) 41°, (B) 82° ou (C) 59°?
16. Quando se perfura latão macio ou chapa metálica, como você pode modificar a ferramenta por segurança?
17. Após retificar uma broca helicoidal padrão, o centro morto está ineficiente.
    a. Qual modificação pode ser feita na geometria da ponta da broca para melhorar sua ação de corte?
    b. Quais duas melhorias esta pode modificação adicionar ao emprego desta broca?
    c. Em quais condições esta modificação não seria necessária? (três)

Questões de pensamento crítico

18. Na Fig. 2-90, há algo errado com uma ou mais destas ferramentas. Identifique o problema e diga qual resultado teria se fosse usada para furar. Descreva o que necessitaria ser feito para corrigir cada broca.

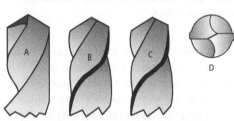

Figura 2-90 Identifique o problema com cada broca e o resultado.

19. Uma broca nova é verificada na embalagem e possui um recobrimento dourado na parte de corte, porém não na haste. Qual é a finalidade dessa característica adicionada? Observe a Fig. 2-91. A solução não foi relatada na leitura, mas você tem os fatos para resolvê-la.

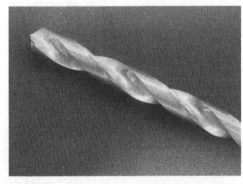

Figura 2-91 Por que esta cobertura no corpo da broca?

Perguntas de CNC

20. Em máquinas CNC que executam operações de furação, há dois tipos de ciclos que auxiliam na perfuração de furos profundos. Identifique e descreva-os.
21. Resolver este problema pode requerer discussão com amigos estudantes – mas isso é uma diferença importante entre máquinas manuais e CNC para operações de rosqueamento. Por que uma máquina CNC pode não precisar um cabeçote de rosqueamento para cortar roscas internas usando avanço automático?

RESPOSTAS DO CAPÍTULO

Respostas 2-1A

1. Tamanho #13 para 0,185 pol. e tamanho #12 para 0,189 pol.
2. Os tamanhos tornam-se menores à medida que os números tornam-se maiores. Isso deixa possibilidades em aberto uma vez que as necessidades aumentam para menores e menores tamanhos de brocas. É fácil adicionar um tamanho 81, por exemplo.
3. Um tamanho #80 para 0,0135 pol. (observe que a maioria dos jogos de brocas com números é padronizada para passar em #60).
4. #9 menor tamanho, #10 primeiro tamanho maior.
5. Uma broca tamanho "Z". Corresponde ao diâmetro de 0,413 pol. Esta é a última letra de tamanho de broca.
6. Verdadeiro. Essa é a forma como ambos os jogos de letras e números são organizados na tabela.
7. Uma broca letra A é de 0,234 pol. – justamente $\frac{1}{4}$ pol. abaixo de 0,250 pol.
8. Brocas com tamanhos em letras são maiores.

Respostas 2-1B

1. Alargador de diâmetro 0,1875 = furo de $\frac{11}{64}$ pol.
   0,250 $\frac{15}{64}$
   0,3125 $\frac{9}{32}$
   0,375 $\frac{11}{32}$
   0,4375 $\frac{13}{32}$
   0,500 $\frac{15}{32}$
2. 11,0 ou 11,5 mm.
3. Qualquer acima de $\frac{1}{2}$ pol., 0,5625 e 0,625 pol.
4. 118°.
5. 135° (Uma geometria de ponta mais plana).
6. Isso gera uma aresta mais forte com mais núcleo.
7. A broca não iniciará facilmente, ela requer um furo piloto.
8. Deixe como esta, dura de avançar mas furará; faça um furo piloto; modifique o centro morto (afinando).

Respostas 2-2

1. $\frac{1}{2}$ pol. ou 12 mm em ambos os casos.
2. Furadeira motorizada e furadeira de braço radial.
3. Uma morsa de furadeira apresenta abertura e fechamento rápidos graças a uma prateleira nos mordentes para suportar a peça acima do piso da morsa.
4. Verdadeiro.
5. Pode ser tanto uma furadeira radial como uma furadeira de braço radial.

6. Morsa, cantoneira, dispositivo, grampo direto.
7. O grampo direto.
8. Grampeie sobre o furo de folga da mesa ou use barras paralelas para elevar a peça da mesa.
9. A furação por bicadas é um avanço interrompido para dentro e para fora.
10. A morsa, uma morsa padrão para furadeira que fixe fora do piso da morsa, grampos diretos na mesa, ou sobre o furo de folga na mesa ou elevada sobre barras paralelas; cantoneiras, projetadas para usinagem pesada; dispositivos, uma ferramenta especial feita para este propósito.

Respostas 2-3A

1. 1.066 rpm
2. 4.000 rpm
3. 700 rpm
4. A diferença entre duas brocas de pequeno diâmetro é maior quando considerada a porcentagem do diâmetro. Uma broca de $\frac{3}{16}$ pol. de diâmetro é 150% maior do que uma broca de $\frac{1}{8}$ pol. de diâmetro. Por isso, sua rotação será muito menor. Uma broca de $1\frac{3}{16}$ pol. é somente 5% maior do que uma broca de $1\frac{1}{8}$ pol. Não haverá muita diferença na rotação necessária. Este é um conceito importante para ajudar no desenvolvimento de um senso de qual rotação é correta para uma determinada ferramenta.
5. Aço carbono e aço inoxidável macio têm o mesmo tipo no que concerne à velocidade. Em torno de 90 fpm. Veja o Apêndice IV para velocidades tangenciais.
6. A abordagem mais segura é escolher a mais próxima rotação inferior que é disponibilizada pela máquina e então testar os resultados. Se tudo correr bem, pode ser possível aumentar para a rotação superior mais próxima.

Respostas 2-3B

1. 334 rpm

$$\frac{175 \times 12}{3,1416 \times 2,0}$$

2. 720 rpm
3. "Provavelmente". Está rotacionando mais rápido do que o resultado da fórmula a aproximadamente 320 rpm, mas isso é razoável. O ajuste inicial foi provavelmente acelerado após o cálculo inicial. Fluido de corte deve ter sido adicionado.
4. a. Fórmula curta:

$$\frac{250 \times 4}{0,234} = 4,273 \text{ rpm}$$

   b. Fórmula longa:

$$\frac{250 \times 12}{\pi \times 0,234} = 4.081$$

   4.273 / 4.081 = 1,047%
   (5% mais rápido)

5. 750 rpm

6. Todas as ligas de bronze são à base de cobre. A velocidade de corte correta é 140 fpm. Veja a Tabela 22A em "Velocidades de corte e avanços recomendados para furação de ligas de cobre no manual de construção de máquinas".

$$\frac{140 \times 4}{0,277} = 2.022 \text{ rpm}$$

7. A velocidade de corte mais rápida listada é 90 fpm – que pode ser para o metal de melhor usinabilidade (mais macio)(Tabela 17 no manual de construção de máquinas – Velocidades de corte e avanços na furação)

$$\frac{90 \times 12}{\pi \times 2,0} = 172 \text{ rpm}$$

8. Qualquer uma das fórmulas pode ser usada desde que as unidades estejam corretas – todas requerem conversão. O manual de construção de máquinas contém um bom quadro de conversões.
   a. Converta 36 mm para pol. então use a velocidade de 90 fpm na fórmula curta:

$$\frac{90 \times 4}{1{,}41732 \text{ pol.}} = 254 \text{ rpm}$$

b. Converta 36 mm para pol. e então use a fórmula longa:

$$\frac{90 \times 12}{\pi \times 1{,}41735 \text{ pol.}} = 243 \text{ rpm}$$

c. Converta 90 fpm para metros por minuto e então use a fórmula métrica:

$$\frac{27{,}432 \times 300}{36 \text{ mm}} = 229 \text{ rpm}$$

Ponto-chave:
A fórmula curta rende velocidades quase 10% mais baixas do que a fórmula longa.

9. Diâmetro da broca para — 0,5938 ($\frac{19}{32}$ pol. para excesso de $\frac{1}{32}$ pol.)
   Rotação da broca para alargador — 674 rpm
   Faixa de avanço da broca — 0,004 a 0,010 pol.
   Rotação do alargador — 337 rpm (metade da broca)

10. Velocidade de corte recomendada — 100 fpm
    Rotação da broca — 382 rpm
    Faixa de avanço da broca — 0,011 a 0,021 ppm

Respostas 2-4

1. Letra I com diâmetro 0,272 pol.
2. Verdadeiro.
3. Jogo de brocas.
4. Puncione marcas na face do cone iniciando no lado oposto ao que a broca precisa ser movida. Isso é possível somente antes de a broca ter furado até o diâmetro total.
5. Falso. Isso pode requerer uma bucha adaptadora cônica dependendo do tamanho do fuso e da haste da ferramenta.
6. Ligando e desligando a máquina; cabeçote de rosqueamento.
7. A ferramenta deve ser um localizador de arestas. O esquema deve mostrar as linhas do traçado sendo comparadas com sua própria reflexão. Quando essas duas linhas coincidem, a peça está alinhada.
8. Linhas de traçado, punção piloto, punção de centro, broca de centro, broca e alargador. Não mais do que uma broca deve ser usada.
9. Falso. Usinar um chanfro ao redor de um furo é *escariar*.
10. Ambos são aumentados, furos de fundo plano com furos usinados. Um faceamento é raso enquanto um rebaixamento é usinado a uma profundidade específica.
11. Broca canhão e broca espada.
12. Broca canhão em função da lubrificação que é forçada através da haste da broca para expulsar o cavaco para fora do furo.
13. a. Um escareador de face fechada
    b. Uma ferramenta de rebaixamento (faceador tipo corpo sólido)
    c. Um mandril sem chave

Respostas 2-5

1. Para produzir o menor ponto morto possível.
2. A face de folga.
3. 59°.
4. Distribuição de faíscas igual ou concentradas em um lado.
5. As faíscas saem pela superfície de saída. Antes, elas estavam no rebolo e saíam direto para baixo.

Respostas para as questões de revisão

1. Falso. O aço de alto carbono é o metal econômico para brocas de uso doméstico, mas não industrial. Aço rápido de alta qualidade.
2. Você deve verificar a broca Q que tem diâmetro de 0,257 pol.
3. a. Meça a broca nas margens. Ela pode não estar com o tamanho correto.
   b. De que tipo é a haste da broca?
   c. Está afiada nas arestas de corte e nas margens?
   d. As arestas de corte estão com comprimento e ângulo corretos? Verifique isso com seu calibre de brocas.
   e. O centro morto necessita de afinamento?
4. Essa razão está em 5/8 pol. por pé. Na furação, este não é um número crítico a ser lembrado, mas se tornará mais importante quando estudarmos tornos e torneamento cônico. Dê um pulo, aprenda isso agora!
5. Devido às forças rotacionais, o mandril não pode apertar as brocas com força bastante para prevenir o escorregamento. Acionadores com haste cônica não escorregam e garante montagem precisa – centrada – toda vez (a menos que uma pessoa descuidada tenha montado sem limpar ambas as superfícies de contato, o que pode danificar a haste).
6. As partes de uma broca (Fig. 2-92).

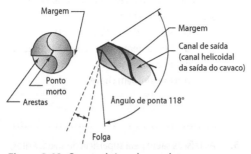

Figura 2-92 Características de uma broca.

7. a. A morsa para furadeira está na parte inferior direita da Fig. 2-89.
   b. Ela possui aperto e liberação rápidos e prateleiras para manter a peça acima do piso da morsa.
   c. Porque a morsa de furadeira não foi feita para resistir a outra força que não a pressão para baixo, ela não deve ser usada em outras máquinas.
   d. O furo usinado na base da morsa.
8. Tamanho da broca e tipo* do material a ser furado.
9. Broca de $\frac{7}{16}$ pol. em ferro fundido = 914 rpm.
10. Menor que 5% a 873 rpm.
11. Ambos os métodos incluem movimentar a peça para alinhamento com o fuso e então fixá-la no lugar. *Método 1* – traçagem – marcação com punção – precisão de 0,030 pol. Usando um punção marcador na intersecção das linhas do traçado para criar uma depressão ou um dente onde a peça deve ser furada. *Método 2* – traçagem – marcação com um localizador de arestas – precisão de 0,010 pol. Posicionando um apontador ajustável sobre as linhas de intersecção do traçado. (Sem marcas de punção!)
12. O método colinear tem precisão de 0,005 pol. na prática. (Alinhando a linha do traçado com sua reflexão.)
13. Um cabeçote de rosqueamento reverte a rotação automaticamente. A furadeira de braço radial e cabeçote engrenado (alimentação de potência) geralmente apresentam fusos reversíveis.
14. Uma faceadora e uma rebaixadora são a mesma ferramenta e operação. Ambas as operações requerem um piloto para manter o corte concêntrico (centrado com) no furo usinado e também para evitar o *chiado* quando a ferramenta inicia o corte.
15. B. Escareador de 82°.
16. Retifique um pequeno ângulo de saída negativo na broca.

---

* A velocidade de corte recomendada pode ser substituída como uma das variáveis no lugar do tipo do material em algumas tabelas.

17. a. Afine o corpo (retifique duas finas arestas fora do centro morto).
    b. Isso reduz a pressão de corte no avanço e o calor por atrito.
    c. Isso não será necessário se uma broca piloto for usada previamente, desde que o centro morto não tenha metal para cortar, se a furadeira tiver avanço automático e for capaz de forçar a broca através do material, ou se o material puder ser furado com a pressão da mão como o alumínio ou o latão.
18. Observe a Fig. 2-93.

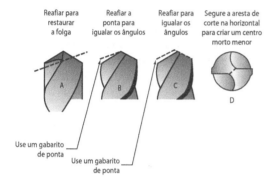

Figura 2-93 Reparos necessários para cada broca.

   a. Folga circular pelo gotejamento abaixo da posição 1 quando retificando. Poderá roçar e não cortar totalmente.
   b. Ângulos desiguais. A aresta de corte na direita poderá não fazer todo o corte e um ligeiro aumento do furo pode ocorrer se não houver furo piloto. Essa ferramenta logo poderá estar danificada.
   c. Centro morto fora de centro (ângulos OK). Essa ferramenta poderá fazer um furo maior se não for usado um furo piloto.
   d. Foi segurada errada para a afiação – o centro morto está muito grande. Poderá fazer, mas exigirá muita pressão para penetrar além de gerar muito calor por atrito.
19. É a cobertura dura que reduz o atrito na superfície de saída durante a fase de saída. Essa cobertura é denominada nitreto de titânio abreviada para TiN e é encontrada em muitas ferramentas de AR para aumentar o desempenho e a vida da ferramenta.
20. Pequenas bicadas ou ciclos de quebra-cavaco perfurando abaixo até uma determinada distância, interrompendo o avanço progressivo, retornando alguns centésimos para então continuar a avançar. Grandes bicadas ou ciclos de quebra-cavaco perfurando abaixo até uma determinada distância para então retirar totalmente para fora do furo. Recolocando na posição original e continuando a furar.
21. Essa foi uma questão técnica. Aqui está a resposta, com toques no nível mais alto de programas CNC e habilidades de operação. As máquinas modernas de CNC podem avançar automaticamente o macho na velocidade exata com a rosca guia para dentro ou para fora. Em outras palavras, à medida que o macho avança o seu passo, com cada volta saindo ou entrando na peça, a máquina pode empurrar ou puxar o fuso na mesma razão e dessa forma não quebrar o macho. O controle CNC que realiza o rosqueamento sente sua rotação exata e pode coordenar a progressão do eixo de avanço na razão exata com a rotação. Essa é a teoria e isso funciona na maioria das vezes! Mas agora – aqui está o resto da verdade. Dependendo da situação, há variáveis que algumas vezes requerem um cabeçote de rosqueamento mesmo com o melhor controle CNC com realimentação absoluta (senso de) de ambos: rotação e avanço. Por quê? Duas razões: eficiência da aresta de corte no macho, um problema menor, e curvas de aceleração do fuso, um problema maior que afeta outras operações de corte também.
Machos nem sempre iniciam o corte no instante em que tocam a peça, algumas vezes há uma pequena demora entre tocar e cortar. O fuso precisa empurrar forte para levar o macho a morder e então começar a cortar. Essa lacuna aumenta à medida que a ferramenta desgasta. Ainda, isso muda com diferentes durezas de ligas. Essas coisas não são sentidas por controle CNC comuns. Também, mesmo quando

ele começa e termina muito eficientemente, o controle do fuso CNC deve sempre lidar com as curvas de aceleração e desaceleração do fuso e eixos, motores e com a massa total em movimento. Essas massas mudam dependendo da profundidade no macho e do peso total sendo acionado e parado no ajuste inicial. Por exemplo, compare rosquear a extremidade de uma barra longa de aço com um macho de duas polegadas em um torno CNC – o macho é longo e remove muito em seu corte, some o peso do mandril e da peça movendo no torno, adicione a um grande desafio de aceleração. Compare isso com um macho de meia polegada cortando alumínio em uma fresadora, a qual está próxima de não ter outros problemas de aceleração além do próprio fuso da máquina – características de aceleração muito diferentes. Localizar e coordenar esses tipos de problemas de movimento requer um supercomputador em termos de velocidade de cálculo. Algumas vezes, a máquina perde a trilha da diferença exata entre o avanço do macho e do fuso. Conclusão: quando estiver escrevendo programa que rosqueia, verifique com programadores experientes sobre quando usar um cabeçote de rosqueamento e quando ele não será necessário.

Fixadores para macho CNC Quando se rosqueia em uma máquina CNC, a diferença do atraso entre o macho e o eixo principal não é grande, mesmo para situações de difícil aceleração. Assim, cabeçotes de rosqueamento CNC são muito diferentes das versões para furadeiras padrão. Eles fornecem um pouco de deslizamento do macho relativamente à progressão do eixo, mas não incluem o deslizamento rotacional e de reversão, funções do cabeçote de rosqueamento de furadeiras padrão. Essas ferramentas especializadas de fixação são denominadas *fixadores de machos* em vez de cabeçotes de rosqueamento.

» capítulo 3

Operações de torneamento

Objetivos deste capítulo

» Identificar o nome da operação necessária para uma dada característica obtida a partir do desenho da peça.

» Listar e descrever as 15 tarefas introdutórias do torno.

» Reconhecer os componentes básicos de preparação para realizar uma operação.

» Conhecer os componentes e funções de um torno manual.

» Relacionar alguns acessórios vitais.

» Selecionar a placa certa ou outro dispositivo de fixação para o trabalho.

» Desenvolver a habilidade de trabalho na seleção de fatores importantes na fixação de peças.

» Identificar e selecionar a ferramenta de corte correta para o trabalho.

» Montar a ferramenta no dispositivo de fixação correto.

» Identificar os riscos potenciais no torno.

» Planejar, praticar e refinar as ações de emergência quando operando um torno.

» Ajustar e desempenhar uma típica tarefa em um torno manual.

» Identificar as ações que devem ser tomadas para tornear uma peça corretamente e com segurança.

» Fazer sua preparação para rosquear.

» Conhecer as ações do operador durante o rosqueamento.

» Medir a rosca acabada.

» Acessar e definir o diâmetro primitivo.

» Usar calibrador de arame.

» Usar calibrador de rosca.

Há algum tempo, os tornos operados manualmente eram considerados o núcleo de uma oficina e a máquina principal por duas razões:

- os produtos da época eram basicamente redondos: por exemplo, árvores, engrenagens e eixos;
- na teoria, os tornos eram a base principal da pirâmide de máquinas. Teoricamente, um desses tornos antigos poderia fabricar outro torno.

Mas isso já mudou onde você vai trabalhar. Dois fatores estão colocando as operações de torneamento atrás das de fresamento. Primeiramente, o torneamento gira a peça, e nem sempre é uma boa ideia, comparada ao fresamento, quando é a ferramenta que gira. Também as fresadoras CNC podem criar superfícies redondas com acabamento de rolamento tanto em circularidade como no acabamento e, ainda, usinar uma variedade de formas que não são possíveis em um torno CNC padrão. Entretanto, ainda existem situações em que o torneamento é eficiente, ou é um caminho (talvez o único) para realizar o trabalho. Saber quando é certo ou não pode fazer uma grande diferença na qualidade, segurança e rentabilidade.

Existe outra razão para aprender o torneamento: a evolução das máquinas não acabou! O poder da computação tem fornecido multitarefas às máquinas de quinta geração. A linha que separa o torno da fresadora está cada vez mais tênue. Atualmente, encontramos tornos CNC que fresam cabeçotes e eixos de movimento. Um torno secundário universal emprega ferramentas de corte agregadas à torre porta-ferramentas. Acionadas hidraulicamente, essas giram fresas, bits e outras ferramentas rotativas e as movimentam para cortar peças fixadas na placa do torno, chamadas de torno com ferramentas vivas. No outro lado dessa linha nebulosa, as novas fresadoras multitarefa são equipadas com eixos rotacionais auxiliares, que podem girar a peça quando esta é a melhor maneira de cortar a característica necessária.

Essas máquinas com múltiplos eixos permitem o planejamento de novas operações, que podem ser escritas não simplesmente para fresar ou tornear, mas também combiná-las. Rotacionar a peça como faria um torno, enquanto realiza o contato com uma fresa rotativa, conduz a novas formas de usinar o material nunca vistas anteriormente, chamadas de *geração* de forma.

> **Ponto-chave:**
> Quando você aprender as operações de torneamento, tenha em mente que é uma massa girando. Verifique tudo duas vezes antes de ligar o fuso!

Aqui está um exemplo na Fig. 3-1. Uma cabeça sextavada é usinada a partir de um eixo redondo. Usando uma ferramenta com o espaçamento exato entre dentes, o comando CNC assegura que a rotação da fresa seja acoplada à velocidade da peça de tal forma que o dente passe em uma linha reta criando o polígono de seis lados. Em poucos segundos, o hexágono é usinado. À medida que essas máquinas forem aceitas na indústria, e que sua capacidade crescer, novas ideias surgirão e você estará apto para inventá-las.

Mas, antes de escrever e gerenciar programas que usam essas possibilidades fantásticas, você precisa entender o básico sobre torneamento. O Capítulo 3 é sobre girar a peça, quando esse for o processo certo, e como fazê-lo de maneira eficiente e segura.

» Unidade 3-1

» Operações básicas de torneamento

Introdução A Unidade 3-1 introduz as formas comuns obtidas a partir de um torno. Ela define o nome da operação, sua natureza e a ferramenta típica requerida, além de, em alguns casos, informar um pouco sobre a preparação necessária. O propósito é a familiarização antes do treinamento prático; a Unidade 1 introduz o que o torno pode

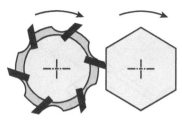

RPM coordenando o fresamento e torneamento de uma cabeça sextavada

Figura 3-1 Na fronteira, torneamento e fresamento simultâneos.

fazer. Nos Problemas de revisão, lhe será fornecido o desenho de uma peça e será perguntado sobre as várias operações de torneamento necessárias para completá-la, assim como qual a sequência lógica em que elas devem ser usinadas.

Tornos manuais × programados Nesta unidade, é desejável que você pratique as operações e preparações em uma máquina manual, antes de realizá-las em uma máquina CNC. Mas existem diferenças de como essas máquinas desempenham as tarefas. Quando as diferenças forem importantes, serão apontadas. Não são todas as operações que podem ser realizadas em um torno. Mas, se especializando nelas, você ficará pronto para a experiência industrial.

> **Ponto-chave:**
> Tenha em mente que a meta é entender o que pode ser feito, não como fazê-lo! Isso virá depois.

Comparações de exatidão Algumas operações são mais exatas que outras quando desempenhadas em um torno convencional. No torno CNC, a exatidão e repetibilidade são muito melhores que as descritas aqui, além de mais uniformes. Os números são estimativas relativas, providas por comparação de várias operações no nível iniciante, mas não são um padrão. Em um primeiro instante você pode achá-las desafiadoras, mas uma boa meta. Na maioria dos casos, um operador experiente poderia ser capaz de produzir resultados mais finos que os descritos aqui. A idade e as condições do torno

em que você estará praticando também são fatores importantes.

Termos-chave

Ângulo total
Especificação de uma superfície cônica de um lado até o outro, duas vezes o meio ângulo. Algumas vezes, pode ser chamada de ângulo total no trabalho no torno.

Arrastador
Acessório fixado na placa do torno, usado para transferir rotação para a peça.

Chanfro
Superfície angular normalmente especificada em graus, com relação à linha de centro do trabalho, aplicada em um canto da peça.

Cone
Pequena mudança de diâmetro especificada em variação por unidade de comprimento ou em graus. Também pode ser especificada em meio ângulo ou ângulo total.

Corte
Canal relativamente estreito que separa a peça do tarugo remanescente. Esta tarefa é realizada com uma ferramenta especial projetada para este propósito.

Faceamento
Operação no torno que corta o final da peça de forma a tornar-se plana e perpendicular ao eixo.

Mandrilamento
Operação com ferramenta de ponta única (barra de mandrilar) utilizada para usinar um furo cilíndrico, mas pode ser usada para outras características internas.

Recartilhamento
Padrão rugoso deliberadamente criado sobre a superfície para melhorar o atrito ou aumentar o diâmetro.

Operação 1 – Torneamento cilíndrico

Durante o torneamento cilíndrico, o diâmetro da peça é reduzido para um diâmetro preciso e, provavelmente, também para uma dimensão de comprimento, criando um cilindro. Este é obtido penetrando a ferramenta ao longo do eixo X (Fig. 3-2) e depois movendo-a ao longo do eixo Z (para

Torneamento cilíndrico

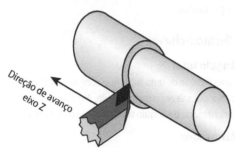

Figura 3-2 Torneamento cilíndrico gera um cilindro.

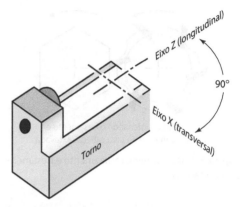

Figura 3-3 Eixos X e Z em um torno.

esquerda ou direita, olhando de frente para o torno) para remover o material.

Durante a operação de torneamento, o trabalho rotaciona a uma rpm calculada, enquanto a ferramenta é forçada lateralmente a um avanço especificado em polegadas/revolução ou mm/rev. sobre a peça (por exemplo, 0,006 PPR). Tanto no torno manual como no CNC, o eixo Z move-se para esquerda ou direita e o eixo X para dentro ou fora. No torno convencional, o movimento dos eixos X e Z é feito por uma manivela manual ou um sistema motorizado. A posição exata é atingida por um volante manual dotado de graduações micrométricas ou leitores digitais.

> **Ponto-chave:**
> Avanços em torno são normalmente especificados em polegadas/revolução ou mm/revolução (por exemplo, 0,006 PPR). Os eixos do torno são Z, esquerda/direita, e X para dentro ou para fora no diâmetro da peça (Fig. 3-3). O eixo Z de um torno (ou qualquer máquina) é paralelo ao eixo da árvore principal.

Exatidão no torneamento

Na maioria dos tornos manuais, existem diferenças na repetibilidade entre os eixos. O eixo X é posicionado utilizando um anel graduado micrometricamente com resolução de milésimos de polegada e espera-se uma repetibilidade de 0,001 a 0,0015 polegada dependendo da qualidade e condição do torno. Isso significa uma repetibilidade no diâmetro da peça de mais ou menos 0,002 a 0,003 polegada.

Uma vez que o eixo Z não é movido por um parafuso de movimento de repetibilidade, como é o eixo X, mas simplesmente por uma engrenagem cilíndrica de dentes retos empurrando a ferramenta para uma cremalheira, a repetibilidade do eixo Z não é tão boa, a menos que o torno seja equipado com indicadores eletrônicos digitais. Usando a manivela do eixo Z, a repetibilidade varia de 0,005 polegada nos melhores modelos, até por volta de 0,030 polegada nos tornos usuais.

Parada do eixo Z

Na ausência de indicadores digitais, existem duas formas de melhorar o posicionamento e comprimento da peça no eixo Z. Um acessório de parada com micrômetro de repetibilidade é parafusado no barramento do torno. Este propicia a parada do eixo Z e pode ser ajustado em incrementos de 0,001 ou 0,0005 polegada, dependendo de sua

> **Conversa de chão de fábrica**
>
> Quando discutem sobre movimentos no torno manual, os operadores podem se referir ao movimento no eixo Z como longitudinal (o eixo mais longo) e o eixo X como transversal.

construção. Alternadamente, um relógio indicador montado sobre um carro principal magnético pode ser usado para controlar movimentos mais finos do eixo Z. Seu instrutor lhe mostrará como fazê-lo.

> **Ponto-chave:**
> Nos tornos convencionais, existem diferenças entre os métodos mecânicos utilizados para localizar cada eixo, criando assim diferentes repetibilidades. Este problema não existe no torno CNC.

A razão diâmetro-comprimento determina a preparação

> **Conversa de chão de fábrica**
>
> **Quão fina pode ser a resolução?** Em contraste com os tornos manuais, todos os tornos CNC possuem uma resolução comum abaixo de 0,001 pol. (usualmente 0,0001 a 0,0002 pol.) com repetibilidades próximas de 0,0005 pol. ou melhor. Alguns poucos supertornos têm resoluções de 0,00005 pol., ou seja, eles trabalham a 50 milionésimos de polegada de resolução!

Durante o torneamento cilíndrico, a fixação da peça é importante tanto para a segurança como para a exatidão. Dedicaremos a Unidade 3-4 para este assunto. Para o momento, a forma como a peça ficará para o torneamento cilíndrico irá variar, dependendo do comprimento do tarugo comparado com seu diâmetro. Peças curtas são fixadas apenas na placa (Fig. 3-5).

Qualquer outra peça acima de uma razão 5 para 1 (comprimento 3 diâmetro) geralmente vai requerer um suporte adicional na outra ponta. Peças acima de 10 a 12 comparadas com 1 precisam de apoio nas duas pontas e no meio também. O suporte na extremidade mostrado na Fig. 3-5 é chamado de cabeçote móvel com ponta rotativa. Ele garante que a peça não se afaste da ferramenta devido à flexão ou vibre fora de controle. Operações com maior taxa de remoção de cavaco determinam que placa de fixação deve ser usada e quanto de material deve ser usado no trabalho. Esse problema de fixação é uma peça significativa do planejamento no torneamento.

> **Ponto-chave:**
> Razões de comprimento do diâmetro acima de $\frac{5}{1}$ requerem suporte na ponta da peça; acima de $\frac{10}{1}$ requerem suporte no meio da peça. Essas são regras heurísticas (de bom senso), pois existem muitas variáveis. As preparações com peças longas devem ser checadas por seu instrutor antes da usinagem.

Observe na Fig. 3-6 que uma ferramenta de torneamento tem basicamente três ângulos: ângulos de

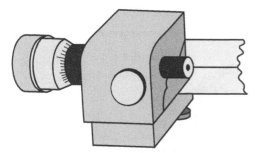

Figura 3-4 Alguns tornos apresentam uma parada micrométrica para assistir o controle de parada na profundidade (eixo Z).

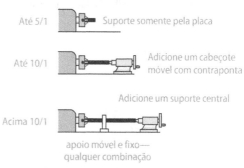

Figura 3-5 A quantidade de suporte necessário depende do comprimento da peça.

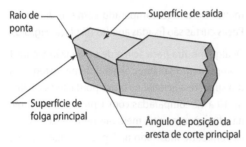

Figura 3-6 Uma ferramenta de torneamento possui as quatro características universais da geometria.

posição, saída e folga, mais um raio de ponta para melhorar o acabamento.

Operação 2 – Faceamento

Aqui, a ferramenta corta através da face (final) da peça, movendo o eixo X. O objetivo é fazê-la plana, perpendicular ao eixo Z e a um dado comprimento. Ou, como mostrado na Fig. 3-7, usinar uma passada na peça até uma dimensão de uma dada referência de início, geralmente a face externa da peça. Durante o **faceamento**, o eixo X se move enquanto o eixo Z é bloqueado na posição. Nos tornos convencionais, o eixo X pode ser movido manualmente na direção ou contra o centro da peça e também pode ser motorizado.

Nos tornos convencionais, a repetibilidade de faceamento para uma dada dimensão pode ser de 0,002 a 0,030 pol., dependendo de como o torno está equipado para o posicionamento do eixo Z. O acessório de indicação micrométrico comentado anteriormente pode ser usado, porém o indicador digital de posicionamento é a melhor solução; no entanto, essas opções normalmente não são encontradas em torno manuais.

Faceando um passe para dimensão

Na Fig. 3-8, precisamos cortar um passe na face de 0,125 pol. a partir da face de trabalho. O primeiro passo é coordenar a ferramenta de corte para a leitura de posição (digital ou indicação). Ou a ferramenta é tocada na face externa da peça, ou um pequeno passe de faceamento é feito. Então, a posição é ajustada para leitura zero. O anel graduado também deve ser zerado como uma dupla verificação de posição.

Em segundo lugar, a ferramenta é movida para o primeiro passe, posicionando-a em Z a 0,080 pol., por exemplo. Este corte, chamado de desbaste, tira a maioria do material. Na sequência, é dado um passe de semiacabamento em Z 0,100. Esse passe é chamado "passe mola", porque neutraliza as deflexões da ferramenta e da peça causados pelo passe de desbaste. Finalmente, a ferramenta é posicionada em Z 0,125 pol. e o passe final é dado.

Posicionamento digital

Um acessório é adicionado ao torno, que reporta a localização da ferramenta relativa a qualquer ponto zero preajustado pelo operador, usualmente com resolução de 0,0005 pol. (ou mais fina).

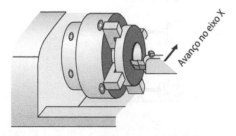

Figura 3-7 Um corte de faceamento é obtido movimentando-se o eixo X.

Figura 3-8 Ao preparar um faceamento, o operador toca a peça e ajusta o eixo para zero.

> **Ponto-chave:**
> Aprender a usar posicionadores de ferramenta digitais para determinar as coordenadas de trabalho é excelente para a preparação do treinamento CNC.

RPM – Necessidade de velocidade

Um grande desafio para as operações de faceamento é o fato de o diâmetro efetivo do cubo estar constantemente mudando à medida que a ferramenta se movimenta para dentro ou para fora no eixo X. Portanto, uma mudança no rpm é necessária para manter uma velocidade de corte consistente. Alguns tornos manuais possuem um variador de velocidade e suas rotações podem ser alteradas durante o corte. No entanto, a maioria possui eixos de árvores acionados por redutores de engrenagens para acomodar trabalhos pesados. Estes devem ser cambiados para uma única rotação e não podem ser cambiados em movimento (enquanto o eixo está rodando). Assim, a velocidade de corte é selecionada com um compromisso: ou será muito lenta ou muito rápida durante a operação de faceamento.

> **Dica da área**
> O torno CNC permite controlar uma velocidade de corte constante, alterando continuamente a rpm enquanto o faceamento progride.

Operação 3 – Furando e alargando

Nos tornos manuais, as operações de furação são feitas usando o cabeçote móvel com seu mangote (ou manga). Neste caso, o avanço é feito manualmente pela manivela. O cabeçote móvel fixa ferramentas no centro do trabalho e as movimenta para frente pelo mangote. O mangote possui um furo de cone Morse (o mesmo que existe em furadeiras). Diferentemente das furadeiras, as ferramentas de corte não giram, é o trabalho que gira neste caso. As brocas e os alargadores são montados tanto em placas como diretamente no cone Morse.

Exatidão no diâmetro

Existem quatro fatores que afetam a exatidão no diâmetro quando se está furando em um torno. A afiação e o tamanho da ferramenta são cruciais; os outros fatores são o avanço da ferramenta e os problemas com aquecimento/refrigerante. As repetibilidades no diâmetro giram em torno de 0,005 pol. para furação e 0,0005 pol. para alargamento. Refrigerantes são necessários em furos profundos, mas eles tendem a escoar pelo cubo da placa. Como mostra a Fig. 3-10, ao furar peças na placa, o refrigerante deve ser contido pela proteção de placa não somente para evitar que ele se espalhe, mas também para conter os cavacos.

Exatidão na profundidade do furo

A profundidade do furo é um desafio em termos de exatidão. Ela terá repetibilidade de 0,005 a 0,030 pol. (0,1 a 0,5 mm) dependendo do anel graduado do cabeçote móvel. Tornos melhores possuem graduações tão finas quanto 0,005 pol. (Fig. 3-9).

> **Ponto-chave:**
> **Sempre cheque a centragem do cabeçote móvel antes de furar!**
>
> Para torneamento cônico (que virá depois), o cabeçote móvel pode ser ajustado deslocando-se lateralmente do centro do eixo árvore. Portanto, para não quebrar brocas ou alargadores e para criar furos de tamanhos exatos, o cabeçote móvel deve ser ajustado de volta ao centro.

Começando o furo no centro

Mesmo que o trabalho esteja rodando em torno do centro e o cabeçote móvel esteja centrado, a broca pode desviá-lo no contato inicial. Para prevenir, deve-se facear a peça para torná-la plana e perpendicular ao eixo, desde que haja material para tanto.

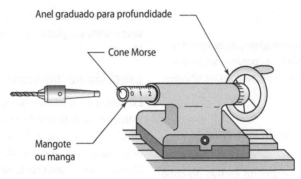

Figura 3-9 O cabeçote móvel do torno fixa e aciona as ferramentas de furação.

Figura 3-10 Sem proteção, o refrigerante voará para todos os lados.

Então, um pequeno piloto ou broca de centro deve ser usado para marcar o centro exato, o mesmo procedimento usado em furadeiras.

Nota de segurança – Limite de rpm da placa

Quando a peça de trabalho está fixada em uma placa de torno padrão, algumas vezes a rpm correta não pode ser cambiada para a velocidade adequada em brocas pequenas, mesmo que o torno seja capaz de atingi-la. Muitas oficinas limitam a rpm para trabalho com placa. Na minha oficina, é 1000 rpm e assume-se que o trabalho está bem balanceado. Em razão das forças centrífugas e vibrações, as placas de ferro fundido podem explodir no seu cubo! Peças fixadas fracamente podem voar para fora do torno! O pior acidente que já presenciei em minha vida foi causado por uma peça grande voando para fora do torno, o que não apenas machucou o operador, mas também arrancou boa parte da oficina antes de parar muitos metros depois.

> **Ponto-chave:**
> Descubra sobre a política de rpm. Embora eu esteja sendo repetitivo, sempre verifique suas configurações!

Existem placas feitas tanto para tornos convencionais como CNC que resistem a altos limites de rpm, como veremos nos exemplos da Unidade 3-4. No entanto, em um torno CNC operando à velocidade de corte constante, uma condição perigosa pode se desenvolver quando a ferramenta se aproxima do centro no faceamento ou quando utilizamos uma broca de diâmetro pequeno. O comando tenderá a aumentar a velocidade acima dos limites de segurança. Para contornar este perigo potencial, o código de emergência pode ser adicionado para limitar a rpm a um valor máximo especificado.

Operação 4 – Torneando ângulos e superfícies cônicas

Peças cônicas (mudanças de diâmetro como um cone, não um cilindro) podem ser chamadas de peças com conicidade ou chanfradas e, quando a superfície cônica conecta duas outras superfícies, podem ser chamadas de *transição* (Fig. 3.11).

Quando usinar cones, existem duas características relacionadas para verificar dentro da tolerância:

o *diâmetro* da peça nas extremidades maior e menor;

o *ângulo* especificado em graus ou, algumas vezes, a quantidade de conicidade por pé ou mm.

Expressões angulares

Para usinar cones, você precisa entender dois termos encontrados em desenhos técnicos:

Chanfros (transições inclinadas) são especificados em graus relativos ao centro da peça, por exemplo, chanfro a 45° ou transição a 45°.

Cones rasos são normalmente especificados por mudança de diâmetro por comprimento ou graus, por exemplo, cones morse são $\frac{5}{8}$ pol. por pé de comprimento do eixo, ou podem ser expressos por um ângulo de conicidade de 1,49°.

Certifique-se se o ângulo é total ou meio Ao ler uma cota angular no desenho, determine qual ângulo está sendo mostrado, a metade ou o ângulo cheio (Fig. 3-12).

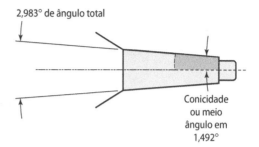

Figura 3-12 Cones são especificados ou pelo meio ângulo ou pelo ângulo total (incluído).

> **Ponto-chave:**
> O meio ângulo (algumas vezes, chamado de conicidade) é medido de um lado do trabalho até a referência com a linha de centro. Em contraste, o **ângulo total** compara um lado da peça com o outro – o ângulo completo de inclinação do cone.

Métodos de preparação para usinagem angular

Nos tornos CNC, não existe diferença no modo como qualquer cone é ajustado e feito, pois o computador pode mover o eixo X relativo ao Z em qualquer avanço especificado. No entanto, em tornos manuais, existem quatro preparações diferentes, dependendo de quão íngreme ou raso é o cone.

Método 1 – Rotacionando o eixo carro superior Tornos manuais possuem eixos auxiliares que podem ser rotacionados de qualquer ângulo desejado com relação ao sistema XZ. O carro superior, acionado manualmente pela manivela, provê uma forma simples de produzir o cone com exatidão moderada. Note que o ponto de vista utilizado para esses desenhos é o superior, observando o torno de cima para baixo (Fig. 3-13).

Devem ser usados ângulos complementares ou suplementares Um erro comum é feito pelos iniciantes quando rotacionam o carro superior. Muitos carros superiores são graduados em quadrantes de até 90° e poucos com segmentos de 180°. Ao ajustar o ângulo, atente quanto a erros previsíveis de ângulos complementares ou suplementares.

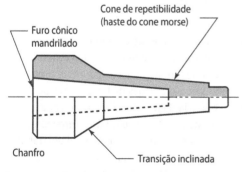

Figura 3-11 Este adaptador cônico exibe quatro superfícies angulares.

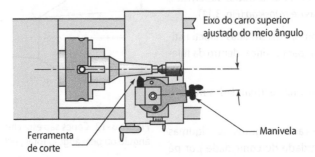

Figura 3-13 O suporte do eixo carro superior permite a usinagem de ângulos de transição rotacionando-o do meio ângulo correto.

Ponto-chave:
Na maioria dos tornos manuais, o carro superior está a 0° quando paralelo ao eixo X (Fig. 3-14). No entanto, nos desenhos técnicos, os ângulos são medidos a partir da linha de centro do eixo Z.

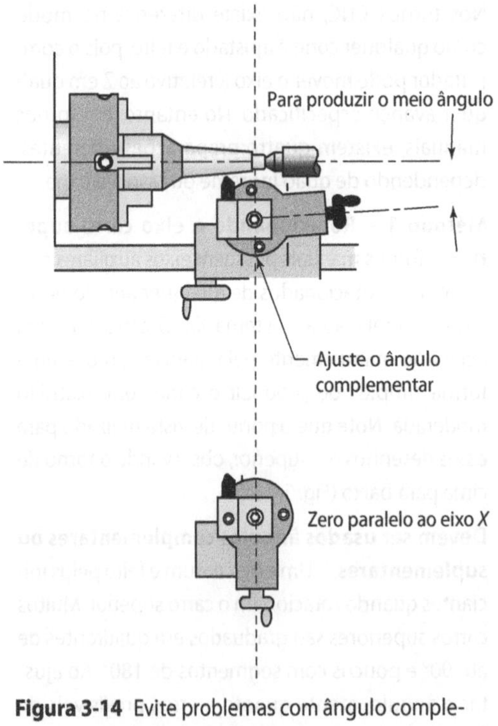

Na maioria dos tornos, você ajustará o carro superior para o ângulo complementar daquele que será usinado. Porém, raramente, o zero grau corresponde ao eixo paralelo a Z, e você poderá ajustar o carro ao ângulo suplementar. Confuso? Veja a Dica da área.

Utilizar o carro superior para cortar superfícies angulares pode ser tão exato como $\frac{1}{2}$ grau e 0,002 pol. no diâmetro. Entretanto, como os anéis graduados do eixo X e do carro superior estão envolvidos, a repetibilidade assumirá nada melhor que 0,005 pol.

Dica da área
Para evitar confusão durante o ajuste do carro superior, coloque o eixo paralelo ao eixo de trabalho. Depois, conte os graus enquanto o rotaciona. Ignore a graduação e conte os graus movidos. No final, verifique novamente com um goniômetro.

Método 2 – Formando o ângulo Esta superfície cônica curta mas íngreme é usinada com uma ferramenta de forma, retificada para este propósito. Veremos outras versões de ferramentas de forma na sequência (Fig. 3-15). Formar um cone ou um raio é exato para fins de produção. Ferramentas de forma também podem ser usadas em um trabalho CNC mais complicado, quando o comando pode duplicar a geometria, mas a ferramenta de forma faz um trabalho melhor.

Figura 3-14 Evite problemas com ângulo complementar associado ao carro superior.

Formando o ângulo

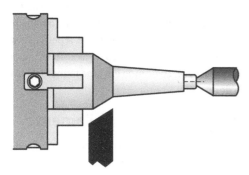

Bit de forma retificado

Figura 3-15 Ângulos íngremes podem ser formados. O bit de ferramenta é retificado e ajustado para a forma do ângulo desejado.

Exatidão Para exatidão e repetibilidade de diâmetro, este método é o melhor dos quatro, desde que a ferramenta de forma esteja ajustada para o ângulo correto. A ferramenta é aproximada do eixo X até o tamanho desejado e, portanto, a repetibilidade é tão boa quanto a do eixo X do torno.

Método 3 – Dispositivo para cones Uma vez ajustado, usinar com um dispositivo para cones é semelhante ao torneamento cilíndrico. O movimento do eixo Z é acoplado do modo usual, automático ou manual. Quando este se move longitudinalmente, o dispositivo para cones move a ferramenta para dentro ou para fora ao longo do eixo X, na razão ajustada no dispositivo (Fig. 3-16).

Exatidão O dispositivo para cones pode ser ajustado para qualquer conicidade entre 0° e 25° aproximadamente. A resolução angular está por volta de 0,5 grau usando apenas as graduações do dispositivo, mas pode ser aumentada significativamente com régua de senos, relógios comparadores ou goniômetros com vernier – tópicos que você vai aprender mais tarde. O eixo X e a ferramenta de corte seguem as guias do dispositivo para cones.

Embora o diâmetro seja determinado pela posição do eixo X, a repetibilidade não é tão boa quanto a repetiblidade do eixo X do torno, pois o dispositivo para cones inclui uma folga mecânica que o permite operar de forma independente. A repetibilidade esperada está em torno de 0,005 pol., mas pode

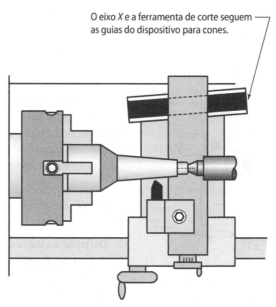

O eixo *X* e a ferramenta de corte seguem as guias do dispositivo para cones.

Figura 3-16 A ferramenta se move em dois eixos ao mesmo tempo, produzindo o cone. Nem todos os tornos têm o dispositivo de cones.

capítulo 3 » Operações de torneamento

115

variar dependendo da qualidade e manutenção do dispositivo. A conicidade se repetirá perfeitamente, uma vez que o dispositivo esteja preparado para o ângulo correto e fixado.

> **Ponto-chave:**
> Lembre-se: esse é um arquivo de memória visual. Não é relevante que você entenda plenamente o dispositivo agora, mas tão-somente que é uma das formas de produzir um cone em uma peça longa.

Método 4 – Deslocando o cabeçote móvel Este método faz cones bem rasos. Você deve escolher este método pela facilidade e rapidez que a peça pode ser removida e reposta na fixação, sem perda de exatidão, ou quando a peça é muito longa. Verifique que não existe placa, mas a peça está apoiada entre pontas, o que discutiremos mais tarde, na Unidade 3-3 (Fig. 3-17).

> **Ponto-chave:**
> Neste método, os centros não são paralelos ao eixo Z da metade do ângulo do cone.

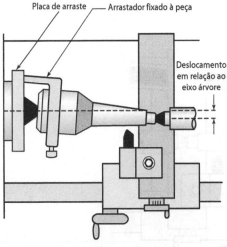

Figura 3-17 Olhando para baixo, o cabeçote móvel é movido para fora do centro para fazer o cone raso.

Usando o método de deslocamento para produzir o cone, a ação da ferramenta é semelhante ao torneamento cilíndrico, excetuando-se que o trabalho não está paralelo ao eixo Z do torno. A peça é revolucionada por um dispositivo de fixação chamado de **arrastador**, colocando em uma ranhura da placa de arraste.

Operação 5 – Mandrilamento

O **mandrilamento** é um método exato de usinar um diâmetro interno ou outra característica interna na peça. Furos mandrilados são usualmente retos (cilíndricos), mas eles podem ser cônicos, usando um eixo do carro superior ou dispositivo para cone (Fig. 3-18). Essa operação no torno requer uma ferramenta de corte chamada de barra de mandrilar.

Razões para mandrilar um furo

As vantagens do mandrilamento sobre o alargamento são duas. A primeira é que qualquer tamanho pode ser produzido com uma repetibilidade de 0,0005 pol., supondo que o eixo X do torno seja exato. A segunda é que uma barra de mandrilar vai usinar a localização exata do centro, sem se desviar como uma combinação broca/alargador faria.

Dois ou três passos (passes sequenciais leves) de uma barra de mandrilar corrigem um furo brocado desalinhado. Durante o mandrilamento, a ferramenta é acionada manual ou automaticamente, em geral para dentro, ao longo do eixo Z. Revertendo-se o eixo Z, o mandrilamento para fora também é possível e menos perigoso, visto que a ferramenta está se afastando do centro do furo.

Existem três desafios nas operações de mandrilamento:

1. **Deflexão da barra de mandrilar**
   Isso causa tamanhos inexatos e vibração pelo fato de as barras de mandrilar serem compridas e finas.

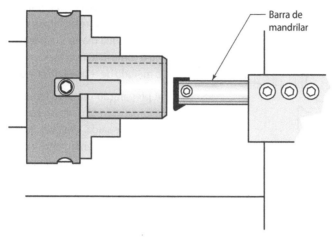

Figura 3-18 Esta torno está preparado para abrir um buraco com uma barra de mandrilar.

2. **Remover os cavacos para fora do furo**
   Refrigerantes ajudam, mas os cavacos tendem a girar em torno da barra de mandrilar e se depositam no fundo do furo. Os operadores devem sempre observar e escutar se os cavacos se acumulam enquanto mandrilam. Os cavacos aglomerados roçam e arruínam a nova superfície usinada e/ou quebram a ferramenta.

3. **Operação cega**
   O operador não consegue ver o corte enquanto ele prossegue. O controle da profundidade de mandrilamento deve ser feito sem se ver a ferramenta.

   Além disso, para produzir cilindros e cones internos, outras operações são desempenhadas com ferramentas de forma de mandrilar. Características como arredondamentos, canais retos ou circulares e roscas são feitas com barras de forma de mandrilar (Fig. 3-19).

Operação 6 – Formação

A formação é utilizada mais em tornos convencionais que em CNC, para gerar formas especiais que são impossíveis de produzir utilizando o movimento comum de eixo. O bit de ferramenta é retificado para reproduzir a forma desejada.

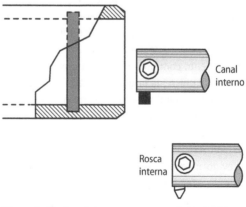

Figura 3-19 Canais internos e roscas são produzidos com barras de mandrilar dotadas de bits formados.

> **Conversa de chão de fábrica**
>
> Raramente usamos ferramentas de forma retificadas em um torno CNC, por duas razões. Primeiro, é uma ferramenta retificada personalizada, o que tentamos evitar. Segundo, o comando pode produzir muitas formas conduzindo ferramentas padronizadas pela trajetória desejada.

Formando uma superfície complexa

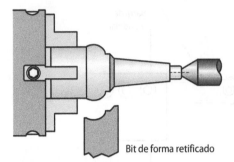

Bit de forma retificado

Figura 3-20 Ferramenta de forma realizando um corte complexo.

Ponto-chave:
Quando forçamos contra uma peça em rotação, a ferramenta de forma produz uma imagem inversa de si mesma. Fluido de corte e baixa rpm são vitais para o sucesso da operação de forma e, por causa da grande área de contato, a vibração é sempre um problema potencial. A exatidão é difícil de determinar na formação devido às formas complexas envolvidas, mas pode ser esperada dentro de 0,0015 pol.

Operação 7 – Rosqueamento

O corte de roscas pode ser feito de três formas em um torno manual: machos montados no cabeçote móvel, matrizes em suportes e utilização uma ferramenta de forma para cortar o canal helicoidal da rosca, chamada de *rosqueamento com ferramenta de ponta única*. Aprender o rosqueamento com ponta única (ou rosqueamento de perfil único, na linguagem de oficina) é uma lição vital quando usar um torno manual e, no seu primeiro curso de usinagem, é provável que esta seja a operação mais complexa para ajustar e executar. Demanda tempo e é propícia a erros devido aos muitos detalhes e ações que o operador deve realizar.

É uma competência vital de se desenvolver porque qualquer rosca customizada, personalizada ou padrão, interna ou externa, pode ser feita com uma ferramenta de perfil único. Existem situações em que usar a rosca com ferramenta de ponta única é a escolha correta. Talvez a rosca seja necessária quando uma matriz ou macho não está disponível ou o torno CNC está realizando outra tarefa. Este é o método de reserva do ofício da usinagem!

A preparação usa uma ferramenta retificada para a forma correta da rosca com grandes ângulos de folga e de saída. Uma vez que o eixo árvore estará rotacionando lentamente, estes ângulos extra propiciam um acabamento melhor (Fig. 3-21). Como toda operação de rosqueamento, fluidos de corte são essenciais. O rosqueamento com ponta única pode ser desempenhado para gerar roscas internas com uma barra de mandrilar e uma ferramenta retificada de forma.

Ele permite uma repetibilidade da ordem de 0,001 pol. se o torno for exato e bem-cuidado. No entanto, como exige o uso de duas manivelas, o eixo X e o superior, deve ser tomado cuidado para controlar a folga dos eixos. Temos um truque tecnológico na Unidade 3-7 para este ponto.

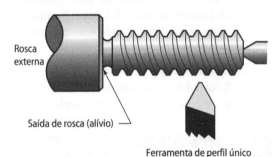

Figura 3-21 Ferramenta de rosqueamento é um tipo de ferramenta de forma.

Rosqueamento com macho e matriz

As duas opções seguintes são menos complexas para produzir roscas em um torno.

Machos no cabeçote móvel Para produzir roscas internas, machos padrão podem ser montados em uma placa acoplada ao mangote do cabeçote móvel. O eixo árvore é colocado no neutro e depois rotacionado manualmente para cortar filetes de rosca onde a quebra do macho poderia ser um problema. Para roscas robustas de 0,5 pol. ou mais, o eixo árvore pode ser colocado em baixa rpm e então a ferramenta será movimentada automaticamente. Ao usar o movimento automático, é melhor ir devagar e nunca tirar a mão da alavanca de liga/desliga. Se o torno pode ser revertido, o macho pode ser retirado também automaticamente; se não, o eixo árvore é colocado no neutro e rotacionado ao contrário manualmente para reverter o macho. Alternativamente, pode-se soltar o macho da placa e desrosqueá-lo com um desandador para machos.

> **Ponto-chave:**
> O volante do cabeçote móvel não é usado para este tipo de rosqueamento com macho no torno manual. Avançar o macho para dentro (ou fora) do furo é feito pressionando o cabeçote inteiro. Deixe-o desbloqueado em suas guias e ele deslizará para frente pela pressão manual tão logo ocorra o engajamento do macho com a peça.

Quando o macho se aproxima da profundidade do furo, o eixo é parado e revertido. Ao mesmo tempo, o operador puxa o cabeçote móvel para fora. É uma ação coordenada que requer uma demonstração antes de você tentar sozinho.

Matrizes manuais (ou machos) É possível rosquear com uma matriz ou macho manual, montado em um suporte e puxar contra a peça enquanto a placa é rotacionada manualmente – não automaticamente! Se for automaticamente, existe uma chance de o suporte agarrar no barramento ou nas guias. Também é provável um erro de alinhamento entre a ferramenta e o eixo da peça. No entanto, se seu instrutor aprovar o método, peça uma demonstração. Este pode ser utilizado para fazer roscas comuns, embora não sejam de qualidade comercial –dizemos que se trata de um método rápido, mas ordinário. Veja a Dica da área.

> **Dica da área**
> **Melhoramento do rosqueamento** manual utilizando o torno. Lembra-se da dica de centralização quando discutimos o rosqueamento manual na furadeira? Para garantir a centralização do macho, coloque um mandril no cabeçote móvel do torno, fixe o macho e depois movimente-o para frente. O macho é rotacionado com o desandador.
>
>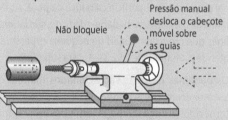

Figura 3-22 Rosqueamento com macho pode ser feito empurrando o cabeçote móvel solto para frente e para trás.

Matrizes e machos industriais Em contraste, existem momentos em que lotes grandes de peças com roscas de alta qualidade são necessários e uma máquina CNC não está disponível. Então, utilizamos machos máquina ou cabeçotes de rosqueamento automáticos em qualquer torno, manual, com rosqueamento automático ou CNC. Esses são projetados para cortar roscas em um passe, no curso de avanço. Utilizando um mecanismo de desengate, recuar as arestas de corte e em vez de desrosqueá-las tende a cegar as arestas de corte em alguns materiais. Esses dispositivos são mais comuns em tornos automáticos feitos especialmente para rosqueamento, mas, se instalados no porta-ferramentas ou na torre, centralizado no eixo árvore tanto verticalmente como no eixo X, eles podem cortar roscas mais rapidamente que qualquer outro método, com repetibilidadade na faixa de décimos de milésimos de polegada.

Outra vantagem desses tipos de ferramentas para rosqueamento é que essas possuem insertos de aço rápido ou metal duro que podem ser intercambiados em diferentes roscas. Os insertos da matriz são rapidamente retirados do cabeçote e reafiados. Deve-se optar por esta preparação para rosqueamento quando centenas de peças devem ser rosqueadas e as tolerâncias são apertadas. Matrizes e machos desse tipo se pagam em lotes grandes de produção (Fig. 3-23).

Operação 8 – Corte

A operação de corte é primeiramente utilizada para destacar a peça acabada da matéria-prima remanescente na placa ou, ocasionalmente, produzir um canal profundo na superfície cilíndrica da peça. As ferramentas de corte, ou bedames de corte, são lâminas finas que produzem canais de pequena espessura e grande profundidade (Fig. 3-24, vista superior).

Os bedames de corte são acionados manual ou automaticamente ao longo do eixo X e podem ser fornecidos em aço rápido, insertos postiços de metal duro ou insertos intercambiáveis de metal duro.

Controle exato do comprimento é o objetivo nessa operação. A repetibilidade varia, dependendo do posicionamento do eixo Z – desde 0,030 pol. para anéis graduados manuais até 0,002 ou 0,003 pol. para indicadores digitais. Além de posicionar a ferramenta e fixá-la na posição, outro desafio no controle de comprimento é o perfeito alinhamento entre a ferramenta e o eixo X, e sua tendência de desviar para o lado à medida que perde a capacidade de corte. Refrigerantes, rpms adequadas e avanços moderados são essenciais na operação de corte.

Ponto-chave:
Ao usar a face da placa ou a guia transversal do torno como uma referência, o bedame de corte deve estar perfeitamente paralelo ao eixo X para manter comprimentos de corte exatos. Mantenha o balanço da ferramenta no mínimo possível!

Desafios na operação de corte

Além do comprimento da peça, existem diversos fatores que tornam esta atividade difícil de se realizar de forma consistente e segura. A remoção do cavaco, a vibração, o empastamento da ferramenta e a quebra são uma preocupação.

Comprimento da peça Para obter o comprimento desejado, a aresta esquerda do bedame toca a extremidade da peça (linhas escondidas na Fig. 3-24) e, após recuá-lo da peça, o eixo Z é movido da distância requerida (espessura da aresta

Figura 3-23 Matrizes de desengate e machos aumentam a produção de roscas, mas não são comuns em oficinas escolares.

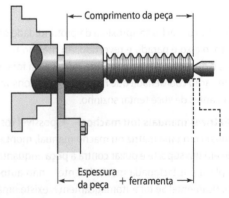

Figura 3-24 Durante o corte, a remoção do cavaco é um desafio.

mais a dimensão da peça). A maioria dos bedames de corte é feita de uma espessura exata para auxiliar com os cálculos. Mas tome cuidado, se a versão HSS for reafiada, a espessura efetiva pode mudar.

Cavacos mais espessos que a largura do canal Devido à deformação do metal, os cavacos crescem um pouco mais espessos que a largura do canal feito pela ferramenta, acabam encostando no canal e, frequentemente, enrolam criando uma massa firme. Refrigerantes são necessários para aliviar o calor e lubrificar o cavaco de forma que seja retirado do canal (veja a Dica da área e a Fig. 3-25). Idealmente, o lubrificante deve ser injetado de cima e de baixo, para atingir o corte onde é necessário. No entanto, é raro termos em tornos manuais duas mangueiras de refrigerante; assim, este deve ser inundado na região de corte de forma generosa, necessitando então uma placa para protegê-los.

Trepidação e avaria na ferramenta É provável que, inicialmente, você utilize bedames de corte de aço rápido quando estiver aprendendo operações de corte. Enquanto as ferramentas de carboneto com insertos postiços ou intercambiáveis desempenham muito melhor que as de HSS, as ferramentas de aço rápido mais tenazes tendem a absorver melhor a trepidação e empastamento associadas ao corte. A maioria, mas nem todas!

> **Ponto-chave:**
> **Cuidado!**
>
> Bedames podem quebrar quando o corte é profundo e a ferramenta é muito extendida a partir do porta-ferramenta. Elas podem empastar, dobrar e estilhaçar em inúmeros pedaços perigosos! Esteja certo de ajustar a ferramenta no balanço adequado e realizar a tarefa usando avanços conservativos.

Velocidade de corte constante é necessária De forma similar ao faceamento, a necessidade por maiores rotações se torna crítica quando a ferramenta se aproxima do centro. Em razão dos problemas com a forte deformação levando os cavacos a se empilharem sobre o canal, a velocidade de corte é um desafio. Isso requer um acionamento de velocidade variável ou comando CNC com velocidade de corte constante para desempenhar corretamente. Algumas vezes, quando a ferramenta cria diâmetros cada vez menores, a peça pode quebrar prematuramente deixando uma protrusão indesejada como está mostrado rapidamente na Fig. 3-26. Portanto, rpms próximas das corretas, sem exceder os limites da placa, o ajudarão a reduzir esse problema.

> **Dica da área**
>
> **Ferramenta para quebra de cavaco** Para ajudar a remoção da grande quantidade de cavaco gerada no processo de corte, é possível retificar uma pequena ranhura na superfície de saída da ferramenta. O cavaco segue pela superfície de saída, criando uma linha de perturbação no material que faz o cavaco ter uma tendência a dobrar. Assim, ele não terá mais facilidade para sair do material. Muitas ferramentas de corte de metal duro têm essa característica em suas faces de saída. A ranhura é feita usando um canto de um rebolo bem afiado. Peça para que um técnico demonstre essa modificação.

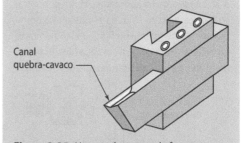

Figura 3-25 Um canal no topo da ferramenta de corte ajuda a dobrar o cavaco.

Derrubando uma peça Na Fig. 3-24, existe um problema potencial: você percebe que, quando o último corte for feito, a peça vai cair? Contudo, o suporte central ainda está direito na extremidade. Isso pode nos levar a problemas de agarramento com a peça solta e a placa, a menos que o torno seja parado instantaneamente. Existem algumas soluções, mas...

> **Ponto-chave:**
> **Segurança**
> Nenhuma delas envolve pegar a peça com a mão, quando ela se separa do tarugo! (As palavras-chave aqui são separar e mão).

Pare e mova o centro um pouco mais pra fora
Faça isso antes de recomeçar a total desconexão do objeto. Então, quando ele desligar, deixe a peça cair em uma cesta de captura ou cair no recipiente de cavacos, se o dano causado pela queda não for considerado crítico.

> **Dica da área**
> **Retificar um pequeno ângulo de posição na ponta da ferramenta de corte** Se várias peças precisam ser cortadas em uma barra, pontos indesejados podem ser deixados atrás de cada uma dessas peças (Fig. 3-26). Esses pontos devem ser removidos depois, o que custa tempo, mas não aumenta o valor agregado ao produto. Para resolver este problema, deixe um ângulo de, no máximo, 10° na ponta da ferramenta de corte e direcione-a para o lado da peça (Fig. 3-26). A ferramenta apontada cria um ponto fraco na área de corte, o que permite que a ponta remanescente quebre ou fique do lado do tarugo. A ferramenta de corte, avançando um pouco mais, limpa a ponta do tarugo que ficou preso.

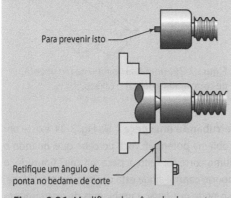

Figura 3-26 Modificando o ângulo de ponta, a matéria-prima reterá a pequena saliência, em vez de a peça acabada.

Se alguma peça estiver muito próxima do suporte, reposicione-a Pare a máquina e serre a peça, ou arranque-a dobrando o material. Este é o jeito mais seguro, especialmente para iniciantes.

Operação 9 – Sangramento radial e Operação 10 – Sangramento axial

Existem dois tipos de sangramento ou canais feitos em um torno. O primeiro é similar ao corte com bedame, um canal da superfície externa da peça. O segundo é na face do trabalho. Ferramentas usadas para sangrar o diâmetro externo têm a mesma forma na ponta, mas são mais curtas que os bedames de corte. Ferramentas de sangrar axialmente devem ser modificadas ligeiramente com uma certa folga, para caber na curvatura externa do canal que a própria ferramenta causa.

Espera-se uma repetibilidade de 0,0005 pol. de largura para o canal, o que é, comumente, algo crítico no processo. A repetibilidade diametral depende do método de posicionamento do torno e varia de 0,002 a 0,0005 pol.

Ferramentas de sangramento axial podem ser utilizadas, também, para remover material da face

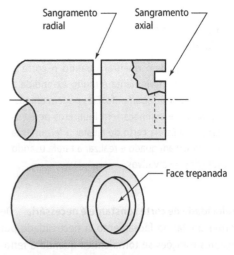

Figura 3-27 Sangramento axial requer uma forma de ferramenta modificada, mostrada na Fig. 3-28.

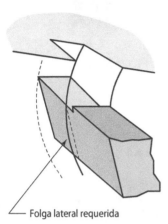

Figura 3-28 Um sangramento axial requer uma folga lateral de um lado da ferramenta para permitir a acomodação do canal gerado.

gerando um rebaixo axial; isso é chamado de trepanação e é, provavelmente, uma analogia aos tornos antigos, feitos em madeira.

Operação 11 – Recartilhamento

O recartilhamento produz um padrão áspero sobre a superfície da peça. Recartilhar não remove material, mas provoca seu deslocamento. Em baixa rotação, a ferramenta de recartilhamento produz pequenos dentes, bem afiados no trabalho. O metal deslocado é deformado e lançado para o próximo dente, de pouco em pouco, através de matrizes rotativas de forma.

É possível enxergar alguns padrões paralelos ou cruzados em cabos de ferramentas e cabeças de parafusos. Aderência e aparência são os objetivos do recartilhamento, não o tamanho. Não se deve esperar uma repetibilidade maior do que 0,010 pol.

O recartilhamento tem dois propósitos: primeiro, melhorar a aderência da mão ou qualidade de adesão; o segundo é aumentar o diâmetro de eixos. Como o material é deslocado para cima, a recartilha realmente aumenta o tamanho efetivo de eixos. Suponha que um eixo desgastado já não fixe um rolamento ajustado com interferência.

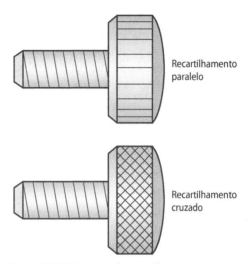

Figura 3-29 Dois tipos de recartilhamento em um eixo, paralelo e cruzado.

Este pode ser recartilhado para fixar o rolamento novamente. Não será tão bom como o original, uma vez que há muito menos material para formar a superfície, mas funciona! (Veja a Fig. 3-30.)

Operações 12 e 13 – Limando e lixando

Tentamos evitar trabalhos manuais em máquinas sempre que possível. Contudo, como somos operadores, limar e lixar pode fazer uma certa diferença em:

Figura 3-30 O recartilhamento requer um movimento sincronizado de duas matrizes que se deslocam, mas não removem material.

Pequenas reduções de tamanho. No lixamento ou limagem, a retirada de material é muito menor que em uma ferramenta de corte, podendo remover um décimo do material, de maneira a fazer a peça entrar na tolerância desejada.

Acabamento e aparência de superfície. O lixamento gera acabamentos impossíveis de se chegar com ferramentas de corte. Também são úteis para detalhes finais como remover rebarbas com uma lima, realizar arredondamentos ou chanfros.

Com esses procedimentos, é possível atingir exatidão próxima de 0,0002 pol. (repetibilidade não é apropriada neste caso). Contudo, geralmente procura-se por alternativas. Afinal, além de serem lentos e sem tecnologia, esses procedimentos levam o operador a ficar perigosamente perto da placa.

Procedimento de segurança

Uma vez que você vai colocar sua mão próxima a um eixo rotativo, existem medidas de seguranças específicas para limar e lixar. As Figuras 3-31 e 3-32 mostram o jeito certo de limar ou lixar. A posição

Figura 3-32 Quando lixar uma peça, sempre segure a lixa como está mostrado. Por quê? A resposta se encontra nas questões da Unidade 3-1.

do braço e da mão são cruciais, como também sua postura em frente ao torno. Como um exercício do pensamento crítico, você será perguntado sobre por que e como na revisão. Estude a figura de perto.

Figura 3-31 Esta operadora está utilizando uma posição de mão segura e experiente para limar, além de uma proteção de placa e não há luvas ou joias soltas.

Revisão da Unidade 3-1

Revise os termos-chave

Ângulo total
Especificação de uma superfície cônica de um lado até o outro, duas vezes o meio ângulo. Algumas vezes, pode ser chamado de ângulo total do trabalho no torno.

Arrastador
Acessório fixado na placa do torno, usado para transferir rotação para a peça.

Chanfro
Superfície angular normalmente especificada em graus, com relação à linha de centro do trabalho, aplicada em um canto da peça.

Cone
Pequena mudança de diâmetro especificada em variação por unidade de comprimento ou em graus. Também pode ser especificada em meio ângulo ou ângulo total.

Corte
Canal relativamente estreito que separa a peça do tarugo remanescente. Esta tarefa é realizada com uma ferramenta especial projetada para este propósito.

Faceamento
Operação no torno que corta a peça final de modo a se tornar plana e perpendicular ao eixo.

Mandrilamento
Operação com ferramenta de ponta única (barra de mandrilar) utilizada para usinar um furo cilíndrico, mas pode ser usada também para outras características internas.

Recartilhamento
Padrão rugoso deliberadamente criado sobre a superfície para melhorar o atrito ou aumentar o diâmetro.

Reveja os pontos-chave

- Os avanços do torno são, geralmente, especificados em polegadas por revolução ou milímetros por revolução. Por exemplo: 0,006 pol./rev.
- Os eixos do torno são: Z (direito/esquerdo) e X (dentro/fora) no diâmetro da peça.
- O eixo Z do torno (ou qualquer outra máquina) é paralelo ao eixo de rotação da máquina.
- Devido à grande quantidade de variáveis na fixação do trabalho, é indispensável que todas as configurações da máquina sejam checadas pelo instrutor, antes que as operações sejam iniciadas.
- Para que as operações de furação sejam precisas e para não haver quebra de brocas e alargadores, é imprescindível que o cabeçote móvel esteja bem posicionado no centro.
- Conheça a política de rpm da oficina e sempre cheque as preparações.
- O meio ângulo relaciona um lado da superfície de trabalho à linha de centro, enquanto a conicidade ou ângulo total se refere à inclinação geral da peça.
- O eixo do carro superior está em zero grau quando estiver paralelo ao eixo X (na maioria das máquinas).

Responda

Você consegue reconhecer as tarefas básicas de um torno? Complete as questões abaixo para descobrir.

1. Em um pedaço de papel, escreva as operações necessárias para usinar este eixo a partir de tarugo bruto (Fig. 3-33).
2. Os sangramentos radial e axial de uma peça podem ser feitos por um bedame de corte. Verdadeiro ou falso? Se falso, o que torna a sentença verdadeira?
3. Sem voltar ao texto, relacione as operações básicas feitas em um torno manual. Descreva cada uma delas de maneira breve.
4. Identifique as operações necessárias para fazer 25 pinos de fixação na Fig. 3-34. Eles serão usinados a partir de um tarugo de alumínio de duas polegadas e meia. Neste desenho, os círculos com linhas cruzadas indicam os diâmetros.

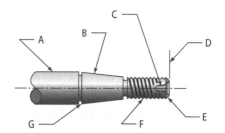

Figura 3-33 Nomeie as operações de torneamento requeridas para este eixo.

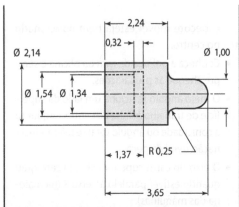

Figura 3-34 Identifique as operações necessárias para usinar este pino. A barra é longa e serão feitos muitos.

5. Escreva as operações necessárias para tornear a ponta do tripé da câmera mostrada na Fig. 3-35.

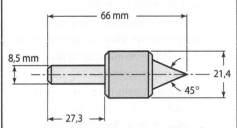

Ponta do tripé

Figura 3-35 Nomeie as operações necessárias para usinar esta ponta de tripé.

6. Liste os riscos potenciais de segurança presentes em trabalhar em um torno que não estão presentes em outras máquinas.

Pensamento crítico – Segurança

7. Retorne à Fig. 3-31 e relacione as razões do posicionamento da mão e do corpo. Note: segurança é uma questão de bom senso na maioria dos casos. Isso não foi dito na leitura.

8. Observe novamente a Fig. 3-32 e identifique a razão para que as duas mãos estejam na lixa, em vez de segurar a lixa entre os dedos da mesma mão.

» Unidade 3-2

» Como o torno funciona

Introdução Agora, vamos montar a maioria dos componentes de um torno mecânico, cada peça por vez, e observar como funcionam. É provável que você ouça falar sobre algo chamado de "torno motorizado", uma das primeiras máquinas equipadas com um motor próprio, em vez de uma única fonte para toda a área. Começaremos com a peça mais crítica da máquina, os guias do barramento e a estrutura. Vamos construí-lo peça a peça.

Termos-chave

Assento ou mesa (torno)
Componente maior que se desloca sobre o barramento.

Avental
Peça vertical, frontal da estrutura, onde fica a maioria dos controles de operação.

Barramento
Coluna de precisão do torno na qual a ferramenta se movimenta.

Cabeçote móvel
Acessório para suporte e furação que fica em um dos extremos.

Carro principal
O avental e o assento compõem o carro principal.

Carro superior ou porta-ferramentas
Eixo pivotante do torno, usado para usinar superfícies angulares.

Guias rabo de andorinha
Guias nas quais o carro transversal e o porta-ferramentas do torno deslizam.

Meia porca (alavanca)
Dispositivo que fecha a placa de três castanhas, para que se possa começar a mover a peça pelo tronco.

Régua ajustável
Peças na forma de cunha utilizadas para compensar desgastes e minimizar movimentos indesejáveis no deslizamento da ferramenta.

Relógio indicador para corte de rosca
Indicador que garante que quando a alavanca de meia porca for engatada, cada novo passe recairá no mesmo canal da rosca do último.

> **Conversa de chão de fábrica**
>
> O barramento tem importância. Quando instalando um torno novo, o primeiro desafio é nivelar o barramento, utilizando níveis de extrema precisão ou dispositivos de alinhamento à laser. Se você estiver adquirindo um torno usado, o primeiro item que deve ser inspecionado é a condição do barramento. Oficinas da indústria naval possuem tornos com barramentos com centenas de pés para trabalhar com eixos de propulsão. Barramentos avariados algumas vezes podem ser consertados, porém, se a avaria for extensa, é a sentença de morte do torno!

Construindo um torno – peça a peça

Estrutura e barramento

O **barramento** é uma peça essencial, quando falamos de repetibilidade no torno. É, geralmente, feito de ferro fundido de grão refinado ou aço de liga. A superfície de um barramento é endurecida, retificada plana e paralela ao chão. O barramento é fixado à estrutura, que também é plana e paralela ao piso da fábrica. Estruturas podem ser feitas de várias formas, desde simples peças fundidas a uma série de componentes soldados, bem como combinações de ambos. Em tornos de menor qualidade, o barramento e a estrutura são combinados em um único fundido, mas isso torna impossível a reposição de barramentos danificados.

Todos os componentes de eixos deslizantes são suportados pelos barramentos e pela estrutura. O cabeçote móvel está fixado neles, também. Para que um eixo seja tão perfeitamente cilíndrico quanto possível, o torno deverá ter um barramento em condições impecáveis.

O maior comprimento de barra O comprimento do barramento determina qual o máximo tamanho de barra que pode ser usinado (Fig. 3-36). A barra mais longa é aquela que pode ser apoiada entre o cabeçote móvel e o cabeçote fixo, quando a distância entre estes é máxima.

Cuidado profissional Existem quatro cuidados vitais que devem ser tomados com barramentos:

> *Sempre mantê-los limpos e lubrificados.* Após o uso, tire o cavaco, o refrigerante e a sujeira do barramento com uma estopa e depois passe uma leve camada de óleo lubrificante de máquina. O óleo de lubrificação é importante, pois ele providencia a lubrificação inicial para o primeiro movimento do torno. Depois disso, o próprio torno se lubrificará. Contudo, isso não ocorre de imediato, por isso, temos essa precaução. O óleo também previne o barramento contra ferrugem, durante períodos ociosos. Importante! Enquanto é comum muitas oficinas utilizarem ar comprimido para limpar cavacos, não é adequado fazê-lo para limpar os barramentos – sempre use uma escova ou pano. Com o ar, os cavacos podem ser empurrados para as vedações e raspadores entre a **mesa** e o barramento. Essas vedações não foram projetadas nem são capazes de reter ar comprimido.
>
> *Nunca deixe acessórios de máquina, material de trabalho ou ferramentas de mão sobre o barramento.* O barramento parece ser um local adequado para armazenagem temporária, mas é uma prática ruim.
>
> *Quando adicionar acessórios no torno, proteja o barramento contra a queda de objetos.* Man-

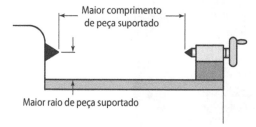

Figura 3-36 A capacidade do torno é determinada pela peça mais longa e pelo maior raio que pode ser rotacionado sem atingir o barramento.

tendo essa orientação, você encontrará blocos de madeira no formato de berços, feitos para proteger o barramento quando trocar placas (Fig. 3-37).

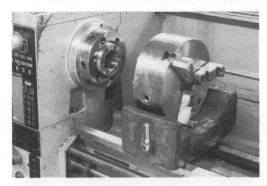

Figura 3-37 Faça de forma correta. Use um berço de madeira quando trocar placas.

Sempre verifique e use o sistema de lubrificação do torno. Tornos têm sempre um sistema de lubrificação, seja manual ou automático. Determine qual está em uso e tenha certeza de que o reservatório está acima do limite mínimo, com o óleo certo. Então, faça o bombeamento pelo sistema de maneira programada. Não está seguro sobre a periodicidade? Mantenha um pouco de óleo extra no reservatório, mas não o faça muito frequentemente. Faça o bombeamento duas a três vezes por turno, este é considerado um bom padrão. Leia o manual do operador ou o aviso na máquina ou pergunte a alguém para se certificar.

Cabeçote principal

Junto da estrutura está o cabeçote principal, que contém a engrenagem necessária, câmbios e man-

Figura 3-38 Se o torno não possuir um sistema automático de lubrificação de guias, então ele terá uma bomba manual como esta.

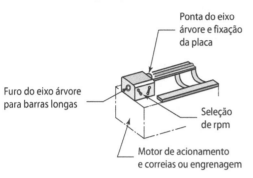

Figura 3-39 O cabeçote principal suporta a peça, aciona o eixo e contém um câmbio para várias rotações.

cais do eixo árvore (Fig. 3-39). Os mancais do eixo árvore suportam e rotacionam o eixo, a placa e a peça.

A caixa cabeçote principal é mandrilada para suportar os eixos com um conjunto de mancais de alta tecnologia. Eles devem permitir que haja uma rotação suave durante os trabalhos pesados e a placa mover-se axial ou radialmente. Eles também devem absorver bem vibrações e a força da máquina. Isso demanda mancais extremamente fortes.

A lubrificação do cabeçote principal é crucial para que se mantenha os mancais em boas condições. Existe um processo específico de lubrificação para o cabeçote, diferente daquele utilizado no barramento (Fig. 3-40). Provavelmente, haverá um visor de óleo ou uma vareta para verificar o nível. Existem diversos tipos de óleos para eixo, portanto, tenha certeza de que leu o aviso de manutenção ou o manual de operação da máquina. Mantenha o óleo acima do limite mínimo, mas não encha demais, para que não aconteçam vazamentos.

O eixo árvore e o seu cone

A peça mais externa do eixo árvore é chamada de cone do eixo ou ponta do eixo. Ela possui um cone, no qual são montados placas de precisão e outros dispositivos para fixação peças. O cone tem uma série de travas para puxar e travar a placa ou qualquer outro dispositivo do tipo durante o trabalho (Fig. 3-41).

Figura 3-40 Abrindo a proteção lateral, muitos componentes úteis ao usuário podem ser encontrados, mas existem muitos outros na caixa do cabeçote principal.

Ponto-chave:
Existem dois sistemas de lubrificação para tornos: um deles usa um lubrificante viscoso, grosso, para barramentos. O outro é utilizado em engrenagens e no eixo árvore. Não os misture!

Ponto-chave:
É mais do que essencial nunca afixar acessórios do eixo árvore (placas de castanhas, placas de arrasto e adaptadores) sem limpar, primeiro, tanto o cone do eixo quanto a superfície de acoplamento correspondente do dispositivo (Fig. 3-42). Eixos árvore dentados destroem a exatidão de um torno! Juntar as peças sujas é um jeito de arruinar o torno e ter demissão certa.

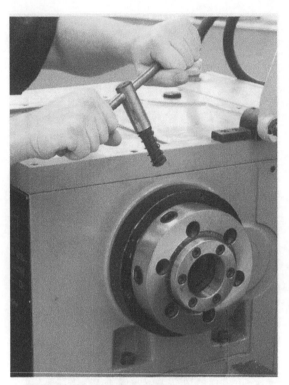

Figura 3-41 O cone do eixo árvore e as travas de placa trabalham juntas na fixação de placas e outros acessórios do torno.

Alimentação de barras pelo eixo árvore O eixo árvore continua do lado do operador, através dos mancais do cabeçote principal, até o outro lado do cabeçote principal. É um tubo oco, para que longas barras possam ser deslizadas corretamente. O diâmetro do tubo é mais uma forma de avaliar o tamanho do torno – a maior barra que pode ser introduzida na máquina. Os diâmetros desses tubos variam de uma a três polegadas em máquinas para oficinas de treinamento, sendo muito maiores na indústria.

Fazer uma peça de comprimento longo de metal é chamada de *operação com barras*. Faz-se uma peça e depois corta-se a barra. Então, com o torno desligado, a barra é solta da placa, deslizada e, novamente, fixada; e uma nova peça é feita. Quando a barra está dentro do eixo árvore, muitas precauções devem ser tomadas.

Figura 3-42 Fundamental: sempre limpe os cones da ponta de eixo e da superfície correspondente na placa antes de montar e apertar.

Nota de segurança sobre barras longas Barras longas que vão até o final do cabeçote principal apresentam um grande problema de segurança. Ao usiná-las, é imprescindível ter certeza de que o final da barra (para fora do cabeçote principal e para dentro do chão de fábrica) está apoiado e protegido. Em caso contrário:

O perigo imediato! A barra girando pode machucar outros operadores enquanto estiverem andando perto do seu torno. Posicione um suporte para a barra e coloque algum tipo de barreira em torno do cabeçote principal, ou melhor, selecione um comprimento de barra que não se estenda tanto! Veja a Fig. 3-43.

A chicotada! Muito mais perigoso é quando o torno é ligado com uma barra fina e não apoiada, como vemos na Fig. 3-44: primeiro vibra e depois tende a dobrar em um ângulo de 90°, gerando uma espécie de chicote, um círculo grande girando em alta velocidade.

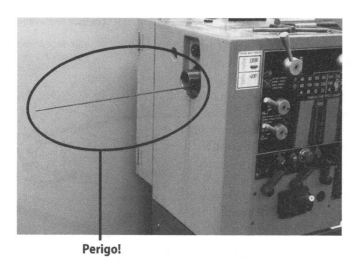

Perigo!

Figura 3-43 Perigo! Uma barra longa e não apoiada é uma fonte de acidentes pronta para acontecer. Veja a Fig. 3-44.

Ponto-chave de segurança A força com que esta condição de desbalanceamento ocorre pode realmente mover o torno fora das suas fundações. O risco para você e para os outros é grande, com uma ponta de barra girando a velocidades próximas do som.

Balanço do torno Este é o terceiro modo de medir o tamanho de um torno. O balanço do torno é o maior raio de peça possível a ser usinado naquele torno, ou seja, o maior raio que pode ser usinado acima do barramento. É a distância do centro do cabeçote principal até o barramento. Nas escolas, o balanço geralmente varia de 8 a 22 polegadas, podendo chegar a vários pés na indústria (Fig. 3-45).

> **Ponto-chave:**
> O tamanho do torno é definido pelo raio de balanço, pela mais longa barra possível de ser usinada e pela barra de maior diâmetro que passa pelo eixo árvore do cabeçote principal.

Perigo!

Figura 3-44 Este é um exemplo real. O instrutor iniciou o eixo árvore e isto é o que acontece!

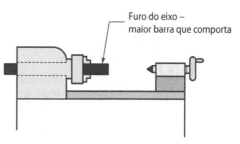

Figura 3-45 O tamanho é também determinado pela barra de maior diâmetro que pode ser passada pelo furo do eixo árvore.

Carro principal do torno

Este componente do torno é feito por duas peças unidas: a mesa horizontal e o avental vertical (Fig. 3-46). Todo o mecanismo define a movimentação do eixo Z (esquerda/direita). O **carro principal** desliza nos barramentos para gerar o eixo Z do torno. Este pode ser movido manual ou automaticamente para torneamento cilíndrico. O carro principal também suporta o eixo X do torno, bem como o carro superior e as ferramentas de corte. Há uma trava na mesa para quando o eixo Z necessitar ficar parado.

Avental

A parte vertical frontal do carro principal é chamada de **avental**. Os controles usados durante o torneamento para iniciar e terminar a ação estão localizados na Fig. 3-47. Vamos analisá-los individualmente logo mais.

Carro transversal

Agora, montando o carro transversal sobre o encaixe da carro principal, criamos o eixo X, perpendicular a Z (Fig. 3-48). Ele pode ser movido manual ou automaticamente, para faceamento e corte. Ele contém um anel graduado micrometricamente, para um posicionamento mais preciso. O posicionamento do eixo X pode ser bloqueado na maioria dos tornos, para evitar um deslocamento indesejado durante o torneamento cilíndrico, por exemplo.

Divisórias para a medida do diâmetro O eixo X do torno é graduado para diâmetros. Por exemplo, depois de um passe, movimentando-se a ferramenta em X no sentido da peça em 0,010 pol. e fazendo-se um novo passe, a peça será de 0,010 pol. a menos no diâmetro. De maneira similar, tornos CNC são, geralmente, programados em coordenadas X representando diâmetros.

Essa característica importante do torno é conhecida como medida direta de diâmetro. Quando entrar com o eixo X em 0,010 polegada, por exem-

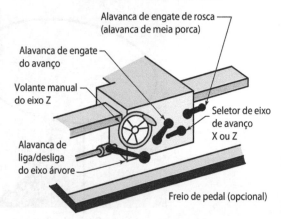

Figura 3-47 O avental contém a maioria dos controles usados durante o torneamento.

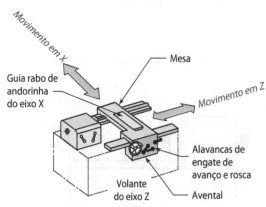

Figura 3-46 A mesa está conectada ao avental e forma o carro principal do torno, que provê o movimento do eixo Z da ferramenta.

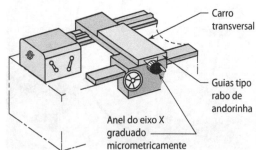

Figura 3-48 O carro transversal move a ferramenta para dentro ou fora do eixo X e é conectado à mesa por uma guia rabo de andorinha.

plo, qual será o movimento real da ferramenta? A ferramenta avançará metade do total fornecido, no caso, 0,005 pol., mas o anel traduzirá para uma variação diametral de 0,010 pol. Veja a Fig. 3-49.

> **Conversa de chão de fábrica**
>
> **Tornos de raio** É possível encontrar alguns tornos mais velhos, de leitura indireta, que movem a ferramenta para dentro ou para fora do valor mostrado no anel. Esta pequena mudança questionável de engenharia faz o diâmetro ser atingido com o dobro da quantidade do anel! Essas máquinas confusas são conhecidas como *tornos calibrados* para raio e, de maneira geral, foram convertidas para tornos de diâmetro. Trabalhei com uma dessas uma vez na vida e foi um pesadelo!

> **Ponto-chave:**
> Em usinagem moderna, a variação do eixo X é a mesma do diâmetro da peça, tanto em tornos manuais como em tornos CNC.

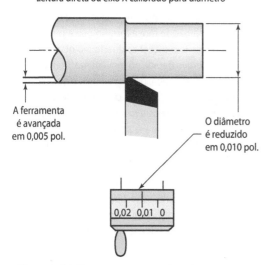

Figura 3-49 Se o carro transversal e a ferramenta forem deslocados de 0,005 pol., o diâmetro se tornou 0,010 pol. menor. A quantidade indicada no anel equivale à variação do diâmetro.

Ajustes de movimentação, posicionamento e folga

Tornos são feitos de modo a garantir que tanto os movimentos indesejáveis de eixo quanto as folgas sejam mínimas. O que é a folga? Veja a Dica da área a seguir.

Réguas para ajuste de escorregamento

Para minimizar movimentos indesejados do eixo X, o que acabaria com a exatidão e o acabamento do trabalho, pequenos calços ajustáveis são usados nas **guias tipo rabo de andorinha**. Esses calços são chamados de **réguas ajustáveis**. Essas réguas possuem parafusos que necessitam de ajuste periódico para compensar o desgaste. Você verá réguas ajustáveis em muitas máquinas que têm movimentos de deslizamento.

Com seus óculos de segurança e com permissão, observe as réguas tanto no carro transversal como no carro superior do torno de laboratório.

Ajustes de porca dupla para folga

Existem muitas maneiras de manter a folga mínima nos parafusos dos eixos do torno. A porca dupla é o método mais comum, usado nos mecanismos do carro transversal (Fig. 3-52). Ajustando o espaço entre as duas porcas, um pequeno jogo é mantido, minimizando a folga em ambas as direções. Vamos explorar dispositivos de controle de folga e mais detalhes no seu controle como parte dos conhecimentos do operador.

Carro superior

O carro superior aumenta a versatilidade do torno. Ele está montado acima do carro transversal e não contém nenhum acionamento automático. Ele pode ser rotacionado para qualquer ângulo dentro do plano X-Z e travado nessa posição. O **carro superior** ou porta-ferramentas é usado, principalmente, para usinar superfícies angulares. Há também uma trava de guia neste componente quando a movimentação não for necessária. O carro superior também contém um anel graduado no

Figura 3-50 Réguas ajustáveis minimizam o movimento indesejado do carro transversal e do carro superior.

Dica da área

Entendendo a folga Também chamada de "jogo/folga mecânica", operadores de máquinas precisam compreender e aprender a controlar a folga. Ela afeta a exatidão de todas as máquinas da fábrica, onde uma ferramenta, uma mesa de máquina ou guia for posicionada ou movida durante a usinagem. Folga sem controle não só deteriora a exatidão como pode causar acidentes!

Por exemplo, a folga está presente no carro transversal de um torno, pois este é movido por parafusos de avanço girados pelo volante manual do eixo X. Virar o volante move a porca (e a ferramenta de corte) fixada no carro transversal. O eixo é empurrado ou puxado dependendo da direção para a qual o volante é girado.

Deve existir um pequeno, mas necessário, espaço entre a porca e o parafuso, senão o sistema travará. Esta pequena diferença é responsável pela folga. Com o tempo, a porca desgasta e a folga aumenta. Com uma lubrificação regular, o operador pode minimizar a folga. Em muitos tornos, ela pode ser ajustada a um mínimo, mas nem todas as folgas podem ser eliminadas com este sistema de porca e parafuso. Mais adiante, no Capítulo 17*, veremos outro sistema para posicionamento e acionamento do eixo, chamado de "fuso de esferas recirculantes", utilizado em máquinas CNC. Ele elimina o problema de folga, porém é muito caro para as máquinas convencionais. Então, como a folga afeta suas ações quando você movimenta um torno ou fresadora? Responda a essa questão (Fig. 3-51).

A resposta é que, por um pequeno período, a ferramenta não se move mesmo que a manivela de reversão e o anel calibrado indiquem que sim. Essa breve parada no movimento, quando a manivela é revertida, produz a folga, o que também significa que, por um curto período, o eixo não tem controle positivo e a ação de corte pode agarrar a ferramenta e movê-la para frente e para trás sem resistência! Essa ação sem controle pode causar uma ferramenta avariada ou pior.

Isso ocorre pela folga existente entre o parafuso e a porca em reversão. Seu valor pode ser de pequena 0,002 pol. ou grande 0,03 pol. ou mais, dependendo da folga e da manutenção. Um

---

* Capítulo 1 do livro Fitzpatrick, M. *Introdução à usinagem com Comando Numérico Computadorizado*. Porto Alegre. AMGH, 2013.

pequeno valor de folga é necessário, mas é problemático em máquinas que utilizem sistemas padrão de porca/parafuso.

Compensação Quando se referir a um anel graduado de posição em uma máquina, você deve sempre saber em qual direção o volante está se dirigindo com relação às graduações e a folga. Seu instrutor de usinagem vai demonstrar como você deve lidar com a folga nas máquinas do seu laboratório. Lembre-se: você deve saber como compensar a folga em todas configurações que a ferramenta for posicionada. Os indicadores digitais eliminam o mau posicionamento da ferramenta, porém não transpõem o deslocamento potencial quando a ferramenta é empurrada através da folga.

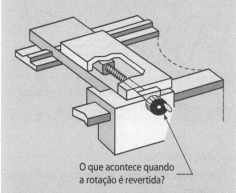

Figura 3-51 Depois de mover a ferramenta para dentro, o que ocorre se o movimento da ferramenta for revertido?

volante. Ele é fixo no carro usando guias tipo rabo de andorinha e réguas ajustáveis para controlar o movimento lateral indesejado (Fig. 3-53).

O carro superior está sujeito ao erro de folga no parafuso de posicionamento também. Se a exatidão do diâmetro for importante, bloqueie o carro superior na posição mostrada na Fig. 3-54, sem que esteja balançando sobre sua guia..

Lubrificando o carro superior

Alguns tornos incluem o carro superior no total do sistema de lubrificação da mesa, no entanto, em outros, o carro superior é lubrificado manualmente utilizando um recipiente de óleo. Lubrifique com óleo de guia, conforme a programação do seu instrutor especifica ou uma vez por turno. Com essa adição de componente ao torno, o sistema de posicionamento do eixo e da ferramenta ficará completo.

A caixa de engrenagens

Na área diretamente sob o cabeçote, estão a caixa de engrenagens (ou caixa Norton) e o motor elétrico. Os recursos que você precisa compreender agora são as engrenagens de câmbio de troca rápida (Fig. 3-56). Essas engrenagens fornecem controle sobre quatro seleções de configuração principais:

- a quantidade de avanço em polegadas por revolução;
- a direção do avanço – X, esquerda / direita, ou Z, dentro/fora;

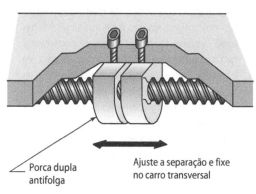

Figura 3-52 Ajustar a separação das porcas mantém a folga no mínimo.

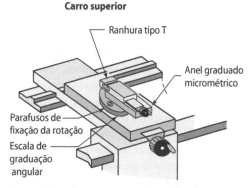

Figura 3-53 O carro superior é rotacionado soltando-se as porcas.

Dica da área

Carros transversais do torno *Mantê-lo apoiado para o trabalho geral.* Na Fig. 3-54, você vê um erro comum. É possível acionar o carro superior bem mais longe do apoio de sua guia tipo rabo de andorinha. Ocasionalmente, é necessário estendê-lo até este ponto em peças especiais ou delicadas. No entanto, evite essa posição no trabalho diário, pois a guia fica muito fraca quando estendida até aqui! Ela vai defletir para baixo, quebrando ferramentas, arruinando o trabalho e, ocasionalmente, quebrando até o carro superior!

Ponto-chave:
Quando não utilizar o carro superior, mantenha-o sempre puxado para a extensão mínima e bloqueado, como mostra a Fig. 3-54.

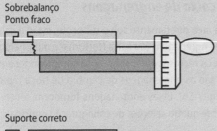
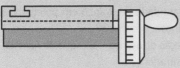

Figura 3-54 Cuidado! Estender em excesso o carro superior pode quebrá-lo na ranhura tipo T – o ponto mais fraco.

Graduações de ângulo no carro longitudinal
A maioria dos tornos (mas não todos) marca as graduações angulares tais que o carro superior está a zero grau quando está paralelo com o eixo X. No entanto, quando o carro superior está inclinado de um ângulo agudo para a máquina, lembre-se que o desenho geralmente especifica o ângulo necessário em relação à linha central do eixo Z (Fig. 3-55).

Ponto-chave:
Defina e bloqueie o carro superior para o ângulo complementar.

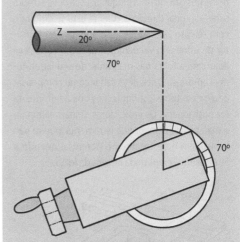

Figura 3-55 Para usinar o meio-ângulo de 20° (referente ao eixo Z), o carro superior é rotacionado de 70° a partir do eixo X.

- rpm;
- a seleção do avanço automático ou rosqueamento.

Dica da área

Mudança de engrenagem do torno Troque como um "profissional". Nunca tente mudar as engrenagens enquanto o torno estiver rodando. Um único agrupamento de engrenagens arruinado (aquelas da seleção principal) pode custar tanto quanto um mês de salário ou mais para um operador! Em segundo lugar, você pode precisar rotacionar o eixo árvore um pouco com a mão, para permitir o engrenamento da malha. Alguns tornos (outras máquinas também) possuem um botão de rotação para esta finalidade. Ao tocá-lo brevemente, o motor do eixo salta para a frente a fim de permitir que as engrenagens entrem suavemente na malha.

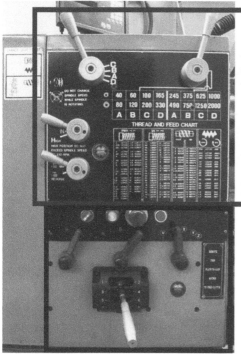

Figura 3-56 A caixa de engrenagens de mudança rápida contém a maioria dos botões de seleção e configurações de marchas.

O torno conta com um gráfico embutido (Fig. 3-57) no cabeçote que mostra as posições de transmissão de avanço ou passo de rosca.

> **Ponto-chave:**
> Quando você movimenta o motor do eixo, ele se mexe e para. Quando estiver quase parado, coloque as engrenagens em malha.

Cabeçote móvel

O **cabeçote móvel** é uma peça integrante do torno, embora seja um componente aparafusado. Não é um acessório.

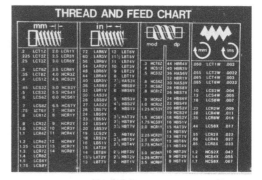

Figura 3-57 A maioria dos tornos com opção de corte de rosca possuem um gráfico de seleção de avanço e de seleção de passo de rosca semelhante a este.

Três movimentos do cabeçote móvel Além da função de entrada/saída do mangote (o eixo de furação), o cabeçote móvel apresenta mais dois movimentos. Ambos são apenas para a posição de preparação e devem ser fixados no lugar durante o torneamento.

Posição Z O cabeçote móvel desliza sobre o percurso do barramento isto só é usado para o posicionamento grotesco. Em seguida, é bloqueado para furação ou para apoiar a peça. Ao deslizar o cabeçote móvel, limpe sempre os cavacos e a sujeira para fora das guias de forma a evitar marcar o barramento.

Avanço do mangote Observe na Fig. 3-58 que o mangote é formado para controlar a profundidade de furação. No entanto, essas graduações da régua não são precisas o suficiente. O volante também tem graduações de resoluções variadas. Uma resolução de 0,005 pol. é comum em máquinas melhores.

Deslocamento lateral Como mencionamos anteriormente, a estrutura do cabeçote móvel pode ser deslocada lateralmente sobre seu carro principal de tal forma que não fica alinhada com o cabeçote fixo para a operação de torneamento cônico. Isso é mostrado na Fig. 3-58.

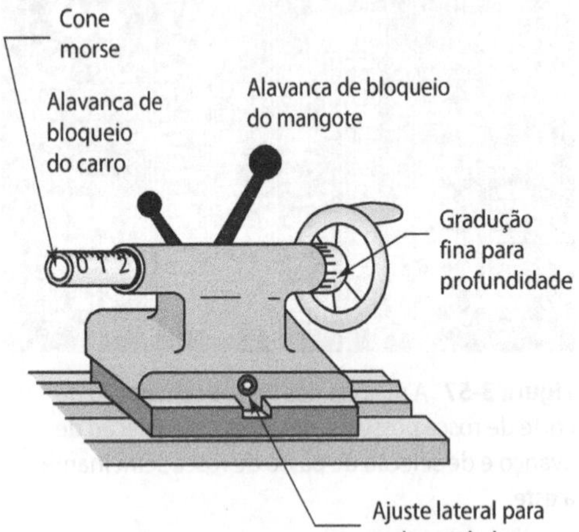

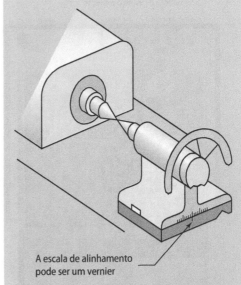

Figura 3-58 O cabeçote móvel tem três possíveis movimentos: o posicionamento paralelo ao eixo Z, o posicionamento lateral para fora da linha central para as operações de conicidade e o posicionamento do mangote deslizante paralelo ao eixo Z para furação.

Figura 3-59 "Recentrando" o cabeçote móvel, as graduações de deslocamento abaixo do volante também são um bom guia.

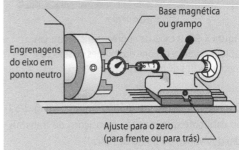

Figura 3-60 Melhor maneira de alinhar o cabeçote móvel para o centro exato do eixo árvore.

Dica da área

Cabeçote móvel fora do centro Se você mover o cabeçote móvel para fora do centro para fazer o torneamento cônico, em seguida deve voltar ao alinhamento antes de deixar o torno (ou deixe um bilhete.). O próximo operador talvez não perceba o desalinhamento e o cone surpresa poderá resultar em uma peça de sucata. Ao terminar uma peça, não deixe a máquina com o cabeçote móvel fora do centro a menos que você deixe uma nota alertando que ele está fora de centro (Fig. 3-59). Ao preparar o torno, sempre verifique sua centralização.

Além da posição da escala do cabeçote móvel, faz-se uma verificação rápida a olho nu deslizando-o totalmente para a frente para compará-lo com um ponto central colocado no cabeçote. É necessário um relógio comparador (Fig. 3-60) para centralizar precisamente o cabeçote móvel. O relógio é montado sobre ou na placa e girado em torno do mangote do cabeçote móvel.

Acessórios de suporte do trabalho

Uma peça longa adicional não pode ser seguramente suportada apenas pela placa e pelo cabeçote móvel. Para evitar que a parte central se desloque para longe da ferramenta, ou remonte sobre ela, um ou mais suportes de centro são necessários. Existem dois tipos que podem ser usados individualmente ou em conjunto.

Luneta móvel

Por estar aparafusada no carro transversal ou na mesa, a luneta móvel (algumas vezes também chamada de "luneta de deslocamento") move-se juntamente com a ferramenta na direção do eixo Z. Ela é um suporte de dois pontos opostos da peça que tendem a se deslocar para cima e longe da ferramenta de corte. A luneta móvel pode ser parafusada na frente do corte para guiar o metal não cortado, ou atrás do corte para guiar o corte que acabou de ser feito. A Figura 3-61 mostra a luneta móvel vista do lado de cabeçote móvel.

As melhores lunetas móveis possuem rolamentos de rolos, mas também podem usar sapatas consumíveis de latão que entram em contato com o trabalho. Se utilizar a versão de sapatas de metal, use um lubrificante alta pressão de graxa para auxiliar na redução de atrito e evitar manchar o metal da peça com latão. Cuidado com o calor e com muita pressão contra a peça com esses tipos de apoio (Fig. 3-62).

Posicionando a luneta móvel à frente do corte Se você deseja que o corte seja concêntrico com um diâmetro existente, a luneta móvel deve ser colocada à frente do corte, sobre a superfície original. Para fazer isso, o diâmetro original que

Figura 3-62 Em tarugos lisos, sem batimento, a luneta móvel conduz o corte para usinar a peça concêntrica à superfície original.

entra em contato com o suporte deve ser suave e redondo. Em seguida, por causa da mudança de diâmetro, os suportes devem ser reajustados após cada passagem da ferramenta.

Posicionando a luneta móvel atrás do corte Essa posição é utilizada quando o material original é rugoso e não redondo, ou deliberadamente não está no centro, como ao tornear uma superfície de um came. Para esta preparação, é necessário criar um lugar bom para entrar em contato com as sapatas da luneta com a superfície de trabalho. Faz-se um corte curto quando a ferramenta de corte está perto do cabeçote móvel ou da placa. Em seguida, para-se o torno e os suportes são postos em contato. Aqui, também, a luneta deve ser reposicionada após cada passagem (Fig. 3-63).

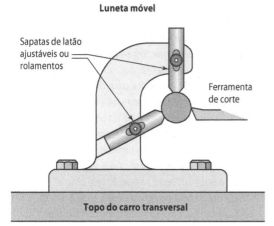

Figura 3-61 A luneta móvel é um suporte de dois pontos que se move com a mesa.

> **Ponto-chave:**
> A luneta móvel pode ser colocada à frente da ferramenta de corte ou atrás, dependendo da condição de trabalho e do efeito desejado. Dois apoios podem ser usados, um em cada lado da ferramenta de corte.

Figura 3-63 Para apoiar e cortar peças longas com excentricidade, como esta barra hexagonal, a luneta móvel foi ajustada para acompanhar o corte.

Luneta fixa

Os suportes de três pontos prendem em qualquer posição ao longo do barramento. Eles não se movem com a ferramenta (Fig. 3-64). Uma (ou mais) são usadas para apoiar a peça longa entre os cortes.

Para usar a luneta fixa, a peça deve ser redonda e lisa. Quando o material básico não for redondo ou liso, é necessário prepará-lo primeiro, lançando o eixo perto da peça central (com metade do seu comprimento restante no interior do tubo do eixo árvore); em seguida, com um cabeçote móvel de apoio na extremidade externa, corte uma pequena seção de qualquer diâmetro para limpeza. Depois, retire-a e coloque os suportes em contato leve. Não pressione excessivamente, eles devem ser trazidos apenas por contato e, em seguida, parados.

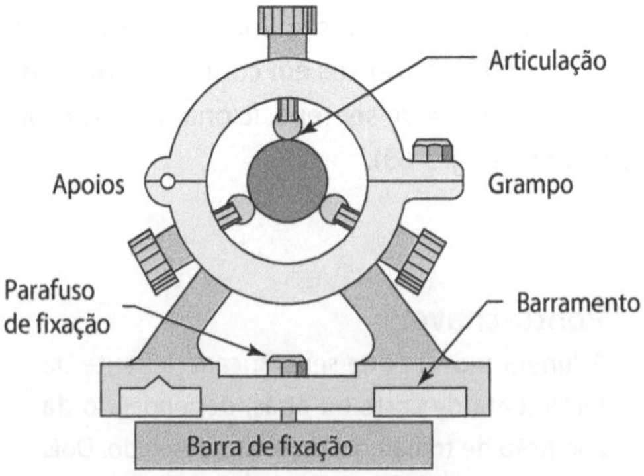

Controle de batimento da peça

Enquanto a peça é redonda e lisa, o batimento da peça de trabalho antes de entrar em contato com os rolos não é um problema. À medida que os rolos ou sapatas são trazidos em conjunto, eles removem a oscilação. (Veja a Dica da área.)

> **Ponto-chave:**
> Às vezes, a única maneira de realizar o trabalho é preparar as lunetas fixa e móvel juntas para fazer peças muito longas ou finas. Tenha cuidado com o apoio da peça, pois pode forçá-la para fora do centro, se não estiver ajustado corretamente.

> **Dica da área**
> **Ajustar a luneta fixa para remover o batimento mantendo a peça no centro** É possível forçar o pequeno diâmetro da peça para fora do centro, ao ajustar uma luneta fixa. Aqui, ensinaremos como fazê-lo direito e produzir um cilindro verdadeiro. Primeiro, com o torno não se movendo, gire cada apoio de ajuste para dentro até que fique aproximadamente a 0,050 pol. da peça, depois fixe, mas não trave. Em seguida, inicie o eixo árvore em uma rpm lenta. Agora, comece a girar os apoios a cada $\frac{1}{4}$ de volta para dentro – todos os blocos, uma vez em cada volta. Repita novamente até que a peça oscile e toque cada rolo ou apoio. Então, rotacione cada um em direção à peça em $\frac{1}{8}$ de volta – todos uma vez em cada volta. Continue a fazer isso até que o rolo ou apoio toque a peça 100% do tempo. Pare e bloqueie a luneta fixa. O contato com a peça é total e a peça está no centro. Faça um teste de corte e meça cada extremidade para ter certeza de que a peça não foi desviada por pressão do apoio.

Figura 3-64 Uma luneta fixa se prende ao carro principal e não se move durante as operações de torneamento.

Sistemas de acionamento de eixos

Conversa de chão de fábrica

Às vezes, nos referimos a um torno como um torno de rosca, termo usado no passado. Isso se explica porque, apesar de tornos mais modernos poderem cortar roscas, muitos não conseguiam no passado.

Os últimos componentes do torno que vamos investigar são o avanço automático e os sistemas de rosqueamento. Em razão de uma diferença no controle de folga e de precisão, existem dois sistemas diferentes de eixo de movimento sobre um torno: um para mover a ferramenta de corte nos eixos X e Z para a usinagem geral, e outro para mover a ferramenta de rosca apenas ao longo do eixo Z.

Ponto-chave:
Ao preparar um torno mecânico, você deve selecionar o avanço da máquina ou o sistema de execução de rosqueamento, dependendo da operação a ser executada.

Sistema de avanço

Para usinagem em geral, o fuso é ligado, por meio de engrenagens, a um eixo que roda logo abaixo do barramento – chamado de "eixo de avanço". Tire um momento para ir ao laboratório e vê-lo ao longo da estrutura frontal estendendo-se até o fim do cabeçote móvel. É um eixo redondo com uma ranhura quadrada que se chama "chaveta". Na mecânica, esse tipo de eixo é às vezes chamado de varão.

O eixo de avanço gira à taxa selecionada com as engrenagens de troca-rápida, a uma razão específica em relação ao eixo. Ele passa pelo avental onde uma engrenagem desliza sobre ele e é acionado por uma chaveta sobre o eixo – isso acontece dentro do avental, não podemos vê-lo (Fig. 3-65).

Conversa de chão de fábrica

Comparando CNC com tornos manuais Uma das maiores diferenças entre CNC e tornos manuais é que aquele não possui engrenagem entre os eixos de avanço e seu eixo árvore. No CNC, cada um é acionado por seu próprio motor controlado por computador, enquanto o torno manual apresenta um motor elétrico que alimenta os fusos e eixos de ferramenta.

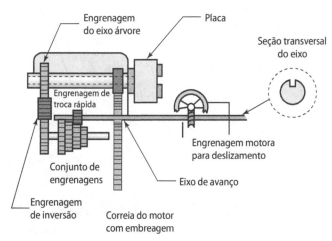

Figura 3-65 Esboço simples do sistema de avanço de um torno.

Direção de avanço

Tornos manuais possuem um seletor que determina a direção de avanço. O eixo X pode se mover tanto para o centro quanto para fora, e o Z, para o cabeçote ou longe dele. O seletor de direção é geralmente encontrado na caixa de engrenagem perto da saída do eixo de avanço, mas em alguns tornos também pode estar localizado no avental.

> **Ponto-chave:**
> A direção de avanço também tem uma posição neutra, na qual nenhuma ação de avanço pode ocorrer. A maioria dos tornos deve estar em posição neutra para mudar para corte de rosca.

Diferenças em tornos

Estes são alguns detalhes para descobrir quando operar um torno mecânico pela primeira vez:

1. **Alavancas de acoplamento simples ou duplo**
   Na maioria dos tornos grandes, há duas alavancas de acoplamento, uma para iniciar a avanço no eixo X e outra para o eixo Z. No entanto, em modelos menores, compactos, pode haver apenas uma alavanca de acoplamento, a qual você deve escolher se o avanço iniciará no X ou no Z usando a alavanca seletora.

2. **Reversão em movimento ou não**
   Em alguns tornos, a direção de avanço pode ser revertida sem parar o fuso, em outros, você deve parar o torno. Saiba a diferença para não triturar as engrenagens no torno, que deve ser parado, ou então as quebrará!

Sistema de acoplamento para rosqueamento

Por causa do deslocamento da ferramenta de corte em relação à rotação do eixo, é necessário um sistema de movimento muito diferente para o rosqueamento. Para fazer roscas de precisão, puxe a ferramenta de corte com o carro, usando o parafuso em vez da engrenagem. Contudo, este sistema se desgastaria rapidamente se fosse utilizado para a usinagem diária, por isso, está reservado para a rosca. É um parafuso grande, chamado de parafuso de avanço, que roda ao lado do eixo de avanço, visto na Fig. 3-66. Você pode identificá-lo em um torno mecânico em seu laboratório.

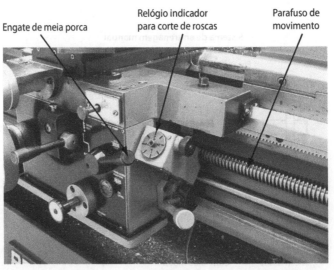

Figura 3-66 Para o rosqueamento apenas, usamos o parafuso de movimento, a alavanca de meia porca e o relógio indicador para corte de roscas.

> **Ponto-chave:**
> Ao configurar para o rosqueamento, a direção de avanço deve ser ajustada como neutra e o parafuso principal deve ser acionado.

Uma vez que o parafuso principal do torno está selecionado para rosquear, uma alavanca nova de acoplamento é usada para iniciar o movimento da ferramenta, a alavanca de **meia porca** (Fig. 3-66), localizada no lado direito do avental do torno. Na maioria, mas não em todos os tornos, a alavanca de meia porca é bloqueada até que o avanço fique neutro. O sistema de parafuso de avanço transmite movimento para a ferramenta apenas na direção do eixo Z.

Relógio indicador para corte de roscas

O **relógio indicador para corte de roscas** mostra ao operador quando é hora de colocar a ferramenta de rosca em movimento. Durante o rosqueamento, geralmente, são necessárias várias passagens da ferramenta de corte. O relógio indicador para corte de roscas é um indicador de marcha e orientado, como o da Fig. 3-67. Ele mostra quando a ferramenta de corte irá começar no mesmo canal da rosca da passagem anterior e se localiza perto da alavanca de meia porca. Vamos investigar seu uso na Unidade 3-7.

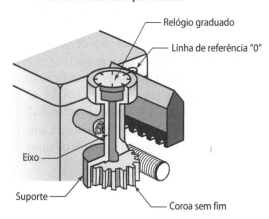

Figura 3-67 O relógio indicador para corte de roscas indica quando é hora de começar o rosqueamento.

Revisão da Unidade 3-2

Revise os termos-chave

Assento ou mesa (torno)
Componente maior que se desloca sobre o barramento.

Avental
Peça vertical, frontal da estrutura, onde fica a maioria dos controles de operação.

Barramento
Coluna de precisão do torno na qual a ferramenta se movimenta.

Cabeçote móvel
Acessório para suporte e furação que se situa em um dos extremos.

Carro principal
O avental e o assento compõem o carro principal.

Carro superior ou porta-ferramentas
Eixo pivotante do torno, usado para usinar superfícies angulares.

Guias rabo de andorinha
Guias nas quais o carro transversal e porta-ferramentas do torno deslizam.

Meia porca (alavanca)
Dispositivo que fecha a placa de três castanhas, para que se possa começar a mover a peça através do tronco.

Régua ajustável
Peças na forma de cunha utilizadas para compensar desgastes e minimizar movimentos indesejáveis no deslizamento da ferramenta.

Relógio indicador para corte de rosca
Indicador que garante que, quando for engatada a alavanca de meia porca, cada novo passe recairá no mesmo canal da rosca do último.

Reveja os pontos-chave

- Para o acionamento automático de um eixo, você deve selecionar avanços ou roscas – dois sistemas diferentes.
- A direção de avanço ou da rosca é selecionada na caixa de velocidades do cabeçote. Isso faz roscas à direita ou à esquerda, ou seleciona o avanço para dentro/fora ou direita/esquerda.
- Quando rosquear, use um eixo de acionamento separado e a alavanca do acoplamento. A alavanca de acoplamento não é uma embreagem. Chamada de alavanca de meia porca, ela pode ser acionada ou não, mas não vai deslizar como uma embreagem o faria.
- Para acionar a alavanca de meia porca no momento certo, o torno possui um relógio indicador para corte de roscas que mostra quando realizar o rosqueamento.

Responda

1. Em uma folha de papel, identifique os itens indicados na Fig. 3-68. Depois, com permissão de seu instrutor, com os óculos de segurança corretos, identifique os mesmos itens em um torno mecânico, em seu laboratório. Pergunte a um colega sobre cada item. Atenção, não interfira na operação da máquina.

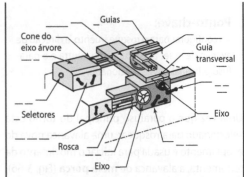

Figura 3-68 Identifique as seguintes partes de um torno.

2. Com um parceiro, identifique e descreva a função das seguintes peças em um torno operado manualmente.

    Barramento
    Mesa – carro principal
    Avental
    Carro superior da ferramenta
    Engrenagem de troca rápida
    Volante do eixo Z
    Movimento do eixo X
    Trava do cabeçote móvel
    Mangote do cabeçote móvel
    Seletor de direção do eixo
    Guia tipo rabo de andorinha e réguas ajustáveis (caro transversal ou superior)
    Relógio indicador para corte de roscas

3. O carro superior é um eixo ajustável que tem um anel graduado micrométrico. Essa declaração é verdadeira ou falsa? Se for falsa, o que a tornaria verdadeira?

4. Que perigo existe em estender o carro superior da ferramenta até o fim do curso

durante a usinagem? Quando a extensão excessiva do carro superior é necessária e justificada?

5. Dos dois tipos de lunetas disponíveis, qual deles possui três pontos de apoio?
6. Descreva completamente uma luneta móvel e sua função na máquina.
7. Nomeie os três movimentos possíveis de um cabeçote móvel e faça uma breve descrição de cada um.
8. Qual é o nome para o processo de encostamento que ajuda a engrenar enquanto ocorre o câmbio em um torno mecânico?
9. Nomeie os objetos em movimento usados durante operações de torneamento, sejam de giro ou deslizamento, que poderiam oferecer perigo na segurança; coisas que poderiam pegar, cortar ou apertar o operador (não alavancas, volantes ou mostradores).
10. Fusos de cabeçotes são ocos em tornos para poupar peso e reduzir a potência necessária para acioná-los. Essa declaração é verdadeira ou falsa? Se for falsa, o que a tornaria verdadeira?
11. Nomeie duas razões para a limpeza de óleo no barramento depois de limpá-lo.
12. Qual é o eixo correspondente ao dispositivo de deslizamento?

Figura 3-69 Identifique essa operação em tornos manuais e CNC.

13. Tornos com parafuso apresentam dois sistemas completos para mover a ferramenta de corte. Quais são esses sistemas?
14. O relógio de separação é utilizado para assegurar que a ferramenta desliza para o mesmo canal da rosca em cada vez. Essa declaração é verdadeira ou falsa? Se for falsa, o que a tornaria verdadeira?
15. Réguas são pequenas cunhas utilizadas para minimizar o movimento indesejado na mesa e nos carros transversal e superior de um torno mecânico. Essa declaração é verdadeira ou falsa? Se for falsa, o que a tornaria verdadeira?
16. O seletor de direção do eixo é encontrado em que parte do torno?
17. Qual é o nome da operação mostrada na Fig. 3-69?

>> Unidade 3-3

>> Métodos de fixação das peças

Introdução Existem seis diferentes métodos para fixar peças no torneamento. A escolha depende de diferentes fatores. O primeiro é: qual deles você tem? Seu objetivo neste estágio é saber as diferenças de suas capacidades. Qual é o mais seguro e qual fixa melhor?

A fixação da peça é um grande problema no torneamento. Tenha em mente que o dispositivo de fixação que você selecionar deve manter uma massa girando sob controle. Se o trabalho é para um torno CNC, sua escolha é ainda mais difícil, pois as velocidades e forças se multiplicam. Na Unidade 3-3, exploramos as opções para fixação de peças em tornos manuais. A maioria, mas não todos, aplica-se a tornos CNC também.

Termos-chave

Castanhas moles
Insertos de placa de três castanhas, usinados de forma personalizada, utilizados em situações nas quais a concentricidade da peça é um problema.

Contraponta rotativa
Suporte central usado somente no cabeçote móvel. Ele possui rolamentos para eliminar o atrito.

Disco de rosca espiral
Face com rosca espiral que move as três castanhas simultaneamente em uma placa universal de três castanhas.

Gabaritos
Ferramentas personalizadas para posicionar e fixar peças de forma especial, quando não é confiável fazê-lo por nenhum outro método; às vezes, denominados jigs.

Pegada
Quantidade comparativa de sujeição que o método de fixação impacta sobre a peça.

Pinças
Algumas vezes chamadas de pinças flexíveis devido à forma como são feitas; estas ferramentas de fixação de precisão endurecidas e retificadas prendem a peça quando são colocadas em um furo cônico.

Placa de castanhas independentes
Placas que possuem garras capazes de mover-se individualmente.

Ponta fixa
Suporte central que não possui rolamentos para rotação. Ele rotaciona quando a peça é montada no cabeçote fixo, mas atrita quando colocado no cabeçote móvel.

Sistema cam lock
Forma mais comum de fixar placas no torno; estas usam pinos cam lock rotativos no fuso do torno, que se prendem aos pinos da placa.

Fatores de decisão

No planejamento de sua fixação, existem cinco aspectos a considerar:

1. **Requisitos de operação/trabalho**
   Para escolher de forma correta, acima de tudo, você deve conhecer as operações que devem ser realizadas; isso inclui quanto de matéria-prima deve ser removida e como. Os demais fatores dependem do que você fará na preparação. Obtenha os fatos no desenho e na ordem de serviço e compare a matéria-prima a ser torneada com o tamanho e a forma da peça final. Determine a natureza do trabalho. Veja um conjunto de exemplos: (A) trata-se de uma barra de ALQ que será totalmente usinada ou (B) é um forjado de latão que não pode ser marcado pelo dispositivo de fixação, pois a superfície original permanece na peça acabada. Existe ou não um excedente de matéria-prima se prendendo dentro da placa do torno? Esta barra de material é longa (no interior do cabeçote)? Quais são as tolerâncias de trabalho?

2. **Pegada**
   Quanta pressão de aperto é necessária e possível, sem danificar ou quebrar o material em razão da quantidade de material que será usinada, ou quão resistente ou frágil é o objeto a ser apertado?

3. **Tempo de virada da placa**
   Você está planejando fazer várias peças ou uma única peça? Quão rápida deve ser a preparação para reaperto da placa? Isso se torna um problema muito maior em um trabalho para torno CNC.

4. **Batimento (discutido em seguida)**
   Esta é uma questão de exatidão. Quais são as tolerâncias de batimento para o trabalho? Qual é o método representativo da oscilação da superfície?
5. **Características especiais**
   Cada método oferece vantagens especiais ou um tipo definido de trabalho para o qual é mais adequado.

Observaremos cada uma dessas categorias assim que examinarmos os vários métodos de fixação.

Batimento

No Capítulo 4*, vimos que batimento é a característica geométrica da oscilação de superfície em objetos rotativos. Está sempre presente no torneamento, mas é indesejado. Cada método de fixação exibe quantidades variadas de batimento. Seu objetivo é combinar o método de fixação com a tolerância.

Medição do batimento

Na Fig. 3-70, um relógio comparador toca a superfície do material, enquanto o objeto é lentamente girado 360° (quase sempre manualmente – colocando as engrenagens do fuso em ponto morto). O relógio comparador deve ser ajustado para ler zero no ponto mais alto ou mais baixo da rotação. Em seguida, gire a peça e encontre a maior diferença de valores (lembre-se de que isto é o FIM**). Ambas as extremidades de um eixo devem ser testadas para o batimento e, possivelmente, o meio também, se o eixo for longo. É possível que uma extremidade mostre um LTI muito pequeno, enquanto a outra extremidade mostre um batimento elevado.

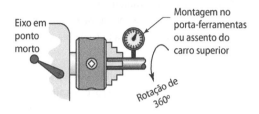

Figura 3-70 O movimento total detectado é o batimento – um termo geométrico para a "oscilação" da superfície de um objeto rotativo.

> **Ponto-chave:**
> O batimento de uma peça de trabalho pode ser causado por irregularidades na superfície do material, mas o ponto é que ele também pode ser inserido pelo método de fixação. Geralmente, o batimento é uma combinação de ambos.

Em alguns trabalhos de torneamento, você não precisa dar muita importância ao batimento inicial, por exemplo, ao prender uma barra de metal bruto para tornear todo o seu comprimento em diâmetros finais. Depois de finalizada, esta peça é separada do restante da barra sujeita dentro da placa do torno. Qualquer oscilação inicial na superfície de trabalho é removida com a usinagem – a exatidão da placa do torno não é um problema.

No entanto, agora vamos supor que você deseje usinar uma nova característica em um eixo previamente usinado. Funcionalmente, o novo diâmetro deve ser concêntrico à linha central do eixo original e superfície. Nesse caso, o controle do batimento pelo método de fixação é o que mais preocupa.

Métodos de fixação

Aqui seguem as possibilidades.

Placa universal de três castanhas

Essas placas são simples de usar e têm um excelente aperto em materiais onde cortes pesados serão

---
* Capítulo do livro Fitzpatrick, M. *Introdução à Manufatura*. Porto Alegre. AMGH, 2013.

** *Full Indicator Movement*, que pode ser traduzido por Indicador de Movimento Pleno – IMP, ou TIR – *Total Indicator Reading*, que pode ser traduzido por Leitura Total do Indicador – LTI.

feitos. A principal vantagem dessas placas é que as castanhas fecham-se simultaneamente, semelhantes a uma placa. Assim, as placas de três castanhas exibem tempos de virada da peça na placa moderadamente rápidos.

Como mostra a Fig. 3-71, girando a chave da placa, a engrenagem gira o **disco de rosca espiral** no interior da placa do torno. Esse é um disco plano com uma ranhura espiral. O movimento simultâneo das castanhas dá origem ao termo castanha universal, ao contrário de placas cujas castanhas abrem ou fecham de forma independente. Na Fig. 3-71, uma castanha foi removida para mostrar o disco de rosca espiral que fica abaixo.

> **Ponto-chave:**
> Para substituir a castanha retirada na Fig. 3-71, todas as castanhas devem ser removidas completamente e depois inseridas na placa de deslocamento, em sua sequência numerada. Caso contrário, a placa de torno não fechará de forma centralizada. Peça a seu instrutor para demonstrar essa tarefa.

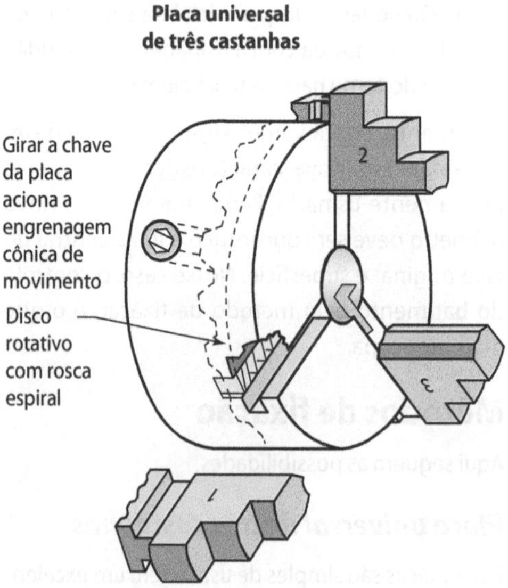

As castanhas podem se agarrar na parte externa ou interna dos objetos (Fig. 3-72). No entanto, quando os objetos tornam-se relativamente grandes, as castanhas de muitas placas de torno (ambas as placas de três e de quatro castanhas, que estudaremos a seguir) podem ser invertidas de modo a abraçar o objeto, como mostra a Fig. 3-73.

Castanhas reversíveis

As placas de torno para castanhas reversíveis podem ser fabricadas de duas maneiras:

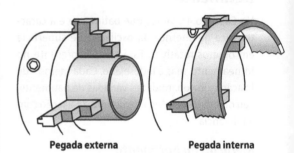

Pegada externa   Pegada interna

Figura 3-72 Característica de pegada interna ou externa de castanhas de uma placa de três castanhas.

Figura 3-71 Placa universal de três castanhas.

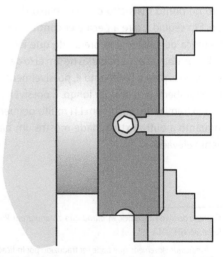

Figura 3-73 As castanhas da placa foram invertidas de modo a abraçar um objeto de grande diâmetro.

- castanhas de duas peças (mais caras, porém mais úteis);
- castanhas totalmente reversíveis (são removidas da guia da castanha, viradas ao contrário e reinseridas).

Castanhas de duas peças Para inverter essas castanhas de qualidade industrial, dois parafusos são removidos (Fig. 3-74). A castanha é levemente golpeada com um martelo macio para removê-la de sua guia, que permanece na placa. Em seguida, são removidos a poeira e os cavacos da castanha e da guia. Então, a castanha é novamente parafusada, na posição inversa.

Castanhas personalizadas de alumínio macio são opções que podem ser aparafusadas no lugar da castanha de aço endurecido. Observaremos o uso das castanhas moles mais adiante.

> **Ponto-chave:**
> Ao inverter as castanhas da placa, limpe a guia de encaixe e suas faces, além de qualquer resíduo formado por restos de cavacos e poeira! Caso contrário, a sujeira na placa que for deixada para trás aumentará o batimento durante a montagem.

Castanha sólida – Total inversão Aqui, as castanhas não podem ser retiradas do suporte. Para inverter essas castanhas, retire-as totalmente para fora da placa, inverta-as e depois as reinsira enquanto gira a chave da placa.

> **Dica da área**
> **Sequência de inversão de uma castanha** Após a limpeza, certifique-se de substituir as castanhas na ordem correta que está na placa. Observe que as castanhas e as ranhuras são numeradas com 1, 2 e 3. Insira e rearranje a castanha 1, mediante o disco de rosca espiral, na ranhura 1. Em seguida, gire a placa e faça o mesmo para a castanha 2 na ranhura 2, e por último a 3 na 3.

Por que escolher uma placa de três castanhas?

Uma placa de três castanhas nova e de alta qualidade pode produzir batimentos tão pequenos quanto de 0,001 a 0,003 polegada, quando segura um objeto perfeitamente redondo. No entanto, como são usadas para usinagem pesada, o batimento piora por causa do aperto excessivo, de colisões e do desgaste normal do disco de rosca espiral e cone de montagem no fuso.

- *Batimento* Não é a melhor escolha para controlar o batimento. Conte com 0,005 até 0,010 polegada, dependendo da vida da castanha. De todos os cinco métodos, as placas de três castanhas são as menos aptas a produzir batimento zero.
- *Pegada* Excelente para trabalhos com sólidos circulares. Elas prendem uma grande variedade de tamanhos de peças por dentro e por fora. Placas com três castanhas de aço podem marcar o material.
- *Velocidade da virada da placa* De média à rápida.
- *Características especiais* Além da sua natureza universal, a principal vantagem da placa de três castanhas é a capacidade de gerar castanhas moles de formatos personalizados para adaptar materiais de formatos complexos, o que não é facilmente realizado em outras placas.

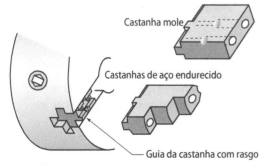

Figura 3-74 Castanhas de duas peças são invertidas mediante a remoção de dois parafusos.

Dica da área

A regra da chave voadora Quando estiver em uma placa apertando ou retirando material, nunca esqueça a chave dentro dela!

No mesmo dia em que escrevi este capítulo, um estudante em uma oficina ao lado da minha esqueceu que a chave estava em sua placa quando ligou o torno. A chave foi arremessada e passou por ele e outros três estudantes aterrorizados, a caminho de uma janela de vidro no refeitório, onde um grupo de visitantes do ensino médio assistiu atônito. O aprendiz de operador de máquina ficou mudo por várias horas. Então, um grupo de visitantes decidiu naquele instante que não seguiriam aquele ofício! Felizmente não houve feridos, dessa vez.

Para evitar esse problema, nunca deixe uma chave na placa por nenhum motivo. NÃO tire a mão da chave enquanto ela estiver na placa. Retire a chave sempre! (Veja a Fig. 3-75.)

Figura 3-75 Se você deixar a chave aí, você irá arremessá-la!

Placas de quatro castanhas

Placas de quatro castanhas possuem castanhas que são operadas individualmente. Cada castanha é colocada ou retirada independente das outras três. Desse modo, o seu segundo nome é **placas de castanhas independentes**. Como mostra a Fig. 3-76,

Placa de quatro castanhas independentes

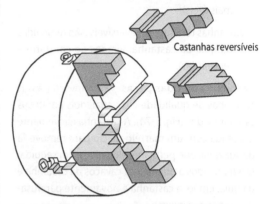

Figura 3-76 Cada castanha é movida de forma independente, assim, 100% do batimento deve ser ajustado durante a preparação.

cada castanha não precisa ficar concêntrica à placa, portanto materiais de formas complexas podem ser fixados. Para inverter essas castanhas, cada uma é voltada para fora e depois invertida e reinserida, uma de cada vez, em qualquer ordem, desde que cada uma fique independente das outras.

Por que escolher uma placa de quatro castanhas?

Batimento Não existe um batimento inerente à placa depende de quão bem o operador de máquina as aperta. Mediante um relógio comparador, o operador de máquina pode ajustar um objeto perfeitamente redondo de tal forma que não haja nenhum batimento, perfeitamente centralizado. Isso é chamado de "alinhar o trabalho" ou "centralizar o trabalho".

Ponto-chave:
Em razão de sua natureza ajustável, a placa de quatro castanhas é o único método que pode eliminar 100% do batimento, quando prende um objeto perfeitamente redondo.

Pegada Um aperto muito forte pode ser obtido em objetos redondos e quadrados.

Velocidade da virada da placa Embora existam algumas dicas tecnológicas que ajudam a acelerar a troca de uma peça por outra, a placa de quatro castanhas tem uma das velocidades de virada da placa mais lentas, pois cada castanha deve ser apertada, geralmente, enquanto se observa um relógio comparador para centralizar o material. Como é um método lento de troca de peças, ele é evitado em configurações de produção CNC, sempre que possível.

Características especiais Placas de quatro castanhas são usadas quando o batimento é a maior preocupação do trabalho. Elas também fixam bem objetos quadrados e de formatos complexos, algo que uma placa de três castanhas não pode fazer.

Pinças

Esses mandris precisos fixam ao puxar uma pinça cônica através de um furo cônico, que aperta seu diâmetro interior, fechando sobre o material. Para permitir o fechamento, e abrir elasticamente novamente, a pinça é dividida ao longo de seu eixo em três ou quatro lugares ao redor do seu cubo, assim, seu outro nome é pinça de aperto (Fig. 3-80). As pinças são um dispositivo preciso feitos de aço ferramenta temperado e retificado.

Dica da área
Centralizando o trabalho em uma placa de quatro castanhas Aqui estão os diversos segredos comerciais que economizam tempo e frustração, quando se centraliza um trabalho em uma placa de quatro castanhas. O procedimento de centralização tem três fases: (1) centralização grosseira, (2) centralização com comparador e (3) aperto. Seguindo essa sequência, todo o processo levará apenas alguns minutos.

Centralização rápida grosseira Use as linhas concêntricas marcadas na face da placa para coordenar o trabalho de centralização. Usando esse truque tecnológico, o objeto é inicialmente colocado perto do centro. Mova uma aresta de cada castanha para a mesma linha (Fig. 3-77) que for um pouco maior que a peça de trabalho. Em seguida, vire a chave meia volta para dentro para cada castanha. Depois, vire um quarto e, em seguida, outro quarto até que as castanhas prendam o material com folgas. Todas as castanhas fecham-se aproximadamente no centro. Isso deve produzir uma concentricidade de cerca de 0,050 pol., que geralmente é boa o suficiente para começar a usar o relógio comparador ao lado.

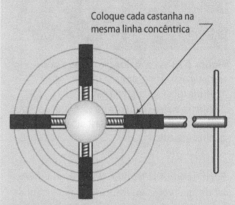

Figura 3-77 Dica tecnológica: use as linhas centrais de guia na face da placa.

Centralização com relógio comparador Com o eixo em ponto morto, coloque a ponta do relógio comparador sobre a peça e gire o objeto até o ponto mais baixo na ponta do indicador (o ponto mais baixo está mais distante do comparador). Zere o relógio e solte levemente a castanha mais próxima do ponto mais baixo. Gire o objeto 180° e aperte a castanha oposta em uma quantidade igual. Continue fazendo isso até que o batimento esteja próximo da tolerância para a preparação. Porém, você ainda não terminou - neste momento, o aperto não está firme o suficiente para a usinagem.

Apertando uma alavanca para precaução Em um determinado momento, conforme a sua experiência, você vai trocar em vez de soltar a castanha inferior para aumentar a aderência. Aperte apenas o lado mais alto (Fig. 3-78). Isso adiciona pressão de fixação, enquanto se coloca o objeto corretamente no centro.

Figura 3-78 A centralização da peça ocorre em três etapas:
1. Bruta (olhe as linhas da placa).
2. Aperto e afrouxamento da castanha oposta.
3. Aperto final de todas as castanhas para ganhar pegada.

Faça uma verificação final Tenha certeza de que você apertou todas as castanhas. Lembre-se, duas castanhas opostas podem ser perfeitamente centralizadas, mas não totalmente apertadas. Teste todas as castanhas. A quantidade certa de pressão na castanha é uma questão complexa aprendida com a experiência. Os fatores são:

1. Quanta remoção de metal é esperada?
2. Quão sólido é o material a ser fixado na placa? Ele poderia ser esmagado como um tubo de paredes finas?
3. Você está apertando superfícies acabadas ou excesso de material? Castanhas apertadas farão marcas no metal.
4. Quão longo é o material? O final dele está apoiado no cabeçote móvel? Você está esperando por vibração? Isso pode soltar uma placa.

Adicionando uma alavanca para precaução Colocar uma extensão na chave da placa para apertar a alavanca não é uma prática recomendada. No entanto, nas situações de alta remoção, em que o material não deve escorregar na placa absolutamente, todos nós fazemos isso às vezes. Este é um procedimento arriscado, pois pode estragar o material, distorcer a própria placa e até mesmo dobrar a chave.

Seu instrutor ou supervisor podem ter uma opinião diferente sobre o uso de uma barra extensora na chave da placa. Antes de usá-la, pergunte a ele.

Centralização do trabalho para objetos não redondos Ocasionalmente, você vai precisar centralizar um material que não é redondo (Fig. 3-79). Após a centralização grosseira do material, ajuste o comparador para zero, depois gire o eixo 360° e observe. Se o material não for redondo, ele mostrará vários pontos altos e baixos. Compare isso com o batimento de um objeto redondo, que produziria um único ponto alto e baixo. Durante a indicação desse tipo de objeto, equilibre os altos e baixos em uma média.

Centralização de um material que não é redondo

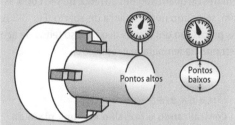

Figura 3-79 A centralização de um objeto que não é redondo é uma questão de calcular a média das leituras opostas.

Por que escolher uma pinça para sua montagem?

Pinças permitem as melhores pegadas em barras de pequeno diâmetro, em que ocorrem cortes leves. Em tornos manuais, elas são uma má escolha, se for fazer um torneamento pesado – elas são mais adequadas a situações de usinagem leve. No entanto, são o método de fixação mais comum em

Pinças de aperto

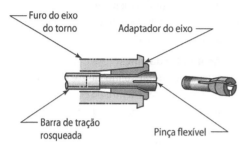

Figura 3-80 A pinça agarra o material quando sua fenda é fechada ao ser puxada para um furo cônico de precisão.

tornos CNC, onde as forças hidráulicas ou pneumáticas são usadas para a fixação, pois elas prendem melhor que a versão de fechamento manual.

Pegada De leve a média **pegada** em tornos manuais, dependendo do método de fechamento da pinça. Contudo, em tornos CNC, elas prendem quase tão bem quanto qualquer outro método.

Batimento Pinças de qualidade em boas condições apresentam o menor batimento intrínseco de todos os métodos apresentados. É garantido que elas tenham menos de 0,001 pol. de batimento quando novas, com algumas versões de maior qualidade, que oferecem tão pouco quanto o máximo de 0,0003 pol. de batimento de fábrica.

Velocidade da virada da pinça Muito rápida. De fato, na maior parte da produção de tornos CNC, o eixo não precisa parar para abrir a pinça, quando o torno é equipado com um alimentador de barras. Embora ainda em movimento, a pinça abre o suficiente para que a barra possa deslizar para uma distância predefinida, então a pinça se fecha novamente. Mas, mesmo com pinças manuais, elas são o método de velocidade de virada mais rápido.

Características especiais Pinças são projetadas para segurar um material de pequeno diâmetro. Elas também são escolhidas quando o batimento é um problema. Elas podem ser compradas em formas regulares, como quadrados e hexágonos, ou como lacunas, que são as formas necessárias para as máquinas da oficina. Cada pinça tem uma pequena faixa de tamanhos que podem ser presos sem distorcer a pinça ou sem estragar o material. A faixa usual é de $\frac{1}{32}$ pol. ou 1 mm para cada pinça, o que significa que a loja deve ter 24 pinças para prender uma faixa completa de tamanhos de $\frac{1}{8}$ pol. de diâmetro até 1,0 pol.

> **Ponto-chave:**
> A superfície de pegada é redonda no tamanho especificado e levemente distorcida quando aperta objetos menores. Nunca aperte a pinça além da sua faixa de alcance – as garras da pinça quebram quando isso é feito! Quanto mais próximo for o tamanho da peça da pinça, melhor será o aperto. É melhor usar pinças de borracha quando tamanho da peça excede 0,015 pol. do tamanho da pinça.

Formas moles e personalizadas Pinças que ainda não foram endurecidas podem ser compradas e, depois, passar por uma usinagem personalizada para dar uma forma especial de material. Pinças temperadas e retificadas também podem ser adquiridas com diversas formas de aperto que não redondas (Fig. 3-81), por exemplo, para fazer parafusos de um estoque de barras hexagonais

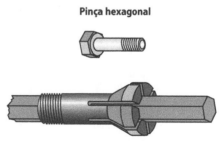

Figura 3-81 Pinças são fornecidas em formatos regulares e, depois, preparadas na forma da barra para usinagem personalizada.

pré-moldadas. Depois de tornear e rosquear, o parafuso é cortado e outro comprimento desliza para fora para começar outra peça.

Montando pinças Existem dois tipos de acessórios de pinça para o torno manual: fechamentos frontal e traseiro (Fig. 3-82). A versão com fechamento frontal é um acessório independente aparafusado, enquanto a pinça de fechamento traseiro exige componentes extras montados no torno para mover a pinça e fechá-la. Conjuntos de fechamento frontal são mais caros, mas são mais rápidos de usar, desde que ninguém precise andar em volta do torno para manuseá-lo, eles são comuns para o trabalho de produção. Há dois tipos pinças com fechamento frontal: pinças de aperto e as vulcanizadas (borracha).

> **Ponto-chave:**
> Pinças de borracha são diferentes das pinças de aperto. Suas garras se alojam em uma borracha flexível de modo que cada pinça tem uma faixa maior de pegada do que as pinças de aperto, e podem acomodar melhor pequenas irregularidades das peças (Fig. 3-82).

Os tipos de fechamento traseiro são mais comuns nas oficinas, são praticamente um acessório padrão para tornos manuais. A configuração requer quatro componentes (Fig. 3-82):

1. **Adaptador da pinça**
   Bucha de metal sólido que é ligeiramente pressionada para dentro do eixo semelhante a uma bucha de redução. O adaptador converte o cone do eixo para o ângulo interno correto correspondente à pinça.

2. **Barra de tração**
   Barra oca redonda que se encaixa através do eixo. Ela conduz a pinça ao adaptador cônico. A pinça é apertada dentro do cabeçote na extremidade da barra de tração.

3. **Pinça**

> **Ponto-chave:**
> Note que existem 12 diferentes formas padronizadas de pinças. Várias podem ser usadas em uma única oficina. Certifique-se de que a pinça escolhida coincida com o adaptador do eixo.

Pinças para torno

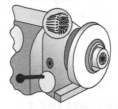

A pinça de borracha flexível tem maior alcance do que outras pinças

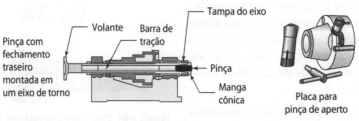

Figura 3-82 Pinças de borracha com fechamento frontal prendem com maior alcance por pinça e não podem ser quebradas tão facilmente.

4. **Suporte da pinça**
   Isso poderá ser tanto uma alavanca unida à peça traseira do cabeçote quanto um volante manual. Ambos empurram a barra de tração para dentro do cabeçote fixo, que, por sua vez, desloca a pinça para um furo cônico. Assim, eles permanecem na posição empurrada até que sejam invertidos para liberar o material.

Mandris com rosca e expansíveis

Algumas vezes, o material não pode ser preso em uma placa ou pinça. Mas, se houver um furo perfurado através dele, pode ser fixado em um de dois tipos de mandris. O mandril é uma barra redonda que é inserida dentro de um furo na peça de trabalho. Há momentos em que eles são a única solução. Aqui está um exemplo: suponha que você deva reduzir o diâmetro externo de 20 arruelas de $\frac{1}{2}$ pol. Como você as prenderia utilizando um dos métodos acima? A resposta é: você não pode.

Mandris com rosca A solução neste caso é o mandril com rosca (Fig. 3-83). Não é muito diferente de um parafuso com rebaixo de $\frac{1}{2}$ pol. de precisão. As arruelas são colocadas sobre o mandril, em seguida, a porca é apertada em cima da pilha. A força de aperto é o atrito entre as arruelas, por isso, a porca deve ser muito bem apertada.

Esses tipos de mandris são frequentemente usinados no local, se necessário. Uma barra de aço é presa em uma placa de três castanhas e a peça necessária para ajustar as arruelas é torneada, deixando um ressalto para empurrar contra as arruelas, como está mostrado. As roscas são usinadas e o mandril está pronto, perfeitamente centralizado, uma vez que foi usinado no local.

Suporte do cabeçote móvel Ao fazer ou usar uma placa para usinagem, a proporção de 5 para 1 de diâmetro para o comprimento determina se se deve usar um suporte no cabeçote móvel. No entanto, não é uma má ideia usar uma contraponta rotativa na extremidade rosqueada, a menos que ela interfira em trabalhos muito pequenos.

> **Dica da área**
> Quando um pequeno item requer torneamento com mandril, pode ser usado um parafuso normal, se a concentricidade do furo até o final da superfície usinada não for um grande problema. Se sua cabeça é presa firmemente na placa de três castanhas ou em uma pinça, as porcas colocadas em ambos os lados do objeto permitirão um torneamento leve. Para suporte e segurança, você pode precisar fazer um furo no centro do parafuso e, em seguida, inserir uma contraponta.

Por que escolher um mandril com rosca?

Escolha um desses quando você tiver um trabalho pequeno com um furo central e nenhum outro método poderá fazer o trabalho.

- *Aperto* Restrito a operações leves em peças pequenas.
- *Batimento* Depende da situação. Pode ser próximo de zero, se o mandril for um eixo de precisão ou quando ele é fabricado no local. O batimento total é uma função da condição do mandril, de como ele é fixado no torno e como foi feito.
- *Tempo de virada do mandril* De médio a lento, mas, considerando que provavelmente é a única forma de prender o material, em geral isso não é um problema.

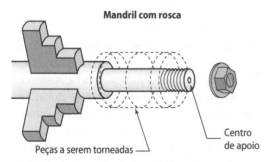

Figura 3-83 Mandris com rosca são usados para prender pequenas peças com furos passantes.

Características especiais Adequados para materiais que podem ser apertados com pressão lateral que vem da porca, como na pilha de arruelas. Poderia ser usado em uma única arruela no exemplo que utiliza duas porcas.

Mandris expansivos de precisão

Esses são equipamentos de precisão básicos de fixação, retificados e endurecidos. Eles funcionam de modo semelhante a uma pinça interna. O mandril de duas peças é inserido no furo no material e, em seguida, o eixo cônico é conduzido para dentro da bucha expansível com um martelo macio, até que se encaixe firmemente. A força de aperto é o atrito contra a parede do furo. Uma vez que é apertado dentro do material, o mandril e o material são normalmente colocados entre centros no torno. Mas a haste do mandril também pode ser presa em uma placa ou pinça quando os centros são necessários.

Ponto-chave:
O trabalho para fazer 20 arruelas seria impossível com este mandril por causa da variação nos tamanhos de seus furos. Apenas os menores diâmetros internos (DI) das arruelas seriam presos. O restante poderia girar livremente.

A usinagem de uma bucha (Fig. 3-84) é um bom exemplo de um trabalho em um mandril expansivo. Suponha que o diâmetro externo (DE) deva ser reduzido em 0,030 pol. e que o novo DE deva ser concêntrico com o DI de 0,001 pol. O mandril expansivo é a escolha certa.

Aperto Restrito a extremamente leve, para materiais pequenos.

Batimento Mais ou menos 0,0005 pol. dependendo da condição e do método de fixação no torno.

Tempo de virada da placa Muito lento, uma vez que deve ser removido do torno para carregar e descarregar. Mas, considerando que é a única forma de prender o material, uma virada rápida muitas vezes também não é um problema aqui.

Características especiais Adequadas para materiais com um furo de precisão e quando a concentricidade é um requisito primordial. Ajusta-se a uma faixa razoável de tamanhos de furos. Deve ter diversos tamanhos para cobrir furos desde $\frac{1}{8}$ pol. até aproximadamente $1\frac{1}{2}$ pol.

Gabaritos de torno

Em uma produção, talvez precisemos segurar e girar peças fundidas, peças soldadas e forjadas que têm uma forma incomum – muitas vezes um objeto instável. A Fig. 3-85 é o exemplo perfeito. **Gabaritos** de torno são feitos exclusivamente para uma única peça ou família de peças semelhantes. Eles apresentam um conjunto de dispositivos de fixação para garantir segurança e exatidão da fixação da peça e alguns meios para apoiar (localizar) a peça precisamente em relação ao eixo central do torno mecânico. Os gabaritos são usados na indústria quando as formas das peças são impossíveis ou inseguras para se fixar por outros meios.

Acessórios são potencialmente perigosos Dois desafios são criados: rotação desequilibrada e cantos, grampos e bordas atravessando rapidamente. Seria assustador ver essas saliências giratórias voando! Muitas vezes, o gabarito dispõe de contrapesos e proteções, mas eles não cancelam todos os problemas dinâmicos ou de perigo. Para agravar os problemas de equilíbrio, enquanto o objeto é usinado, seu centro de massa muda. Você vai precisar de

Figura 3-84 Mandris expansivos funcionam como pinças internas.

Figura 3-85 Um gabarito personalizado está sendo usado para prender esta peça de forma específica em um torno mecânico de produção.

muito treino na utilização de um gabarito e provavelmente não usará um na oficina (Fig. 3-86).

Pegada Muito bom, desde que o operador tenha prestado atenção em como ele aperta!

Feitos propriamente para suportar as forças, os gabaritos podem ser usados onde ocorrer usinagem pesada.

Batimento Desde que um grande objeto de forma específica seja montado em um gabarito, o batimento é algo difícil de quantificar; ele varia para cada gabarito.

Virada Novamente, uma vez que cada gabarito é diferente, alguns são fáceis de usar, enquanto a maioria é muito lenta para a remoção da peça e substituição. Todas as superfícies de apoio devem ser limpas e depois verificadas para ter certeza de que a peça está localizada nelas corretamente e que todos os grampos estão bem apertados.

Placa lisa

As placas lisas são uma espécie de gabarito universal. São grandes discos planos, montados no lugar da placa, sobre os quais prendemos e aparafusamos a peça de trabalho. Elas apresentam fendas ou ranhuras tipo T para parafusos e grampos, em um padrão radial (Fig. 3-87). O material é fixado diretamente na placa usando parafusos de alta resistência, porcas e grampos, assim como em uma furadeira ou uma fresadora, com uma exceção crítica.

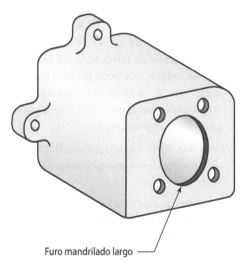

Figura 3-86 O mandrilamento dos furos poderia ser realizado em um gabarito de torno, mas é mais seguro em uma fresa CNC.

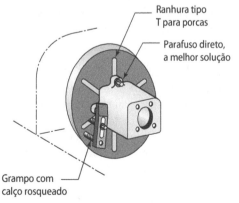

Figura 3-87 Transmissão aparafusada para uma placa lisa.

capítulo 3 » Operações de torneamento

157

> **Ponto-chave:**
> Ao utilizar grampos para prender o material em uma placa lisa, use somente o calço de rosca interna, nunca calços soltos. Mesmo se estiver bem apertado, durante o calor, impacto e força de usinagem e, ainda, a ação centrífuga podem fazer os calços separados serem arremessados para fora, deixando, portanto, o material (Veja no Capítulo 4-4 as instruções de fixação com grampos).

Usando o exemplo da caixa de transmissão, os parafusos podem ser colocados entre as orelhas da montagem se seus furos já estão feitos. Dessa maneira, a peça fica bem fixada à placa. Se não, o planejamento de segurança pode incluir furá-las primeiro. No entanto, como foi mostrado, os grampos às vezes são um mal necessário em fixações na placa lisa.

Última opção de escolha As placas lisas são somente escolhidas para segurar objetos impossíveis de prender de outra maneira e que não podem ser usinados em outro lugar. Ainda mais do que os gabaritos, que geralmente apresentam encaixes, pinos e grampos sob medida para prender as peças, as configurações de placa lisa são perigosas em virtude dos problemas de aperto e fixação.

Não recomendo que seja realizada até que você tenha muita experiência com torneamento. Tenha sempre alguém para verificar a fixação da sua placa lisa! Veja a Dica da área.

> **Dica da área**
> **Segurança** Se não é necessária a usinagem no centro de uma peça, um bloco de madeira sólido pode ser forçado contra a placa lisa, pela face da peça usando uma contraponta no cabeçote móvel. Isso adiciona uma proteção extra para o material solto.

> *Bloco de suporte de madeira, também para fixações* O bloco de suporte de madeira pode ser usado na centralização do trabalho sobre a placa lisa ou na placa de quatro castanhas, antes de os grampos ou castanhas serem apertados. O bloco forçado mantém o material no lugar, mas permite leves golpes para mover a peça de trabalho para mais perto do centro.

Por que escolher uma placa lisa?

Pegada Moderadamente boa se todos os grampos estão bem apertados. Placas lisas podem ser usadas para usinagem pesada por um operador de máquina experiente, mas essa não é uma prática recomendada.

Batimento É uma função do cuidado com o qual o trabalho foi centralizado ou localizado na placa. Há duas questões sobre batimento nas placas lisas. Batimento axial diz respeito à centralização do material com precisão em torno do eixo do fuso. A centralização do material com precisão geralmente é realizada com um aperto grosseiro na placa lisa, em seguida, puncionando-o em direção ao centro enquanto se testa o objeto com um DTI. Para o batimento radial, a placa lisa não deve oscilar, de tal modo que um dos pontos de referência fique perpendicular ao eixo do torno. Às vezes, por causa do uso, o operador pode precisar fazer um corte superficial na placa lisa para retomar o batimento radial para zero. Nunca usine a placa lisa sem perguntar!

Virada Tão lenta quanto parece. Nem pense em se apressar em uma preparação de placa lisa!

Características especiais Usadas para prender materiais de forma específica, mas que contenham uma superfície plana para colocar contra a placa lisa.

Dica da área
Precauções de segurança para gabarito e placas lisas

Use os limites de rpm. Nunca opere uma placa acima do limite estabelecido por seu instrutor ou supervisor.

Use a pressão do cabeçote móvel Sempre que possível, empurre o centro do cabeçote móvel contra o material para forçá-lo contra a placa.

Adicione blocos extras de calço Além dos grampos, posicione os blocos de aço com furos passantes, diretamente aparafusados na placa lisa, ao lado do trabalho. Eles impedem que o material troque de lado na placa durante os cortes interrompidos ou pesados.

Fique fora da zona de perigo! Nunca fique em linha com a beira do material, mesmo se ele estiver girando sem que a ferramenta de corte o toque! Tenha cuidado com roupas largas demais.

» Prendendo materiais com precisão entre centros

Este método final de fixação não é comum na indústria para o torneamento, mas ele é usado em máquinas retificadoras cilíndricas de precisão. Mesmo que tentemos evitar este velho método de fixação de material, há momentos em que o trabalho apresenta furos centrais de suporte e a escolha correta é alinhar a peça rapidamente com o torno. Na Fig. 3-88, o material é furado em ambas as extremidades, com furos de centro. Eles são feitos com um bit de centro – este é o propósito para o qual os bits de centros foram originalmente criados.

A furação de centro pode ser realizada no torno com o material preso em uma placa de três castanhas ou em uma pinça ou pode ser feita em uma furadeira com o material preso em um bloco tipo V.

Em seguida, remova a placa e posicione uma ponta de centro no eixo árvore e uma no cabeçote móvel (Fig. 3-88). Quatro acessórios são adicionados à configuração para nitidamente centralizar e girar a peça:

- *Um arrastador* é parafusado diretamente no material. A "haste" é então colocada em uma das ranhuras da placa de arrasto.

- *Uma placa arrastadora (ou de arrasto)* é montada sobre o cone da ponta do eixo. A placa de arrasto é uma pequena placa lisa com um ou dois entalhes que recebem a haste do arrastador. (A placa lisa pode também ser usada para guiar a haste do arrastador, mas elas são grandes demais para esse objetivo.)

- Uma **ponta fixa** de 60° (metal sólido) é colocada na extremidade do cabeçote. Este centro gira juntamente com o material (Fig. 3-89, do lado esquerdo).

- Uma **contraponta rotativa** (rolamento de rolos) é colocada no cabeçote móvel (Fig. 3-89). A contraponta rotativa gira com o material, enquanto sua haste permanece imóvel no cabeçote.

Torneamento entre centros

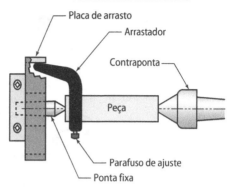

Figura 3-88 Quatro componentes para prender o material entre centros. Note que devem estar presentes os furos de centro.

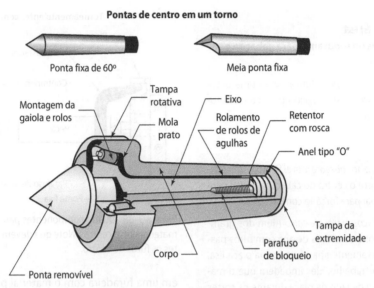

Figura 3-89 Dois tipos de pontas de tornos: fixas ou sólidas e a popular ponta rotativa.

Pegada Mostrada na Fig. 3-88, o material é rodado por um grampo sobre o arrastador. Isso transfere o torque do eixo para a peça de trabalho por meio de um parafuso de fixação. Não é um método de fixação muito eficiente. O trabalho entre centros é reservado apenas para leves cortes.

Batimento Muito baixo, menos de 0,001 pol., enquanto os furos de centro são redondos e as pontas estão em boa forma.

Virada Uma vez que a configuração inicial é concluída, este é um método muito rápido de substituição de peças. O trabalho entre centros é especialmente útil quando a peça deve ser removida e substituída de volta sobre o centro definido.

Características especiais São usadas quando uma peça de oficina não pode ser concluída durante sua instrução devido ao término do turno, para que ela possa ser removida e substituída de volta, exatamente no centro, na próxima vez. Tornear entre centros é uma boa maneira de posicionar peças antigas que foram originalmente torneadas entre centros, de volta para o eixo do torno. Também são

Dica da área

Sobre pontas Quando a ferramenta de desbaste deve chegar perto do centro do material, como no faceamento ou no rosqueamento de um pequeno objeto, é usada a ponta aliviada, como mostra na Fig. 3-89, mas apenas nesses momentos especiais. Em razão da superfície de menor apoio, esta é a escolha errada para o torneamento em geral. Além disso, uma vez que, ela não tem rolamentos, requer lubrificação constante e atenção sobre como o material aquece a partir da usinagem.

A broca de centro, formada pela combinação do escareador com a broca, foi originalmente inventada para preparar material para este método de fixação. Para usá-la corretamente, fure através do material cerca da distância até aproximadamente $\frac{3}{4}$ do comprimento do cone (Fig. 3-90), para deixar o recipiente em forma de cone para a ponta do torno.

Apesar de as contrapontas rotativas no cabeçote móvel serem muito úteis, às vezes, uma ponta fixa é usada quando o batimento é a preocupação principal, ou porque uma ponta rotativa não está disponível. Pontas rotativas são objetos móveis e podem adicionar pequenas quantidades de batimento.

Ao preparar uma ponta fixa no cabeçote móvel, o atrito entre ele e o material se torna um problema. Deve ser usada graxa para minimizar o calor e o desgaste. A parte cilíndrica de uma broca de centro não só alivia o furo para a ponta, como também forma um reservatório onde uma graxa especial de alta pressão é colocada antes de posicionar a peça na fixação.

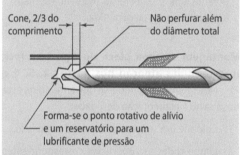

Figura 3-90 Use cerca de três quartos da parte cônica, mas não perfure além do cone.

usadas quando outros meios de fixação do material não são possíveis.

Montagem de placas e outros acessórios no torno

Placas que são parafusadas na direção do eixo do torno foram eliminadas da indústria devido à sua incapacidade de girar o eixo em sentido contrário, sem o risco perigoso de se desparafusar do torno mecânico. Elas não serão consideradas aqui, mas você pode encontrá-las em oficinas – quando fizer isso, obtenha mais instruções!

Placas flangeadas (cam lock)

O eixo árvore com **cam lock** de placa é seguro, forte e universalmente aceito para montar dispositivos de fixação e placas lisas em um torno mecânico, manual e CNC. O sistema de bloqueio utiliza pinos de aço endurecido que se estendem desde a parte de trás da placa universal ou da placa lisa (Fig. 3-91), firmemente presos pelos pinos cam lock rotativos na ponta do eixo do torno (Fig. 3-92). Corretamente fechada, a placa prende-se bem para rotação do eixo nos sentidos horário ou anti-horário (Fig. 3-93).

Desmontagem de flanges Siga este procedimento para remover uma placa flange ou placa lisa. Cuidado! Antes de prosseguir, verifique se a máquina está travada – a alimentação principal deve estar desligada, e não apenas a máquina.

1. Coloque um suporte de madeira sob a placa para prevenir que sua mão deslize e a placa também.

2. Se um sistema de elevação na oficina estiver disponível, parafuse um pino com olhal dentro da placa – peça instruções sobre essa eta-

Figura 3-91 Pinos cam lock montam firmemente placas universais e placas lisas, permitindo a rotação do eixo no sentido horário e anti-horário.

Figura 3-92 Atenção redobrada! Limpe furos cam lock e cones antes da montagem, porque um minúsculo cavaco deixado para trás vai denteá-los pela grande pressão entre eles!

pa. Se a elevação não estiver disponível, peça a um colega operador de máquina para lhe ajudar. À medida que a placa é removida, não estenda suas costas ao longo do barramento do torno – não fique na posição errada de elevação!

3. Utilizando uma chave especial quadrada ou hexagonal, gire todas as travas no sentido anti-horário para a posição de desbloqueio, como mostra a Fig. 3-93.

> **Dica da área**
> Elas se deslocarão pouco nessa situação.

4. Agora, por segurança, gire um pino de volta para a posição de aperto, mas deixe-o solto. Isso evita a placa de uma queda livre, assim que você colocá-lo para fora do cone do eixo.

5. Para quebrar a força de retenção do cone, usando um martelo de latão macio, bata na borda da placa com um golpe moderado. A placa pulará para fora, mas não cairá porque o único pino a está segurando.

6. Com a placa sendo suportada por cima ou com dois operadores de máquinas a segurando, um na frente e outro atrás do torno, desbloqueie o pino final, levante a placa e a armazene em sua estante ou cavalete.

> **Ponto-chave:**
> Durante toda essa operação, mantenha as mãos fora do interior da placa pesada.

Montagem de uma placa do tipo cam lock (preste muita atenção nos passos 2, 5, 6 e 7) Novamente, certifique-se que a máquina está travada ou a alimentação desligada.

1. Coloque um suporte de madeira sob o fuso.
2. Limpe todas as superfícies correspondentes sobre os pinos, placa e eixo com uma estopa da oficina e, em seguida, faça uma limpeza final com sua mão limpa.
3. Coloque todos os pinos cam lock na posição destravada.
4. Erga a placa usando um dispositivo de elevação ou um colega, como segunda opção.
5. Gire levemente cada pino até que ela comece a se encaixar. Faça isso em um padrão cruzado e dê voltas para igualar o assento inicial da placa, suavemente, e não todas de um lado, primeiramente.
6. Reaperte neste mesmo padrão. Sempre gire a chave do pino no sentido horário conforme dito acima. Isso pode ser repetido mais duas vezes com um pouco mais de força para cada volta. Aplique 40 ou 50 libras de força na chave para o aperto final.
7. Faça uma verificação final "ao redor do círculo" para garantir que todos os pinos estejam apertados.

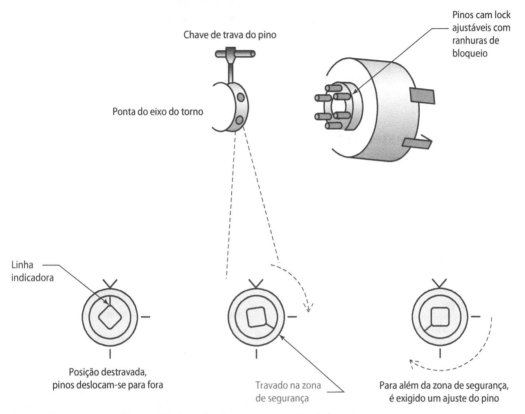

Figura 3-93 Dica tecnológica – A linha indicadora mostra o status da fixação.

8. Remova os elementos auxiliares da elevação, a chave e o suporte de madeira.

Dica da área
No aperto final, leia as linhas indicadoras de bloqueio da Fig. 3-93. Com o uso normal ou especialmente depois de um acidente grave, os pinos da câmara podem se desajustar para um travamento seguro. Se o indicador está dentro da zona de segurança, está tudo certo para continuar. Se, com o pino travado, estiver em qualquer posição fora dessa zona (mostrado à direita), retire a placa e ajuste os pinos cam lock removendo o parafuso de ajuste e, em seguida, gire-os uma volta inteira. Observe que a ranhura estará sempre na direção do círculo interior.

Leitura dos indicadores cam lock Ao apertar um dispositivo tipo cam lock, existem linhas indicadoras na ponta do eixo que mostram a posição de bloqueio. Elas cercam o furo onde a chave cam lock é inserida no torno (Fig. 1 1-93). Há três linhas indicadoras:

- a linha indicadora da posição do pino;
- a linha de segurança do bloqueio que fica na borda;
- o indicador de posição destravada, muitas vezes em forma de "V" para distingui-la da posição de bloqueio.

> **Ponto-chave:**
> Se a trava aperta fora da linha de segurança, os pinos da placa estão ajustados de forma incorreta. Não use uma placa se as linhas da câmara mostrarem algo como à direita da Fig. 3-93. Peça ao seu instrutor para ajudá-lo a reajustar os pinos.

Fixação com castanhas moles

Existem duas versões diferentes de castanhas moles, com duas finalidades:

1. Protetores em castanhas regulares para prevenir danos ao trabalho acabado.
2. Castanhas de alumínio especialmente usinadas para prender formas difíceis e/ou para alinhar melhor o trabalho no centro.

Protetores

Geralmente, são cortados de uma chapa de alumínio, mas qualquer metal mole ou até mesmo plástico funciona. Essas pequenas sapatas de metal são fixadas com sua mão ou com uma fita até que a pressão na placa as mantenha no lugar. Como a pressão da placa os distorce, eles são inutilizados após o uso. Geralmente, cortamos várias dúzias de uma só vez.

Castanhas moles usinadas

Usadas muito na indústria, mas raramente na oficina, as **castanhas moles** usinadas de forma personalizada são escolhidas quando o batimento é uma questão primordial, ou quando o material não pode ser fixado por nenhum outro método (Fig. 3-95). Por exemplo, esta forquilha (uma extremidade arredondada sobre uma haste) deve ser fixada para fazer as roscas. Castanhas moles poderiam ser usadas. Elas são muitas vezes criadas para um tipo especial de trabalho em um torno CNC.

Castanhas moles começam a partir de um tarugo de alumínio, ou de aço leve, ocasionalmente, para demanda extra de produção de muitas peças. A parte traseira é pré-usinada de modo que esta será chaveada e aparafusada no lugar das

> **Dica da área**
> **Espessura igual** Ao usar protetores, certifique-se que os três são de espessura igual quando utilizado em placas universais de três castanhas. Se não, o material será preso fora do centro! Se usá-los com uma placa de quatro castanhas, a espessura não é tão crítica, porque você centralizará o material com um DTI de qualquer maneira (Fig. 3-94).

Figura 3-94 Uma chapa mole protege um eixo acabado numa placa.

castanhas endurecidas usuais. Uma vez montadas na placa, elas são personalizadamente usinadas para encaixar uma peça específica do trabalho. Castanhas moles são utilizadas em placas de três castanhas. Mandriladas no local, sobre a placa, elas sempre tornam o material perfeitamente centralizado.

Centralização exata em uma placa de três castanhas Usinar castanhas moles corretamente, na

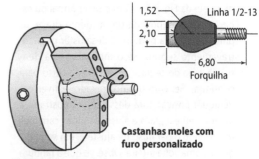

Figura 3-95 Seria difícil prender esta manilha sem as castanhas moles personalizadas.

mesma placa de três castanhas em que serão utilizadas para segurar a peça de trabalho, assegura-nos de que, depois, elas sempre vão prender o material muito próximo do centro – mas somente se elas não forem removidas da placa e a placa também não for removida do torno mecânico. Ao usá-las sem choques, o batimento do material pode ser obtido várias vezes na faixa de 0,0005 pol. ou melhor.

Castanhas moles são geralmente removidas da placa para serem usadas mais tarde, para prender o mesmo material ou objetos de formas semelhantes. Mas, uma vez que elas são removidas e depois remontadas em um momento posterior, a centralização não deve ser tão confiável – pode até piorar para estimados 0,005 pol. Isso ocorre por causa da pressão do sistema de aperto e do alinhamento geral das castanhas para a placa. Então, quando reutilizá-las, um leve corte nas superfícies de pegada praticamente restaura sua perfeita capacidade de centralização.

Uma vez produzidas, as castanhas moles podem se tornar uma ferramenta típica da oficina. Elas são carimbadas com o número da peça e armazenadas para uso posterior. Se as castanhas são feitas para se ajustar a uma placa de três castanhas, o número da castanha deve ser estampado em cada uma (castanha 1, 2 ou 3); isso ajuda a eliminar a degradação do batimento quando for remontá-las. Esse número de identificação da placa também ajuda quando muitas placas são utilizadas na oficina.

Garantindo a aderência da placa

Para garantir a centralização perfeita de cada abertura e fechamento das castanhas usinadas, é necessário que a placa seja forçada contra algum objeto quando a forma personalizada das castanhas está sendo feita. Isso traz as castanhas da placa para a pressão e o alinhamento correto em cada fechamento. Se a placa não estiver estável na força de fechamento, a usinagem estará incorreta e isso será muito perigoso, porque as castanhas se moverão quando a ferramenta de corte encostar nelas. Se o material for preso pela superfície externa, a placa tem de se fechar voltada para o centro, como mostra a Fig. 3-96. Uma porca hexagonal ou uma bucha redonda podem fazer o trabalho. Veja a Dica da área.

Dica da área

Fazendo sua própria aranha Uma ferramenta útil feita pelo próprio operador para mandrilar castanhas moles com fechamento para dentro é o distribuidor de três pontos ajustável denominado aranha. Faça três furos em uma porca grande. Em seguida, adicione o parafuso correto de comprimento para preencher o espaço. Às vezes, quando a castanha inteira deve ser usinada, o espaçador pode ser colocado contra as guias das castanhas, mais para dentro da placa.

Quando as castanhas moles forem usadas para prender o material a partir do seu interior – com uma força de aperto externa, um anel de metal sólido ou outro dispositivo de retenção deve ser colocado em torno da superfície exterior das castanhas para estabilizar e alinhar o aperto durante a usinagem personalizada. Verifique o que está disponível com seu instrutor. Existem poucas Dicas da área sobre como fazer isso, mas vou deixá-las à política individual da oficina.

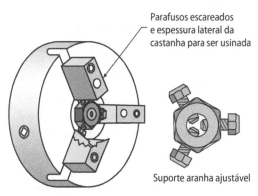

Figura 3-96 Um suporte ajustável tipo aranha ajuda a pressionar as castanhas corretamente durante sua usinagem personalizada.

Revisão da Unidade 3-3

Revise os termos-chave

Castanhas moles
Insertos de placa de três castanhas, usinados de maneira personalizada, usados em situações nas quais a concentricidade da peça é um problema.

Contraponta rotativa
Suporte central usado somente no cabeçote móvel, que possui rolamentos para eliminar o atrito.

Disco de rosca espiral
Face com rosca espiral que move as três castanhas simultaneamente numa placa universal de três castanhas.

Gabaritos
Ferramentas personalizadas para posicionar e fixar peças de forma especial, quando não é confiável utilizar outro método de fixação.

Pegada
Quantidade comparativa de sujeição que o método de fixação impacta sobre a peça.

Pinças
Algumas vezes chamadas de "pinças flexíveis" devido à forma como são feitas; são ferramentas de fixação de precisão endurecidas e retificadas que prendem a peça quando é colocada em um furo cônico.

Placa de castanhas independentes
Placas que possuem garras capazes de moverem-se individualmente.

Ponta fixa
Suporte central que não possui rolamentos para rotação. Ele rotaciona quando a peça é montada no cabeçote fixo, mas atrita quando montado no cabeçote móvel.

Sistema cam lock
Forma mais comum de fixar placas no torno – elas usam pinos cam lock rotativos no fuso do torno, que se prendem aos pinos da placa.

Reveja os pontos-chave

- O batimento da peça de trabalho pode ser introduzido na preparação pelo próprio método de aperto.
- Castanhas sólidas reversíveis podem ser reinseridas na ordem errada, resultando no fechamento da placa em algum outro ponto que não o centro.
- Uma pegada de pinça é redonda no tamanho especificado e ligeiramente distorcida se for comprimida para um tamanho menor. Nunca comprima a pinça fechada para além do seu alcance.
- Ao utilizar montagens de placas com sistema cam lock, não use a placa se a linha indicadora ultrapassar a posição segura de bloqueio.
- Sempre limpe o cone do eixo e a placa antes de encaixá-los. Este é um dos lapsos cerebrais mais irritantes que os principiantes podem cometer. *Apenas um cavaco preso destrói um equipamento caro!*

Responda

Escolha as placas corretas e os acessórios de suporte para os seguintes trabalhos (observe que muitas vezes há mais de uma resposta correta). Perceba que, embora as peças possam ser semelhantes no formato, outras condições como o tamanho do lote, matéria-prima e as tolerâncias, ditam as escolhas. Verifique cada resposta que você der. Compare-as com as de um colega.

1. Dez braços caros tipo "A", fundidos de titânio, projetados para um submarino, devem ter suas extremidades arredondadas por torneamento. Assemelham-se à letra A torcida de 12 pol. de altura.

2. Quinze eixos de diâmetros de 2,5 pol. devem ser torneados para 0,750 pol. de diâmetro e, em seguida, ser feitas roscas de 1,0 pol. Eles são precortados em 8,250 pol. de comprimento de uma barra ALF

– nenhum acabamento no diâmetro de 2,5 pol. será necessário. A condição do batimento é de 0,005 pol. entre o eixo e as roscas novas. Veja a Fig. 3-97.

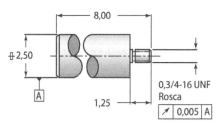

Figura 3-97 Qual método de fixação seria melhor para a usinagem desta barra de ALF?

3. Quinhentas brocas helicoidais de 15 mm de diâmetro final devem ser torneadas em uma haste mole de 0,350 pol. (para fazer hastes de bits rebaixadas), com uma condição de batimento de 0,001 pol. de diâmetro original. Elas têm 100 mm de comprimento e requerem cerca de 12 mm para a peça rebaixada.

4. Uma máquina de fotocópia precisa somente de uma limpeza em seu rolo principal para remover arranhões e depois de um novo polimento de acabamento original em 8 μpol. (*Dica*: Batimento é de tolerância mais apertada.) Veja a Fig. 3-98.

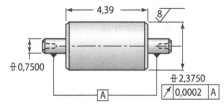

Figura 3-98 Torneie este rolo de papel para uma mínima profundidade apenas para eliminar os riscos, depois dê um novo polimento para um acabamento fino.

5. Você foi incumbido de usinar 300 pinos de alumínio para uma moldura de tela por uma ordem de trabalho e de plotagem (*Dica*: Elas devem ser torneadas muito rapidamente para ter um bom corte). Veja a Fig. 3-99.

Agora, responda às seguintes perguntas sobre o que você sabe sobre placas.

6. Verdadeiro ou falso? Devido às tolerâncias de fabricação, uma placa de quatro castanhas industrial terá um batimento certificado máximo quando novo. No entanto, com o uso e abuso, o batimento pode piorar em virtude do alongamento do disco da rosca espiral. Se for falsa, o que tornaria a afirmação verdadeira?
7. Quais são as características especiais de uma placa de três castanhas?
8. Quais são as vantagens de uma pinça? Quais são as desvantagens?
9. Que tipo de material é o mais adequado para uma placa de três castanhas?
10. Nomeie duas razões para a escolha de uma preparação entre centros.
11. Por que você usaria uma configuração de placa lisa?
12. Verdadeiro ou falso? A placa de três castanhas é a mais comum porque ela pega bem e é rápida para usar, mas produz um batimento razoável. Se for falsa, o que tornaria a afirmação verdadeira?

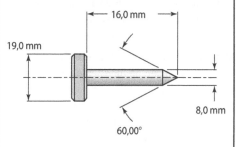

Feito a partir de alumínio

Figura 3-99 Torneie a haste de alumínio de 19 mm para 8,0 mm, faça o chanfro e, depois, corte.

>> Unidade 3-4

>> Ferramentas básicas de um torno

Introdução Outro aspecto importante para a instalação de um torno mecânico é escolher a ferramenta de corte e a ferramenta de suporte. Geralmente, dependendo das ferramentas em mãos, muitas podem funcionar bem, mas apenas uma ou duas seriam as melhores para a tarefa.

Termos-chave

Ângulo de inclinação (composto)
Ferramenta de torno com um ângulo de inclinação que tem a característica de cortar para a esquerda ou direita.

Círculo inscrito (abreviado CI)
Tamanho de um inserto de carboneto, o maior círculo que pode ser absorvido pelo inserto. A ferramenta funciona eficientemente quando corta uma profundidade do CI.

Cobalto
Elemento metálico duro adicionado aos bits de aço HSS para maior resistência, ou usado como "cola" em um carboneto de tungstênio sinterizado.

Geometria para quebra de cavaco – Quebra de cavaco postiço
Ranhura em uma ferramenta de corte de um torno (geometria de quebra) ou uma protrusão de metal (cavaco postiço) usada para partir o cavaco que avança em formas seguras tipo "C" (vírgulas).

Metal duro (carboneto cimentado)
Grãos de carboneto de tungstênio ligados em conjunto com um elemento aglomerante de cobalto, e um termo algumas vezes usado para descrever uma ponta de carboneto quando soldado sobre um cabo de ferramenta para torno.

Pastilha indexável
Inserto de metal duro (ou outro material cortante) que apresenta mais de uma aresta de corte por inserto. Quando o inserto é indexado em uma nova posição, ele não perde a posição da ferramenta sobre seu suporte.

Sinterização
Metal resistente que é pressionado para dentro de um molde e, em seguida, aquecido para formar um sólido composto com características diferentes de qualquer metal fundido.

Escolhendo e preparando a ferramenta certa para o trabalho

Considere os seguintes fatores quando escolher a ferramenta de corte adequada:

Formato da ferramenta

- Ela será capaz de cortar as superfícies e formas exigidas?

- Muitas vezes, mais do que uma ferramenta de corte será necessária para completar a forma da peça. Se assim for, então o tipo do formato da ferramenta (suporte da ferramenta de corte) também se torna um problema.

- Geometria positiva ou negativa: depende da liga a ser cortada e da quantidade de metal a ser removido.

- Raio da ponta e ângulo de posição.

- Característica da versão da mão direita ou esquerda: ferramentas de torneamento, rosqueamento e faceamento geralmente são retificadas ou selecionadas de modo que cortem em uma direção.

Construção da ferramenta

- Tecnologia padrão:

    HSS sólido.

    Ferramentas de inserto de metal duro (carboneto).

- Ferramentas de corte de alta tecnologia para uma produção elevada ou para o corte de ligas extremamente difíceis.

- Arestas de corte policristalinas: pedras naturais e artificiais incorporadas na aresta de corte da ferramenta.

Ferramentas de corte de cerâmicos ou compósitos cerâmicos ou metálicos: com o objetivo de obter ferramentas de corte mais resistentes, algumas são feitas de materiais não metálicos. Apesar de elas cortarem muito bem, também são quebradiças.

Ponta de carboneto soldada (principalmente como formas de ferramentas):

Uma haste de aço com uma peça formatada de carboneto de tungstênio soldada nela para formar a ponta de corte. Ela está sendo substituída em razão da tecnologia do inserto de metal duro e das habilidades de um CNC que aciona as ferramentas padrão para criar formas, em vez de precisar criá-las.

Enquanto todos os tipos de ferramentas de corte podem ser encontrados na indústria, as opções de tecnologia padrão são as escolhas mais práticas para treinar. Vamos concentrar nossos estudos nelas.

Formas de ferramentas

Além da furação e do alargamento através do cabeçote móvel, as operações básicas podem ser realizadas com as cinco seguintes formas de utilidade. Há muitas variações dentro de cada tipo, incluindo HSS e algumas variedades de arestas de inserto de metal duro. Olharemos para ambos, mas, por ora, vamos discutir seu formato.

Ferramentas de torneamento

Embora haja ferramentas de versão neutra, normalmente elas não produzem bons acabamentos. São usadas para preparações em que diversos tipos de cortes devem ser feitos pela mesma ferramenta ou onde a troca de ferramenta é lenta ou difícil. Para melhores resultados, geralmente escolhemos uma ferramenta com corte inclinado. Dependendo de como os ângulos de saída e de posição são retificados, as ferramentas de torneamento são inclinadas para avançar à esquerda do operador ou podem facear em direção ao centro da peça, ou, ainda, à direita e facear para fora da peça. Existe um número quase infinito de combinações de saída, posição, raio de ponta e composição de ferramenta. Na verdade, como dois artistas escolhendo seus pincéis preferidos, às vezes, uma funciona melhor para um operador, enquanto uma combinação diferente é escolhida e usada com bons resultados por outro (Fig. 3-100).

Ferramenta de cortes e canais

Similar na forma e na função, a diferença é a profundidade na qual essas ferramentas de corte devem ser avançadas na peça (Fig. 3-101).

> **Dica da área**
> Uma vez que cortes requerem uma ferramenta longa que deve ressaltar ao suporte da ferramenta, o aço rápido (HSS) é a melhor escolha para aprender. Elas podem ser flexionadas sem quebrar. Mas, na indústria, a pastilha de metal duro para corte corta mais rápido e dura mais.

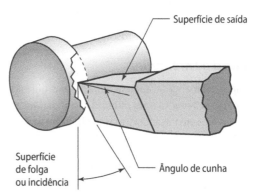

Figura 3-100 Uma ferramenta de torneamento é usada para outros tipos de operações também.

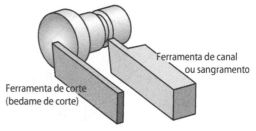

Figura 3-101 Uma ferramenta de corte e uma ferramenta de canal são muito similares.

Ferramentas de forma

Ferramentas de forma (Fig. 3-102) são feitas sob medida na maior parte de HSS sólido, ou para ter uma vida maior da ferramenta, com cabos de aço e metal duro soldado (insertos postiços). Atualmente, no entanto, tornos CNC estão reduzindo a necessidade de ferramentas de formato personalizado. A programação permite movimentos complexos fora do padrão, assim, ferramentas padrão podem reproduzir formas personalizadas. Adicionalmente, usando ferramentas de corte padrão, eliminam-se os desafios do corte lento, vibração e arrancamento da superfície associados ao processo de forma.

Ferramentas de rosca

Ferramentas de rosca (Fig. 3-103) são compradas em versões pré-formadas ou como pastilhas intercambiáveis de metal duro, mas é provável que sua primeira lição de rosca inclua a retificação usando um bit próprio de HSS. Ele deve ser cortado com o ângulo de ponta de rosca (60° para roscas padrão unificado) e uma pequena seção plana na ponta, para duplicar a forma de rosca.

Barra de mandrilar

Barras de mandrilar são encontradas nas oficinas em três variedades e em muitos tamanhos. Muitas são usadas em fresadoras, mas também em tornos,

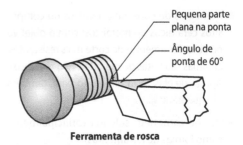

Figura 3-103 Ferramenta de rosca é um tipo de ferramenta de forma.

ambos manuais ou CNC. Muitos dos conceitos que discutiremos aqui também se aplicam ao mandrilamento na fresa, quando é a ferramenta que gira, e não a peça.

Barras sólidas de mandrilar pré-formadas Uma versão popular para pequenos furos é o tipo "suíço" (Fig. 3-104), em que ela é montada em um porta-ferramentas para trabalho no torno. Embora sejam relativamente caras para comprar, elas produzem excelentes resultados quando mandrilando diâmetros abaixo de 1,0 pol.

Barras de mandrilar universais Essas barras feitas na oficina são comuns para ferramentaria e produção de peças. Usando parafusos para fixar a ferramenta de corte em uma ranhura tipo V, elas

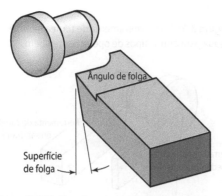

Figura 3-102 Uma ferramenta de forma vai fazer um canto arredondado para fora.

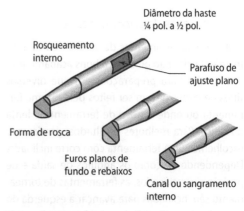

Figura 3-104 Barra de mandrilar para pequenos diâmetros de furos são usualmente do tipo pré-formado "suíço".

aceitam padrões HSS retificados ou qualquer forma gerada pelo usuário (Fig. 3-105); pode-se usar também uma ferramenta de corte de metal duro. Usinar a extremidade de uma barra em um ângulo pode ser útil para alcançar o fundo do furo antes que a face da barra friccione a peça.

Ponto-chave:
Para assegurar a ação de corte correta, quando fizer sua própria barra de mandrilar, esteja certo de que o canto superior do canal da ferramenta está perto do centro do diâmetro da barra.

Preparando uma barra de mandrilar

Quatro fatores devem ser considerados ao preparar uma barra de mandrilar.

Fator 1 – Tolerâncias Existem quatro tolerâncias a ser checadas em uma preparação correta da barra de mandrilar:

1. **Comprimento do bit**
   Primeiro, como está mostrado na Fig. 3-105, o bit substituído pode ser muito longo. Ele pode friccionar o lado de trás do furo no primeiro corte. O bit não pode sobressair o fundo da barra além do raio do furo existente.

2. **Folga de cavaco entre barra e furo**
   Enquanto a meta é usar o maior diâmetro de barra que se ajusta no furo, ele não pode ser grande a ponto de o cavaco não sair. Se eles se agrupam (um problema comum durante o mandrilamento), os refrigerantes não podem chegar ao local do corte. O calor aumenta rapidamente e a ferramenta falha em seguida.

3. **Folga da aresta de corte**
   A seguir, como mostra a Fig. 3-106, deve ser retificada mais folga na superfície do que o normal, de modo que a aresta mais baixa da ferramenta não friccione a curvatura do furo.

4. **Folga no porta-ferramentas**
   Como mostra a Fig. 3-107, depois de ajustado o controle de profundidade, esteja certo de que o porta-ferramentas não toca a face da peça quando a profundidade total é atingida. Esse espaço é necessário para permitir resfriamento e saída de cavacos.

Fator 2 – Controle de profundidade e balanço
Quando escolher uma barra de mandrilar, lembre-se da recomendação de proporção de 5 para 1, do comprimento ao diâmetro (Fig. 3-106). Longas e de pequeno diâmetro, as barras de mandrilar tendem a penetrar e trepidar. Muitos porta-ferramentas da barra de mandrilar permitem que ela deslize para

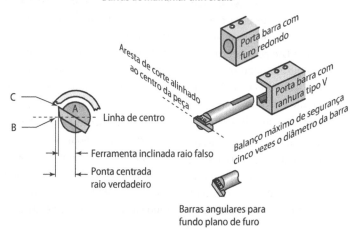

Figura 3-105 Barras de mandrilar feitas na oficina são usadas em tornos manuais.

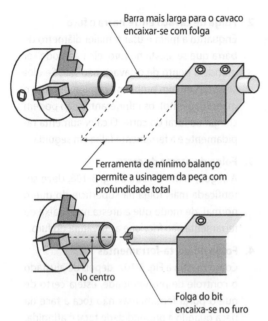

Figura 3-106 Fatores para uma preparação correta de uma barra de mandrilar.

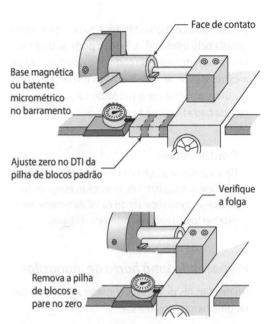

Figura 3-107 Ajustando o controle de profundidade e checando a folga do porta-ferramentas.

dentro e para fora – use essa função para estabelecer um balanço mínimo.

Controle de profundidade Uma vez que o mandrilamento é uma operação cega, você não pode ver quando vai parar de cortar dentro da peça. Então, você deve montar uma forma positiva de parar, para assegurar a profundidade do furo mandrilado (Fig. 3-107). Se o torno não estiver equipado com um indicador digital, aqui está um modo de preparar um. Com a aresta do bit tocando a face da peça, coloque zero em uma pilha de blocos padrão cuja altura é igual à profundidade do furo. Isso pode ser feito em um relógio comparador, como mostrado, ou usando a parada micrométrica se o torno tiver uma. Em muitos tornos, existe um batente com chave que interrompe o movimento do eixo Z quando há contato.

Um conjunto de blocos padrão pode ser usado para coordenar a profundidade (Fig. 3-107). Após zerar o relógio, remova a pilha e a mesa sairá do zero na profundidade correta. Lembre-se que uma folga total de profundidade deve ser checada também, como mostrado.

> **Ponto-chave:**
> Uma razão de 5 para 1 do diâmetro da barra para balanço é um nível de entrada, uma recomendação de segurança – é possível exceder isso apenas depois de um pouco de experiência nas operações de mandrilamento.

Fator 3 – Alinhamento do eixo vertical O parâmetro de ajuste dessa ferramenta é importante para assegurar o controle do tamanho quando mandrilar. A aresta de corte deve estar no centro vertical da peça. A centralização da ferramenta pode ser feita em uma de três maneiras. A melhor solução é usar o parafuso vertical do porta-ferramentas troca-rápida. A próxima escolha é utilizar calços embaixo da ferramenta no porta-ferramentas, tal qual se faria em um cabo de ferramenta aberto. A última maneira é rotacionar a barra em volta do furo, porque isso também muda o ângulo de saída efetiva.

Ponto-chave:
Quando realizado, tenha certeza de que a altura da aresta de corte está na linha de centro vertical da peça. Se a ponta não estiver no centro, uma mudança de determinado tamanho no anel graduado do eixo X não produzirá o mesmo tamanho de diâmetro do furo.

Estude a vista lateral na Fig. 3-105 para ver o porquê. Distância A para B é o raio verdadeiro da distância do centro da peça para dentro do furo, paralelo com o eixo X da ferramenta corretamente centralizada. Se o bit for ajustado corretamente, o movimento da aresta cortante será ao longo desta linha horizontal – assim, quando houver uma mudança de diâmetro no indicador do eixo X, a mesma porção de mudança de diâmetro ocorrerá no furo.

A distância A para C representa efetivamente os raios menores da ferramenta inclinada incorretamente. Uma dada mudança no eixo X pode produzir um falso resultado. Quanto mais a aresta do corte é colocada erroneamente na horizontal do eixo X, maior será seu efeito de encolhimento. Lembre-se desse conceito. É importante quando alinhar barras de mandrilar em fresas mecânicas também. A aresta de corte deve estar na linha de centro da peça para atingir a exatidão do diâmetro e a forma correta da ferramenta.

Ponto-chave:
Para instalar uma barra de mandrilar, a aresta cortante deve estar na linha de centro da peça a fim de atingir a repetibilidade do diâmetro e a forma da ferramenta.

Use a barra mais larga que se encaixa no furo e ainda permite a refrigeração e a saída dos cavacos. Esteja certo de que a instalação tenha tolerância adequada em quatro modos: ferramenta no furo, comprimento total, barra e porta-ferramentas.

Pastilha de metal duro em barra de mandrilar
O terceiro tipo de barra de mandrilar é mais usado para furos maiores e cortes mais pesados. No entanto, elas são também fornecidas para furos tão pequenos quando $\frac{3}{8}$ pol. (Fig. 3-108). Estudaremos a geometria da pastilha e sua composição na Unidade 3-6. Por ora, sua vantagem principal é a troca rápida para pastilhas afiadas sem prejudicar a posição de ajuste da barra. Toda ferramenta de corte que discutiremos aqui pode ser comprada em uma versão de pastilha de metal duro.

Direção da ferramenta de corte

A próxima escolha durante a preparação é a mão ou versão da ferramenta (a direção em que é projetada para cortar – para a esquerda ou para a direita). Muitas ferramentas de torneamento, faceamento e rosqueamento são dadas em um ângulo de inclinação composto, com relação à aresta de corte (Fig. 3-109). Essa modificação de geometria da ferramenta é chamada de **ângulo de inclinação** ou, algumas vezes, é referida como **ângulo composto** (veja a Conversa de chão de

Conversa de chão de fábrica

Mão direita ou esquerda de quem? Originalmente, os primeiros tornos tinham suas ferramentas localizadas no lado mais distante do eixo longe do operador, atrás da placa. Por isso, as ferramentas de corte eram chamadas de direita ou de esquerda, uma vez que essas eram as direções para a qual elas se moviam, para a direita ou esquerda do operador.

Mais tarde, para auxiliar na preparação do torno, fabricantes de torno manuais colocaram a ferramenta em frente ao eixo – mais perto do operador, onde ele poderia alcançá-la facilmente. Provavelmente, os tornos manuais em seu laboratório são feitos assim. Neles, a ferramenta da mão esquerda na verdade corta à direita do operador, e a ferramenta da mão direita corta para a esquerda do operador – ao contrário do nome!

Ainda evoluindo, muitos dos tornos CNC modernos da atualidade contam com uma única torre porta-ferramentas, movendo as ferramentas de corte mais uma vez, para trás do eixo X com as ferramentas cortantes apontando para o operador (Fig. 3-110). Então, em tornos CNC com ferramentas atrás do eixo, esquerda vai para esquerda e direita vai para direita.

Confuso? Para acertar isso, sempre veja a ferramenta de corte do torno com ela apontando para você (Fig. 3-109), o alinhamento do lado da versão faz sentido nessa perspectiva.

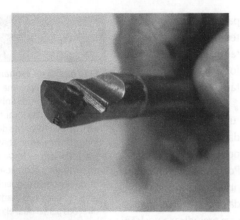

Figura 3-108 Pastilha de metal duro na barra de mandrilar com pastilhas triangulares como essa são comuns na indústria.

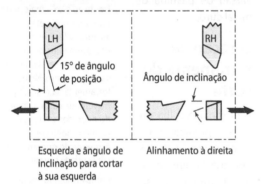

Figura 3-109 Ângulo de posição da aresta principal e de inclinação se combinam para criar uma ferramenta com suas versões de corte.

fábrica). O ângulo de posição é também retificado na ferramenta para cortar à esquerda ou à direita.

Versão neutra

Ferramentas de torno podem ser retificadas ou selecionadas sem uma inclinação predominante, assim elas cortam em ambas as direções, porém normalmente elas não têm uma performance tão boa quanto as que têm versão definida. Além de dar um acabamento potencialmente melhor, a expulsão de cavacos se torna melhor com a inclinação predominante.

> **Ponto-chave:**
> A versão ou mão da ferramenta é uma combinação de ângulo de posição e inclinação. É necessária a geometria positiva em ferramentas de rosca retificadas para tornos manuais, porque elas precisam cortar em uma velocidade muito lenta. A geometria positiva ajuda o cavaco a deformar em movimento lento.

Material da ferramenta de corte

A terceira escolha é o material do qual a ferramenta de corte é feita. Existem diversas escolhas de alta tecnologia como pontas de cristal de diamante postiças ou compósitos de cerâmica-metal, no entanto, seus custos são justificados apenas em aplicações especiais de produção. Por ora, limitaremos nossa investigação nas escolhas padrão encontradas na maioria das escolas técnicas e habitualmente nas oficinas: HSS (aço rápido) e ferramentas de corte de metal duro.

Ferramentas de aço rápido

Para esta lição, as ferramentas HSS também incluem duas durezas leves, mas similares a metais, chamadas de liga fundida e ferramentas HSS de cobalto. Para um iniciante, a diferença não é significativa. Elas têm desempenho levemente melhor que o HSS puro quando corta peças mais duras, mas seu custo as coloca além dos orçamentos escolares normais.

As semelhanças entre liga fundida, cobalto e ferramentas HSS são significativas – para ter em sua oficina, todas essas ferramentas devem ser retificadas usando um disco de retificação padrão. Ele é fornecido usualmente em barras ou parcialmente preformado, e o operador realiza a retificação para a forma final e o reafia quando estiver cego ou quando for requerida uma geometria diferente de corte.

Por que escolher uma ferramenta HSS? Porque elas têm o menor custo inicial nas ferramentas de corte. Apesar de elas ficarem cegas mais rapidamente em serviço, comparadas ao metal duro, as

Figura 3-110 Com a proteção aberta, note que a torre da porta-ferramentas está localizada atrás da placa, nesse torno CNC.

Figura 3-111 Uma barra de bit HSS, um bit afiado e uma nova ferramenta de corte.

ferramentas HSS oferecem uma vida global extremamente longa na oficina, porque podem ser reafiadas muitas vezes, para qualquer forma prática. Sua característica mais importante é que são as ferramentas de corte mais tenazes. Tenacidade não significa uma ferramenta de corte que pode usinar a maioria dos metais, mas significa que a ferramenta pode resistir a vibração, batidas, choque físico e térmico (contato e falta de resfriamento) e flexão sem quebrar (Fig. 3-111).

> **Ponto-chave:**
> Escolha ferramentas HSS em vez de metal duro quando deve ser feito um corte interrompido. Essas situações de martelamento (uma superfície não contínua na qual a ferramenta de corte deve entrar e sair do corte em cada revolução da peça) quebram as ferramentas mais duras.

Por outro lado, ferramentas HSS resistem menos ao aquecimento gerado na usinagem, portanto, as velocidades de corte são mais baixas que as duas escolhas do dia a dia. As ferramentas de cobalto e as fundidas desempenham um pouco melhor a temperaturas mais elevadas, comparadas ao HSS puro, mas não por mais de 15%.

Ferramenta de metal duro

Essa é a escolha para a produção industrial. Essas ferramentas são uma combinação de um porta-ferramentas de aço endurecido com uma ponta de metal duro intercambiável, chamada de pastilha ou inserto. A maioria das pastilhas possuem mais do que um aresta de corte (Fig. 3-112). Quando a aresta fica cega, ela pode ser rotacionada ou invertida para outra aresta. Pastilhas que têm essa característica são chamadas de pastilhas **indexáveis**.

Ferramentas de pastilhas são mais caras para uma compra inicial se comparada com HSS, uma vez que deve ser comprado o porta-ferramentas também para estocar as pastilhas (Fig. 3-113). No entanto, examinando as razões seguintes, vemos que são muito econômicas ao longo do período de uso.

Por que escolher ferramentas de pastilha? Ferramentas de pastilha têm diversas e grandes vantagens em relação ao HSS.

> *Troca rápida* As pastilhas apresentam repetibilidade garantida, usualmente em uma tolerância de menos de 0,001 pol. A aresta de corte cega pode ser rapidamente rotacionada para uma nova aresta ou a pastilha inteira pode ser substituída com pouquíssimas mudanças na preparação. Isso significa um mínimo de tempo perdido (não produtivo) quando a pastilha é indexada ou recolocada.

Figura 3-112 Variedade de pastilhas usadas para tornear.

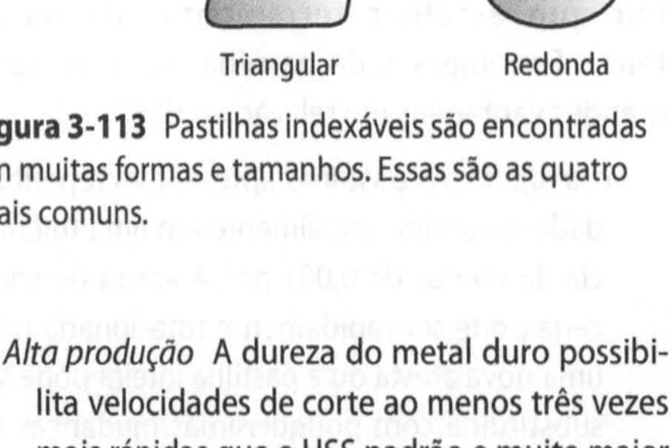

Formas comuns de pastilha

Rômbica Quadrada

Geometria de quebra cavaco

Triangular Redonda

Figura 3-113 Pastilhas indexáveis são encontradas em muitas formas e tamanhos. Essas são as quatro mais comuns.

Alta produção A dureza do metal duro possibilita velocidades de corte ao menos três vezes mais rápidas que o HSS padrão e muito maior em alguns metais.

Múltipla escolha Outra grande vantagem são as muitas combinações de diferentes taxas de dureza/tenacidade, pastilhas de revestimento duro, ângulos de saída e raios de ponta que são possíveis no mesmo formato de pastilha. Por exemplo, se a pastilha está lascando antes de ficar cega, tente uma pastilha mais tenaz com uma dureza um pouco menor – essa mudança leva menos de um minuto para ser feita. Ou, então, suponha que a ferramenta está vibrando. Nesse caso, mude para uma pastilha de menor raio de ponta (isso mudará o tamanho da área de corte). Essas mudanças são rápidas, pois requerem a mudança apenas da pastilha, não da ferramenta de corte inteira.

Controle da geometria da ferramenta

Ferramentas com pastilha adicionam flexibilidade à sua preparação. As pastilhas são fornecidas em uma grande variedade de tamanhos e formatos. Com uma única ferramenta de fixação de pastilha, você pode rapidamente mudar o raio, quebrar cavacos, a dureza e até o ângulo de saída em alguns casos simplesmente trocando a pastilha na ferramenta. Atualmente, quase todo o ferramental de tornos necessário pode ser atendido com as ferramentas com pastilha de troca rápida – única exceção feita aos bits de forma personalizados.

Entendendo a designação das pastilhas de metal duro

Quando selecionar uma pastilha para sua preparação, você deve saber o padrão industrial de designação. O sistema inclui um campo de dados em que se identificam o tamanho, a dureza e o formato da pastilha. Existe um sistema similar para selecionar o porta-ferramentas.

Quando fizer uma preparação de torno manual, você tem liberdade em relação ao tamanho da ferramenta de corte e formato escolhidos, mas, quando fizer uma preparação de torno CNC, a maioria das folhas de programação indica exatamente qual porta-ferramentas e pastilha devem ser usadas. Elas provavelmente serão chamadas pelo sistema padronizado de designação seguinte ou vão estar na forma de ilustração – frequentemente ambos.

Conversa de chão de fábrica

Metal duro – não é um metal como você conhece! Quando combinamos o metal pesado tungstênio com carbono e o colocamos a altas temperaturas sem oxigênio, forma-se o carboneto de tungstênio (comumente chamado de "metal duro"). O primeiro aquecimento cria um material que não pode ser usado em ferramentas de corte nas formas padrão, porque ele derrete-se por volta de 6.000 °F (aproximadamente três vezes a temperatura do aço).

Assim, para criar ferramentas de corte de metal duro, os cristais grosseiros de metal duro são quebrados uniformemente em moinhos de bola até formarem um fino pó. Depois, ele é misturado com um segundo pó de metal feito de cobalto e a mistura é pressionada em um molde. Os insertos moles não têm resistência até serem colocados em um forno de alta temperatura. Durante o aquecimento elevado, o cobalto derrete e gruda nos grãos duros de metal duro. O processo chamado de **sinterização** forma um compósito que é duro e tenaz – mais ou menos como concreto, onde as pedras são colocadas com cimento (Fig. 3-114). De fato, outro nome para o metal duro é **carboneto cimentado**.

Taxas de dureza/*resistência*
Ao mudar a taxa de metal duro colocando cobalto, a dureza contra a tenacidade é alterada. Maior teor de cobalto produz uma ferramenta de metal duro mais tenaz, porém menos dura. Mais metal duro em relação ao cobalto cria uma ferramenta mais dura, mas também mais frágil e propensa a quebrar.

Nessa hora, você vai precisar ter acesso a essa informação através do catálogo do fornecedor, tabelas e gráficos de parede ou livros de referência.

Tamanho da pastilha Aqui decide-se sobre quão grande o formato da pastilha deve ser. Baseia-se no tamanho do assento do porta-ferramentas, na disponibilidade de tamanhos na oficina e na forma e no tamanho da peça. A quantidade de metal a ser removida também é um fator. Ferramentas maiores são melhores do ponto de vista da resistência, mas lembre-se que ferramentas maiores são mais caras. Tenha certeza de que sua preparação vai utilizar todos os recursos disponíveis.

Ponto-chave:
Escolher uma pastilha grande para cortes de pouca profundidade não é econômico, mas escolher uma pastilha pequena que foi muito utilizada também não é ser muito inteligente!

O círculo inscrito Para referência comparativa, o maior círculo que pode ser desenhado na face do inserto, usado para o tamanho, é chamado de **círculo inscrito** e abreviado por **CI**. Idealmente, escolha uma pastilha que corte cerca de $\frac{2}{3}$ da profundidade total do CI para usinagem em desbaste (Fig. 3-115).

Formato de pastilhas Os formatos de ferramentas de corte são mais complexos que o tamanho. Tenha em mente que um documento CNC provavelmente vai pedir exatamente qual forma de pastilha deve ser usada. Existem coisas que se aprende em programação, assim como a ferramenta de corte que deve se aproximar e cortar o material.

Figura 3-114 Metal duro é um produto da metalurgia do pó com grãos finos de metal duro cimentado com outros metais mais tenazes.

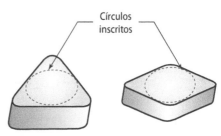

Figura 3-115 O círculo inscrito descreve o tamanho da pastilha.

Ponto-chave:
Para usinagem CNC, preparar em uma forma errada (não o que o programa pensa que será) pode criar refugos e até causar uma colisão!

O formato da pastilha e do porta-ferramentas estão conectados. Nos três quadros seguintes, observe como o porta-ferramentas foi escolhido. Não é crucial que você entenda tudo isso agora. Você deve estar atento ao sistema de codificação e onde encontrá-lo para uma futura referência (veja Figs. 3.116 a 3-118).

Sistema de identificação do porta-ferramentas

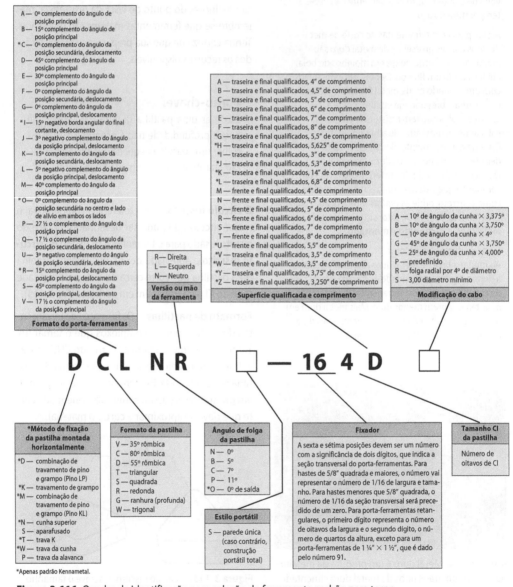

Figura 3-116 Quadro de identificação para seleção de ferramenta padrão para torno.

Sistema métrico de identificação do porta-ferramentas

A — haste em linha reta com 0° complemento do ângulo da posição principal
B — haste em linha reta com 15° complemento do ângulo da posição principal
C — haste em linha reta ou compensadora com 0° complemento do ângulo da posição secundária
D — haste em linha reta com 45° complemento do ângulo da posição principal
E — haste em linha reta com 30° complemento do ângulo da posição principal
F — haste compensadora com 0° complemento do ângulo da posição secundária
G — haste deslocada com 0° complemento do ângulo da posição principal
J — haste deslocada com 3° negativos de complemento do ângulo da posição principal
K — haste deslocada com 15° complemento do ângulo da posição secundária
L — haste deslocada com 5° negativos de complemento do ângulo da posição principal
M — haste em linha reta com 40° complemento do ângulo da posição principal
N — haste em linha reta com 27° complemento do ângulo da posição principal
O — haste deslocada com 30° negativos complemento do ângulo da posição secundária
R — haste deslocada com 15° complemento do ângulo da posição principal
S — haste deslocada com 45° complemento do ângulo da posição principal

Formato do porta-ferramentas

Ângulo da saída
N — negativo
P — positivo

Versão ou mão da ferramenta
R — direita
L — esquerda

Comprimento do porta-ferramentas
H — 100mm
J — 110mm
K — 125mm
L — 140mm
M — 150mm
N — 160mm
P — 170mm
Q — 180mm
R — 200mm
S — 250mm

M C L N R ☐ - 25 25 M 12 Q

Método de fixação da pastilha
(montada horizontalmente)
K — grampo
M — pino grampo
N — fixação rígida
S — aparafusado
W — fixação por cunha

Forma da pastilha
C — 30° rômbica
D — 55° rômbica
K — 55° paralelogramo (entalhe no topo)
R — redonda
S — quadrada
T — triangular
V — 35° rômbica
W — trigonal

Altura do porta-ferramentas
Um número de dois dígitos de significância indicando o tamanho do porta-ferramentas em milímetros.

Largura do porta-ferramentas
Um número de dois dígitos de significância indicando a largura do porta-ferramentas em milímetros.

Qualificação

Estilo portátil
S — parede única (do contrário, construção portátil total)

Comprimento do lado cortante da pastilha em milímetros

IC		¼" 6.35	⅜" 9.32	½" 12.70	⅝" 15.88	¾" 19.05	1" 25.40
Triangular		11	16	22	27	33	44
Quadrada Redonda			09	12	15	19	25
55° rômbica				15	19		
80° rômbica				12		19	25
35° rômbica			16				

D — pastilha IC
L — comprimento no lado cortante da pastilha

Figura 3-117 Quadro de identificação para seleção de ferramenta padrão para torno.

Similar ao porta-ferramentas, a pastilha por si só tem um sistema de codificação. A Fig. 3-119 é um exemplo de quadro padrão de codificação.

Sistema de Identificação da Pastilha para Torneamento Geral

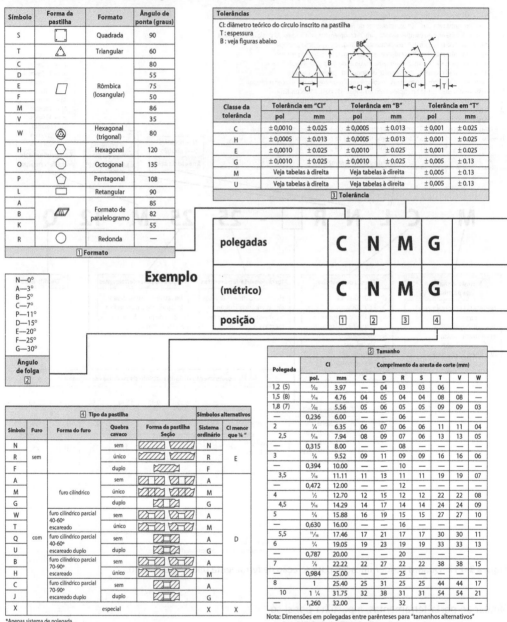

Figura 3-118 Sistema de codificação padrão para pastilhas de metal duro.

CI		+/− Tolerância em "CI"							CI		+/− Tolerância em "B"						
		Classe "M" de tolerância				Classe "U" de tolerância					Classe "M" de tolerância				Classe "U" de tolerância		
		Formatos S, T, C, R e W		Formato "D"		Formato "V"		Formatos S, T e C				Formatos S, T, C, R e W		Formato "D"		Formato "V"		Formatos S, T e C
polegada	métrico	polegada	mm	polegada	mm	polegada	mm	polegada	mm	polegada	métrico	polegada	mm	polegada	mm	polegada	mm	polegada	mm
5/32	3.97	0,002	0.05	—	—	—	—	—	—	5/32	3.97	0,003	0.06	—	—	—	—	—	—
3/16	4.76			—	—	—	—			3/16	4.76			—	—	—	—		
7/32	5.56			0,002	0.05	0,002	0.05	0,003	0.06	7/32	5.56			0,004	0.11	—	—	0,005	0.13
1/4	6.35									1/4	6.35					—	—		
5/16	7.94									5/16	7.94					—	—		
3/8	9.52									3/8	9.52					0,007	0.18		
7/16	11.11	0,003	0.06	0,003	0.06	0,003	0.06	0,005	0.13	7/16	11.11	0,005	0.13	0,006	0.15	0,010	0.25	0,008	0.20
1/2	12.70									1/2	12.70								
9/16	14.29									9/16	14.29					—	—		
5/8	15.88	0,004	0.10	0,004	0.10	0,004	0.10	0,007	0.18	5/8	15.88	0,006	0.15	0,007	0.18	—	—	0,011	0.27
11/16	17.46									11/16	17.46					—	—		
3/4	19.05									3/4	19.05					—	—		
7/8	22.22	0,005	0.13	—	—	—	—	0,010	0.25	7/8	22.22	0,007	0.18	—	—	—	—	0,015	0.38
1	25.40			—	—	—	—			1	25.40			—	—	—	—		
1 1/4	22.22	0,006	0.15	—	—	—	—			1 1/4	22.22	0,008	0.20	—	—	—	—		

```
—    4    3    2    ☐    ☐    ☐
    12   04   08   ☐    ☐    ☐
    [5]  [6]  [7]  [8]  [9]  [10]
```

[6] Espessura

Espessura		Símbolo	
pol.	mm	polegada	métrico
1/32	0,79	0,5 (1)	—
1/16	1,59	1 (2)	01
3/64	1,98	1,2	T1
5/32	2,38	1,5 (3)	02
1/8	3,18	2	03
5/32	3,97	2,5	T3
3/16	4,76	3	04
7/32	5,56	3,5	05
1/4	6,35	4	06
5/16	7,94	5	07
3/8	9,52	6	09
7/16	11,11	7	11
1/2	12,70	8	12

Nota: Dimensões em polegadas entre parênteses para "tamanhos alternativos" D ou E (CI abaixo de 1/4 da polegada).

Mão da pastilha (opcional) [8]

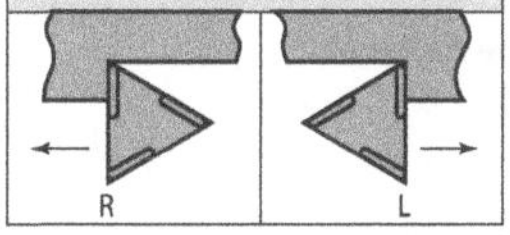

R   L

[7] Raio do canto

Raio do canto		Símbolo	
pol.	mm	polegada	métrico
0,004	0,1	0	01
0,008	0,2	0,5	02
1/64	0,4	1	04
1/32	0,3	2	08
3/64	1,2	3	12
1/16	1,3	4	16
5/64	2,0	5	20
3/32	2,1	6	24
7/64	2,3	7	28
1/8	3,2	8	32
Pastilha redonda (polegada)		—	00
Pastilha redonda (métrico)		—	M0

[9] & [10] Condição da aresta de corte ou características do controle de cavaco (opcional)

T — geometria negativa
K — controle leve dos cavacos, pastilha Kenloc de lado duplo
M — controle pesado dos cavacos, Kenloc de ranhura profunda
N — Pastilha Kentrol da região estreita com controle de cavaco em um lado
W — Controle pesado de cavacos, Pastilha Kenloc da região ampla em um lado
J — Polido para 4 – micropolegadas AA (face inclinada apenas)
UF — Acabamento ultrafino

Veja Seleção Técnica para condições adicionais e características de controle do cavaco.

Figura 3-119 Sistema numérico padrão para pastilhas de metal duro.

Dica da área
Quebra de cavaco Quebrar os incômodos cavacos longos em pequenos formatos "C" é uma competência que melhora a sua operação e o trabalho diário também. As pastilhas normalmente possuem uma geometria de quebra de cavaco ou uma saliência que dobra o cavaco o suficiente para quebrá-lo em lascas portáteis, menores, seguras e fáceis de manusear. Ao retificar seu bit, é possível adicionar um canal de quebra de cavaco.

No lugar de colocar uma geometria de quebra cavaco, os operadores em geral preparam uma pequena peça de metal, conhecida como quebra cavaco postiço, que também dobra o cavaco de modo tão firme que ele se quebra (Fig. 3-120). Essa peça é simplesmente presa na ferramenta e depois ajustada para funcionar melhor; ela libera o cavaco depois de quebrá-lo.

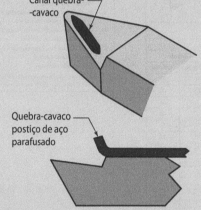

Figura 3-120 Um quebra-cavaco moldado ou postiço auxilia na criação de cavacos tipo "C" mais seguros e fáceis de manusear.

Suporte do porta-ferramentas de torno manual

O suporte do porta-ferramentas segura a ferramenta de corte em um carro superior do torno. Existem quatro tipos, cada um oferece uma vantagem.

Variedades industriais

Elas incluem:
  suporte de porta-ferramentas sólido,
  troca rápida,
  torre de indexação e
  suporte de porta-ferramentas com balancim.

Nem sempre usado na indústria, o suporte de porta-ferramentas com balancim é o mais universal, mas é o menos forte.

Resistência do suporte de porta-ferramentas

Em cada suporte da porta-ferramentas, vou estipular uma relativa profundidade de corte e avanço. As descrições são feitas para fornecer comparações entre os vários tipos, não para estabelecer um padrão. Cada suporte de porta-ferramentas é diferente em termos de robustez, e esse é um fator primordial ao escolher o certo para a sua preparação. Se o trabalho requer cortes leves, então todos os seguintes podem ser escolhidos. Porém, com o aumento da força de corte, alguns suportes não devem ser usados.

Suporte com balancim e porta-ferramentas

Esse é o mais fraco dos quatro apresentados, mas é também o de menor custo e o mais comum. A ação do balancim permite fácil posicionamento vertical, para direita e para esquerda. Os suportes balancim mantêm ferramentas de corte HSS padrão. A ferramenta de corte é fixada em um porta-ferramentas ao apertar um parafuso de cabeça quadrada (Fig. 3-121), depois, o par é fixado no suporte. Em relação à sua tendência da mover e deslizar, suportes com balancim não são frequentemente usados em indústrias, especialmente onde cortes pesados são feitos, mas, quando as ferramentas padrão não fazem o trabalho, elas podem ser úteis em algumas situações.

Em razão de usar um suporte porta-ferramentas com balancim, a oficina deve ter uma seleção de porta-ferramentas (Fig. 3-122) feita para o suporte. Esses porta-ferramentas têm uma "mão" similar aos bits da ferramenta. Isso permite à ferramenta maior "alcance" em situações de usinagem apertada e for-

Suporte do porta-ferramentas com balancim

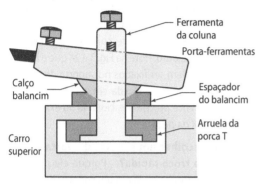

Figura 3-121 Seis componentes do suporte do porta-ferramentas com balancim: arruela para porca tipo T, ferramenta da coluna, disco espaçador balancim, balancim, braçadeira e porta-ferramentas.

Figura 3-122 Ferramenta de fixação do suporte do porta-ferramentas da mão esquerda, neutro e direita.

Por que usar um suporte porta-ferramentas com balancim? A razão principal é que, quando nada mais está disponível, o suporte porta-ferramentas com balancim pode rotacionar em 360° e ser articulado para cima ou para baixo no balancim, isso o torna simples de ajustar e universal. Usado com cuidado, ele pode atender à maioria das suas necessidades no treinamento. O ponto negativo é quando fizer cortes pesados ou utilizar ferramentas cegas, os quais podem frequentemente causar deslizamento do suporte, além de também serem muito lentos para trocar por uma ferramenta de corte nova.

> **Ponto-chave:**
> Para sua segurança, limite cortes para um máximo de 0,045 pol. de profundidade máxima e de 0,010 a 0,015 IPR de avanço, quando usar um suporte porta-ferramentas com balancim – ou use os limites estabelecidos por seu instrutor.

Suporte porta-ferramentas sólido

Também chamadas de ferramentas de coluna lateralmente abertas, eles são o oposto dos balancins: aptos para trabalhos pesados. Suporte porta-ferramentas sólido pode fixar bits de HSS sólido, porta-ferramentas para balancins ou ferramentas de metal duro, como mostra a Fig. 3-123, mas somente quando a aresta de corte da ferramenta possa ser calçada de modo a atingir o centro vertical da peça. Eles são usados para trabalho em desbaste, quando são necessárias taxas de remoção de metal muito pesado. Eles são um bom suporte de porta-ferramentas para usar durante o recartilhamento, em razão da força da ferramenta.

No entanto, como o cabo da ferramenta é fixado com parafusos de ajuste, eles não foram feitos para troca de ferramentas. Utilize este tipo de suporte quando usar uma única ferramenta em todo o torneamento do produto.

Apesar de eles serem facilmente rotacionados para direcionar a ferramenta em qualquer ângulo, ajustes verticais são possíveis apenas com a adição de calços. Calçar significa colocar uma lâmina fina

> **Conversa de chão de fábrica**
>
> **Carga de ferramentas padrão** Tanto em tornos CNC quanto nos manuais, frequentemente, deixamos as ferramentas de trabalho mais comuns montadas na torre ou ajustadas em um bloco de ferramentas todo o tempo. Assim, as ferramentas padrão necessárias são adicionadas em outros blocos (ou torres) para uma operação em particular.

nece melhores ângulos de corte em algumas operações. Eles são tanto direito como esquerdo ou neutro (apontando para a frente). Eles não são adequados em trabalhos cuja troca de ferramentas seja intensiva para atingir a geometria final da peça.

Suporte de porta-ferramentas sólido ou aberto

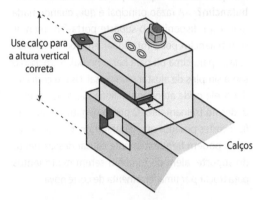

Use calço para a altura vertical correta

Calços

Figura 3-123 O suporte de porta-ferramentas sólido (aberto) é o mais forte e simples dos quatro tipos apresentados.

de metal embaixo da ferramenta para elevá-la ao centro do eixo. Como sempre, esteja atento aos balanços das ferramentas a partir do suporte – mantenha-os no mínimo necessário.

> **Ponto-chave:**
> Escolha esse tipo de suporte de porta-ferramentas para corte em desbaste pesado ou quando apenas uma ferramenta for necessária. A profundidade de corte pode ser de 0,100 pol. ou levemente maior, e o avanço, em torno de 0,025 IPR.

Suporte de porta-ferramentas de troca rápida

Também chamado de suporte cam lock ou gangtool, seu propósito é o de permitir que diversas ferramentas diferentes sejam ajustadas e rapidamente trocadas – uma de cada vez. Cada ferramenta é montada em seu próprio bloco. Quando o bloco com sua ferramenta de corte é removido e colocado no suporte novamente, a ponta da aresta de corte retorna à sua posição original relativa aos eixos X e Z, com uma repetibilidade de talvez 0,0005 pol. ou menos. Mas isso ocorre somente se o suporte de porta-ferramentas e os porta-ferramentas estiverem sem danos e limpos.

A rápida mudança de ferramentas caracteriza um método de encaixe para remover e recolocar os blocos de ferramenta na mesma posição toda vez. A altura vertical da ferramenta é ajustada com um pino locador e um parafuso ajustável. Eles podem fixar tanto ferramentas de corte de aço rápido como de metal duro. Note na Fig. 3-124 que o bit ou alargador podem ser fixados no suporte de porta-ferramentas de troca rápida em vez do cabeçote móvel, mas você precisa posicioná-lo no exato centro do eixo X da peça.

Por que escolher um suporte de porta-ferramentas de troca rápida? Porque ele permite ajustar uma troca rápida em um suporte de porta-ferramentas onde diversas ferramentas de corte são requeridas para terminar as peças. Eles são especialmente úteis em lotes de peças que estão executando múltiplas operações. Depois do ajuste inicial da ferramenta de corte em seu próprio bloco, o tempo de troca de ferramenta para ferramenta é uma questão de segundos.

> **Ponto-chave:**
> Suportes de troca rápida são apropriados para cortes médio-pesados; são quase tão fortes quanto os suportes abertos. Cortes de profundidades de 0,085 pol. e avanço de 0,020 IPR são aceitáveis.

Suportes de troca rápida (Fig. 3-125) são fornecidos em diferentes tamanhos para acomodar diferentes capacidades do torno.

> **Ponto-chave:**
> **Segurança**
>
> *Minimize o balanço da ferramenta* Quando alguma ferramenta de corte é estendida além do seu suporte, ela se torna uma alavanca tentando puxar para baixo, entrando na peça e talvez quebrando a pastilha ou corte, ou entortando a peça.
>
> Pare o torno para troca de ferramentas! Com ferramentas de troca rápida, é tentador trocar um bloco por outro sem parar o giro, especialmente quando se está correndo contra o relógio na produção – mas não o faça!

Porta-ferramentas de troca rápida
e vários tipos de ferramentas de corte

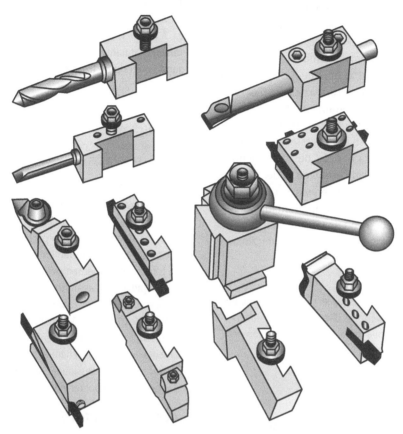

Figura 3-124 Suportes de troca rápida com blocos pré-montados reduzem o tempo de troca do ferramental e também repetem a posição precisamente quando recolocados.

Figura 3-125 Suporte de troca rápida em ação.

Torre de porta-ferramentas indexada

Esse acessório é outro modo de preparar múltiplas ferramentas de corte, mas, aqui, eles ficam no suporte de porta-ferramentas. Um parafuso excêntrico ou pino de trava permite ao operador destravar a torre, rotacioná-la em diversas posições discretas relativas à peça (usualmente 8 ou 16 posições) e depois travá-la seguramente na posição.

Por que escolher uma torre de suporte de ferramentas? Esses suportes são mais rápidos para a produção de peças, quando o trabalho não requer mais do que quatro ferramentas de corte. Quando indexados para a próxima ferramenta, eles repetem a posição com 0,0005 pol. ou mais.

Embora a torre fixe o cabo da ferramenta para o qual foi projetada, próxima ao centro vertical, ela precisa de calço. Portanto, ela é lenta para se preparar inicialmente. É também necessário assegurar que as outras ferramentas de corte não sejam usadas, não interfiram na peça. Por exemplo, na Fig. 3-126, a ferramenta de corte de metal duro (direita superior) poderia tocar o centro do cabeçote. Se isso acontecesse, ela deveria ser movida para outra posição, ou a ferramenta de torneamento do lado esquerdo poderia deslizar para fora. A maioria dos centros de torneamento CNC (tornos de produção) apresentam o mesmo desafio, exceto pelo fato de que suas torres de porta-ferramentas fixam muito mais ferramentas.

Ponto-chave:
A interferência de ferramentas é um dos muitos itens que devem ser checados com cuidado e lentamente quando o programa é testado pela primeira vez.

Torre de porta-ferramentas indexada

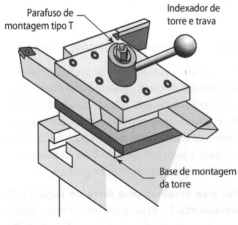

Figura 3-126 Uma torre quadrada oferece posicionamento múltiplo para diversas ferramentas montadas permanentemente.

Por que escolher uma torre de porta-ferramentas? Esse porta-ferramentas foi projetado para rodar muitas peças quando são necessárias de duas a quatro ferramentas de corte para tornear cada peça. A torre é o suporte mais rápido para troca de ferramentas durante operações de torneamento e o segundo método de fixação mais rígido depois do suporte sólido.

Ponto-chave:
São possíveis cortes por volta de 0,090 pol. de profundidade e 0,025 pol./m.

Eles podem fixar em ferramentas de metal duro e aço rápido. Frequentemente, uma carga padrão de ferramentas é ajustada e deixada no porta-ferramentas o tempo todo. A carga de ferramentas pode ser deixada na torre e depois ser removida do torno. A torre inteira é rapidamente aparafusada no torno fazendo a preparação ficar super-rápida. Por exemplo, uma ferramenta de torno de mão direita, uma ferramenta de mão esquerda, uma ferramenta de corte e uma ferramenta de forma para chanfrar podem ser adicionadas conforme a necessidade. As torres são caras, mas se caracterizam por ter vida longa na oficina.

Suportes indexados de troca rápida

Combinando as melhores características dos suportes de produção, o porta-ferramentas indexado de troca rápida mostrado na Fig. 3-127 oferece blocos de remoção, mas pode manter quatro blocos por torre de cada vez – um por lado. Portanto, a torre pode ser indexada em 24 posições – a cada 15°, o que proporciona uma boa flexibilidade à preparação.

Posicionamento em ferramentas de tornear com centro vertical

Quando montar uma ferramenta em qualquer coluna, é importante ajustar a aresta de corte perto ou no centro vertical da peça. Como está mostrado na Fig. 3-128, ela corta bem se posicionada levemente abaixo, mas o corte baixo pode perigosamente encorajar peças finas a entortar e então subir sobre o bit. Também, ferramentas baixas tendem a distorcer as formas.

> **Ponto-chave:**
> Se a ferramenta está muito acima do centro, a face de folga vai friccionar e a aresta de corte não estará em contato com a peça toda (veja a Dica da área abaixo).

> **Dica da área**
> Há discordância entre os mestres no que diz respeito ao centro da ferramenta. Alguns recomendam que a ferramenta de corte do torno deve ser ajustada um pouco acima do centro, porque as forças de corte vão puxá-la para baixo durante os cortes pesados, e ela termina no centro. Eu discordo, isso é um jogo de adivinhação de quão acima se deve colocar ela, então, coloco-a no centro.

Três métodos de centralizar a ferramenta

Aqui estão os modos de assegurarmos que a aresta de corte esteja no centro da peça.

1. **Calibrador de altura dedicada (melhor método)**
   O método mais seguro é uma vareta dobrada simples feita na oficina. A vareta é soldada ou parafusada em uma base de aço pesada. A ponta da vareta é afiada como um ponto divisor, com uma superfície plana (Fig. 3-129). Ajuste o calibrador sobre o topo da superfície do carro transversal ou barramento (o que for mais conveniente no torno), assim, o alinhamento da ferramenta é feito em um piscar de olhos.

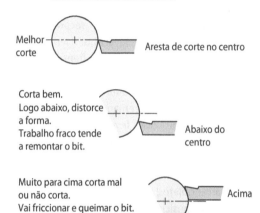

Figura 3-128 A altura vertical da aresta de corte deve ser ajustada.

Figura 3-127 Uma torre indexada de troca rápida apresenta 15° de posicionamento discreto e rápida mudança de blocos.

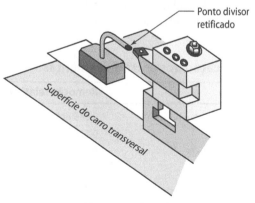

Figura 3-129 Calibrador de altura feito na oficina aponta para fora da linha de centro do eixo.

capítulo 3 » Operações de torneamento

187

2. **Cabeçote móvel**
   Deslizando juntos a ferramenta e o centro do cabeçote móvel (ou cabeçote), pode-se também apontar para o centro vertical (Fig. 3-130).

> **Dica da área**
> Um calibrador plano usado para traçagem ou um pequeno traçador de altura, ajustado na distância vertical correta, também pode ser usado para alinhar ferramentas de corte no torno.

3. **Capturando um objeto plano (método rápido e sujo)**
   Esse método é um artifício recomendado apenas se você pegar leve! Aqui, a ferramenta de corte é movimentada para frente contra a superfície de trabalho para prender e segurar qualquer objeto plano (uma tala de madeira ou, se você for extremamente cuidadoso, a sua régua de bolso) levemente contra a superfície redonda centrada: a peça, o lado da superfície da placa ou o mangote do cabeçote móvel. Nunca use bastante pressão para marcar objetos! A inclinação do objeto preso indica o posicionamento vertical (Fig. 3-131). Nem todos os instrutores recomendam esse método, em especial, quando se prende uma régua de bolso, por ser inexato, potencialmente danificador para a régua e a aresta afiada da ferramenta de corte e esse processo pode quebrar ferramentas de metal duro se for colocada muita pressão. Uso esse método por ser uma maneira rápida de checar grosseiramente a altura de uma ferramenta.

Testando a altura da ferramenta com o centro do cabeçote móvel

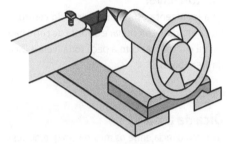

Figura 3-130 A ferramenta de corte pode ser comparada à altura do ponto do centro do cabeçote principal ou móvel.

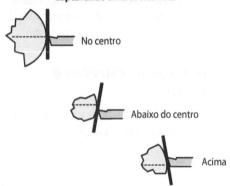

Figura 3-131 Capturar um objeto plano entre o bit e uma peça redonda mostra grosseiramente a altura da ferramenta. Mas, cuidado, pode estilhaçar pedaços da pastilha de metal duro.

Aplicação dos porta-ferramentas

Tipo	Remoção relativa	Serve melhor para
Suporte com balancim	0,045 pol. a 0,010 para 0,015 IPR	Trabalho leve
Aberto	0,100 pol. a 0,025 para 0,035	Trabalho em desbaste e simples
Troca rápida	0,085 pol. a 0,020 para 0,025	Lote complexo requerendo múltiplas ferramentas
Torre indexada	0,090 pol. a 0,025 para 0,030	Desbaste/acabamento, número médio de ferramentas
Torre indexada de troca rápida	0,090 pol. a 0,025 para 0,030	Instalações muito complexas para lotes

Revisão da Unidade 3-4

Revise os termos-chave

Ângulo de inclinação (composto)
Ferramenta de torno com um ângulo de inclinação que tem a característica de cortar para a esquerda ou direita.

Círculo inscrito (abreviado CI)
Tamanho de um inserto de carboneto, o maior círculo que pode ser absorvido pelo inserto. A ferramenta funciona eficientemente quando corta uma profundidade de $\frac{2}{3}$ do CI.

Cobalto
Elemento metálico duro adicionado aos bits de aço HSS para resistência extra ou usado como "cola" em um carboneto de tungstênio sinterizado.

Geometria para quebra de cavaco – Quebra de cavaco postiço
Ranhura em uma ferramenta de corte de um torno (geometria de quebra) ou uma protrusão de metal (cavaco postiço) usada para partir o cavaco que avança em formas seguras tipo "C" (vírgulas).

Metal duro (carboneto cimentado)
Grãos de carboneto de tungstênio ligados em conjunto com um elemento aglomerante de cobalto, e um termo algumas vezes usado para descrever uma ponta de carboneto quando soldado sobre um cabo de ferramenta para torno.

Pastilha indexável
Inserto de metal duro (ou outro material cortante) que apresenta mais de uma aresta de corte por inserto. Quando o inserto é indexado em uma nova posição, ele não perde a posição da ferramenta sobre seu suporte.

Sinterização
Metal resistente que é pressionado para dentro de um molde e, em seguida, aquecido para formar um compósito sólido com características diferentes de qualquer metal fundido.

Reveja os pontos-chave

- Escolha ferramentas HSS em vez do metal duro quando precisar fazer um corte interrompido que quebra ferramentas duras (uma superfície não contínua em que a ferramenta de corte deve entrar e sair do corte em cada revolução). Elas também trabalham melhor onde flexibilidade e trepidação quebram ferramentas duras de corte.
- Escolher uma pastilha larga para corte de pequena profundidade não é econômico, mas escolher uma pastilha que já foi muito usada também não é.
- Por segurança, limite cortes por volta de 0,050 a 0,075 pol. de profundidade e 0,008 a 0,0012 IPM, quando usar um suporte porta-ferramentas com balancim ou use os limites estabelecidos por seu instrutor.
- Nunca tente trocar uma ferramenta de troca rápida ou rotacionar a torre porta-ferramentas quando o fuso ainda estiver girando. Pare o torno para a troca de ferramentas!
- Sempre tenha alguém checando a sua preparação enquanto você está aprendendo.

Responda

A folha de configuração do CNC mostra que a ferramenta número 5 deve ter um porta-ferramentas KTMNR-164. As cinco questões seguintes referem-se a esse porta-ferramentas.

1. Qual é o tamanho da pastilha?
2. Qual é a versão desse porta-ferramentas?
3. Qual é o tamanho do cabo?
4. Qual é o formato da pastilha usada nessa ferramenta?
5. Esta é uma questão composta. Qual é a profundidade máxima de trabalho recomendada da pastilha para essa ferramenta?
6. Uma ferramenta de metal duro cimentado é escolhida quando o metal duro é obrigatório, mas algumas formas personalizadas são necessárias e não estão dis-

poníveis no ferramental. Essa afirmação é verdadeira ou falsa? Se for falsa, o que a tornaria verdadeira?

7. Um porta-ferramentas com balancim é escolhido por sua habilidade de girar e articular em qualquer direção e ter cortes profundos ou pesados. Essa afirmação é verdadeira ou falsa? Se for falsa, o que a tornaria verdadeira?

8. Identifique o suporte de porta-ferramentas na Fig. 3-132.

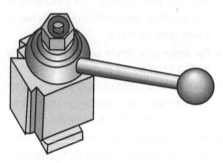

Figura 3-132 Identifique este suporte de porta-ferramentas de produção.

9. Nomeie três suportes de porta-ferramentas mais usados em tornos padrão na indústria (isso exclui o suporte de porta-ferramentas com balancim) e descreva brevemente cada um.

10. Você tem um pedido de 250 pinos de mola. Eles requerem uma grande quantidade de torneamento cilíndrico, faceamento e um chanfro no canto. Que suporte de porta-ferramentas poderia ser melhor para fazer essa produção?

11. Modificando o trabalho na Questão 10, você agora precisa recartilhar a peça. Faça um canal profundo em uma extremidade e um mandrilamento interno em uma profundidade de 4 pol., assim como nas outras operações requeridas. Que suporte de porta-ferramentas você vai usar?

12. No primeiro corte para tirar o excesso de metal dos pinos nas Questões 10 e 11 em desbaste, a ferramenta HSS fica muito quente e o acabamento é pobre. O que há de errado e o que você pode fazer?

Note que existem muitos fatores aqui. Pense nisso o tempo que precisar analisando todas as possibilidades.

>> Unidade 3-5

>> Segurança do torno

Introdução Nas Unidades 3-6 e 3-7, examinaremos as preparações. Para começar, é fundamental que você planeje e execute cada operação e preparação com segurança como principal objetivo. Por isso, na Unidade 3-5, vamos refletir sobre algumas dicas específicas de segurança que pertencem diretamente às operações de torno.

> **Ponto-chave:**
> A Unidade 3-5 é curta, mas tudo é 100% pontos-chave.

As soluções desta unidade não são totalmente abrangentes, mas focalizam problemas comuns que acontecem com os iniciantes. Cada preparação e operação apresenta algum desafio que precisa ser reconhecido e resolvido pelo bom senso. Existem duas peculiaridades não explícitas que você deve desenvolver:

1. Segurança em primeiro lugar e sempre – é fácil estar ocupado demais para se lembrar da segurança! É comum entre os iniciantes começar com uma segurança extra, mas assim que ficam confortáveis com o equipamento, eles esquecem essa atitude.

2. Se parece perigoso, provavelmente deve ser perigoso. Discipline-se a fazer as coisas certas sem pressa.

Para todos os instrutores que ajudaram a planejar este livro, aqui está nosso melhor conselho: como estar no controle total do perigo potencial de tornear.

Melhor prática de segurança em tornos

Conheça seu equipamento

Engatar acidentalmente o eixo errado ou mover a ferramenta na direção errada é, sem dúvida, a fonte mais comum de arruinar o trabalho dos estudantes e causar acidentes. Aqui estão dois aspectos diferentes de equipamentos a ser desenvolvidos.

1. Reveja os diversos volantes e alavancas antes de começar os exercícios de usinagem. Sempre se pergunte "o que vai acontecer quando eu puxar essa alavanca ou girar esse volante?". Pense nos seus atos antes de executá-los.

2. Tenha um plano de parada de emergência pronto e pratique-o! É comum iniciantes ou até operadores experientes fazerem a coisa errada durante um acidente. Quando alguma coisa der errado, uma peça escorregar da placa ou uma ferramenta quebrar, por exemplo, você deve ter reflexos rápidos para parar a máquina e isso requer prática. Com uma ação atrasada, ou pior, uma ação errada, acidentes são amplificados pelo operador além do seu perigo inicial! (Veja a Fig. 3-133.)

Pratique suas ações. Pare o torno o mais rápido que você conseguir! Muitos tornos têm uma combinação de parada de giro e alavanca de freio, que será duplicado no chão com a barra que é operada pelo pé. Se seu torno tiver uma, treine seu pé para usá-la.

Reconheça instantaneamente três classes de perigo

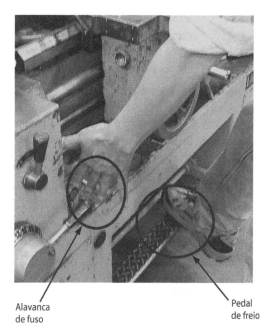

Alavanca de fuso — Pedal de freio

Figura 3-133 Nunca inicie o torno sem uma revisão de como pará-lo com rapidez e segurança – utilizando a alavanca de fuso ou o pedal de freio.

Classe 1   Você ouve ou vê um sinal de que alguma coisa não está certa. Pare, investigue e conserte, antes de degradar. Exemplos incluem mudança de sons, acabamentos degradados, fumaça, vapor ou cavacos azuis – quando eles não foram previamente vistos ou ouvidos. Nesse caso, você deve deixar o corte acabar antes de parar.

Classe 2   Sem dúvidas sobre isso, você ouve ou vê alguma coisa se soltando ou quebrando. O perigo é real e você deve agir rapidamente para evitar que ele se torne um acidente de Classe 3. Pare no mesmo instante, investigue e resolva o problema. Isso provavelmente garante uma nova preparação.

Classe 3   Esta é a catástrofe. É um rápido desenvolvimento de um acidente total; não há nada a fazer, porém, fique longe da máquina o mais rápido que puder. Uma vez que esteja tudo sob controle e todo mundo a salvo, pode conferir com seu instrutor ou supervisor para ter certeza de que isso não vai acontecer novamente.

O ponto é: não há tempo para pensar em suas atitudes quando uma acidente Classe 3 ocorre. Como um mestre de kung fu, você deve estar mentalmente preparado para agir. Isso vai de mãos dadas com o seu plano contra acidentes. Prepare-se agora para uma eventualidade de quando não há nada a fazer a não ser abaixar e correr! Vamos analisar as três classes novamente em usinagem CNC, a partir daí, os acidentes são mais potentes!

> **Ponto-chave:**
> Não importa o quão valiosa é a máquina, o operador é sempre mais valioso.

Construir com segurança durante toda a preparação

Preparações que não são bem planejadas são causa de acidentes comuns e de um trabalho arruinado. Escolha uma fixação para o trabalho e ferramentas de corte rígidos com o balanço mínimo absoluto. Teste ferramentas de corte para a interferência de placa girando o eixo no ponto morto, antes de engatar a rotação automática.

Na Fig. 3-134, quantas coisas você acha que estão erradas na configuração B em comparação com a configuração A? Não apenas as ferramentas e os porta-ferramentas da configuração B são posicionados longe da torre, mas a torre foi montada longe da borda do carro superior.

O que há de errado com a preparação mostrada na Fig. 3-135?

Novamente, se você ainda tem uma alguma dúvida de que a fixação é sólida o bastante, pare e reveja a rigidez (capacidade para resistir a flexões e dobras). Não a experimente para ver se ela "pode funcionar" (Fig. 3-136).

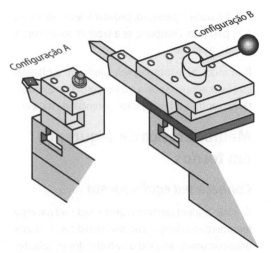

Figura 3-134 A ferramenta à direita estende-se muito. Ela vai flexionar para baixo e vibrar, talvez penetrando no trabalho.

Figura 3-135 O que há de errado com esta configuração?

Certifique-se de que as proteções de placa estão no lugar

Não se esqueça de adicionar as proteções de placa em sua preparação. As proteções de placa fazem três coisas (Fig. 3-137):

1. Mantêm o refrigerante dentro do torno, e não deixam a placa lançá-lo para dentro da oficina.

2. Isso impede que o cavaco voe para fora, acertando você ou outras pessoas que estejam por perto.

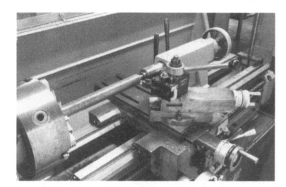

Figura 3-136 Agora está segura para virar.

Figura 3-137 Este torno tem proteção de placa, o que impede que os cavacos e o refrigerante saiam voando.

3. As proteções ajudam a conter a peça que poderia acidentalmente ser atirada para fora.

As proteções são mais fundamentais no torno CNC, onde as forças e velocidades são maiores. A maioria dos centros de torneamento CNC possuem um escudo de segurança completo de contenção que circunda completamente a área de usinagem. Se essa proteção não estiver no lugar, o torno não vai começar, exceto se houver um grande ajuste no software do controle (chamado de "mudança de parâmetro").

Controle de cavacos

Longos cavacos em fita são um problema complicado. Eles cortam e agarram e também travam envolvendo-se em placas com uma velocidade incrível, causando um emaranhado chamado ninho de rato (Fig. 3-138). Há dois passos que você pode seguir para evitar problemas com cavacos.

Quebre cavacos em forma de "C" Faça isso utilizando os melhores avanços e ferramentas da geometria e adicionando um quebra-cavacos no topo da ferramenta (Fig. 3-139). Peça para seu professor mostrar como quebrar seu cavaco, se ele começar a enrolar-se perigosamente e fora da sua operação. Se é um corte de desbaste, você pode fazer uma breve pausa no movimento de avanço e, em seguida, iniciá-lo novamente. Não espere muito, deixando a ferramenta girar em vazio e friccionando a peça, mas uma rápida parada cria um lugar fraco no cavaco que o quebra. Há também alguns momentos quando, sem desengatar o avanço, o volante pode ser movido para frente com força – denominado atolar o volante –, que também causa um ponto fraco no cavaco.

Figura 3-138 Perigo! Esta operação está produzindo uma fita de cavaco afiada, quente e muito forte!

Figura 3-139 Quebra de cavacos em forma de "C" indica geometria de ferramenta correta, boa velocidade de corte e faixas de avanço.

Mantenha os cavacos longos varridos Às vezes, não é possível quebrar os cavacos, especialmente em cortes leves. Quando isso acontece, usa-se o gancho de cavaco mostrado na Fig. 3-140 para mantê-los em fita deslocando-se para fora da placa e do trabalho. Além disso, mantenha pilhas de cavacos varridos longe da máquina. Eles podem fazer seus pés deslizarem pelo chão, o que leva a lesões, ainda mais se você cair com o torno em movimento.

Calcular velocidade e iniciar moderadamente, depois, trabalhar nas taxas máximas

Sendo um iniciante, não adivinhe as velocidades corretas.

Não fique na zona de perigo quando operar a máquina

Lembre-se, quando limar, use a mão esquerda no cabo da lima, e durante todas as operações rotativas, fique à direita da área onde os cavacos serão ejetados.

Preste atenção na chave da placa!

Lembre-se, a chave da placa esquecida na placa se transforma em um míssil quando o fuso está ligado. Nunca tire a mão violentamente quando estiver na placa.

Vestido para o trabalho

Mais um lembrete: sem joias ou roupas folgadas. Cubra seus cabelos com uma touca. Use óculos de proteção mesmo se a máquina não estiver se movendo, e proteja a audição com protetores ou abafadores, se o ruído for desconfortavelmente alto.

Figura 3-140 Use um gancho de cavaco com firmeza para puxar os cavacos longos para fora e longe do torno mecânico.

Figura 3-141 Fique ao lado da zona de perigo afastando-se da borda da placa e da peça de trabalho, onde os cavacos podem voar para fora da operação.

Revisão da Unidade 3-5

Reveja os pontos-chave

- Conheça seu equipamento.
- Pense em suas atitudes antes de experimentá-las.
- Tenha um plano de emergência pronto e pratique-o.
- Identifique instantaneamente as três classes de perigo.
- Certifique-se de que as proteções de placa estão no lugar correto.
- Faça o controle de cavacos. Use quebra-cavacos.
- Mantenha os cavacos perigosos varridos.
- Sempre desligue e bloqueie o acionamento automático do torno ou desligue os disjuntores principais, de modo que o torno não se inicie acidentalmente. Isso é muito importante no trabalho de preparação em CNC.
- Calcule a velocidade e o avanço – comece de forma moderada.
- Não fique na zona de perigo ao operar a máquina.
- Lembre-se da chave de placa!
- Vista-se apropriadamente para o trabalho.

Responda

1. Nomeie as quatro maneiras de um profissional controlar os cavacos em um torno mecânico.
2. Que medidas o operador deve tomar quando um evento de Classe 1 ocorre?
3. Qual é a principal característica de um acidente de Classe 3?
4. Qual seria uma boa regra para evitar chaves de placa voadoras?

Questão de pensamento crítico

5. Qual é a causa mais comum em acidentes em um torno?

» Unidade 3-6

» Configurações de torno que funcionam direito – Solução de problemas

Introdução Após uma breve discussão sobre o cálculo de rpm durante o trabalho em torno, veremos configurações e resolução de problemas. Depois de observar uma demonstração do torno por seu instrutor e conferir todas as atividades planejadas, você estará pronto para preparar e operar um torno mecânico.

Termos-chave

CEP (Controle Estatístico do Processo)
Método de detecção de variação normal e variação de tendência em qualquer processo.

Coordenação do eixo
Fixação do anel graduado ou indicador digital para representar o diâmetro real do trabalho.

Cp (Capabilidade do Processo)
Quantidade de variação em qualquer processo.

Calculando a rpm do torno

Há uma consideração adicional para se obter uma rpm correta em tornos, além de um bom corte: limites máximos de segurança! Uma vez que muitos trabalhos são mantidos em placas, muitas vezes, a velocidade de corte correta para o trabalho é rápida demais para o aro da placa. Placas universais, placas lisas e outras fixações podem ser lançadas devido às forças centrífugas. Lembre-se que os limites gerais para placas são geralmente em torno de 1.000 rpm ou menos em tornos manuais. No entanto, verifique com seu instrutor o limite da oficina.

Ponto-chave:
Sua oficina terá limite superior de rpm para certos métodos de fixação.

O cálculo de rpm para o torneamento é semelhante ao processo para bits. Para calcular as rpm em uma operação de torno,

1. encontre a velocidade de corte sugerida para a liga da ferramenta e do metal a ser cortado no gráfico do Apêndice IV;

2. calcule as rpm de tal forma que a superfície externa do trabalho gire na velocidade de superfície recomendada, se for seguro. Use a fórmula simples:

$$\text{rpm} = \frac{4 \times \text{velocidade de corte}}{\text{diâmetro (do objeto rotacionado)}}$$

Por exemplo, um diâmetro de 3,0 pol. de uma peça de aço doce é torneado usando uma ferramenta HSS. No gráfico do Anexo IV, encontramos a velocidade de corte recomendada de 100 pés/min.

Na fórmula:

$$\frac{4 \times 100}{3} = 133 \text{ rpm}$$

Em sistema métrico, usamos:

$$\text{rpm} = 1000 \times \frac{\text{velocidade de corte}}{\pi \cdot \text{diâmetro (do objeto rotacionado)}}$$

A velocidade de corte deve ser dada em m/min e o diâmetro do objeto em mm.

Calcular as rpm é fundamental para alcançar bons acabamentos, exatidão e segurança. Lembre-se, o objeto menor deve girar mais rápido para atingir uma determinada velocidade de corte.

Dica da área
Mudando constantemente o diâmetro do trabalho

Já discutido na Unidade 3-1, surge um problema na escolha das rpm ao facear ou sangrar a peça, porque a ferramenta move-se para dentro em direção ao centro (ou fora) e, portanto, o diâmetro da ponta da ferramenta muda. Um bom corte exigiria uma rpm com variação constante. O eixo deve ir mais rápido à medida que avança para dentro.

Existem três soluções possíveis:

1. (Usado normalmente) Utilize uma rotação média – Selecione uma rpm intermediária que é inicialmente um pouco alta, mas conforme a ferramenta se aproxima do centro, ficará muito devagar.

2. (Não usado frequentemente) Troque a rpm – Pare o corte no meio do caminho e troque a rpm através de engrenagens.

3. (Melhor solução, se possível) Variação constante – Muitos tornos possuem uma unidade de transmissão variável tal que as rpm podem ser alteradas continuamente durante a operação.

Planejando a operação

Mesmo um trabalho simples, como este exercício, possui várias etapas. Dedique alguns minutos e tente planejar e executar esta tarefa. O exercício será mais benéfico se o fizer com um parceiro de igual competência. Nem todos os passos foram abordados nessa operação, mas você tem o conhecimento para trabalhar com eles. Você vai precisar ampliar e ler as Dicas da área ao longo do caminho também. Estaremos seguindo esta OS.

Ordem de Serviço U11-6-142

Quantidade total: 15 pinos de cisalhamento de aço por desenho 3-142 (Fig. 3-142).

Matéria-prima: aço laminado a frio com diâmetro de 1,375 pol.

O material foi serrado e tem 9 pol. de comprimento com excesso para pegada. As extremidades são grosseiras.

Execute esta OS usando somente ferramentas HSS.

Instruções

Use uma folha de papel para planejar cada passo na preparação e nas operações de usinagem. Os objetivos são: segurança, qualidade e eficiência (nessa

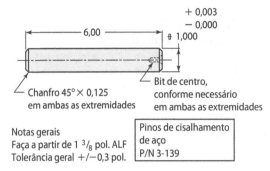

Figura 3-142 Planejar e produzir 15 destes eixos.

ordem). Compare a sua preparação finalizadda e o guia de operação com esta fornecida. Ao fazer as opções de preparação, esteja ciente das tolerâncias de desenho para variadas características da peça.

Eis uma lista de verificação (check list) de fatos a serem considerados:

- ☐ método para fixação;
- ☐ ferramentas de corte;
- ☐ suporte de porta-ferramentas;
- ☐ suporte da peça;
- ☐ sequências de operação.

Preparação sugerida

Esta é uma solução, mas existem outras combinações que produzem bons resultados.

1. **Método para fixação – Placa de três castanhas**
   Há muito material a ser removido, assim, o batimento não é tão importante, mas uma boa pegada. Ao fazer 15 peças, é necessário um tempo de virada razoável. As peças têm excesso de comprimento para fixar dentro da placa.

2. **Ferramentas de corte**
   Ferramenta de torneamento de mão direita – corta na direção da placa;

   ferramenta de faceamento (torneamento de mão esquerda) – corta para dentro em direção ao centro;

   ferramenta de sangramento;

   ferramenta de forma para chanfrar – para remover arestas indicadas no desenho;

   broca de centro em mandril no cabeçote móvel.

3. **Suporte de porta-ferramentas**
   Preparação multiferramenta – tanto um sistema cam lock quanto uma torre estão corretos para o trabalho.

4. **Suporte da peça**
   Cabeçote móvel, contraponta rotativa. Você terá cerca de 7 pol. de material saliente da placa, portanto, é maior que a razão de 5 para 1 sugerida para o diâmetro de comprimento em objetos não suportados.

Operação sugerida – sequências

Passo 1 – Preparação da extremidade
A peça fica saliente para fora da placa em uma distância curta – 1 pol. ou menos. A 500 rpm, faceie a superfície, ou seja, limpe uma quantidade mínima de material para obter uma face verdadeira usando uma ferramenta de faceamento de versão direita (VD). A 1.000 rpm, faça o furo de centro como mostra a Fig. 3-143 (ou o limite superior de rpm da placa para sua oficina).

Figura 3-143 Pronto para a furação no centro da barra.

Dica da área

Por vezes, é mais eficiente realizar a mesma operação para as 15 peças antes de passar para o passo seguinte (Fig. 3-144). Nesse caso, tudo poderia ser colocado na placa, faceado em uma extremidade e feito o furo de centro. Outro exemplo seria no torneamento efetivo do diâmetro. Cada peça deve ser torneada em desbaste até 0,030 pol. do diâmetro final e, depois, deixe de lado para esfriar enquanto torneia em desbaste as peças restantes.

Figura 3-144 Para alcançar a eficiência, as 15 peças poderiam ser faceadas e furadas com broca de centros sem alterar a preparação.

Passo 2 – Fixar na placa novamente para torneamento

Existem 7 pol. de saliência saindo do placa de três castanhas. Prepare a contraponta rotativa no cabeçote móvel.

Passo 3 – Ajuste o torno para torneamento

Ajuste a rotação para 400 rpm (torneamento de aço com uma ferramenta HSS). Ajuste o avanço para 0,015 pol./rev. – próprio para desbaste no DE (diâmetro externo).

Passo 4 – Torneamento

A primeira ação será coordenar grosseiramente a leitura do micrômetro e/ou a leitura da posição digital para mostrar o diâmetro que a ferramenta produz.

Dica da área

Obtendo o acabamento final Enquanto referenciando, o anel do eixo X é importante para qualquer peça, e sua utilidade aumenta quando peças múltiplas estão sendo produzidas. No entanto, para utilizar essa dica, a preparação requer um sistema cam lock ou torre porta-ferramentas para que a ferramenta de torneamento possa ser colocada de volta no lugar, na mesma posição, toda vez que for usada.

Quando usinar a segunda peça, se o eixo estiver referenciado, o anel deverá ler "zero" quando você atingir o tamanho final. Mas esteja ciente de que outros fatores podem entrar em jogo; calor e elasticidade tanto na ferramenta quanto na peça podem fazer que o primeiro ajuste chegue perto, mas não exato. O referenciamento pode mudar.

Diferenças na profundidade dos cortes também afetarão o tamanho produzido. Retirar mais material tende a contrair a ferramenta, afastando-ae do trabalho. Continue a monitorar as dimensões nas peças seguintes.

Depois de algumas peças, o ajuste se estabelece, isto é, a variação estabiliza. Sendo um operador habilidoso, você vai aprender a minimizar o tempo necessário para que isso ocorra. Uma vez que as variáveis são contabilizadas, o anel micrométrico e o indicador digital vão permanecer corretos durante um longo período de tempo até a ferramenta de corte começar a desgastar.

Ferramentas de desbaste e acabamento   Para estabilizar a operação, alguns operadores ainda fariam essa configuração usando duas ferramentas de corte, uma de desbaste e outra para cortes de acabamento. A maioria do trabalho duro é feito pela ferramenta que não executa a última passada; essa também é uma prática CNC.

Apenas toque o bit de ferramenta no DE, ajuste o anel graduado ou a leitura digital para 1,3750 (0,375 em anéis micrométricos) e suavemente trave o anel. Em seguida, faça um pequeno passe no eixo Z de teste com cerca de ¼ pol. de comprimento e de 0,030 pol. até 0,050 pol. de profundidade (a quantidade da passada de desbaste).

Pare o torno e meça o resultado com o micrômetro. Agora, refine a posição do eixo X no anel ou indicador para representar o restante no eixo até o tamanho final. Este é um passo importante e muitas vezes ignorado por iniciantes. Ele economiza tempo na obtenção de um resultado. Isso é conhecido como **coordenação do eixo**. (Fig. 3-145). Por exemplo, depois de fazer o teste de corte, o eixo mede 1,2340 pol. Sem mexer na posição do eixo, ajuste a posição 1,2340. Coordenar o eixo leva em conta a folga e a elasticidade da ferramenta.

Passo 5 – Chanfrar

Para chanfrar a peça sobre a extremidade voltada para a placa, faça um canal com a ferramenta de sangramento. Para obter a posição certa no eixo Z da ferramenta de canal, use o indicador digital ou uma parada micrométrica se o torno o tiver equipado. Em primeiro lugar, toque a ferramenta de sangramento na extremidade direita, depois, mova para a esquerda a uma distância igual à espessura da aresta mais o comprimento da peça (Fig. 3-146). Isso pode ser conseguido com o volante manual o eixo Z, se este estiver graduado de forma fina o suficiente.

> **Dica da área**
> A maioria das ferramentas de sangramento são fabricadas com uma espessura exata de 0,100, 0,125 ou 0,1875 pol.

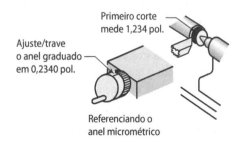

Figura 3-145 Referenciar o anel micrométrico para revelar os resultados torneados poupa tempo.

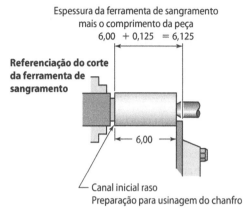

Figura 3-146 Toque a ferramenta de sangramento na extremidade direita do trabalho, depois mova para a esquerda a uma distância igual ao comprimento da peça mais a espessura da aresta de corte da ferramenta. Faça um canal para a ferramenta de chanfro.

Passo 6 – Separação

Depois de chanfrar, remonte o bedame de corte e posicione-o no canal. Trave o suporte e ajuste do eixo X para avançar a 0,005 por rotação para dentro. Use refrigerante para lubrificar a saída do cavaco, mesmo com os metais que não o requeiram, pois a lubrificação ajuda o cavaco a sair do canal profundo.

> **Ponto-chave:**
> **Nota de segurança 1 – O corte final**
> A peça cairá quando o bedame de corte atravessar o centro do tarugo remanescente na placa.

> **Ponto-chave:**
> Lembre-se, não é aconselhável pegar a peça com a mão! Normalmente, coloca-se uma bandeja sob as peças para armazená-las.

Esteja pronto! No instante em que a peça é cortada a partir da matéria-prima, ainda na placa, pode ser necessário parar o torno. Tenha o seu pé ou a mão na alavanca de parada!

Controle do operador

Resolução de problemas quando as coisas não ocorrem conforme o planejado!

Sendo um operador de máquina profissional, você pode chegar a um conclusão de como melhorar uma operação ou corrigir um problema. No trabalho anterior, a tolerância do diâmetro de 1,00 pol. era de aproximadamente 0,005 pol. Se, após a execução de dez peças, você encontrar uma variação de diâmetro de aproximadamente 0,001 pol., então a sua preparação está sob controle e produz resultados consistentes. No processo, há uma variação normal de 0,002 pol., distribuídas uniformemente próximo de um tamanho médio de 1,002 pol. Peças variam na faixa de 1,001 a 1,003 pol.

O desafio agora é começar o processo de variação centrado em torno do tamanho desejado do objeto, neste caso, 1,000 pol., o que exige um ajuste final do anel micrométrico da máquina. Em seguida, monitorar sucessivamente as peças para ver que os tamanhos permanecem próximos do valor do objeto.

Você vai experimentar uma variação natural devida ao aquecimento, à folga mecânica da máquina, as suas ações no controle da folga e outros fatores. Esses fatores adicionam uma repetibilidade limitante em toda a operação chamada de **capabilidade do processo** e abreviada por **Cp**.

Sua responsabilidade como operador oficial é reconhecer quanta variação é feita na preparação e na máquina e quantos fatores requerem controle. Se, por exemplo, você observa uma tendência de crescimento maior no diâmetro de 0,0002 pol. em cada nova peça, de que você suspeitaria?

O desgaste da ferramenta seria o primeiro suspeito, mas poderia haver outros fatores, tais como a ferramenta deslizar sobre o suporte? O anel micrométrico poderia estar escorregando também. Assim, seu trabalho é semelhante ao de um detetive – raciocinar sobre as pistas e decidir a causa mais provável.

Passos para solucionar problemas

Usando as pistas, decida quais são as possíveis causas.

Teste cada uma delas na operação para eliminá-las uma a uma.

Encontre soluções sólidas que impeçam que o problema surja novamente.

Tenha em mente que, às vezes, o problema pode ser causado por mais de um fator.

Controle estatístico do processo

Por segurança, o dever principal do operador é encontrar e controlar a variação, para fazer peças tão perto quanto possível da medida nominal – que é o fundamento de um trabalho de qualidade. Para fazer isso, você deve entender a natureza da variação da operação e o processo de usinagem. Ela se divide em três tipos de erros: erro comum ou sistemático (normal), tendência e erro aleatório. Os erros sistemáticos são as quantidades criadas pelo equipamento e processos que não podem ser completamente eliminados. O erro aleatório é aquele criado apenas por eventos únicos de tempo limitado que possam levar a uma peça refugada, mas há pouco a ser feito durante o processo para evitá-lo. Por exemplo, todos os dias às 12h45 um trem passa pela fábrica fazendo a máquina vibrar. É preciso detectar a causa e evitá-la, mas você não mudará a operação. Isso deixa as tendências como um verdadeiro inimigo para a qualidade – algo está mudando ou alterou a variação normal.

Uma ferramenta muito boa para encontrar e rastrear todos os tipos de variação é chamada de **Controle Estatístico de Processo**. O CEP é uma ferramenta matemática/gráfica que funciona particularmente bem na produção executada em usinagem, mas pode ser aplicada a qualquer processo que tenha um produto na saída, usinagem ou qualquer outro.

O CEP faz duas coisas: determina o que é uma quantidade normal de variação no processo, depois controla graficamente, em tempo real, a variação no trabalho para mostrar se existem as tendências se desenvolvendo fora do normal. Isso também pode ser feito em um PC na máquina, ou muitos comando CNC modernos que tenham o CEP em seu software. O CEP não explica por que a variação está ocorrendo, pois esta habilidade é do operador.

O CEP auxilia o operador avisando-o antecipadamente de tendências em desenvolvimento. Assim, as habilidades devem assumir o controle para encontrar a raiz da(s) causa(s) e determinar as correções permanentes. Os problemas futuros requerem esse tipo de trabalho de detetive.

Revisão da Unidade 3-6

Revise os termos-chave

CEP (Controle Estatístico do Processo)
Método de detecção de variação normal e variação da tendência em qualquer processo.

Cp (Capabilidade do processo)
Quantidade de variação em qualquer processo.

Coordenação do eixo
Fixação do anel graduado ou indicador digital para revelar o diâmetro real do trabalho.

Reveja os pontos-chave

- Sua oficina terá limite superior de rpm para certos métodos de fixação.
- As operações são frequentemente agrupadas em lotes. A decisão de fazer peças dessa maneira depende do tempo de virada para o método de fixação.
- Referenciar o anel graduado evita a necessidade de medição extra e testes.
- Quando uma peça é cortada (sangrada) a partir do tarugo inicial, não tente pegá-la com as mãos!

Responda

O torneamento cônico em um eixo é um problema frequente. Aqui seguem algumas questões de pensamento crítico, o trabalho de detetive e as correções típicas dos desafios diários que enfrentamos. Qualquer pessoa pode operar uma máquina quando tudo está indo bem. Mas só um operador habilidoso que pode mantê-la fazendo uma boa peça quando as coisas dão errado!

1. *Torneamento cônico da primeira peça depois do primeiro passe de desbaste.* Ao tornear um comprimento de $\frac{3}{4}$ pol. de diâmetro de um ALF estocado até 0,625 pol., após o primeiro corte de desbaste, você encontra um problema. Usando um micrômetro em ambas as extremidades e no meio, além de testá-lo com uma escala reta, você encontra um cone reto (não em forma de barril) com a extremidade do cabeçote móvel sendo de maior tamanho. A diferença total entre extremidades é de 0,018 pol. (Fig. 3-147).

Conicidade consistente após o primeiro desbaste?

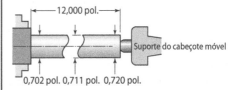

Figura 3-147 Esta peça foi produzida no primeiro corte em desbaste. Qual poderia ser o problema?

   a. Liste as cinco possíveis causas.
   b. Descreva como testar para eliminar cada possibilidade.
   c. Assumindo a causa como foi descrito nas respostas, encontre uma solução específica. Para um método rápido de correção, consulte a Dica da área nas respostas.

2. (O mesmo trabalho da Questão 1) *Depois de cinco peças sem conicidade, a sexta apresenta conicidade.* Semelhante à última Questão, o lado direito é maior que o esquerdo. Liste as possíveis causas.

3. *Acabamento ruim de superfície em passes de desbaste e semiacabamento.* Resolva esta questão antes de ir para o último passo.

>> Unidade 3-7

>> Rosqueamento de ponta única

Introdução Continuando com as operações, analisaremos agora o rosqueamento de ponta única no torno mecânico manual. Na minha opinião, os rosqueamentos de ponta única são a atividade mais complexa no primeiro semestre de usinagem, em termos de complexidade de preparação e ações do operador.

Você não será capaz de ler este material e depois ir para o torno e fazer um rosqueamento de ponta única. Examine-o agora cuidadosamente para um entendimento básico; então, peça uma demonstração para seu instrutor. Finalmente, leve o livro com você para usá-lo como referência para ajustar e usinar sua primeira rosca. Preste atenção às Dicas da área para rosqueamento, elas funcionam!

Termos-chave

Escantilhão
Pequena ferramenta em forma de ângulo usada como um modelo de preparação e guia para o formato da rosca.

Meia porca
Acoplamento com porca dividida para mover o carro principal com o passo correto para a rotação do fuso. A alavanca de meia porca engata a ação de rosqueamento.

Relógio indicador para corte de rosca
Indicador de quando engatar a alavanca de meia porca para fazer cada passo com o mesmo canal de rosca que a última.

Rosca de ressalto
Rosca que permite que o objeto seja rosqueado até o fim da rosca.

Rosqueamento com penetração perpendicular
Rosqueamento de ponta única cujo carro superior não é rotacionado. A rosca é cortada com as arestas da ferramentas.

Saída de rosca
Canal formado no eixo no qual o bit de rosca para de cortar.

Preparação para o rosqueamento

Neste exercício, produziremos uma rosca simples na peça da Fig. 3-148.

Tarefa 1 Método para fixação

O batimento da rosca para o diâmetro existente é justo (0,003 pol.), então fixe o eixo acabado em uma placa de quatro castanhas, uma pinça, ou entre centros, ou usine o diâmetro da rosca a partir de um eixo mais largo. Provavelmente uma pinça de três castanhas não seja precisa o suficiente. Sempre considere um apoio de cabeçote móvel para rosqueamento.

Tarefa 2 Preparar a peça

Primeiro, tenha certeza de que o eixo esteja no diâmetro maior da rosca. Em seguida, usine um chanfro de guia e uma **saída de rosca** (se o desenho permitir). Suas ações serão diferentes à medida que a ferramenta alcança o fim da rosca, dependendo da maneira como ela termina (Fig. 3-149).

A rosca do topo da Fig. 3-149 é chamada de **rosca de ressalto**, o que significa que, em uso, ela pode ser aparafusada completamente até a extremidade plana – o ressalto. Para fazê-la, é necessária uma saída de rosca. O rosqueamento é simplifi-

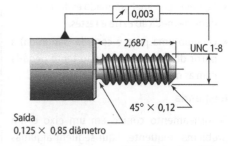

Material: aço doce ALF

Figura 3-148 Você deve ajustar e rosquear uma peça.

Rosca com saída

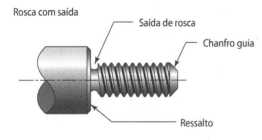

Rosca sem saída

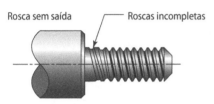

Figura 3-149 Suas ações mudam dependendo de como as roscas terminam.

cado com uma saída, pois fornece um lugar para parar o deslocamento do eixo Z da ferramenta sem arruinar a rosca. Recomendo muito que suas primeiras roscas sejam do tipo com saída, se você puder escolher.

Contudo, às vezes, é necessário rosquear sem uma saída, como mostra o objeto da figura. A rosca sem saída requer um movimento coordenado das duas mãos! Conforme o bit atinge a marca na peça ou a posição no anel graduado, você deve rodar rapidamente o volante do eixo X para trás, para que a ferramenta limpe a rosca enquanto simultaneamente levanta a alavanca de meia rosca a fim de parar o carro principal. Essa a hora é bastante tensa!

Se você perder o movimento simultâneo, a rosca estar arruinada. A rosca sem saída tem uma pequena seção onde roscas incompletas e cônicas são produzidas conforme você puxa a ferramenta de volta, enquanto o rosqueamento com saída permite simplesmente parar o carro quando o bit atinge a saída. Depois, você puxa a ferramenta de volta.

Ponto-chave:
Se puder escolher, sempre rosqueie com saída.

Tarefa 3   Retificar o bit da rosca

Neste exercício, vamos usar um formato de rosca unificada que você já conhece e assumir que não esteja usando ferramentas para rosquear pré-formadas (por mais que elas economizem muito tempo). O padrão de rosca possui um ângulo do filete de 60° e um pequeno truncamento na extremidade. Você vai precisar retificar o bit para produzir o padrão de rosca UNC 1-8.

Primeiro, retifique o bit para a forma de um ângulo incluso de 60° usando um escantilhão.

Dica da área
Ao retificar seu próprio bit, a ponta não deve estar em nenhuma relação específica com o cabo e, frequentemente, é inclinada para um lado para poder rosquear contra um ressalto. Em outras palavras, não é necessário que a ponta esteja no centro do bit nem que aponte diretamente para fora dele (Fig. 3-150).

Checagem da forma do bit com um escantilhão

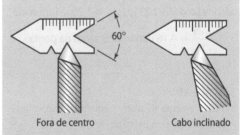

Figura 3-150 Retifique o bit a 60°. A relação da ponta com o cabo pode variar como está mostrado aqui.

A ponta da ferramenta é retificada como um ângulo composto – para o lado e para trás – a fim de melhorar a ação de corte de apenas uma aresta. O truncamento da ponta tem um tamanho diferente em cada passo de rosca. Roscas mais largas exigem truncamentos mais largos. Esta será de um oitavo da distância entre passos da rosca (distância de crista à crista da rosca).

Para nosso exemplo, Fig. 3-151, oito filetes por polegada (FPP), a distância do passo seria de 0,125 pol.

Figura 3-151 Note que o ângulo de saída e a inclinação fazem um bit de mão direita – cortando em direção da placa usando apenas a aresta esquerda.

Dividindo-se por 8, leva ao tamanho do truncamento, que será de 0,0156 pol.
Tamanho do truncamento = 0,125/8 = 0,0156 ou arredondado para 0,016 pol.

Isso também vale para padrões de rosca 60° da norma métrica ISO. Portanto, um exemplo de rosca métrica seria M8-1,25 (passo = 1,25 já fornecido)

$$\frac{1,25}{8} = 0,16 \text{ mm truncamento da ponta}$$

Ponto-chave:
O truncamento de plano pequeno é encontrando dividindo-se o passo por 8.

Use um escantilhão para checar o ângulo de 60° Escantilhões são padrões pequenos, planos e em forma de ponta, que têm três propósitos durante o rosqueamento. O que é mostrado na Fig. 3-151 está sendo usado como modelo para verificar e retificar o ângulo de ponta no bit.

Dica da área
Segure o escantilhão no bit da ferramenta virada para cima, de modo que uma fonte de luz esteja atrás do par. Qualquer irregularidade de forma aparecerá claramente.

Tarefa 4 Configurar o carro superior

Rosqueamento de ponta única requer várias passadas de profundidade crescentes para completar a rosca final. Para isso, giramos o carro superior para um ângulo levemente menor que a metade do ângulo de ponta da rosca. Para uma rosca unificada de 60°, gire o carro superior de 29° ou 29,5° no sentido anti-horário (Fig. 3-152).

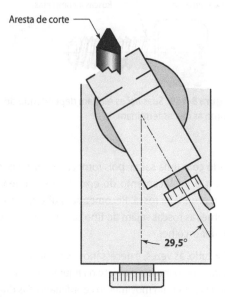

Figura 3-152 Para uma rosca UNC, o carro superior é configurado a 29,5°, anti-horário.

Dica da área
Por que entre 29 e 29,5°? Porque rosquear em um torno manual requer várias ações rápidas e simultâneas do operador; o eixo é desacelerado bem abaixo de velocidades eficientes de corte, de outro modo, o ser humano não conseguiria acompanhar os movimentos com as mãos e os olhos. Mas isso significa que a velocidade de corte está muito abaixo para causar boa deformação. Para ajudar no acabamento de usinagem nessas velocidades baixas, a ferramenta deve ser tão eficiente quanto possível. Portanto, usa-se um ângulo de saída e inclinação largamente positivos.

Assim, para aproveitar a geometria da ferramenta, apenas uma aresta do bit corta melhor. O carro superior é rotacionado de modo que cada nova passada avance a aresta de corte no material. Em outras palavras, é a aresta boa que corta. Caso contrário, ambas as arestas cortariam a rosca, resultando em uma qualidade menor de acabamento. (Isso é chamado de **rosqueamento com penetração perpendicular**.)

O rosqueamento progride movendo o carro superior para a frente – não o carro transversal – por uma razão: movimentando adentro ao longo do eixo do carro superior, o bit corta apenas com a aresta esquerda – a aresta que é retificada para cortar corretamente. Mas por que não 30° em vez de 29,5°?

Usar um ângulo de 29,5° em vez de exatamente metade do ângulo de ponta da rosca assegura que a parte de trás da rosca seja suavizada após cada nova passada. Uma quantidade muito pequena de metal é removida pela aresta secundária do bit para assegurar que pequenos dentes não sejam produzidos.

Contudo, durante o rosqueamento em um torno CNC onde o comando começa e para a movimentação da ferramenta, a velocidade de corte é restaurada para eficiência máxima. Assim, a ação de corte de única aresta descrita nas Figs. 3-152 e 3-153 não são necessárias. No rosqueamento em CNC, há vantagens e desvantagens tanto para o rosqueamento com ponta única quanto com penetração perpendicular.

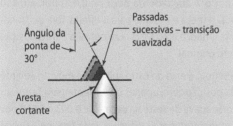

Figura 3-153 Cada passada é tomada pela melhor aresta da ferramenta. A aresta de trás suaviza as transições de cada passada.

Tarefa 5 Posicionamento do bit

Após alinhar o carro superior, dois itens são conferidos para montar a ferramenta no suporte:

altura do centro vertical (como de costume)

ângulo de posição do bit ao eixo de trabalho – verificar usando o escantilhão de rosca.

Centralizando a altura vertical Primeiro, confira a altura do centro do bit. No rosqueamento, essa tarefa é mais importante que apenas a folga/ação de corte. Se o bit de rosqueamento for posicionado abaixo, cortará direito, mas a forma de 60° ficaria distorcida.

Configurando o ângulo de corte Ao usar o escantilhão uma segunda vez para alinhar a ferramenta ao eixo Z do torno, há uma maneira certa e uma errada de fazer esta tarefa. Para melhores resultados, segure o calibrador firmemente contra o bit e mova o eixo X para dentro, próximo da peça. Agora, compare o espaço entre a aresta do escantilhão e o trabalho ou lado da placa (Fig. 3-154). Usando o calibrador dessa maneira, é fácil ver a rosca. Não segure o calibrador contra o trabalho e depois ponha a ferramenta no entalhe do escantilhão. Essa ação torna difícil detectar qualquer mau alinhamento, que seria apenas mostrado entre o V do calibrador e o bit.

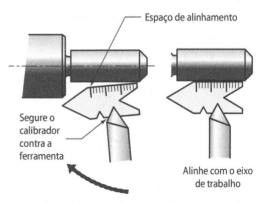

Figura 3-154 Segurando o escantilhão firmemente no bit, mova-os para a peça de trabalho e compare.

Tarefa 6   Referenciar o anel graduado – eixo X e carro superior

Com o bit corretamente posicionado no torno e o carro superior rotacionado e travado, mova-o para frente a fim de remover a folga no eixo X e no carro superior. Veja se o carro superior não está em uma posição além do limite e continue o X adiante, toque-o suavemente na peça. Com a ferramenta apenas tocando na peça, zere os anéis do X e do carro superior (Fig. 3-155).

Observe, é comum usar os anéis conforme você os tenha referenciado para fazer a rosca, contudo, há uma versão muito mais prática de referenciamento adiante em uma Dica da área relevante, não a perca!

Tarefa 7   Seleções de engrenagens para rosqueamento

Agora, configure o engrenamento do torno. Há cinco itens para avaliar:

Selecione o avanço da rosca Engate de modo que o parafuso de movimento não esteja engatado no sistema de avanço.

Hélice à direita A ferramenta se moverá em direção à placa quando a alavanca de meia porca estiver engatada.

Alavancas de passo da rosca (duas ou três alavancas de mudança) Configure para um passo de 8 neste exemplo (talvez quatro alavancas para tornos duplos métricos/imperiais). Tome por referência o gráfico na frente do torno.

RPM Configure para uma baixa rotação (300, aproximadamente). Embora muito baixo para um corte eficiente, não é possível reagir rápido o suficiente a maiores velocidades de rotação durante o rosqueamento de ponta única. Fica difícil de controlar o rosqueamento se a rotação estiver muito alta.

Engate o **relógio indicador para corte de rosca** Isso é feito afrouxando-se um parafuso e pivotando-o para o engate com o parafuso de movimento.

Fazendo a rosca – suas ações

Agora, o torno está pronto para começar! Há três ações que você deve fazer para estar no controle do rosqueamento. Após essa breve explicação, você precisa de uma demonstração antes de ir sozinho:

marcar e verificar o primeiro passo;

completar os passos da rosca;

medir a rosca.

Primeiro passo – posicionar a ferramenta e os eixos

Uma vez que você estará trabalhando com o eixo do carro superior, que não tem leitor digital, mesmo que X o tenha, use a digital X como um substituto de leitura apenas. Concentre-se nas leituras dos anéis graduados para rosquear.

Com o X afastado da peça de 0,050 pol. a 0,150 pol., a mesa é movida para a direita, fora do trabalho. Então, o eixo X é girado de volta para a posição zero original.

A seguir, o eixo do carro superior é movido adiante da posição zero, apenas o suficiente para fazer um corte suave de teste na peça – de 0,003 a 0,010 pol. são quantidades razoáveis. É uma boa ideia deixar a trava do eixo justa no carro superior ao fazer um passe de rosqueamento. Atenção, não travado, apenas justo.

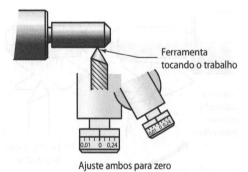

Figura 3-155 Após remover a folga, suavemente mova o bit para a peça e ajuste os anéis graduados para zero.

> **Ponto-chave:**
> Na primeira passada, você não está cortando a rosca, mas fazendo um risco para poder testar se a seleção de engrenagem produz o passo necessário.

Após a primeira passada, teste a rosca para o passo correto. Use um dos métodos mostrados na Fig. 3-156 ou um paquímetro ajustado para o passo correto. Isso indicará se a engrenagem está correta para a rosca pretendida. Note que os escantilhões têm duas ou quatro escalas, normalmente uma delas será divisível pelo passo da rosca. Nesse exemplo, 8 roscas por polegada dividem em 24 a cada três divisões, mas a divisão de 32 poderá ser usada também; 8 é primordial para qualquer escala.

Engate da alavanca de meia porca Antes de cortar o primeiro passo, recomendo praticar as ações seguintes com a ferramenta afastada do trabalho, algumas vezes para pegar o jeito no rosqueamento de ponta única.

A primeira ação de sua mão esquerda é no eixo Z. Repouse a mão no aro do volante, suavemente, para segurar o volante e manter a folga para a direita contra o parafuso guia. Esse é o modo de pegar boa repetibilidade do posicionamento da ferramenta no parafuso de movimento. Uma vez que a rosca está cortando, você pode mover a posição dessa mão.

Sua mão direita está na alavanca de meia porca. Quando o anel graduado de rosca chegar perto de se alinhar, abaixe suavemente a alavanca antes de as linhas índice coincidirem completamente. Isso garantirá que você não perca o engajamento que deve ocorrer na hora certa. Fazendo isso, você sentirá o toque da meia porca; então, pare e libere o engajamento. (Veja adiante as regras do anel graduado de rosca.)

> **Ponto-chave:**
> Ao aprender a rosquear (Fig. 3-157), é bom manter sua mão direita na alavanca de meia porca por toda a passada! Assim, se um problema ocorrer, você não precisa caçar a alavanca correta.

À medida que a rosca começar a cortar, a segunda ação da mão esquerda será transferi-la para o volante do eixo X, pronto para girar de volta.

> **Ponto-chave:**
> Lembre-se de parar o movimento do eixo Z; puxe a alavanca de meia porca quando o bit alcançar a saída e, depois, gire o eixo X de volta.

Atenção: Ao puxar a alavanca de meia porca antes da saída da rosca, com a ferramenta dentro da rosca cortada, você vai produzir um entalhe indesejado em torno do eixo da peça, arruinando a rosca. Então, siga o próximo procedimento.

Dois métodos para verificar o passo de fusos

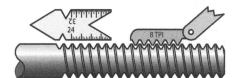

Figura 3-156 As marcas das cristas são comparadas às linhas padrão no escantilhão ou um calibrador de roscas.

Figura 3-157 Vista da esquerda: começa o rosqueamento – mão esquerda apoiando levemente no volante Z, direita na alavanca de meia porca. Vista da direita: com a meia porca engatada, após a mesa se mover, mude a mão esquerda para o volante de avanço X do carro transversal.

Procedimento de parada A fim de parar de rosquear em algum lugar, em caso de emergência, primeiro, usando sua mão esquerda, recue o volante do eixo X, em seguida, rapidamente, puxe a alavanca de meia porca com a mão direita. Isso desengata a ação sem fazer qualquer ranhura indesejada nas roscas.

Passes de rosqueamento

A fim de posicionar em uma nova passada, com o eixo X ainda recuado, retorne o eixo Z para a posição inicial, para a extremidade direita. Em seguida, marque o X de volta no zero, e o carro superior em torno de 0,020 a 0,050 pol., dependendo do tamanho da rosca e estará pronto para a próxima passada. Observe o tempo de engajamento do anel de rosca e continue repetindo essas ações. Para melhorar a ação de corte, preencha o corte com óleo ou, melhor, óleo de rosca com um pincel. Não é recomendado o fluido refrigerante, pois atrapalha sua visão da ferramenta de corte quando parar exatamente na saída.

Quando engatar o relógio indicador para o corte de rosca

A alavanca de meia porca dentro da mesa do torno é uma concha que se fecha sobre o parafuso de movimento quando a alavanca é engatada. Com alguns passos de rosca, ela pode ser engatada na posição errada, cortando errado o canal e arruinando a rosca.

Um torno padrão possui um relógio indicador para corte de rosca de oito posições para impedir que isso aconteça (Fig. 3-158). Seu objetivo é mostrar ao operador quando a alavanca de meia rosca pode ser engatada de modo que a ferramenta caia no mesmo canal da rosca com cada passada da ferramenta. As regras para seu uso baseiam-se no número de filetes por polegada que você deseja produzir. A linha de índice exterior deve coincidir com uma das oito linhas do anel indicando a temporização correta para iniciar a rosca. Observe a Fig. 3-67, ela é um exemplo de relógio indicador para corte de rosca.

Que linha ou linhas você pode usar baseia-se no passo. Se a rosca tiver

Regras para engatar a meia porca para corte

Roscas por polegada a serem cortadas	Quando engatar a meia porca	Leitura no relógio
Número par de roscas	Engatar em qualquer graduação no indicador.	1 1 1/2 2 2 3 3 1/2 4 4 1/2 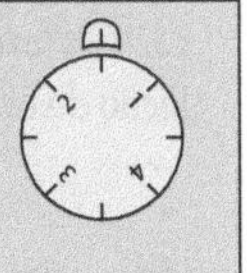
Número ímpar de roscas	Engatar em qualquer divisão principal.	1 2 3 4 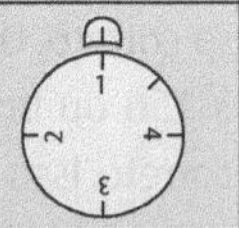
Número fracionário de roscas	1/2 rosca, por exemplo, 11 ½, engatar em qualquer outra divisão principal. 1 e 3, 2 e 4, ou outras roscas fracionadas, engatar na mesma divisão.	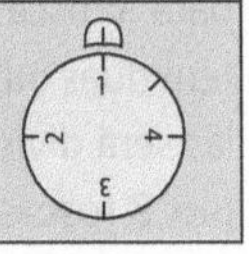

Figura 3-158 Oito possíveis posições de engatamento de um relógio indicador para corte de rosca.

mesmo número de par de filetes – por exemplo 16, 18 ou 20 FPP: solte a alavanca em uma das oito linhas.

Se forem roscas de número ímpar – por exemplo 13 ou 27: solte a alavanca apenas nas linhas numeradas.

Roscas fracionadas – por exemplo, 27 $\frac{1}{2}$ FPP: solte a alavanca em alguma das linhas opostas numeradas, por exemplo 1 e 3 ou 3 e 4 (veja a Dica da área).

Dica da área
Quando necessitar soltar a alavanca de meia rosca nas linhas selecionadas, uma boa ideia é usar uma caneta marcadora para marcar claramente a(s) linha(s) do objeto. Ou, se houver dúvida, basta usar uma linha de cada vez, o que garante um alinhamento correto (costumo usar a linha 1 para fazer isso).

Roscas métricas

Ao cortar roscas métricas em tornos mais velhos (meados de 1980), é necessário abrir a caixa de roscas e adicionar ou alterar a engrenagem entre o eixo e o fuso de movimento. No entanto, muitos tornos manuais modernos são feitos para cortar facilmente roscas imperiais e métricas através de uma seleção de mudanças rápidas de marchas extras no cabeçote fixo. Isso complica o uso do relógio indicador para corte de rosca e suas regras. Para resolver a questão do relógio indicador, alguns possuem dois mostradores intercambiáveis de relógios indicadores, um para padrões imperiais e outro para métricos. No entanto, outros dois sistemas de torno estão equipados com relógios indicadores com mais de oito posições. Assim, você pode seguir as instruções do fabricante ou usar a minha Dica da área e soltar a alavanca na mesma posição para cada passada.

Dica da área
Referencie a profundidade da rosca no eixo X – Economize cálculo e medição extra Esta dica simplifica o corte da rosca na profundidade correta. O método clássico de avanço ao longo do carro superior até a profundidade total é atingido, o que significa mover a ferramenta em direção à peça ao longo do lado de um triângulo (calculado), para criar a profundidade total, ou, de outra forma, cortar e medir até a profundidade ser atingida. Somando estes dois passos simples após referenciar o eixo X e o indicador do carro superior para zero, faz-se a profundidade da rosca em um piscar de olhos!

Passo 1 A partir da posição de referência (tocar a ponta do bit – ambos os anéis em zero), recuar no carro superior cerca de três vezes a profundidade da rosca (Fig. 3-159).

Passo 2 Agora, com a ferramenta de corte fora do trabalho, gire a manivela do eixo X para frente a uma distância igual à profundidade da rosca. Essa distância é fácil de encontrar no Manual do Operador ou calculá-la, dependendo das séries e da forma da raiz. Por exemplo, a profundidade de $\frac{1}{2}$ 13 UN rosca = 0,54127 × distância do passo = 0,0416 pol.

Tenha em mente que, nos tornos calibrados para diâmetros, isso significa que, na verdade, você vai ajustar o anel para duas vezes a profundidade da rosca para mover o bit para a profundidade real. Neste exemplo, isso significa avançar 0,0832 pol; a ferramenta será avançada fisicamente 0,0416 pol. Agora, restabeleça X para zero.

Com esse referenciamento executado corretamente, você ainda moverá o eixo X para dentro e para fora de sua posição zero, em cada passada, e ainda avançará ao longo do eixo do carro superior. Você vai parar quando os anéis alcançarem o zero. Pronto, a rosca sairá na profundidade certa!

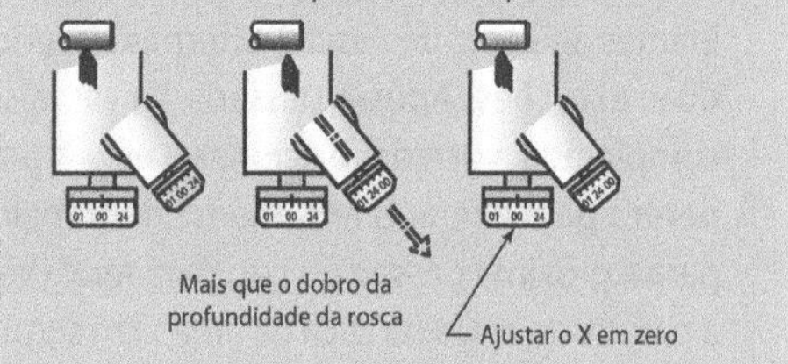

Figura 3-159 Use esta dica para simplificar o rosqueamento.

Preparação para o corte de roscas internas

Cortar uma rosca interna é um pouco mais complexo, se comparado com a preparação externa (Fig. 3-160). Você não pode ver a ferramenta à medida que se aproxima do final do corte. Isso significa que precisamos usar um relógio comparador ou outros meios para mostrar quando a alavanca de meia porca pode ser desengatada da posição exata do eixo Z em cada vez. Leitores digitais podem ser usados, mas exigem que você desvie o olhar da ação. Há duas escolhas:

Opção 1 – Progressão interna Para cortar uma rosca interna com a ferramenta de corte indo para a esquerda, o carro superior é girado a 29,5° no sentido horário (rotação oposta ao

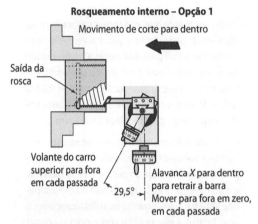

Figura 3-160 Mandrilando uma rosca interna – opção 1: corte interno.

normal). As ações do operador são semelhantes ao corte de roscas externas havendo duas exceções: Após a passada da rosca ser completada, você deve acionar o eixo X para dentro para liberar a ferramenta de trabalho para a próxima passada – não para fora! (Veja a parada de rosca na Dica da área.) Em segundo lugar, para ter passadas sucessivas, o carro superior é recuado, não avançado, até que toda a profundidade é alcançada.

Opção 2 – Rosqueamento para fora Aqui existem duas versões de uma preparação segura, em que cada passada se inicia com a barra de mandrilar dentro do furo, depois o corte avança à sua direita, para fora do furo. Isso deixa o operador menos estressado, uma vez que a alavanca de meia porca é desengatada após o bit estar seguramente fora da peça, onde se pode vê-lo. Ambas as configurações baseiam-se em uma simulação de desparafusar a ferramenta de corte enquanto ele corta uma rosca do lado direito, portanto, o torno deve ser capaz de reverter o giro.

Bit de cabeça para baixo

Na versão 1, o bit é virado na barra de mandrilar. A ferramenta de corte é posicionada no lado mais próximo do furo.

Bit para cima, no lado mais distante do furo

Aqui, o bit é posicionado no lado vertical mais distante do furo. Em alguns casos, isso significa que o operador pode vê-lo com profundidade total, quando ele está parado na saída de rosca, o que é mais uma vantagem.

Ponto-chave:
Em qualquer preparação, é necessária uma saída de rosca. Se não for possível uma saída, então, nenhum método poderá ser usado, pois não haverá lugar de parada da ferramenta de corte até que a rosca se inicie.

Placas com pinos cam lock apenas para reverter A fim de produzir uma rosca com hélice à direita, o torno deve girar em reversão. Isso significa que uma placa aparafusada não pode ser utilizada com segurança.

Dica da área

Muitos tornos industriais apresentam uma previsão especial na operação do eixo X, que estabelece limites rígidos sobre a quantidade e a direção do volante do eixo X que podem ser acionadas. Eles são muito úteis quando se faz roscas internas e externas. Se o torno tem uma parada de rosca, procure um pequeno disco no perímetro do anel do eixo X, atrás do volante. Peça para seu instrutor explicar como eles são usados.

Ponto-chave:
Configurar corretamente a parada de rosca evita que acidentalmente a alavanca do eixo X vá na direção errada e na hora errada!

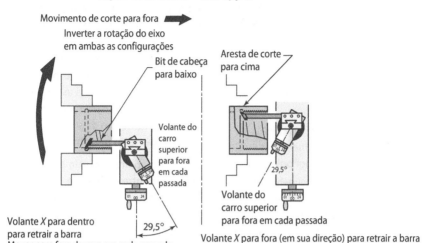

Figura 3-161 Operações seguras – mandrilamento para fora. Versão 1: bit de cabeça pra baixo, na frente; versão 2: bit pra cima, no lado mais distante do furo.

Revisão da Unidade 3-7

Revise os termos-chave

Escantilhão
Pequena ferramenta em forma de ângulo usada como modelo de preparação e guia para o formato da rosca.

Meia porca
Acoplamento com porca dividida para mover o carro principal com o passo correto para a rotação do fuso. A alavanca de meia porca engata a ação de rosqueamento.

Relógio indicador para corte de rosca
Instrumento que indica quando engatar a alavanca de meia porca para fazer cada passo com o mesmo canal de rosca que a última.

Rosca de ressalto
Rosca que permite que o objeto seja rosqueado até o fim da rosca.

Rosqueamento com penetração perpendicular
Rosqueamento de ponta única, em que o carro superior não é rotacionado. A rosca é cortada com as arestas da ferramentas.

Saída de rosca
Canal formado no eixo, no qual o bit de rosca para de cortar.

Reveja os pontos-chave

- Se tiver escolha, sempre rosqueie para uma saída de rosca.
- Na primeira passada do rosqueamento, não corte a rosca, mas faça um risco para testar se todas as seleções da engrenagem produzem o passo requerido.
- Para cortar uma rosca interna, o carro superior é girado a 29,5° no sentido horário, para avançar a aresta de corte da borda do bit em direção ao trabalho.
- Regras do relógio indicador para corte de roscas:

  Mesmo número de filetes – em qualquer uma das oito linhas.

  Números ímpares de filetes – apenas nas linhas numeradas.

  Roscas fracionárias – em quaisquer linhas opostas numeradas.

Responda às seguintes questões sobre rosqueamento. As respostas encontram-se no final do capítulo.

1. A que o ângulo e o carro superior deve ser girado para uma rosca unificada?
2. Explique por que você gira o carro superior na Questão 1.
3. Qual é a espessura do truncamento da extremidade de uma ferramenta para rosqueamento de 16 roscas por polegada?
4. Engatar o parafuso de movimento é uma das cinco etapas de preparação para o rosqueamento. Essa declaração é verdadeira ou falsa? Se for falsa, corrija-a para torná-la verdadeira.
5. Como você faria uma rosca de mão esquerda? Isso não foi abordado na leitura, pense sobre o assunto.
6. Para fazer 20 roscas por polegada, onde você engata o relógio indicador para o corte de rosca? E para 19 FPP ou 27 $\frac{1}{2}$ FPP?
7. Qual é a profundidade da rosca para um parafuso UNF $\frac{1}{2}$ 20?

» Unidade 3-8

» Medição de roscas

Introdução Quando usinamos roscas, fazemos vários cortes leves chamados **passadas** até ela estar em sua total profundidade no eixo. Cada passada reduz o diâmetro da rosca até atingir a profundidade completa. A característica geométrica mais profunda do triângulo, chamada de **diâmetro da raiz** ou **diâmetro menor**, inclui uma pequena folga livre para permitir que o parafuso rosqueie com uma porca correspondente, mas essa não é a característica-chave que deve ser medida. Além disso, é difícil chegar à raiz com uma ferramenta de medição.

Meça o diâmetro primitivo A função que está sendo controlada pelas dimensões e tolerâncias é o encaixe entre as superfícies do parafuso e a porca. Para isso, precisamos medir em algum lugar dentro da forma da rosca, e não na raiz ou crista da rosca. A crista (ou diâmetro maior) é a superfície do eixo original que não foi usinada durante o rosqueamento. Assim, medimos em um ponto teórico (Fig. 3-162) no centro da superfície da rosca, chamada de **diâmetro primitivo**.

O diâmetro primitivo é realmente o centro do engajamento entre o parafuso e a porca acoplada. Portanto, não é exatamente no centro de cada componente, ele ocorre no centro da sua interface. No entanto, por conveniência, pode ser visualizado como o centro físico de qualquer rosca de parafuso, uma vez que esteja dentro de alguns décimos de milésimos do meio para os tamanhos de parafusos menores do que uma polegada.

> **Ponto-chave:**
> O diâmetro primitivo é uma medida teórica do diâmetro total da rosca.

A Unidade 3-8 introduz várias opções para a medição do diâmetro primitivo que podem ser encontradas em uma escola técnica. Existem métodos mais sofisticados que são aprendidos no trabalho.

Medições completas de roscas podem ser uma questão complexa dependendo do uso onde

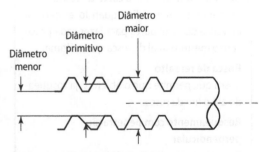

Figura 3-162 O diâmetro primitivo em comparação com as outras dimensões da rosca.

são colocados e de suas tolerâncias. Não é só o diâmetro primitivo que deve ser verificado, mas também a forma da rosca e o passo ao longo de uma distância. Aqui, limitaremos nossa busca à medição do diâmetro primitivo. Esses testes representam a maior parte da medição de roscas até tornarem-se muito bem controladas. Verifique com seu instrutor os métodos utilizados em seu laboratório.

Termos-chave

Calibrador de rosca do tipo anel
Porca de precisão que pode ser ajustada para testar o diâmetro primitivo da rosca.

Calibrador de rosca regulável
Calibrador com forma de ferradura com dois pares de rolos de passo. Se o primeiro par deslizar e o segundo não, a rosca deve acoplar.

Diâmetro de raiz (diâmetro menor)
Menor diâmetro na forma de rosca – roscas internas e externas.

Diâmetro primitivo
Centro teórico de engate entre as roscas interna e externa.

Passadas (rosca)
Cada corte para aprofundar a rosca em direção ao diâmetro primitivo.

Medição do diâmetro primitivo

Como aprendemos anteriormente, as dimensões podem ser medidas ou aferidas funcionalmente. Desses métodos, dois são medições e dois são comparados funcionalmente.

Medidor 1   Testando diâmetro contra uma porca padrão

Em essência, o teste funcional verifica se uma porca pode ser montada com o parafuso. Se ele continua sem arrastar ou oscilar excessivamente, está tudo bem para algumas aplicações industriais. Este é o método menos técnico. Mas, quando uma rosca deve ser produzida rapidamente para ferramentas ou outros fins não comerciais, ele funciona! Tanto este teste como o próximo fazem a verificação da rosca a uma curta distância – a largura da porca.

Medidor 2   Calibrador de rosca tipo anel ajustável

Uma versão mais técnica do calibrador de roscas é o **calibrador do tipo anel** ajustável. Simples para usar, às vezes um anel é ajustado no menor tamanho permissível e o segundo é ajustado no maior tamanho, configurando um par passa não passa.

Medidor 1   Medição com um micrômetro de rosca

Este é um micrômetro especial com pontas que se encaixam nos entalhes da rosca de forma unificada (ou outra forma de rosca se o micrômetro tiver pontas intercambiáveis). Para usar esse método, consulte a tabela de dados no kit de micrômetro ou em livros de referência como o manual de construção de máquinas. Lá, está registrado o tamanho que o micrômetro lê quando a rosca tem o diâmetro primitivo correto.

Esse é um método bastante preciso de determinar o diâmetro primitivo, mas, na verdade não verifica a forma da rosca ou o passo. Uma rosca, ainda, pode passar no teste, mas não ajustar a peça correspondente. No entanto, se a forma da rosca está sob controle e o torno produz passos precisos (a situação usual) em seguida, os micrômetros de rosca são uma boa opção.

Micrômetros de roscas são mais universais que as porcas de teste, uma vez que medem qualquer rosca. Há referências para determinar o diâmetro primitivo para uma rosca padrão e uma fórmula para calcular o diâmetro primitivo para roscas especiais não encontradas no gráfico.

Medidor 2   Arame para medição de rosca

Este é um método universal preciso, mas lento. Três fios são mantidos no lugar, como na Fig. 3-163. Um

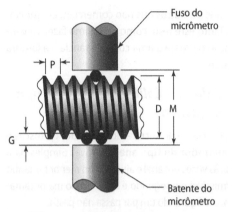

Três arames arranjados corretamente
para medir roscas de 60°

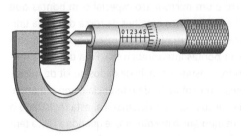

O micrômetro para medição de rosca
mede o diâmetro primitivo de uma rosca

Figura 3-163 Dois métodos comuns de medir rosca.

micrômetro padrão mede sobre os topos do arame. Um gráfico de dados (ou fórmula encontrada ao lado) é necessário para determinar a distância da medida exata sobre os fios, quando o diâmetro primitivo está correto.

Embora eles sejam fornecidos em conjuntos úteis (Fig. 3-164), os arames para medição de rosca podem ser qualquer conjunto de três pinos redondos de mesmo diâmetro. Eles são selecionados de tal modo que os contatos de fios do diâmetro e a forma da rosca produzem perto, mas não perfeitamente no diâmetro primitivo para a rosca primitiva. É necessário que eles ressaltem levemente acima do diâmetro maior, para entrar em contato com a superfície do micrômetro.

Dica da área

Para medir roscas não padronizadas, ou se você não tiver o conjunto de três arames mostrado na Fig. 3-164, aqui seguem três fórmulas do livro de referência:

Para encontrar M, a medição sobre os fios no diâmetro primitivo correto, dentro de uma forma de rosca padrão de 60°:

Maior diâmetro conhecido (de Machinists Ready Reference©)

$$M = D + (3 \times W) - \frac{1,515}{N}$$

Diâmetro primitivo conhecido (de manual de construção de máquinas)

$$M = E - 0,86603P + 3W$$

Melhor diâmetro de arame O tamanho do arame padrão mais próximo que toca o diâmetro mais próximo do passo da rosca em roscas de 60°.

$$W = 0,57735 \times PD$$

onde:

M = Medição sobre arames em milésimos de polegadas
D = Maior diâmetro da rosca (do livro de referência)
W = diâmetro do arame
N = número de filetes por polegada
P = diâmetro primitivo da rosca
PD = passo = $1/FPP$

Essas fórmulas não compensam para a composição da medição causada pelo ângulo hélice da rosca. Elas são próximas o suficiente para roscas classe 3 em manufatura do dia a dia. Fórmulas mais próximas que compensam para obter uma explicação mais completa são encontradas em ASME B1.2-1992.

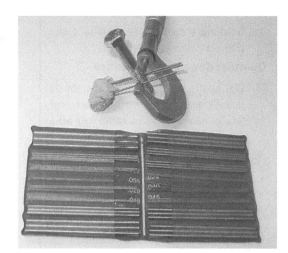

Figura 3-164 Conjunto de arames – três de cada diâmetro. Observe a argila segurando os fios até que eles sejam fixados pelo micrômetro.

Teste de medidor 3 Usando um calibrador de rosca regulável

O **calibrador de rosca regulável** (Fig. 3-165) é um conjunto ajustável tipo passa não passa de rolos roscados. Se o primeiro par pode se encaixar na rosca, mas não o segundo, a rosca está dentro da tolerância calibrada. Esses calibradores oferecem uma vantagem sobre os métodos anteriores, pois funcionalmente simulam um acoplamento com as demais roscas, portanto, verificam uma pequena parte do passo assim como o diâmetro primitivo.

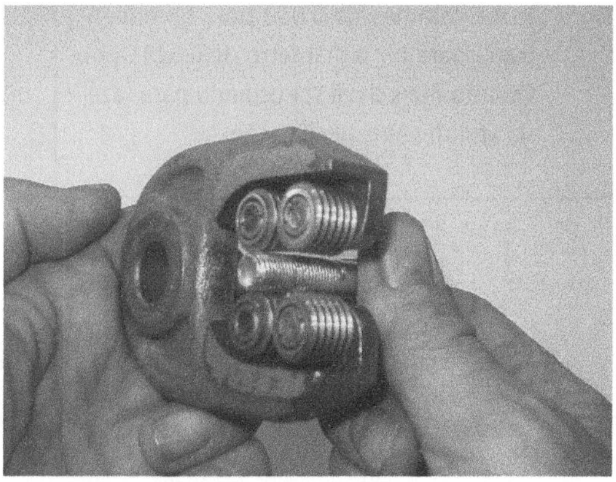

Sendo um medidor preciso e rápido, é utilizado muito frequentemente na usinagem de produção. Às vezes, é chamado de calibrador de roletes cilíndricos, por causa da maneira como repousa sobre a peça, e requer calibração de padrões de precisão rosqueados.

Outras formas de roscas

Estudaremos os fusos técnicos de rosca no Capítulo 6, mas agora você deve se lembrar das outras formas de rosca usadas em dispositivos mecânicos (Fig. 3-166). Elas são cortadas de maneira semelhante às formas unificadas e medidas de modo similar, com a exceção da rosca quadrada, que deve sempre ser funcionalmente calibrada.

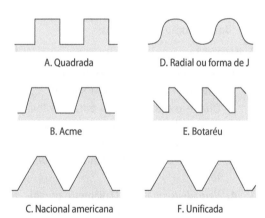

A. Quadrada D. Radial ou forma de J
B. Acme E. Botaréu
C. Nacional americana F. Unificada

Figura 3-166 Outras formas de rosca que você pode precisar usinar.

Figura 3-165 Um calibrador de rosca regulável passando sobre os primeiros rolos, mas não no segundo, mostra que a rosca está dentro da tolerância.

Revisão da Unidade 3-8

Revise os termos-chave

Calibrador de rosca do tipo anel
Porca de precisão que pode ser ajustada para testar o diâmetro primitivo da rosca.

Calibrador de rosca regulável
Calibrador com forma de ferradura com dois pares de rolos de passo. Se o primeiro par desliza e o segundo não, a rosca deve acoplar.

Diâmetro de raiz (diâmetro menor)
Menor diâmetro na forma de rosca – roscas internas e externas.

Diâmetro primitivo
Centro teórico de engajamento entre as roscas interna e externa.

Passadas (rosca)
Cada corte que aprofunda a rosca em direção ao diâmetro primitivo.

Reveja os pontos-chave

- O diâmetro primitivo é uma medida teórica do diâmetro da rosca global.
- O diâmetro primitivo pode ser medido ou calibrado.
- Para medir outros tamanhos de arame, além dos já fornecidos, consulte o manual de construção de máquinas.

Responda

1. Que métodos para medir o diâmetro primitivo são usados pelo micrômetro?
2. Qual é o fator decisivo para escolher o tamanho dos três arames utilizados para medir o diâmetro primitivo?
3. Descreva o diâmetro primitivo de uma rosca.
4. Verdadeiro ou falso? O diâmetro primitivo pode ser verificado por um calibrador funcional e medição. Se for falsa, o que tornaria a afirmação verdadeira?

Questões de pensamento crítico

5. Dos quatro métodos que acabamos de discutir, quais verificam a forma da rosca? Se eles não conseguem, como você acha que a forma da rosca pode ser avaliada?
6. Qual tamanho de arame é melhor para testar roscas padrão americano (60°) com 16 roscas por polegada? (*Dica*: o melhor diâmetro de arame toca a rosca no diâmetro primitivo, mas há uma uma faixa de tamanho que realiza o trabalho.)
7. Meça uma rosca de parafuso do padrão americano 1"/2 -13 UNC. Que fórmula você usaria para determinar o diâmetro primitivo se se tem a medida M sobre os 3 arames e sabe o tamanho W?
8. Fios de 0,050 pol. de diâmetro podem ser usados para medir uma forma de rosca de padrão unificado americano de 13 FPP?
9. Você tem três arames de 0,050 pol. de diâmetro para medir um diâmetro primitivo de uma rosca $\frac{1}{2}$ -13 UNC. Qual deveria ser a medida M, se o diâmetro primitivo da rosca estiver correto?
10. Para a rosca da Questão 9, a medida M (sobre arames de 0,050 pol.) foi encontrada para ter o diâmetro de 0,5235 pol. Quanto mais deve ser usinado para fazê-la atender às especificações?

REVISÃO DO CAPÍTULO

Unidade 3-1

Antes de aprender a realizar as operações básicas, precisamos definir o objetivo – o que um torno pode fazer. Tenha em mente que todo o Capítulo 3 é oferecido não apenas para aprender a reconhecer e realizar seguramente as operações no torno manual, mas também para pegar o jeito de como fazê-las, de tal modo que você possa escrever sentenças razoáveis de programas que funcionam corretamente em uma máquina CNC.

Unidade 3-2

Para utilizar e manter um torno corretamente, é fundamental que se entenda a maneira como eles são fabricados. Embora haja diferença na maneira como eles são feitos, eles desempenham a mesma gama de funções. Por exemplo, alguns tornos colocam as funções de avanço e rosca juntos em um único eixo com chaveta e fuso guia. Outros se caracterizam com dois eixos com embreagem, um para X e um para Z, e os tornos mais baratos se caracterizam por uma única embreagem com um seletor para o qual o eixo atuará no mandril. Se você compreende a amplitude de funções que um torno realiza, então é fácil se adaptar a uma máquina específica.

Unidade 3-3

Você entendeu claramente as diferenças das seis maneiras de fixar o trabalho e como escolher a maneira certa? Se não, revise a Unidade 3-3. Em minha carreira, vi dois acidentes inacreditáveis envolvendo trabalho mal preso no torno. Em um deles, o operador se machucou seriamente. No outro, nos abaixamos rapidamente conforme a peça passou rodando por toda a oficina causando toda sorte de danos a coisas, mas não a pessoas – tivemos sorte daquela vez! Se você não se recorda dessa unidade claramente, então volte e faça-a novamente. Educar-se através do desastre é inaceitável e inevitável, se você não entender direito como se fixa o trabalho.

Unidade 3-4

Mediante os vários assuntos abordados até aqui neste livro, mergulhamos no assunto para você ter um conhecimento sobre o trabalho a ser realizado. Agora você sabe sobre o básico de ferramentas de corte para preparar e realizar as 15 operações. Contudo, apenas vimos a ponta do iceberg. As ferramentas de corte estão evoluindo conforme escrevo este livro. Fique informado por meio de catálogos de fornecedores e seminários, indo a feiras de ferramentas e assinando boas revistas. Peça ao seu instrutor uma publicação recomendada para sua área.

Unidade 3-5

Espero que tenha deixado bem claro sobre precaução extra ao preparar e usar um torno. Eles são poderosos e perigosos. Você deve ficar em frente deles enquanto giram a peça. Cavacos podem voar como balas, conforme são arremessados pelo eixo árvore. Descontrolados, eles podem ser tão afiados quanto lâminas, e fortes também. Assim, há cavacos quentes e finalmente pode ocorrer de a peça mal presa voar. Entretanto, tudo pode ser controlado com cuidado profissional e habilidade.

Unidade 3-6

Embora tornos CNC tenham substituído máquinas manuais da linha de frente, para ser um verdadeiro operador dono do ofício, trabalhando em ferramentaria ou trabalho de oficina, você precisa ser capaz de entregar a peça rapidamente fabricada também mediante a maneira convencional. Máquinas manuais nunca serão eliminadas de uma fábrica ou, especialmente, de ferramentarias e outras oficinas menores.

Unidade 3-7

Quase tão difícil quanto massagear sua barriga com a mão direita, enquanto coça sua cabeça com a esquerda, a coordenação mão-olho para rosqueamentos precisa de prática! É bom observar uma demonstração e depois praticar as ações com uma ferramenta recuada a uma distância segura. Essa também é uma habilidade que um operador competente e habilidoso deve entender até mesmo quando faz a maioria das roscas modernas usando programas ou equipamento automatizado, não manuais.

Unidade 3-8

O truque real aqui é o mesmo que para todas as tarefas de medição – determinar a tolerância e encontrar a ferramenta que fornece repetitividade e resolução necessárias. Então, pratique.

Questões e problemas

1. Do material básico das operações de usinagem em um torno, quais são realizadas a partir do cabeçote móvel?

2. Estar cara a cara com um torno operado manualmente apresenta um problema que é facilmente contornado em um torno CNC. Qual é o problema?

Complete os problemas de planejamento da peça

3. Na Fig. 3-167, nomeie as operações em sequência necessárias para completar o eixo da engrenagem cilíndrica de dentes retos, antes que os dentes da engrenagem sejam usinados nele. Ele chega ao seu torno como uma barra de 2,500 pol. de diâmetro de ALF – cortada no comprimento de 8,0 pol.

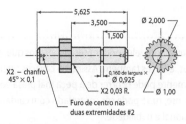

Figura 3-167 Escreva um plano para usinar esse tarugo de eixo com pinhão de dentes retos antes de os dentes serem fresados nele.

4. Na Fig. 3-167, qual método de fixar seria o correto? Explique.

5. Seria necessário um suporte para cabeçote móvel ao tornear? (Fig. 3-167)

6. Para completar o eixo da engrenagem no torno, qual suporte porta-ferramentas seria ideal? Explique.

7. Para completar a Fig. 3-167, quais ferramentas de corte seriam idealmente de metal duro? Qual provavelmente seria HSS?

8. Para operar na Fig. 3-167, calcule a rotação correta para usinar o diâmetro de 2,0 pol. do tarugo da engrenagem e o eixo de 1,00 pol., assumindo ferramentas de corte de metal duro. Use o Apêndice IV, o gráfico SS e a fórmula curta.

9. O cálculo de rotação foi baseado nos diâmetros acabados. Eles estariam corretos para passadas de desbaste? Há duas opções, explique-as.

Questões de pensamento crítico

10. O furo piloto da broca de centro tem 0,125 pol. de diâmetro. Qual é a rotação correta para uma furação de centro?
11. Se houvesse 20 peças a serem feitas pela Fig. 3-167, haveria uma maneira mais econômica de usiná-las no torno manual? Explique.
12. Suponha que você adote o método sugerido para fazer 20 peças na Questão 11, há uma consideração especial segura? Há duas opções, explique-as.
13. Verdadeira ou falsa? O escantilhão é usado para centralizar roscas no eixo não cortado. Se falsa, o que tornaria a sentença verdadeira?
14. Verdadeira ou falsa? Ao defrontar-se com um trabalho, é uma boa ideia travar o eixo X para evitar o deslizamento da ferramenta de corte. Se for falsa, o que tornaria a sentença verdadeira?
15. Explique por que uma ferramenta de corte para sangramento axial (trepanação) deve ter uma geometria levemente diferente da ferramenta feita para sangrar radialmente a peça de trabalho.
16. Das quatro ferramentas e métodos de medir roscas, qual é o mais preciso para medir o diâmetro primitivo e passo de rosca para diversas roscas?
17. Qual é o diâmetro primitivo para um fuso de rosca UNC de 7"/16-14?
18. Qual é o diâmetro de fio recomendado medido sobre os arames para checar a rosca de 7"/16-14 UNC da Questão 17?

Perguntas de CNC

19. Por que você deve ajustar a rotação muito abaixo da velocidade de corte recomendada quando rosqueia em um torno manual ainda que as roscas possam ser cortadas em uma rotação correta em tornos CNC?
20. Além do controle real por computador de várias funções, qual é a diferença mecânica básica entre um torno CNC e uma máquina manualmente operada?

RESPOSTAS DO CAPÍTULO

Respostas 3-1

1. Esse eixo requer:
    a. torneamento cilíndrico
    b. torneamento cônico (pelo cabeçote móvel deslocado ou acessório cônico, desde que o tamanho seja longo)
    c. furação (furo de centro nesse caso)
    d. faceamento
    e. chanframento (ferramenta de forma ou carro superior torneado)
    f. rosqueamento
    g. sangramento em dois lugares
2. Não pode. Falsa. Uma ferramenta de sangramento não tem a folga lateral necessária para trepanação.
3. Aqui há as 15 habilidades do primeiro ano que você precisa ser capaz de preparar e realizar em um torno: torneamento cilíndrico (eixos curtos, médios e longos), reduzir o diâmetro de um eixo paralelo a seu eixo; faceamento, usinar a superfície extrema da peça perpendicular ao eixo; furação/alargamento; cortes angulares, pequenas superfícies angulares como um chanfro ou transição; cones, superfícies angulares de precisão como uma haste cônica de broca; mandrilamento, alargar um furo paralelo ao eixo de trabalho, pode ser cônico e é feito com um uma barra de mandrilar; formação,

cortar com uma ferramenta de corte com forma; rosqueamento – ponta única, cortar roscas com uma ferramenta retificada com uma forma do canal da rosca; corte, fazer um canal profundo o suficiente para remover o trabalho da matéria-prima; sangramento radial, similar a sangramento, porém com um bedame posicionado na superfície da peça; sangramento axial, similar à operação de corte com o bedame na face do trabalho; recartilhamento, forçar a matriz para dentro do metal de modo a gerar uma superfície expandida não derrapante; limar e lixar.

4. Observe, a extremidade arredondada do pino seria provavelmente usinada com uma ferramenta do torno. O faceamento, o torneamento e o arredondamento podem ser feitos com uma ferramenta de tornear com raio de ponta de 0,25 pol., a qual poderia formar o arredondamento conforme torneia e faceia (Fig. 3-168).

5. Veja a Fig. 3-169. Observe que, dependendo de como o trabalho é planejado, pode haver também uma operação de corte se for feita a partir de um tarugo.

6. O problema é duplo. A peça de trabalho está apenas mal fixada e pode também voar ou dobrar e oscilar em volta. O segundo problema que o operador deve ficar muito próximo da zona de perigo. Cavacos longos e em fita são um problema associado a tornos. Eles tendem a agarrar e cortar o operador que não esteja prestando atenção.

7. Mãos posicionadas de modo que a extremidade da lima nunca aponte para o seu corpo, pois poderia agarrar no trabalho e ser jogada contra o operador. O corpo deve estar ereto e não inclinado sobre o torno. Preste atenção: nunca use uma lima sem o cabo. A espiga apontada

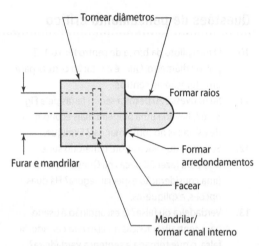

Figura 3-168 As operações para o Problema 4.

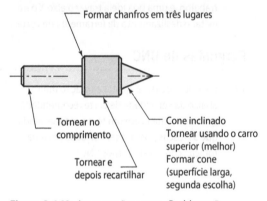

Figura 3-169 As operações para o Problema 5.

(o pedaço dentro do cabo) pode se tornar uma lança perigosa.

8. Aqui está o resultado de segurar a lixa em uma mão. A tira pode grudar e se enrolar no eixo, pegar seu dedão e puxar seu polegar para entre a lixa e o eixo. Você ficará com um polegar lixado ou terá uma luxação (Fig. 3-170).

Respostas 3-2

1. Os componentes do torno são identificados na Fig. 3-171.
2. Barramento, suporta toda a mesa do torno; mesa, movimenta o eixo Z sobre o barramento; avental, frente da mesa com controles do operador; carro superior, eixo rotativo para montagem da ferramenta; troca rápida, seleção de rosca/avanço; volante Z, movimentos da mão direita/esquerda; movimentos X, movimentos para dentro/fora – carro transversal; trava do

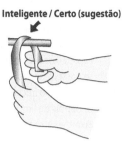

Figura 3-170 Aviso: segurar uma lixa ou um pano com apenas uma mão pode pegar ou enrolar seu polegar dentro da dobra.

cabeçote móvel, para o movimento da manga do cabeçote; manga do cabeçote móvel, eixo principal para movimentos para dentro/fora; seletor da direção do eixo, movimento para dentro/fora ou esquerda/direita; guia tipo rabo de andorinha e réguas de ajuste e chavetas, guiam e ajustam a folga externa do eixo; relógios indicadores de corte de rosca, indicam quando engatar a alavanca de meia porca.

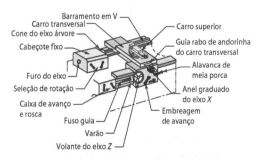

Figura 3-171 Os principais componentes do torno.

3. Verdadeira.
4. Pode romper-se por causa de um ponto fraco criado pela ranhura em T para montar suportes de ferramentas. A extensão é justificada apenas quando a operação é delicada ou especial.
5. Uma luneta fixa tem três pontos de suporte para um trabalho.
6. Um suporte de dois pontos para o trabalho que se move juntamente da ferramenta.
7. Um cabeçote móvel pode mover o mangote para dentro ou para fora para furar, deslizar o acessório inteiro para frente e voltar para fazer preparações, além de mover para os lados a fim de usinar cones.
8. Mover o eixo tanto com a mão quanto automaticamente é chamado de movimento flutuante ou manual.
9. Os seguintes objetos rotacionam: eixo, peça de trabalho com cavacos, varão, fuso guia. Os seguintes deslizam e podem ser um ponto de

agarramento: eixos X e Z automaticamente. Outros como o mangote são improváveis de serem perigosos, porque são lentos e operados à mão.

10. Falsa. Eixos árvores são ocos para permitir que se passem barras longas.
11. Lubrificação inicial logo no primeiro movimento depois de limpar: previne contra corrosão.
12. Eixo X – carro transversal; eixo Z – mesa (o carro superior é um eixo auxiliar que pode ser rotacionado em qualquer ângulo).
13. Avanço; passo.
14. Falsa; o relógio indicador para corte de rosca.
15. Falsa. Réguas de ajuste são usadas apenas no carro transversal e no carro superior.
16. Caixa de engrenagens de troca rápida (mais comum) (há poucos tornos que têm essa função no avental).
17. Cortando ou reduzido para corte.

Respostas 3-3

1. Esse trabalho justifica o custo de uma fixação especial para um torno.
2. Esse pode ser um trabalho típico para uma placa de três castanhas se for usada uma boa placa para conseguir 0,005 pol. do batimento requisitado. O trabalho requer completar múltiplas peças necessitando de uma grande quantidade de metal removido com uma tolerância de batimento de uma placa de três castanhas, que tem rotação rápida e uma boa pegada. A extremidade precisa de suporte e o objeto terá 8 pol. de comprimento – muito longo para usinagem de desbaste sem suporte. Se a placa não alcançar o requisito de batimento, uma placa de quatro castanhas poderá ser usada. Nota especial: tenha cuidado para não estragar a superfície do material original ao prendê-lo na placa.
3. Esse trabalho seria facilmente completado com uma pinça de 15 mm. A remoção de material é pequena e a broca é um cilindro se segurada sobre uma área grande o suficiente. Note que a pressão em excesso pode estragar as bordas da broca. Uma pinça teria um tempo de troca para essa quantidade de peças. Ideias alternativas: esse trabalho também pode ser completado em uma preparação com castanhas moles em uma placa universal ou uma placa padrão de três castanhas poderia segurar as brocas na parte redonda completa próxima da haste, contudo, o requisito de batimento pode estar em risco.
4. Os furos de centro são importantes para este trabalho. O rolo pode ser torneado em uma das três operações:

   a. Uma pinça e um cabeçote móvel se o furo de centro existente estiver bom e a pinça estiver em ótimas condições para conseguir o requisito de batimento.
   b. Uma placa de quatro castanhas e um cabeçote móvel permitem gerar as superfícies de referência para eliminar todo o batimento. Seja cuidadoso ao proteger as superfícies existentes.
   c. Entre centros, se os furos de centro originais estiverem em boa forma. Tenha o cuidado de marcar a extremidade onde os arrastadores estão presos.

   Os três métodos podem conseguir exatamente a tolerância de batimento. O trabalho requer muito pouca remoção de metal, portanto, pegar bem não é um problema. Pergunte ao seu instrutor como esse trabalho pode ser completado nos equipamentos que você possui.

5. Isso é primeiramente um trabalho de placa de pinça sem necessidade de suporte na extremidade, visto que as peças de 19 mm se sobressaem menos que as de 25 mm, então ele está seguro sem o suporte. Uma placa de três castanhas pode funcionar, mas o alumínio de diâmetro pequeno requisitaria rotações altíssimas e seria além dos limites seguros para uma placa grande. Seja cauteloso ao usinar o ângulo de 60° na extremidade do pino fino – ele pode dobrar. Pode ser necessário fazê-lo primeiro.
6. Falsa. Placas de quatro castanhas têm apenas o batimento que o operador permite. Elas

podem ser ajustadas para repetibilidade de 100%. Esse fato é verdadeiro para a placa de três castanhas. Placas de quatro castanhas não precisam de disco de rosca espiral, porque suas castanhas se movem independentemente.

7. Placa de três castanhas têm boa pegada para trabalho pesado e tempo rápido de troca, e podem segurar tanto o diâmetro interno quanto externo da peça.

8. Vantagens da pinça: altas rotações, excelente controle de batimento, melhor pegada para pequenos trabalhos rotativos – às vezes pequenas hastes não podem ser seguradas por qualquer outro meio; desvantagens: pegada fraca, leve, apenas para cortes de precisão; a oficina precisa ter diversos tamanhos, o que se torna caro; podem ser danificadas por apertar demais ou pelos cavacos não retirados durante o processo.

9. Placas de três castanhas são melhores para o trabalho em que o batimento não é a maior preocupação; de todo o modo, placas de três castanhas podem ter batimento da ordem de 0,001 pol. quando em perfeitas condições.

10. Onde um cone longo deve ser produzido movendo-se o centro do cabeçote móvel para fora de seu centro ou onde vários operadores devem dividir um único torno – a peça corretamente preparada deve ser removida e reinserida em perfeito realinhamento.

11. Placas lisas são usadas apenas para formas de peças que não podem ser pegas mediante qualquer outro método. Gabaritos são melhores que placas lisas porque têm melhor pegada – placas lisas são versões universais.

12. Verdadeira.

Respostas 3-4

1. Circulo inscrito de $\frac{1}{2}$ pol. (quatro vezes $\frac{1}{8}$ pol.).
2. Mão direita.
3. Tamanho do cabo 1-pol. (16 vezes $\frac{1}{16}$ pol.).
4. É um triângulo.
5. Em torno de $\frac{2}{3}$ do circulo inscrito, o qual possui $\frac{1}{2}$ pol. $3\frac{2}{3}$ pol. $\times \frac{1}{2}$ pol. $= \frac{1}{3}$ pol. ou 0,333 pol.
6. Verdadeira.
7. A afirmação é falsa. Um suporte com balancim não é recomendado para cortes pesados devido à sua tendência de se mover durante a remoção de metal pesado.
8. Uma troca rápida ou também chamado de sistema cam lock.
9. Suporte sólido ou suporte porta-ferramenta lateral, um bloco sólido com um lado aberto usado para preparações em que o metal pesado é removido e/ou uma única ferramenta pode completar toda a operação; troca rápida ou suporte de ferramentas tipo cam lock, um conjunto de ferramentas, um suporte com um dispositivo de pinos excêntricos para segurar blocos especiais no lugar dentro do suporte, escolhidos quando muitas ferramentas são necessárias em uma operação; torre porta-ferramentas, também usada quando várias ferramentas são necessárias – as ferramentas são permanentemente montadas na torre. Deve-se tomar cuidado na montagem das ferramentas de modo que aquelas que não estejam em uso não interfiram na peça ou placa. Mais sólidas que os sistemas cam lock, mas levemente limitadas para a variedade de ferramentas que podem ser usadas.

10. A torre é a primeira opção e o sistema cam lock é a segunda. Uma torre pode ser rápida para indexar novas ferramentas e sólida o suficiente para remover metal pesado requisitado no trabalho. As três ferramentas são simples e não interferem na torre.

11. Esse trabalho requisitaria um suporte de ferramentas rápido tipo cam lock, pois algumas ferramentas são longas e há muitas para a torre. O avanço e a taxa de remoção podem precisar ser desaceleradas um pouco e vários pequenos cortes feitos, porque esse suporte porta-ferramentas não é lá tão forte quanto a torre. Note que, para ser eficiente, você deve fixar as peças na placa duas vezes. Uma vez para o corte de desbaste, um suporte porta-ferramentas sólido, onde a maioria do excesso de material é removido deixando apenas o suficiente para

a segunda preparação, e usando o suporte de porta-ferramentas tipo cam lock.

12. Fricção ou geometria errada da ferramenta são muito prováveis, visto que isso ocorreu tão cedo na operação. Suas próximas escolhas seriam que a velocidade de corte estava muito rápida e a ferramenta queimou rapidamente, ou que a ferramenta não estava afiada para começar. Verifique a altura da ferramenta usando o método da escala. Depois, inspecione a aresta de corte por arredondamentos e retifique, se necessário. Recalcule a rotação e use algum fluido refrigerante. Você também deve trocar a ferramenta para metal duro para o ciclo de desbaste, assim ele será mais eficiente, mas isso requer uma nova rotação.

Respostas 3-5

1. Geometrias de quebra-cavacos para quebrar os cavacos em forma de "C"; insertos postiços de quebra-cavaco para desbastar cavacos na forma de "C"; proteções de placas; use um gancho para cavaco para retirá-los em fita.
2. Pare e investigue – corrija o problema se houver algum.
3. Corra!
4. Nunca tire a mão dela, dessa maneira você não a deixará na placa.
5. Há duas possíveis respostas: ações incorretas do operador em virtude da falta de familiaridade com o equipamento ou más configurações.

Respostas 3-6

1. *Conicidade*. As cinco possibilidades para verificá-la são:
    a. O acessório para usinagem cônica está configurado a partir de um trabalho anterior.
    b. A peça não está paralela ao eixo do torno, isso significa que o cabeçote móvel está fora de centro.
    c. Usando a segunda dica, o trabalho é maior do lado direito, isso pode estar flexionando a partir do ponto de contato da ferramenta. Isso apenas pode ocorrer se o cabeçote móvel tiver deslizado e não estiver verdadeiramente suportando o trabalho.
    d. Pode ser que a ferramenta desgaste ou deslize no seu porta-ferramentas/suporte enquanto está cortando.
    Elimine o desgaste da ferramenta com um exame da aresta de corte da ferramenta e conicidade acidental no anexo para usinagem cônica, conferindo a porca de fixação para ver se está justa (fixada) ou frouxa. Verifique todas as porcas de fixação de ferramentas e conjuntos de parafusos para garantir que não estejam escorregando.

Dica da área
Realinhamento rápido, utilizando este processo (Fig. 3-172).

1. Meça ambas as extremidades da peça.
2. Calcule a diferença de diâmetros.
3. Coloque um relógio comparador no cabeçote móvel próximo a peça.
4. Ajuste o centro de forma que a peça se mova metade da conicidade na direção correta (a favor ou contra o operador).

Removendo a conicidade

Figura 3-172 Realinhando o desalinhamento do cabeçote móvel.

Isso faz a flexibilidade do trabalho e o alinhamento do centro serem as causas potenciais – ambos com problemas do cabeçote móvel. Um teste rápido pode ser feito girando manualmente a contraponta rotativa. Se girar livremente, ela precisa ser reposicionada no furo e travada na posição. Se estiver tocando corretamente, o problema deve estar no desalinhamento do cabeçote móvel. A conicidade deve ser causada por um centro incorretamente ajustado. Você encontrou o desalinhamento do cabeçote móvel.

2. *A sexta peça apresenta conicidade*. A fixação está boa, o cabeçote móvel está no centro, o dispositivo para cones não está engatado e assim por diante. Isso é uma tendência. Contudo, alguma coisa deve estar errada no cabeçote móvel. Há duas possibilidades: ter afrouxado na peça anterior. Mas aqui está uma possibilidade real: matéria-prima mal fixada na placa também pode ser o problema – talvez não tenha sido apertada completamente na placa e foi puxada de volta para dentro da placa pela pressão da ferramenta de corte, não deixando o suporte do cabeçote móvel encostar. Esse é o problema mais comum, uma vez que o desgaste da ferramenta produziria uma peça cilíndrica (não cônica), mas de diâmetro errado.

3. *Acabamento grosseiro*. Isso pode ser causado por seis fatores: forma errada de ferramenta (raio de ponta, folga e ângulos de posição), centro vertical incorreto da ferramenta, vibrações no trabalho/ferramenta, falta de refrigerante e, finalmente, rotação ou avanço errados. Frequentemente, o mau acabamento vem combinado com esses fatores. Após uma rápida inspeção da ferramenta para montagem frouxa, sinais de desgaste, forma correta (mão esquerda ou direita, inclinação ou ângulos de saída) e centragem vertical correta, se nenhum problema for encontrado, mude a rotação para resolver esse problema. Se o acabamento não melhorar, altere a forma da ferramenta para uma de raio de ponta menor, para corrigir a trepidação ou um raio de ponta maior se nenhuma trepidação estiver presente.

Respostas 3-7

1. 29,5°
2. Para usar uma aresta de corte eficiente do bit para remover metal, e ainda retira uma quantidade muito pequena da parte traseira da rosca para suavizar a transição entre passadas.
3. Fórmula para ponta truncada da extremidade da ferramenta: passo/8; passo é 0,0625; 0,0625/8 = 0,0078 pol. arredondado para 0,008 pol. plano.
4. Verdadeira.
5. Mude a alavanca de direção de modo que o fuso guia mova a ferramenta para a direita quando a meia porca estiver engatada.
6. Para fazer 20 roscas por polegada, você pode engatar o relógio indicador para corte de rosca em qualquer linha graduada. Para 19 FPP, engate apenas nas linhas numeradas. A linha 1 seria a melhor.
7. $E = M + 0{,}086603 \times P - 3 \times$ diâmetro do arame

Respostas 3-8

1. Micrômetros de verificação de rosca e/ou três arames.
2. Eles entram em contato com a rosca próximo do diâmetro primitivo e se sobressaem acima do diâmetro maior da forma da rosca.
3. O diâmetro do centro do engate entre a porca e o parafuso correspondentes.
4. Verdadeira.
5. Até mesmo os calibradores mostram que apenas a rosca vai engatar em uma contrapeça. Eles não mostram se a forma da rosca está correta. Um projetor de perfis pode projetar a forma da rosca ampliada em uma tela para ser medida em ângulo e comprimento de crista/raiz.

6. Entra em contato no diâmetro primitivo = 0,0361 pol. (0,0562 pol. máx. a 0,0350 pol. mín.).
7. Diâmetro primitivo = maior diâmetro (nominal) + (0,086603 × passo) + (3 × diâmetro do fio). De manual de construção de máquinas, *Fórmulas para verificar o diâmetro primitivo de roscas de fuso*, onde M é a medida sobre os três arames e W é o diâmetro do arame conhecido.
8. Sim, arames de 0,050 pol. são aceitáveis.
9. Da tabela "Dimensão sobre arames de um diâmetro conhecido para verificação de roscas de parafuso", temos: $W = 0,050$ pol. e $M = 0,5334$.
10. Nenhum, está abaixo da medida agora. Essa rosca é sucata!

Respostas para as questões de revisão

1. Furação e alargamento.
2. A necessidade de mudar constantemente a rotação para manter velocidade de corte constante.
3. Peças se sobressaindo a uma pequena distância da placa (suponha que o furo do eixo árvore é maior que 2,5 pol.). Opp 5 – facear uma extremidade, fixando na placa de três castanhas; opp 10 – furo de centro n° 2 (apenas uma extremidade). Puxar o tarugo para fora com 2 pol. com pegada na placa e suporte do cabeçote móvel; opp 15 – torneamento de desbaste e acabamento de 2,000; opp 20 – torneamento de desbaste no diâmetro de 1,000 em ambos os lados da engrenagem – deixar excesso de 1,060 no diâmetro e 0,060 na dimensão de 0,75; Opp 25 – facear os lados da engrenagem para o comprimento de 0,750 a dimensão de 3,500, requer duas ferramentas de facear diferentes para alcançar os lados da engrenagem; opp 30 – torneamento de acabamento para diâmetro de 1,000 – preste atenção no raio completo da ferramenta de corte; opp 35 – cortar canais de 0,16 pol. a dimensão de 1,5 pol. diâmetro de 0,925; opp 40 – chanfrar extremidade direita a 0,1 × 45°; opp 45 – cortar da matéria-prima na dimensão de 5,625 pol.
Eu não separaria o objeto final da matéria-prima completamente. Eu pararia com apenas um bit ainda conectado, removeria a peça da placa, inverteria e, usando pinças, a seguraria com diâmetro de 1,000 e cortaria a última peça que foi originalmente a matéria-prima dentro da placa. Dessa maneira, a peça não cai, apenas o excesso de material. Depois, chanfraria e faria um furo de centro na outra extremidade, pois pode ser necessário cortar os dentes da engrenagem.
4. Placa de três castanhas. Há muito excesso no diâmetro acabado, portanto, o batimento não é um problema. Os cortes serão relativamente pesados, então a boa pegada é um problema. A barra tem um comprimento excessivo, assim, prendê-la em uma placa é uma maneira de operar.
5. Sim, é necessário suporte. Note que a taxa de comprimento por diâmetro da matéria-prima não é um fator a ser considerado, é um diâmetro que excede a relação de 5 para 1 na taxa de comprimento por diâmetro.
6. A troca rápida, visto que várias ferramentas são necessárias. Um suporte de ferramentas quadrado seria estranho por causa da necessidade de duas ferramentas de faceamento.
7. As ferramentas de metal duro para tornear e facear; HSS para furo de centro; sangramento e corte provavelmente HSS, mas MD também seria bom, se tivesse no almoxarifado.
8. ALF é aço laminado a ser cortado a 300 pés/min SS; diâmetro de 2,0 pol. a 600 rpm; diâmetro de 1,0 a 1.200 rpm.
9. Não, os diâmetros brutos são maiores por meia polegada para cortar o diâmetro de 2,0 e uma polegada completa para o eixo acabado de 1,0 – agora torneie para o diâmetro de 2,0. *Melhor solução*: troque para uma rotação intermediária. *Possível solução*: teste cortar para ver se a ferramenta vai resistir a velocidades maiores. Lembre-se, os gráficos de velocidade no Apêndice IV são números de estudantes (baixos por segurança).

10. Rotação máxima para a placa de 1.000 rpm, ou a oficina define um limite! Rotações calculadas para diâmetro de ferramenta HSS de 0,125 pol. a 100 F/M = 2.400 RPM.
11. Sim. Use uma barra longa pelo eixo árvore e usine cada peça empurrando para uma peça, depois corte. Isso economiza a quantidade de pegada de cada barra cortada.
12. A barra inicial terá aproximadamente 10 pés de comprimento para 20 peças e sobressairá por trás do cabeçote. *Solução 1*: comum. Use um suporte para barra longa e proteja os outros se andarem próximos à barra. *Solução 2*: melhor. Use duas barras por volta de 5 pés de comprimento – elas não sairão pelo cabeçote.
13. Falsa. O escantilhão ajuda a determinar a forma do bit de rosqueamento e a alinhá-lo com o eixo. Para alinhar sua linha de centro paralela ao eixo *X* do torno.
14. Falsa. O eixo *Z* está travado. É *X* que deve avançar para facear.
15. A ferramenta de sangramento axial deve ter mais folga lateral na sua aresta externa. Na verdade, ela precisa de uma folga pequena ou nenhuma nas partes mais internas, porque o corte inclina-se para fora da aresta de corte. Contudo, pode ser usado como uma ferramenta de sangramento normal.
16. O calibrador de rosca ajustável.
17. Diâmetro primitivo de 0,3911 pol. para rosca de $\frac{7}{16}$-14 (manual de construção de máquinas).
18. Arames de 0,050 a 0,4793 pol. sobre os arames (manual de construção de máquinas).
19. O torno manual requer que o operador baixe a meia porta no ponto exato do relógio indicador para o corte de rosca, com cada passada de rosca, portanto, a rotação deve ser baixa para conseguir fazer direito. O torno CNC começa o eixo *Z* na sincronização exata com o canal da rosca; assim, ele pode tornear nas velocidades de corte mais eficientes.
20. O torno CNC não tem engrenagem entre o eixo do motor e os eixos *X* e *Z*. Eles são guiados independentemente pelo comando.

capítulo 4

Fresas e operações de fresagem

Objetivos deste capítulo

» Estar habilitado a identificar 12 operações básicas pelo nome e uma preparação típica a partir de um desenho ou de uma peça

» Identificar máquinas fresadoras de aríete ou de torre verticais ou horizontais

» Identificar as funções e os eixos ortogonais de uma fresadora

» Identificar e escolher a montagem correta do cortador para o trabalho

» Calcular a melhor rotação para o cortador e o material da peça

» Identificar dois tipos comuns de cônicos para fresagem: R-8 e Norma ISO (americana)

» Usar grampos e morsas para o melhor rendimento mecânico

» Reconhecer e prevenir nove acidentes mais comuns

» Seguir a lista de 10 tarefas para configurações seguras e eficientes

» Usar a sequência de fresagem de modo correto e seguro

» Não usar a sequência de fresagem em duas exceções

» Calcular a taxa de avanço da fresa

» Alinhar a peça utilizando habilidades DTI

» Coordenar os eixos de usinagem com os pontos de referência na peça

» Esquadrejar a peça usando conceitos de referência

Quando este texto foi compilado, de acordo com a Associação Nacional dos Construtores de Máquinas Ferramentas, aproximadamente 80% de todo equipamento novo vendido na América do Norte eram de máquinas de fresar. Elas conformam o metal pela rotação de um cortador e o movem ao longo de um eixo através da peça. Claramente, a fresagem (ou fresamento) é uma questão central na usinagem.

Embora sua primeira tarefa seja criar superfícies planas e esquadrejadas, as fresadoras podem realizar uma ampla faixa de outras tarefas. Operadores qualificados podem cortar ângulos, formar raios, alargar furos e, usando acessórios, fazer círculos ou partes de círculos e hélices (cortes espirais). Usando cortadores especiais, as fresadoras podem cortar dentes de engrenagens e fazer encaixes e canais em T. O fato mais surpreendente é que todas essas formas podem ser feitas em máquinas manuais, sem controle CNC!

Agora, adicione o computador para acionar os eixos de avanço e as possibilidades são quase ilimitadas! Usando programas de geração CAD-CAM, praticamente não há forma 3D que não possa ser criada. Hoje, se for possível desenhar na tela, provavelmente será possível fresar. Aqui estão as unidades de aprendizagem do Capítulo 4 para conseguir esse valioso conhecimento em fresagem.

Como em outros capítulos neste livro, no Capítulo 4, assumimos que você esteja praticando essas operações em fresadoras manuais e então transferindo essa experiência para máquinas CNC. Quando forem significativas, as diferenças serão destacadas. Muitas das 12 operações também são comuns às máquinas programáveis.

Termos-chave:

Canal de chaveta (chaveta)
Ranhura ou canal esquadrejado em um objeto no qual uma chaveta é inserida para prevenir deslizamento rotacional no eixo.

Canto (filete)
Raio de canto interno entre duas superfícies

Contato radial (CR)
Extensão do diâmetro do cortador em contato com a peça comparada ao diâmetro total; CR de 66% é ideal.

Corte de perfis
Usinar em torno da borda ou superfície externa da peça.

Eixo-árvore
Eixo de precisão usado para suportar cortadores tipo disco.

Fresa de ponta esférica
Cortador contendo uma extremidade com raio total.

Fresa tipo bull nose (nariz de touro)
Cortador com cantos arredondados e uma face central plana.

Fresagem convencional (discordante)
Corte periférico no qual o cortador se opõe à direção de avanço da peça.

Fresagem de embutidos
Usinar dentro de uma peça usando tanto o corte frontal como o tangencial.

Fresagem escalonada (concordante)
Corte periférico que amplifica a ação de avanço do cortador – o avanço da peça combina com o anel cortador e, se não for controlado, pode levar a acidentes sérios.

Fresagem paralela (conjunto)
Usar dois ou mais cortadores em um único eixo-árvore.

» Unidade 4-1

» O que faz uma fresadora?

Introdução A Unidade 4-1 fornece uma bagagem nas expectativas de operações de um operador iniciante. Ela proporciona a habilidade de observar o desenho de uma peça ou uma peça acabada e, então, identificar as operações básicas requeridas para fabricá-la. Discutiremos também algumas premissas sobre o modo como a configuração é feita e qual cortador deve fazer o trabalho. Exploraremos as configurações e ferramentas com profundidade nas Unidades 4-3, 4-5 e 4-6.

Inclinação
Movimentos da ferramenta na peça em eixos múltiplos.

Mergulho
Furar uma peça com uma fresa de topo afiada para esse propósito.

Peça indexada (espaçada)
Usinar múltiplos elementos em uma sequência circular, por exemplo, furos para parafusos.

Perfuração
Usinar furos precisos pela rotação de uma ferramenta de ponta simples em um círculo.

Profundidade de corte (PDC)
Distância da superfície da peça até a superfície do cortador.

Operações de fresagem

As 12 operações usuais dividem-se em quatro tipos:

Faceamento – cortar uma superfície plana utilizando a extremidade do dente do cortador.

Perfilamento – cortar o contorno externo da peça, usando a lateral do cortador.

Furação

Perfuração – criar superfícies internas circulares.

Operação 1 – Fresagem de face

O faceamento, indiscutivelmente, é a operação mais fundamental. O cortador é abaixado em direção à superfície da peça até a **profundidade de corte (PDC)**, então é ajustado para engatar a peça a uma determinada porção de seu diâmetro, denominado **contato radial (CR)** (penetração de trabalho) (Fig. 4-3). O CR é expresso como uma porcentagem do diâmetro do cortador que está em contato com a peça. A ilustração superior na Fig. 4-3 tem $\frac{2}{3}$ de contato radial (66%). A largura do cortador é cerca de dois terços do total que ela pode cortar.

Há muitas razões para ajustar o corte com menos de 100% de CR. Isso ficará claro ao longo do livro. Contudo, há ocasiões em que devemos usar 100% de CR devido à falta de um cortador maior ou de outras limitações da máquina. De qualquer forma, a melhor solução é selecionar um diâmetro maior

Fresando em faceamento uma superfície plana

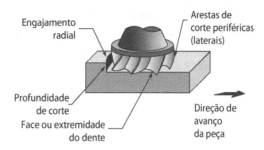

Figura 4-1 A fresagem de faceamento usa a extremidade do dente para gerar uma superfície plana.

quando uma área grande deve ser faceada, mas por quê? Leia.

Cortes escalonados

É comum fazer os cortes de face e tangencial simultaneamente, como na Fig. 4-2, em que um corte de grande volume está ocorrendo. Observe os finos cavacos azuis que o cortador está retirando da peça de aço usando contato radial de 40%, mas uma grande profundidade de corte.

> **Ponto-chave:**
> Embora seja possível usar um contato radial de 100% para o faceamento (Fig. 4-2), para a vida da ferramenta e para o acabamento, durante o faceamento é desejável manter CR abaixo de 66%.

Figura 4-2 O cortador de alta tecnologia com insertos de metal duro com diâmetro de $1\frac{1}{2}$ pol. avança através deste bloco de aço.

Pensamento crítico

Estude a Figura 4-3 cuidadosamente e veja se você pode resolver o quebra-cabeça da razão pela qual existe diferença na vida da ferramenta e no acabamento para CR de 66% comparado ao CR de 100%. A resposta não será totalmente descoberta até o final da Unidade 4-5.

Taxa de remoção – em polegadas cúbicas por minuto

A combinação da profundidade de corte, do contato radial e da velocidade de avanço cria a taxa de remoção total – na unidade de polegadas cúbicas (ou centímetros cúbicos) de metal removido por minuto.

A taxa de remoção traduz diretamente a potência requerida para executar um corte. Iremos nos aprofundar no cálculo desses itens nas Unidades 4-4 e 4-5.

> **Ponto-chave:**
> Os avanços na fresagem são especificados em polegadas de deslocamento por minuto. Essa é a diferença entre furadeiras e tornos, em que o avanço é em polegadas por rotação.

Três cortadores que faceiam

Fresagem de face pode ser realizada com três tipos diferentes de ferramenta de corte. Aprenda seus nomes e características gerais.

Fresas de faceamento Estes cortadores são fabricados para este propósito. Fornecidos tanto em aço rápido (Figura 4-1) ou carboneto (Figuras 4-2 e 4-3), as fresas de faceamento removem maior quantidade de metal por minuto entre os três tipos. Os cortadores com insertos de carboneto mostrados na Figura 4-4 são de longe os mais comuns na indústria devido a sua alta taxa de remoção, rápida reposição das arestas de corte e fácil controle da geometria do cortador.

As fresas de faceamento produzem um acabamento médio fino de cerca de 64 micropolegadas (μpol.), ou melhor, sob condições ideais. Embora as fresas de faceamento custem mais quando comparadas aos próximos dois tipos de cortadores, lembre-se que elas são as ferramentas de remoção de metal mais rápidas das três. Considerando a produtividade, elas frequentemente pagam-se no primeiro mês de uso!

Fresas de topo Estes cortadores são também usados para facear porque possuem dentes de corte tanto na extremidade como na lateral. Além disso, quando seus dentes de face são afiados para isso, as fresas de topo podem **mergulhar** através da peça de forma similar à furação. As fresas de faceamento

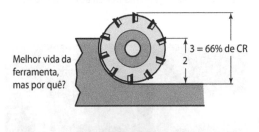

Melhor vida da ferramenta, mas por quê?

3 = 66% de CR
2

Não recomendado, contudo irá funcionar

100% de CR

Figura 4-3 A fresagem de faceamento usa a extremidade do dente para gerar uma superfície plana.

Figura 4-4 Uma variedade de fresas frontais com insertos de metal duro.

não podem mergulhar, por isso, devem ser ajustadas na profundidade de corte quando não estão em contato com a peça.

> **Ponto-chave:**
> Nem todas as fresas de topo podem mergulhar – elas devem ter a possibilidade de corte no centro da face. Somente as fresas de topo de mergulho podem começar um furo inicial ou uma cavidade na superfície de uma peça (Figura 4-5).

Fresas de topo com dois ou quatro dentes são comuns. Cortadores com três dentes também são usados em alguns metais de corte livre como o alumínio. Números limitados são feitos de aço rápido ao cobalto, que é ligeiramente mais duro e resistente do que o aço rápido comum, porém cortadores ao cobalto são mais caros. O custo adicional para o aço rápido ao cobalto em geral não é justificado, exceto nos casos em que o carboneto não pode ser usado por causa do lascamento da aresta de corte devido à vibração, e ferramentas de aço rápido comum desgastam rapidamente devido à dureza da peça.

Fresas de topo são também fornecidas em carboneto maciço, que são mais caras que o aço rápido, mas cortam três vezes mais rápido. Elas também são fabricadas na versão com inserto de carboneto. A escolha de qual fresa de topo a ser usada é uma habilidade básica que você irá desenvolver na oficina – a escolha correta pode ser feita considerando a diferença na precisão, na vida da ferramenta e na produção!

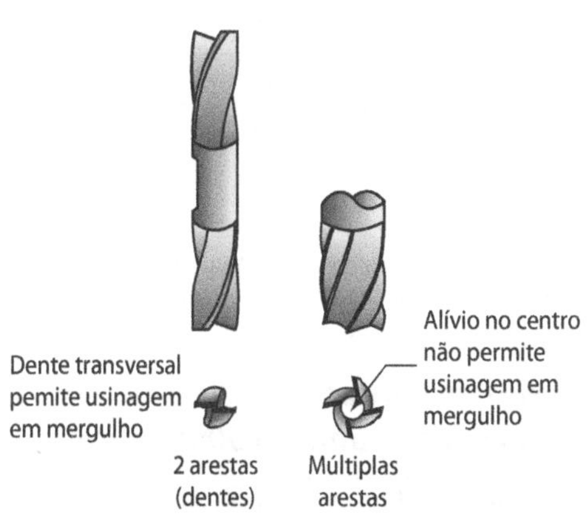

> **Dica da área**
> **Qual fresa de topo?** Se o corte requer mergulho, a fresa de topo com dois canais é a melhor escolha. Metal duro como o aço permite o uso de cortadores com quatro canais porque eles apresentam mais arestas de corte para dividir o desgaste da ação de corte.

Fresas de topo produzem um acabamento médio fino e quando estão faceando removem o metal a uma velocidade relativamente baixa quando comparado ao cortador de faceamento (fresa frontal). Usando avanços menores, a fresa de topo pode produzir um acabamento superficial de cerca de 64 µpol.

> **Ponto-chave:**
> Para cortar metais macios, escolha menos canais. Metais duros requerem mais dentes.

Cortadores flutuantes são cortadores de face de um único dente, usados mais em trabalhos de ferramentaria do que em produção devido ao seu corte lento (Figura 4-6).

Eles são ajustados corretamente quando uma superfície muito grande deve estar excepcionalmente plana ou lisa e deve ter um excelente acabamento de 32 µpol, ou melhor. A ferramenta de barra de aço rápido ou carboneto inserido em um cortador flutuante é afiada de uma forma semelhante à ferramenta de torneamento.

Embora cortadores flutuantes sejam baratos e possam ser fabricados na oficina, eles são remo-

Figura 4-5 Fresas de topo apresentam dentes tanto na face como na lateral. Algumas têm nas duas extremidades para redução de custo; um corpo com dois cortadores.

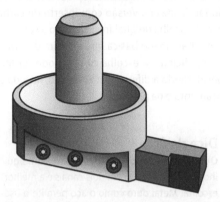

Figura 4-6 Cortadores flutuantes geram acabamentos finos.

Figura 4-7 Um cortador flutuante faz somente cortes leves na face, mas gera uma superfície muito plana com bom acabamento.

vedores de metais muito lentos com algumas considerações sérias de segurança. A vibração da ferramenta e a força centrífuga na extremidade da barra flutuante estendida são desafios para o corte flutuante (Figura 4-7).

> **Ponto-chave:**
> **Cuidado!**
> A natureza desbalanceada de um corte flutuante torna crítica a escolha da rotação máxima, do avanço e da profundidade de corte. Um limite sugerido pode ser 0,015 pol. de profundidade, um avanço de 3 pol. por minuto e uma rotação inferior a 700 rpm para um corte de 5 pol. de diâmetro. Verifique com seu instrutor quando ajustar um cortador flutuante – podem existir limites diferentes.

Figura 4-8 Este bloco está sendo perfilado por fresagem usando o dente periférico (lateral) do cortador.

Operação 2 – Fresagem periférica

O **corte periférico** (também denominado perfilamento) significa cortar ao longo da superfície externa ou interna de uma peça utilizando o dente lateral do cortador. O cortador mais comum para esse perfilamento é a fresa de topo (Figura 4-8). O topo nesse bloco é perfilado por fresagem pela fresa de topo de dois canais.

Fresagem Concordante versus Discordante – uma escolha crítica!

O perfilamento tem seu próprio jogo de regras de segurança e desafios, os quais serão estudados na Unidade 4-4, mas o mais importante é saber as diferenças entre as forças, dependendo da direção de avanço. Quando está cortando com o dente lateral, o cortador deve ser avançado ao longo da peça como uma roda rolando sobre a estrada – denominada **fresagem concordante**. Durante a fresagem concordante, a rotação do cortador na peça tenta puxar o eixo de avanço e a peça por meio do corte. Ou então você pode avançar o cortador na direção oposta ao longo do perímetro, com o dente opondo-se à direção do eixo de avanço, denominada **fresagem discordante** (Figura 4-9). O claro entendimento dessa diferença é fundamental para a segurança, para a vida da ferramenta e para o acabamento.

Pensamento crítico

Temos quatro questões para responder. Entre o corte concordante e o discordante:

Qual gera um melhor acabamento?

Por quê?

Qual requer um ajuste extraforte e controle de folga no fuso?

Qual proporciona a maior vida da ferramenta e por quê?

A verdade está relacionada ao contato radial. Essas questões serão respondidas logo, mas raciocine agora.

> **Ponto-chave:**
> Há uma grande diferença entre as forças geradas entre a fresagem concordante quando comparada à fresagem discordante. Elas geram diferenças nos resultados e especialmente no ajuste inicial.

Operações 3 e 4 – Fresagem escalonada e embutida

Uma combinação de fresagem periférica e faceamento é requerida com frequência em um corte. Um *embutido*, mostrado na Figura 4-10, é uma fresagem em depressão ou cavidade dentro do metal. Na programação CNC, uma segunda fresagem de cavidade dentro do plano de algum outro metal é denominada de *alojamento*. Essas operações são denominadas escalonadas ou embutidas.

Mergulhando para o corte em profundidade

Para iniciar a operação embutida, um furo deve ser aberto até a profundidade de desbaste do embutido – uma terceira operação similar à furação – denominado *mergulho* quando é feito com uma fresa de topo. Embora seja possível usar uma broca helicoidal para iniciar o embutido, é mais rápido mergulhar a fresa de topo até a profundidade e então fresar lateralmente para fazer o embutido. Para fazer isso, examine a fresa de topo. Ela deve ter os dentes com uma ou mais arestas de corte afiadas completamente até o centro – semelhante a uma broca, mas com ângulo de ponta de zero grau (Figura 4-11).

Cortadores com três ou quatro canais podem mergulhar se afiados corretamente com um ou mais dentes que atravessam o centro da face. Muitos cortadores de dois canais podem mergulhar, mas não todos! Alguns apresentam faces ocas no seu centro, sem arestas cortantes.

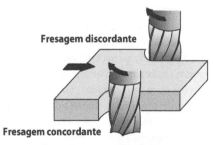

Figura 4-9 É importante saber a diferença entre fresagem concordante e discordante.

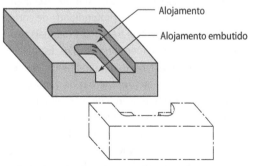

Figura 4-10 Vista em corte de dois alojamentos, sendo o segundo embutido no primeiro.

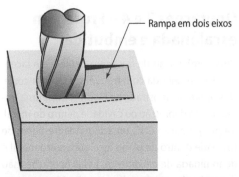

Figura 4-11 Rampa descendente para o fundo permitindo a saída do cavaco e a entrada de refrigerante melhor do que no mergulho.

> **Ponto-chave:**
> Fresas de topo devem ser afiadas com um ou mais dentes que atravessam o centro da face, de modo que eles possam remover todo metal durante um mergulho. Se não o são, o centro do material não removido interromperá o mergulho e provavelmente queimará ou quebrará o cortador.

Corte profundo inclinado

Observe a Figura 4-11. Avançar a fresa de topo lateralmente enquanto mergulha é conhecido como mergulho inclinado ou abreviado somente para **inclinado**. Essa operação não é usada frequentemente em fresadoras manuais, mas é comum em CNC porque gera um canal inclinado que libera os cavacos melhor do que um furo perfurado. Além disso, permite ao refrigerante alcançar melhor o corte. Os programadores quase sempre escolhem o mergulho inclinado até a profundidade de corte, enquanto operadores de fresadoras manuais usualmente escolhem o mergulho simples. Espiralando a inclinação para baixo em uma hélice em vez de uma linha reta, oferece um par de vantagens. Primeiro, isso mantém a área de mergulho menor e pode ser terminada tangente à parede da cavidade, causando, então, menos marcas de ferramenta no acabamento. Esse movimento é denominado *inclinação espiral*. Aqui, o cortador move-se em uma trajetória circular enquanto mergulha.

> **Dica da área**
> **Segredos de embutimento** A **fresagem de embutidos** lança um par de sérios desafios em seu caminho, ambos causados por folga no eixo de avanço (folga mecânica entre a porca de acionamento e o fuso). À medida que o operador executa o corte final ao longo do interior da cavidade, cada eixo deve ser revertido enquanto a ferramenta de corte está em contato com a peça. Ele pode ser puxado para a superfície da peça pela ação de corte quando a distância entre o fuso axial e a porca está folgada. Isso também leva a um endentamento indesejado na superfície frequentemente denominado rebaixamento. Esse problema existe tanto nas máquinas fresadoras manuais quanto nas CNC, mas é muito pior nas manuais devido ao tipo de parafuso de acionamento axial que elas possuem. As máquinas CNC praticamente não têm folga quando comparadas às máquinas manuais.
>
> Ao mudar a direção nos cantos, o cortador tende a mergulhar (puxado além da trajetória desejada) nos cantos à medida que a folga é eliminada no eixo. O segundo desafio existe somente em fresadoras manuais sem o posicionador digital, já que o relógio micrométrico é válido somente quando acionado em uma direção. Você necessitará acionar as posições em ambos os lados da cavidade. Se a máquina possui leitores digitais, esse problema é solucionado para a posição de corte, mas não para a penetração de canto.
>
> Para prevenir a penetração nos cantos devido à folga, primeiro desbaste com metal de 0,015 a 0,030 pol. da dimensão final. Então, execute dois cortes leves de acabamento ao longo de toda a superfície. Segundo, sempre use fresagem concordante porque ela tende a empurrar o cortador para fora da peça em vez de penetrá-la. Terceiro, em fresagens manuais sempre aperte a trava nos eixos não utilizados (*X* ou *Y* e o fuso *Z*). Finalmente, use leitores digitais em vez de relógios mecânicos sempre que possível, pois eles não estão sujeitos a erros de folga.

Operação 5 – Corte em ângulo

Em fresadoras manuais, os cortes angulares podem ser realizados de diversas maneiras, tanto pela inclinação do cortador como pela inclinação e rotação da peça. Ângulos também podem ser cortados usando cortadores de formas afiados. Atualmente, o método mais comum de fazer uma superfície angular é avançar dois eixos simultaneamente por meio de controle CNC.

As Figuras 4-12 até 4-17 mostram cinco configurações de fresagem manuais que podem ser usadas para usinagem de um ângulo em um bloco de gabarito para furação. Cada uma oferece diferentes combinações de precisão e tempo necessárias de configuração.

1. **Inclinação da peça**
   Utilize uma linha do traçado e a barra paralela (Figura 4-13). Usando a Dica da área, repita essa configuração ao redor de grau em grau e meio grau – bom somente para trabalho semipreciso. Usando uma configuração de barra senoidal, melhore a precisão para dentro da variação em alguns segundos (ângulo).

2. **Inclinação do cabeçote**
   O cabeçote do mandril de muitas máquinas fresadoras verticais pequenas possui um ou dois eixos que podem ser ajustados a um ângulo em relação a sua mesa (Figura 4-15). No seu anel flangeado (Figura 4-16) eles apresentam graduações angulares com uma resolução tanto de $\frac{1}{2}$ quanto de 1°.

> **Dica da área**
> **Melhorar o alinhamento do traçado (Figura 4-14)** Para melhorar a precisão inclinando a peça em uma morsa, posicione uma barra retificada no topo do mordente da morsa, então nivele o traçado com ela.

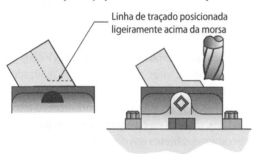

Inclinação da peça usando a linha de traçado

Figura 4-12 Inclinação da peça pelo traçado é um método simples com repetibilidade de 1.

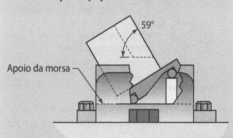

Figura 4-14 Inclinação da peça usando uma barra senoidal com repetibilidade em torno de 0° 0′ 15″.

Questão de pensamento crítico Na Figura 4-16, a configuração é feita para fresar o ângulo de 59° no gabarito de furação. Que ângulo você deve posicionar na barra senoidal? (A resposta será encontrada antes da unidade de Revisão.)

3. **Rotacionamento da peça**
   Há algumas maneiras de uma peça angular ser posicionada paralelamente à mesa da fresadora, então rotacione tanto ao ângulo

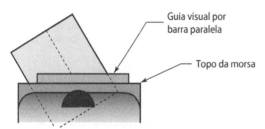

Figura 4-13 Melhora do alinhamento usando uma barra paralela.

capítulo 4 » Fresas e operações de fresagem

237

Figura 4-15 Inclinar tanto o eixo A como o eixo B (mostrado) é um modo simples de cortar um ângulo.

Figura 4-16 O ângulo de inclinação pode ser refinado acima da escala da máquina usando uma barra de seno e um DTI.

de 59° ou seu complemento, dependendo do acessório de ajuste: uma morsa inclinável, um transferidor, blocos escalonados paralelos (Capítulo 8 do livro Introdução à Manufatura) e uma barra senoidal. Para terminar o ajuste na Figura 4-17, a peça deve ser fixada à mesa com um espaço de proteção entre a peça e topo da mesa. Contudo, para o exemplo do calibre de furação, fresar o ângulo com a lateral de um cortador introduz um problema – o canto agudo não será fresado corretamente devido ao diâmetro do cortador (Figura 4-17).

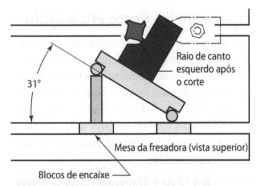

Figura 4-17 Rotacionamento da peça usando blocos de encaixe e barra de seno.

Ponto-chave:
Depositar a peça na mesa da fresadora e rotacioná-la relativamente a um eixo funciona particularmente bem para peças longas muito grandes para inclinar. Quando fizer isso, nunca prenda a peça diretamente na mesa, sempre providencie um espaço com calços entre as duas.

Operação 6 – Cortando formas

Corte de raios

Em fresadoras manuais, o corte de raios internos ou externos (cantos arredondados) é realizado usando cortadores de forma afiados. Aqui, a cavidade mostrada anteriormente agora recebeu muitos raios. Os raios de cantos internos são também denominados **filetes** nos desenhos (Figura 4-18).

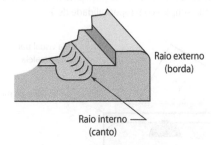

Figura 4-18 Um raio de borda foi adicionado ao alojamento e à borda externa. O raio côncavo é frequentemente denominado um canto.

Os dentes dos cortadores de raio têm tanto uma curva convexa quanto uma curva côncava retificada no seu canto (Figura 4-19). Como em ferramentas de torno, criar uma forma na peça usando um cortador de forma é conhecido como *conformação*. Os dois tipos de fresas de topo afiados para forma de raio de canto côncavo são a **fresa de topo de ponta esférica** (extremidade de raio completo) e **fresa tipo bull nose** (um pequeno plano na extremidade).

Modelos de formas personalizadas

Quando a forma é não usual, o cortador de forma mais simples para fazê-la na oficina é o cortador flutuante. Sua barra de aço rápido pode ser afiada especificamente para qualquer forma aproximada sem equipamento especial. Na Figura 4-20, um ângulo e um canto arredondado são colocados no objeto. A Figura 4-21 mostra dois tipos de cortadores de forma comprados para formas especiais, o canal T e o encaixe.

Afiação de ferramenta CNC

Quando a forma do cortador excede os métodos normais de afiação de cortadores, ela pode ser afiada em máquinas CNC de afiação de ferramentas. Atualmente, praticamente qualquer modelo de forma do dente pode ser reproduzido em um equipamento CNC programável de afiação de ferramentas, mostrado no Capítulo 5. Contudo, as fresadoras CNC têm substituído bastante a necessidade de cortadores de formas complexas.

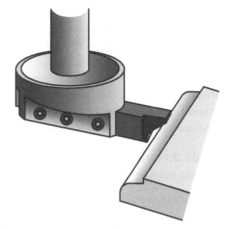

Figura 4-20 O mais simples cortador de forma fabricado na oficina é afiado em uma barra para um cortador flutuante.

Figura 4-21 Muitos ângulos diferentes e outras várias formas podem ser comprados pré-afiados em fresas de topo.

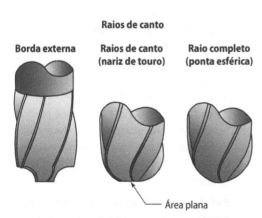

Figura 4-19 Três cortadores com forma radial retificada.

Operação 7 – Furação / Alargamento

Executamos furação de furos na fresadora quando a tolerância de posicionamento de furos é menor do que a precisão da furadeira, por volta de 0,015 pol. ou menos. Usando a precisão micrométrica, a fresadora pode posicionar suas mesas dentro de 0,001 a 0,003 pol. no plano *X-Y*, e com posicionadores digitais faz ainda melhor. As brocas e alargadores são presos em um mandril com chave ou um adaptador cônico, mas eles também podem ser fixados em pinças, as quais tendem a manter a broca no fuso com menor batimento. As brocas podem avançar manual ou automaticamente para dentro da peça. Mesmo que os fusos de fresadoras sejam muito mais rígidos do que os fusos das furadeiras, as brocas ainda podem oscilar para fora da posição ao iniciar, então uma broca piloto (ou broca de centro) é requerida para ajudar no posicionamento preciso. A **perfuração** após a furação é a melhor solução para posicionamento, o qual será explorado a seguir.

Precisão do furo – repetibilidade de posicionamento

A repetibilidade de posicionamento em fresadoras manuais de 0,001 a 0,003 pol. é bastante típica utilizando micrômetro digital *X-Y*, e menores usando posicionamento digital eletrônico, mas somente quando o furo é alargado na posição.

> **Ponto-chave:**
> Para alcançar precisão tanto na localização quanto no diâmetro, algumas vezes é melhor utilizar a broca de centro na posição, desbastar o furo, alargá-lo dentro de 0,015 pol. para a dimensão final e então acabar a dimensão com o alargador.

Repetibilidade do diâmetro

A repetibilidade da precisão diametral de furos perfurados e alargados em fresadoras não é diferente das que são encontradas em uma furadeira. Você pode esperar cerca de 0,003 pol. para furação isolada e 0,0003 pol. para alargamento. Contudo, nas fresadoras, podemos adicionar um cabeçote ajustável de alargamento para usinar qualquer diâmetro com repetibilidade de 0,0002 pol. Isso é possível se um cabeçote de qualidade for utilizado com boas velocidades e avanço e ferramentas de perfuração afiadas.

Refrigerantes, precisão e vida da ferramenta O desafio constante para a vida da ferramenta e a precisão associada com ferramentas de corte afiadas é o fornecimento de refrigerante na área de corte. Quando a profundidade do furo excede três a cinco vezes o diâmetro da broca, os cavacos ejetados para cima e para fora dos canais helicoidais (ou fresa de topo mergulhando) param o refrigerante à medida que ele tenta penetrar no furo. Há três soluções.

Furação pica-pau Como discutido anteriormente, há dois tipos. *Quebra-cavacos* é usado para furos de média profundidade, cuja profundidade vai até oito vezes o diâmetro, em que a penetração é interrompida e a broca é puxada cerca de 0,10 a 0,050 pol. e então retorna para furar. Acima da razão oito para um, uma segunda picada é denominada *elimina cavacos* porque o cortador é puxado para fora do furo retornando para furar novamente. Isso permite que a maioria dos cavacos saia e um jato de refrigerante flua até o fundo do furo.

Refrigerante externo com alta pressão Aqui, um jato focado de refrige-

> **Conversa de chão de fábrica**
>
> Embora as fresadoras aríete e torre sejam produzidas por muitos fabricantes, o recente sucesso das máquinas Bridgeport de Connecticut torna essas máquinas uma marca mundialmente popular tanto em treinamento quanto na indústria. Em algum momento do passado, quase todas as oficinas tiveram pelo menos uma dessas máquinas. Então, como chaves inglesas, elas são conhecidas não pelo nome próprio, uma chave de abertura ajustável, mas pelo nome de um fabricante popular. Hoje, sempre chamamos máquinas desse tipo pelo fabricante. Isso não é um apoio a uma marca específica, há muitos fabricantes de fresadoras aríete e torre.
>
> O CNC mudou muito e a fresadora Bridgeport não é exceção. Atualmente, elas não são normalmente usadas para trabalho de produção. Contudo, mesmo com a tecnologia atual, elas permanecem como a máquina mais adaptável em termos de ajustes e princípios de fresagem, e para trabalhos de ferramentaria e alternativos para o CNC. Podemos prever com segurança que elas nunca serão completamente deslocadas por mudanças tecnológicas.

rante é aspergido pelos canais da ferramenta e pode penetrar à profundidade de cinco a seis vezes o diâmetro da broca. Mas ele também é bloqueado pelos cavacos saindo. O sistema de refrigeração de alta pressão é um dispositivo adicional para todas as máquinas manuais e a maioria das máquinas CNC, mas é uma boa solução para muitos problemas de usinagem incluindo perfuração de furos com média profundidade.

Refrigerante de alta pressão através da ferramenta   O vencedor para remoção de cavaco, furos precisos e vida da ferramenta apresenta um furo de injeção através do miolo da ferramenta (Figura 4-22). O refrigerante em alta pressão é forçado para a área de corte. Uma bucha selada, especialmente usinada, rodeia a haste da ferramenta segurando e forçando o refrigerante ao ponto de aplicação. Dessa forma, a vida da ferramenta é aumentada enquanto também auxilia na precisão do diâmetro e, além disso, faz a pressão forçar os cavacos para cima e para fora do furo, resultando na eliminação da necessidade de picadas. Utilizando esse conceito de refrigeração central, as brocas-canhão podem furar a profundidades praticamente ilimitadas. Esse é um acessório adicionado e requer ferramentas especiais que apresentam furo de refrigeração através do qual o jato é bombeado (Figura 4-22).

Perfuração em fresadoras aríete e torre

É comum realizar a operação de furar em pequenas fresadoras universais, denominadas fresadoras aríete e torre, frequentemente denominadas fresadoras tipo Bridgeport (veja na Conversa de chão de fábrica a seguir). As razões típicas podem ser posicionamento próximo ou tolerâncias de diâmetro dentro de 0,003 pol. ou menos, ou quando não há alargador disponível para um diâmetro especial, então devemos alargar o furo. Fazer furos angulares precisos é também uma operação típica de fresadoras aríete e torre, pois o aríete de fresagem pode ser inclinado em duas direções em relação à mesa.

Figura 4-22 Furos de passagem do refrigerante mostrados na extremidade de saída do corpo desta broca de carboneto de tungstênio para furação profunda.

Fresadoras aríete e torre são inquestionavelmente as máquinas manuais mais comuns em qualquer oficina. Em escolas e oficinas de produção e ferramentaria, elas são os padrões para pequenas máquinas fresadoras (Figura 4-23). Quando utilizamos seu fuso deslizante robusto e o sistema de avanço do fuso, o qual é similar a uma furadeira motorizada, elas melhoram e simplificam as operações de furações comparadas às furadeiras e outros tipos de fresadoras não tão bem preparadas para furação.

As fresadoras aríete e torre são muito flexíveis em termos de configurações iniciais e da faixa de operações que elas podem realizar. A razão para o seu nome formal, *aríete e torre*, pode ser vista na Figura 4-23, em que acima da sólida coluna de torre, se apoia um aríete deslizante que pode pivotar em torno da torre. Na outra extremidade do aríete, está o cabeçote da máquina que pivota em dois eixos.

Muitos outros acessórios motorizados estão adicionados na extremidade traseira do aríete, que pode ser destravada e rotacionada de 180° para trazê-los à frente da máquina. Esses acessórios podem realizar serviço de fresagem médio, furação, perfuração e todos os outros cortes mostrados nesta unidade. Utilizando anexos, eles podem cortar canais com cabeçotes recíprocos (aqueles que alternam entrada e saída da ferramenta) e, se adicionarmos cabeçote de retificação, eles podem retificar superfícies de precisão. Diversas outras operações também são possíveis.

> **Ponto-chave:**
> Devido a sua flexibilidade e popularidade em laboratórios de treinamento, utilizaremos as fresadoras Bridgeport em nossos exemplos ao longo do capítulo de fresagem manual.

Operação 8 – Perfuração

Furos precisos podem ser alargados em fresadoras utilizando um cortador ajustável rotativo denominado cabeçote de furação. Essa ferramenta especializada permite obter um posicionamento micrométrico de um cortador de aresta simples (Figura 4-24). Um furo rústico é furado inicialmente ou fresado. Em seguida, passes de acabamento são realizados deslocando para fora a ferramenta de perfuração para um raio maior, então usinando um passe ao longo do furo.

Figura 4-23 Fresadoras aríete e torre são populares para trabalhos não produtivos, ferramentaria e treinamento.

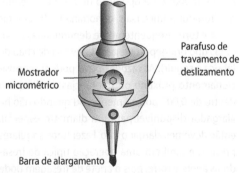

Figura 4-24 Cabeçote de alargamento ajustável típico usando a barra de alargamento tipo suíça.

Usando a ferramenta de ponta simples e muitos passes para eliminar a falta de cilindricidade e de posicionamento do furo rústico, o processo de perfuração tende a usinar o furo exatamente na posição, bastante cilíndrico e reto, através da peça, sem oscilação da posição. A perfuração cria um furo cilíndrico liso de 32 µpol ou em tamanho melhor (Figura 4-25).

Operação 9 – Trabalho com cortador eixo-árvore

Algumas peças apresentando singularidades como canais ou guias são usinadas utilizando *cortadores eixo-árvore*, algumas vezes denominados *disco de corte* na linguagem de fábrica. Eles também podem ser chamados *fresas planas* (Figuras 4-26 e 4-27). Esses cortadores são feitos para cortar nos seus dentes externos com mostra a Figura 4-26. Como uma roda em seu eixo, eles são montados em um eixo preciso denominado **eixo-árvore**, fixado no fuso cônico da fresadora. O eixo-árvore apresenta um **canal de chaveta** ao longo de seu comprimento total. O cortador tem um canal esquadrejado similar de modo que, quando uma chaveta de aço esquadrejada é inserida, ela rotaciona positivamente

Ferramentas montadas em eixo-árvore

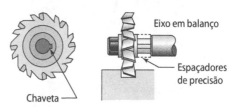

Figura 4-26 Ferramentas de corte tipo disco são montadas em eixos-árvore.

Fresas serra deslizante

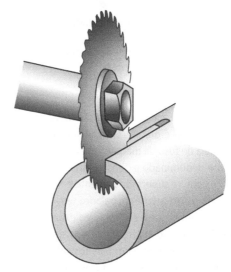

Figura 4-27 Um cortador de disco fino é denominado serra deslizante.

o cortador sem deslizamento. Espaçadores afiados com precisão são utilizados para posicionar o cortador no local ao longo do eixo. Esses cortadores são tanto de aço rápido como de dentes de inserto de carboneto (Figura 4-28).

Dois tipos de eixos-árvore – em balanço (curto) ou biapoiados (longo)

Dependendo da sua montagem, um eixo-árvore curto ou longo pode ser necessário. Quando selecionando um eixo-árvore para ajuste, sempre tenha em mente o princípio de mínimo ressalto. Há dois tipos de eixo-árvore entre os quais você pode escolher.

Operações típicas usando um cabeçote de alargamento

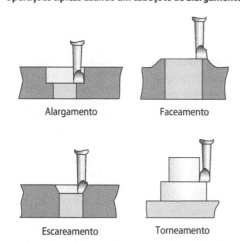

Figura 4-25 Muitas operações são possíveis usando um cabeçote de alargamento e a ferramenta de corte correta.

Figura 4-28 Um eixo-árvore, um cortador de aço rápido e um braço suporte são mostrados nesta configuração. Cortadores com insertos de carboneto (pastilhas) também são usados em árvores.

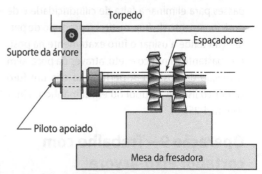

Figura 4-29 Árvores longas apresentam pontas piloto que são apoiadas na extremidade mais distante.

Fresagem em conjunto ou paralela

O corte em dois ou mais lados de um detalhe é realizado usando duas ou mais fresas de disco com um espaçamento preciso entre elas. Essa configuração de produção é conhecida como **fresagem paralela**, como mostrado na Figura 4-29, em que os discos determinam a largura do ressalto. Quando muitos discos são usados para acabamento de muitos detalhes de uma vez, chamamos de **fresagem em conjunto**. Tanto a profundidade de corte quanto o espaçamento lateral são ultrarrepetidos, uma vez que os discos são rigidamente presos no eixo-árvore sem variação maior do que aquela devida ao desgaste do cortador. Devido à carga de corte elevada e ao alto custo de um conjunto de cortadores, aliado ao fato de que a fresagem em conjunto é mais útil

Eixos em balanço (Figura 4-26) são usados quando o *alcance* não é grande. O alcance corresponde à distância do fuso da máquina até o cortador. Também é denominado extensão ou ressalto (Figura 4-27). Como é suportado somente em uma extremidade, o eixo-árvore em balanço tem um alcance limitado antes que o eixo-árvore flexione, o cortador vibre e o eixo-árvore esteja arriscado a defletir e dobrar. Eixos-árvore em balanço são posicionados tanto em fresadoras de fusos verticais quanto em fresadoras de fusos horizontais.

Eixos-árvore biapoiados são utilizados quando o alcance necessário excede a capacidade de balanço do eixo-árvore, ou quando há necessidade de múltiplos cortadores em um mesmo eixo (Figura 4-29). O eixo-árvore biapoiado não é possível em fresadora vertical. Contudo, muitas máquinas horizontais são projetadas para esse propósito. Na fresadora horizontal equipada para operação do eixo-árvore, longos eixos-árvore são solidamente suportados tanto na extremidade externa quanto na extremidade próxima. Essas máquinas apresentam um *braço deslizante* projetado para esse propósito. Um suporte do eixo-árvore é anexado ao braço para suportar o piloto do eixo-árvore (Figura 4-29).

> **Conversa de chão de fábrica**
>
> **Indexação e CNC** Enquanto muitos instrutores acreditam que você definitivamente necessita de habilidade de indexação para ser considerado um operador completo, e para estar habilitado a fazer suas próprias ferramentas, a necessidade de indexação manual é drasticamente diminuída devido às habilidades de programação em CAD/CAM e eixos rotativos controlados em máquinas CNC. As oficinas atuais não podem competir com os métodos CNC na produção utilizando métodos manuais de indexação. Atualmente, essas habilidades são usadas em ferramentaria e trabalhos individuais.

quando grandes lotes de peças são fresados, você provavelmente não verá isso ser feito na escola. Outro fato é que com a capacidade CNC em muitas oficinas de produção, a fresagem em conjunto foi drasticamente diminuída.

Operação 10 – Trabalho espaçado e indexado

Indexação, ou algumas vezes denominado **espaçamento**, é uma habilidade intermediária que será usada para realizar o trabalho quando detalhes duplicados são usinados em muitas posições em torno de um padrão circular. Os exemplos podem incluir dentes de engrenagem, furos perfurados em um círculo (denominado círculo de parafuso) ou usinagem de laterais planas na cabeça hexagonal de um parafuso, como mostra a Figura 4-30.

Usando um acessório denominado *mandril de indexação* ou *cabeçote de indexação* (vindo a seguir), a peça é rotacionada e então presa na nova posição de corte para cada detalhe. Após perfurar o primeiro furo no desenho de exemplo, a peça deve ser rotacionada $\frac{1}{5}$ de uma volta completa, então o próximo furo deverá ser perfurado. Assim, ela é rotacionada e furada novamente. O dispositivo de indexação também é útil para traçagem e trabalho em furadeira (Figura 4-31).

Figura 4-30 Três elementos que podem ser indexados em uma máquina fresadora manual.

Conversa de chão de fábrica

Fazendo punção encabeçada Embora a ferramenta de encabeçamento possa ser produzida em uma mesa giratória por um ferramenteiro habilidoso, atualmente é mais apropriado ser feita utilizando uma fresadora CNC. Para fazê-la manualmente, o bloco precisa ser posicionado no centro exato de cada curva diretamente sob o fuso, então, um eixo deve ser movido até o raio correto de corte ser alcançado. Todos esses requisitos exigem muitos cálculos e tempo e incluem um grande risco de erro!

Então, após ajuste demorado, cada uma das quatro curvas será usinada por acionamento manual. Estimamos que o processo leve cerca de três horas (para ajuste, cálculos matemáticos e usinagem da ferramenta). Mas, usando métodos computacionais, levará alguns minutos para escrever o programa e para usinar a primeira parte. Esta é uma comparação de uma peça simples. Fazer mais do que uma peça poderá aumentar o espaço de tempo. Portanto, os acessórios rotativos serão eliminados do cenário produtivo, mas continuarão a ser usados no trabalho de ferramentaria. Mesmo sendo um fabricante de ferramentas e matrizes, eu ainda escolherei uma fresadora CNC para usinar a matriz esférica se a fresadora CNC estiver disponível.

Se o desenho é um arquivo de computador como este, então o programador poderá usar o programa CAM (Manufatura Auxiliada por Computador) para importá-lo, removendo níveis indesejados relativos às dimensões e notas, gerando então o programa baseado na geometria da peça. Mas, mesmo que o desenho não exista, o programador poderá criar a forma da peça usando o recurso de desenho como encontrado no Mastercam (Capítulo 9) em menos de dois minutos – sem matemática, sem erros! Uma vez que a trajetória da ferramenta foi criada e então desenvolvida na tela (mais alguns minutos), isso será carregado no controle CNC. Levamos no máximo cerca de cinco minutos no processo. O ajuste poderá levar talvez 20 minutos e a usinagem real talvez duas vezes isso. Você pode fazer a comparação. Mas também há a vantagem da precisão do CNC.

Esse tipo de precisão de peça única denominado "uma única vez" foi considerado no passado como impraticável usando métodos programados, mas não atualmente. Utilizando os métodos de programação gráfica que você aprenderá no Capítulo 9, o tempo economizado poderá estar perto de 300% em relação aos métodos manuais (nossa estimativa) para uma peça somente, mas isso não é tudo. O CNC não somente torna horas em minutos e reduz erros humanos, ele torna possível usinar formas difíceis ou impossíveis de serem feitas em mesas rotativas ou por qualquer outro movimento manual da peça durante a usinagem! Uma vez que o arquivo é providenciado, centenas de matrizes esféricas podem ser usinadas atualmente e em qualquer tempo no futuro quando o programa for chamado de volta para ser usado novamente.

Figura 4-31 Um cabeçote divisor (mostrado) ou um mandril indexador (versão mais simples) rotaciona a peça no valor exato e então trava na posição para usinagem.

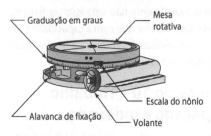

Figura 4-32 Uma mesa rotativa é um eixo com avanço rotativo para fresamento ou indexação.

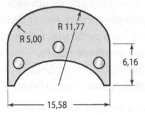

Figura 4-33 Esta matriz de boné poderia ser feira utilizando uma mesa rotativa acoplada a uma fresadora manual.

Operação 11 – Operação e mesa rotativa

Quando arcos precisos (curvas menores do que um círculo completo) devem ser usinados em uma fresadora manual, outro acessório denominado mesa rotativa dever ser usado (Figura 4-32). O desenho da peça representa uma matriz de estampagem para ser usinada de modo a formar uma extremidade esférica a partir de um material plano. A matriz deve ser usinada a partir de aço plano. Essa é uma forma típica que deve ser usinada utilizando uma mesa rotativa (Figura 4-33).

A mesa rotativa pode ser usada tanto como um indexador (movendo peças de posição a posição) quanto para movimentar a peça em um arco durante a usinagem. Utilizada nessa condição, ela se torna um eixo de avanço que rotaciona por acionamento manual. O operador pode trabalhar a partir das linhas traçadas na peça ou pontos de parada referenciados na mesa graduada. A mesa rotativa de precisão necessita ser movida com precisão de 0,2° utilizando uma escala vernier adjacente à manopla.

Resposta da barra de seno O ângulo complementar de 31°. Retorne à Figura 4-14, a mesma lógica também se aplica aqui.

Revisão da Unidade 4-1

Revise os termos-chave

Canal de chaveta (chaveta)
Ranhura ou canal esquadrejado em um objeto no qual uma chaveta é inserida para prevenir deslizamento rotacional no eixo.

Canto (filete)
Raio de canto interno entre duas superfícies.

Contato radial (CR)
Extensão do diâmetro do cortador em contato com a peça comparada ao diâmetro total; CR de 66% é ideal.

Corte de perfis
Usinar em torno da borda ou superfície externa da peça.

Eixo-árvore
Eixo de precisão usado para suportar cortadores tipo disco.

Fresa de ponta esférica
Cortador contendo uma extremidade com raio total.

Fresa tipo bull nose
Cortador com cantos arredondados e uma face central plana.

Fresagem composta (conjunto)
Usar dois ou mais cortadores em um único eixo-árvore.

Fresagem convencional (discordante)
Corte periférico no qual o cortador se opõe à direção de avanço da peça.

Fresagem de cavidade
Usinar dentro de uma peça usando tanto o corte frontal como o tangencial.

Fresagem escalonada (concordante)
Corte periférico que amplifica a ação de avanço do cortador – o avanço da peça combina com o anel cortador e, se não for controlado, pode levar a acidentes sérios.

Inclinação
Movimentos da ferramenta na peça em eixos múltiplos.

Mergulho
Furar uma peça com uma fresa de topo que é afiada para esse propósito.

Peça indexada (espaçada)
Usinar múltiplos elementos em uma sequência circular, por exemplo, furos para parafusos.

Perfuração
Usinar furos precisos pela rotação de uma ferramenta de ponta simples em um círculo.

Profundidade de corte (PDC)
Distância da superfície da peça até a superfície do cortador.

Reveja os pontos-chave

- A taxa de avanço de fresadora é expressa em polegadas de deslocamento por minuto (PPM) (ou milímetros por minuto).
- Nem todas as fresas de topo podem mergulhar.
- Para cortar metais macios, escolha o mínimo número de canais, para metais duros, escolha mais dentes.
- Segurança – Há uma grande diferença entre as forças na fresagem escalonada e as na fresagem convencional – isso faz a diferença na configuração inicial.
- Quando estiver posicionando a peça na mesa da fresadora, nunca prenda-a diretamente na mesa, sempre providencie um espaço entre as duas com calços.
- Para alcançar precisão no posicionamento e no diâmetro é melhor posicionar a broca na posição, perfurar o furo rústico, alargar dentro de 0,015 pol. do tamanho final, então, acabar a dimensão com um alargador.

Responda

1. Da lista a seguir, identifique as operações que podem ser realizadas com uma fresa de topo.

   Faceamento

   Corte periférico

   Fresagem escalonada

   Fresagem de cavidade

   Corte de ângulos

   Conformação – raios internos e externos

   Furação, alargamento

   Perfuração

   Corte paralelo e em conjunto

2. Verdadeiro ou falso? Quando perfurada a partir do início de uma cavidade, uma fresa de topo de duas arestas deve ser modificada de modo que se aloje. Se essa afirmativa for falsa, o que a tornaria verdadeira?

3. Identifique os cortadores mostrados na Figura 4-34. Para qual operação cada um deve ser usado?

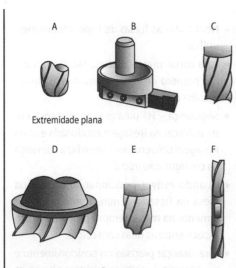

Figura 4-34 Identifique os cortadores.

4. Denomine os três tipos de ferramenta de faceamento para máquinas fresadoras. Por favor, observe: há mais tipos de cortadores, mas estes são os três básicos experimentados no seu primeiro ano.

5. A fresagem com dois discos montados em um eixo-árvore que são espaçados de uma distância exata é denominada de que modo?

6. Por que você pode transferir uma operação de furação de uma furadeira para uma fresadora vertical?

7. Explique e compare um corte inclinado com um corte de mergulho.

8. Objetivo: Modifique o disco de freio na Figura 4-35 perfurando furos de refrigeração. Denomine a operação que será usada. Qual é o nome frequentemente dado ao padrão de furos como o mostrado na Figura 4-35?

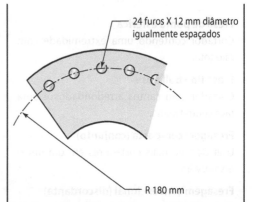

Figura 4-35 Que operação é necessária para a perfuração deste disco de freio? Qual é o nome do padrão produzido?

Questões de pensamento crítico

9. Quando estiver ajustando para perfurar furos em uma máquina fresadora, o operador deve primeiro localizar o fuso diretamente sobre um referencial e, então, movê-lo para cada posição de furo. Há um passo vital esquecido nesta afirmativa – qual é ele?

10. Descreva as duas vantagens de usar a operação mostrada na Figura 4-36 sobre furação e alargamento de um furo.

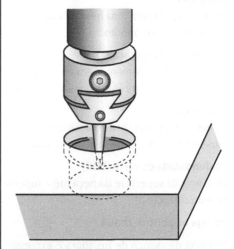

Figura 4-36 Qual é o nome da operação que está sendo executada e quais as vantagens da furação alargamento?

Introdução aos processos de usinagem

11. Usando as operações que discutimos, identifique as quatro usadas para fazer a peça esquematizada na Figura 4-37 e a possível combinação de ajuste e ferramenta para fazê-la. Pode haver mais de um caminho para executar o detalhe.

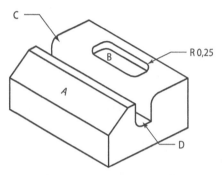

Figura 4-37 Nomeie as operações e ferramentas necessárias para fazer esta peça.

» Unidade 4-2

» Como trabalha uma fresadora?

Introdução De modo similar ao que fizemos com tornos, iremos montar e então examinar uma fresadora aríete e torre, um detalhe de cada vez. Mas primeiro vamos dar uma rápida olhada nas diferenças entre as máquinas fresadoras horizontal e vertical.

Termos-chave

Consolo da fresadora
Segundo maior componente montado verticalmente na coluna. O consolo da fresadora fornece o movimento no eixo Z em uma fresadora vertical.

Eixo linear
Movimento em linha reta. Pode ser usado como um movimento de usinagem ou limitado ao posicionamento somente durante o ajuste.

Eixo rotativo
Eixo de movimento ou posicionamento que se move em um arco em torno de um eixo pivô (em um círculo parcial ou total).

Envelope de trabalho
Espaço onde a usinagem pode ocorrer restrito pelos limites dos eixos.

Sela
Componente sob o qual é montado o consolo da fresadora, oferecendo o movimento no eixo Y nas fresadoras verticais.

Sistema de eixos ortogonais
Sistema ortogonal de eixos lineares encontrado em todas as máquinas CNC o qual pode ter dois ou três eixos lineares primários. Sua orientação em relação ao mundo varia, mas ele sempre permanece o mesmo em relação ao outro.

Comparação entre fresadoras modernas de fuso vertical e horizontal

Máquinas fresadoras verticais, que incluem o tipo aríete, são muito populares na indústria e nas escolas devido a sua facilidade de ajuste e utilização. Nossas investigações iniciais irão focar nelas. Contudo, as máquinas horizontais têm o seu propósito especialmente na indústria pesada. Você deve saber quando um trabalho é mais adequado para uma fresadora de fuso vertical do que para uma de fuso horizontal. Vamos examinar rapidamente as diferenças.

Ambas as máquinas mostradas na Fig. 4-38 têm mesas horizontais, guiadas por um suporte que

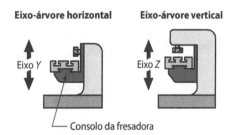

Figura 4-38 As fresadoras horizontais e verticais são semelhantes.

corre verticalmente, para cima e para baixo, em uma coluna guia. Isso dá um eixo de movimento para ambos – mas é o eixo Z para fresadoras verticais e o eixo Y para fresadoras horizontais – vamos ver o porquê quando examinarmos a convenção dos eixos.

Uma segunda versão da fresadora horizontal possui uma superfície vertical para fixar a peça. A fresadora horizontal de mesa vertical é geralmente a maior das duas fresadoras e é encontrada usualmente em oficinas de trabalho pesado (Fig. 4-39). Ambas as fresadoras horizontais se encaixam melhor em trabalhos pesados ou muito grandes comparados à fresadora vertical. Vamos descobrir o porquê depois.

Vantagens da fresadora horizontal em relação à fresadora vertical

1. **Condicionamento da peça**
   Peças grandes podem ser suspensas por cima com um guindaste, e facilmente fixadas diretamente em qualquer tipo de mesa horizontal. Nenhuma amarração especial é necessária. Em comparação, é difícil condicionar peças grandes em uma fresadora vertical, uma vez que a fresagem se estende para fora da mesa (Fig. 4-40).

2. **Retirada de cavaco**
   Quando um grande volume de cavaco se forma na mesa vertical de uma fresadora horizontal, eles simplesmente caem com o óleo refrigerante. Além disso, eles saem facilmente de bolsões com a injeção de óleo refrigerante.

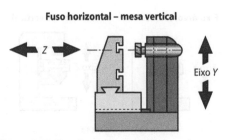

Figura 4-39 Esta é a maior versão da fresadora horizontal.

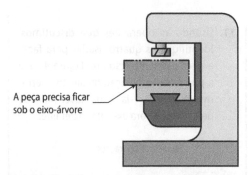

Figura 4-40 Colocando a peça no envelope de trabalho de uma fresadora vertical.

3. **Peças maiores**
   Por não haver estrutura por cima, peças muito grandes podem ser condicionadas em ambas as versões de uma fresadora horizontal, mas a versão com mesa vertical pode literalmente prender firmemente toneladas de peças dentro dos limites do envelope de trabalho.

Envelope de trabalho

O **envelope de trabalho** é um termo usado para descrever os limites do espaço onde a usinagem pode ocorrer (em qualquer máquina – não apenas fresadoras). O envelope é limitado pela extensão do fuso e pelo alcance dos eixos. Nas fresadoras, o envelope de trabalho se torna um espaço cúbico limitado pelo alcance dos eixos X, Y e Z (Figs. 4-40 e 4-41).

Uma das melhores distinções entre as fresadoras verticais e horizontais é que na fresadora vertical a peça precisa ser capaz de caber dentro do enve-

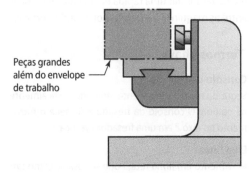

Figura 4-41 Colocando a peça em no envelope de trabalho de uma fresadora horizontal.

lope de trabalho – o limite do eixo Z (Fig. 4-42), em outras palavras, dentro da máquina. Entretanto, nas máquinas horizontais, a peça fica em cima ou presa à mesa, mas o tamanho da peça não é limitado ao envelope de trabalho (Fig. 4-43).

Fresadoras verticais

Como dito, na maior parte das oficinas atuais, a fresadora vertical é o equipamento mais popular (Fig. 4-44). É fácil e rápido condicioná-la, é rápido prepará-la para outro serviço e muito versátil para peças com no máximo 600 ou 900 milímetros de comprimento. A partir daqui, discutiremos a fresadora vertical.

Coluna e base

A espinha de uma fresadora é a base com uma coluna sólida de metal e que pode ser comparada a um barramento de um torno. Ela possui um encaixe vertical que guia e segura o consolo da fresadora – os eixos deslizantes de subida e descida da mesa. O encaixe é essencial para uma vida longa e precisa. Sua máquina deve ter lubrificação automática ou manual – sempre saiba qual. O reserva-

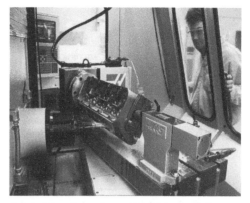

Figura 4-43 Centro de usinagem com eixo-árvore horizontal com uma mesa horizontal.

Figura 4-44 A máquina mais importante na maior parte das oficinas – o centro de usinagem vertical, fresadora.

tório de lubrificante e a bomba são provavelmente montados ao lado da base; use-a no serviço diário se sua máquina estiver equipada. Tire um tempo para olhar sua fresadora na oficina para determinar qual é o sistema de lubrificação existente.

Consolo da fresadora

A próxima maior parte do sistema de eixos é o **consolo da fresadora** (Fig. 4-46). O consolo da fresadora é montado no encaixe da coluna usando guias similares aos eixos do torno. O consolo, na maior parte das fresadoras, pode ser movimentado com uma manivela e pode ter um sistema automá-

Figura 4-42 Cavaco voando por todas as direções enquanto a fresadora de eixo-árvore horizontal usina através de um grande tarugo de alumínio. Note a mesa vertical.

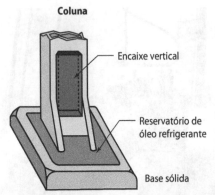

Figura 4-45 Base e coluna de uma fresadora vertical típica.

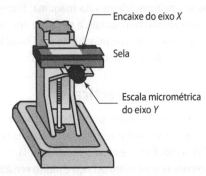

Figura 4-47 A fresadora recebeu agora a sela e o eixo X.

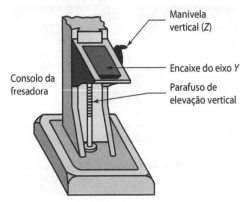

Figura 4-46 Encaixado na coluna, o consolo da fresadora desliza para cima e para baixo na guia de encaixe. Ele é movido por ação manual ou mecânica. O consolo forma o eixo Z e suporta o eixo Y.

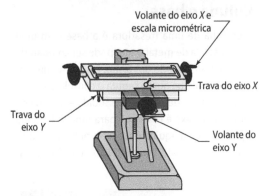

Figura 4-48 A mesa desliza no encaixe do eixo X para completar os eixos de uma fresadora vertical.

tico. O eixo Z possui um micrômetro e uma trava. O primeiro dos três eixos está completo; ainda restam dois para serem adicionados.

Mesa e sela

A fresadora recebe agora a **sela** do eixo Y que se move para dentro e para fora de acordo com o operador. Ela desliza por um encaixe usinado na superfície do consolo da fresadora. Então, sobre a sela, o encaixe da mesa forma eixo X esquerda-direita (Figs. 4-47 e 4-48). Cada um desses eixos tem uma escala micrométrica ajustável e uma trava axial. Alguns possuem avanço automático, embora todos possuam comando manual. Cada um possui guias ajustáveis para minimizar o balanço indesejado do eixo. Cada eixo tem uma intensidade de folga no sistema de posicionamento devido à folga mecânica entre o parafuso e a porca do eixo. As folgas precisam ser contabilizadas pelo mecânico, como discutimos previamente.

Padrões industriais para notação de eixos

O movimento axial é tanto uma linha reta – denominado movimento **linear** – como um círculo – denominado **rotativo**. Alguns eixos rotativos podem se mover durante a usinagem, enquanto outros são ajustados apenas para preparação e então travados na posição durante o corte. Estes são denominados de eixos de posicionamento. Essa primeira lição será seguida nos próximos capítulos em que a identificação de eixos se torna uma questão super crítica quando estamos escrevendo programas ou preparando máquinas.

Quando dois ou três eixos lineares estão a 90° um do outro, como na fresadora na Fig. 4-49, eles são denominados **sistema de eixos ortogonais** (a mesma palavra raiz para projeção ortográfica). Essa relação de 90° dos eixos é constante de máquina para máquina, no mundo inteiro. Dependendo do tipo da máquina, o sistema pode estar em uma posição diferente em relação ao solo – por exemplo, o eixo Z entre fresadoras horizontais e verticais – entretanto, a orientação entre eles dentro do sistema continua constante.

Na Fig. 4-49, compare o sistema de eixos de uma fresadora vertical com o sistema de uma fresadora horizontal. O sistema da fresadora horizontal foi rotacionado de modo que o eixo Z é agora paralelo ao solo.

Ponto-chave:
Note que, de acordo com a convenção, o eixo Z vai sempre ser paralelo com a linha de centro do eixo-árvore.

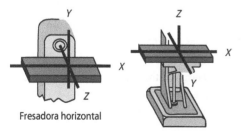

Figura 4-49 Compare o sistema ortogonal de uma fresadora horizontal para uma vertical.

Identificação de eixos rotativos A, B e C

Existe também uma relação para as letras no movimento de rotação. Se o centro do movimento de rotação gira em torno de uma linha paralela ao eixo X, então esse é o eixo A, o movimento em torno de Y se torna movimento B e em torno de Z é designado C.

Ponto-chave:
Rotacionando em volta de uma linha paralela a X é o eixo A, em volta de Y é B e em volta de Z se torna C. No movimento de rotação, A gira em torno de X, B gira em torno de Y e C gira em torno de Z.

Você verá em breve que o carro superior e o suporte do carro superior possuem seis movimentos auxiliares. Dois movimentos rotativos no cabeçote que são apenas para posicionamento. Depois o avanço do mandril é acionado mecânica ou manualmente durante a usinagem. O carro superior rotaciona sobre o suporte do carro superior e ele desliza para cima e para baixo para o posicionamento necessário. Assim, outros que não sejam alimentados pelo mandril, todos são limitados apenas para preparação – eles não podem ser usados como movimentos de corte.

Ponto-chave:
Em fresadoras CNC, os eixos A e B são normalmente o quarto e o quinto movimentos de avanço na máquina.

Mesa de usinagem e sistema de alimentação

Se a fresadora é equipada com um avanço automático, então a caixa de engrenagens do sistema automático encontra-se em um dos cantos da mesa, como visto na Fig. 4-54. A seleção do avanço automático para o eixo X irá variar de menos de

1 pol. por minuto até 20 pol. ou mais por minuto (velocidades de avanço). Note que apenas algumas fresadoras pequenas, como as ferramenteiras, não possuem o sistema de avanço automático em todos os eixos.

Experimente

> **Ponto-chave:**
> Embora aprender a nomenclatura dos eixos não faça muita diferença para a operação de máquinas manuais – direita-esquerda, dentro/fora e acima/abaixo seria suficiente – essa é uma preparação essencial para trabalhar com máquinas CNC.

A. Do que aprendemos no Capítulo 3, esta afirmação é correta para tornos? *O eixo Z é paralelo com o eixo do eixo-árvore.* Desenhe um esboço para ajudar – esboce os eixos *X* e *Z*.

B. Em uma fresadora do tipo ferramenteira (Fig. 4-50), os dois movimentos rotativos de posicionamento do cabeçote podem ser denominados de *A* e *B* de acordo com a notação padrão industrial. Olhando do lado da mesa da fresadora, qual eixo de rotação de posicionamento deles deveria ser, *A* ou *B*?

C. Quando observado na vista frontal de uma fresadora vertical, lembrando-se do padrão industrial, qual é o eixo de rotação mostrado na Figura 4-51?

D. Uma variação da fresadora horizontal, conhecida como fresadora universal, possui uma mesa de trabalho horizontal rotativa que é posicionada e então travada. Retornando ao sistema de eixos da fresadora horizontal, qual eixo rotativo este deveria ser?

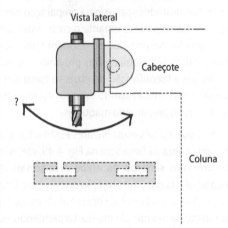

Figura 4-50 Denomine esta configuração do eixo de rotação.

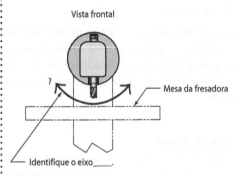

Figura 4-51 Denomine esta configuração do eixo de rotação quando a fresadora é vista pelo lado.

Respostas

A. Sim. O eixo *Z* é a sela torno, a qual se move paralelo ao eixo do eixo-árvore. Isso não deveria ser uma surpresa, esses são os padrões mundiais!
B. Veja a Fig. 4-52.
C. O eixo rotativo é um eixo *A*, visto que ele gira em torno de uma linha paralela ao eixo *X* (Fig. 4-53).

D. A mesa rotativa na fresadora horizontal deve ser o eixo B, pois ele gira em torno de uma linha paralela ao eixo Y no sistema ortogonal.

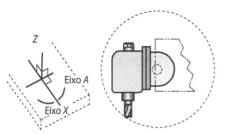

O eixo rotativo é um "A" porque ele rotaciona em torno de uma linha paralela ao eixo X.

Figura 4-52 Denomine esta configuração de eixos vista pela frente.

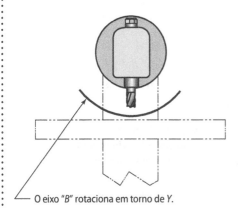

O eixo "B" rotaciona em torno de Y.

Figura 4-53 B rotaciona em torno de Y.

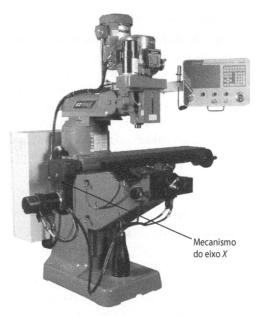

Figura 4-54 A caixa de engrenagens do eixo X pode ser vista nesta fresadora CNC.

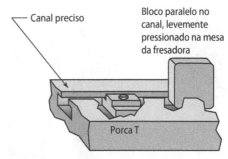

Figura 4-55 O canal T é uma parte precisa da máquina.

> **Ponto-chave:**
> A velocidade de avanço é de 1pol. até 20 pol. por minuto em fresadoras pequenas.

A mesa da fresadora forma o plano X-Y e possui canais em T usados para fixar peças por parafusos ou acessórios (Fig. 4-55). O sulco superior nos canais pode ser usado para alinhar a peça de diversas maneiras. Usar os canais corretamente pode reduzir bastante tempo e adicionar rigidez e precisão em sua fixação.

> **Ponto-chave:**
> Os canais são uma *parte precisa da mesa*.

Cuidados com a mesa

Na Fig. 4-56, alguma coisa está muito errada! Com todas as suas configurações, a mesa deve ser protegida contra entalhes, riscos e especialmente contra cortes da máquina! Isso inclui os lados dos canais T. Não martele nada na mesa e não guarde qualquer material ou ferramentas nela. Qualquer marca deve ser retirada usando uma pedra plana de grão fino.

Figura 4-57 Melhorando a configuração da Fig. 4-56, barras paralelas estão sob a peça para manter a ferramenta longe da mesa.

Dica da área
Usando o canal T para ganhar tempo Chavetas de precisão são um dos acessórios que irão se encaixar perfeitamente nas estrias das frestas da mesa. Isso elimina qualquer outro alinhamento. Blocos paralelos de precisão de canal também se encaixam perfeitamente nos canais. O material pode ser instantaneamente alinhado para ser usinado (Fig. 4-56).

Ponto-chave:
Nunca usine perto da mesa com um fresadora de topo, fresadora de disco ou brocas. Use algum espaçador ou morsa para manter a peça mais alta (Fig. 4-57).

Leitores digitais de posição X-Y-Z

Leitores digitais são um acessório muito útil normalmente adicionados à fresadora para melhorar a precisão e ajudar a lhe dar folga. O visor eletrônico mostra a posição da mesa de acordo com a referência escolhida pelo operador (Fig. 4-58). Isso é similar a ajustar a escala dos eixos em zero em uma referência.

Essa capacidade de zerar a posição do eixo em qualquer ponto dentro do envelope de trabalho é denominada *zero flutuante*. Você irá encontrar o mesmo conceito em trabalhos CNC. Posicionadores digitais modernos também convertem entre polegadas imperiais e unidades métricas, a maior parte pode também guardar e recordar pontos significantes e então contar regressivamente a distância até esse ponto. Isso deixa muito fácil retornar a um ponto quando estamos usinando muitas peças de um lote.

Figura 4-56 A peça pode ser alinhada no eixo X com blocos de canal e presa diretamente na mesa da fresadora. Há algum problema com essa montagem? Veja a Fig. 4-57.

Figura 4-58 Um visor digital mostra a posição de X-Y-Z relativa a um ponto zero escolhido para representar a referência da peça a ser trabalhada.

Utilizando a localização eletrônica, preferencialmente a escalas micrométricas, a posição dos eixos é mostrada independentemente da folga mecânica. Então, sem a utilização de uma escala micrométrica mecânica, as furações tornam-se mais precisas. Entretanto, as folgas ainda são um desafio para tratar quando os eixos são movimentados durante a usinagem devido à folga dos movimentos da máquina.

O cabeçote

O cabeçote possui mandril, controle do avanço automático, controle automático ou manual de profundidade, controle de velocidade de rotação e alavancas de avanço e parada. Antes de vermos essas funcionalidades, vamos examinar a maneira com a qual o cabeçote é montado em máquinas verticais.

Cabeçote de fresadoras verticais convencionais

Em uma fresadora vertical grande, o cabeçote é parte integral da coluna (Fig. 4-59). Ele é posicio-

Figura 4-59 Comparando o cabeçote em uma máquina vertical convencional no primeiro plano com uma fresadora ferramenteira ao fundo, você pode ver que ela é feita para trabalho mais pesado, mas é menos universal.

nado a partir da coluna acima da mesa. O envelope de trabalho é então limitado à área sobre a qual o cabeçote pode ser posicionado.

Cabeçote de fresadoras ferramenteiras universais

Nessas máquinas, o cabeçote é montado no carro superior. Seguindo o princípio do balanço mínimo, o cabeçote e o carro superior podem ser retirados e deslizados para um mínimo que alcance a peça. Na Fig. 4-60, o carro superior foi estendido para alcançar uma peça grande, mas provavelmente precisará ser retraído novamente para sua configuração (veja também a Fig. 4-61).

Figura 4-60 O cabeçote e o carro superior são estendidos para alcançar partes mais longes da mesa.

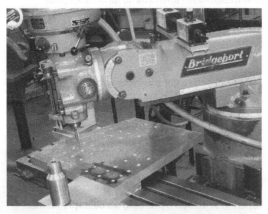

Figura 4-61 Para usinar esse gabarito de montagem de bicicleta, precisamos girar a torre e estender o carro superior, aumentando o envelope de trabalho.

> **Ponto-chave:**
> Sempre puxe o carro superior de volta para a coluna para trabalhos normais e trave-o seguramente na posição.

Características encontradas no cabeçote

O cabeçote de fresadoras ferramenteiras possui as seguintes características:

- Seleção de velocidade (polias escalonadas ou transmissão variável de velocidade).
- Interruptor para ligar o eixo-árvore.
- Trava e freio do eixo-árvore para parar a rotação.
- Avanço manual do mandril similar a uma alavanca de furadeira, avanço automático se a embreagem estiver ativada e avanço manual se desligado o sistema de avanço automático. Colocando a caixa de transmissão no neutro e então ativando a embreagem do sistema de avanço automático, pode-se girar a manivela para acionar o sistema de avanço automático. Essa ação de avanço proporciona um método muito controlado para realizar furações.
- Inclinação dos eixos A e B (apenas para posição e não para avanço).
- Trava do mandril e parada do mandril para realização de furos e alargamento. Esses recursos

> **Conversa de chão de fábrica**
>
> Suas pequenas fresadoras verticais podem ser um pouco diferente das mostradas nas imagens, há muitas marcas que estão disponíveis comercialmente. Entretanto, as funcionalidades descritas ainda estarão lá, elas são básicas nesse tipo de máquina.

permitem parar automaticamente o avanço e proporcionam uma parada firme do movimento do mandril.
- Velocidade de avanço automático do mandril em polegadas por revolução. Fresadoras ferramenteiras normalmente oferecem velocidades de 0,006 pol./rev, 0,003 pol./rev ou 0,0015 pol./rev para o avanço de furação.
- Barra para segurar as fresas.
- Deslocamento do carro superior e a rotação do suporte do carro superior – parafusos de travas e manivela para o deslizamento.

Você precisará de uma demonstração e deve aprender o uso apropriado para cada utilidade com o seu instrutor antes de configurar e operar uma máquina. Vá à oficina se possível e, usando a Fig. 4-62, identifique essas utilidades nas suas máquinas.

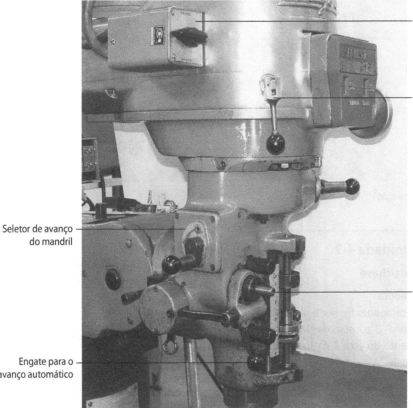

Figura 4-62 Aprenda essas características e funções na fresadora ferramenteira.

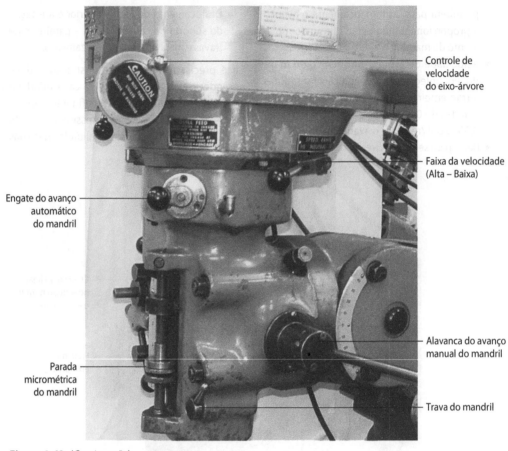

Figura 4-62 (*Continuação*)

Revisão da Unidade 4-2

Revise os termos-chave

Consolo da fresadora
Segundo maior componente montado verticalmente na coluna. O consolo da fresadora realiza o movimento do eixo Z na fresadora vertical.

Eixo linear
Movimento em linha reta. Pode ser usado como movimento de usinagem ou limitado ao posicionamento somente durante o ajuste.

Eixo rotativo
Eixo de movimento ou posicionamento que se move em um arco em torno de um eixo-pivô (num círculo parcial ou total).

Envelope de trabalho
Espaço onde a usinagem pode ocorrer restrita pelos limites dos eixos.

Sela
Componente sob o qual é montado o consolo da fresadora, oferecendo o movimento no eixo Y nas fresadoras verticais.

Sistema de eixos ortogonais

Um sistema ortogonal de eixos lineares encontrado em todas as máquinas CNC que pode ter dois ou três eixos lineares primários. Sua orientação em relação ao mundo varia, mas ele sempre permanece o mesmo em relação ao outro.

Reveja os pontos-chave

- O eixo Z é sempre paralelo ao eixo-árvore em todas as máquinas. A rotação em torno de uma linha paralela ao X e ao eixo A, em torno de Y é B e em torno de Z se torna C. Com o movimento de rotação, A gira em torno de X, B gira em torno de Y e C gira em torno de Z.
- Eixos auxiliares servem tanto para preparação como eixos de posicionamento, e precisam ser travados durante a usinagem, ou como eixos de avanço que se movem durante a usinagem.
- A velocidade de avanço em fresadoras ferramenteiras varia de menos de 1 pol. até aproximadamente 20 pol. por minuto.
- Em uma fresadora, as fendas são partes de precisão da mesa.
- Sempre volte o carro superior de volta para a coluna para configurações com menor folga e então o trave.
- Cuidado! Nunca usine perto da mesa com uma fresadora de topo, fresadora de disco ou broca.

Responda

Note que nenhuma resposta é dada para essas questões.

1. Com um colega, identifique os seguintes componentes da fresadora em uma fresadora vertical em sua oficina. Se você possuir uma fresadora horizontal, encontre tantos quanto conseguir também. Lembre-se de colocar óculos de segurança e evite atrapalhar o trabalho de outras pessoas na oficina.
   - Eixo X.
   - Interruptor do eixo-árvore.
   - Seletor da velocidade de avanço.
   - Seletor de velocidade (pode ser um conjunto de alavancas, um disco ou um sistema de polias escalonadas).
   - Trava de movimento do eixo Y.
   - Canal T.
   - Eixo Z e eixo W se existirem.
   - Alavanca para ligar o avanço.
   - Sistema de lubrificação (pode ser automático, neste caso não terá nada visível exceto o reservatório de óleo e um indicador do nível de óleo).
   - Freio do eixo-árvore (deve ser uma função da alavanca para ligar – quando puxada para baixo, ela engata o freio. Ela pode ser uma alavanca separada como na fresadora Bridgeport. O freio separado nunca deve ser acionado enquanto o eixo-árvore está ligado, exceto em emergências extremas).
   - Alavanca do mandril (presente apenas em pequenas fresadoras ferramenteiras).
   - Cabeçote rotativo do eixo A – Trave os parafusos e a manivela, se existir.
   - Guia de deslizamento do carro superior e parafusos de trava.
   - Seletor da velocidade de avanço para furação (encontrado no cabeçote das máquinas Bridgeport e muitas outras).
   - Cunha de extração da ferramenta.
   - Parafusos de trava do eixo B.

2. Do manual da oficina ou de medição, quais são os limites do envelope de trabalho de uma máquina comum de sua oficina? E com o carro superior e o suporte do carro superior centrados?

» Unidade 4-3

» Preparação de Fresas

Introdução: Nesta unidade, veremos as montagens das fresas nas máquinas e a seleção da velocidade correta. Tanto qualidade quanto segurança dependem de fazer a escolha certa.

Termos-chave

Barra de tração
Parafuso longo que puxa a fresa no eixo-árvore. Há dois tipos diferentes: empuxo direto e empuxo por porca.

Cones ISO/ANSI
Padrão mundial de cones de eixo-árvore, com conicidade de $3\frac{1}{2}$ pol. por pé. Formalmente denominado "Padrão americano de cones de fresadoras". Tamanhos comuns são os números 30, 40 e 50.

Fresa de topo para porta-fresas
Fresa oca montada no eixo piloto.

Pinça – Padrão DIN
Pequena pinça de ponta plana de mola usada em mandris para máquinas manuais e CNC.

Pinça – R-8
Formato popular de pinça para eixo-árvore designada como o tipo 7 da ASTME.

Preparações da fresadora que funcionam bem

Preparando as fresadoras

Há cinco métodos mais comuns para montar e manter a fresa no eixo-árvore. Cada um deles possui um propósito especial e suas vantagens e todos possuem uma taxa de conicidade pelo comprimento. A maior diferença entre eles é o modo como a ferramenta é presa no cone.

Cones de fresadora

Os cones da máquina se dividem em versões rasas e íngremes. Cones rasos como o cone Morse (estudado no Capítulo 3) são usados para realizar furações. Uma vez colocados no soquete cônico, eles tendem a ficar no lugar, daí o nome autofixante. Mas depois eles permanecem no lugar sob carregamento.

> **Ponto-chave:**
> Cones autofixantes não são tão bons para segurar cargas laterais, que são exatamente as forças criadas durante a fresagem. Eles não vão ficar no lugar, portanto, cones Morse são ferramentas usadas apenas para furação quando usadas em fresadoras, nunca para fresagem!

Tração no cone do mandril para fresagem

Para resistir às vibrações de fresagem e forças laterais, bem como às forças na extremidade, empregamos dois dos cinco possíveis cones de mandris padrão para máquinas definidos pela Sociedade Americana de Engenheiros Fabricantes de Ferramentas. *Ambos são não autotravantes* e ambos devem ser puxados para dentro de seu receptáculo por um parafuso de tração ou barra de tração que permanece como parte permanente da configuração.

Dois tipos de cone de mandril para fresadoras são normalmente utilizados em fresadoras com conicidade R-8, usado em máquinas menores e o cone padrão para fresadoras usado em máquinas mais pesadas. Você poderá ouvir operadores de máquina veteranos se referirem a eles como "cone do mandril *padrão americano* para fresadora".

1. **Cone padrão ISO / ANSI para máquinas de fresagem**

   Como mostrado na Fig. 4-63, fresadoras maiores apresentam um furo no eixo com uma relação de conicidade de $3\frac{1}{2}$ pol. por pé. Similares aos vários tamanhos de cone Morse, seções diferentes de $3\frac{1}{2}$ polegada por pé são usadas para diferentes tamanhos de máqui-

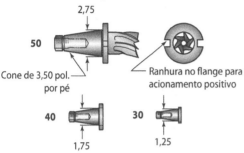

Figura 4-63 Estes três cones padrão ISO / ANSI para fresadoras possuem a mesma inclinação, de $3\frac{1}{2}$ pol. por pé, mas diferentes tamanhos de cone.

Figura 4-64 Chavetas de acionamento mostradas no flange do eixo-árvore da máquina de fresagem.

nas. Eles correm de 30 (extremidade pequena em torno de $\frac{5}{8}$ pol.), 40 (extremidade pequena de uma polegada) a 50 (extremidade pequena em torno de $1\frac{1}{2}$ pol.).

2. **Transferência de torque**

   O torque no eixo-árvore é considerável para as fresas em relação às brocas. Existe também uma carga intermitente devido aos dentes de corte que ao entrar e sair da peça em cada revolução causam uma ação de impacto que pode parar a rotação, se não forem bem conduzidos. Para a fresagem, o torque do fuso é transferido para o cortador por meio de chavetas de acionamento que se projetam a partir do flange do eixo-árvore da fresadora (Fig. 4-64) e se encaixam com as ranhuras em cada lado do flange cônico.

Embora poucos cortadores sejam uma unidade única (o fuso é parte do cortador) como a fresa de topo superior na Fig. 4-63, é muito mais provável que você encontre quatro outros tipos em uso, tanto para as máquinas manuais quanto para as fresadoras CNC (Fig. 4-65). Eles são a pinça porta-fresa (Fig. 4-66), o porta-fresa plano, o porta-fresa piloto (Fig. 4-67) e o eixo porta-fresa (Fig. 4-68). O porta-fresa piloto, também chamado de porta-fresa estilo C, pode ser montado com cortadores de centro oco denominados **fresas de topo para porta-fresas** e de facear com casca.

Figura 4-65 Variedade de porta-fresas de diferentes tamanhos com soquetes padrões para fresadoras.

Dica da área

Encaixe-a dentro! Nunca coloque uma pinça em um porta-fresa do tipo **DIN** ou Erickson (Fig. 4-66) sem antes encaixar a pinça no anel de extração na porca de fechamento. Se você deixar de dar esse passo, a pinça não será removível depois de apertá-la no cortador.

Ponto-chave:
Se esse passo é esquecido, a única maneira de retirar a pinça do buraco na maioria das vezes requer a destruição da pinça que custou caro!

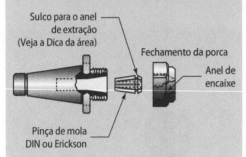

Figura 4-66 A pinça porta-fresa é útil em máquinas manuais ou CNC.

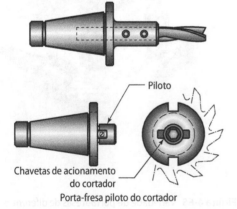

Figura 4-67 Porta-fresa piloto sustentam fresas de centro oco denominadas de fresa de topo em concha e também fresas frontais.

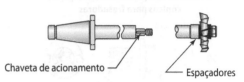

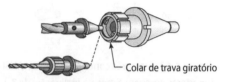

Figura 4-68 Eixos-árvore de topo são usados para alojar as serras de corte e cortadores de rodas. A trava de troca rápida é útil em máquinas CNC que não possuem trocador automático de ferramentas.

Cone do mandril R-8 para máquina

A maioria das pequenas fresadoras apresenta um cone no nariz do fuso designado estilo 7 pelo ASTME, mas ele é normalmente chamado de cone R-8 (Fig. 4-69). Há uma grande variedade de porta-ferramentas e acessórios com hastes R-8 (Fig. 4-69).

Capacidade máxima $R\text{-}8 = \frac{3}{4}$ pol.

O maior tamanho padrão para pinça elástica R-8 é de 0,750 pol. (19 mm) de diâmetro. No entanto, pinças ligeiramente maiores podem ser encomendadas especialmente.

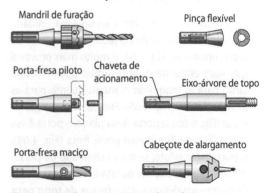

Figura 4-69 Conjunto de cortadores R-8 e opções de ferramentas.

Ponto-chave:
- Todo o tipo de pinças porta-fresa transfere o torque para o cortador pela ação apenas do aperto, eles não são destinados para usinagem pesada. Quando a carga aumentar, mude para porta-fresa maciça.
- Todas as fresas usam algum tipo de cone de precisão. Sempre limpe os dois componentes, o cone e o furo de recepção antes da montagem. A pressão criada por um único cavaco preso pode danificar permanentemente ambos os componentes: o cone, e pior, o fuso da fresadora.
- *Cuidado!* Diâmetros maiores das **pinças R-8** podem quebrar muito facilmente se aplicar uma força mesmo um pouco além de sua gama de capacidade!

Barras de tração

Barras de tração (também chamadas de parafusos de tração) são fiéis ao seu nome, pois elas puxam e mantêm fixados os cortadores dentro do cone do fuso da fresadora durante a usinagem. Em máquinas manuais e em algumas máquinas CNC menores, você vai encontrar dois tipos ligeiramente diferentes – reconhecer cada um e usá-los corretamente é uma questão de segurança.

Ponto-chave:
Por razões de segurança, você deve entender a diferença entre parafuso de tração de compressão direta e de porca de tensão.

1. **Compressão direta**
   Uma barra de tração de compressão direta é, na realidade, um parafuso de alta resistência extra longo. Usando sua mão e, em seguida, uma chave inglesa, parafuse até que a pressão seja suficiente para puxar e segurar o cortador no fuso da máquina (Fig. 4-70). Cerca de 40 libras de pressão sobre a chave é uma boa orientação, mas deixe seu instrutor demonstrar a quantidade de torque necessário.

2. **Porca de tensão**
   A diferença dessa barra é que o aperto final é realizado pela porca e não pela barra de tração. A porca puxa a ferramenta no fuso, encurtando a barra de tração. O tipo porca é mais pesado e é encontrado em máquinas maiores. Veja a Dica da área.

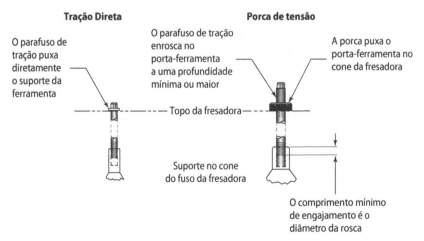

Figura 4-70 As fresas voam para fora violentamente quando essas duas barras de tração não são reconhecidas. Este tipo de porca é utilizado mais frequentemente em fresadoras maiores.

Engajamento da barra de tração

Enquanto uma regra prática é deixar a barra de tração no porta-ferramenta, a uma distância mínima igual ao diâmetro do segmento (por exemplo, alguns parafusos $\frac{1}{2}$ pol. de diâmetro da rosca em $\frac{1}{2}$ pol. de profundidade), melhor ainda é manter uma constante puxando sem esticar a rosca da barra de tração. Mas, para evitar um acidente, tenha certeza de que você não colocou uma tensão inferior para este tipo de porca. Veja a Dica da área.

Figura 4-71 Cuidado, as chavetas podem perder os rasgos!

Dica da área
Apertando as fresas corretamente Dois detalhes para barras de tração, se esquecidos, podem causar acidentes graves.

- Em primeiro lugar, se a barra tipo porca é confundida com o tipo de tração direta, e é simplesmente atarraxada totalmente, sendo utilizada como se fosse o tipo de tração, então não há uma tensão sobre o cortador. O tipo de porca deve primeiro ser parafusado no suporte a uma distância mínima igual ao seu diâmetro, umas 10 voltas ou mais é comum. Não colocar até o fundo – use a porca para puxar.

- O segundo acidente que vimos mais de uma vez é causado por não alinhar as chavetas da unidade de torque no cone de corte com as aberturas no flange no eixo da fresadora. A partir do topo da fresadora, o cortador que não é visto se comporta como se estivesse apertado, uma vez que o flange é assentado contra o topo das chavetas, como no caso da Fig. 4-71, se forem apertadas nesta posição. No entanto, com o primeiro toque da fresa na peça, ela gira, perde a fixação e um desastre sério acontece. Sempre verifique se as chavetas estão nos rasgos do acionador!

- *Quando apertar o conjunto de parafusos faça um ajuste.* Às vezes, ao apertar os parafusos fixados em um porta-fresa, os pontos do plano sobre o cortador não estão perpendiculares ao parafuso. Apertados dessa forma, eles parecem corretos, mas se soltam instantaneamente quando a fresa toca no metal. Para evitar esse acidente em potencial, faça o ajuste. Primeiro, aperte o parafuso e, em seguida, solte $\frac{1}{8}$ ou menos. Agora, mova o porta-fresa para dentro e para fora enquanto volta lentamente a apertar o parafuso. Você pode sentir a fresa se alinhando, mas faça novamente. Na segunda vez, apenas solte o parafuso de ajuste até que o cortador tenha uma pequena folga. Então, no reaperto, deverá estar perfeitamente alinhado com o conjunto de parafusos. Não está claro? Peça uma demonstração desse truque simples, mas eficaz.

Brocas e alargadores

Ferramentas de perfuração podem ser fixadas em fresadoras com três métodos diferentes.

1. Ferramenta de haste reta diretamente em pinças.

2. Em mandris presos na fresadora. O mandril pode ter uma conicidade R-8 ou pode ser uma haste reta e preso em uma pinça.
3. Adaptador Cone Morse – Tracionado no fuso da fresadora. Essa bucha converte o fuso da fresadora para aceitar o cone da broca padrão (Fig. 4-72).

> **Ponto-chave:**
> **Cuidado!**
> As brocas podem vibrar ou até mesmo sair do adaptador Morse durante o uso pesado ou durante uma vibração. A menos que não haja outra opção, elas não são recomendadas para brocas ou alargadores em fresadoras.

Seleção de rotação

Dependendo da liga usinada, da dureza, da operação realizada e do tipo de fresa que irá fazer o trabalho, há uma gama de rotações para a fresa de corte que produzirá um bom acabamento, uma remoção de metais eficiente e vida útil da ferramenta. Mas, como já discutimos antes, normalmente há concessões entre esses três objetivos. A largura dessa faixa de rotação depende da liga e da dificuldade de usinagem, em geral, começam com velocidades baixas para cortes de desbaste. Em seguida, aumentam a rotação para trabalhos de acabamento. Há três maneiras convenientes para aprender como selecionar a rotação.

Quadro de rotações

Há tabelas em todos os livros de referência para operadores de máquinas que oferecem seleções de rotações para a fresadora. Elas são úteis, mas, como acontece com qualquer tabela, têm limites de alcance e discernimento.

Rotação calculada

As fórmulas curta e longa que aprendemos nos Capítulos 2 e 3 para perfuração e ajustes de torneamento também se aplicam a velocidades de fresagem. A variável diâmetro é sempre do objeto girando, portanto, para fresagem, é a fresa. Vamos à revisão.

A fórmula longa é

$$\text{Rotação} = \frac{\text{Velocidade de superfície} \times 12}{3,1416 \times \text{diâmetro do cortador}}$$

As variáveis são o material da fresa, o diâmetro da fresa e o material da peça.

A fórmula curta é

$$\text{Rotação} = \frac{\text{Velocidade de superfície} \times 4}{\text{Diâmetro da fresa}}$$

Recorde, utilizando a nossa fórmula curta, que a rotação deve estar dentro de 5% do calculado a partir da fórmula geral. E semelhante à furação e ao torneamento, a velocidade de superfície recomendada é encontrada em um gráfico no Apêndice IV, em manuais de referência e em gráficos fornecidos pelo fabricante da fresa. O gráfico é inserido com dois argumentos: o tipo da fresa (carboneto, HSS, cerâmica ou compósito) e o material da peça.

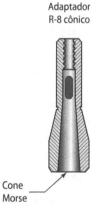

Figura 4-72 Ferramentas de cone Morse devem ser utilizadas para as tarefas de furação e alargamento apenas, nunca para fresagem que cria impulso lateral que desloca o cone Morse!

Exemplo

Esta configuração requer fresa de topo AR de $\frac{1}{2}$ pol. Você irá cortar alumínio, então, comece encontrando a velocidade de superfície no Apêndice IV.

$$Vs = 250 \text{ pés por minuto}$$
(Cortador HSS em alumínio)
$$\text{Rotação} = \frac{250 \times 4}{0,5}$$
$$\text{Rotação} = 2.000 \text{ rpm}$$

Agora é a sua vez

Encontre as rotações a seguir.

A. Para uma fresa de metal duro de seis polegadas de diâmetro para o corte de aço leve, encontre a velocidade de superfície e a rpm.

B. Quando usinar latão com uma fresa de topo de aço rápido com duas polegadas de diâmetro, encontre a velocidade de corte e a rotação.

C. Quando uma cavidade deve ser fresada em um aço-carbono forjado utilizando uma fresa de topo em AR de uma polegada, encontre a velocidade de corte e a rotação.

Respostas

Tenha em mente que há muitos outros fatores que afetam a seleção da sua rotação final. Por exemplo, quais velocidades estão disponíveis na máquina? Existe fluido para refrigeração disponível e como é a configuração? Fatores como esses irão sugerir rotações maiores ou menores para o operador de máquinas experiente.

A. Vc = 300 ppm, rotação = 200 rpm
B. Vc = 175 ppm, rotação = 350 rpm
C. Vc = 90 ppm, rotação = 480 rpm

Régua de cálculos

Talvez a ferramenta mais útil para a seleção de rotação seja uma régua de cálculo. Elas são fornecidas pelos fabricantes de cortadores. Réguas de cálculo tornam a fórmula longa mais fácil de resolver, pela impressão dos argumentos e os resultados em um cartão deslizante indicador. Dê uma olhada em exemplos mais adiante na Figura. 4-97 na Unidade 4-5.

Fresa de insertos de metal duro

Semelhante ao caso de insertos para as ferramentas de torno, a ASTME/ISO designou um padrão de fresas para definir a forma do cortador, o tamanho e a dureza do inserto.

Não é necessário aprender todos os fatores agora, porém, neste momento, por favor, observe a seção do manual de construção de máquinas em pastilhas indexáveis e copie as informações e ilustrações. Também observe o gráfico industrial mostrado na Fig. 4-73. Uma referência similar será usada onde você trabalha, se a oficina utiliza tecnologia de ferramenta progressiva. Iremos retornar a eles para selecionar alguns insertos nas questões da unidade e na revisão do Capítulo 4.

Vantagens e desvantagens nas ferramentas insertos de metal duro

Enquanto cortadores semelhantes aos mostrados na Fig. 4-74 são populares na indústria tanto para o trabalho manual quanto para CNC, eles não são ideais em qualquer situação. Saber quando as ferramentas de metal duro são apropriadas para a tarefa e quando não são faz uma grande diferença em preparações bem-sucedidas. Vamos comparar todos os casos.

Vantagens do inserto de metal duro

1. **Remoção mais rápida do metal**
   Cortadores com insertos de metal duro são geralmente três vezes mais rápidos na maioria das situações de fresagem de aço em compa-

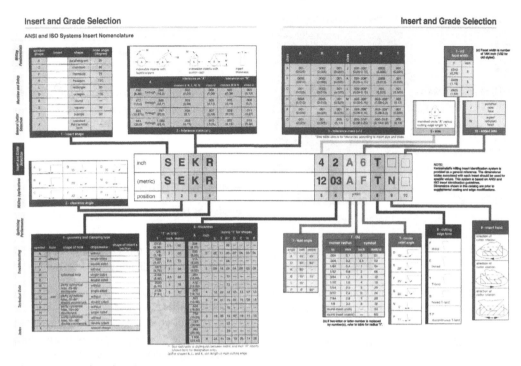

Figura 4-73 Padrão da indústria para identificação de pastilhas de metal duro. Reveja estas informações e saiba como localizar dados deste tipo quando seu trabalho requerer.

ração com o AR Eles podem aumentar a velocidade muitas vezes em relação a fresagens em outros metais.

2. **Substituição mais rápida**

   Insertos danificados ou quebrados são fáceis de trocar devido à construção do cortador, pois os novos insertos se assentam com precisão dentro de 0,001 polegadas, ou melhor. Assim, todas as usinagens serão retomadas quase no mesmo tamanho.

3. **Troca rápida de geometria**

   Através da troca de inserções, o operador pode mudar a dureza, o raio de ponta e o ângulo de inclinação rapidamente (Fig. 4-75).

4. **Longa vida da ferramenta**

   Corretamente aplicados, insertos de metal duro estendem a vida útil da ferramenta e reduzem em várias vezes o tempo em relação ao AR.

5. **Podem eliminar a necessidade de fluidos refrigerantes**

   Alguns materiais cortam melhor se não utilizarem fluido refrigerante quando se utiliza o cortador correto.

Desvantagens

1. **Alto custo inicial**

   Ferramentas com insertos custam muitas vezes mais em relação aos métodos de corte com aço rápido. No entanto, elas tornam-se bastante econômicas em usinagem industrial de longo prazo.

2. **Vulnerável à ruptura**

   Usadas incorretamente, ferramentas de metal duro são mais sensíveis em relação ao AR. e

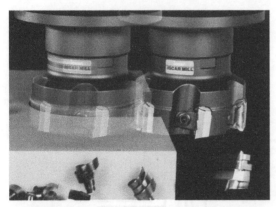

Figura 4-74 Um projeto avançado, fresa com inserto de metal duro Chipsplitter®, rasgando através de um aço em alta velocidade.

qualquer carregamento com choque excessivo vai lascar e quebrar as pastilhas. Muitas vezes, quando um corte interrompido com choques quebra os insertos de metal duro, o AR. suporta a solicitação.

3. **Menos aguda**
Devido ao carboneto ser tão quebradiço, existe um raio de borda pequeno para evitar que a pastilha lasque. Em comparação, os cortadores de AR. podem ser afiados para uma finíssi-

Figura 4-75 Quando substituindo insertos, é crítico limpar os pequenos cavacos e a sujeira antes de instalar um novo dente.

ma borda quando cortadores extremamente afiados são necessários. Cortadores de metal duro, então, geram mais força e calor em comparação com AR.

Por todas essas diferenças, a maioria das instalações de treinamento ensinam os alunos a usar primeiro cortadores de AR.

Revisão da Unidade 4-3

Revise os termos-chave

Barra de tração
Parafuso longo que puxa a fresa no eixo-árvore. Há dois tipos diferentes: tração direta e tração por porca.

Cones ISO/ANSI
Padrão mundial de cones de eixo-árvore, com conicidade de $3\frac{1}{2}$ pol. por pé. Formalmente denominado "Padrão americano de cones de fresadoras". Tamanhos comuns são os números 30, 40 e 50.

Fresa de topo para porta-fresas
Fresa oca montada no eixo piloto.

Pinça – Padrão DIN
Pequena pinça de ponta plana de mola usada em mandris para máquinas manuais e CNC.

Pinça – R-8
Formato popular de pinça para eixo-árvore designada como o tipo 7 da ASTME.

Reveja os pontos-chave

- *Certifique-se de tirar a pinça da fresa de topo do anel de encaixe. Se esse passo é esquecido, a única maneira de retirar a pinça fora do furo geralmente requer a custosa destruição da pinça!*
- Todo o tipo de pinças para porta-fresa transfere o torque para o cortador por

ação apenas da pressão, elas não são destinadas para usinagem pesada. Quando a carga aumentar, mude para um porta-fresa maciço.
- Todas as ferramentas para fresadoras utilizam algum tipo de cone de precisão. Sempre limpe antes tanto o conjunto quanto os componentes. A pressão criada por um único cavaco preso pode danificar permanentemente tanto o cone quanto, pior, o fuso da fresadora.
- *Cuidado*! Pinças R-8 de diâmetro maior quebram muito facilmente quando é aplicada uma força um pouco além de sua gama de capacidade!
- Existem dois tipos de barras de tração – tenha a certeza que você sabe a diferença.
- Do Capítulo 3, quando acontecer a troca de pastilhas, não se esqueça de limpar o assento da pastilha.

Responda

1. Do manual de construção de máquinas, o que significa um número (simples ou duplo dígito) na quinta posição em uma pastilha de metal duro, por exemplo, TNMG682 (assumir uma inserção não métrica)?

Para se ter uma ideia de padrões de seleção de metal duro, utilizando o manual de construção de máquinas, descreva as seguintes inserções.

2. TNMG-432
3. DPMP-631
4. O topo de uma caixa de transmissão de ferro fundido deve ter uma usinagem plana, utilizando uma fresa de topo de carboneto de quatro polegadas. Quais são a Vc e a rotação?
5. Um corte periférico deve ser feito em uma barra de alumínio usando uma fresa de topo com 0,25 pol. de diâmetro. Identificar Vc e a rotação.
6. Corte um canal em um forjado de aço inoxidável utilizando uma fresa de topo de metal duro de uma polegada. Quais são Vc e a rotação?
7. Você já viu três diferentes métodos de seleção de rotações, quais são eles?

» Unidade 4-4

» Evite estes erros – boas configurações e segurança

Introdução Fresadoras são geralmente máquinas seguras, mas elas oferecem perigos em potencial, incluindo rotação rápida das fresas, voo de cavacos e a peça fixada de forma incorreta que pode mudar a configuração, resultando na quebra de cortadores e ejeção de peças. Esta unidade lista os erros mais comuns cometidos por novos operadores em fresadoras, e mais, apresenta maneiras de evitar esses erros. Semelhante à "lista negra" para o treinamento no torno, estes acidentes em potencial foram obtidos a partir de experiências de outros (incluindo a nossa). Todos os acidentes descritos aqui podem ser evitados.

O item mais importante em termos de frequência é apresentado primeiro. Este resumo não é uma lista de acidentes, mas uma lista das habilidades preventivas que você vai precisar e ainda algumas dicas para fazer certo! Na verdade, você poderia visualizar esta unidade inteira como uma Dica da área.

A Unidade 4-4 não é geral. Ela não inclui perigos, tais como dedos prensados ou cortados, lesões oculares pela falta de uso dos óculos, e assim por diante. Ele destaca os problemas específicos da fresadora e, o mais importante, oferece soluções.

Termos-chave

Bloco de apoio
Componente da configuração de fixação que suporta a parte de trás do grampo.

Compensação de folga (compensador)
Freio de mão única interposto contra o eixo X de algumas fresadoras para serviços comerciais. Compensadores ajudam a evitar problemas de avanço agressivo (excessivo) durante a fresagem concordante.

Corte tangencial
Movimento da superfície de corte para um lado de tal modo que a força de corte seja alongada e deslocada.

Deformação (cortador)
Flexão em uma fresa de topo (ou qualquer ferramenta de haste), devido à baixa taxa de rigidez e às forças de usinagem.

Mordente fixo (morsa)
Superfície de referência usada para alinhamento da superfície da peça.

Rigidez
Capacidade relativa para resistir ao movimento – pode ser aplicada à peça, à configuração e ao cortador.

Problemas comuns e sua prevenção

Peça não fixada corretamente

Durante a usinagem, a peça desalinha.

Resultados
O cortador penetra e a peça é estragada.
O cortador penetra e quebra em fragmentos voadores.
A peça é arremessada da fixação.

Soluções
Use grampos de mesa em torno do caminho, eles servem como uma alavanca.
Use braçadeira de alavanca para a sua vantagem, ver a Dica da área.
Use os tornos de forma correta – ver a Dica da área.

Má escolha de cortadores

Muito tempo, muito fraco ou fixação mal realizada. (Cortadores voando podem ser um problema nesta área.)

Resultados
O cortador gira na pinça, arruinando a pinça e a peça de trabalho.
Trepidação do cortador, rompendo com fragmentos voando.

Soluções
Sempre use o cortador menor e mais robusto para fazer o trabalho sem **deformação** (fle-

Dica da área

Utilização de grampos de mesa Existem muitas versões e combinações de grampos de mesa e com o suporte do **bloco de apoio** na parte de trás. Todos devem seguir algumas simples regras físicas para segurar direito. Use seu bom-senso de dispositivos mecânicos e compare os dois grampos da Fig. 4-76 para determinar o que está errado com o da direita.

O que há de errado com esta figura?

Blocos de apoio

Figura 4-76 Compare estas fixações. Você pode identificar quatro erros?

Respostas sobre os grampos (Fig. 4-77).

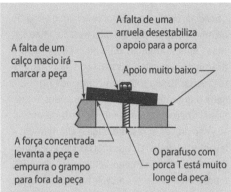

Figura 4-77 Você achou todos estes problemas?

1. *O grampo da direita tem o parafuso muito longe da peça* – a maior parte da força de retenção é concentrada sobre o bloco de apoio, e não na peça onde é necessária.

2. *O grampo da direita está inclinado para trás.* Assim, toda a sua força é concentrada sobre o canto da peça. Isso danifica não só a peça, mas tende a levantar a peça da mesa. Além disso, ele vai empurrar-se para fora da peça quando o corte começar – esse é o maior perigo. O da esquerda está se inclinando ligeiramente para baixo para evitar esse problema, mesmo quando ele é apertado com força suficiente para curvar o grampo para baixo.

3. *O grampo esquerdo está configurado com um calço fino de metal macio para proteger a peça. O grampo à direita não tem nenhum.*

4. Os diferentes blocos de apoio estão igualmente corretos – o bloco especial escalonado e o grampo da esquerda ou o bloco de topo plano e o grampo plano trabalham bem para esta aplicação. Você pode precisar calçar o bloco plano para chegar à altura certa.

Dica da área
Uso correto de morsas para fresadoras

Regra 1 – Certifique-se de que a peça está bem abaixo, perto da morsa com muita aderência.

Regra 2 – Certifique-se de que está alinhada com o mordente fixo da morsa (ou não deslizante). Uma parte desigual, que não é paralela, não vai segurar bem, porque toda a força estará concentrada em um único local.

Pensamento crítico: Qual é a melhor solução para a parte irregular na Fig. 4-78? (A resposta precede imediatamente à Revisão da unidade.)

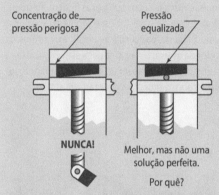

Figura 4-78 Às vezes, um pino redondo pode ajudar a equalizar a pressão da peça contra o mordente fixo, mas não desta vez. Pode marcar a peça, mas há outra razão. Por quê?

Usando os mordentes fixos da morsa O mordente que não se move na morsa da fresadora é a superfície de referência (calibradora). Ele forma um importante referencial para a fresagem. Use-o corretamente, colocando qualquer peça que requer alinhamento com a morsa sempre contra o **mordente fixo** (Fig. 4-79).

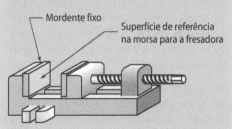

Figura 4-79 O mordente fixo é a superfície de referência. Alinhe-o com os eixos da máquina e sempre coloque as bordas importantes do trabalho contra o mordente fixo.

Dica da área
Utilização da morsa da fresadora Sempre que as peças são fixadas em uma morsa, é imperativo testá-las para ver o quão bem elas estão assentadas para baixo contra o piso da morsa ou barras paralelas de apoio. Se, depois de fechar a morsa, as barras paralelas que as apoiam puderem ser movidas, a peça levantam devido ao fechamento da morsa. Esse é um erro previsível que muitas vezes faz com que peças fiquem menores. Uma forma de detectar esse problema é colocar uma folha de papel sob as peças, em ambos os lados da morsa. Então, se a peça estiver encaixada corretamente, o papel não se moverá quando puxados após a morsa ser apertada (Fig. 4-80).

Figura 4-80 Duas fitas de papel mostram se a peça levantou do piso da morsa quando apertada.

Mas, se o teste mostrar que as partes levantaram quando a morsa foi fechada, aqui está o que fazer. Solte lentamente a pressão da morsa cerca de dois terços da pressão final. Agora bata na peça para baixo com um martelo antirretorno (cheio com areia) de plástico (Fig. 4-81). Agora, feche e aplique um último golpe firme com o martelo antirretorno.

Se a peça não estiver assentada, então verifique a sua forma. Uma parte cujos lados não são esquadrejados à sua base não pode ser assentada para baixo para contato total com o piso. Nesse caso, aceite o contato de um lado paralelo ao piso, porém não totalmente assentado, ou não use a morsa, use grampos e paralelos para prender a peça.

Qualidade da morsa Outra dica para o trabalho na morsa é que as morsas para fresadora não são todas iguais. Algumas trabalham muito bem a fixação da peça, mas elas não são suficientemente precisas para o trabalhos como o da Fig. 4-80. Seus mordentes não estão endurecidos e retificados perpendicularmente ao eixo da morsa, sua construção apresenta folga e eles tendem a levantar as peças. Outras morsas são acessórios da máquina precisamente retificados (Fig. 4-82) e possuem mordentes móveis bem guiados que não se inclinam quando elas são fechadas. Devido à forma como elas são projetadas, a morsa da fresadora da Figura 4-82 exerce uma pressão de $\frac{1}{2}$ libra para baixo sobre a peça para cada libra de pressão no fechamento. As guias do mordente móvel são ajustáveis para compensar o desgaste. Aprenda a reconhecer qual tipo de morsa é qual em sua oficina, então use a melhor morsa nos trabalhos de precisão.

Morsas macias Quando a forma da peça torna impossível segurar em uma morsa com mordente plano, podemos trocar os mordentes endurecidos por mordentes macios que podem ser economicamente usinados para a forma correta. Mordentes macios também ajudam na fixação de lotes de peças na posição correta. Mais detalhes na Unidade 4-5.

Figura 4-81 Um martelo antirretorno tende a cancelar o ricochete que acontece quando posicionamos as peças com um martelo de bronze.

Figura 4-82 A morsa de precisão AngLock® é construída com tolerância de 0,001 polegadas para o tamanho e perpendicularidade. Quando ela está fechada, ela aplica $\frac{1}{2}$ libra de pressão para baixo sobre a peça para cada libra de pressão no fechamento. Ela pode fornecer milhares de libras de pressão no fechamento.

xão) (Figs. 4-83, 4-84 e 4-85). Cortadores longos tendem a trepidar e quebrar.

Sempre use o método da folga para apertar parafusos.

Verifique a barra de tração durante as configurações e frequentemente durante a operação.

Pergunta: O que está errado com a configuração da Figura 4-83?

Velocidades de fuso erradas

(Muito alta ou muito baixa)

Resultados

Muito alto – calor, ruído, cortador perde a afiação, potencial encruamento da peça.

Muito baixo – acabamento pobre, craterização da ferramenta e ruptura.

Solução

Sempre calcular a velocidade do fuso e usar fluido refrigerante sempre que possível.

Cortador não afiado

Ou o estudante começa a cortar com um cortador não afiado ou ele perderá a afiação durante a usinagem.

Resultados

O calor elevado gera cavacos excessivamente quentes que queimam o operador.

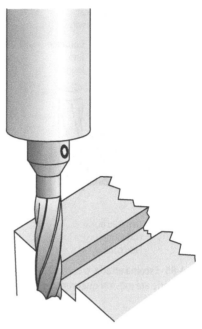

Figura 4-83 Explique o que deve ser feito para esta configuração tornar-se segura.

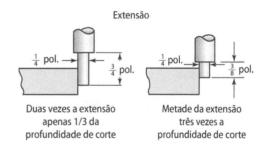

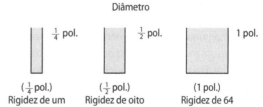

Figura 4-84 A rigidez do cortador aumenta exponencialmente à medida que aumenta o diâmetro do cortador.

Figura 4-85 Escolha errada, o cortador vai defletir (curvar) e pode até mesmo quebrar!

O calor elevado queima o cortador ou endurece o material da peça (aço, bronze e outros metais propensos ao endurecimento).

A ferramenta forma aresta postiça e quebra – comum em alumínio (Fig. 4-86).

Soluções

Examine o cortador antes de montá-lo na máquina.

Use fluido refrigerante.

Utilize velocidade e avanço adequados.

Observe e escute os sinais da perda da afiação progressiva.

Ação incorreta do operador

Iniciar o movimento errado na hora errada.

Resultados

A máquina se move na direção errada e o cortador contata com a peça, a morsa, a mesa, a máquina ou o equipamento no local errado, arruinando a peça, o equipamento e o cortador. Possível cortador quebrado e voando.

Uma ação comum é iniciar o corte com rotação contrária – isso acontece com frequência!

Figura 4-86 Pare e resolva antes de continuar! Seu cortador está com aresta postiça, provavelmente porque não está afiado adequadamente ou o fluido refrigerante está inadequado, ou, possivelmente, devido ao excesso de rotações do fuso.

Soluções

Conhecer e analisar a função de cada comando da máquina. Pense nas ações. *Conhecer e praticar como parar todas as ações em uma emergência.*

Velocidades de avanço altas e irreais

Resultados

Acabamento áspero na peça.

Cortadores partidos ou possíveis mudanças na configuração da peça.

Solução

Preste muita atenção na velocidade de avanço durante o treinamento. Inicie lento e incremente a uma velocidade maximizada.

Fresagem concordante com avanço agressivo

Sem a peça adequada e sem controle do eixo da máquina.

Resultados
Cortador quebrado.
Peça começa com o autoavanço e pode ser arrancada (arremessada) da máquina.

Solução
A fresagem concordante é o melhor método de corte periférico, mas você deve conhecer e controlar o perigo. Ela tende a puxar a peça e, conforme for, pode sair do controle. (Mais treino em breve.)

Em fresadoras manuais, bloqueie os eixos da máquina que não estão sendo usados para movimento de avanço e posicione um freio no eixo. Note que usar bloqueios de eixo para manter avanços agressivos causa desgaste nas guias da fresadora e aos patins de trava, mas, às vezes, é a única solução para usar a fresagem com segurança. As máquinas de fresagem maiores apresentam **compensadores de folga**. Eles são um freio de sentido único projetados para retardar o avanço agressivo sem desgaste excessivo para as peças da máquina.

Deixar uma chave na porca da barra de tração ao movimentar o fuso

Resultado
A chave atinge a estrutura da máquina, voa para a oficina.

Soluções
Nunca tirar a mão da chave quando ela estiver na máquina. Sempre verifique antes de ligar a máquina se a chave foi retirada da barra de tração (Fig. 4-87).

Dica da área
Forças e ângulo de entrada na peça A fresagem é uma ação intermitente. Cada dente do cortador entra e sai da peça, causando assim uma ação de martelamento no cortador e na peça. Contudo, na Fig. 4-88, vemos boas e más maneiras de fazer um corte. O cortador inferior foi simplesmente deslocado para um lado da peça para causar uma ação mais longa de cisalhamento do cavaco.

Ponto-chave:
Ambos os cortadores da Fig. 4-88 estão a 50% de engajamento radial, mas há uma grande diferença na ação de corte.

O corte martelado curto pode ser melhorado para um corte de ação longa conhecido como **corte tangencial** (corte sobre a tangente e não transversal diretamente). Grande parte da força de corte é transferida para o maior eixo da peça e estes tendem a vibrar muito menos.

Figura 4-87 A carcaça do motor amassada mostra o quanto pode ser perigoso deixar a chave na barra de tração!

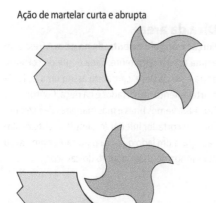

Ação de martelar curta e abrupta

Ação de cisalhamento mais longa

Figura 4-88 Qual corte vai vibrar menos?

Ponto-chave:
Controlando os cavacos
A ejeção do cavaco pode ser controlada. A Figura 4-89 mostra dois cortes de eficiência igual, mas um envia o cavaco para o operador e outro envia inofensivamente na estrutura da máquina. Um bônus é que a melhor configuração força a peça em direção ao mordente fixo da morsa – Boa prática!

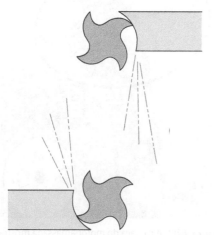

Controle o caminho de ejeção de cavaco

Figura 4-89 Vista superior. A direção de corte pode controlar a direção de saída dos cavacos.

Ponto-chave:
Configurações seguras e confiáveis
A configuração é uma demonstração física de conceitos de mecânica e de física em ação. Use seu bom-senso, se parecer fraco ou perigoso, provavelmente é. Seja cético em relação a suas configurações e nunca usine sem avaliar a **rigidez** e a fixação. Sempre procure soluções melhores e mais rígidas.

Resposta ao Pensamento crítico Para a peça irregular mostrada na Fig. 4-78, usine o bloco paralelo, se possível, e coloque-o novamente na morsa. Se ele não pode ser usinado paralelamente, então segure-o de alguma outra maneira, por exemplo, com a pressão para baixo a partir de grampos de mesa.

Revisão da Unidade 4-4
Revise os termos-chave

Bloco de apoio
Componente da configuração de fixação que suporta a parte de trás do grampo.

Compensação de folga (compensador)
Freio de mão única interposto contra o eixo X de algumas fresadoras para serviços comerciais. Compensadores ajudam a evitar problemas de avanço agressivo (excessivo) durante a fresagem concordante.

Corte tangencial
Movimento da superfície de corte para um lado de tal modo que a força de corte seja alongada e deslocada.

Deformação (cortador)
Flexão em uma fresa de topo (ou qualquer ferramenta de haste) devido à baixa taxa de rigidez e às forças de usinagem.

Mordente fixo (morsa)
Superfície de referência usada para alinhamento da superfície da peça.

Rigidez
Capacidade relativa para resistir ao movimento – pode ser aplicada à peça, à configuração e ao cortador.

Reveja os pontos-chave

- As configurações são demonstrações complexas da ciência física. Esteja à procura de modo de torná-las mais rígidas e seguras.
- As ações dos cortadores podem ser reorganizadas para melhorar as configurações.
- Existe um jeito certo e um errado de usar a morsa da máquina.

Responda

1. Em uma folha de papel, esboce um grampo de uma mesa seguro. Haverá sete componentes para cada configuração de grampo.
2. Por que existem barras paralelas sob o trabalho na Fig. 4-90? O que está faltando na configuração?

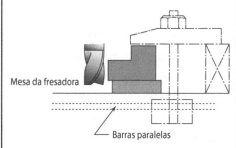

Figura 4-90 Por que o paralelo está embaixo da peça? O que está faltando aqui?

Questões de pensamento crítico

3. Para usinar esta cavidade e perfurar o furo passante na peça, o plano prevê segurá-la em uma morsa (Fig. 4-91). Esboce suas ideias para segurá-la contra o mordente fixo. Pergunte aos outros no seu grupo de formação como iriam fazê-lo. Este é um problema típico de configuração, embora não seja diretamente abordado na leitura.
4. O que é bom e ruim em relação a um corte tangencial?

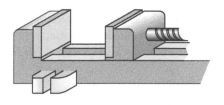

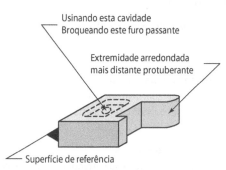

Figura 4-91 Descrever ou esboçar a sua solução para fixar a peça corretamente na morsa. Invente a solução a partir de componentes simples da oficina.

5. Depois de cortar uma barra de alumínio com uma fresa de topo por um curto tempo, o cortador pulou fora! Qual poderia ter sido o problema(s)? Qual(quais) é(são) a(s) solução(soluções)? Identifique pelo menos cinco.
6. a. O que é perigoso sobre fresagem concordante?
   b. O que você deve fazer para controlar a máquina durante a fresagem concordante?

>> Unidade 4-5

>> Configurações de fresadoras Pré-CNC

Introdução Esta unidade contém tarefas que são críticas na operação tanto de fresadoras manuais como CNC. Elas envolvem cálculos de taxas de avanço, alinhamento da peça e fixação da peça em morsas e outros acessórios na mesa da fresadora.

Termos-chave

Avanço por dente APD (Carga de cavacos)
Quantidade recomendada de avanço que um dente pode suportar por rotação.

Conjunto indicador de furo
Relógio comparador com orientação vertical cujo mostrador é visível quando o sensor está em uma borda ou dentro de um furo.

Coordenação dos eixos
Posicionamento do fuso ou cortador em uma relação exata com a peça ou acessórios de fixação, então ajustando os registros dos eixos (mostrador ou leitores digitais) para zero. Cria RZ ou RZP.

Indicador coaxial
Relógio comparador de orientação vertical para localização do eixo de um furo pela rotação de sua sonda enquanto a face do mostrador permanece estacionária.

Localizador de borda
Ferramenta de alinhamento que oscila até entrar em contato tangenciando uma superfície, neste momento, a linha de centro do fuso está exatamente a 0,100 pol. da borda.

Oscilador
Ferramenta de localização de borda e de centro que também inclui um suporte articulado indicador.

Referência zero (RZ)
Ponto de partida de referência na peça onde os mostradores em registros axiais estão posicionados para ler zero. Todos os cortes subsequentes serão feitos com a referência dimensional ao RZ.

Referência zero do programa (RZP)
Ponto de partida de referência para um programa que deve ser coordenado na peça ou ferramental quando os registros axiais estão posicionados para ler zero.

Lista de verificação de 10 pontos para configuração de fresadoras

O mapa que segue pode ser usado para ter certeza de que você não está esquecendo nada em sua configuração. Alguns pontos serão familiares, outros serão novos. Pode ser uma boa ideia copiá-los e então verificar os itens para sua próxima configuração. Há algumas tarefas necessárias para configuração de um CNC que iremos adicionar mais tarde.

1. Montar o cortador
2. Calcular e selecionar a rotação
3. Montar e alinhar o acessório de fixação da peça
4. Fixar a peça na mesa usando grampos
5. Calcular e selecionar a velocidade de avanço
6. Verificar todos os elementos de segurança
7. Travar todos os eixos não utilizados incluindo o compensador de folga do fuso
8. Verificar o cabeçote universal (se instalado)
9. Alinhar o fuso com a referência da peça
10. Testar o fluido refrigerante antes de iniciar o corte

Utilizando a fresagem concordante e discordante

Necessitamos observar mais atentamente o cavaco sendo produzido para entender as diferenças entre estes dois métodos de corte (Fig. 4-92). O primeiro fato que descobriremos é que o corte discordante não é a convenção no moderno mundo do CNC. Nele os eixos acionadores da máquina têm folga praticamente nula e a pequeníssima folga que eles apresentam é controlada automaticamente.

Fresagem com dentes periféricos

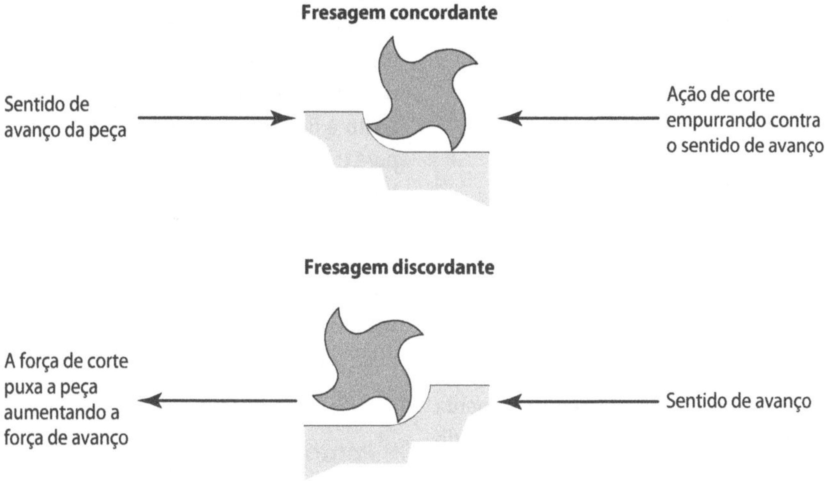

Fresagem concordante

Sentido de avanço da peça

Ação de corte empurrando contra o sentido de avanço

Fresagem discordante

A força de corte puxa a peça aumentando a força de avanço

Sentido de avanço

Figuras 4-92 Forças de fresagem concordante *versus* discordante.

As máquinas CNC não apresentam autoavanço agressivo fora de controle, devido à multiplicação crescente da força de corte, como acontece em máquinas com acionamento manual. Mas a peça e o cortador ainda estão em risco devido a essas forças em qualquer fresadora.

> **Ponto-chave:**
> Por razões que iremos explorar em seguida, a fresagem concordante é o melhor processo, produzindo um acabamento mais fino e vida longa da ferramenta, mas isso também produz uma multiplicação de forças que devem ser previstas. Em programas CNC, cortes periféricos em bolsões (cavidades) e em degraus são programados corretamente utilizando fresagem concordante.

Quando estamos acionando manualmente um corte concordante utilizando uma fresadora manual, a manopla da manivela irá mover quase por si só! Mas isso pode (e geralmente acontece) sair de controle. Isso permite o autoavanço, o movimento do eixo pode acelerar até tanto o cortador quebrar quanto a peça pular de sua fixação. Além disso, se a peça não estiver fixada de maneira forte o suficiente, ela pode começar a movimentar em direção ao cortador, o que também significa desastre.

> **Ponto-chave:**
> **Cuidado!**
> Para executar seguramente a fresagem concordante, use tanto a trava do eixo de avanço instalado como um amortecedor ou um compensador (recomendado se a fresadora tiver compensação).

Compare o acionamento

Pare um instante para comparar a Fig. 4-93, a qual mostra o corte concordante, com a Fig. 4-94, em que um corte discordante está sendo feito. Note que o corte concordante começa com um cavaco espesso à medida que cada dente entra na peça. Isso é bom, faz uma entrada sem atrito na peça. Então, à medida que o dente sai do metal, o cavaco se torna progressivamente mais fino, o que também é bom. A superfície usinada é formada por uma fatia final cortada de dentro do material para fora. Tanto

Fresagem discordante

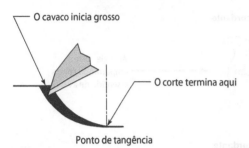

Figura 4-93 Um corte concordante produz melhor acabamento e maior vida útil da ferramenta.

o acabamento da peça como a vida da ferramenta são excelentes quando comparados ao modo como um corte discordante progride.

> **Conversa de chão de fábrica**
>
> Você provavelmente ouvirá o fresamento concordante ser chamado de *para baixo* e o discordante de *para cima*, devido à forma como a ferramenta empurra ou puxa o material.

Observe primeiro na Fig. 4-94 que, durante o corte discordante, a aresta de corte não inicia a penetração no metal até alguma distância após o ponto de entrada teórico. Para uma distância curta, à medida que a usinagem avança, os dentes aumentam a pressão até que a pressão seja grande o suficiente para que a aresta cortante mergulhe para iniciar o corte. No entanto, aquela zona de atrito é o que se tornará o acabamento deixado para trás. A aresta do dente também sofre ao atritar no material, especialmente se o material for duro, como o aço carbono ou o bronze. Usando o corte discordante, o encruamento da superfície irá ocorrer rapidamente em um material suscetível a isso, e o embotamento/endurecimento da peça acelerará até a aresta começar a falhar.

> **Ponto-chave:**
> Durante um corte discordante periférico, a aresta atrita por uma pequena distância antes de gerar pressão suficiente para penetrar.

Fresagem concordante

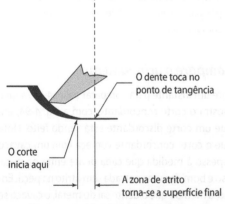

Figura 4-94 O corte concordante inicia atritando até o dente gerar pressão suficiente para penetrar produzindo acabamento grosseiro e desgastando a aresta de corte.

> **Dica da área**
>
> **Exceções – Quando usar o corte discordante** Em fresadoras manuais ou em fresadoras CNC, é aceitável cortar para frente e para trás usando primeiro o corte discordante e, em seguida, quando se está reduzindo uma superfície com corte periférico, especialmente em materiais macios como o alumínio. Tenha em mente as ações diferentes necessárias – aplique o freio para o passe concordante e solte-o para o passe discordante. Contudo, para obter o melhor acabamento, escolha a fresagem concordante para o passe final.
>
> **Quando usar o corte concordante** Há duas ocasiões nas quais o corte concordante é necessário.
>
> 1. *Casca Dura* Ferro fundido frequentemente forma uma casca fina e dura na superfície externa, mas com seu interior macio (Fig. 4-95). Aqui, pela escolha correta do corte discordante, o dente inicia sob a casca até romper para cima, empurrando a casca para fora. Nesse caso, o corte concordante tende-

ria a danificar o cortador mais rapidamente devido a cada dente iniciar o seu corte sobre a casca dura.

2. *Quando a peça é muito fina ou a fixação é muito fraca* Algumas vezes, a ação agressiva do corte concordante irá flexionar, dobrar ou levantar a peça da sua fixação. Nesse caso, tente o corte discordante para estabilizar a peça e a fixação.

Figura 4-95 O corte discordante é adequado para peça com uma casca dura.

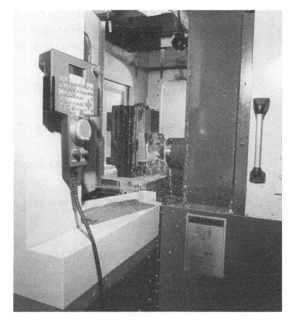

Figura 4-96 Este centro de usinagem horizontal está removendo alumínio a 750 PPM.

Cálculo das velocidades de avanço para fresagem

Lembre-se que as velocidades de avanço para fresagem são expressas em pés por minuto (PPM ou milímetros por minuto). Velocidades razoáveis para estudantes variam de 1 pol. por minuto a cerca de 20 pol. por minuto dependendo do material da peça, da rigidez da fixação e da máquina. Outro grande fator é seu nível de habilidade; permaneça no lado conservador enquanto está aprendendo. Velocidades industriais estão em centenas de pés por minuto e estão acelerando à medida que as máquinas e controles evoluem. Velocidades de avanço de 100 pés por minuto ou maiores são situações diárias com velocidades de avanço em CNC de 330 a 700 PPM e maiores onde o computador pode controlar a ação e ainda permanecer no curso! (Observe a Fig. 4-96.) Há um estudo específico de usinagem maximizada, denominado usinagem em alta velocidade, que iremos ver no Capítulo 10 do livro *Introdução à Usinagem com* *Comando Numérico Computadorizado*, disponível online.

Para localizar a velocidade de avanço em PPM

O procedimento para encontrar a velocidade de avanço consiste em uma multiplicação de três passos.

Determine o avanço por dente

Com a ajuda de uma tabela, localize a carga de cavaco de um dente fazendo uma volta.

Esta é a quantidade recomendada para um dente – **avanço por dente (APD)**

APD é denominado também de **carga de cavaco.**

APD é localizado na tabela pelo cruzamento de dois argumentos: o material da ferramenta [aço rápido (AR) ou metal duro (MD)] e o material da peça na tabela.

De resultados experimentais, foram encontradas quantidades mínimas e máximas para o avanço, para um dente, fazendo uma volta. A faixa fornece bom acabamento e vida da ferramenta. Isso é então compilado em uma tabela de recomendação.

APD × número de dentes = avanço por rotação

Multiplique APD pelo número de dentes no cortador.

Determine o avanço para uma única volta do cortador = APR

APR × rotação = velocidade de avanço

A rotação foi pré-calculada em rpm.

Revisão rápida – calculando a rotação

Após obter a velocidade de corte recomendada de uma tabela, ela é combinada através da fórmula longa ou da fórmula curta com o diâmetro do cortador. A velocidade de corte é determinada por meio de dois argumentos: dureza da peça e dureza da ferramenta (carboneto ou aço rápido).

Problema de exemplo Utilizaremos o manual de construção de máquinas para este exercício. Contudo, réguas deslizantes comerciais projetadas para fresagem estão disponíveis e são fáceis de usar. Por favor, vá para o capítulo em "Velocidades e Avanços – Velocidades de Avanços para Fresadoras".

> Calcule a taxa de avanço para fresagem de aço fundido, usando uma fresa de aço rápido com diâmetro de $\frac{3}{4}$ pol. e quatro dentes, para uma profundidade de 0,25 pol. com rotação de 480 rpm.

Localize a tabela "Avanço recomendado em PPD para fresas de aço rápido".

Questão Qual é a faixa completa de avanço por dente para cortar aço fundido?

> A faixa é de 0,001 pol. a 0,012 pol. dependendo do tipo de cortador, profundidade de corte e dureza da peça. Iremos assumir o aço como o mais duro (o topo da coluna). Qual é a velocidade?

Resposta Se estiver a 0,25 de profundidade de corte, 0,003 pol. por dente.

Em seguida, multiplique por 4 dentes, o que é igual a 0,012 pol. por volta.

Agora, multiplique por 480 rpm.

480 × 0,012 = 5,76 pol. por minuto de velocidade de avanço.

> **Ponto-chave:**
> Velocidade de avanço = APD × número de dentes X rotação.

Experimente

Do manual de construção de máquinas,

A. Localize a velocidade de avanço para fresagem plana de aço carbono (menor dureza) utilizando uma fresa de topo de aço rápido com duas arestas de $\frac{1}{2}$ pol. de diâmetro e profundidade de corte de 0,05 pol. Rotação calculada de 800 rpm.

B. Corte ferro fundido cinzento (desta vez maior dureza), com uma fresa de topo de aço rápido com 8 dentes. Rotação = 200 rpm. Desta vez, forneça a faixa de avanços possíveis.

Respostas

A. Avanço por dente = 0,002 pol.; 0,004 pol. por volta; 3,2 pol. por minuto.

B. Avanço por dente = 0,002 a 0,008 pol. por dente (faixa de possibilidades); 0,016 a 0,064 por volta. De 3,2 PPM para acabamento até 12,8 pol. para desbaste.

Dica da área

Velocidades e avanços Com experiência, você irá desenvolver um sentimento para a velocidade correta. Operadores experientes frequentemente selecionam a velocidade de avanço inicial de sua mente, mas não sempre! Há ocasiões quando um material especial ou um cortador incomum é utilizado, é então que retornamos ao cálculo.

As duas réguas de cálculo de pulso mostradas na Fig. 4-97 formam um modo conveniente de encontrar rapidamente velocidades em avanço. Elas são fornecidas por fabricantes de ferramentas, normalmente são grátis. Verifique com seu fornecedor local de ferramentas ou entre na rede e requisite um. Você irá achá-los seguindo as mesmas fórmulas e argumentos de entrada que já discutimos para as velocidades de avanço e de rotação.

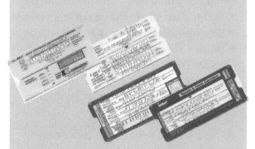

Figura 4-97 As calculadoras de velocidade e avanço devem fazer parte de sua caixa de ferramentas.

Configuração de morsas para fresadoras

Agora, voltaremos nossa atenção para os aspectos das porcas e parafusos na configuração.

Limpe-a primeiro

Quando montar morsas, sempre limpe o fundo com um pano limpo livre de fiapos, em seguida, dê uma limpeza final com sua mão limpa. Sempre limpe a mesa da fresadora com o mesmo cuidado. Essa passada com a palma irá detectar qualquer cavaco ou marcas protuberantes. Essa limpeza final manual é uma Dica da área.

Alinhamento

Se a morsa possuir chavetas de alinhamento nos canais, não posicione diretamente na mesa da fresadora e então deslize até a posição. Posicione a morsa em uma peça de madeira compensada ou outro material protetor e então deslize na posição. Incline a morsa para cima para remover a madeira, em seguida, abaixe as chavetas nos canais. Esteja certo de que nenhum cavaco ou sujeira caiu na mesa enquanto você estiver fazendo isso.

Morsas indicativas

Há dois casos em que chavetas de alinhamento não são usadas e recorremos ao relógio comparador para ajustar a morsa (Fig. 4-98).

- A Morsa não possui chavetas - a configuração requer um alinhamento perfeito com o eixo da máquina (comum).
- A configuração requer a morsa formando um ângulo com um eixo.

Naturalmente, há alguns truques tecnológicos!

> **Ponto-chave:**
> Sempre indique o mordente fixo da morsa, nunca o mordente móvel. Mordentes fixos irão se tornar uma referência confiável para sua peça. Uma barra paralela posicionada na morsa elimina danos ou irregularidades no mordente.

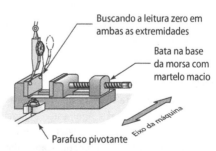

Figura 4-98 O indicador está contra o mordente imóvel (fixo).

Configuração de um parafuso pivotante

Para iniciar, aperte levemente uma porca T, então, posicione o segundo parafuso com aperto manual. Isso simplifica a movimentação à medida que a morsa pivota o parafuso apertado durante o alinhamento final. Agora, com um relógio indicador montado na estrutura da fresadora ou do fuso, posicione o sensor contra a extremidade do parafuso pivotante, zere-o, e então mova o eixo da fresadora para frente e para trás. Enquanto ele se move, bata na morsa com um martelo macio, até que a leitura zero seja obtida em ambas as extremidades do mordente da morsa (Fig. 4-98).

Monte o indicador na fresadora, em um dos cinco modos possíveis (Fig. 4-99).

> **Ponto-chave:**
> Evite atirar seu indicador pela oficina, coloque o fuso em neutro para os três primeiros indicadores mostrados na Figura 4-99.

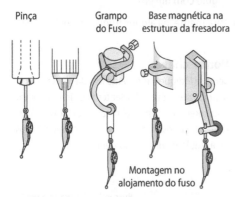

Figura 4-99 Cinco maneiras de fixar seu indicador na fresadora.

> **Dica da área**
> **Posicionamento de morsas de fresadora e alinhamento de peças** Aqui, estão algumas dicas rápidas que simplificam a tarefa de posicionamento de uma morsa na configuração de uma fresadora!

Leia as indicações! Em vez de movimentar para frente e para trás, de um extremo ao outro para posicionar a morsa, tente isto: com prática, você poder levar uma morsa ao alinhamento em segundos! Comece o avanço automático a uma velocidade moderada em torno de 2 PPM. Conforme ele se move para fora do parafuso pivotante, olhe movimento do mostrador para determinar de que modo a morsa está desalinhada. Comece batendo levemente a morsa com o indicador deslocando-se ao longo do mordente. O movimento da agulha do indicador irá diminuir e então parar à medida que a morsa se aproxima do alinhamento. Usando essa técnica, é possível frequentemente completar um alinhamento dentro de um minuto!

Oscile e mova. Forneça uma escolha, nunca monte uma morsa na extremidade da mesa da fresadora (manual ou CNC), pois isso cria uma carga desbalanceada na mesa e desgaste excessivo nas guias. Contudo, é uma boa prática mover as diferentes configurações para várias posições próximas do centro da mesa (Fig. 4-100), especialmente em máquinas CNC quando refazendo repetidamente em lote de produção. Isso evita desgaste concentrado do sistema de acionamento em longo prazo.

Incline-o. Aqui há três métodos para posicionar uma morsa com um ângulo relativo aos eixos X ou Y. Cada um é progressivamente mais acurado, mas requer um pouco mais de tempo para realizá-lo.

1. *Rotacionar morsas angulares* com bases graduadas é útil quando as tolerâncias angulares não são mais apertadas do que um grau de precisão (Fig. 4-101).

2. *Apalpar um goniômetro* é o método mais conveniente. Prenda levemente a base do goniômetro na morsa, e então apalpe a lâmina. A expectativa é de precisão de 10 minutos ou mais, o que é 12 vezes mais preciso que o método 1. Não se esqueça de prender a segunda orelha na mesa como mostrado na Fig. 4-102.

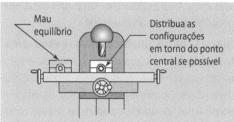

Figura 4-100 Se possível, monte a morsa próxima do centro da mesa para equilibrar o desgaste nas guias e encaixes.

3. *Apalpar uma barra de seno* é o método mais preciso disponível (Fig. 4-103). A precisão estará entre 0,0005°. Uma melhoria máxima!

Alinhamento rápido Aqui está outra maneira de economizar muito tempo, use os canais da mesa e os blocos de canais para alinhar a referência de uma peça no eixo X (Fig. 4-104).

Figura 4-101 Algumas morsas apresentam uma base rotativa. As melhores morsas possuem graduações angulares como neste exemplo.

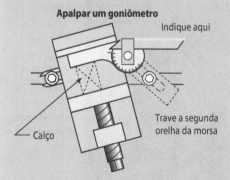

Figura 4-102 Posicionamento de uma morsa em um ângulo preciso utilizando um goniômetro vernier e um relógio comparador.

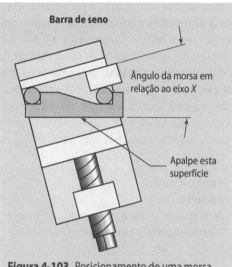

Figura 4-103 Posicionamento de uma morsa em um ângulo preciso por apalpação de uma barra de seno.

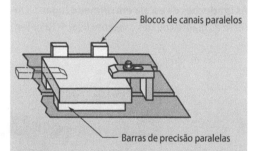

Figura 4-104 Economia de tempo usando blocos de canais para alinhar a peça.

Alinhando uma máquina de cabeçote universal

Quando se está perfurando ou alargando furos verticais em fresadoras, o cabeçote deve estar perpendicular à mesa pois, do contrário, o furo produzido não estará na vertical. Em fresadoras rígidas verticais, o cabeçote não pode sair do alinhamento. Contudo, utilizando uma fresadora de aríete e torre, ou uma com o cabeçote auxiliar A-B, os eixos A e B devem estar alinhados para furação precisa, alargamento e muitas outras operações.

O alinhamento dos eixos A-B perpendiculares à mesa da fresadora é obtido com um relógio comparado preso ao fuso. O apalpador e o fuso são rotacionados manualmente em um círculo contra a mesa da máquina ou uma barra paralela retificada para compensar irregularidades e transpor as ranhuras em T. Você irá necessitar de uma demonstração dessa tarefa para fazê-la manualmente. Abaixo, descrevemos as três fases prioritárias.

to os eixos A e B as possuem. Qualquer desalinhamento grosseiro será visualizado.

Utilização de um entalhe alinhado e esquadrejado no cabeçote Agora, usando o pequeno entalhe usinado no cabeçote de usinagem, refine o alinhamento. Como mostrado na Fig. 4-106, os entalhes são paralelos ao suporte e podem ser usados contra um esquadro mestre situado na mesa da fresadora.

> **Ponto-chave:**
> **Cuidado!**
> Certifique-se de que o botão principal de força esteja desligado e o fuso esteja no neutro.

> **Dica da área**
> **Calços de papel para eliminar suposições**
> Para obter uma boa sensação de ambos os pontos de contato entre o esquadro e o apoio, posicione uma tira de papel em cada ponto de contato e dê um puxão em cada um. Qualquer diferença na pressão será facilmente sentida. Se isso for feito corretamente, o erro do cabeçote poderá ser quase sempre removido sem o uso do apalpador.

Fase 1 – Teste e desbaste do alinhamento

As graduações da escala em primeiro lugar Observe as graduações no cabeçote (Fig. 4-105). Tan-

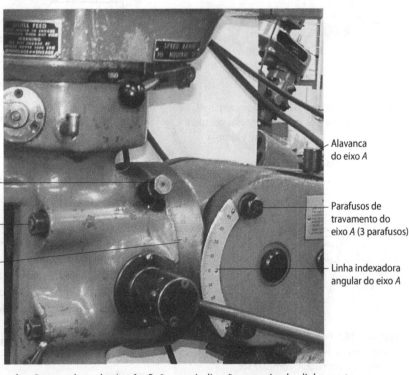

Figura 4-105 As graduações angulares do eixo A e B são uma indicação grosseira do alinhamento.

Eixo A   Eixo B

Figura 4-106 Equalizar o arraste nos papéis de calço contra os entalhes no cabeçote alinha grosseiramente os eixos A/B.

Fase 2 – Alinhamento do eixo A (da frente para trás)

Deixando os parafusos de trava apertados, utilize a rotação da frente para trás do apalpador do relógio comparador varrendo a mesa para determinar a perpendicularidade (Fig. 4-107). Seu objetivo será ajustar o cabeçote até o indicador ler zero para zero da frente para trás. Uma vez que o alinhamento do eixo A tenha sido completado, aperte o parafuso um pouco por vez e então verifique se o travamento afetou o posicionamento.

Há uma complexidade no alinhamento do eixo A. Observe, na Fig. 4-108, o apalpador rotacional na extremidade de um braço longo. Isso significa que, à medida que a inclinação da cabeça é ajustada, a varredura do apalpador executa um arco na extremidade do braço. Tanto a frente como a traseira da varredura movem-se na mesma direção. Esse fato faz uma diferença em como você ajustou o cabeçote em direção ao alinhamento.

Aqui está um exemplo para esclarecer isso. Na Fig. 4-109, o cabeçote não está perpendicular à mesa. Na posição 1, o apalpador mostra uma diferença de 0,020 pol. afastada da mesa, na frente. A partir daí, você pode deduzir que ele está inclinado para fora.

Então, com o apalpador na frente, abaixamos o eixo 0,020 pol. no mostrador. Mas, após fazermos isso (Fig. 4-110), ainda encontramos uma variação de 0,009 pol. da frente para trás. O ajustamento não traz o cabeçote ao alinhamento devido ao fato de o apalpador estar na extremidade do longo braço. Tanto a frente como a traseira desceram para perto da mesa com o primeiro ajustamento.

Ponto-chave:
A correção se torna a média da *quantidade tomada* comparada com a *quantidade alcançada* no mostrador do apalpador.

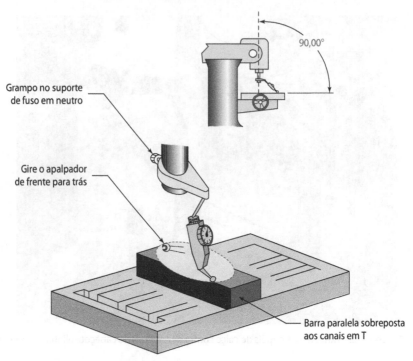

Figura 4-107 Primeiro, corrija o erro no eixo A.

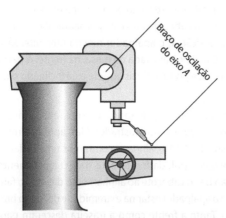

Figura 4-108 O apalpador está na extremidade de um braço longo.

A média é uma função do longo braço indicador do ponto de pivotamento do cabeçote ao contato na mesa do sensor. Essa distância muda de configuração para configuração dependendo da fixação do apalpador e da posição do suporte.

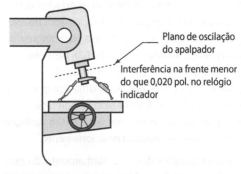

Figura 4-109 Posição 1 – Leitura no indicador de erro de 0,020 pol.

A média, neste exemplo, é ligeiramente maior do que a metade – na oscilação 0,20 pol. no apalpador, um erro de 0,011 pol., foi removido. Ao descobrir que, com o primeiro ajuste reposicionando a frente e o relógio abaixando digamos 0,017

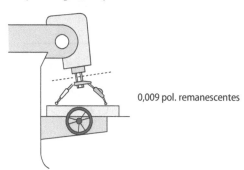

Figura 4-110 Posição 2 – Erro remanescente de 0,009 pol.

Figura 4-111 Primeiro, alinhe grosseiramente o eixo A, então o eixo B. Então, alinhe-os uma segunda vez e verifique o alinhamento após apertar os parafusos de trava.

pol., obtemos que é necessária a correção de 0,009 pol. A razão muda à medida que o sensor aproxima-se do paralelo, então, um ajuste final provavelmente será requerido, mas será uma pequena correção. Obtenha uma explicação e uma demonstração de seu instrutor. Isso é facilmente entendido quando você o faz, mas é difícil colocar em palavras.

> **Dica da área**
> **Utilize uma barra paralela retificada para suavizar as irregularidades da mesa** Quando estiver executando o alinhamento com relógio comparador do cabeçote universal, coloque uma grande barra paralela retificada na mesa para compensar as ranhuras em T e qualquer saliência que possa perturbar o sensor à medida que ele oscila. Uma pedra fina passando através da mesa irá remover protuberâncias, mas a agulha do relógio continuará entrando nas cavidades. Um paralelo na mesa resolve isso.

Fase 3 – Alinhamento do eixo B

O eixo B é mais fácil de alinhar do que o eixo A (Fig. 4-111). Isso também é acompanhado pela oscilação do apalpador em um círculo na mesa enquanto a leitura na mão direita é comparada com aquela à esquerda. O cabeçote é ajustado até essas leituras serem iguais, 0-0, mas, neste instante, não há mudança na média. Tudo que se deve fazer é determinar a diferença entre a esquerda e a direita e então ajustar na metade do valor necessário. Um lado sobe enquanto outro desce.

Barra de senos para ângulos Para ajuste de ângulos precisos nos eixos A e B, após o ajuste grosseiro do cabeçote usando as graduações nos eixos, use uma barra de seno e ajuste para 0,0 no mostrador do relógio apalpador (Fig. 4-112).

Posicionamento em ângulo preciso

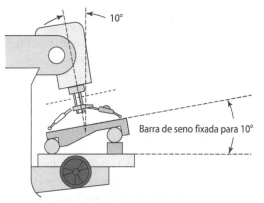

Figura 4-112 Use a barra de seno e um relógio comparador para ajustar ângulos precisos.

Localização da referência em uma fresadora

Para configurações de muitas fresadoras manuais e de todas as CNC, torna-se necessário localizar o fuso sobre um lugar único na peça:

- Uma intersecção de duas bordas
- Centralizado sobre um furo
- Na intersecção de linhas de traçado – localizadores de centro foram abordados no Capítulo 2.

Com o fuso localizado nesse ponto, as posições registradas (no relógio micrométrico ou mostrador) serão zeradas. Essa é a principal habilidade de configuração no CNC.

> **Ponto-chave:**
> O ponto de referência X-Y é denominado a **referência zero do programa (RZP)** nas configurações e programas CNC. Em máquinas manuais, denominamos **ponto de referência ou referência zero (RZ)**. Isso é simbolizado por um alvo "olho de boi".

Há três ferramentas usadas para posicionar o fuso da fresadora no RZ desejado.

Ferramenta	Repetibilidade
Localizador de bordas	0,003 a 0,001 (utilizando uma ponta comercial com lâmpada de iluminação a ser vista adiante)
Localizador de centros	0,005 a 0,003 (utilizando uma ponta comercial colinear mostrada no Capítulo 2, Unidade 4)
Relógio apalpador	0,0005 ou melhor

Localizador de bordas

Para este serviço (Fig. 4-113), iremos broquear cinco furos em uma peça que já está conformada. A tolerância de localização dos furos é aproximadamente 0,010 pol, então, um **localizador de**

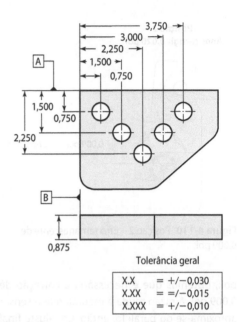

Figura 4-113 Necessitamos broquear esta peça para uma tolerância de posicionamento de 0,010 pol.

bordas é adequado. O RZ está na intersecção das referências A e B, o canto superior esquerdo. Uma vez posicionado o fuso da fresadora sobre aquele canto, iremos zerar ambos os relógios micrométricos (ou os mostradores X e Y) e então travar, por sua vez, cada uma das cinco posições e broquear os furos.

> **Ponto-chave:**
> Na Fig. 4-114, o RZ está na intersecção de duas referências primárias. A morsa foi relacionada com o eixo X da fresadora. A peça está posicionada na morsa com o elemento de referência A contra o mordente fixo da morsa.

Na Fig. 4-115, observe o símbolo de alvo no canto da peça. Este é o símbolo para o RZ ou RZP no documento de configuração. Iremos usar frequentemente nas partes seguintes deste livro como fazem programadores e outros na manufatura.

Utilização do localizador de bordas Esta pequena ferramenta manual torna a localização de

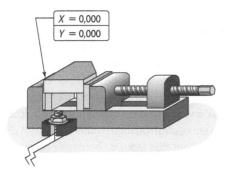

Figura 4-114 A intersecção das referências A e B se tornarão o RZ.

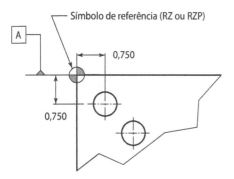

Figura 4-115 Símbolo usado para indicar RZ ou RZP no documento de configuração.

bordas um estalo (Fig. 4-116). Ela é a prioridade número 1 no seu plano de aquisições da caixa de ferramentas. Usaremos o sensor cilíndrico. Em teoria, qualquer objeto cilíndrico de diâmetro conhecido pode ser usado para localização de bordas, exceto pelo fato de que há sempre algum batimento e ele é mantido no fuso. Mas, devido à habilidade do sensor de flutuar na extremidade do corpo, ele centra no eixo do fuso independentemente do batimento do fuso.

Montado em uma pinça ou mandril de furação, ele rotaciona a não mais do que 200 ou 300 rpm. A mola pode ser esticada se a rotação é muito alta. O objetivo é iniciar com uma intensidade deliberada elevada de batimento, então, observando a oscilação, aproximar a borda com o apalpador tocando a peça até o batimento desaparecer.

Combinação dos localizadores de borda e de centro

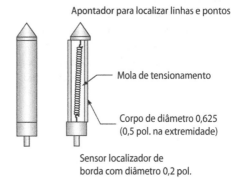

Figura 4-116 O localizador de bordas ajuda posicionar o eixo do fuso sobre a borda de uma peça com repetibilidade dentro de 0,003 pol.

O objetivo é parar o movimento do apalpador rotativo (de diâmetro de 0,200 pol.) em direção à peça no instante em que ele está perfeitamente tangente. Nessa posição, o eixo do fuso está 0,100 pol. da borda (metade do diâmetro do apalpador). Tudo que resta fazer é colocar o registro de posição em aproximadamente 0,100, dependendo de qual lado a borda do apalpador está relativamente à peça (Fig. 4-117), isso é para a esquerda – na direção menor comparada à borda.

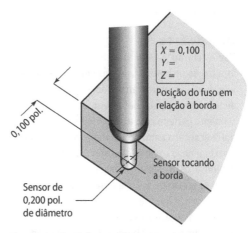

Figura 4-117 O fuso está a 0,100 pol. para a esquerda da borda da peça quando o sensor a toca.

Ponto-chave:
O raio do apalpador é 0,100 pol. Pela movimentação do eixo ajustado zero na Figura 4-117, o fuso deverá estar diretamente sobre a borda do eixo X e a folga será considerada. Ele está agora pronto para posicionar-se sobre a próxima localização do furo.

O posicionamento dos mostradores ou dos discos para representar a posição relativa do fuso a um RZ ou RZP é denominado **coordenação dos eixos**. Após coordenar o registro X, faça o mesmo para o registro Y para completar RZ.

Utilizando o localizador de bordas correta e incorretamente Um erro comum feito por operadores realizando a localização de bordas é olhar para o sensor do ajuste lateral, então assumindo que esta é a posição de tangente perfeita – e não é. Com a intenção de ajustar o sensor a tangenciar, o atrito deve estar presente e isso somente acontece se o localizador de borda estiver em contato pressionado contra a borda – o suficiente para um contato perfeito. Essa localização por pressão da sonda irá reproduzir confiabilidade na mesma posição todas as vezes, mas ela está abaixo do alinhamento perfeito por cerca de 0,001 a 0,002 pol. Isso pode ser usado para localização grosseira da borda, mas não produz os melhores resultados. Veja a Dica da área.

Utilizar um relógio apalpador para coordenar uma borda Esta é uma habilidade vital para coordenar pontos de referência quando as tolerâncias são mais finas do que o localizador de borda pode fornecer – abaixo de 0,001 pol. O objetivo é posicionar o relógio comparador na borda, então rotacioná-lo manualmente em um arco (com o fuso em neutro). Quando o número visto no disco está 0-0 nos dois lados da borda, o fuso está posicionado. Você necessitará segurar uma barra paralela retificada em um lado para esse teste, como mostra a Figura 4-118.

Como isso funciona? Com o indicador posicionado fora do eixo do fuso, oscile o fuso e o indicador em um arco enquanto você movimenta o eixo em direção à borda. Quando ele alcança a borda, a leitura do indicador irá aumentar até um ponto de máxima interferência (o ponto *nulo*) e então diminui novamente.

Retorne à posição nula e posicione o indicador em zero. Agora, puxe para liberar a borda, gire a 180°, e movimente o apalpador para o outro lado da borda. Leia a diferença desse valor nulo comparado ao zero. Determine pela leitura (mais ou menos a partir do zero) que o caminho do fuso é a partir da borda, então, mova meia diferença em direção ao alinhamento. Teste novamente, pois isso normalmente requer um segundo e eventualmente um terceiro ajuste.

Dica da área
Use o "clarão" Para aumentar a precisão de localização de bordas, use a luz vinda através da folga luminosa entre o apalpador e a peça em vez de tentar ver o apalpador assentado em tangenciamento perfeito com a peça. No instante anterior a alcançar a tangência perfeita, você verá um sinal luminoso como a folga abrindo e fechando devido à oscilação do apalpador. Lentamente, trave o eixo da mesa e observe o clarão. No momento em que ele parar, o apalpador estará tangente à peça. Para auxiliar esse efeito, prenda a peça com um papel branco atrás do apalpador para aumentar o sinal luminoso. Tente isso – funciona maravilhosamente e aumenta a precisão!

Localização de borda com um relógio comparador

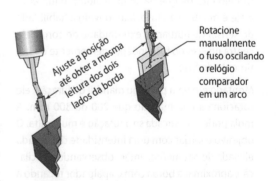

Figura 4-118 Localizando em uma borda usando um relógio comparador.

Conjunto oscilante Como mostrado na Figura 4-119, o **oscilador** e seus acessórios são usados em inúmeras tarefas de alinhamento e posicionamento. Você deve ter tanto um localizador de bordas como um oscilador em sua caixa de ferramentas. Marcando linhas, os osciladores não são tão precisos como os localizadores de centro porque eles não refletem a imagem da linha. O apontador é usado para localização visual.

Esquadrejando o corpo de uma peça usando o processo de referência

Esta é uma habilidade extrema para fresagem e outros inícios frequentes de um plano de trabalho. Nós esquadrejaremos o corpo de um gabarito de furação para as dimensões do desenho. Os quatro passos são mostrados a seguir, mas nem tudo é explicado. Perguntas serão feitas no final baseado no que você vir nos desenhos. O objetivo é fresar um retângulo de 3,000 × 5,000 pol. com cantos de 90°.

Iniciaremos com um sobremetal de 0,100 pol. nas quatro bordas. O ajuste inclui uma morsa alinhada com eixo X da máquina com uma fresa de topo de $\frac{1}{2}$ pol. em uma pinça. *Dica*: Observe a borda de referência A, na medida em que ela progride através das operações.

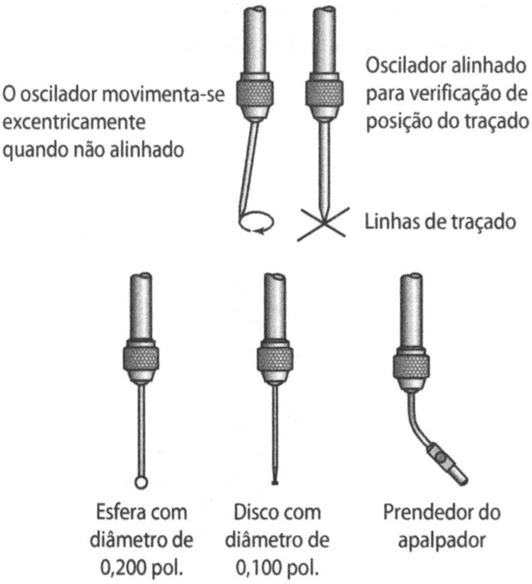

> **Ponto-chave:**
> O único modo de esse procedimento produzir resultados precisos é limpar os cavacos e remover rebarbas entre cada operação!

Passo 1 Criação da borda de referência

Baseado nas prioridades do desenho, inicie com a borda da peça mais importante, mais longa ou mais exequível. Nesse caso, a borda longa é também a referência A no desenho (Fig. 4-120), mas isso pode não ser sempre a situação. Pode ser necessário criar uma superfície intermediária no trajeto para fazer o elemento de referência A.

Passo 2 Usine a borda paralela oposta e para a dimensão

Invertendo a peça na morsa e testando para ver se o elemento de referência A está totalmente assentado no piso da morsa, corte a borda paralela oposta à referência A. Faça um pequeno corte de teste e meça o resultado. Coordene a posição do eixo Z

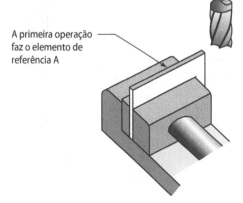

Figura 4-119 O conjunto do oscilador é usado de forma similar ao localizador de arestas em lugar de colocar um fuso sobre um RZ.

Figura 4-120 Usinagem da referência A – Limpeza mínima para produzir uma superfície limpa livre de marcas de usinagem.

(leitura em um disco micrométrico) para a sua medição, então faça passes de desbaste, verifique novamente e faça o passe de acabamento de acordo com a leitura coordenada.

> **Ponto-chave:**
> Não despreze o disco de coordenação micrométrico, ele auxilia e aumenta a precisão. Note que uma pequena parte da peça estava protuberante à esquerda da morsa para facilitar a medição nela (Fig. 4-121).

Após a coordenação ser feita enquanto o suporte permanecer travado na posição, cortes subsequentes de faceamento, degraus e bolsões com a fresa de topo produzirão a mesma profundidade no eixo Z relativa à referência no apoio da morsa.

Passo 3 Usine um canto esquadrejado

Posicione a peça na morsa sobre barras paralelas. Usine um lado para limpeza usando o eixo Y desta vez. *Observe que a borda de referência A está posicionada contra o mordente fixo da morsa* (Fig. 4-122).

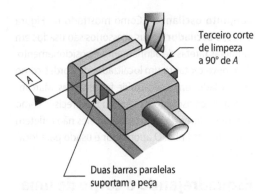

Figura 4-122 Note que a borda de referência original A está contra o mordente fixo da morsa.

Passo 4 Usine a borda final no tamanho

Deslize a peça de modo que a outra extremidade fique protuberante para fora da morsa, mas mantenha a borda de referência A contra o mordente fixo da morsa. Agora, usine a extremidade final no tamanho (Fig. 4-123). Há dois modos possíveis de fazer a borda final. Pode ser realizado com a peça colocada para cima e a referência A no piso da morsa, como no Passo 2 ou a peça pode ser deslizada mantendo a borda de referência A contra a morsa e cortando a peça exatamente como no Passo 3, com o cortador do mesmo lado da morsa.

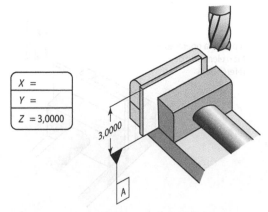

Figura 4-121 Usine a borda oposta no tamanho. Meça o resultado na peça protuberante em relação à morsa.

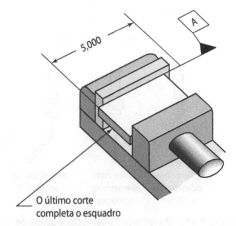

Figura 4-123 Usinagem da borda final no tamanho, esquadrejado em relação a A.

Indicação de um furo para localização do ponto de referência

Algumas vezes, o RZ é o eixo de um furo em vez da intersecção de bordas. Frequentemente, um dispositivo de fresadora CNC possui um furo precisamente alargado que representa a referência zero do programa para o dispositivo. Tanto o eixo X como o Y devem ser coordenados sobre esse furo. Use um indicador no fuso da fresadora para essa habilidade de configuração.

Indicadores verticais

Para posicionar sobre um furo, use um indicador, como mostrado na Figura 4-124. Embora um relógio comparador de uso diário possa ser usado nessa tarefa, há dois indicadores feitos para essa tarefa de posicionamento por cima: um **conjunto indicador de furo** tem o disco mostrado para cima quando o sensor está vertical. Eles são também denominados *indicadores verticais*. Eles aceleram essa operação mostrando suas faces do disco de modo que sejam facilmente lidos sem paralaxe.

Conjunto indicador de furo Com o fuso em neutro, rotacione manualmente o indicador enquanto ajusta a posição do furo até a leitura 0-0 ocorrer na direção dos eixos X e Y. Um conjunto indicador de furo (ou broca de lança) será a segunda prioridade na sua caixa de ferramentas. Você pode seguir adiante sem eles, ainda que eles sejam muito úteis para tê-los quando posicionados em relação a furos.

Indicadores coaxiais Um **indicador coaxial** também é projetado para essa tarefa. Seu mostrador também apresenta faces para cima, mas, nesse instante, a máquina rotaciona o sensor automaticamente por volta de 100 rpm ou mais, mas o disco permanece estacionário mantendo-o preso com a mão.

Primeiro, a posição X do fuso é mostrada mantendo a mão paralela à posição X. Com essa orientação, as oscilações da agulha representam o desalinhamento em X. Ajustando a posição do fuso relativamente ao furo enquanto observa a diminuição das oscilações até nenhum movimento no mostrador manual ser detectado – ele está no centro para X. Então, o indicador manual é rotacionado paralelo à posição Y e a tarefa se repete. Isso toma apenas segundos, esses indicadores são mecanismos precisos e complexos e cada um é relativamente caro, são normalmente de propriedade da oficina.

Configurações de morsas especializadas

Trabalhos em morsa podem ser muito criativos. A parte divertida desse desafio é achar e posicionar a combinação certa de ferramentas de fixação para manter uma peça complexa estável, repetível, segura e com o relacionamento correto com o referencial. Aqui estão algumas dicas de como proceder – mas há literalmente um número infinito de ideias aguardando serem descobertas.

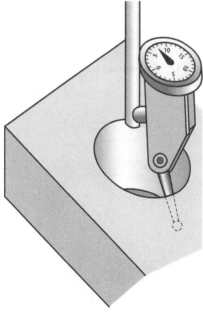

Figura 4-124 Localização sobre um furo usando um relógio apalpador (vertical) DTI.

Mordentes macios para morsas Frequentemente nas fresadoras CNC e ocasionalmente em fresadoras manuais, torna-se necessário fresar formas especiais em mordentes de sacrifício em alumínio (ou aço). Os blocos são montados na morsa, então são cortados para ajuste com uma ou mais partes de forma estranha (Figs. 4-125 e 4-126). Observe que, na Figura 4-126, os mordentes nessa morsa de fixação podem ser rotacionados para acomodar partes cilíndricas.

Batentes finais de morsa Algumas vezes, é necessário carregar uma série de peças na morsa, com cada uma parando na mesma posição relativa ao referencial. O referencial a A está em frente do mordente fixo, enquanto o referencial B toca o batente. Se a morsa não está equipada com esses tipos de batentes (Fig. 4-127), então um batente pode ser parafusado diretamente à mesa.

Morsas compostas com rotação e inclinação As possibilidades são ilimitadas, a Fig. 4-128 mostra apenas uma de muitas. Consideramos esses tipos de desafio menos como trabalho e mais como diversão.

Resposta da questão de corte – Por que aumentar a vida da ferramenta com engajamento radial de 66%?

A resposta é dividida em duas partes: calor do cavaco e ângulo de entrada da aresta de corte. Para

Figura 4-127 Esta morsa é configurada com batentes rotativos.

Figura 4-125 Os mordentes duros são removidos.

Figura 4-126 Dois exemplos de mordentes conformados para morsa.

Figura 4-128 Um exemplo das infinitas possibilidades.

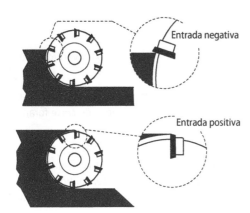

Figura 4-129 Compare os ângulos de entrada dos dentes.

resolver isso, precisamos fazer duas outras perguntas: Estude as duas vistas amplificadas de um dente entrando, e decida qual é o melhor método de ajustar o corte de uma fresa frontal, entrada positiva ou negativa (Fig. 4-129). *Dica*: Lembre-se que a formação do cavaco tem duas fases.

Próxima pista: o cortador com entrada positiva começa a cortar primeiro. Então, à medida que o cortador avança, o cavaco engrossa e o deslizamento inicia. No cortador de entrada negativa, o deslizamento inicia antes do corte.

Contrariamente à lógica inicial, a entrada do dente negativa é melhor. Por quê? Primeiro, parecia que a superfície contatando a peça antes de a aresta poder cortar poderia quebrar o dente especialmente se fosse de carboneto frágil. Mas, na verdade, há uma pressão ligeiramente maior com o início de deslizamento do que para qualquer deslizamento em qualquer tempo do corte (justamente um pouco mais até o escoamento plástico iniciar, mas quase instantaneamente). De fato, a força de avanço recomendada por dente é escolhida de modo que o deslizamento não quebre o dente. Por outro lado, a entrada positiva contata a delicada aresta de corte afiada primeiro, o que tende a lascar a aresta e ela se desgasta até um deslizamento suficiente iniciar um movimento da zona adjacente sobre a superfície da ferramenta. O calor aumenta rapidamente, mas o cavaco não pode conduzi-lo na me-

dida em que ele está ultrafino no início do corte na sua extremidade.

> **Ponto-chave:**
> Por mais estranho que possa parecer no início, as ferramentas de corte duram mais se uma entrada negativa é usada.

Revisão da Unidade 4-5

Revise os termos-chave

Avanço por dente APD (Carga de cavacos)
Quantidade recomendada de avanço que um dente pode suportar por rotação.

Conjunto indicador de furo
Relógio comparador com orientação vertical cujo mostrador é visível quando o sensor está em uma borda ou dentro de um furo.

Coordenação dos eixos
Posicionamento do fuso ou cortador em uma relação exata com a peça ou acessórios de fixação, então ajustando os registros dos eixos (mostrador ou leitores digitais) para zero. Cria o RZ ou RZP.

Indicador coaxial
Relógio comparador de orientação vertical para localização do eixo de um furo pela rotação de sua sonda enquanto a face do mostrador permanece estacionária.

Localizador de borda
Ferramenta de alinhamento que oscila até entrar em contato tangenciando uma superfície, neste momento, a linha de centro do fuso está exatamente a 0,100 pol. da borda.

Oscilador
Ferramenta de localização de borda e de centro que também inclui um suporte articulado indicador.

Referência zero (RZ)
Ponto de partida de referência na peça onde os mostradores em registros axiais estão posi-

cionados para ler zero. Todos os cortes subsequentes serão feitos com a referência dimensional ao RZ.

Referência zero para o programa (RZP)
Ponto de partida de referência para um programa que deve ser coordenado na peça ou ferramental quando os registros axiais estão posicionados para ler zero.

Reveja os pontos-chave

- A fresagem concordante é um processo melhor que a fresagem discordante, produzindo um acabamento fino e longa vida útil da ferramenta, mas ele também produz uma multiplicação de forças que deve ser prevista.
- Durante o corte periférico, com fresagem discordante, a aresta fricciona por uma pequena distância até gerar pressão suficiente para penetrar.
- Sempre referencie o mordente fixo da morsa, nunca o mordente móvel.
- Evite arremessar seu indicador através da oficina, coloque o fuso em neutro.
- Quase todas as partes são carregadas em uma fresadora com o elemento de referência A contra o mordente fixo da morsa.

Responda
Responda os itens a seguir para verificar seu entendimento sobre fresagem.

1. No exercício de esquadrejamento desta unidade, quais dois tipos de corte foram usados?
2. Quando o corte periférico estiver sendo executado nas extremidades (Fig. 4-122), qual eixo travado deve ser contido durante o corte concordante, mas pronto para mover?
3. Descreva duas vantagens da fresagem concordante em relação à discordante. Explique.
4. Verdadeiro ou falso? Coordenar a fresadora (ou torno) requer posicionamento dos eixos ao RZ para então testar a distância entre a peça e a ferramenta de corte. Se esta afirmativa é falsa, o que a torna verdadeira?
5. Calcule a velocidade de avanço para as seguintes condições:
   Cortar alumínio com fresa de topo de AR, dois canais e diâmetro de 0,75 pol.
   APD recomendado = 0,007 pol.
   V_c recomendada = 400 ppm

REVISÃO DO CAPÍTULO

Unidade 4-1

O foco desta unidade era primeiramente identificar e então aprender a natureza das operações básicas da fresagem. Essas são habilidades críticas que você provavelmente estará praticando nas fresadoras operadas manualmente. Ao fazer isso, você estará mais seguro e será mais eficiente no aprendizado em fresadoras CNC. Mas há também uma boa chance de você precisar recorrer a fresadoras manuais durante seu primeiro teste laboratorial ou seu primeiro emprego. Isso porque outro tema na Unidade 4-1 foi o fato de a fresagem dominar a oficina no mundo moderno.

Unidade 4-2

Aprendemos como o sistema de eixos ortogonais se encaixa e como esses eixos se relacionam a todas as outras máquinas – mundialmente. Discutiremos muito sobre eixos antes de alcançar o fim deste livro. Também exploramos a flexibilidade do envelope de trabalho e que a fresadora aríete e torre (Bridgeport) têm uma gama muito grande de configurações e capacidades que as tornam únicas para a oficina. Vimos também que, apesar de mais fresadoras operadas manualmente terem sido relegadas para funções de apoio e ferramentarias, elas nunca serão destinadas para a sucata por tecnologias avançadas.

Unidade 4-3

Preparar uma fresa significa fazer muitas escolhas. Uma das mais básicas é qual fresa usar e como montá-la na máquina. A ferramenta certa pode fazer toda a diferença em qualidade, produtividade e vida da ferramenta. Usar a rotação mais próxima ao ótimo é outro aspecto de uma boa configuração, mas foi estabelecido que há uma faixa de velocidades para execução do trabalho.

Unidade 4-4

Por que não aprender a partir dos erros dos outros? Isso previne-nos de passar vergonha. Essa unidade apresentou uma compilação dos problemas mais frequentes que nós, instrutores, vemos todo semestre. Aumentar o seu nível de consciência sobre eles não foi nosso principal objetivo, nossa meta foi ensinar as soluções. Isso deveria lhe iniciar no caminho para ser capaz de passar por uma configuração e saber ou não se é sólido como pedra. Sem exageros, posso virar de costas para a oficina e saber quando as coisas estão certas ou erradas na maioria das máquinas apenas pelo som! Suspeito que a maioria dos instrutores diria a mesma coisa.

Unidade 4-5

Esse é um dos meus assuntos favoritos para ensinar. Cada nova peça traz um conjunto de quebra-cabeças para resolver. Como prender a peça? Qual corte realizar primeiro? Qual é a maneira mais eficiente e segura de planejar um trabalho? Qual ferramenta seria a melhor? Cada elemento único pode ser planejado e configurado em pelo menos 50 maneiras diferentes – cada uma oferecendo vantagens e desvantagens. Após ponderar mais algumas dúzias de habilidades, o comitê e eu sentimos que essas foram as essenciais. Elas são as primeiras de que você precisará para máquinas manuais, mas que se transferem para a CNC.

Questões e problemas

1. Há duas maneiras de mergulhar. Nomeie-as e descreva-as. Qual é o melhor processo de entrada?
2. As ranhuras em T da mesa são usados para dois propósitos – identifique-os e liste os itens que são usados nos vãos.
3. Que componente horizontal e vertical da fresadora é preso no encaixe da coluna?
4. A taxa de avanço para fresadoras é expressa em polegadas por minuto. Essa afirmação é verdadeira ou falsa? Se falsa, o que a tornaria verdadeira?
5. Ferramentas, pinças e mandris de fresadoras são presos ao eixo com quais dois dispositivos trabalhando juntos?
6. Embora haja outros usados na indústria, nomeie os dois suportes cônicos comuns em fresadoras mostrados na Fig. 4-130.
7. Descreva quatro práticas de aperto de mesa necessárias. Seja completo.
8. Qual é a faixa normal da taxa de avanço para um operador aprendiz?
9. Quando um bolsão é fresado dentro da base de outro bolsão, é chamado de bolsão normal. Essa afirmação é verdadeira ou falsa? Se for falsa, o que a tornaria verdadeira?
10. Descreva brevemente as vantagens da *fresa-gem concordante*.
11. O que é perigoso na fresagem concordante?
12. Em um pedaço de papel, faça um esboço da fresagem discordante e da concordante. Tenha o cuidado de incluir a natureza da formação do cavaco.
13. Quando a fresagem discordante é aceitável e quando é necessária?
14. Calcule a velocidade e as taxas de avanço para o seguinte trabalho.
    Use o manual de construção de máquinas para a taxa de avanço e o Apêndice IV para a rotação
    Usinando Alumínio fundido – como fundido
    Usando uma fresa de topo com $\frac{3}{4}$ pol. de diâmetro com quatro dentes.
    A profundidade de corte é 0,250 pol.
15. Identifique as ferramentas e os suportes usados nas fresadoras, como mostrado na Fig. 4-131.

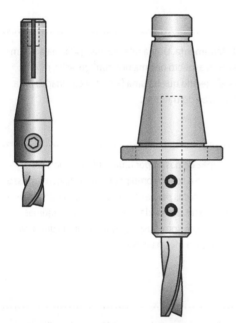

Figura 4-130 Identifique estes dois suportes cônicos comuns em fresadoras.

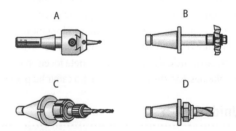

Figura 4-131 Identifique estas ferramentas e suportes.

Questões de pensamento crítico

16. Veja a Fig. 4-132. Você precisa usinar 8, espaçadores de alumínio de espessura $\frac{1}{4}$ pol. para 4,000 pol., removendo 0,070 pol. em apenas um lado. Você descobriu que eles encaixam na morsa da fresa do modo (A) ou (B), no entanto, de um modo é seguro, do outro é perigoso. Explique.
17. Descreva como você pode usar uma fresa de topo para localizar um fuso sobre a borda de um objeto. Ao fazê-lo, qual será o maior desafio em questão de precisão? Como um localizador de borda sobrepõe esse problema?
18. O que você faria para alinhar um eixo sobre um furo que não está circulando? Há duas maneiras. Descreva cada uma delas e o resultado geométrico de cada uma. É uma pegadinha.

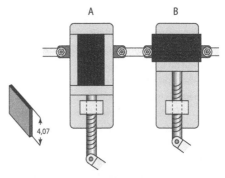

Figura 4-132 Qual montagem na morsa é adequada? Qual não é?

Perguntas de CNC

19. Na Fig. 4-133, identifique os eixos X, Y e Z.
20. Como é possível para uma fresadora CNC fazer uma rampa em espiral? Descreva os movimentos dos eixos.

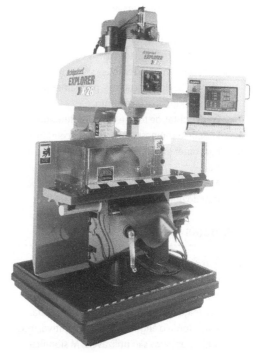

Figura 4-133 Identifique os três eixos lineares na fresadora vertical CNC.

RESPOSTAS DO CAPÍTULO

Respostas 4-1

1. Faceamento, corte periférico, fresagem de bolsões, fresagem de degrau e cortes angulares (dependendo da configuração ou do cortador retificado na forma); corte radial usando uma fresa de topo modificada.
2. Falso. Cortadores devem ser liberados para mergulhar e não abrigados.
3. a. Fresa tipo bull nose (fresa de topo de lados radiais) – forma cantos curvos internos enquanto corta degraus e bolsões.
   b. Cortador flutuante – grandes superfícies planas, usinagem leve. Pode ser usado para perfilar usando barra conformada.
   c. Fresa de quatro canais – faceamento, perfilamento, degrau, mas normalmente não mergulha, a não ser quando especificamente afiada para isso.
   d. Fresa de facear – corta grandes áreas planas; usinagem pesada.
   e. Fresa para cantos curvos – forma raios nos cantos externos.
   f. Fresa de dois canais – perfilamento, mergulho e facemento.
4. Fresa frontal, de topo e cortador flutuante.
5. Fresagem composta (ou fresagem combinada).
6. Para obter melhor precisão na localização do furo.
7. Mergulho é furação direta em um único eixo usando uma fresa de topo. Rampeamento é um movimento multieixo que cria uma entrada cônica que permite a saída do cavaco e a entrada do refrigerante.
8. Indexação ou espaçamento (ambos os termos) – o padrão é normalmente denominado um círculo de parafuso.
9. A posição de referência tem que ser zerada no leitor do micrômetro e/ou posicionador digital.
10. A barra de mandrilamento usina o furo na posição exata do eixo. O alargamento pode criar um cilindro de qualquer tamanho, a furação ou o escareamento, não.
11. a. Ângulo – com uma fresa frontal ou uma fresa de topo – incline a peça ou incline o cortador.
    b. Bolsão com fresa de topo de $\frac{1}{2}$ pol. de diâmetro – mergulhe até a profundidade.
    c. Raio no canto externo (não um filete) – utilização de fresa de topo ou cortador flutuante retificados na forma.
    d. Canal – fresa tipo bull nose para cortar no lado próximo e fresa de topo no esquadro do outro lado ou uma fresa disco com raio afiado do lado esquerdo e sem raio no direito.

Respostas 4-3

1. Isso denota o tamanho do círculo inscrito em $\frac{1}{8}$ de uma polegada.
2. TNMG-432: T significa triangular; N significa folga neutra 0°, insira calços para criar folga, torna o ângulo de saída negativo, mas ambos os lados são utilizáveis; M significa repetibilidade moderada; G significa um furo direto com arestas de cortes dos dois lados; 4 indica círculo inscrito de $\frac{4}{8} = \frac{1}{2}$ pol.; 3 indica espessura de $\frac{3}{16}$ pol.; 2 significa raio do canto de $\frac{1}{32}$ pol.
3. DPMH-631: D significa diamante de 55°; P significa alívio de 11°; M indica tolerância ou repetibilidade de 0,002 a 0,004 pol.; H significa furo escareado, canal para cavaco em um lado apenas; 6 significa $\frac{3}{4}$ pol. IC ($\frac{6}{8}$); 3 significa espessura de $\frac{3}{16}$ pol.; 1 indica raio do canto de $\frac{1}{64}$ pol.

4. Vc = 300, rotação = 300 rpm.
5. Vc = 250, rotação = 4000 rpm (não disponível em muitas fresadoras).
6. Vc = 200, rotação = 800 rpm.
7. Seleção de transmissão, polia escalonada e variador de velocidade.

Respostas 4-4

1. Parafuso mais próximo da peça do que do apoio – aplica pressão na peça e não no apoio; inclinação suave para o grampo; apoio ligeiramente mais alto do que a peça; calço sob o grampo para proteger a peça; porca T e arruela lisa.
2. Para evitar usinar a mesa de usinagem; uma arruela e um calço de proteção estão faltando.
3. Posicionar barras *paralelas* sob ambas as bordas e usar um bloco sólido, geralmente chamado de *bloco de preenchimento*, entre as duas saliências (Fig. 4-134). Isso distribui a força sem danificar a peça.
4. *Bom*, isso alonga o cavaco, portanto, reduz o batimento; *Ruim*, isso transfere algumas das forças de usinagem do mordente fixo para a lateral em vez de diretamente contra o mordente fixo da morsa.
5. *Cortador carregado*, use refrigerante e/ou diminua a rotação; *cortador embotado*, óbvio; *taxa de avanço excessiva*, óbvio; *cortador muito grande*, óbvio; *peça deslocada na configuração*, cheque e revise; *fresagem concordante sem um freio ou os outros eixos não foram travados*, veja Unidade 4-5 para a solução.
6. Usinagem concordante faz um acabamento melhor, como você verá em breve, mas vai também empurrar a peça de forma agressiva, a qual pode sair de controle. Trave todos os eixos não usados e ajuste uma trava ou um compensador de folga no eixo móvel.

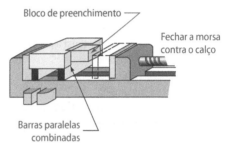

Figura 4-134 Essa peça de forma estranha pode ser usinada posicionando barras paralelas embaixo do objeto para livrar a broca, então usando um bloco de preenchimento para empurrá-la contra o mordente fixo da morsa.

Respostas 4-5

1. *Faceamento*, para plano de referência A e aresta oposta, *corte periférico*, para ambos os extremos, provavelmente concordante, mas a discordante poderia funcionar.
2. Acomode o eixo Y se o corte é concordante para parar o autoavanço (X e Z e o fuso são travados completamente).
3. Fresagem concordante produz um acabamento melhor devido à aresta de corte cortar para fora um cavaco fino conforme sai do metal. Dá vida maior à ferramenta devido à não fricção da aresta de corte.
4. Falso. Movemos o cortador ou o fuso para uma posição conhecida relativamente à peça (a intersecção de duas bordas ou o eixo do furo) e então ajustamos a posição para zero.
5. 2,133 rpm (fórmula curta) 0,007 x 2 x 2.133 = 29,86 ppm.

Respostas para as questões de revisão

1. *Mergulho direto*, furar diretamente; *mergulho em rampa*, furado enquanto move para os lados, cria um espaço interno no qual o refrigerante entra e o cavaco sai.

2. Para segurar nas porcas T para prender e para alinhamento dos acessórios e peça usando blocos espaçadores e chavetas de morsa.
3. Consolo.
4. Verdadeiro.
5. Uma barra de tração puxando o cone para dentro do furo do eixo.
6. Um cone 8-R na esquerda e um no padrão ISO (padrão americano) para fresadora na direita.
7. a. O parafuso deve estar tão próximo quanto possível do objeto a ser preso, não do bloco de apoio.
   b. Posicionar um calço leve abaixo da extremidade do grampo para proteger a peça.
   c. Nunca tenha a traseira do grampo abaixo da frente – isso posiciona toda a pressão do grampo na borda da peça, causando danos, tendendo a inclinar a peça e tornando-a instável.
   d. Sempre use uma arruela forte entre a porca e o grampo.
8. Abaixo de 1,0 ppm até cerca de 20 ppm (enquanto se está aprendendo).
9. Falso – um bolsão alojado.
10. Fresagem concordante produz um acabamento melhor por causa da forma que o dente corta o cavaco do metal – de dentro para fora. A fresagem concordante também resulta em maior vida útil da ferramenta.
11. A fresagem concordante pode autoavançar devido à concordância entre a força de corte e a direção de avanço.
12. Compare seu esboço com a Fig. 4-92.
13. O corte discordante é aceitável ao reduzir metal leve como alumínio. É necessário quando o trabalho tem uma crosta dura e um interior macio ou quando a configuração não é rígida o suficiente para suportar as forças da fresagem concordante.
14. Usando a fórmula curta de rotação e um avanço por dente de 0,004 pol.

$$\text{rotação} = \frac{250 \times 4}{0,75} = 1{,}333 \text{ rpm}$$

Taxa de avanço 0,004 x 4 x 1,333 = 21,3 ppm (avanço moderadamente rápido).

15. a. Cone R-8 com cabeçote plano micrométrico.
    b. Suporte árvore cônico padrão para fresas com fresa de disco.
    c. Suporte de troca rápida de ferramentas, mandril e broca.
    d. Suporte tipo pinça para fresa de topo com cone padrão.
16. A Morsa B é segura, cada peça está sendo apertada com uma quantidade igual de pressão. A Morsa A vai apenas aplicar pressão em uma ou duas peças maiores. O resto pode não estar preso, a não ser que eles sejam todos perfeitamente do mesmo tamanho – uma impossibilidade.
17. Apenas trazendo a fresa de topo para a borda até que esteja tangente. Essa posição é a distância radial da borda. Note, isso é conhecido como tocar no trabalho de alinhamento no CNC. O problema é o batimento do suporte e da fresa de topo. O localizador de bordas trabalha independente do batimento da ferramenta.
18. Há dois. O método fácil é colocar um pino de teste no furo que apenas desliza para dentro então contabilizando as irregularidades do furo. Assim, indique o pino, não o furo. Isso posicionará seu fuso sobre o maior espaço cilíndrico disponível.
    O outro método é indicar o furo balanceando irregularidades da mesma forma que se indica a falta de cilindricidade de um objeto em um mandril de quatro castanhas no torno. Isso poria seu fuso sobre o volume médio de espaço, o qual pode muito bem ser uma posição diferente da do pino (Fig. 4-135). Na Fig. 4-134, o furo tem um ponto plano na direita e um bulbo na esquerda. Você pode ver que, balanceando as leituras no RC, é possível posicionar o eixo para a esquerda (linha de centro vermelha) da localização na qual o maior pino seria posicionado (linha de centro azul).

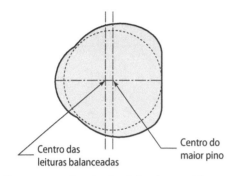

Figura 4-135 Os métodos de localização diferentes acarretam resultados geometricamente diferentes.

19. X para a direita e esquerda; Y dentro e fora; Z para cima e para baixo.

20. O computador move X e Y simultaneamente em um círculo enquanto move Z diretamente para baixo. Aprenderemos que um círculo simultâneo X-Y é chamado *interpolação circular*.

» capítulo 5

Operações de retificação de precisão e retificadoras

Objetivos deste capítulo

» Ler os rótulos industriais padrões do rebolo
» Identificar cinco características diferentes do rebolo e seus efeitos sobre o seu desempenho
» Selecionar o abrasivo correto para trabalhos em geral
» Selecionar o aglomerante certo para o trabalho
» Selecionar a estrutura correta do rebolo
» Selecionar o tamanho do grão certo para o trabalho
» Solucionar problemas de uma preparação com desempenho insatisfatório
» Configurar e operar esmerilhadoras
» Configurar e operar retificadoras planas automáticas
» Dressar, balancear e montar rebolos
» Configurar corretamente as bases magnéticas
» Retificar uma placa plana e paralela
» Fazer configurações que mantenham o trabalho com segurança em uma retificadora
» Balancear, montar e dressar o rebolo de uma retificadora
» Fazer a preparação e operação de uma retificadora
» Desenvolver um registro visual para reconhecer e descrever as retificadoras industriais como retificadora de perfis, retificadora ferramenteira, retificação cilíndrica, brunidora, retificadora com mesa rotativa, retificadora de engrenagens e roscas

Introdução

Retificação de precisão é uma operação que acontece geralmente após um torneamento, furação e fresagem. Essa operação melhora o acabamento superficial e a exatidão e, além disso, dá forma ao metal que foi endurecido além da capacidade padrão das ferramentas de corte padrão. A retificação produz acabamentos tão bons como 16 µpol com tolerâncias repetidas perto de 0,0001 pol. (0,003 mm). No entanto, dada a experiência e qualidade do operador, é posssível resultados bem mais precisos (Fig. 5-1).

Remover do metal com o rebolo parece diferente de usinar um metal, por isso, é chamado de processo abrasivo. Do latim, o radical *abrade* significa arranhar ou desgastar, não cortar. O material *particulado* produzido pela retificação não se parece em nada com cavaco. É um pó ou pasta, caso seja usado um fluido refrigerante.

Examinadas de perto, entretanto, as partículas de resíduos revelam cavacos microscópicos, juntamente com uma pequena quantidade de grãos abrasivos e aglomerantes arrancados do rebolo. Antes de esses grãos se desprenderem, eles eram realmente ferramentas de corte pequenas, cada uma com sua aresta afiada, fazendo um cavaco por revolução ao passar muito rápido pela superfície de trabalho. Isso significa que a física da formação do cavaco aplica-se aqui também. Por exemplo, cada grão é ferramenta de geometria negativa produzindo o aquecimento e atrito interno e externo usuais. Nesse caso, porém, o calor é tão intenso que os cavacos, ao serem expelidos do rebolo, entram em contato com oxigênio, oxidam e inflamam, resultando em faíscas (Fig. 5-2).

A peça também aquece. A solução é familiar: adicionar fluido refrigerante e escolher corretamente o rebolo para a tarefa. Parar para afiar o rebolo antes que perca o corte é outra forma de controlar o aquecimento. Assim, no trabalho de retificação, fluidos refrigerantes executam os mesmos serviços de antifricção e de condução de calor, como em outros processos de usinagem. Mas, na retificação, eles também lubrificam o cavaco arremessado para fora do rebolo.

Diferentemente da furação, torneamento e fresagem, a retificação não é realizada em uma única máquina. Todo processo de usinagem tem sua máquina especializada que retifica. Por exemplo, retificadoras cilíndricas assumem algumas das capacidades da morsa mecânica, produzindo superfícies redondas internas e externas, cones e formas arredondadas. Nas versões manuais, porém, não se pode fazer roscas, de modo que a retificadora de rosca assume essa tarefa. Por outro lado, retificadoras cilíndricas CNC podem fazer roscas. Brunidoras ou fresadoras verticais, juntamente com acessórios de brunimento, são utilizadas para localizar precisamente e realizar o acabamento quase perfeito dos furos. Usam rebolos de pequeno diâmetro montados em mandris de aço. Devido aos seus pequenos diâmetros, os rebolos são acionados por

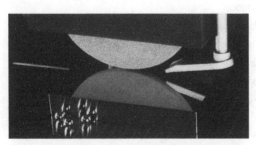

Figura 5-1 Acabamentos espelhados requerem eixos-árvore livres de vibração, o rebolo de corte correto (Unidade 5-1), balanceado e dressado adequadamente (5-3) e bem preparado (5-4).

Figura 5-2 Este jato de fagulhas representa microcavacos com temperaturas de 2500 °F e reagindo com oxigênio em temperatura ambiente.

turbinas de ar girando a incríveis 80.000 a 150.000 rpm ou mais!

Antigamente, antes do computador, as retificadoras eram manuais, mas atualmente todas as retificadoras são programáveis. Retificadoras ferramenteiras e retificadoras de engrenagens estão liderando a corrida, mas máquinas CNC cilíndricas de alta velocidade estão agora em serviço, com passadas de corte em desbaste como um torno mecânico, dressam o seu rebolo e em seguida fazem cortes finais em rebaixos, cones e contornos. As manuais, em contrapartida, demandam preparações demoradas quando se passa de uma operação para outra, mas isso não acontece nas versões computadorizadas (Fig. 5-3).

Estamos aqui não para aprender a operar essas máquinas, mas sim para compreender como um rebolo remove o metal e, então, praticar operações sólidas em uma retificadora de superfície.

>> Unidade 5-1

>> Seleção do rebolo certo para o trabalho

Introdução Assim como mudar de ferramenta de corte para conseguir um resultado diferente, rebolos diferentes possuem variação na taxa de remoção, no acabamento e na sua vida. Além dos rebolos de bancada simples (esmeris) que discutimos anteriormente, há uma série de variações nos abrasivos, na maneira como eles são mantidos juntos e como os grãos abrasivos e aglomerantes são estruturados no rebolo.

Adição de controle CNC A seleção do rebolo é um exemplo de como CNC mudou nossa forma de planejar e preparar peças. Trabalhando em um equipamento operado manualmente, a dressagem do rebolo rouba o tempo de produção para parar e redressar o rebolo. Essa ação, porém, é necessária para manter a precisão e a eficiência. Isso ocorre especialmente na retificação de perfis, em que o rebolo é moldado como uma contraparte do contorno desejado (Figs. 5-4 e 5-5). Mas, dependendo do processo escolhido, o dressamento do rebolo pode ser quase tão longo quanto a retificação em si!

Assim, para obter uma boa eficiência da retificadora manual, o rebolo selecionado deve manter sua forma durante o maior tempo possível. Entretanto, na escolha de um rebolo duro para manter

Figura 5-3 Esta retificadora cilíndrica de terceira geração é uma máquina verdadeiramente de alta velocidade. Usando abrasivos avançados e comando CNC, ela pode tornear em desbaste, facear e fazer contornos acabados, como também reafiar seu próprio rebolo, tudo isso a taxas de remoção nunca vistas no passado.

Figura 5-4 A proteção do disco foi removida para mostrar uma forma típica na operação de retificação usando um disco em forma.

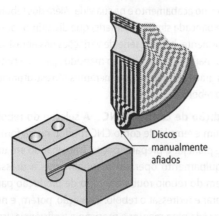

Forma completa do disco afiado

Discos manualmente afiados

Figura 5-5 Manualmente afiada a rebolos de forma deve ser a contra-peça perfeita em comparação à forma desejada.

a forma, jogamos fora a capacidade de remover grandes quantidades de metal – iremos ver logo o motivo. Isso significa que o trabalho tem de ser fresado muito perto da forma final antes da retificação, devido à baixa taxa de remoção do rebolo de acabamento, geralmente dentro de 0,003-0,005

polegadas do tamanho desejado. Assim, o processo de pré-retificação é dispendioso e demorado.

Mas equipamentos CNC dressam de forma rápida e automática. O tempo de dressagem torna-se um fator muito menos importante (Fig. 5-6). Um um rebolo de corte rápido e mais macio irá trabalhar com mais eficiência sem criar calor, por isso o custo extra de tolerância de usinagem muito próximo pode ser descartado e mais em excesso pode ser deixado para retificação. E, mesmo que o rebolo precise ser dressado várias vezes, não será problema. Essa tarefa pode ser agendada no programa sempre que necessário.

Compensação 2D para forma do rebolo Além de ciclos mais rápidos, existem mais três vantagens adquiridas com comando CNC. Em primeiro lugar e mais importante, não precisamos mais dressar o rebolo na forma exata. Usando a retificadora plana CNC mostrada na Fig. 5-7, os cantos do rebolo precisam ser arredondados apenas por um raio conhecido (Fig. 5-8). Em seguida, mantendo o raio tangencial à superfície de trabalho, uma forma complexa pode ser retificada.

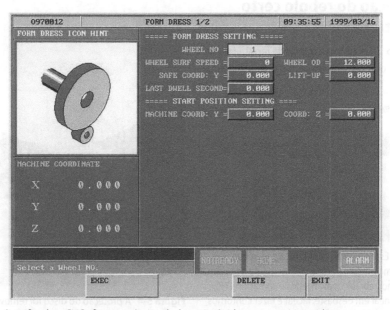

Figura 5-6 A retificadora CNC afia seu próprio rebolo mais rápido e com mais exatidão.

Figura 5-7 Uma retificadora CNC pode realizar muitas tarefas de forma mais eficiente e econômica, devido à rápida seleção entre as opções de rebolo.

Além disso, um rebolo comum pode ser utilizado de muitas outras maneiras – como o é. Em contraste, o formato do rebolo em retificadoras manuais deve ser completamente refeito para retificar outra peça ou deve ser colocado em uma prateleira para aguardar um trabalho semelhante!

Compensação 3D A capacidade final vinda das máquinas comandadas por uma CPU é a de produzir formas retificadas tridimensionais. Ao controlar os três eixos simultaneamente, é possível fazer contornos como o mostrado na Fig. 5-9. Isso é algo que não podíamos fazer antes.

Planejamento com extrema segurança – Não brinque! O tema em toda retificação se baseia nas velocidades orbitais (tangenciais) do rebolo. Elas variam de um valor pouco inferior a 4.000 pés por minuto até 12.000 pés por minuto ou mais!

Rebolos dressados por CNC

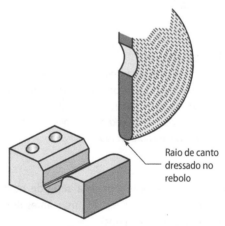

Figura 5-8 Retificadoras CNC contornam a peça mantendo o raio conhecido do rebolo tangente à forma da peça desejada.

Contornos tridimensionais são possíveis apenas com CNC

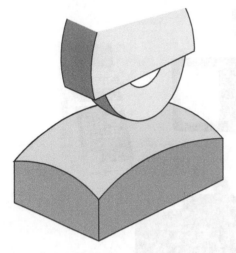

Figura 5-9 Controlando os três eixos simultaneamente, retificadoras CNC podem criar formas 3D.

Essa é a velocidade de uma bala de revólver! Assim, enquanto essas velocidades são adequadas para a forma como um rebolo corta o metal, elas também ditam a velocidade de um acidente! A prova disso? Observe o escudo de proteção à esquerda da retificadora de superfície do seu laboratório – sem dúvida, neste caso, você verá pinturas lascadas, crateras e amassadas!

Ponto-chave:
Acidentes comuns na retificadora ocorrem muitas vezes devido a preparações fracas que não preveem as forças dinâmicas e o calor na retificação. Poucos são causados por ações incorretas do operador na hora errada.

Revise Vamos aprender uma série de novos fatos sobre abrasivos e rebolos, mas, antes disso, você se lembra desses fatos?

- Para o dia a dia na retificação, identificar os dois tipos mais comuns de abrasivos.
- Quais são os dois métodos de aglomeração que compõem o rebolo?

Resposta *Óxido de alumínio* é o mais comum e mais econômico abrasivo para tarefas diárias, e o *carboneto de silício* é usado para um trabalho mais duro, como refiticação de ferramentas de corte de metal duro. Você pode também experientar abrasivos de diamante artificiais ou naturais para retificação extra de materiais duros ou para acabamentos de trabalho mais finos do que 32 µpol.

Os aglomerantes são *vitrificados*, a argila aquecida para a dureza da cerâmica, e o *resinoide*, o processo de aglomeração de grãos a temperaturas mais baixas com compostos de plásticos flexíveis e, por vezes, reforçados com fibras.

Termos-chave

Aglomerante
Material que une os grãos abrasivos em conjunto.

Alumina
Versão semirrefinada da bauxita, o mineral alumínio a partir do qual o abrasivo de óxido de alumínio é feito ou, se refinado, produz o alumínio metálico.

Conversa de chão de fábrica

De forma similar à seleção de geometria de ferramentas de corte, os abrasivos e suas aplicações são um conjunto de aspectos técnicos que evoluem rapidamente. Os profissionais da usinagem nem sempre concordam com o que funciona melhor. A criatividade tem, assim, papel fundamental nesse cenário. Por exemplo, o Apêndice V deste livro oferece um gráfico de recomendação útil para seleção de rebolos fornecido pela Norton Company (líder na manufatura de abrasivos e rebolos). A aplicação de rebolos também pode ser encontrada no manual de construção de máquinas. Não será surpresa se você encontrar diferenças entre essas duas fontes. Atualmente, é importante que o profissional da área esteja informado sobre as evoluções em produtos de retificação e suas aplicações através de catálogos de fabricantes, *sites*, feiras, revistas e dados de engenharia publicados e distribuídos por pessoal de vendas.

Autodressamento (autoafiação)
Novas arestas são criadas por qualquer grão não afiado fraturando através da pressão ou ocorre o rompimento do aglomerante.

Centralização (rebolo)
Dressar o rebolo para remodelá-lo e remover o batimento.

Colunas (rebolo)
Coluna de material de ligação que une os grãos individuais.

Empastamento
Condição do rebolo na qual os grãos não têm autodressamento e não existem novas arestas. O rebolo precisa ser dressado.

Estrutura (rebolo)
Índice da quantidade relativa de porosidade em um rebolo em relação ao grão e ao aglomerante. Estrutura começa a partir de 1 = fechada para 16 = muito aberta.

Friabilidade
Capacidade de se quebrar em pequenos flocos para se autoafiar em novas arestas antes que seja arrancado do aglomerante.

Grau (Rebolo)
Índice relativo à dureza do aglomerante e não do abrasivo – a dureza do rebolo.

Nitreto de boro (nitreto cúbico de boro)
Abrasivo artifical com uma dureza próxima ao diamante. Sua estrutura de cristal é parecida com a de um cubo. Ele tende a ficar afiado e é bem resistente à fratura.

Tamanho do grão
Número de telas quadradas dentro de uma polegada quadrada. Quanto maior o número, mais fino será o tamanho do grão.

Cinco fatores para seleção do rebolo

Até agora, aprendemos que os rebolos são modificados após o uso e dressagem prolongados. Isso faz seu diâmetro ficar pequeno para velocidades periféricas eficientes ou quando eles são fraturados possivelmente devido ao uso abusivo.

> **Ponto-chave:**
> Devido ao custo de manutenção de um almoxarifado com diferentes tipos de rebolos, pré-montados e equilibrados em cubos de mudança rápida, um orçamento escolar não permite muitas opções de mudança no rebolo. Na indústria, entretanto, espera-se que o operador inclua a seleção de rebolos correta durante uma operação em retificadoras de precisão.

Por exemplo, um rebolo é melhor para desbaste, enquanto outro dura mais tempo para trabalhos de acabamento, ou um tipo é bom para aço duro mas outro é melhor para alumínio ou bronze. Um remove metais rapidamente, mas o segundo cria um acabamento de 16µpol. Soa familiar? É o jogo de recomendações baseado no uso hábil de conhecimento e experiência.

Para auxiliar na identificação do composição do rebolo, usamos na indústria o código ANSI padrão para nos dar vários parâmetros vitais sobre ele. Esse código é encontrado na etiqueta de papel colada ao rebolo, ou pode ser estampado diretamente sobre o rebolo.

Provavelmente, haverá seis ou sete colunas separadas por traços ou espaços (Fig. 5-10). No entanto, a

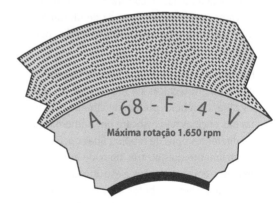

Figura 5-10 Um número de identificação semelhante a este estará estampado no rebolo ou impresso em seu rótulo de papel.

primeira e a última coluna são específicas do fabricante/produto, por isso, vamos investigar os cinco dados universais na ordem em que eles são encontrados. Esses são os fatores de controle para todos os rebolos, não importa onde eles são usados, e há muita tecnologia por trás deles.

Tipo de abrasivo   Tamanho do grão   Grau de dureza do aglomerante
Estrutura   Tipo do aglomerante

> **Ponto-chave:**
> O ápice desta unidade é um quadro de causa e efeito. Está lá para iniciar a habilidade de selecionar rebolos.

Fatores de decisão para a escolha do rebolo

Escolher um rebolo correto para o trabalho de retificação está baseado em:

1. *Valor para remoção* – É muito (mais de 0,015 pol) ou pouco metal?
2. *Metal e dureza*
3. *Acabamento necessário*
4. *Tamanho do lote*
5. *Tempos de ciclo e vida da ferramenta*

Para cada uma das cinco características do rebolo, vamos lançar uma referência simplificada para a aplicação correta. Veja a Conversa de chão de fábrica.

Na prática, a menos que a sua oficina seja especializada em técnicas de retificação, em que as escolhas de rebolos podem ser ilimitadas, a maioria das oficinas não estocam um número grande de diferentes tipos de rebolos. Suas opções serão normalmente dois ou três tipos de abrasivos no máximo, em vários grãos e estruturas. No entanto, quando esses rebolos universais não forem suficientes, então a informação a seguir deve ser entendida com clareza.

Tipos de abrasivos – Coluna 1 (sem considerar a coluna prefixo) (Fig. 5-11)

Existem quatro tipos básicos de abrasivos em uso atualmente. Os três primeiros são produzidos por reações químicas entre dois elementos quando elevados a temperaturas elevadas em um forno elétrico:

1. **Óxido de alumínio (A)**
2. **Carboneto de silício, (C)** (Também chamado carborundum, um nome de marca)
3. **Nitreto de boro (B)** ou **nitreto cúbico de boro (CBN)** É chamado cúbico, devido a sua estrutura cristalina em forma de cubo.
4. **Diamante (D)** Tanto o natural quanto o artificial (sintético) são usados.

As diferenças na dureza e na estrutura cristalina (o que contribui para a sua capacidade de fraturar em pequenos flocos – com uma qualidade desejável), a resistência total do grão e a resistência ao desgaste das bordas faz com que cada aplicação possua um tipo de abrasivo adequado.

> **Conversa de chão de fábrica**
>
> **Diamantes artificiais são os melhores amigos dos operadores de máquina** Eles são criados por compressão super alta de grafite mineral em um ambiente com alta temperatura. A versão feita pelo homem é cerca de cinco vezes mais forte do que a forma que ocorre naturalmente devido a sua microestrutura uniforme.

> **Ponto-chave:**
> Similar às diferenças entre as ferramentas de corte, a principal propriedade do abrasivo é a dureza. No entanto, com dureza extra, o preço de compra também geralmente sobe. Operadores logo aprendem quando retificam materiais difíceis que o menos caro pode ou não ser a opção mais econômica para o trabalho.

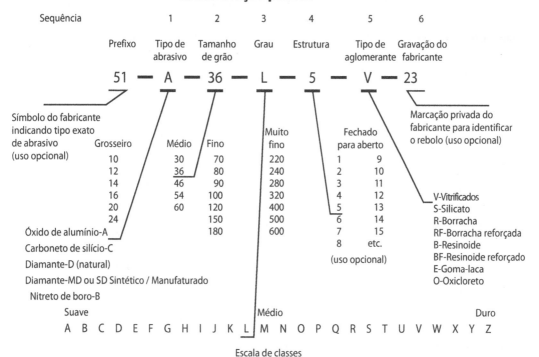

Figura 5-11 O sistema de numeração ANSI para a seleção do rebolo apresenta sete colunas de informações.

Superabrasivos

Abrasivos mais avançados projetados para tarefas especializadas são subcategorias desses quatro. Mas há também combinações de dois ou mais, juntamente com compostos de cerâmica/metálico. Por exemplo, se adicionar um óxido do metal zircônio e misturar com grãos de óxido de alumínio, aumentam os ganhos na eficiência do rebolo em velocidade periférica e durabilidade dos grãos. A proporção de óxido de zircônio para óxido de alumínio determina aplicações específicas, mas, em geral, todas as combinações permitem cortes mais rápido que os abrasivos de óxido de alumínio puro.

Esses abrasivos estão fora do âmbito desta unidade. Aprender a aplicar os outros quatro tipos proporcionará um bom conhecimento sobre o funcionamento.

Friabilidade do abrasivo

Uma propriedade importante do abrasivo é a habilidade para ficar afiado e manter sua afiação entre dressagens. Um abrasivo com boa friabilidade permite a geração de lascas de cisalhamento pequenas, muitas vezes antes de o grão inteiro romper completamente para fora

Conversa de chão de fábrica

Na leitura de artigos técnicos e boletins sobre abrasivos, observe que a maioria geralmente compara o seu novo produto com as propriedades do óxido de alumínio. Isso é um sinal claro de que é o padrão. Óxido de alumínio ocorre na natureza como o segundo mineral mais duro depois do diamante. Ele se forma onde os depósitos de alumínio foram submetidos ao calor, mas o silício é raro na terra, porque ele se agrega mais facilmente ao alumínio.

do rebolo. Por exemplo, as versões mais modernas de nitreto cúbico de boro produzem lascas com medidas em milionésimos de uma polegada! Isso é conhecido como a friabilidade de **autodressamento** ou **autoafiação** do grão (Fig. 5-12). O rebolo dura muito mais do que outros abrasivos, mas sua vida também depende de sua dureza e de quanto tempo dura cada borda afiada. Vamos começar com o abrasivo mais mole e trabalhar até o diamante.

Óxido de alumínio

Burro de carga dos grãos abrasivos, o óxido de alumínio é feito pela combinação de **alumina** (minério de alumínio semirrefinado) com oxigênio a temperaturas muito elevadas. É a escolha universal, proporcionando bons resultados econômicos sobre a mais ampla gama de materiais de trabalho. Óxido de alumínio permanece afiado na retificação com ligas de alta resistência e aços ferramenta. A maioria dos rebolos em seu laboratório deve ser de óxido de alumínio.

Pureza e dureza Existe uma gama de **graus** de dureza para o óxido de alumínio, dependendo da pureza do processo pelo qual ele foi feito. A pureza está relacionada à dureza. Como a dureza do grão sobe, sua borda dura mais tempo, mas a tenacidade global diminui.

Cinza-escuro 94% de pureza Esta é a versão mais tenaz, mas a sua aresta afiada não dura muito tempo, especialmente na retificação de metais duros e ferro fundido. Embora seja o abrasivo escolhido para esmeris de pedestal devido a sua dureza, ele não é usado em retificação de precisão. Veja no centro da Fig. 5-13 (etiqueta amarela).

> **Aplicação correta**
> - Bons resultados em retificação de aços sem liga e para aços média liga e duros.
> - Não recomendado para o ferro fundido porque adicionado às impurezas do rebolo, os aglomerantes de alumínio em contato com o ferro fazem o rebolo perder rapidamente sua afiação.
> - É possível retificar alguns metais não ferrosos – não é a melhor escolha. No entanto, ao fazê-lo, utilize parafina ou óleo para ajudar a liberação dos cavacos do rebolo quando ele terminar o corte.

Cinza-claro de 94 a 97% de pureza Veja o rótulo superior amarelo e laranja na Figura 5-13. Esta é a versão mais dura e com alto custo. Estima-se que este abrasivo popular represente 50% de todos os rebolos de retificação plana e cilíndrica.

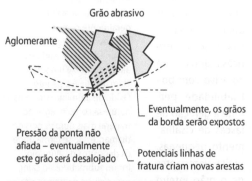

Figura 5-12 Quando o grão fica cego, ou este fratura para criar uma nova aresta ou o aglomerante cisalha para expor outro grão por trás.

Figura 5-13 Uma variedade de rodas abrasivas utilizadas na fabricação. Nem todos são para retificação de precisão.

> **Aplicação correta**
> - Bom para ligas de aço moles até ligas duras ou aço ferramenta totalmente endurecidos.
> - Aceitável para a maioria dos outros metais – irá retificar ferro fundido, mas não é a melhor escolha.

Branco (ou manchado) 97% Consulte a Fig. 5-13 (canto superior direito) e 5-1, 5-2 e 5-4. A forma mais pura de óxido de alumínio é branco brilhante, mas é frequentemente manchada por uma outra cor brilhante para distingui-la dos rebolos de menor custo de retificação.

> **Aplicação correta**
> - Bons resultados em ferramentas extra duras e aços liga.
> - É possível retificar classes suaves de metal duro, mas não é a melhor escolha.
> - Melhor na retificação de ferramentas em geral.

Carboneto de silício

Esse material é feito através da combinação de areia de sílica comum com coque (carvão mineral refinado) em fornos na ausência de oxigênio. O resultado é um abrasivo cerca de 33 a 50% mais duro que o óxido de alumínio. A dureza do carboneto de silício, combinada com uma estrutura de cristal tenaz mas friável, significa que ele cria mais arestas de corte nítidas do que o óxido de alumínio e, assim, corta mais rápido. Mas os cristais tendem a cisalhar em lascas maiores, assim os grãos cisalham completamente mais cedo a partir do rebolo.

Observado de perto, grãos de carboneto de silício aparecem com um fundo de cor profunda refletindo as cores do arco-íris. Há diversas tonalidades de abrasivos, do preto passando pelo verde, cada uma com propriedades ligeiramente diferentes. Você já viu carboneto de silício com alta qualidade em lixas secas ou molhadas – o papel abrasivo preto profundo com brilho.

> **Aplicação correta**
> **CS preto e cinza (Fig. 5-13 – rótulo azul / branco)**
> - Excelente para ferro fundido.
> - Bom para uma vasta gama de aços, mas o custo não é justificável frente ao óxido de alumínio.
> - Bom na retificação de alumínio, cobre, latão e bronze.
> - Resultados aceitáveis na retificação para alguns aços inoxidáveis e titânio.
> - Resultados aceitáveis em ferramentas de carboneto de tungstênio.
>
> **CS verde (não mostrado)**
> - Preferido para ferramentas de corte de carboneto de tungstênio. Veja a Dica da área.

> **Dica da área**
> **Rebolos verdes** Aprimorando a tonalidade esverdeada dos grãos, o aglutinante de argila em rebolo de carboneto de silício é feito apenas para esmeris de bancada para ferramentas de carboneto e possui uma coloração verde para notar que ele é reservado apenas para esse caso.

> **Ponto-chave:**
> Rebolos verdes são normalmente reservados para *nada além da retificação de ferramentas de metal duro*. Eles são caros em comparação com os rebolos de óxido de alumínio de bancada e, devido ao abrasivo e às propriedades ligantes, eles desgastam-se demasiadamente rápido para o uso diário.

Nitreto de boro

Boro é um mineral mais ou menos como o silício, é combinado com nitrogênio para formar um abrasivo que possui duas vezes a dureza do óxido de alumínio e o mais próximo abrasivo artificial da dureza do diamante. O processo pelo qual é criado é caro, no entanto, o nitreto de boro possui capacidade para manter as bordas cortantes e a remoção de cavaco. São extremamente bons em comparação às duas escolhas anteriores. Desde que usado adequadamente para trabalhos muito difíceis de retificação, o custo é muitas vezes balanceado *versus* a eficiência.

Ponto-chave:
Embora seja um abrasivo superior, em geral, devido ao custo, não usamos o nitreto de boro, a menos que o óxido de alumínio ou carboneto de silício não possam fazer o trabalho. No entanto, sua extrema dureza, a ação de corte rápida e mais fria, juntamente com um menor dressamento do disco, por vezes se combinam para ser a melhor escolha em uma tarefa difícil.

Aplicação correta
- Melhor forma para retificar metais extremamente duros.
- Excelente em metais muito duros e outros materiais como o vidro.
- Bom desempenho em ferramentas de metal duro, mas com alto custo se CS puder fazer o trabalho.
- Excelente em superligas com alto teor de níquel/cobalto.
- Excelente para uma vida longa do abrasivo e aplicações com uma demanda elevada como retificação em máquinas CNC de alta velocidade.

Abrasivo de diamante (D) natural (MD) manufaturados sintético (SD) (Fig. 5-14)

Agora, vamos falar de algo caro! No entanto, há algumas tarefas que só o diamante pode fazer. Sua maior vantagem é que, além da dureza nas arestas de corte, o diamante tende a permanecer afiado mais tempo do que todos os outros abrasivos, portanto, o corte ocorre com muito menos calor. Essa propriedade faz dele a escolha certa para retificação de ferramenta de corte, onde não podemos arriscar que haja superaquecimento das finas arestas de corte.

Aplicação correta
- Excelente para acabamentos finos em ferramentas de metal duro.
- Única opção para retificar excepcionalmente materiais duros, tais como cerâmica ou vidro.
- Excelente para ferramentas de aço de tungstênio com elevado grau de dureza.
- Melhor quando uma peça sensível ao calor pode endurecer – diamante corta com menos atrito e calor.
- Excelente para acabamento fino.

Figura 5-14 Um disco de diamante é ideal para o acabamento dessas ranhuras.

Tamanho do grão – Coluna 2

Tamanho de grão é uma questão simples, mas um passo importante para o sucesso. Em geral, quanto mais fino o abrasivo, mais fino será o acabamento que o abrasivo irá produzir, uma vez que fará cortes de menores dimensões na peça de trabalho. Mas, com o tamanho do abrasivo pequeno, a velocidade de remoção diminui e o calor se torna um problema maior, devido às arestas de corte pequenas que perdem a afiação. No entanto, há uma única solução para esses desafios na forma de manter os grãos ligados entre si – chamado de **estrutura** do rebolo. Veremos sobre esse tópico após o aglomerante.

Por ora, vamos ter uma noção inicial de granulometria. Você já viu grãos especificados como grossos (18 a 24), médios (26-46) e finos (46-80) quando selecionamos rebolos para esmeris tipo pedestal. Isso significa que, após a trituração, os grandes cristais abrasivos diminuem para grãos pequenos, eles são peneirados através de uma grelha com o *número específico de espaços por polegada quadrada* – também chamada de tela (Fig. 5-15).

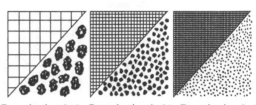

Tamanho do grão 8   Tamanho do grão 24   Tamanho do grão 60

Figura 5-15 O tamanho do grão é baseado no número de quadrados por polegada através do qual um único grão pode passar.

Grau – A dureza do aglomerante – Coluna 3

Ao selecionar o rebolo correto para o trabalho, é importante considerar a dureza do disco expressa em uma notação, como "A" sendo de grau mais mole. Dureza do rebolo é uma combinação da proporção do **aglomerante** em relação aos grãos abrasivos e aos espaços de ar entre eles e a dureza do próprio aglomerante. O material aglutinante que segura os grãos no rebolo gera elos entre os grãos chamados **colunas** (Fig. 5-16).

A variação da quantidade e dureza das colunas provoca uma diferença no desempenho do rebolo, mesmo que a dureza do grão abrasivo seja mantida constante. Mais material aglomerante tende a manter os grãos mais e mais fortes – o rebolo mais duro. Às vezes, um rebolo é mais duro, quando retificando por forma, por exemplo, mas não é sempre uma coisa boa. No trabalho de retificação de materiais mais duros, por exemplo, os grãos perdem a afiação mais ra-

> **Ponto-chave:**
> Note na tabela de aplicação que as três máquinas de retificação básicas estão listadas em uma ordem. Cada uma usa um grão um pouco mais fino para suas funções gerais. (Existem algumas exceções a essa diretriz.)

> **Aplicação correta**
> Para várias máquinas de retificação (plana, cilíndrica e afiação de ferramenta), granulometrias diferentes são típicas em trabalho de desbaste e de acabamento.
>
> | | Desbaste | Acabamento | Retificação de perfil / Acabamento fino |
> |---|---|---|---|
> | Retificação plana | 30-36 | 36-46 | 60 (remoção muito leve) |
> | Cilíndrica | 36-46 | 46-60 | 80 (calor pode ser um problema) |
> | Ferramentas | 46-54 | 54-120 | 120 (raramente necessário) |

Grau (dureza) do rebolo

Colunas fracas   Colunas de média resistência   Colunas fortes

Figura 5-16 O grau (dureza) do rebolo está diretamente relacionado ao aglomerante.

pidamente. Nessas situações, é melhor que os grãos se liberem mais cedo, caso contrário, uma condição conhecida como **empastamento** pode ocorrer.

Um rebolo empastado é aquele que perdeu sua capacidade de corte, ou seja, foi usado por muito tempo além do ponto em que deveria ter sido dressado. Quando isso é feito, o calor e a fricção criam uma superfície semelhante ao vidro que esfrega e não provoca abrasão removendo material. Um rebolo empastado reflete luz e é facilmente reconhecido. Se não dressado para resolver o problema, ele queima o material em vez de cortá-lo. Rebolos se tornam empastados rapidamente se forem mal escolhidos para retificar ligas duras.

> **Ponto-chave:**
> O empastamento do rebolo pode ser atribuído a (1) um rebolo com grau de dureza muito elevado, (2) um abrasivo muito mole, (3) utilizando-o além do ponto em que se deveria ter sido dressado (mais provável) e (4) escolha da avanço na retificadora com valores muito baixos para fazer a autoafiação (não é uma causa comum).

Propriedade de autodressamento

Trabalhando juntos, a dureza do aglomerante (grau) e a capacidade do abrasivo de fraturar atualizam continuamente a capacidade do rebolo para um corte limpo entre dressagens. Mas apenas até um ponto em que deve ser reafiado para ajustar o batimento da sua superfície e sua forma devido à liberação aleatória de grãos. O tempo entre dressagens do rebolo é uma função de vários fatores:

- Tipo de material de trabalho e dureza
- Quantidade de material a ser removido
- Tipo de operação de retificação
- Aplicação de fluido refrigerante
- Grau do rebolo
- Tipo de abrasivo

Saber quando parar de retificar e dressar o rebolo é uma habilidade essencial que se aprende com a prática.

A ação de autodressamento do rebolo durante a retificação pode ser tanto boa quanto ruim. Enquanto renova a ação de corte por um tempo limitado, isso também significa que o rebolo está erodindo. Então, quanto de autodressamento é certo para o trabalho? Quão duro deve ser o aglomerante do rebolo?

> **Conversa de chão de fábrica**
>
> **Dressar e centralizar um rebolo na retificação, qual é a diferença?** Usar uma ferramenta de diamante ou outra ferramenta dressadora para restaurar a sua forma e zerar seu batimento é chamado de **centralização do disco**. Reafiação para cortar melhor é chamado dressar – na verdade, eles partem de uma mesma ação. (Mais informações na Unidade de 5-4.)

> **Ponto-chave:**
> Quando estiver retificando um *metal duro*, utilize um *rebolo mole*, e quando retificar um *metal mole*, use um *disco mais duro*.

Em geral, os aglomerantes mais moles são geralmente necessários para materiais mais duros para haver autolimpeza, mas a dureza do abrasivo também afeta essa escolha. Materiais mais moles retificam mais economicamente com um rebolo de aglomerante mais duro.

Graus de A (mole) a Z

A dureza do aglomerante varia de muito mole "*A*" até muito duro "*Z*". Dentro de uma gama de talvez dois ou três graus, rebolos geram quase o mesmo resultado. Por exemplo, uma roda de dureza de aglomerante F terá desempenho semelhante a uma de dureza H.

Aplicação correta – dureza do aglomerante

Grau do aglomerante	Aplicação
A até F	Carboneto e ferramenta de aço ferramenta de extrema dureza, vidro. Processos com grandes áreas de contato. Remoção rápida de material
G até P	Aços liga endurecidos (85% de todos os trabalhos)
Q até S	Materiais não ferrosos, ferro fundido com crosta a remover. Áreas estreitas de contato em que o rebolo é frágil. Aplicações que demandam forças altas
T até Z	Não ferrosos, materiais moles, com rpm extrema

Rebolo com aglomerantes mais duros são também escolhidos para operações finais de retificação, em que o metal a ser removido é pouquíssimo ou em retificação de perfis em que o rebolo é dressado em um contorno especial. Aqui, é desejável que o rebolo mantenha aquela forma por um período mais longo, por isso, assume-se que o autodressamento é menos importante, é claro, que trata-se de uma máquina manualmente dressada.

Ponto-chave:
Dureza do rebolo é uma combinação do material aglomerante e da quantidade de aglomerante dentro dessa relação – não tem nada a ver com dureza do abrasivo.

Estrutura do rebolo – Coluna 4

O espaço entre os grãos também tem muito a dizer sobre o desempenho do rebolo. Um rebolo é verdadeiramente composto de grãos abrasivos, material aglomerante e *espaços vazios*. A Figura 5-16 também mostra o efeito na estrutura do rebolo. O espaço é necessário em todos os rebolos por três razões:

1. **Um lugar temporário para formar o cavaco**
   Quando o rebolo está em contato com a peça, o cavaco formado deve ter um lugar para ficar até que o disco limpe a peça, ejetando-o do rebolo.

2. **Criar canais de escoamento para o fluido refrigerante**
   Corretamente direcionado ao rebolo/interface de trabalho, o fluido refrigerante é injetado no espaço pouco antes de ele entrar em contato com a peça. O refrigerante é preso no espaço de ar enquanto o rebolo gira sobre a peça. Assim, é levado para a área de ação na qual o cavaco é formado. Em seguida, ao deixar o corte, a força centrífuga expulsa o refrigerante e o cavaco.

Ponto-chave:
Este é um objetivo novo do fluido refrigerante – ele se ejeta para fora do disco quando o corte termina e tende a levar o cavaco para fora também.

3. **Resfriar o rebolo**
   Durante o tempo sem contato, enquanto o rebolo passa por cima para outro corte, surgem redemoinhos de ar no espaço para resfriar individualmente os grãos. Essa é uma propriedade especialmente importante quando o fluido refrigerante não é possível e o ar ambiente realiza essa função de dentro para fora desses espaços tornando-se o fluido refrigerante do rebolo. Assim, uma configuração seca poderia justificar uma estrutura

de rebolo mais aberta em comparação a uma configuração em que um líquido refrigerante será injetado.

> **Ponto-chave:**
> Em geral, rebolos com maior espaço (abertos) são usados para a remoção pesada na retificação, enquanto discos com espaços menores (fechados) são utilizados em trabalhos de acabamento.

Estruturas a partir de 1, fechada; até 16, aberta (mais espaço na proporção)

Em um intervalo de, talvez, duas ou três unidades, os discos executam a tarefa de forma semelhante.

Aplicações corretas de estrutura

1 a 5	Reafiação de ferramentas, retificação de forma, remoção de menos de 0,010 pol para materiais da peça de trabalho em geral
5 a 10	Operações de retificação em geral, retirando 0,010-0,020 polegadas no total
10 a 15	Retificação em desbaste, ou quando o calor for um problema, remove mais de 0,020 pol.

Discos porosos

A razão global dos espaços em comparação com os sólidos (grãos e aglomerantes) pode ser criada por furos espaciais individuais de ar maiores ou por múltiplos orifícios menores entre os grãos. Se um disco é deliberadamente criado com grandes poros singulares, sua designação vai acabar em uma letra P. Este é um rebolo feito expressamente para alto volume de retificação em desbaste.

A-48-G-12-V-P

> **Dica da área**
> **Falta a designação da estrutura?** Normalmente, ao selecionar um determinado tamanho de grão, a estrutura estará automaticamente correta. Isso acontece porque a maioria dos fabricantes de discos faz discos nas proporções necessárias mais comuns. Alguns rebolos sequer apresentam variações na estrutura – eles são fornecidos em uma única estrutura. Nesses casos, o número da estrutura estará ausente na designação.
>
> A-48-G-V

Tipos de aglomerantes – Coluna 5

Há três aglomerantes básicos utilizados em rebolos de precisão convencionais para retificação, com variações dentro de cada um:

Vitrificados   Resinoides   Metálicos

Discutimos, previamente, as duas primeiras, de modo que deixamos as ligas metálicas à base de níquel-cobre, usadas para incorporar os grãos de diamante, CBN ou outros grãos de cristal caros em discos de aço ferramenta, como mostrado no disco de diamante da Fig. 5-14.

Eles são precisamente montados de modo que aproximadamente $\frac{1}{3}$ da altura do grão está acima do agente aglomerante e todos são igualmente espaçados, criando um disco de corte muito agressivo e arrefecido (Fig. 5-17). Esses discos são feitos por eletrodeposição (deposição de metal com corrente elétrica) do metal de forma a aglomerá-lo em torno dos grãos.

> **Aplicação correta de aglomerantes Vitrificados**
> - Usados com fluidos refrigerantes ou óleos, o material vitrificado não é afetado por água, óleo e a maioria dos outros produtos químicos.

- Para uso na retificação em geral, em que não ocorre um choque mecânico eventual.
- Pode suportar um calor eventual.
- Usado onde a velocidade do periférica não exceda 6.500 pés/min.

Resinoides

- Usado em retificadoras CNC de alta velocidade quando exigirem velocidades periféricas acima de 12.000 pés/min.*
- Usado quando houver chances de um choque mecânico.*
- Não recomendado para uso juntamente com alguns solventes e ácidos.

Metálicos

- Para vida extremamente longa, em que dressar é impraticável.
- Para segurar grãos caros com firmeza por um longo tempo.
- Para velocidades muito altas na retificação.
- Para certas aplicações elétricas e químicas, em que o disco deve conduzir eletricidade.

* Requer reforço de fibra para essa tarefa.

Controle de fatores

A seguir, uma compilação de problemas básicos associados com a retificação, o objetivo principal de promover a melhoria e as ações necessárias para tal. Como de costume, no entanto, ganhar alguma coisa significa perder algo – a maioria dos ajustes além da adição de fluido refrigerante é um compromisso entre tempo e custo. Por exemplo, alterar o óxido de alumínio para carboneto de silício e em seguida para o nitreto de boro melhora os resultados na produção, porém exige um aumento nos custos.

O objetivo não é memorizar esses fatos, mas entender por que cada um trabalha. Note que, quando um abrasivo mais afiado é indicado, isso significa um abrasivo mais duro que mantém melhor a sua aresta (de corte).

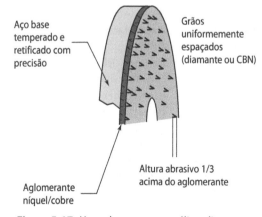

Figura 5-17 Um aglomerante metálico, diamante ou disco de face CBN corta muito rápido e gera menos calor que outros tipos.

Revisão da Unidade 5-1

Revise os termos-chave

Aglomerante
Material que une os grãos abrasivos em conjunto.

Alumina
Versão semirrefinada da bauxita, o mineral alumínio a partir do qual o abrasivo de óxido de alumínio é feito ou, se refinado, produz o alumínio metálico.

Autodressamento (autoafiação)
Novas arestas são criadas por qualquer grão não afiado fraturando através da pressão ou ocorre o rompimento do aglomerante.

Centralização (rebolo)
Dressar o rebolo para remodelá-lo e remover o batimento.

Colunas (rebolo)
Coluna de material de ligação que une os grãos individuais.

Sintoma	Alvo	Ação	Efeitos
Corte lento	Aumentar a produção	Grãos grosseiros	Acabamento gorsseiro
		Abrasivo mais duro	Custo do rebolo
		Aglomerante mais mole	Aumento do desgaste do rebolo
		Estrutura mais aberta	Aumento do desgaste do rebolo
Dressar muitas vezes	Aumentar a produção	Aglomerante mais duro	Empastamento/carregamento
		Abrasivo mais duro	Rebolo com custo elevado
	Menos tempo morto	Aumentar o corte	Mais força contra a peça
		Pressão no avanço	Autodressamento é melhor, mas requer uma fixação forte
		Adicionar fluido refrigerante	
Acabamento pobre	Melhorar a qualidade	Grão mais fino	Nenhum
		Dressar com mais frequência	Acúmulo de calor
		Aglomerante mais duro	Tempo de produção
		Balancear o rebolo	Possível empastamento
		Velocidade de corte lenta	Tempo morto
		Abrasivo mais afiado	Tempo extra
			Custo
Peças superaquecidas	Proteger a peça	Adicionar fluido refrigerante	Nenhum
		Dressar com mais frequência	Desgaste do rebolo
		Estrutura mais aberta	Acabamento grosseiro
		Grãos mais grosseiros	Acabamento grosseiro
		Abrasivo mais afiado	Custo
		Refrigerante focado	Pulverização
Empastamento	Aumentar a vida útil no dressamento	Grãos mais grosseiros	Acabamento grosseiro
		Estrutura mais aberta	Desgaste mais rápido do rebolo
		Abrasivo mais afiado	
		Adicionar refrigerante	Custo
		Dressar com mais frequência	Nenhum
			Desgaste do rebolo e tempo
Quebra precoce do rebolo	Aumentar a vida útil no dressamento	Grau mais duro	Potencial empastamento
		Abrasivo mais afiado	Custo
		Menor pressão no avanço	Tempo de ciclo
		Rebolo mais fechado	Empastamento/calor
Carregamento no rebolo	Aumentar a vida útil no dressamento e na produção	Injetar fluido refrigerante	Nenhuma desvantagem
		Estrutura mais aberta	Desgaste rápido do rebolo
		Dressar com mais frequência	Vida mais curta do rebolo
		Mistura pulverizada se não houver um fluido refrigerante	Proteção respiratória
			Quebra mais rápido
		Aglomerante mais mole	Geralmente mais caros
		Abrasivo mais afiado	Produção mais lenta
		Cortes mais leves	

Empastamento

Condição do rebolo na qual os grãos não têm autodressamento e não existem novas arestas. O rebolo precisa ser dressado.

Estrutura (rebolo)

Índice da quantidade relativa de porosidade, em um rebolo em relação ao grão e ao aglomerante. Estrutura começa a partir de 1 = fechada para 16 = muito aberta.

Friabilidade

Capacidade de se quebrar em pequenos flocos para se autoafiar em novas arestas antes que seja arrancado do aglomerante.

Grau (Rebolo)

Índice relativo à dureza do aglomerante e não do abrasivo – a dureza do rebolo.

Nitreto de boro (nitreto cúbico de boro)

Abrasivo artifical com uma dureza próxima ao diamante. Sua estrutura de cristal é parecida com a de um cubo. Ele tende a ficar afiado e é bem resistente à fratura.

Tamanho do grão

Número de telas quadradas dentro de uma polegada quadrada. Quanto maior o número, mais fino o tamanho do grão.

Reveja os pontos-chave

- Os acidentes previsíveis ocorrem devido a preparações incorretas que não antecipam as forças dinâmicas da retificação. Alguns acontecem a partir de ações incorretas do operador.
- Os rebolos são trocados de acordo com o trabalho.
- Verdes, rebolos de carboneto de silício são normalmente reservados para retificar nada além de ferramentas de metal duro.
- Em geral, devido ao custo, usamos o abrasivo mais mole para fazer o trabalho.
- Metal mais duro = rebolo mole e Metal mole = rebolo duro.

Conversa de chão de fábrica

Loucura! Quando um rebolo é produzido, os grãos de abrasivo e pó de aglomerante são pressionados em um molde e em seguida são removidos. Nessa fase, ele quebra facilmente com um simples toque. Esse disco é aquecido em um forno para vitrificar (derreter o aglomerante) para uma substância – tipo porcelana. Durante o resfriamento, um anel de chumbo ou disco de plástico é prensado no furo central. Finalmente, depois do processo de dressagem na fábrica, o disco é cuidadosamente embalado e transportado para o cliente. A pergunta é: dado que a matéria-prima foi esmagada dentro de um molde sob grande pressão, como as porosidades acabam dentro do rebolo?

Curiosamente, a mistura original começa com três ingredientes: aglomerante, abrasivo e uma base orgânica. Dentre outras coisas, o material de enchimento pode ser feito com base especialmente em tamanhos cultivados de cascas de nozes! Quando o disco é aquecido para criar o aglomerante, a base orgânica se transforma em vapor e poucas cinzas; ela desaparece deixando espaços no rebolo.

- Dureza do rebolo é uma combinação de material aglomerante e da quantidade de aglomerante dentro dessa relação – não tem nada a ver com dureza do abrasivo.
- Um rebolo com mais espaços é utilizado para a remoção pesada na retificação enquanto um rebolo com espaços menores é exigido em trabalhos de acabamento.

Responda

1. Interprete este rebolo.

    A-46-H-7-V

    Descreva o que significa cada campo de dados e qual seria uma aplicação típica para este rebolo. Você pode consultar o manual de construção de máquinas para esta pergunta.

2. Liste três razões de um rebolo não poder cortar o material de trabalho e uma possível solução para cada uma.
3. Em termos gerais, qual é a melhor aplicação para este rebolo?

C-80-R-3-V

4. Verdadeiro ou falso? É mais econômico usar o rebolo com grau mais mole de óxido de alumínio que vai fazer o trabalho porque, com o aumento da dureza dos grãos, também aumenta o custo. Se esta afirmação é falsa, o que irá torná-la verdadeira?
5. Em um pedaço de papel, preencha com seus conhecimentos um rebolo de desbaste cortando aço doce. Você não precisa ser exato – forneça uma gama de características necessárias.

≫ Unidade 5-2

≫ Retificação plana

Introdução Tanto em um laboratório quanto no trabalho, sua primeira experiência com retificação de precisão será provavelmente em uma retificadora plana. Elas criam superfícies planas e precisas com rugosidades menores do que 16 pol., acabando, por exemplo, barras paralelas. Eles são uma máquina indispensável para o trabalho de precisão em ferramentas e muitas outras tarefas de apoio à produção. Com apenas um pequeno ajuste e treinamento da operação, resultados muito gratificantes podem ser obtidos com essas preciosidades.

Segurança é um item importante, mesmo nessas máquinas pequenas. Embora elas sejam simples de entender e operar, há várias precauções específicas, já que o trabalho é muitas vezes fixado por um ímã. Enquanto retificadoras cilíndricas ou ferramenteira podem ou não serem incluídas em sua experiência no primeiro ano, retificadoras planas e placas magnéticas serão abordadas com absoluta certeza. Por essa razão, elas são o foco central das Unidades 5-2 e 5-3.

Termos-chave

Alternativa
Ação para frente e para trás.

Avanço em mergulho (avanço para baixo da retificadora)
Avanço de catraca ajustável que aciona o eixo Y para baixo na extremidade de cada passada do curso X de uma retificadora plana ou cilíndrica.

Guia hidrostática
Filme de óleo de espessura previsível que separa os componentes deslizantes.

Placa eletromagnética
Aperto (controle) que pode ser ligado ou desligado e o magnetismo residual pode ser reduzido a zero.

Placa magnética permanente
Conjuntos de ímãs que se opõem ou atraem uns aos outros dentro da placa. Uma alavanca gira um conjunto em relação ao segundo conjunto, o que também causa ou cancela o aperto.

Retificadoras alternativas

Existem dois tipos diferentes de processos de retificação plana utilizados na indústria. A primeira, **alternativa** (ida e volta), utiliza a parte tangencial do rebolo e move a peça em uma linha reta sob ele. Sem dúvida, essas são as retificadoras mais comuns devido a sua construção simples. Vamos nos concentrar nelas.

O outro tipo são as retificadoras planas verticais que usam um placa giratória cuja face horizontal é utilizada para segurar o rebolo e movê-lo sobre a peça. Os rebolos cortam com a sua face e não com a sua borda – semelhante a uma fresagem frontal. Em geral, essas máquinas de alta remoção possuem um processo com característica especial e não são encontradas em qualquer fábrica e raramente encontradas nas escolas – iremos mostrá-las na Unidade 5-5.

Retificadoras manuais ou para ferramentaria

Veja as Figs. 5-18 e 5-19. Essas máquinas retificam movendo a mesa de trabalho para trás e para frente com um movimento manual. Elas também possuem movimentos acionados manualmente do cabeçote do rebolo – eixo Z e do avental – eixo Y, dentro de um envelope de trabalho de aproximadamente 18 a 24 pol. de comprimento por 8 pol. de largura por 10 a 18 pol. de altura. Como se vê no canto inferior direito da Fig. 5-18, retificadoras menores apresentam um movimento muito fino para o eixo Y, para permitir a remoção de uma quantidade muito pequena de material (10 na figura).

Para transmitir a ação de atrito quase livre, as guias do eixo X são apoiadas em rolamentos de rolos. Diferentemente das fresadoras, a mesa não é apoiada sobre guias tipo rabo-de-andorinha. Ela fica no topo do quadro, suspensa por rolamentos. Os elementos rolantes são mantidos juntos em conjuntos chamados gaiolas. Note que os rolamentos são selados contra sujeira e particulado em suspensão, mas as coberturas de proteção são removidas no desenho apenas para ilustrar o conceito.

Como tal, essas máquinas são concebidas apenas para cargas leves. A mesa não é geralmente ligada às guias; estas podem ser levantadas verticalmente para limpeza e manutenção. O eixo X da mesa é movido à esquerda e à direita por um mecanismo pinhão cremalheira, acionado manualmente (Fig. 5-20).

Mais duas guias tipo rabo-de-andorinha movem o cabeçote do rebolo para cima e para baixo; o eixo Y, que controla a espessura de trabalho, e a sela eixo Z para dentro ou para fora em relação ao operador, deslocando o rebolo de lado ao longo do trabalho.

> **Ponto-chave:**
> **Proteção respiratória na retificação**
> O ar em torno da maioria das máquinas de retificação pode estar poluído com finas partículas metálicas, partículas de poeira do rebolo e uma névoa fina do fluido refrigerante vinda do rebolo (Fig. 5-21). Isso é verdadeiro especialmente quando se está dressando o rebolo.

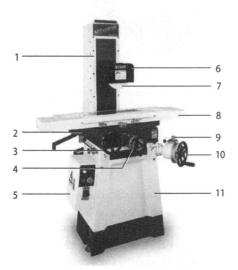

1. Coluna
2. Sela
3. Volante de acionamento da mesa – eixo X
4. Volante de acionamento do avental – eixo Z
5. Quadro elétrico
6. Proteção do rebolo
7. Rebolo
8. Mesa
9. Microdispositivo liga/desliga de avanço
10. Volante de acionamento do cabeçote – eixo Y
11. Base

Figura 5-18 Uma retificadora plana pequena tem três movimentos: X, Y e Z.

Dica da área

Aprendendo a usar uma máquina operada manualmente A operação de uma dessas máquinas de pequeno porte é como coçar sua cabeça enquanto esfrega seu estômago com a outra mão. A cordenação dos movimentos requer prática para obtê-los suaves e consistentes. Primeiramente, devemos mover a mesa para trás com a mão esquerda, enquanto se move o eixo Z de dentro/fora, no fim de cada curso X com a direita. Então, quando o rebolo chegar à metade da sua largura fora da peça, o eixo Y deve ser girado para baixo para uma outra passagem através da peça.

Veja como. Usando a mão esquerda, desloque o eixo X para trás e contra a mola de parada carregada. Sem qualquer outro movimento, basta repetir esse movimento por um tempo. Em seguida, sua mão direita gira a manivela do eixo Z para dentro e para fora, movendo o rebolo lateralmente à metade da sua largura cada vez, quando atinge o fim do curso X.

Mova o volante somente quando ele estiver fora da peça de forma a produzir marcas retas de retificação. Uma vez que esse movimento dos dois eixos for dominado, use sua mão direita e acione o eixo Y para baixo não mais que 0,001 pol. só na borda interna ou externa do trabalho. Não mova a manivela para baixo sempre na mesma borda. Alternar o avanço para baixo equaliza o padrão de desgaste do rebolo e retifica o trabalho de maneira uniforme.

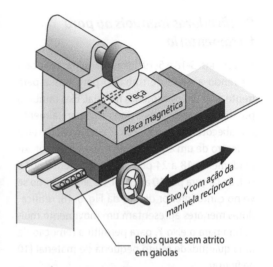

Figura 5-19 O eixo X se apoia e rola sobre o conjunto de rolamentos de esferas de precisão não lubrificados.

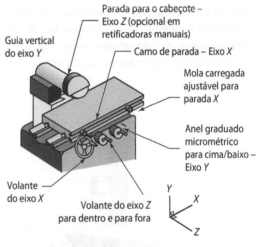

Figura 5-20 Funções da retificadora plana e opções de configuração.

Observação de segurança O operador previsível causa acidentes ao confundir a manivela do eixo Z com a do eixo Y "para baixo". Ambos são normalmente acionados com a mão direita. O acidente ocorre por esquecer qual volante você está segurando! Isso pode causar uma grande "descida" quando a intenção era "cruzar". O resultado infelizmente é uma peça de trabalho queimada ou subdimensionada, ou um rebolo parado contra a peça, possivelmente haverá quebra do rebolo ou goivando e deslocando a peça.

No primeiro aprendizado, tente colocar um pedaço de fita ou amarrar uma faixa curta de pano no volante do eixo Y. Ela está lá para lembrar que essa é a alça para baixo, só até você se acostumar com essa operação de três movimentos. Na Unidade 5-3, vamos aprender como configurar essas máquinas.

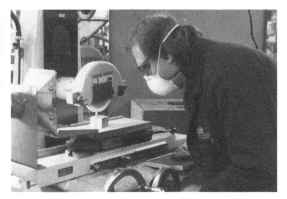

Figura 5-21 Sempre use óculos de proteção e uma máscara contra poeira quando dressar o rebolo ou operar a retificadora sem fluido refrigerante.

Retificadoras hidráulicas de produção

A grande irmã das retificadoras planas, essas máquinas têm envelopes de trabalho de cerca de 24 pol. de X para até 20 pés ou mais. Por exemplo, na Fig. 5-22, o comprimento da tabela é de 6 m (cerca de 20 pés).

Além do eixo X acionado hidraulicamente, os eixos Y e Z são acionados automaticamente. A maioria das funções de avanço automático da retificadora pode ser operada automaticamente ou por câmbio, ou ainda manualmente. O eixo X nas retificadoras é muito grande e não possui movimentos manuais, pois é grande demais para mover-se sem uma força hidráulica. Usando paradas estratégicas para ajustar os três eixos, essas máquinas muitas vezes apresentam funcionamento totalmente automático ou CNC.

Como a taxa de remoção e de calor é um desafio constante, essas retificadoras sempre dispõem de sistemas poderosos de refrigeração! Máscaras de partículas são ainda mais importantes aqui, bem como bons óculos de segurança.

Nota de Segurança Acidentes impressionantes com retificadoras acontecem mais rápido do que sua capacidade de reagir. Elas não estão disponíveis na primeira experiência do operador. Na nossa oficina, os alunos aprendem a operar uma retificadora primeiro em pequena escala.

Devido a sua natureza pesada, a mesa não rola sobre rolamentos, mas, em vez disso, são empurradas, através de um cilindro hidráulico. A mesa desliza sobre uma **guia hidrostática** (Unidade 1-3).

Iniciando uma máquina hidráulica Ainda que qualquer superfície da máquina que desliza geralmente precise de um filme lubrificante entre os componentes móveis e estacionários, os verdadeiros mancais hidrostáticos forçam uma espessura previsível de óleo entre os dois. Quando são aquecidos até uma pressão total, não ocorre contato de metal com metal, e os componentes são separados por uma distância exata preenchida com óleo. A Dica da área aplica-se às máquinas manuais, automáticas de grande porte e todas as CNC.

Figura 5-22 Retificadoras planas grandes como esta e a mostrada na Fig. 5-23 com recurso de acionamento automático nos eixos X, Y e Z.

> **Dica da área**
> **Exercitando a maioria das máquinas** Similares a um corredor de longa distância ou a um halterofilista, é importante para máquinas hidráulicas e máquinas CNC "alongarem e aquecerem" antes de demandas pesadas de trabalho, pois precisam ser colocadas em acionamentos e mancais. Depois de um longo período de tempo ocioso, essa é uma responsabilidade de inicialização do operador quanto à precisão e vida útil do equipamento. Aqui está um processo de três passos para uma retificadora plana, semelhante em outras máquinas.

Após a verificação do nível do óleo hidráulico, complete se necessário; inicie a bomba (sem mover a mesa) e deixe a máquina ociosa por 2 ou 3 minutos, enquanto a pressão aumenta e a mesa levanta na sua almofada de película de óleo.

Pressão estável – exercício de aquecimento – Curso completo Então, de forma suave, "exercite" as guias pelos volantes ou o acionamento automático. Isso implica em pequenos deslocamentos do eixo X muitas vezes – entre 4 e 6 pol. Finalmente, para distrubuir o fluido hidráulico de maneira uniforme ou sangrar o ar preso no êmbolo do cilindro devido a um período longo de não utilização, movimente a mesa entre os extremos esquerdo e direto. *Cuidado!* Seu instrutor deverá mostrar como são feitos os passos 2 e 3 na máquina do seu laboratório, especialmente o terceiro, em que você estará levando a máquina aos extremos.

Para exercitar um equipamento CNC, recomendamos um programa de aquecimento que realize laços de repetição com diversos movimentos longos e curtos dos eixos. Este deve levar em conta qualquer preparação da máquina de forma a não colidir o rebolo ou a ferramenta contra a peça ou acessório. Carregue e rode, enquanto você abre sua caixa de ferramenta, prepare o avental e leia as instruções para o dia.

Configurar uma retificadora plana

Configurar uma retificadora plana exige quatro tarefas:

1. *Configurar o curso e os limites de avanço* – comprimento X, largura Z e as quantidades de sobrepassagem; Y com avanço em mergulho – se a máquina possuir essa característica.
2. *Preparar uma fixação segura da peça.*
3. *Suprir fluido refrigerante.*
4. *Montar e preparar o rebolo* (Unidade 5-3). Este é o rebolo certo para o trabalho, e está dressado, centralizado e afiado?

Comprimento correto do curso e largura

Configurar uma retificadora plana exige três ou quatro etapas, dependendo do tipo de máquina:

1. **Limites de curso X direita / esquerda**
   Defina limites além da superfície da peça de trabalho, em pelo menos 0,5 pol.

2. **Limites do eixo Z – para dentro / para fora deslocamento completo do rebolo**
   Ajuste para ir além da aresta, utilizando metade da largura do rebolo.

3. **Eixo Z de sobrepassagem por curso X**
   Distância do rebolo que é movido lateralmente para cada novo curso X.

   Defina a etapa de entrada/saída como metade da largura do rebolo em cada curso.

4. **Quantidade do eixo Y para avanço-abaixo – Situacional**
   De 0,0001 a 0,0005 pol., dependendo do trabalho, granulação do disco, estrutura e resistência da preparação. Esses montantes são conservadores para o aprendizado. Máquinas manuais não apresentam avanço automático.

Retificadoras planas possuem configuração para o curso e limites de avanço que são definidos em função do tipo de retificadora manual-automático ou CNC. O retângulo de configuração (comprimento X e largura Z) deve ser maior do que a superfície da peça para uma determinada medida. A Figura 5-24 mostra uma típica preparação – o retângulo com comprimento do curso e largura.

Todas as retificadoras planas possuem batentes ajustáveis para o comprimento do curso X e também possuem o eixo Z de largura com cames de parada. Em retificadoras planas operadas manualmente, o eixo Y para baixo da avanço é, em seguida, uma função da mão. O avanço para baixo em máquinas automáticas é uma catraca que promove um engrenamento no eixo Y um, chamado de **avanço em mergulho**. Ele pode ser desativado ou trocado para o volante Y de avanço automático quando necessário. A escolha é ajustada para mergulhar um determinado número de 0,0001 ou 0,0002 pol para baixo na extremidade de cada curso. Em máquinas CNC, todas essas funções estão no menu dirigido no comando (Fig. 5-23).

Diretrizes para instalação e operação

Definir X e Z do came de parada implica em passar o rebolo além da peça em cada eixo (Fig. 5-24). É aí, quando o rebolo não está em contato com a superfície de trabalho, que os movimentos laterais e para baixo ocorrem. O curso X direita/esquerda deve limpar o trabalho por pelo menos meia pol. Veja a Figura 5-25.

Ponto-chave:
O comprimento adicional do curso X, além do contato, permite uma boa ação com fluido refrigerante, mas também se obtêm resultados profissionais. É a zona em que o disco é deslocado lateralmente em Z e ocorre o avanço em mergulho. Veja a Dica da área.

Passos e limites no eixo Z

O eixo Z tem duas funções: movimento lateral para cada curso e limite completo em cada extremidade de trabalho.

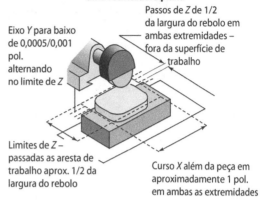

Configuração do retângulo de trabalho de uma retificadora plana

Eixo Y para baixo de 0,0005/0,001 pol. alternando no limite de Z

Passos de Z de 1/2 da largura do rebolo em ambas extremidades – fora da superfície de trabalho

Limites de Z – passadas as aresta de trabalho aprox. 1/2 da largura do rebolo

Curso X além da peça em aproximadamente 1 pol. em ambas as extremidades

Figura 5-24 Típicos ajustes de parada e movimento para qualquer retificadora plana, manual, automática ou CNC.

Ponto-chave:
Limites em Z são definidos de tal modo que o rebolo se desloque metade de sua largura em cada curso e fora da aresta da peça em cada lado.

Dica da área
Curso maior no eixo X é mais seguro Embora aumente o tempo de ciclo, não há problema em ajustar um curso em X muito maior do que o objeto. Na verdade, é mais seguro para as suas preparações iniciais. No entanto, na produção, o objetivo é definir o limite X de tal forma que o rebolo limpe apenas o suficiente para evitar as faixas de passo lateral (eixo Z) no acabamento produzido.

Refrigerantes para as operações de retificação

Duas formas: Injeção de baixa e de alta pressão

Nas velocidades periféricas extremas necessárias para a retificação, atrito e calor tornam-se questões importantes. Em retificadoras planas equi-

Figura 5-23 Típico tamanho de uma retificadora plana.

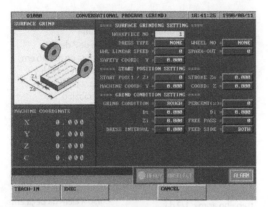

Figura 5-25 O mesmo limite do retângulo e os passos são as entradas do programa (chamado de parâmetros) nesta retificadora plana com comando CNC.

padas com sistemas de refrigeração, para resfriar a peça, em geral, uma injeção de baixa pressão é utilizada. Em muitas retificadoras planas, a proteção do rebolo contém um sistema de injeção que pode ser um bocal. De qualquer maneira, existe um fluxo geral de refrigerante que protege o trabalho do superaquecimento. Um pouco desse fluido também fica retido no espaço de ar no rebolo, de modo que ele atinge a zona de ação na qual o cavaco está se deformando, mas não o suficiente e nem é consistente o suficiente.

Injeção de refrigerante

Para alcançar o ponto no qual o cavaco está sendo removido da peça, uma corrente focalizada é dirigida para o ponto de contato, onde o rebolo começa sua passagem através da peça. Isso aprisiona o refrigerante nos poros do disco. O refrigerante preso realiza dois serviços:

1. **Deformação lubrificada**
   Lubrifica de forma confiável a formação de cavacos à medida que cada pequena aresta negativa (grão abrasivo) deforma o cavaco.

2. **Ejeção do cavaco**
   Após o cavaco ser formado, o refrigerante preso evita que o cavaco quente se ligue com os grãos abrasivos. Também, à medida que o jato de fluido refrigerante sai para fora do rebolo no fim do corte, sua massa ajuda a arremessar para fora o cavaco.

O que fazer quando a máquina não tem fluido refrigerante

A maioria das retificadoras manuais e de ferramentaria não tem fluido refrigerante. Se assim for, você tem duas opções:

Pulverizador de refrigerante Um acessório para pulverizar refrigerante funciona bem. Para melhores resultados, deve ter como alvo a área de contato do rebolo. O fluido que não ficar preso no interior do disco ajudará a resfriar a peça, mas o aspecto importante é o de obter um fluido refrigerante para a zona de formação do cavaco. Além disso, se um pulverizador não estiver disponível, ar puro pode ser dirigido para o rebolo e pode trabalhar para mantê-lo fresco, mas não terá nenhum efeito sobre a deformação do cavaco.

Criar uma operação ou preparação de resfriamento Há várias coisas que se pode fazer quando não há refrigeração disponível:

1. **Escolher um rebolo resfriável**
   Com uma estrutura mais aberta, ou maior tamanho de grãos, ou um abrasivo mais duro que tende a manter suas arestas por mais tempo.

2. **Retificar menos material/Menor remoção por minuto**
   Esta é a última opção. Deixe o material resfriar naturalmente por convecção para o ar ambiente.

Alguns materiais podem ser retificados com sucesso sem fluido refrigerante (ferro fundido, por exemplo), mas se estiverem disponíveis, refrigerantes sempre melhoram a retificação de quatro maneiras:

1. **Reduzem a produção de calor**
   Eles diminuem o atrito acarretando uma menor deformação térmica.

2. **Retiram o calor indesejado do trabalho e de acessórios de fixação**

Em retificadoras de precisão, essa é uma questão crucial, pois as tolerâncias são pequenas. A expansão térmica da peça ou da fixação podem estragar a exatidão do processo.

3. **Vida estendida do rebolo devido ao resfriamento dos grãos abrasivos**
   Como os grãos minerais são excepcionalmente duros, fluidos refrigerantes estendem suas vidas através da estabilização da fratura térmica indesejada em ciclos de quente/frio/quente. Mas isso é apenas quando uma quantidade adequada de fluido refrigerante é injetada na interface entre o disco e a peça diretamente no ponto de contato (Fig. 5-26). Apenas inundar as áreas da peça em geral ajuda a resfriar a peça, mas pode levar a uma situação de tentativa e erro na refrigeração dos grãos abrasivos (Fig. 5-26). A quantidade adequada de fluido refrigerante em qualquer prepração na retificadora ocorre forçando uma corrente de fluido no rebolo enquanto entra em contato com a peça.

4. **Ejeção do cavaco**
   Fluido refrigerante preso nos poros junto com o cavaco ajuda a arremessá-lo para fora do disco durante o instante de tempo quando o disco não está em contato com a peça. Caso contrário, o cavaco permanece incorporado causando empastamento no disco (Fig.

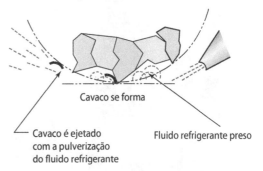

Figura 5-27 Fluido refrigerante corretamente injetado é aprisionado nos poros do rebolo até que é arremessado para fora, ajudando a limpar o cavaco do rebolo.

5-27). Assim, à medida que o rebolo limpa a peça, devido à força centrífuga, o fluido refrigerante preso é jogado para fora carregando consigo o pequeno cavaco. Para fazer esse efeito, fluidos refrigerantes devem ser injetados com a força no ponto de contato entre disco / trabalho.

> **Ponto-chave:**
> Corretamente utilizado, fluido refrigerante na retificação cria uma névoa fina do outro lado do rebolo, o que indica o uso correto do fluido (Fig. 5-28). Isso também vale para retificadoras cilíndricas.

Razão fluido refrigerante – água na retificação

A maioria das oficinas usam o mesmo xarope como fluido refrigerante que é usado por toda a oficina. Para retificação, porém, é uma mistura proporcional de água com xarope em uma relação próxima de 50 para 1. Leia as instruções do produto. Oficinas que fazem lotes de retificação de ligas especiais, como o titânio ou o magnésio precisam usar fluidos refrigerantes especializados designados apenas para o trabalho abrasivo. Veja a Dica da área.

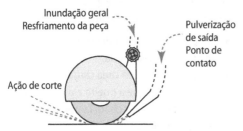

Figura 5-26 Inundação da área com fluido refrigerante reduz em geral a temperatura de trabalho, mas lubrifica a ação de corte somente na base da tentativa e erro. Uma fonte melhor é o bocal do lado direito, focado na interface do disco de trabalho.

Figura 5-28 Fluido refrigerante está corretamente injetado na interface entre o rebolo e a peça de trabalho sobre esta retificadora de eixo com comando de válvula.

Dica da área
Misturar fluido refrigerante Sempre requer uma leitura cuidadosa das instruções de mistura. Eles não são todos iguais. Siga as recomendações específicas para cada aplicação em especial. Proporções iguais ou superiores a 50 pra 1 são comuns para trabalhos em retificadoras. Além da diminuição da performance, o limite para a mistura não deve exceder a capacidade do fluido refrigerante de proteger o equipamento contra a corrosão durante a noite. Além disso, muitos fabricantes recomendam a adição de água para o xarope concentrado, agitando constantemente, e não do xarope para a água. Por quê? Tem a ver com a ligação das moléculas. Uma mistura mais completa é obtida dessa maneira.

Seis métodos de fixação da peça

Há seis opções para segurar a peça para retificação plana. Vamos fazer um resumo das duas mais comuns em primeiro lugar e, em seguida, falaremos das restantes na próxima unidade.

Morsas na retificação de precisão

O trabalho pode ser fixado em uma morsa pequena, da mesma forma como em uma fresadora. Mas, para retificação, existe uma versão mais precisa reservada apenas para a retificação plana e as operações de ferramentaria (Fig. 5-29; utilização mostrada na Fig. 5-4).

As habilidades que você já possui para morsas também se aplica na retificação.

- Sempre use a mandíbula sólida para alinhar superfícies de referência.
- Lembre-se que, para cada carga na morsa, tenha certeza de que a poeira e a sujeira saiam da superfície de precisão. Limpe-as antes de carregar a morsa.
- Use um martelo antirrecuo para tocar levemente a peça até que esteja firmemente encaixada.

Figura 5-29 Morsa típica de precisão para retificação.

> **Ponto-chave:**
> Para qualquer preparação, em uma morsa ou qualquer outro método para prender a peça, a ação do rebolo força o trabalho do operador para a esquerda (ver Fig. 5-30). Esteja certo de que nenhuma pessoa estará à esquerda da retificadora. Isso se tornará mais importante em fixações mais complexas e para retificadoras planas maiores.

Placas magnéticas

A peça geralmente é fixada na superfície das máquinas de retificação com uma placa magnética, que pode ser uma **placa eletromagnética** (Fig. 5-31), cujo aperto pode ser ligado ou desligado. Mas o mais provável em uma máquina de pequeno porte é usar um **placa magnética permanente** (Fig. 5-32). Não há eletricidade envolvida (Fig. 5-33).

Semelhantes a um suporte magnético para relógio comparador, elas são ativadas por uma alavanca mecânica que opõe ou alinha ímãs em seu interior. Quando eles se opõem, a força é cancelada, mas quando eles se alinham, a força atrativa pode ser grande – grande o suficiente para beliscar as pontas dos dedos!

Garantia de uma instalação segura

> **Ponto-chave:**
> Sempre verifique se o mandril magnético está desligado antes de colocar qualquer objeto sobre ele.

Ao colocar a peça sobre a placa magnética, nunca coloque os dedos sob o objeto! Ele deve ser desligado, e se a placa é deixada acidentalmente ligada quando o trabalho se aproximar dela, a força descendente pode ser grande o suficiente para esmagar e cortar as pontas dos dedos! Veja a Figura 5-32.

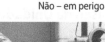

Figura 5-30 Por mover-se incorretamente para a esquerda do rebolo (primeira foto), o operador colocou-se em perigo, enquanto o operador na segunda foto está na zona de segurança.

Figura 5-31 Placa eletromagnética típica.

Figura 5-32 Nunca coloque os dedos em um objeto que você colocou sobre uma placa magnética. Se a placa é deixada acidentalmente ligada, a força descendente pode esmagar e cortar seus dedos!

Após o ímã estar ligado, teste-o segurando a peça e, em seguida, empurre a peça e puxe-a para ter certeza de que não pode haver movimento lateral ou qualquer tendência para balançar ou inclinar. Há tanta coisa para aprender sobre esses dispositivos tanto a respeito da segurança quanto para fixações bem-sucedidas que a Unidade 5-4 será

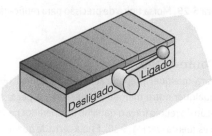

Figura 5-33 Placa magnética permanente.

dedicada a como ajustá-los. Procure seu chefe ou instrutor para verificar suas primeiras preparações.

As atividades para a Unidade 5-2 foram combinadas com as da Unidade 5-3.

Revisão da Unidade 5-2

Revise os termos-chave

Alternativa
Ação para frente e para trás.

Avanço em mergulho (avanço para baixo da retificadora)
Avanço de catraca ajustável que aciona o eixo Y para baixo na extremidade de cada passada do curso X de uma retificadora plana ou cilíndrica.

Guia hidrostática
Filme de óleo de espessura previsível que separa os componentes deslizantes.

Placa eletromagnética
Aperto (controle) que pode ser ligado ou desligado e o magnetismo residual pode ser reduzido a zero.

Placa magnética permanente
Conjuntos de ímãs que se opõem ou atraem uns aos outros dentro da placa. Uma alavanca gira um conjunto em relação ao segundo conjunto, o que também causa ou cancela o aperto.

Reveja os pontos-chave

- *Proteção respiratória!* Além de fragmentos do rebolo e da peça, retificadoras representam um perigo como respirar poeira e partículas de fluido refrigerante – use sempre uma máscara ou filtro.
- Os fluidos refrigerantes ajudam a lançar os minúsculos cavacos para fora do rebolo durante uma fração de segundo quando o disco não está em contato com peça.
- Normalmente utilizado na retificação, o fluido refrigerante é injetado na interface rebolo-peça. Isso cria uma pulverização para o outro lado do disco, mas indica a utilização correta do fluido.
- Para qualquer fixação, em uma morsa ou na posse de algum outro método de fixação, a força do disco contra a peça é para a esquerda. Isso se tornará mais importante com preparações mais complexas e quando utilizar retificadoras planas maiores.
- Nunca coloque os dedos sob o objeto! Deixado acidentalmente, quando a peça se aproxima da placa magnética, a força descendente pode ser grande o suficiente para esmagar as pontas dos dedos.

» Unidade 5-3

» Preparações que funcionam corretamente

Introdução Segurança e configurações sólidas se combinam, especialmente quando usa-se placas magnéticas e rebolos de alta velocidade. Nem precisamos salientar que o uso de rebolos requer orientação e instrução individual.

Utilizar placas de proteção e óculos de proteção, mesmo quando você não está removendo metal, é um bom começo – por quê? *Rebolos podem explodir e explodem mesmo quando estão girando sem tocar na peça.*

Placas magnéticas adicionam um novo toque na segurança da preparação. Enquanto ímãs produzem resultados precisos, sua aderência comparada com a de placas de aperto positivas, grampos e morsas de fresadoras, as tornam um tema de foco especial. Quando placas magnéticas não são aplicadas corretamente, peças tombam, escorregam e às vezes saem voando da máquina, o que quase sempre leva a quebra do rebolo e a objetos voando!

Termos-chave

Afiação ou dressagem
Reexpor grãos cortantes para desobstruir, afiar e centralizar o rebolo.

Balanceamento estático
Teste gravitacional de rebolos para deslocar o peso a fim de neutralizar o desbalanceamento.

Balanceamento dinâmico
Rotacionar rebolos e cortadores em velocidades de trabalho, removendo todas as condições de desequilíbrio.

Bastão
Pedaço de diamante acoplado em uma haste – usado para dressar o rebolo.

Calços retificados
Blocos extras que aderem à placa magnética, usados para garantir a estabilidade da peça.

Centralização do disco
Afiar o rebolo para que ele esteja perfeitamente cilíndrico e concêntrico com o eixo-árvore da retificadora.

Desmagnetização
Remoção de resíduo magnético de peças magnéticas expostas à placa.

Eixo-árvore (retificadora)
Cubo de precisão, eixo e flange de montagem para um rebolo.

Flange (rebolo)
Lados largos da montagem do rebolo designados para distribuir a carga sobre uma área maior. Devem ter $\frac{1}{3}$ do diâmetro do rebolo ou podem ser maiores.

Grampos de placa magnética
Usados quando os calços não são seguros o suficiente, ou eles são muito espessos para a limpeza do rebolo. Este grampo em forma de U mantém os parafusos de fixação contra a lateral da placa.

Rebolo empastado
Disco usado desmasiadamente que perdeu suas arestas de corte. O calor faz as partículas do aglomerante se esfregarem e formarem uma superfície muito parecida com o vidro, a qual não é cortante.

Retificação flutuante
Segurar e retificar materiais não magnéticos usando calços e placas magnéticas.

Teste sonoro
Bata no disco desmontado em vários pontos, enquanto escuta um som claro parecido com um sino. Rebolos quebrados produzem um som surdo.

Montagem, afiação e balanceamento de um rebolo

A primeira configuração é montar o rebolo na retificadora. Segue o procedimento passo a passo.

Remoção do disco antigo

Use um bloco de madeira ou outro material protetor na placa para proteger o rebolo em movimento e a placa/mesa. Solte a porca do eixo-árvore em $\frac{1}{4}$ de volta. Bata no cubo do eixo-árvore com um martelo de plástico para quebrar o cone de autotravamento, em seguida, remova o disco e o cubo. (Caso a retificadora possua uma simples **flange** e um disco de montagem com porca similar ao esmeril de bancada, então a batida não é necessária.) Cuidado – retificadoras geralmente usam uma rosca de sentido anti-horário para porcas de flange!

Após a remoção do rebolo, nunca role-o ou coloque-o onde outros itens possam ser armazedados em cima dele.

> **Conversa de chão de fábrica**
>
> **Opção de dupla velocidade** Muitas retificadoras industriais de grande porte possuem uma opção com eixo de alta velocidade para aumento da rotação, a fim de uso eficiente de rebolos que foram afiados com pequeno diâmetro ou para a utilização de discos CBN. Nunca selecione a opção de alta velocidade a menos que o disco já tenha sido desgastado até metade de seu diâmetro original. Não use essa opção a menos que a rotação original do disco, limitada ao seu diâmetro original, seja compatível com a rotação da máquina. Sobrevelocidade e explosão do aro do rebolo podem ser resultados de uma rotação excessiva. Para ajudar a atender a esses requisitos, algumas retificadoras têm um botão de velocidade dupla em um lugar onde ele só pode ser ativado quando o disco estiver com metade de seu diâmetro original.

> **Ponto-chave:**
> Se você encontrar um rebolo danificado, mostre a seu instrutor ou chefe e então leve-o diretamente à lata de resíduos. Não dê chance para que ele seja acidentalmente reutilizado depois. Quebre-o completamente.

Verifique a identificação, a rotação e o tamanho

Esteja certo de que o rebolo de substituição é do mesmo material, diâmetro e forma, utilizando o número de seleção padrão para a máquina e o trabalho. Procure pelo rótulo de rotação máxima e cheque com o da máquina na qual será montado.

Tarefa 1   O disco correto e suas condições

Inspecione visualmente o disco por rachaduras e lascas e se há dois rótulos de assentamento de papel.

Os *rótulos de assentamento* têm dois pontos vitais para o rebolo (Fig. 5-34).

1. **Equalizar a pressão de aperto da flange**
   Sem os rótulos, a força de aperto é concentrada em pontos individuais, grãos mais altos, promovendo a ruptura do disco se a flange for apertada com muita força. Remova o rótulo para ver a marca dos grãos no papel. O papel distribui a carga sobre uma área do disco mais segura.

2. **Absorver impactos**
   Eles previnem a quebra do rebolo, agindo como um amortecedor quando o disco é acidentalmente sobrecarregado ou caso algum outro acidente ocorra, tal como escorregamento ou tombamento da peça.

Nunca aventure-se a usar um disco danificado ou lascado. Embora seja possível afiar o aro de um rebolo além da parte danificada, isso deve ser feito sobre supervisão, você não está autorizado a fazê-lo no nível iniciante. Apenas não use discos que pareçam ser perfeitos. Mas, como a Fig. 5-35 mostra, você nem sempre pode ver os danos, portanto não pule a tarefa 2.

Tarefa 2   Teste sonoro do disco

Um disco vitrificado quebrado soa da mesma forma que uma xícara de café quebrada, ele vai soar surdo em vez de soar com um toque claro. Para fazer o **teste sonoro** no disco, suspenda-o pelo furo de montagem com qualquer objeto duro conveniente (ou utilize seu dedo), em seguida, bata em quatro lugares ao redor do disco com uma chave de fenda de plástico ou com algum outro objeto não metálico duro. Rode-o cerca de um quarto de volta e realize novamente a tarefa (Fig. 5-36).

Mas você nem sempre pode ouvir as trincas que não deixam uma fratura muito longa no disco, portanto, após a montagem do disco, faça um teste de aceleração (será visto em seguida).

Figura 5-34 Você consegue ver a trinca neste disco? Sempre inspecione disco por sinais de danos visíveis e verifique se ele tem rótulos de assentamento em boas condições ou se eles estão prontos para uso.

Teste sonoro do disco

Disco apoiado por um dedo

Figura 5-35 O teste sonoro ajuda a encontrar trincas ocultas.

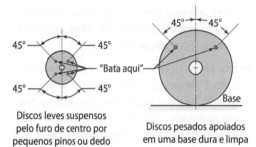

Discos leves suspensos pelo furo de centro por pequenos pinos ou dedo

Discos pesados apoiados em uma base dura e limpa

Figura 5-36 O teste sonoro pode encontrar a maioria das trincas ocultas caso elas sejam extensas.

Tarefa 3 Montar o disco na retificadora

Há vários detalhes para se observar quando montar um rebolo de precisão. Rebolos podem ser montados em máquinas de duas maneiras diferentes: diretamente ou em mudança rápida de eixos.

Estilos de montagem de flange de disco – direta ou troca rápida O eixo de montagem direta é semelhante ao de um esmeril de bancada. O furo de centro do disco encaixa no fuso do eixo-árvore da máquina (Fig. 5-37). O disco é mantido no lugar por um par de flanges de aço e uma porca de flange (geralmente de hélice mão esquerda) (Fig. 5-38), a qual rosqueia ao fuso do eixo-árvore. Essa montagem é utilizada em algumas retificadoras planas e ferramenteiras.

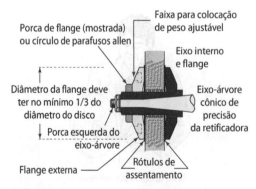

Figura 5-37 Seção transversal de um rebolo típico com flange e montagem de rápida troca de eixo cônico.

Figura 5-38 O protetor foi removido para mostrar uma flange típica de uma pequena retificadora.

Mesmo simples, a montagem direta de disco possui dois problemas. Primeiro, o fuso do eixo-árvore da máquina é sujeito a danos quando um acidente acontece, e que seja suficientemente severo para quebrar o disco. Segundo, essas montagens não incluem provisão de balanceamento de disco.

O cubo com montagem rápida é mais caro, mas provê uma solução melhor para montagens de produção nas quais os tempos de virada importam. Os rebolos montados dessa forma podem ser balanceados usando pesos deslizantes.

Oficinas em geral possuem muitos desses conjuntos de flanges e, portanto, podem manter em inventário rebolos montados, balanceados e centralizados, prontos para uma virada rápida. Cubos desse tipo também protegem o eixo-árvore da máquina de avarias durante um acidente.

Ponto-chave:
O balanceamento do rebolo é uma questão crucial não apenas para alcançar bom acabamento e exatidão, mas é também necessário para prolongar a vida dos rolamentos do eixo-árvore da retificadora. Veremos como daqui a pouco.

Tarefa 4   Torque da porca flangeada do disco

Quando montar o disco no **eixo-árvore,** aperte a porca ou o círculo de parafusos allen com as especificações do fabricante – se disponíveis. Normalmente, alguém lhe informará qual a quantidade de torque aceitável. Torque demais é tão perigoso quanto torque insuficiente! Rebolos maiores requerem maior pressão na flange externa, mas qualquer disco pode ser quebrado se o aperto for excessivo.

Padrões de torque   Caso a flange externa seja apertada com uma série de parafuso em um padrão circular como na Fig. 5-39, então use um torque cruzado e procedimento padrão. Aperte lentamente, um pouco por vez na ordem mostrada. Nunca aperte um dos lados primeiro. Distribua a força por igual.

Tarefa 5   Balanceamento primário do rebolo

Rebolos alocados em eixos-árvore requerem uma operação de balanceamento em uma única etapa (ou um processo mais fino de duas etapas) por duas razões:

1. **Diferença de densidade do disco**
   Discos de qualidade possuem densidade uniforme, mas elas não são perfeitas.

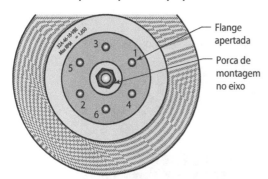

Figura 5-39 A fim de evitar a concentração de força em um único ponto, flanges aparafusadas em círculo requerem um pouco de aperto por vez, seguindo um padrão, até que atinjam o torque de aperto especificado.

Dica da área
Esteja atento para uma seta estampada em alguns rebolos industriais. Ela dirá "Para cima" ou "Para baixo" (Fig. 5-40). Montado dessa maneira, o disco deverá aproximar-se do equilíbrio inicial. Essa foi a maneira com que o disco foi montado, balanceado e alinhado na fábrica.

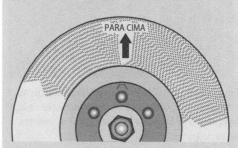

Figura 5-40 Monte o disco de acordo com a indicação da seta se estiver estampada no disco ou no rótulo.

2. **Folga na montagem**
   Há uma folga necessária entre o cubo do rebolo e o eixo-árvore, o que afetará o equilíbrio.

Balanceamento estático e dinâmico   Há duas maneiras de balancear um disco. Você já viu os dois processos na sua oficina.

Balanceamento estático é o método simples, porém não é o melhor. É um teste de gravidade feito apoiando o disco e montando a flange em um conjunto de rolamento quase livre de atrito (Fig. 5-41). O lado mais pesado do rebolo tenderá para baixo. Pesos são adicionados e deslocados até que o disco perca a tendência de rolar. Esse é o método que você irá, provavelmente, aprender na escola. O balanceamento estático, no entanto, não elimina todos os problemas de equlíbrio quando ele é girado até a velocidade de corte.

Balanceamento dinâmico rotaciona o disco em sua velocidade normal de operação, então, através de sensores, detecta-se onde e como os pesos devem ser colocados. Para ver o porquê, considere um pedal de bicicleta. Ele deve estar estaticamen-

Figura 5-41 Um dispositivo para balanceamento estático é composto por dois pares de discos de aço temperado na forma de lâminas, com rolamentos livres de atrito.

te balanceado, contanto que ambos os pedais tenham o mesmo peso. Tirando a corrente da roda dentada para permitir rotação livre, ele não deveria ter um lado mais pesado. Mas, agora, suponha que ela gire a 1.000 rpm. É possível observar que, embora ela esteja estaticamente balanceada, o peso não é distribuído em torno do eixo do pedal. Ela terá uma tendência a oscilar, porém os rolamentos evitam esse efeito e ele é transformado em vibração. Do mesmo modo, para balancear um rebolo, os pesos deverão ser colocados em ambas as flanges do disco, no interior e exterior, para cancelar os problemas do equilíbrio dinâmico.

Balanceamento dinâmico é o processo industrial preferido para pequenas tolerâncias de retificação (Fig. 5-42). Também é necessário para preservar os rolamentos da máquina e realizar acabamentos mais finos. Máquinas CNC mais recentes incluem o balanceamento dinâmico como parte de suas rotinas internas. Veremos esse conceito novamente quando chegarmos à usinagem em alta velocidade (Capítulo 11 do livro *Introdução à Usinagem com Comando Numérico Computadorizado*, disponível online), em que os cortadores de rotação extrema também devem ser balanceados dinamicamente.

Tarefa 6   Montagem e afiação/ alinhamento ou centralização do disco

Dressar o disco é uma reafiação da sua aresta por fratura deliberada da mesma e/ou expondo novas arestas. **Centralizar o disco** é fazer o seu aro ficar concêntrico com o eixo da máquina e deixar a superfície de corte perfeitamente cilíndrica. Eles são realizados ao mesmo tempo.

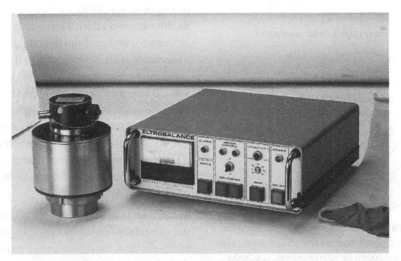

Figura 5-42 A unidade de sensores para balanceamento dinâmico está ligada ao disco enquanto ele gira. Um computador determina onde e como os pesos devem ser colocados.

Rebolos devem ser afiados quando forem colocados (veja a Fig. 5-49 no Capítulo 5 do livro *Introdução à Manufatura*) e quando ficarem **empastados**. O empastamento ocorre quando se retifica uma peça durante muito tempo além de onde os grão têm alguma aresta de corte. O calor faz o aglomerante do disco esfregar com a superfície resultando em algo como vidro liso. O desgaste normal faz a face do disco ficar fora de centralização.

Ferramentas para afiação de discos de precisão Assumindo que estamos afiando um óxido de alumínio ou um disco de carboneto de silício, para precisão de superfícies retificadas e peças cilíndricas, nós, quase sempre, usamos diamantes (Fig. 5-43). Um único cristal de diamante acoplado no cobre/níquel é chamado de **bastão dressador**. Ele não tem uma qualidade de joia mas, no entanto, ele é caro. Alternativamente, lascas de diamante mais baratos podem ser usadas quando elas são incorporadas em materiais moles como o cobre ou resinas duras (Fig. 5-44).

Como visto na Fig. 5-43, os dressadores com diamante podem ser montados em um bloco que adere na placa magnética para a afiação do rebolo. Ele é colocado na extremidade de uma barra redonda para afiar rebolos cilíndricos. Caso o bloco de montagem seja um cubo sólido, o bas-

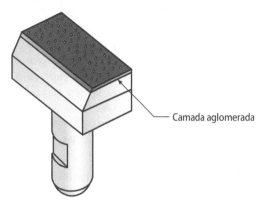

Figura 5-44 Blocos dressadores conglomerados trabalham quase tão bem (para a maioria das situações de afiação) e custam menos.

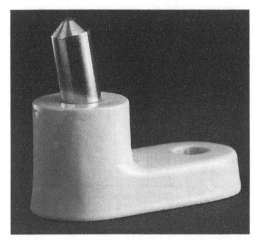

Figura 5-43 Bastão dressador de diamante em um bloco de superfície de retificação.

> **Dica da área**
>
> **Afiação** Aqui estão algumas dicas sobre as maneiras corretas de como dressar um rebolo.
>
> - O diamante é posicionado cerca de 15° a 20° além do centro do disco, como mostrado na Fig. 5-45. Tenha certeza de que o eixo X está travado ou não se move. Utilizando o eixo Y, o disco é abaixado até que toque o diamante preso na placa magnética. Em seguida, empurre-o para baixo cerca de 0,005 pol. para a primeira passada.
>
> - Usando tanto a manivela do eixo Z como o avanço automático, o rebolo é movido sobre o diamante, de forma moderadamente lenta a cerca de 1,5 a 2,0 pol. por minuto.
>
> - Para saber se o rebolo está centralizado, procure por cores consistentes em toda a face do disco e escute os sons intermitentes transformando-se em sons sólidos. A centralização do disco por completo pode levar duas ou mais passadas de cerca de 0,003 a 0,010 pol.
>
> - Não dê passos profundos, existe a possibilidade de retificar o bastão dressador acoplado no material. O diamante não é encontrado

uma vez que é ejetado! (Eu nunca o encontrei! Boa sorte.)

O passo final é feito um pouco mais lentamente, em torno de 1,0 pol. por minuto. Há dois erros cometidos aqui, e ambos tiram o corte dos novos grãos. Indo muito devagar, de modo que a nova aresta de corte atinja o diamante uma segunda vez na próxima revolução, ou, tomar uma passada extra para o outro lado sem baixar o disco novamente "só para ter certeza".

A última dica é rotacionar o bastão dressador no seu respectivo suporte de tempos em tempos. Isso o mantém em uma forma cônica pontiaguda uniforme e prolonga a sua vida na montagem pois o desgaste acontece ao longo de todos os lados.

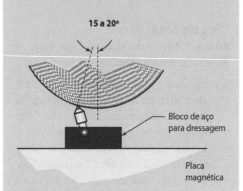

Figura 5-45 O dressador de ponta única está situado a 15° além do centro do disco – você consegue ver o porquê?

tão dressador pode ser montado na sua lateral, quando for necessário afiar a lateral e não o aro do rebolo.

Ponto-chave:
Quando dressar um disco, dê um último passo ligeiramente mais lento do que quando centralizando, porém não muito devagar. Tenha certeza de que o eixo X não se move.

Afiação da lateral do rebolo Retificar a superfície de uma peça usando o lado de um rebolo (não o aro) não é uma operação para um iniciante. Porém, para passos de acabamento da peça e outras situações que virão, isso às vezes é necessário. Muitas vezes usamos o lado do disco para retificar em ferramentaria, mas usaremos um disco específico para essa tarefa. Na retificação plana, em que o aro do disco pretende realizar o trabalho, o calor é o maior problema. Quando apoiamos a peça ao longo de um arco, grande parte da superfície do disco entra em contato com a peça em qualquer etapa do processo. Quando for necessário usar a parte lateral do disco, utilize a Fig. 5-46 para guiar a operação de afiação e procure ajuda pela primeira vez.

Dica da área
Aliviando a lateral do disco Aqui vai uma dica de como afiar a lateral de um rebolo de forma a reduzir o aquecimento. Uma folga é dressada no disco tal que o contato com a peça é feito apenas ao longo de uma faixa estreita perto do aro. Primeiro, afie o disco planamente na lateral como na Fig. 5-46. Em seguida, mova o diamante para cima cerca de $\frac{1}{4}$ a $\frac{1}{2}$ pol. do aro e acione, cuidadosamente, a manivela do eixo Z para o lado do disco cerca de 0,025 pol. ou mais. É então afiado o lado um pouco além da profundidade de corte pretendido. Cuidado – nesta operação, você perde muito da vida útil do disco. Use-a apenas quando fizer uma operação com a lateral do rebolo e o aquecimento é, certamente, um problema.

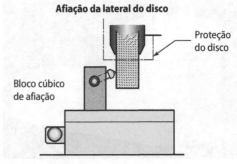

Figura 5-46 Afiação da lateral do disco requer precaução extra.

Ato de balanceamento fino Quando utilizar o balanceamento estático para obter o melhor acabamento possível e vida longa do disco, após o primeiro balanceamento e centralização inicial, remova o rebolo e o cubo da retificadora, então, balance-o uma segunda vez. Você descobrirá que, em muitos casos, a operação de afiação alterou ligeiramente as configurações iniciais.

Tarefa 7 Aquecimento do rebolo

Com todas as proteções no local, inicie a aceleração do rebolo em etapas. Ligue o eixo-árvore para uma contagem de dois, em seguida, desligue-o antes que ele atinja sua velocidade máxima. Então, ligue-o em uma contagem de quatro e desligue-o novamente. Finalmente, deixe ele ir até a velocidade máxima, mas fique longe do caminho. Deixe-o girar livremente por um ou dois minutos, como um teste. Rebolos com danos ocultos, normalmente, irão explodir durante esse período!

Esse ensaio de aceleração é uma boa prática após uma troca de rebolos ou quando a máquina não foi usada por muito tempo. Em máquinas que utilizam fluido refrigerante, o fluido irá escorrer na base inferior do disco nos espaços de ar como no momento em que ele para. Nesse método de inicialização, o fluido desbalanceado será espirrado para fora.

Tarefa 8 Sempre inspecione a montagem do rebolo

Caso o disco já esteja montado na máquina, gire-o lentamente e inspecione-o à procura de trincas ou lascas antes de usá-lo. O teste sonoro não é válido agora, por causa do rótulo de papel e da pressão na flange. Relate, imediatamente, qualquer dano – não tente dressá-lo novamente.

> **Ponto-chave:**
> **Montagem de um rebolo**
> Lembre-se dos sete pontos:
> A. Testes sonoros e visuais do rebolo.
> B. Checagem dupla do tamanho e rotação do rebolo.
> C. Sempre use rótulos de assentamento.
> D. Aperto da(s) porca(s) – siga a desmonstração do instrutor.
> E. Balanceie o rebolo, centralize-o e, em seguida, balanceie o rebolo novamente.
> F. Aqueça o rebolo.
> G. Sempre inspecione visualmente a montagem do rebolo antes de usá-lo.

Usando uma placa magnética com segurança

A placa magnética pode ser usada de infinitas maneiras. Vamos analisar alguns métodos básicos, mas você logo descobrirá maneiras criativas de combinar essas lições, aqui, com blocos pararelos, blocos em V e outros itens usados para preparar fresadoras e outras máquinas. A placa magnética pode até ser usada na retificação de materiais não magnéticos tais como alumínio e bronze, os quais não aderem à base. Para tanto, a peça é presa, usando conjunto de **calços retificados**, para conter a peça por completo (Fig. 5-47). Isso é mostrado brevemente na Fig. 5-50.

> **Ponto-chave:**
> A maioria dos acidentes na retificação plana é causada por um fixação imprópria, em que a peça pode se mover e ser tombada.

A fronteira para o sucesso está na análise das forças e no potencial da peça de ter movimentos in-

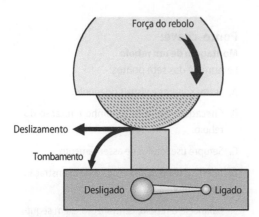

Figura 5-47 Antecipe e previna movimentos baseados na força de retificação.

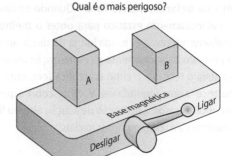

Figura 5-48 Qual bloco de aço é perigoso na fixação?

desejáveis. Portanto, ajuste bloqueios, grampos e outras ferramentas de travamento para que isso não aconteça! *Se a fixação lhe parecer minimamente fraca, ela não poderá ser utilizada!*

Segurança crítica

Potenciais movimentos, devido à força de retificação do rebolo, são o deslizamento para a esquerda e/ou o tombamento para a esquerda (Fig. 5-47).

Questão de pensamento crítico Qual movimento é o mais perigoso: deslizamento ou tombamento, e por quê?

Resposta Ambos são totalmente inaceitáveis, porém o tombamento é pior, porque ele gira o bloco pela aresta principal, o que empurra a aresta secundária na direção do rebolo. Isso sempre ocasiona uma avaria severa do rebolo ou a sua explosão. O tombamento também arruina a peça e entalha a placa!

Agora, examine a Fig. 5-48, na qual ambos os blocos que estão na base são de aço. *Qual deles é o mais perigoso?*

Essa foi fácil, o bloco mais alto tende a tombar mais facilmente. Mas há um ponto-chave: *mesmo o menor não está bem fixado.* Ele também tende a tombar e deslizar para a esquerda. Um elemento fundamental é avaliar a quantidade de área de retenção em relação à altura e às forças de retificação.

Se você conseguir inclinar a peça com as próprias mãos, a fixação, definitivamente, não é segura!

Mas e em relação a esse par? É o mesmo bloco de aço. Na Fig. 5-49, qual delas tem a melhor configuração – por quê?

Embora ambos os blocos sejam retidos pelo ímã com quase a mesma força atrativa, o bloco A tem o seu eixo longitudinal apoiado contra a direção de tombamento. Devido ao fato de sua maior face estar perpendicular à força de retificação, ela apresenta menor resistência ao tombamento. Mas o ponto mais importante é que ambos os blocos podem tombar, nenhum deles está pronto para ser retificado! Eles devem ser travados com calços.

Calços retificados

Quando a fixação inclui uma peça alta como na Fig. 5-48 ou 5-50, os problemas de tombamento

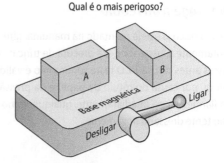

Figura 5-49 O posicionamento também pode estar certo ou errado!

podem ser, às vezes, resolvidos de duas maneiras. Usar calços retificados de aço é a solução mais imediata. Pode-se usar barras paralelas e barras de aço sem rebarbas de qualquer tamanho e forma como calços, contanto que elas sejam mais curtas que a peça de trabalho. Elas não podem ser ásperas ou poderão danificar a placa (Fig. 5-50). Quanto maior for a área de contato entre as barras e a superfície do ímã, melhor será a retenção da peça.

Aplicando um empurrão firme com sua mão, sempre teste a peça para simular a ação da retificação antes de começar a usinar. Tenha certeza de que a peça não se move.

> ### Dica da área
> Depois de ligar o ímã, bata firmemente, com um martelo antirrecuo, nos calços contra a peça. Se houver alguma dúvida, coloque sensores de papel entre os blocos e a peça. Ao puxá-lo, depois de definir a posição dos blocos, o papel vai mostrar se eles estão estabelecidos firmemente. Em seguida, basta deixar o papel na configuração, depois que os blocos estiverem bem apertados. Se o papel estiver bem preso entre o trabalho e os blocos, o líquido de refrigeração não irá afetar suficientemente as fibras do papel para alterar sua espessura.

Contenção completa – Retificação flutuante

Na Fig. 5-51, a peça está completamente presa à placa, pelos quatro lados. Se, usando um martelo

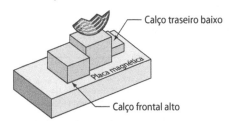

Figura 5-50 Calços retificados de aço, corretamente posicionados, evitam movimentos indesejados.

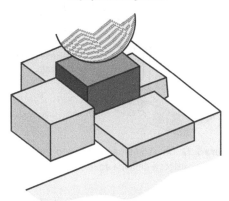

Figura 5-51 A peça quatro calços contêm – Ela não pode se mover lateralmente e o rebolo acima evita o movimento de subida da peça.

e as Dicas da área sobre os sensores de papel, os bloqueios estão bem apertados contra a peça, não haverá movimentação horizontal. Essa configuração permitirá a retificação de materiais não magnéticos. Pense nisso – uma vez que o rebolo está diretamente sobre a peça, ela estará totalmente presa. Ela flutua na configuração, porém não se move – por isso o nome **retificação flutuante.** No entanto, a expansão térmica seguida de contração pode afrouxar a configuração de blocos. Retifique lentamente, use refrigerantes se possível, use passos pequenos e verifique a fixação para ter certeza de que ela continua apertada.

Note que, em configurações semelhantes às da Fig. 5-51, o bloco dianteiro deve ser quase tão alto quanto o da peça, para evitar tombamento – no mínimo 75% da altura da peça. O bloco traseiro não precisa ser tão alto.

Cantoneiras de precisão

Placas utilitárias podem ser magnetizadas a fim de serem usadas para reter a peça usando grampos ou parafusos. Essa é a melhor solução para peças muito altas ou, de alguma forma, inadequadas para serem retidas na placa diretamente (Fig. 5-52). Mas, mesmo que elas adiram ao ímã muito bem, as

Uso de cantoneiras e grampos

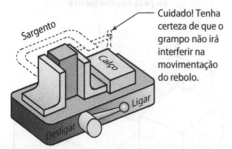

Figura 5-52 Uma combinação de cantoneiras, grampos e calços é definida aqui.

cantoneiras podem ser tombadas. Bloqueá-las no lugar também é necessário.

Questão de pensamento crítico

Você consegue prever outra maneira de rearranjar a fixação da Fig. 5-52 para garantir perpendicularidade nos dois eixos?

> **Dica da área**
> Quando usar grampos em retificadoras, é uma boa ideia utilizar um pedaço de fita para prender a alça T, para que ela não bata no rebolo!

Resposta

Mova a parte traseira (para a direita) da cantoneira para o lado da peça, de modo que ela esteja presa em um par de placas que fazem um ângulo de 90° entre si. Em seguida, mova o calço traseiro para frente (para a esquerda) contra a peça, para prendê-lo. Mesmo assim, use o sargento ou outro método de fixação para puxar a peça entre as cantoneiras.

Transpassadores

Peças de formato estranho podem ser presas utilizando blocos transpassadores, os quais transferem a força para uma parte que requer espaço da mesa. Discutimos esse assunto anteriormente no Capítulo 8 do livro *Introdução à Manufatura*, mas aqui é que eles realmente aparecem nas fixações. Blocos *transpassadores* são feitos alternando pedaços de aço e materiais não magnéticos – bronze, alumínio ou até mesmo plástico. Isso cria uma série de núcleos espaçados magnéticos que transferem a força da placa para a peça a ser presa. Mas fique atento, eles enfraquecem a fixação de certo grau.

Na Fig. 5-53, a base da dobradiça de metal precisa ser retificada no fundo. Ela é facilmente presa utilizando dois conjuntos de transpassadores para acomodar a protuberância. Mesmo que essa fixação pareça ser segura, recomendo firmemente a adição de blocos em volta da peça para ter certeza de que a peça não se move.

Grampos de placa magnética

Às vezes, os calços por si só não são seguros o suficiente ou não são finos o bastante para não interferir no rebolo. Nessas circunstâncias, um acessório como o grampo de placa pode ser usado como uma fronteira e possivelmente como um batente. Eles são uma simples barra de aço em forma de U com os parafusos na parte dianteira (Fig. 5-54). **Grampos de placa magnética** trabalham melhor quando o ímã está ligado, pois eles mantêm a porção fina central de se curvar, devido às forças do

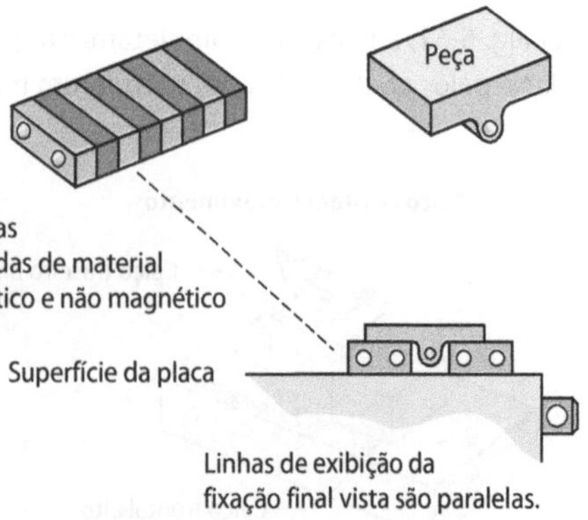

Figura 5-53 Transpassadores transferem a força da placa, embora eles a diminuam em certo grau.

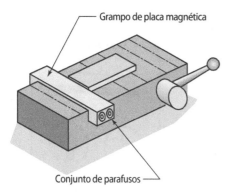

Figura 5-54 Um grampo de placa magnética pode substituir um batente fino.

conjunto de parafusos, porém eles podem ser usados sem a presença do ímã.

Ponto-chave:
Grampos de placa magnética são utilizados principalmente como batentes frontais muito baixos.

Guias traseiras da bancada

Para auxiliar no alinhamento da peça em relação ao eixo da máquina, quando for retificar ranhuras, por exemplo, a maioria das bancadas possui uma guia traseira. Sua altura é ajustável em uma pequena faixa (Fig. 5-55).

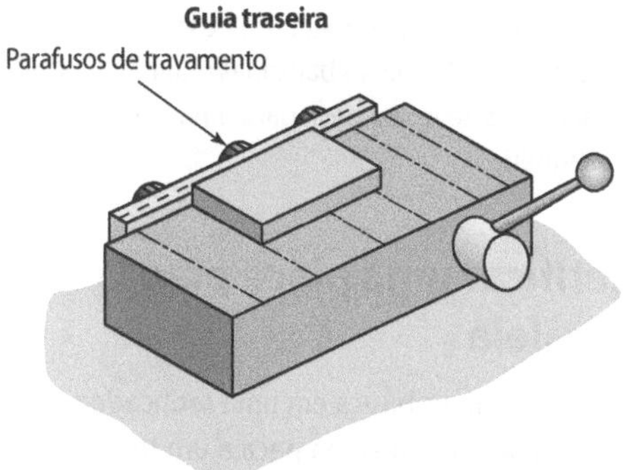

Ponto-chave:
Não suponha que a placa e a guia traseira estejam alinhadas ao eixo X da retificadora. Elas são apenas parafusadas no lugar e podem estar longe de ser paralelas. Acidentes também podem desalinhá-las. Acople um relógio comparador na proteção do rebolo e passe-o ao longo do comprimento da guia traseira para testar o alinhamento.

Mesas de seno com placa magnética

Caras e precisas, essas ferramentas de fixação são usadas para fixar e retificar superfícies angulares (Fig. 5-56).

Manutenção de ferramentas magnéticas de fixação

Em intervalos longos, o supervisor da oficina irá selecionar algumas placas para retificar a própria parte superior da mesma ou de outras ferramentas de fixação magnética. Apesar de que a retificação não é uma operação de manutenção diária, a placa possui sobremetal suficiente para ser retificada muitas vezes durante um longo período de tempo. Sob uso profissional, a placa não precisará ser retificada mais do que duas vezes por ano, e apenas 0,002 a 0,005 pol. será removida.

Figura 5-55 A maioria das placas possuem uma guia traseira para alinhar a peça, a morsa ou outros acessórios em relação ao eixo X, e para bloquear a peça contra a traseira da placa.

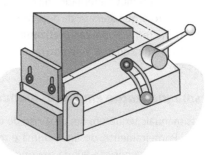

Figura 5-56 Mesa de seno com placa magnética inclina a peça a um ângulo preciso e também a mantém presa para ser retificada.

Entre retificações, pequenos entalhes e dentes podem ser gerados. Só após várias dessas imperfeições ocorrerem a retificação da placa é justificada.

Nunca deixe refrigerante sobre a placa no final de um turno e tenha certeza de que o ímã foi desligado. Se as placas do tipo elétrico são deixadas ligadas, elas irão aquecer, e as de ímãs permanente irão enfraquecer durante longos períodos deixadas ligadas.

Desmagnetização da peça

Qualquer material de trabalho que é atraído por um ímã (ferro, aço, alguns aços inoxidáveis, algumas ligas de níquel e uma liga, não muito usual, de alumínio-níquel e cobalto chamado de Alnico), se deixado sobre o ímã por um período de tempo, irá se automagnetizar. Normalmente, o residual magnético deve ser neutralizado para retirar o objeto da placa e precisa ser neutralizado para que a peça passe para a próxima estação. É difícil medir metais magnetizados em alguns casos.

Desmagnetização em placas eletromagnéticas

Para neutralizar residuais magnéticos, as placas eletromagnéticas geralmente possuem algum método de alternar a força para diminuí-la e, assim, a neutralização do magnetismo ser automática. Ao alterar a posição para desligado nesse ímã, o ciclo se inicia e dura cerca de 1 minuto. Utilizando a própria placa, o controle desmagnetizador cria campos alternados de diminuição lenta das forças, que drenam, da peça de metal, o magnetismo residual, **desmagnetizando**-a. Um indicador lhe dirá quando é seguro retirar a peça (Fig. 5-57).

Desmagnetização em placas manuais

Placas manuais requerem um processo de duas etapas. Primeiramente, desligue o ímã e mova a peça para uma posição 90° da sua original, se você conseguir. Rapidamente, mova a alavanca da placa de duas a três vezes – ligando e desligando-a. Esse passo, normalmente, neutraliza

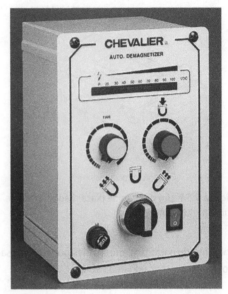

Figura 5-57 Este controle de placa inclui um autodesmagnetizador. Ele também possui botões para ciclos e potenciômetros para diminuir a força de atração da placa – um recurso útil quando as placas são deformadas.

a maior parte, mas não todo o magnetismo residual. Caso seja necessária a remoção total do residual magnético, então a peça é colocada sobre ou dentro de um acessório desmagnetizador elétrico.

> **Dica da área**
> Se sua oficina não possuir um desmagnetizador para ser usado com as bancadas magnéticas permanentes, leve sua peça para uma placa eletromagnética.

Retificar uma placa plana e paralela

A operação mais básica em uma retificadora plana é reduzir a altura de uma peça a um tamanho específico. Além de definir as paradas e os movimentos, o procedimento real de retificação não requer uma discussão além da demonstração feita por seu instrutor de recursos da máquina.

Placas finas e envergadas

Mas quando a placa dada está entortada ou é flexível, ela não pode ser simplesmente colocada na placa magnética e retificada. Conforme é liberada, ela irá entortar novamente indo do formato plano para o seu formato original anterior à retificação. Aqui vai a resolução desse problema. O segredo está na Dica da área chamada "calçar e virar."

A verdadeira dica está na primeira etapa (Fig. 5-58). Coloque a placa com a curvatura voltada para cima e calce-a de tal modo que o ímã não puxe o empenamento para dentro quando o ímã for ligado – essa é a etapa crítica. Sem o calço, a placa dobraria para baixo sob a atração do ímã, em seguida dobraria novamente para sua forma original quando liberada.

Com o(s) calço(s) no lugar, ligue o ímã e retifique a placa com uma passada de limpeza de pelo menos 75% da superfície. Em seguida, libere a peça, desmagnetize-a, vire-a do outro lado e calce o outro lado nas bordas da extremidade (Fig. 5-59).

Novamente, os calços evitam que a mudança magnética mova a peça da sua posição natural. Em seguida, retifique a placa com uma passada de remoção de cerca de 75% deste lado. Libere-a, vire-a do outro lado, e repita as etapas 1 e 2 uma segunda vez e finalize, a placa ficará plana e paralela. Agora ela pode ser fixada diretamente na placa magnética sem a presença da curvatura para uma retificação em seu tamanho final.

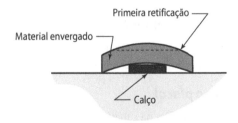

Figura 5-58 Etapa 1 – Coloque a peça com a concavidade para cima, então calce-a. Ligue o ímã e retifique cerca de 75% da superfície plana.

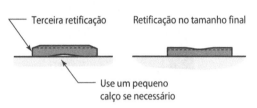

Figura 5-59 Libere, desmagnetize, vire a peça e calce-a no lado oposto. Agora, retifique-a com uma remoção de 75%.

Operação de uma retificadora plana

Cada retificadora plana é diferente. Esta instrução é geral e vai exigir informações específicas e uma demonstração da retificadora de seu laboratório. Aqui está um conjunto de orientações para o sucesso.

Sempre limpe todas as superfícies

Grãos à mercê são inimigos da precisão! Sempre limpe a superfície da placa com uma espátula de borracha, em seguida, use um pano limpo, então use suas *próprias mãos* para fazer um teste final (Fig. 5-60). Sua mão é o melhor detector de grãos! Um único grão de poeira/abrasivo deixado sobre a mesa, entre a peça e a placa, altera a repetibilidade em 5 a 10 vezes da repetibilidade esperada para a operação!

Profundidade de corte – Quanto?

Um erro comum cometido por iniciantes é tentar remover muito metal em uma única passada. Cada fixação, peça, rebolo e combinação de maquinário terá uma profundidade de corte diferente. Semelhante à fresagem e ao torneamento, não há uma regra rígida e rápida, mas aqui estão algumas orientações a serem lembradas para a pre-

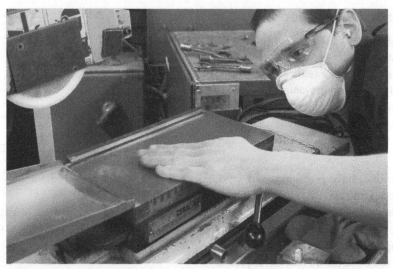

Figura 5-60 Após a limpeza com a espátula seguida do pano, faça uma última limpeza usando sua mão limpa. Essa é a única maneira de garantir que nenhum grão foi deixado para trás.

Peça	Profundidade de corte para passe através da peça	Sugestões
Aço doce	0,0005 a 0,003	Use refrigerantes
Aço duro	0,0005 a 0,001	Use refrigerantes e dressagem com frequência.
Ferro fundido	0,002 a 0,006	Refrigerante não exigido – mas ele ajuda a manter o pó sob controle. O pó do ferro fundido contamina os refrigerantes.
Alumínio	0,0005 a 0,005	O rebolo possui uma estrutura aberta e grossa. Esteja atento para o carregamento e o acúmulo de calor, especialmente quando não houver refrigeração disponível.
Metais não ferrosos	0,0005 a 0,003	
Inoxidáveis	0,0005 a 0,001	Use refrigerantes

paração e funcionamento da retificadora plana de pequeno porte:

Remoção da peça da placa

A remoção da peça de uma placa magnética pode ser desafiadora, tanto devido à vedação de ar criado contra a placa quanto ao magnetismo remanescente.

Segurança sempre

Nunca tente retirar a peça da placa antes de o rebolo parar de girar completamente.

Salve a placa!

Para evitar estrias na superfície da placa de precisão, não deslize a peça se você puder incliná-la e então levantá-la. Uma vedação de papel, colocado embaixo da peça na hora da fixação, evitará riscos ao tentar remover a peça. O segredo aqui é uma velha lista telefônica: seu papel fino é perfeitamente paralelo e vai ficar assim mesmo quando o refrigerante absorvê-lo.

Revisão da Unidade 5-3

Revise os termos-chave

Afiação ou dressagem
Reexpor grãos cortantes para desobstruir, afiar e centralizar o rebolo.

Balanceamento estático
Teste gravitacional de rebolos para deslocar o peso a fim de neutralizar o desbalanceamento.

Balanceamento dinâmico
Rotacionar rebolos e cortadores em velocidades de trabalho, removendo todas as condições de desequilíbrio.

Bastão
Pedaço de diamante acoplado em uma haste – usado para dressar o rebolo.

Calços retificados
Blocos extras que aderem à placa magnética, usados para garantir a estabilidade da peça.

Centralização do disco
Afiar o rebolo para que ele esteja perfeitamente cilíndrico e concêntrico com o eixo-árvore da retificadora.

Desmagnetização
Remoção de resíduo magnético de peças magnéticas expostas à placa.

Eixo-árvore (retificadora)
Cubo de precisão, eixo e flange de montagem para um rebolo.

Flange (rebolo)
Lados largos da montagem do rebolo designados para distribuir a carga sobre uma área maior. Devem ter $\frac{1}{3}$ do diâmetro do rebolo ou podem ser maiores.

Grampos de placa magnética
Usados quando os calços não são seguros o suficiente, ou eles são muito espessos para a limpeza do rebolo. Este grampo em forma de U mantém os parafusos de fixação contra a lateral da placa.

Rebolo empastado
Disco usado desmasiadamente que perdeu suas arestas de corte. O calor faz as partículas do aglomerante se esfregarem e formarem uma superfície muito parecida com o vidro, a qual não é cortante.

Retificação flutuante
Segurar e retificar materiais não magnéticos usando calços e placas magnéticas.

Teste sonoro
Bata no disco desmontado em vários pontos, enquanto escuta um som claro parecido com um sino. Rebolos quebrados produzem um som surdo.

Reveja os pontos-chave

- O balanceamento do rebolo é uma questão crucial não apenas para alcançar bom acabamento e precisão, mas é também necessário para prolongar a vida do fuso do eixo-árvore da retificadora.

- Quando afiar um rebolo, tome um último passo ligeiramente mais lento do que quando centralizando, porém não muito devagar. Tenha certeza de que o eixo X não se move.

- Na montagem de um rebolo faça:
  ♦ Testes sonoros e visuais do rebolo.
  ♦ Checagem dupla do tamanho e da rotação do rebolo.
  ♦ Sempre use rótulos de assentamento.
  ♦ Aperte a(s) porca(s) seguindo as especificações ou a desmonstração do instrutor.
  ♦ Balanceie o rebolo, alinhe-o, em seguida, balanceie-o novamente.
  ♦ Aqueça o rebolo ligando-o por um curto período antes da retificação.

- ♦ Sempre inspecione visualmente a montagem do rebolo antes de usá-lo.
- Movimentos potenciais devido à força do rebolo são o deslizamento para a esquerda e/ou o tombamento da peça, também para a esquerda. O tombamento é mais perigoso.
- Avalie a quantidade de área de fixação em relação às forças de retificação e altura da peça.

Responda

1. Liste as sete etapas para montar um novo rebolo na retificadora.
2. Como o rebolo é balanceado?
3. Qual dos dois blocos de aço, de mesmo tamanho, mostrado na Fig. 5-61, é o mais seguro para retificação de topo? Descreva como se pode melhorar a configuração de ambos.

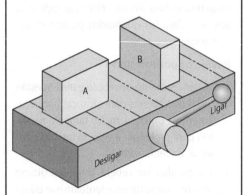

Figura 5-61 Qual dos dois é o mais seguro e por quê? Como esta fixação pode ser melhorada?

4. Em uma folha de papel, desenhe a configuração de calços correta para que o objeto de ferro fundido seja fixado à mesa de forma segura ou descreva a fixação em palavras.

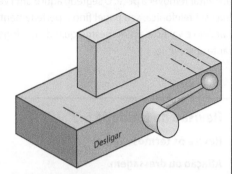

Figura 5-62 O que é preciso para tornar esta configuração segura?

5. Fixar com calços e retificar uma peça de alumínio na retificadora plana seria corretamente chamado de flutuante, plana ou retificação de acabamento?
6. Nomeie, pelo menos, cinco outras opções, além de uso de calços, que podem ser usadas para fixar uma peça de metal na retificadora plana.

Questões de pensamento crítico

7. Quando centralizar um rebolo, é importante colocar o diamante a, pelo menos, 15° para a esquerda dele (além do centro) (veja a Fig. 5-45). Não discutimos esse assunto, no entanto, você já é capaz de responder.
8. Quando um desmagnetizador deve ser utilizado?
9. Nomeie duas situações em que o desmagnetizador não é necessário.
10. Para quais três razões o dressamento com diamanate é realizado?

» Unidade 5-4

» Outras operações de refiticação – Registro visual

Introdução Nosso objetivo aqui é dar uma ideia básica sobre outros tipos de retificadoras encontrados na indústria que podem ou não estar no currículo da escola técnica. Eles provavelmente serão introduzidos em uma abordagem industrial ou no treinamento prático do dia a dia. Quando qualquer nova retificadora for introduzida, as habilidades adquiridas da seleção de rebolo e remoção de metal de retificadoras planas serão aplicadas.

A Unidade 5-4 é oferecida para que você possa descrever e reconhecer esses processos técnicos. Portanto, ela não contém treinamentos de segurança e profissionalizante. Vamos dar uma breve olhada na máquina e no tipo de trabalho que ela pode realizar.

Retificadoras operadas manualmente sobrevivem Embora cada máquina descrita seja encontrada nas versões manual e CNC, as manuais ainda cumprem seu papel em muitas oficinas. Essas máquinas foram lentamente substituídas por versões CNC porque, antigamente, as retificadoras foram projetadas para serem um equipamento de simples operação – a peça era colocada em uma simples superfície e era retificada. Por um longo tempo, o planejamento do trabalho foi escrito com essa imagem em mente. Cada máquina faz sua especialidade muito bem e não vai ser jogada fora da oficina por algum tempo. Mas isso acontecerá algum dia.

Essa imagem de "um de cada vez" está mudando para retificadoras em geral, devido ao comando CNC. Ele já mudou para operações de retificação em ferramentaria e engrenagens. Na Fig. 5-63, uma ferramenta de retificação CNC está acabando uma fresa caracol em seu diâmetro externo.

Retificadoras CNC podem realizar múltiplas operações, afiar seu próprio rebolo, trocar seu rebolo, dressar o contorno do novo rebolo, se necessário, e fazer formas complexas que não são possíveis

Figura 5-63 Uma retificadora para ferramentaria acaba o diâmetro externo de uma fresa caracol.

com uma retificadora manual (Fig. 5-64). Chegamos até a ver cabeçotes retificadores acoplados em máquinas de usinagem CNC e centros de torneamento e retificadoras de ferramentas como parte do centro de usinagem, melhorando sua flexibilidade. Aqui estão algumas retificadoras industriais selecionadas.

Figura 5-64 Olhando de perto, o rebolo de óxido de alumínio indica, quando a porta de segurança é aberta, que trata-se de uma retificadora cilíndrica CNC. Caso contrário, ela poderia ser confundida com um centro de torneamento.

Termos-chave

Avanço frontal
Colocar uma peça cilíndrica em uma retificadora sem centro, inclinando o rebolo de arraste. Este processo possibilita a retificação total do comprimento da peça.

Avanço longitudinal
Alimentar a peça da frente para trás em uma retificadora sem centro.

Rebolo ou disco de arraste (retificadora sem centro)
Disco que gira e controla a peça de trabalho em uma retificadora sem centro.

Retificadora Blanchard
Nome comum para retificadora plana de mesa rotativa, cabeçote vertical, com rebolos segmentados.

Retificadora cilíndrica
Um dos dois tipos de retificadora que produzem objetos redondos: tipo com centro e sem centro. Somente o tipo sem centro pode retificar a peça por todo o comprimento do eixo. Apenas o tipo com centro pode retificar uma peça cônica.

Retificadora sem centro
Retificadora cilíndrica que não segura a peça, mas a contém em uma suspensão de três pontos entre o rebolo de corte, cunha de apoio, rebolo de araste.

Retificadoras cilíndricas

Há dois tipos gerais de máquinas para a retificação com precisão de objetos redondos: **o tipo com centro** e **retificadoras sem centro.** Ambas retificam objetos redondos, porém de maneira totalmente diferente.

Tipo com centro

Essas retificadoras são parecidas com o torno. Elas detêm e giram a peça do mesmo jeito que um torno mecânico: pinças, placas e entre centros.

Construção básica Grande parte do seu treinamento de torno será inestimável aqui, especialmente sobre a fixação da peça. Mas há uma diferença entre a estrutura da retificadora e a do torno.

Barramento articulado Ao ajustar o corte para um torneamento cilíndrico em um torno, o cabeçote móvel move-se lateralmente enquanto o tarugo roda paralelo ao eixo Z do torno. A estrutura do torno mantém-se estacionária, mas isso não acontece na retificadora cilíndrica. O barramento inteiro articula-se em torno de seu próprio centro, o qual inclui o cabeçote principal e o cabeçote móvel. Esse barramento plano contendo o cabeçote principal e cabeçote móvel é preso em cada extremidade a uma mesa que fica no topo do barramento. O barramento e suas guias alternam no eixo Z (direita-esquerda) sob o acionamento manual ou automático (Fig. 5-65).

Na vista superior, o barramento é configurado para retificar uma longa conicidade com a peça sendo fixada entre centros. Para ajustar o cone, as travas de cada extremidade são liberadas e o barramento inteiro com o cabeçote principal e o cabeçote móvel é rotacionado em relação à mesa.

Outras opções de preparações – Retificar conicidades elevadas A retificadora cilíndrica pode cortar pequenas conicidades e retificar ressaltos de duas maneiras diferentes (Fig. 5-66).

Gire o cabeçote principal ou o rebolo O cabeçote principal pode ser movido em relação ao barramento – para frente e para trás de forma similar ao cabeçote móvel e pode ser girado e travado relativamente ao barramemto, como mostrado à esquerda do esquema, ou o rebolo pode ser girado, como mostrado à direita. Em ambas as configurações, o eixo X do barramento é travado e a peça é presa e rotacionada em uma pinça frontal. A Figura 5-67 mostra o uso típico dessas funções de giro. Aqui, o rebolo foi girado, em seguida dressado, de novo, paralelamente ao eixo da máquina. Isso permite a retificação de um canto vivo em um ressalto sem tocar a face da peça – mas apenas o diâmetro.

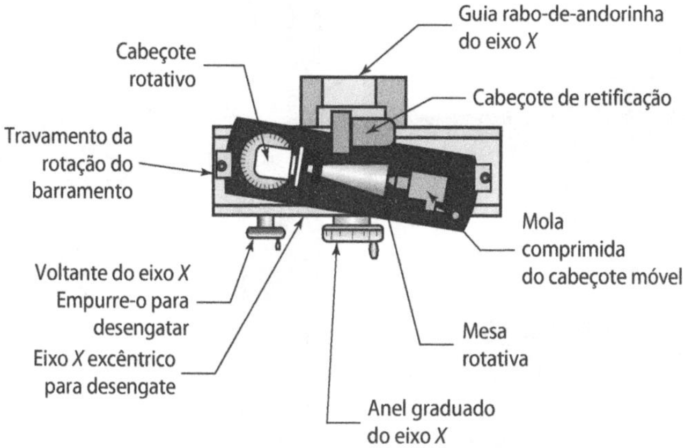

Retificadora cilíndrica
Tipo com centro – vista superior

Figura 5-65 Vista superior de uma retificadora cilíndrica manual básica.

Fixação interna universal Algumas retificadoras cilíndricas possuem um cabeçote secundário que permite realizar operações de retificação interna (Fig. 5-68). Aqui, a peça é fixada em uma placa universal ou lisa. O rebolo externo e a proteção foram removidos. O cabeçote interno é montado e acionado pela correia via árvore motora. O rebolo montado está girando no cabeçote interno. Esses rebolos giram em altas velocidades – de 10.000 a 30.000 rpm em uma retificadora cilíndrica. Mas, em retificadoras específicas para usinagem interna, turbinas de ar acionam o rebolo à velocidade de 150.000 rpm ou mais (Fig. 5-69).

Por que escolher um tipo com centro? Retificadoras cilíndricas podem assegurar repetibilidade com tolerância de 0,0003 a 0,0001 pol. e, facilmente, com rugosidade de 16µpol. ou mais finos. A vantagem dessas máquinas sobre as de tipo sem centro é que elas podem retificar peças as quais não são, inicialmente, redondas e podem arredondar áreas de qualquer tamanho que possam ser acomodadas dentro do envelope de trabalho: por exemplo, arredondamentos em um eixo de comando de válvula, virabrequim ou um diâmetro de um ressalto em um parafuso de cabeça sextavada (Fig. 5-70).

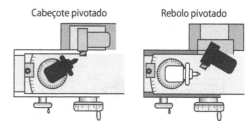

Figura 5-66 Esboço da vista superior de dois tipos diferentes de preparações para retificação de superfícies cônicas. Ambas as funções podem ser usadas em conjunto para alcançar operações específicas.

Retificadora cilíndrica sem centro

Essas retificadoras cilíndricas únicas podem retificar ao longo do comprimento total de um eixo redondo – algo que uma retificadora de cento não consegue. A peça não é fixada em bancada, ela flutua e é presa em um canal de três pontos entre uma cunha de espera de aço, o rebolo de arraste e o rebolo de corte (Fig. 5-71). O objetivo principal dessas retificadoras sem centro é reduzir diâmetros. Elas não acabam cones ou ressaltos. O tipo sem centro é a melhor opção para pinos e eixos, visto que elas reti-

Figura 5-67 Este rebolo cilíndrico foi angulado para que sua face fosse ampliada e atingisse o ressalto da peça (vista superior).

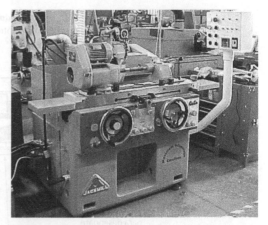

Figura 5-70 Retificadoras cilíndricas com centro podem segurar e retificar objetos que não são redondos.

Preparação para retificação interna

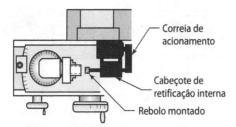

- Correia de acionamento
- Cabeçote de retificação interna
- Rebolo montado

Figura 5-68 O cabeçote interno é preparado nessa retificadora cilíndrica.

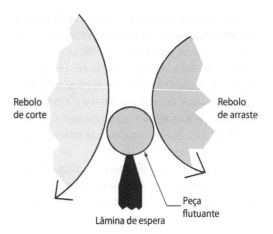

Rebolo de corte — Rebolo de arraste — Peça flutuante — Lâmina de espera

Figura 5-71 Estes são os três componentes que suportam a peça em uma retificadora sem centro.

Rebolo para retificação de diâmetro interno

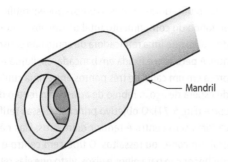

Mandril

Figura 5-69 Rebolos de alta velocidade para retificação de diâmetro interno são acoplados em mandris.

ficam as peça com precisão e rapidez. Tolerância de repetibilidade de 0,0001 a 0,0002 pol. com acabamento de 16µpol são comuns (Fig. 5-72).

Ponto-chave:
Devido à peça não estar sendo suportada e a natureza de inseri-la em um canal, é improvável que você encontre uma retificadora sem centro para um operador iniciante. Elas necessitam de um operador experiente.

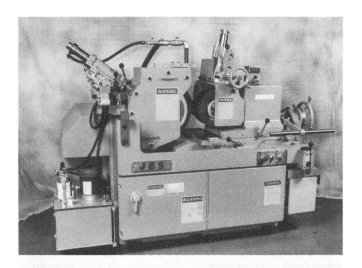

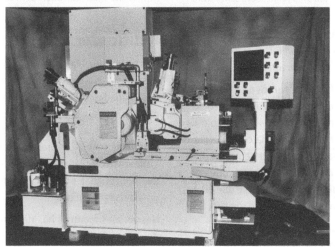

Figura 5-72 As retificadoras cilíndricas CNC e manual são encontradas na indústria.

Para realizar o processo sem centro, a peça precisa de dois requisitos:

1. Deve ser inicialmente redonda e lisa.
2. Seu diâmetro deve se encaixar no canal de três pontos.

Avanço longitudinal ou avanço frontal Há duas maneiras de preparar uma retificadora sem centro para retificar uma peça redonda.

Avanço longitudinal para grandes lotes Ao inclinar lentamente o eixo do **rebolo de arraste** de borracha, relativamente ao rebolo de corte, a peça pode ser inserida pela parte frontal para ser ejetada pela traseira em um transportador de peças. O rebolo é configurado para o diâmetro correto. Não há avanço para dentro, de modo que uma quantidade muito limitada possa ser removida nessa configuração (0,003 a 0,005 pol. no máximo).

A configuração para **avanço longitudinal** é realizada quando um grande número de partes precisa ser retificado com um diâmetro específico, sem conicidade, ao longo de todo o comprimento. A Figura 5-73 é um esquema simplificado de uma preparação de avanço longitudinal. Esse é um méto-

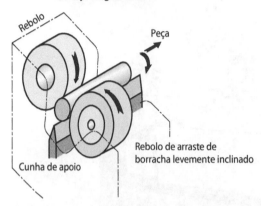

Figura 5-73 Esquema simplificado de um processo de avanço longitudinal em uma retificadora sem centro.

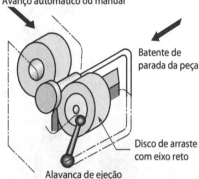

Figura 5-74 Esquema simplificado de uma avanço frontal em uma retificadora sem centros.

do muito veloz. As peças podem ser colocas, uma atrás da outra, na mesma velocidade que o operador as insere! Elas caem em uma caixa de captura.

Avanço frontal (insira e remova) No **avanço frontal,** o rebolo de arraste é paralelo ao rebolo de corte e a peça é inserida no canal aberto, o qual é maior que o diâmetro final. Uma combinação de calibrador de parada e uma haste empurradora é colocada no final do canal para garantir que a peça vá a uma profundidade pré-definida e que ela permaneça inserida naquela profundidade (Fig. 5-74).

Em seguida, o rebolo de corte é movido através de um regulador até que ele atinja o diâmetro final. Essa ação pode ser automática ou manual com o uso de uma manivela. Após a conclusão, o rebolo é puxado para trás para abrir o canal. A alavanca de ejeção da peça é puxada, empurrando a peça para fora do canal, em direção do operador, onde ela é removida. Essa preparação permite uma retificação com peça em ressalto, como mostrado, o que não é possível ser feito na preparação com avanço longitudinal.

> **Ponto-chave:**
> Retificadoras sem centros não seguram a peça, por outro lado, elas prendem a peça em uma suspensão de três pontos entre a cunha de apoio, o rebolo de corte e o rebolo de arraste.

Retificadoras ferramenteiras

Fresas de topo, alargadores, ferramentas de torno, fresas frontais e todas as outras ferramentas de corte são afiadas em uma retificadora universal ferramenteira. Essas máquinas são excepcionalmente flexíveis em suas configurações de preparação. As máquinas manuais apresentam um cabeçote de inclinação completa e rotação mais uma mesa rotativa horizontal. É provável que em sua escola haja uma dessas máquinas.

Nas versões manuais há, literalmente, uma dúzia de acessórios acessíveis para fixar, rotacionar e

Figura 5-75 Afiar os dentes da espiral periférica de uma fresa de topo requer prender o cortador em um pequeno suporte e empurrá-lo através do rebolo.

Figura 5-76 Afiação do dente terminal de uma fresa de topo.

retificar as ferramentas. Além disso, muitos tipos de formas de rebolos estão disponíveis (Fig. 5-77), bem como os diferentes tipos dressadores radiais e lineares. Aprender a operar uma retificadora ferramenteira já é, em si, um negócio.

Retificadoras cilíndricas internas

Três variedades de máquinas acabam o diâmetro interno de uma peça. Primeiro são as **brunidoras** (Fig. 5-78), as quais localizam e retificam os furos em tamanho e posição exatos. A próxima são as **retificadoras de diâmetro interno (DI)** (Fig. 5-79), as quais são semelhantes às retificadoras cilíndricas com cabeçote interno. Elas giram a peça enquanto atritam o mandril e o rebolo para dentro e para fora do furo. Elas podem retificar objetos grandes. A terceira variedade é um anexo interno para retificadoras cilíndricas que já vimos.

Ponto-chave:
Rebolos com mandril devem alcançar rotações extremas
Para que esses rebolos de diâmetro relativamente pequeno atinjam velocidades periféricas mínimas de 4.000 FPM para uma retificação eficiente, a rotação deve estar entre 10.000 e 150.000 rpm, dependendo do diâmetro do rebolo. Seja extremamente cuidadoso e verifique duas vezes a rotação das máquinas que executam ajustes múltiplos.

Brunidoras

O objetivo de uma brunidora é finalizar a usinagem de furos para que se obtenha a melhor cilindricidade, acabamento, tamanho e tolerância de posição possíveis. Elas são consideradas uma equipamento de extrema precisão. A operação desse equipamento é muitas vezes considerada uma especialidade dentro do currículo de um operador de usinagem.

Conversa de chão de fábrica

Atribuições recorrentes No passado, para se adquirir o *status* de oficial em usinagem, era esperado que os operadores fossem capazes de retificar suas próprias ferramentas. Mas, conforme as ferramentas de insertos intercambiáveis se tornaram muito frequentes, as oficinas começaram a comprar máquinas programáveis mais sofisticadas e a filosofia mudou. As máquinas mais recentes requerem que o operador as mantenha produzindo cavaco, então a retificação de ferramentas tornou-se uma atividade secundária. Na maioria das oficinas, há uma pessoa encarregada das ferramentas, que retifica e devolve a ferramenta afiada para a usinagem. Mas, com o tempo, isso também mudou.

Em muitas oficinas progressistas, atualmente, o operador recebe suporte de uma pessoa que configura ou traz as ferramentas de que ele precisa, levando de volta as ferramentas sem fio e mandando-as para serem afiadas em uma oficina de retificação terceirizada. Hoje, apenas grandes oficinas mantêm seu próprio departamento de retificação.

Mas espere um segundo – com certeza, haverá mais mudanças! Retificadoras CNC de ferramentas estão retornando para pequenas oficinas de duas maneiras diferentes. Primeiro, retificadoras CNC ferramenteiras são extremamente rápidas para se configurar devido ao ferramental universal e suas rotinas de corte armazenadas. Mas, apesar de elas levarem apenas minutos para acabar a peça, o operador ainda precisa manusear a retificadora para afiar suas ferramentas enquanto ela roda automaticamente. Portanto, o próximo passo óbvio seria uma CNC multitarefa de fresagem e torneamento capaz de retificar as suas próprias ferramentas usando acessórios, como mostrado na Fig. 5-77! Futuros operadores, mais uma vez, serão responsáveis pela retificação de suas ferramentas!

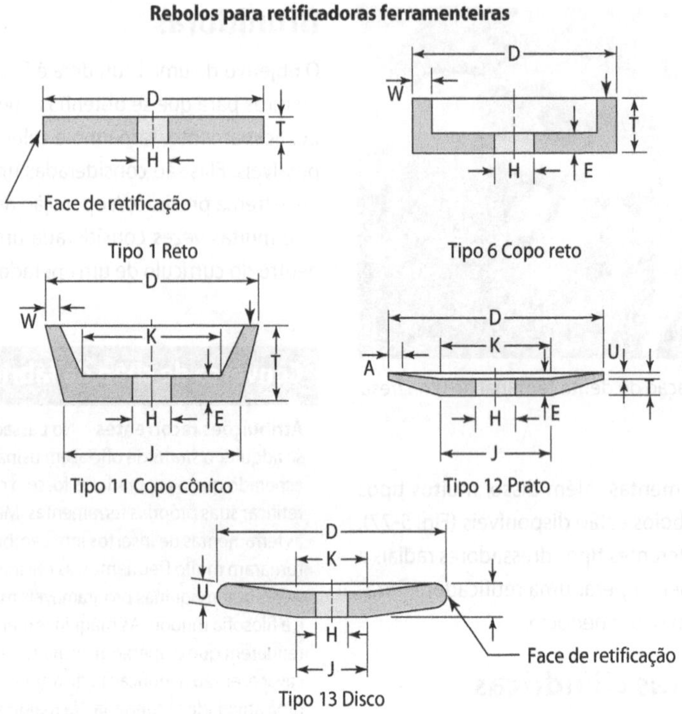

Rebolos para retificadoras ferramenteiras

Face de retificação

Tipo 1 Reto

Tipo 6 Copo reto

Tipo 11 Copo cônico

Tipo 12 Prato

Face de retificação

Tipo 13 Disco

Figura 5-77 Diferentes formas de rebolo são usadas em retificadoras ferramenteiras.

As brunidoras apresentam uma mesa de posicionamento ultrapreciso que posiciona os furos com um repetibilidade de 0,0001 pol. O cabeçote da retificadora tem o funcionamento parecido como o de um cabeçote de mandriladora ajustável, no qual o raio de giro do mandril do rebolo pode ser ajustado para qualquer raio, com incrementos de 0,0001 pol. Com construção parecida com a de uma fresadora vertical, as brunidoras apresentam um eixo-árvore vertical geralmente alimentado por uma turbina pneumática (Fig. 5-78).

Retificadoras DI

Retificadoras de diâmetro interno são muito parecidas com uma máquina para diâmetro externo em suas finalidades, mas não em sua construção (Fig. 5-79). Tendo guias mais curtas e cabeçotes extrapesados, elas são feitas para segurar e rotacionar peças pesadas e grandes enquanto acabam com um único furo. Seu objetivo é controlar precisamente o diâmetro e a conicidade dos furos.

Figura 5-78 Uma brunidora apresenta uma mesa de localizção X-Y muito precisa e possui a habilidade de marcar diâmetros com precisão de 0,0002 a 0,0001 pol.

Figura 5-79 Uma retificadora de diâmetro interno (DI) se assemelha a uma retificadora cilíndrica, mas é projetada para rotacionar grandes peças e seus pequenos rebolos giram com uma rotação muito superior.

Processos de retificação plana rotativa

Essa máquinas removem um grande volume de metal comparado com as máquinas alternativas. O rebolo maior gira no plano horizontal (eixo vertical). Diferentemente dos rebolos comuns, eles são compostos de segmentos substituíveis aparafusados na placa da base. Esse tipo de rebolo é chamado de composto. Ele é semelhante a um grande cabeçote fresador de pastilhas intercambiáveis. A vantagem desses segmentos é que eles são fáceis de manusear e um ou mais segmentos danificados podem ser trocados a qualquer momento.

A peça é magneticamente presa em uma mesa horizontal rotativa. Esses dois discos, a placa e o rebolo, são rotacionados fora de centro, enquanto a distância entre eles é reduzida para controlar a espessura da peça. Ambos giram na mesma direção (sentido anti-horário), ou seja, no ponto de contato, a ação do rebolo se opõe à da placa e da peça (Fig. 5-80).

Não é preciso muito tempo para perceber que só um especialista deve manusear essas máquinas. Os esforços são tremendos.

Cabeçote giratório/Retificadoras com mesas rotativas
(Retificadoras tipo Blanchard)

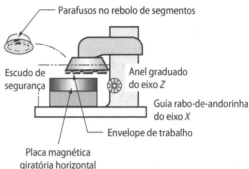

Figura 5-80 Uma retificadora tipo Blanchard gira a peça em uma mesa horizontal enquanto retifica-a com um rebolo no cabeçote do eixo vertical.

Conversa de chão de fábrica

Qualquer que seja o nome Parecidas com a fresadora Bridgeport, essas máquinas são geralmente referidas como **retificadoras Blanchard** devido a um fabricante popular (Fig. 5-81). Essas máquinas robustas podem, às vezes, remover mais metal por minuto do que uma fresadora! Isso não é um exagero, usando uma placa Blanchard de 48 pol., eu tenho feito regularmente grandes formas em "C", saindo cavaco azul quando retificando aço! Máquinas rotativas são especialmente boas para uma pré-usinagem em que um ou dois lados da peça devem ser faceados ou usinados no tamanho correto. A precisão possui uma repetibilidade de 0,001 pol. ou mais.

Figura 5-81 Uma retificadora Blanchard pode remover metal eficientemente usando um rebolo horizontal de alta potência (amarelo com rebolos segmentados em baixo) enquanto garante tolerâncias precisas.

Revisão da Unidade 5-4

Revise os termos-chave

Avanço frontal
Colocar uma peça cilíndrica em uma retificadora sem centro, inclinando o rebolo de arraste. Este processo possibilita a retificação total do comprimento da peça.

Avanço longitudinal
Alimentar a peça da frente para trás em uma retificadora sem centro.

Rebolo ou disco de arraste (retificadora sem centro)
Disco que gira e controla a peça de trabalho em uma retificadora sem centro.

Retificadora Blanchard
Nome comum para retificadora plana de mesa rotativa, cabeçote vertical, com rebolos segmentados.

Retificadora cilíndrica
Um dos dois tipos de retificadora que produzem objetos redondos: tipo com centro e sem centro. Somente o tipo sem centro pode retificar a peça por todo o comprimento do eixo. Apenas o tipo com centro pode retificar uma peça cônica.

Retificadora sem centro
Retificadora cilíndrica que não segura a peça, mas a contém em uma suspensão de três pontos entre o rebolo de corte, cunha de apoio, rebolo de araste.

Reveja os pontos-chave

- Retificadoras cilíndricas podem assegurar uma tolerância de repetibilidade de 0,001 pol. com acabamento, facilmente, de 16µpol ou mais finos. A vantagem dessas máquinas sobre as sem centros é que elas podem retificar peças que não são inicialmente redondas.
- Retificadoras sem centros não seguram a peça, mas as contêm em uma suspensão de três pontos entre a cunha de apoio, o rebolo de corte e o rebolo de arraste.
- Seja extremamente cuidadoso e verifique duas vezes a configuração da rotação em máquinas que executam ajustes múltiplos.
- Rebolos acoplados em mandris precisam girar em rotações bem altas para alcançarem as velocidades de corte corretas.

Responda

1. Nomeie três máquinas que podem retificar diâmetro de furos internos.
2. Além do fato de que ela corta com um rebolo, como uma retificadora cilíndrica padrão se difere de um torno?
3. Verdadeiro ou falso? Apenas a brunidora pode acabar vários furos em uma única peça. Caso seja falso, o que tornaria a afirmação verdadeira?
4. Qual máquina utiliza rebolos segmentados? Qual é o seu apelido na oficina?

Questões de pensamento crítico

5. Aproximadamente, quão rápido (rotação) um rebolo de $\frac{1}{2}$ pol. de uma motangem com mandril deve ser para que aja como um rebolo de 14 pol. de uma retificadora cilíndrica a 1.714 rpm? Qual é a velocidade periférica? (*Dica:* A fórmula para rotação ajuda na solução deste problema.)

REVISÃO DO CAPÍTULO

Unidade 5-1

Assim como tantas outras habilidades discutidas, vamos nos concentrar nos conceitos básicos de seleção de rebolo para começar o aprendizado. Tenho certeza de que você percebeu que haverá dezenas de novos tipos de abrasivos e combinações de rebolos encontrados na indústria – isso vai ser muito mais complexo. Porém, as habilidades que você adquiriu nas lições sobre tornos e fresadoras, combinadas com a experiência de retificação plana, serão suficientes para transferir o conhecimento para muitos outros tipos diferentes de retificadoras. A única parte que está faltando está à frente nos capítulos sobre CNC e práticas de laboratório.

Unidade 5-2

Ao completar a Unidade 5-2, você deve ter adquirido uma boa ideia de como uma retificadora plana alternativa é construída e como ela funciona. Você está preparado para ver uma demonstração e tentar realizar pequenos trabalhos de ferramentaria. Você está preparado também para proceder para a Unidade 5-3, para preparar configurações que superam essas forças e retificam, com segurança, a maioria do materiais.

Unidade 5-3

Uma compreensão das placas magnéticas juntamente com as habilidades dos rebolos da Unidade 5-1 é o coração do Capítulo 5. Agora, você já sabe como analisar as forças e antecipar a montagem das fixações para garantir a segurança da retificação.

Unidade 5-4

Há mais retificadoras do que as que vimos na Unidade 5-4. Como as retificadoras de engrenagens e roscas, as quais requerem uma grande quantidade de treinamento, todas elas seguem os mesmos princípios do que já aprendemos: escolher o rebolo correto, antecipar-se ao calor e esforços e fazer preparações que os ultrapassem será bastante simples. Usando a experiência adquirida da retificadora plana, você terá um alicerce para aplicar seu conhecimento em outras máquinas da oficina.

Questões e problemas

1. Interprete o rebolo mostrado na Fig. 5-82. Como ele será melhor utilizado?
2. Quais variáveis a dureza do aglomerante controla? Explique a seleção do grau quando retificar uma ferramenta totalmente de aço de tungstênio duro (HSS).
3. Verdadeiro ou falso? Em geral, robolos de grão grosseiros com menos porosidade são necessários para executar trabalho pesado de retificação de remoção – retificação de desbaste. Se essa afirmação for falsa, o que irá torná-la verdadeira?
4. Verdadeiro ou falso? Em geral, os rebolos mais grossos com menos porosidade são necessários para retificar metais leves como o alumínio. Se essa afirmação for falsa, o que irá torná-la verdadeira?

Figura 5-82 Em geral, como este rebolo pode ser usado? Para quais tarefas e materiais ele deve ser utilizado?

5. Quais os deveres dos refrigerantes em uma retificação? Identifique o dever extra além daqueles para realizar o corte do cavaco.
6. O que você está procurando quando realiza um teste sonoro?
7. O que um *rótulo de assentamento* faz? Nomeie duas características.
8. Verdadeiro ou falso? Um diamante montado usado para afiar um rebolo é chamado de *bastão dressador*. Se essa afirmação for falsa, o que irá torná-la verdadeira?

Questões e problemas de pensamento crítico

9. Embora não tenhamos discutido no texto, por que o bastão dressador de diamante é colocado a 15° além do centro do rebolo quando afiamos o mesmo? (Veja a Fig. 5-45.) Por que não colocar o diamante do outro lado do rebolo?
10. Utilizando a Fig. 5-83 como referência, descreva ou desenhe o acessório de placa que seria necessário para prevenir o deslizamento desse fino objeto de aço.

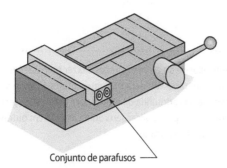

Figura 5-83 A preparação.

11. Descreva e explique a última passada de uma afiação de rebolo.
12. Em uma folha de papel, desenhe ou descreva em palavras os estágios de retificação de uma placa curvada para que se torne plana e paralela. (Assumindo que ela seja fina o bastante para que quando a placa magnética a atraia, ela fique plana à placa.)
13. Descreva brevemente ou desenhe as diferenças entre os dois tipos de retificação cilíndrica.
14. Em uma folha de papel, desenhe o canal para a peça em uma retificadora sem centros. Inclua o rebolo de arraste, o rebolo de corte e a cunha de apoio. Indique a direção na qual os discos giram.
15. Explique ou desenhe as diferenças entre a estrutura de um torno e a de uma retificadora cilíndrica manual.
16. O que há de errado na fixação para retificação plana mostrada na Fig. 5-84?

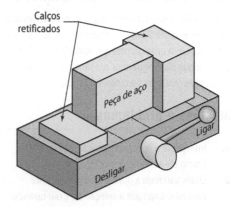

Figura 5-84 Como esta fixação pode ser melhorada?

17. A peça de alumínio mostrada na Fig. 5-85 não está pronta para ser retificada. Por quê?

Descreva ou desenhe as melhorias necessárias para a fixação.

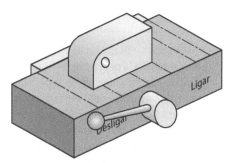

Figura 5-85 O que pode ser feito para melhorar esta configuração para retificar a peça de alumínio?

18. Você está retificando a superfície de um componente da matriz de ferramenta de aço duro com um rebolo de óxido de alumínio branco. Após um curto período, o rebolo começa a deixar uma faixa escura de metal queimado conforme ele passa pela peça. Liste as possíveis razões que possam ter causado esse problema.

19. Você dressou o rebolo da Questão 18, certificou-se que o refrigerante está corretamente posicionado e então começou o processo de retificação. Ele começa a retificar perfeitamente, mas as marcas de queima logo retornam. Na sequência, o que você deve fazer para solucionar os problemas dessa preparação?

Perguntas de CNC

20. Identifique as vantagens de uma retificadora plana CNC sobre uma retificadora manual.

RESPOSTAS DO CAPÍTULO

Respostas 5-1

1. A = abrasivo de óxido de alumínio; 46 = grão médio de malha 46; H = grau de dureza médio; 7 = estrutura aberta, média porosidade e colunas; V = vitrificado. Veja a Fig. 5-86. Provavelmente usado para fins gerais de retificação de ligas metálicas de dureza moderada. Para retificação de semiacabamento e acabamento.

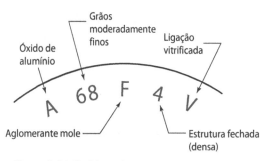

Figura 5-86 Problema 1.

2. O rebolo não irá cortar se
   O abrasivo não for duro o suficiente – conserto óbvio.
   O rebolo estiver vitrificado – afie o rebolo e selecione um grau mais mole.
   O rebolo estiver empastado – afie o rebolo e use refrigeração, uma estrutura mais aberta e grãos abrasivos mais grosseiros.

3. Este rebolo é designado para pouca remoção de metal provavelmente de uma peça de aço duro que requer um acabamento fino. Ele apresenta um abrasivo de carboneto de silício, uma pista que indica que ele é usado para usinar aço duro ou ferro fundido. Ele também tem uma granulação fina (80), uma alta densidade (3), um aglomeração de grãos duro (R). Ele seria o melhor rebolo para acabar peças ou para afiação manual.

4. Isso é verdade, mas apenas até um certo ponto. O rebolo mais duro mantém a sua forma

por mais tempo e pode vir a ser a melhor escolha em uma situação caso a caso.

Respostas 5-3

1. Aqui estão as sete etapas para se lembrar:
   Teste o rebolo sonora e visualmente.
   Verifique duas vezes o tamanaho e rotação do rebolo.
   Sempre use rótulos de assentamento.
   Aperte a porca.
   Balance o rebolo, afie-o e então balanceie-o novamente.
   Aqueça o rebolo.
   Sempre inspecione a montagem do rebolo.
2. Ao montar o rebolo no eixo-árvore, em seguida, coloque-o em uma instalação de equilíbrio e mova pequenos pesos espalhados em volta da flange de montagem.
3. A peça é mais segura, mas ainda poderia se usar um batente devido a sua altura.
4. Esta é uma peça muito alta. Um par de cantoneiras ou calços grandes com um sargento segurando-os é altamente recomendado.
5. Alumínio é um material não magnético – retificação flutuante.
6. A peça pode ser fixada em uma morsa ou em uma cantoneira; a peça pode ser fixada em transpassadores; a montagem da peça pode se tornar mais segura utilizando uma guia traseira; a fixação pode ser melhorada com o uso de uma placa com grampos; peças inclinadas podem ser fixadas com mesa de seno com placa magnética.
7. Porque se algo desliza, este será movido para fora do rebolo sem arranhar ou agarrar. Se for colocado na direita, ele irá agarrar se for movido e prejudicar tanto o rebolo como o dressador.
8. Quando o material é magnético e retém resíduo magnético do contato com a placa magnética.
9. Quando o material é não magnético, tal como o alumínio; quando a placa apresenta um ciclo de desmagnetização.
10. Afiação expõe as arestas cortantes e remove a parte empastada e a vitrificação; a afiação centraliza o rebolo e cria uma nova superfície plana.

5. Óxido de alumínio 20 a 30; granulação, F a J; 5 a 8, vitrificado.

Respostas 5-4

1. Retificadoras DI, brunidoras e retificadoras cilíndricas com acessórios para DI.
2. O barramento inteiro é pivotado em torno de uma mesa. O cabeçote principal pode rotacionar e mover-se para frente e para trás. O cabeçote de retificação também pode ser rotacionado.
3. Verdadeiro. Todas as outras máquinas estudadas não têm uma maneira de posicionar a peça ou mover o cabeçote de retificação para outra localidade. (Uma retificadora CNC pode ser capaz de retificar vários furos usando um rebolo acoplado em um mandril, mas essa não é a aplicação principal.)
4. A mesa rotativa, cabeçote horizontal da retificadora plana, geralmente chamado de "Blanchard".
5. Eles estão em uma velocidade periférica de 6.000 pés/min. Para se atingir essa velocidade, um rebolo de $\frac{1}{2}$ pol. deve girar a 48.000 rpm!

Respostas para as questões de revisão

1. Um rebolo razoavelmente fino, mole e denso é melhor aplicado para acabar uma peça de aço duro.
2. A dureza do aglomerante controla a auto-dressagem (juntamente com a friabilidade do grão).

Um aglomerante mole pode ser escolhido de D até G para melhorar a autodressagem.

3. Verdadeiro para a granulação, mas falso para a estrutura.
Maior espaçamento é necessário para manter o cavaco.

4. Veja a Resposta 3.

5. Reduz o atrito, conduz o calor para longe da peça e do rebolo, ajuda na retirada do cavaco para fora do rebolo quando ele não está mais em contato com a peça.

6. Um tom claro de sino indicando que o disco não possui trincas ocultas, as quais produziriam um som surdo.

7. Ela distribui as diferenças dos grãos entre as flanges para evitar concentrações de pressão e absorver choques ao rebolo.

8. Verdadeiro.

9. Se o bloco deslizar ou a mesa se mover, o bastão dressador será empurrado para fora do rebolo sem comprometimento. Caso contrário, o bastão dressador penetraria e quebraria o rebolo.

10. Um grampo para placa magnética. Um grampo fino colocado à esquerda da peça a fim de prevenir a peça de deslizar pela placa. Ela é usada quando calços retificados paralelos não são fortes o suficiente ou quando eles são muito altos e interferem na movimentação do rebolo.

11. Uma passada moderadamente lenta que expõe novo grão, mas não as toca uma segunda vez. *Não* é uma segunda passada "para ter certeza."

12. Etapa 1 – aquecimento, calce o centro e retifique 75% da superfície plana. Etapa 2 – vire a peça, calce as extremidades e arestas e retifique 100% da superfície plana. Etapa 3 – vire a peça novamente e calce o centro se for preciso (é possível pular essa etapa). Etapa 4 – vire a peça e retifique a peça em seu tamanho se a placa estiver plana e o ímã desligado.

13. Retificadoras de centros seguram a peça semelhante ao torno – entre centros, placas e pinças. Retificadoras sem centros não seguram a peça, porém elas a prendem e um canal de três componentes.

14. Veja a Fig. 5-87.

15. O barramento inteiro de uma retificadora cilíndrica (cabeçote principal e cabeçote móvel) articula-se relativamente ao eixo X.

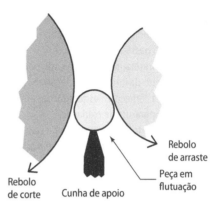

Figura 5-87 Problema 14

16. Não há nada de errado em colocar um calço alto na direita – ele pode ser deixado como está. No entanto, um calço alto à esquerda é o elemento que está faltando para que a peça não tombe para esse lado. A adição de calços laterais também seria uma ótima ideia.

17. Primeiro, o calço deve ser girado a 180°, de modo que a parte frontal possa ser bloqueada por um calço alto (Fig. 5-88). Os calços precisam ser colocados nas quatro arestas. Uma alternativa seria levantar o bloco traseiro para ser um calço, como mostrado. Como uma medida de segurança adicional, um sargento poderia ser adicionado entre os calços, contanto que ele não viesse a interferir no rebolo da retificadora plana. Você provavelmente deveria ligar o ímã!

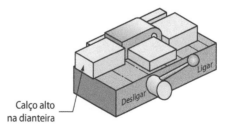

Figura 5-88 Problema 17.

18. a. O rebolo foi utilizado além do tempo de quando deveria ser afiado. Ele está provavelmente vitrificado/empastado agora.
b. A velocidade de avanço foi muito alta. Profundidade de corte muito alta para uma passada.
c. O refrigerante não foi forçado para dentro da interface da peça/rebolo e a peça começou a esquentar até atingir a temperatura de oxidação.

19. *Caso haja problemas uma segunda vez, o rebolo usado deve ter sido selecionado erroneamente.*

a. *Mude o grau/estrutura do rebolo* – estrutura mais mole e aberta.
b. *Mude o abrasivo* – use um rebolo com grãos mais grossos, porém isso comprometerá o acabamento.

Experimente um rebolo de carboneto de silício, caso isso não funcione, use um de nitreto cúbico de boro.

20. A autoafiação poupa tempo e vida do rebolo desde que ele não precise ser moldado para caber extamente dentro da peça; contornos 3D são possíveis; rebolos mais velozes podem ser utilizados, visto que o tempo de dressagem é uma consideração menos importante.

>> capítulo 6

Roscas técnicas

No mundo mecânico, roscas desempenham uma vasta gama de funcionalidades além de fixação. Elas guiam forçosamente superfícies de controle de aeronaves ou rapidamente movem e posicionam eixos CNC precisamente. Roscas também unem tubulações que carregam fluidos altamente pressurizados ou seguram os andaimes juntos – tarefas similares, mas diferentes. Roscas são usadas para levantar objetos tão pesados quanto seu carro ou para segurar a tampa do pote de maionese. Cada função tem sua rosca única, diferente da versão padrão que nós estudamos. Saber como usiná-las é um indicador do nível de habilidade do operador, pois elas necessitam de um entendimento de suas diferenças funcionais e um uso habilidoso de fontes de dados.

Objetivos deste capítulo

>> Definir a função e a forma de roscas trapezoidal, dente de serra e quadradas

>> Calcular o avanço de roscas múltiplas

>> Desenhar um esboço das variações das roscas – mão esquerda ou início múltiplo

>> Reconhecer roscas de tubulações em desenhos técnicos ou em peças reais

>> Identificar graus variados de parafusos pelas suas marcações

>> Manual de construção de máquinas

>> Adquirir um conhecimento de trabalho dos tipos de informações de roscas encontrados no manual de construção de máquinas

>> Encontrar e calcular dados de roscas para uma configuração

>> Configurar o torno manual para usinar uma rosca de *mão esquerda*

>> Configurar o torno para usinar uma rosca de *múltiplas entradas*

>> Configurar o torno para usinar roscas *cônicas*

Após uma discussão sobre a tecnologia de roscas especiais, praticaremos usando informações encontradas no manual de construção de máquinas. Ao examinar o manual, você rapidamente verá que nós estamos apenas tocando os pontos destacados. Qualquer edição ou versão de um manual de usinagem deve apresentar os mesmos resultados, mas a informação necessária pode ser encontrada em um lugar um pouco diferente do descrito nas questões aqui.

Usinar roscas técnicas também requer profundos conhecimentos de como configurar o maquinário. Ao preparar tornos manuais para rosqueamento, você vai precisar encontrar as especificações para retificar ou selecionar a forma e o tamanho da ferramenta de corte, para definir os parâmetros do torno e fazer outras mudanças na configuração. Ao programar tornos CNC para cortar qualquer rosca, usamos rotinas pré-escritas chamadas *ciclos fechados* ou *ciclos fixos*, um modelo genérico capaz de cortar qualquer rosca, exceto se faltarem os números (parâmetros). É uma questão de preencher as lacunas ou deixá-las em branco quando não são aplicáveis (veja Fig. 6-1). A questão é que, operando um torno manual ou CNC, você precisará entender as fórmulas das roscas.

Atualmente, poucas oficinas podem ser competitivas fazendo lotes de peças roscadas por qualquer outro método que não seja um torno automático ou CNC. Ainda assim, quando o trabalho é *quente* e sua oficina precisa de uma ou duas roscas especiais feitas imediatamente, é o operador mais qualificado que é capaz de terminá-las de pronto em um velho e confiável torno manual. Aqui está a base de que você precisará para ser esse operador, fazer roscas especiais em qualquer torno, CNC ou não.

>> Unidade 6-1

>> Variações de roscas técnicas

Introdução   Roscas desempenham três distintas famílias de tarefas (Figs. 6-1 e 6-2). Alguns projetos necessitam de uma rosca para desempenhar uma combinação de deveres. Baseado na função alvo, há diferenças sutis. Aqueles pequenos detalhes fazem a diferença na usinagem e medição de uma rosca específica. Antes de discutirmos a informação difícil, vamos olhar brevemente nas maneiras como as roscas são usadas nos trabalhos. Reserve um tempo para ler os termos.

Termos-chave

Ângulo hélice (roscas)
Ângulo criado na rosca de modo que o triângulo retângulo tenha seu cateto oposto igual ao avanço da rosca e o adjacente igual à circunferência da rosca.

Figura 6-1   Um subprograma CNC para rosca faz a usinagem de roscas em um piscar de olhos.

Figura 6-2   Roscas de parafusos têm três funções diferentes que às vezes sobrepõem-se.

Avanço
Distância que uma rosca translada em uma revolução completa.

Carga axial (rosca de fuso)
Força lateral do fuso sobre uma porca, paralela ao eixo do fuso.

Carga radial (roscas de parafusos)
Força do parafuso contra a porca, tendendo a manter a porca travada na posição em relação ao parafuso quando apertado.

Entrada múltipla
Roscas com mais de um filete helicoidal.

Escoriação
Deformação do metal sob cargas pesadas. Causa manchas e o travamento de fixadores roscados.

Espanamento
Cisalhamento do filete da rosca por força excessiva.

Forma dente de serra
Rosca projetada para carregamento em apenas uma direção.

Forma quadrada
Projetada para múltiplas translações – não usada normalmente hoje.

Forma trapezoidal
Rosca construída em um triângulo de 29°.

Fuso de esferas (recirculantes)
Porcas separadas com uma forte pré-carga forçando-as no fuso. Corpos esféricos preenchem o espaço vazio entre as porcas e o fuso. O parafuso-esférico tem folga zero e pouquíssima fricção.

Impulso
Ação dos filetes que é o *empurrão* ao longo do eixo da rosca.

Parafuso prisioneiro
Parafusos sem cabeça – roscas em ambas as extremidades.

Translação
Função da rosca que move um objeto.

As três famílias de tarefas

Tarefa 1   Prender e montar

Esses são usos mais comuns de objetos roscados. Um parafuso comum prendendo um componente no motor do seu carro é de montagem única. Ele pode ser removido depois, mas foi projetado para ser permanente. Por outro lado, parafusos que posicionam e prendem uma tampa de inspeção no reservatório de um fluido hidráulico em uma bomba de alta pressão devem ser aparafusados bem apertados para prevenir vazamentos, apesar de que eles serão removidos e reinseridos várias vezes durante sua vida útil. Eles podem ser feitos com roscas mais precisas e ser de aço de alto carbono – talvez endurecidos para um Grau 8 SAE (Unidade 6-3).

Outros ainda são fixadores dos quais a vida depende, então eles não devem soltar por vibração e/ou devem ser feitos de um metal extraforte. Por exemplo, os parafusos e porcas que seguram as rodas em trens e aviões. A *raiz* deles (base da forma de rosca) deve ser arredondada para distribuir melhor as tensões. Eles também devem ser feitos de aço endurecido, mas o grau 8 seria muito frágil – talvez um pouco mais difícil, mas um parafuso um pouco mais tenaz, um grau 7, faria o trabalho melhor? Usar o parafuso errado nessa aplicação pode gerar um desastre.

Tarefa 2   Transmitir movimento e/ou impulso (denominado translação)

Os fusos de alimentação que movem a mesa da fresadora em *X*, *Y* ou *Z* são parafusos de **translações** bidirecionais (fusos de **avanço**). Eles são projetados para mover seus eixos centenas ou até milhares de vezes por dia, por anos. Eles são usinados com um de quatro diferentes tipos de roscas, dependendo de quanta força é transmitida, denominada *carga de* **impulso**, e também de quão rápido a translação deve ocorrer. Outro grande divisor entre fusos de translação é a quantidade de folga aceitável (Unidade 6-1).

Conforme você tem descoberto no laboratório, fresadoras e tornos manuais têm uma certa quantidade de folga do fuso guia – reverter a manivela do eixo causa uma parada no movimento até que a folga entre a porca e o fuso reverta. Contudo, esse tipo de ação é inaceitável em máquinas CNC precisas. Requerendo folga zero, eixos de movimento CNC fazem uso de uma rosca altamente engenhosa chamada de fuso de esferas. Então, há combinações de rosca e fuso que caem entre o simples fuso guia e o fuso de esferas, com um mínimo de folga, denominado fuso com pré-carga antifolga (Unidade 6-1).

Do lado menos preciso, o fuso em uma morsa ou um macaco de fuso para levantar um automóvel são ambos transladores, mas a força está em uma direção apenas e a folga não tem interferência. No entanto, entre eles, há subdiferenças. Um macaco de fuso deve transladar mais sua carga a cada volta da manivela que uma morsa, de outro modo, demoraria demais para levantar um carro. Então, modificamos a rosca para cada função. A morsa deve também permanecer fortemente fechada sob a vibração e a força de corte, então ela prende temporariamente conforme move o mordente da morsa. Essas duas tarefas requerem duas versões diferentes de forma chamadas de **trapezoidal** (Unidade 6-2).

Tarefa 3   Formando um selo e unindo

Tubulações unidas por roscas em que vazamento não é permitido podem carregar água a baixa pressão, gasolina ou gases de alta pressão. Cada uma requer uma rosca de tubulação semelhante, mas levemente diferente.

Algumas roscas de tubulações são cônicas, então elas selam quando apertadas. Conforme as superfícies cônicas são apertadas entre si, nós as denominamos de *alojar* a rosca. A rosca usual de tubulação é menos precisa, pois necessita de um composto selante entre as duas peças a se unir para fazer uma vedação apertada quando alojada. Uma segunda versão é mais precisa em sua forma, pois deve vedar sem compostos selantes para evitar

reação química com o material transportado dentro da tubulação – denominada rosca de tubulação de vedação seca.

> **Ponto-chave:**
> Dispositivos mecânicos de roscas *prendem e unem*, *transformam e impulsionam* e *selam e unem*. Algumas roscas são chamadas a desempenhar uma combinação dessas funções. Cada função especializada tem uma modificação específica para a tarefa.

Formas de roscas para funções variadas

Roscas unificadas

Antes de discutir outras formas de roscas, precisamos olhar mais a fundo para alguns termos e fórmulas que definem a rosca padrão unificada. Reserve um tempo para estudar a Fig. 6-3. Ao longo da Unidade 6-1, compararemos outras roscas com a forma padrão triangular 60° para realçar diferentes funções.

Carga radial contra axial

Há dois tipos de forças agindo em uma rosca, uma ao longo do eixo longitudinal do eixo roscado – **carga axial** (força) e a outra para fora, conhecida como carga radial. Muitas das diferenças entre ros-

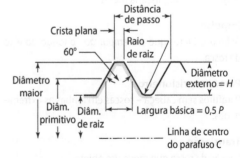

Figura 6-3 Termos básicos de roscas de parafusos encontradas em ANSI/ASME B1.7M (revisada).

cas estão em quanta carga radial é necessária para manter a fixação.

> **Ponto-chave:**
> Maior impulso radial significa que a rosca vai permanecer presa, não vai afrouxar ou vibrar. Mas um impulso radial rouba carga axial do torque de entrada total aplicado sobre a rosca.

As próximas três formas são projetadas para empurrar lateralmente. Em outras palavras, comparadas a uma rosca triangular 60°, elas convertem mais do torque rotativo aplicado no fuso em carga axial. Carga radial é a característica do parafuso para traduzir parte do torque aplicado nele, em força para fora contra a porca (Fig. 6-4). Para um fixador, carga radial é uma coisa boa. Quando uma porca padrão é apertada em um parafuso, ela trava na rosca devido ao efeito de cunha da **carga radial** (força), de modo que ela resiste a soltar sob vibração, mudança de carga e de temperatura. Por outro lado, a força radial se transforma em potência perdida e atrito excessivo no fuso de translação.

> **Ponto-chave:**
> Em todos os sistemas parafusados (ou engrenados), nunca a força de entrada é perfeitamente igual à força de saída devido à perda por atrito. Mas o objetivo é sempre usar a maior parte possível da força, em uma direção útil, conhecida como força efetiva.

Forças de roscas de parafuso em porcas

Figura 6-4 Quando a superfície do parafuso empurra a porca, duas forças são criadas: a força axial é paralela ao eixo do parafuso, e a força radial é para fora, contra a porca.

Roscas trapezoidais

Evoluindo da rosca 60°, a rosca trapezoidal (Fig. 6-5) é também triangular e truncada, mas seu triângulo não é isósceles, é equilátero com um ângulo agudo de 29°. Na Fig. 6-6, uma rosca padrão 60° é comparada a uma trapezoidal. Quando observamos suas formas, é óbvio que a trapezoidal é mais adequada à carga axial.

Roscas trapezoidais são projetadas para empurrar mais firmemente – suas faces são mais verticais com áreas de contato maiores, assim elas tendem a se desgastar menos e converter mais torque em carga axial. Elas duram mais quando transladando constantemente, como um fuso guia de uma fresadora faria.

Rosca trapezoidal de uso geral

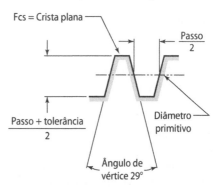

Figura 6-5 Roscas trapezoidais cheias dão impulso bidimensional e translações moderadamente precisas [ASME/ANSI B1.5 (revisado)].

Formas comparativas

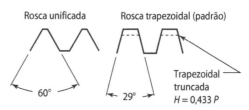

Figura 6-6 Uma comparação de formas unificadas e trapezoidais revela suas diferenças funcionais.

> **Ponto-chave:**
> Funcionalmente, as roscas trapezoidais resistem ao espanamento e duram melhor durante o uso constante. Elas são especificadas para dispositivos que devam repetir translações e impulsos – em ambas as direções.

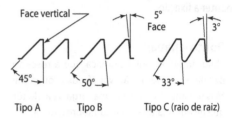

Figura 6-7 Roscas de dentes de serra são projetadas para impulsionar axialmente – em uma direção.

Mas, devido a faces íngremes, as roscas trapezoidais não ficam tão bem presas quanto uma de 60° devido à força radial reduzida. As faces de 14,5° (29°/2) nas roscas trapezoidais devem fazer fixadores ruins. Eles afrouxam devido à mudança de temperatura e vibração.

Há várias subformas e classes de rosca trapezoidal, dependendo da aplicação específica. A Figura 6-6 retrata duas: a padrão e o toco (truncada mais abaixo do triângulo, fazendo roscas mais curtas e menos profundas). A escolha depende do tamanho do eixo sobre o qual elas seriam cortadas. Para evitar descascamento, a rosca de toco deve aplicar uma força de carga levemente reduzida em comparação com a versão maior, mas a de toco não enfraquece tanto o eixo no qual é usinado. Isso cria uma montagem mais compacta.

O fuso para uma morsa de furadeira mostrado na Fig. 6-8 ou um fuso tipo macaco de carro deve ser feito com uma rosca de dentes de serra. Desde que haja carga momentânea na direção oposta para abrir a morsa, a rosca trapezoidal também pode ser especificada, especialmente para morsas de maior demanda como em uma fresadora. A carga do macaco do carro sempre será para cima e é uma aplicação perfeita para a **forma de dentes de serra**.

> **Ponto-chave:**
> Roscas dente de serra são projetadas para transladar e impulsionar em uma direção.

Mantendo o assunto de diferenças sutis, há três subcategorias de formas de rosca de dentes de serra. Tipo A, faces verticais retas, e Tipo B, inclinação de 5° da superfície da carga, causando um pouco de carga radial e raio na raiz para aplicações severas usinada sobre eixos roscados endurecidos.

> **Ponto-chave:**
> Pelas mesmas razões, como em uma trapezoidal, com base na função, a maioria das formas de rosca também pode ser especificada como roscas truncadas.

Roscas de dentes de serra

Essas roscas trabalham similarmente às roscas trapezoidais, aplicando repetidas cargas de translação, mas aqui, em apenas uma direção. Elas apresentam uma forma ainda mais robusta e face vertical comparada a ambas as formas trapezoidal e unificada (Fig. 6-7). É óbvio qual face é a direção da carga. Elas transformam eficientemente o torque em perto de 100% da carga axial (menor perda por atrito).

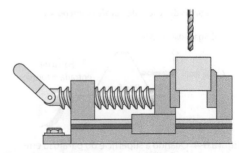

Figura 6-8 O fuso de uma morsa de furadeira pode ser feito com uma rosca de dentes de serra.

Roscas quadradas

Essas são roscas mais fortes para translação múltipla e cargas em ambas as direções. Mas, totalmente sem carga radial, elas trabalham de modo mais frouxo em todas as formas de roscas, então elas nunca serão usadas onde a permanência é um ponto de interesse. Roscas de **forma quadrada** oferecem vantagem de área de superfície de contato larga entre a porca e o fuso, assim, elas duram mais tempo durante uso repetido (Fig. 6-9).

Não usadas em dispositivos de engenharia

Apesar de oferecerem vantagens de translação (fortes, duráveis e bidirecionais), as roscas quadradas são as menos populares para aplicações de precisão devido à dificuldade de medir seu diâmetro primitivo. Seu lado reto torna impossível medir o diâmetro primitivo (DP), exceto pelo fato de medir o *diâmetro do pé do dente* e calcular o DP baseado nele. Também, devido a suas *cristas* planas e amplas (o topo da forma da rosca), elas são mais difíceis de se produzir com conicidade do que qualquer outra forma de rosca. Não há dispositivo prático de medição (além de comparadores óticos, que requerem a remoção da peça do torno aparafusando-a em uma porca de comparação), que diga quando ela está usinada no diâmetro certo.

Roscas quadradas

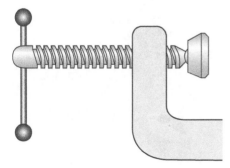

Figura 6-9 Roscas quadradas são as melhores para transmitir impulso, mas é difícil medir seu diâmetro efetivo.

O parafuso é testado contra uma porca aceitável. Reciprocamente, enquanto usinando uma porca, um parafuso aceitável é o teste funcional. Se o calibre encaixar, nem apertado nem frouxo, a rosca está completa. Devido a essa falta de controle de tamanho, roscas quadradas são normalmente encontradas em dispositivos brutos como a braçadeira na Fig. 6-9.

Roscas de tubulação

Roscas de tubulação caem em dois tipos maiores: fixação mecânica e tipos de vedação. Cada um desses tipos é então subdividido em duas categorias que podem verdadeiramente ser denominadas de encaixe frouxo ou de precisão. As cargas radiais se tornam importantes novamente, já que essas roscas não devem apenas ficar permanentemente montadas, mas devem também vedar. Então, muitas roscas de encanamento contêm roscas de conicidade interna e externa – elas apertam conforme são parafusadas (Figs. 6-10 e 6-11). Portanto, para ganhar carga radial, roscas de tubulação usam o familiar triângulo de 60° em ambas as roscas de tubulação retas ou cônicas.

> ### Conversa de chão de fábrica
>
> **Não é um mundo completamente métrico!** As complexidades da mudança para um tamanho de tubo métrico seriam uma grande dor de cabeça para as aplicações de construção, especialmente remodelação. Então, tubos padrão em polegadas permanecerão em vigor em todo o mundo. Portanto, em nações métricas, embora suas roscas de tubo sejam na realidade em polegadas, elas são especificadas em um tamanho métrico equivalente, o que cria muitos números esquisitos de tamanho métrico em tubos.

Diferenças nominais para roscas de tubulação

Roscas de tubulação compartilham uma única diferença das demais roscas. Seus tamanhos físicos medidos são muito maiores em diâmetro que o ta-

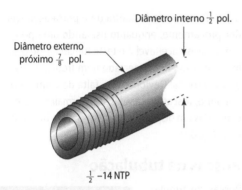

Figura 6-10 Porque as roscas do tubo são designadas pelo DI de um tubo de parede padrão, elas são fisicamente muito maiores do que seu tamanho nominal.

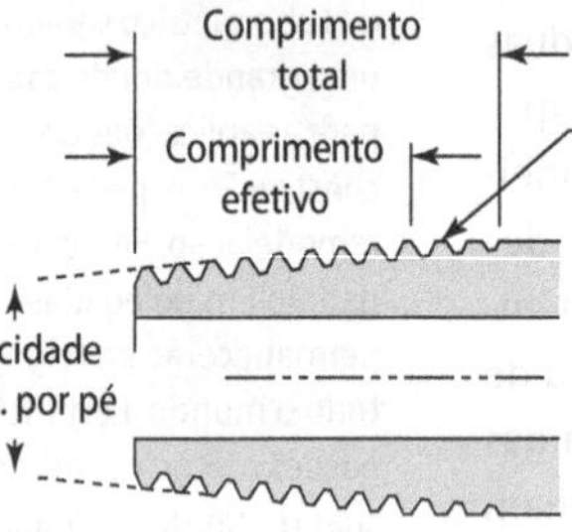

Figura 6-11 Termos de tubos de roscas cônicas.

manho nominal. (Recorde que *nominal* significa a dimensão alvo ou a projetada.) No passado, quando as pressões das tubulações eram baixas devido à tecnologia vigente, as roscas de tubulações eram baseadas no diâmetro interno da tubulação, não no maior diâmetro da rosca. Então, uma rosca de tubulação de $\frac{1}{2}$ pol. era próxima de uma de $\frac{7}{8}$ pol. em diâmetro pois o furo na tubulação era de $\frac{1}{2}$ pol., o fator determinante (Fig. 6-10).

Essa relação permanece verdadeira atualmente para tubulações de aço forjado de espessura padrão de parede (os tubos de metal e de plásticos você deve encontrar em uma loja). Contudo, para tubos de paredes grossas ou extragrossas, a diferença entre o diâmetro interno e o tamanho da rosca é ainda maior.

> **Ponto-chave:**
> Tamanhos de tubos são baseados na capacidade, e não na física do diâmetro. Diâmetros de tubos são maiores do que o tamanho nominal.

Designações americanas de rosca de tubulação

Nos Estados Unidos, roscas de tubulação caem dentro da Sociedade Americana de Engenheiros Mecânicos (ASME) (antigamente ANSI) padrões B1.20.1 – revisado. Similares ao sistema unificado, suas designações parecem similares a outras roscas. Aqui estão as três mais comuns, mas como visto no manual de construção de máquinas, há diversas subcategorias:

NPT (rosca americana cônica para tubos)

Exemplo: $\frac{1}{8}$ 27 NPT. Esta é uma rosca cônica normalmente usada para unir tubos de água na sua casa, carregando fluidos de baixa pressão. A vedação entre o macho (rosca externa) e a rosca fêmea é formada quando a rosca cônica se aloja com um composto selante entre eles. Machos e matrizes estão disponíveis para cortar essas roscas (Fig. 6-12).

Figura 6-12 Conjunto de machos e cossinetes para tubos cônicos.

> **Ponto-chave:**
> Os passos de roscas de tubo são diferentes dos fixadores comuns tais que nenhuma outra rosca pode acidentalmente ser montada com eles.

NPTF (Vedação seca para tubo americana)

Exemplo: $\frac{3}{4}$ 14 NPTF. Uma rosca cônica para tubos que veda sem composto ou material de vedação. Essa é a rosca mais precisa utilizada para gases e alta pressão. O F é usado para designar encaixe seco.

NPSM (Reta mecânica para tubo americana)

Exemplo: 1 $\frac{1}{4}$-11 $\frac{1}{2}$ NPSM. Projetada para encaixe geral onde a pressão interna não é necessária. Note que o passo é onze e *meio* filetes por polegada para prevenir encaixe com outras roscas, o que poderia acarretar desastres como em estruturas de andaimes e barras, por exemplo.

Aplicações críticas de roscas e fixadores

> **Conversa de chão de fábrica**
>
> **As boas e más notícias sobre roscas cônicas!**
> Sem o cossinete, as roscas cônicas externas não são normalmente feitas no torno manual. No entanto, elas podem ser usinadas usando um acessório de usinagem cônica – veremos como na Unidade 6-4. Uma vez que a configuração é muito demorada em comparação com a fabricação em um torno especial de rosca de tubos usando cossinetes, as roscas de tubo cônicas não são consideradas como uma tarefa manual normal de torno.

Quando a rosca deve ser controlada rigidamente de modo que não falhe, devemos voltar para qualidade padronizada. Essas peças são feitas de acordo com regras muito rígidas e especificações não encontradas no manual de construção de máquinas, mas em documentos de associações profissionais e governamentais como a ASME-ANSI ou especificações militares (Espec-Mil).

Esses documentos são publicados em vários níveis, governo nacional (Espec-Mil) ou International Standards Organization (ISO), padrões de associações profissionais (Sociedade de Engenheiros Automotivos, Sociedade Americana de Engenheiros Mecânicos) e companhias individuais publicam suas próprias especificações.

Onde um padrão nacional ou internacional está em vigência, especificações de autoridade inferiores como em padrões de empresa podem se expandir, mas não sobrepor ou substituí-las. Eles podem suplementar as especificações para adaptá-las à indústria individual, mas essa expansão nunca pode diluir uma autoridade maior.

O torno dedicado de rosqueamento citado é uma máquina portátil que pode ser movida para um local de trabalho e produzir rapidamente roscas de diâmetro externo cilíndrico ou cônico. Quando elas são ocasionalmente solicitadas em uma oficina de usinagem, são normalmente produzidas com machos e cossinetes cônicos, se disponível (Fig. 6-13).

Essas especificações rigorosamente controladas não são normalmente chamadas no desenho – mas elas são anotadas usualmente com bandeiras que dizem ao leitor quais especificações usar (Fig. 6-14, bandeira 11 no desenho). Você precisará de mais treino nesse aspecto da usinagem. Isso normalmente é coberto em um curso completo ou avançado de leitura de desenho de alguma companhia específica.

> **Ponto-chave:**
> Se uma especificação de rosca é mostrada no desenho, mas a informação não está nele (a condição habitual), então você deve obter os dados e garantir que seu trabalho os siga exatamente. Para serem normalizadas e certificadas, as peças devem atender a essas especificações.

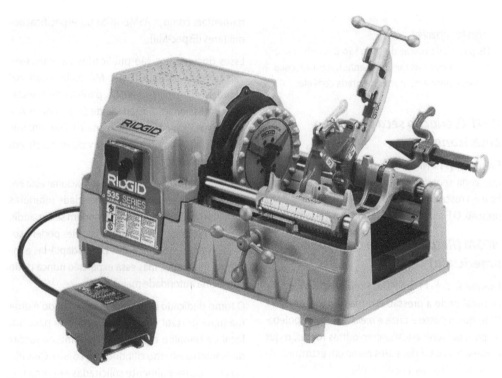

Figura 6-13 Um torno portátil de rosqueamento de tubo é usado em canteiros de obra.

Roscas com raio de raiz controlado

Essas são um bom exemplo da forma de rosca padronizada para aplicação crítica. Algumas vezes, a forma triangular de lado reto de 60° deve ser modificada devido à intersecção aguda da face da rosca com o diâmetro de raiz. As pontas afiadas criam pontos onde tensões podem se concentrar e começar uma falha no parafuso. A tensão no parafuso é melhorada distribuindo-se as tensões sobre um canto arredondado, adicionando de um raio de raiz rigorosamente controlado (Fig. 6-14). Raio de raiz pode ser denominado em qualquer forma de rosca, mas quando eles são críticos, uma especificação será anotada.

Onde o raio deve ser controlado para exatidão, a rosca chamada no desenho incluirá a letra "J". Por exemplo, $\frac{1}{3}$ 13 UNCJ. Você deve ser capaz de determinar o raio exato no parafuso ou porca. Há questões a seguir na seção de respostas de problemas de modo que você possa praticar esse tipo de acesso a dados.

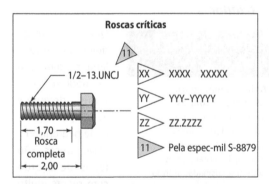

Figura 6-14 Quando as roscas devem atender às especificações padrão, o documento de controle será anotado no desenho. Você deve atender as especificações se a rosca for normatizada.

Insertos roscados

Roscas internas cônicas padrão trabalham bem em metais mais macios como magnésio ou alumínio, para muitas aplicações. Mas, quando uma solicitação maior é posta sobre parafusos roscados dentro desses metais mais macios ou quando eles devem ser montados repetidamente sem falhar, roscas cônicas padrão podem descamar ou deformar.

Então, quando a montagem não pode falhar, criamos uma rosca interna mais forte e dura que o material de origem inserindo arames de aço inoxidável ou outra liga dura com seção transversal de 60°, enrolados em uma bobina helicoidal (Fig. 6-15). O fio inserido é rosqueado dentro de furos cônicos especiais para criar um furo roscado padrão que aceitará um parafuso padrão.

> **Ponto-chave:**
> Insertos roscados são utilizados em metais macios e duros e até mesmo em plástico, para criar roscas mais fortes e viáveis.

Instalação de insertos rosceados

Para instalar um inserto roscado, primeiro um furo de diâmetro específico é furado. Então, um macho especial é passado por dentro do material criando uma rosca que aceita o inserto. Tem a distância de passo certa, porém um diâmetro maior que o diâmetro de rosca padrão.

Observe a Figura 6-16. Para inserir a bobina, uma ferramenta de instalação é posicionada sobre a espiga guia que se projeta da extremidade oposta da bobina, para guiá-la para dentro do furo roscado. Uma vez instalada, a espiga é removida da bobina golpeando-a com uma vareta.

Vantagens Após a inserção, a bobina expande para fora com uma ação de mola, para ancorá-la permanentemente no lugar. A vantagem chave para insertos rosqueados é que a bobina distribui a carga da montagem sobre o comprimento máximo da rosca, assim resulta em grande força distribuída. Elas não apenas resistem à descamação, elas desgastam menos com o uso repetido. Insertos roscados são comuns em indústrias de manufatura aeronáutica, automotiva e muitas outras. A variedade manufaturada mais comum é a Heli-Coil®.

Graus de resistências

Parafusos de aço são classificados por seu grau de resistência. O que determina a dureza é a resistência. Os graus de parafuso vão de 1 (menos duro) a 8 (mais duro) (Fig. 6-17).

Figura 6-15 O inserto de rosca Helicoil® cria uma rosca de aço inoxidável mais forte (ou de outras ligas) dentro de uma peça de metal mais macio.

Figura 6-16 A instalação é um processo de quatro passos: furar, rosquear o furo com um macho especial, então aparafusar o inserto e, por último, quebrar o guia do inserto.

Marcas de graduação em parafusos SAE

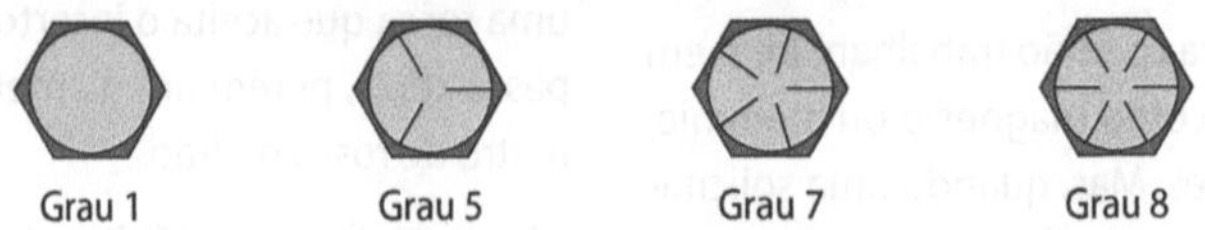

Grau 1 — Aço de médio-baixo carbono para uso diário. Sem tratamento térmico

Grau 5 — Aço de médio carbono com tratamento térmico

Grau 7 — Aço de médio carbono com tratamento térmico dureza média

Grau 8 — Aço de médio carbono com tratamento térmico com dureza 15% maior

Figura 6-17 Marcações de parafuso de grau SAE indicando o material de que é feito, o tratamento térmico (se utilizado) e a dureza relativa de um parafuso.

Mas, conforme a resistência à tração (força média durante o esticamento) cresce, a habilidade de envergar e dobrar sem quebrar diminui. O parafuso mais duro não é sempre a melhor escolha. Aqui está uma base para aplicação.

Aplicação correta

Grau 1 = Aplicações diárias – os parafusos e porcas são encontrados na loja. Montando uma churrasqueira de quintal ou um carrinho de criança.

> ### Conversa de chão de fábrica
>
> **Aplicações domésticas e automotivas de insertos roscados** Furos de velas de ignição acidentalmente espanados no seu cortador de grama ou motor do carro podem ser reaproveitados com ferramentas feitas especialmente em lojas de suprimento automotivo. Elas vêm em conjuntos com o inserto certo para encaixar a vela de ignição original. Ao rosquear o furo, tenha um cuidado extra para não deixar que nenhum dos cavacos caia para dentro do cilindro, o que destruiria o motor. A melhor solução é remover o cabeçote do cilindro. Com motores pequenos, às vezes, você pode tapar o furo com um pano e depois virar o motor inteiro de cabeça para baixo durante a usinagem, de forma que os cavacos tendam a cair – para baixo. Cuidadosamente, remova o tampão, depois de ter ajudado a evitar que cavacos indesejáveis entrem no motor.

Grau 5 = Resistência média – prender itens não críticos, mas solicitados como uma junta universal ou uma roda no seu carro. Normalmente encontrados em uma loja automotiva.

Grau 7 = Aplicações mais solicitadas – um cabeçote do motor no seu carro ou uma peça de motor a jato. Pode estar na loja, mas normalmente compra-se através de companhias especializadas em fixadores. Pode precisar ser certificado para alcançar as especificações.

Grau 8 = Aplicações de maior solicitação – fixação de fresadoras, moldes e uma peça em um torno CNC. Normalmente comprados através de fornecedores certificados se eles forem montar itens críticos em que a segurança é importante.

> **Ponto-chave:**
> O grau do parafuso é determinado por marcas de código sobre sua cabeça. O grau é normalmente especificado nas notas do desenho – não na rosca indicada.

Variações de roscas

Agora, vamos examinar duas "torções" não muito comuns que podem ser adicionadas a qualquer forma de rosca que nós estudamos: roscas de mão esquerda e roscas de múltiplas entradas.

Roscas de mão esquerda

Essas roscas apertam na direção oposta àquelas que nós estudamos até agora. Elas têm um propósito funcional. Às vezes, as hélices de mão direita rodam na direção errada. Elas podem afrouxar sobre carga e vibração.

Por exemplo, a porca segurando o rebolo no lado esquerdo do pedestal pode afrouxar pelas forças de retificação se for uma rosca de mão direita, mas, se nós fizermos um eixo e uma porca de mão esquerda, ela permanece apertada. Prisioneiros segurando as rodas em alguns carros são de mão esquerda nas rodas da esquerda. Você pode ver o LH estampado no fim de cada **parafuso prisioneiro** (parafusos sem a cabeça – rosqueados em ambas terminações).

Um terceiro exemplo é o acoplamento tensor para um cabo (Fig. 6-18). Seu propósito é tensionar o acoplamento entre dois cabos ou hastes, quando a fivela é rotacionada. Conforme ela gira, a rosca de mão direita puxa de um lado enquanto a rosca de mão esquerda puxa do outro lado no sentido oposto (Fig. 6-19).

Qualquer rosca pode ser especificada como hélice de mão esquerda. Por exemplo,

$$\tfrac{3}{8}\text{-24 UNF LH}$$
ou
$$\text{M12-1 LH}$$

Machos e cossinetes de mão esquerda estão disponíveis, mas não são comuns de achar na maioria das oficinas, a menos que elas façam muitas peças que exijam roscas de mão esquerda. Na Unidade 6-3, exploraremos dois métodos para fazer essas roscas em torno manual. Naturalmente, roscas de mão esquerda são rápidas de fazer em torno CNC, mas as Dicas da área que aprenderemos para produzi-las no torno manual serão úteis.

Roscas de múltiplas entradas

Essas roscas são algo como um mistério para os operadores iniciantes. Elas se caracterizam por ter mais de um entalhe helicoidal no fuso e na porca pareada. De início, elas podem parecer difíceis de visualizar – mais de um entalhe de rosca no mesmo eixo? Sua função é aumentar a taxa de translação por revolução.

> **Ponto-chave:**
> Roscas de múltiplas entradas movem a porca para mais longe em uma rotação em comparação com uma rosca de único início múltiplo.

> **Conversa de chão de fábrica**
>
> Além da Sociedade de Engenheiros Automotivos, a SME, a Sociedade (Americana) de Engenheiros de Manufatura, também publicou normas para grau de parafuso – nelas, estão algumas classes a mais para aplicações específicas. Os parafusos SAE são os mais comuns na vida cotidiana. Para ver um gráfico de comparação, retorne ao manual de construção de máquinas, em "Grau de Identificação e Propriedades Mecânicas de Parafusos".

Figura 6-18 Roscas de mão esquerda apertam na direção reversa.

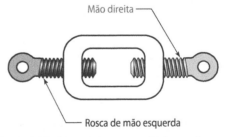

Figura 6-19 O tensor é um exemplo do uso de rosca de mão esquerda.

O termo **entrada múltipla** significa que há dois ou mais entalhes de rosca individuais no objeto. Para explorá-las mais a fundo, precisaremos definir o termo **avanço** e compará-lo com o passo.

Avanço é a distância transladada pela porca em uma revolução.

Passo é a distância repetida entre os filetes.

Ponto-chave:
A distância do avanço e o passo é a mesma em rosca de uma entrada, mas são diferentes em roscas de entradas múltiplas.

Conversa de chão de fábrica

Roscas de múltiplos "avanços" Você pode ouvir roscas de entradas múltiplas também denominadas de roscas de múltiplos avanços. Embora não seja exatamente o uso correto, é uma expressão comum na oficina compreendida pela maioria dos operadores. Na verdade, a rosca tem apenas um avanço realizado por várias entradas.

Uma rosca de dupla entrada translada duas vezes o passo em uma revolução comparada a uma rosca de filete único. Observe a Fig. 6-20 para ver a rosca de dupla entrada ainda incompleta. Até agora, ela tem apenas um entalhe de rosca completo. Note o espaço em branco entre as roscas, pronto para o segundo início. Então, na Fig. 6-21, é terminada com ambos os entalhes. Posicionando um lápis imaginário no entalhe, então traçando uma volta completa da hélice, deveria avançar duas vezes mais longe que a rosca de único início de mesmo passo – tem um **ângulo hélice** mais íngreme (maior).

A força de descamação relativa da rosca de dupla entrada permanece a mesma da rosca de entrada única de mesmo passo; a rosca terminada tem o mesmo número de fios por polegada que uma de início único e tem a mesma quantidade de superfície de rosca suportando a carga. A diferença é o ângulo mais íngreme de uma rosca individualmente.

Exemplos de roscas de entrada múltipla podem ser encontrados a sua volta. Por exemplo, o topo roscado de um vidro de maionese ou uma tampa de caneta de qualidade ou a tampa do tanque de combustível do seu carro. Com um quarto de volta do seu pulso, está montado ou removido. Elas são roscas tanto de três quanto de quatro entradas.

Ponto-chave:
Avanço = Passo × Número de entradas

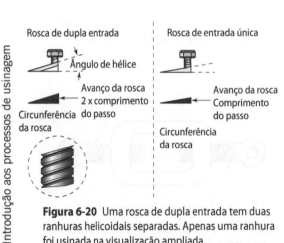

Figura 6-20 Uma rosca de dupla entrada tem duas ranhuras helicoidais separadas. Apenas uma ranhura foi usinada na visualização ampliada.

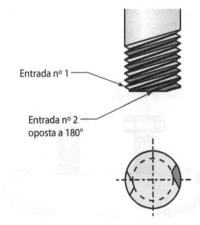

Figura 6-21 Ambas as hélices da rosca estão agora usinadas nesta rosca de dupla entrada.

Cálculo do avanço   O avanço de qualquer rosca é igual ao passo multiplicado pelo número de entradas.

Por exemplo, qual é o avanço para esta rosca: $\frac{1}{2}$-20 UNF 2S (entrada dupla)?

Encontre o passo
1,000/20 = 0,050 pol.

Multiplique passo × 2
0,100 pol.

Na Fig. 6-22, segue que, se uma mesma rosca for de três entradas, qual avanço deveria ter? Três vezes o passo em 0,150 pol.

Rendimento mecânico da troca   Usar roscas de múltiplas entradas em um dispositivo cria uma troca de força mecânica por distância deslocada, comparado à rosca de única entrada. Com um plano inclinado (efeito de calço) se tornando um ângulo de hélice íngreme, a quantidade de força mecânica gerada por unidade de torque aplicado é inversamente proporcional ao crescimento do avanço. Em outras palavras, precisa-se de uma torção mais forte na chave para alcançar a mesma força de aperto à medida que as entradas múltiplas avançam.

Roscas com controle de folga

Em alguns dispositivos mecânicos, a folga deve ser controlada para um mínimo ou eliminada completamente, baseado na função. Há três tipos comuns de sistema porca-parafuso que controlam folga: porca dividida, porca dividida carregada e porca dividida para esferas. Cada uma delas é uma evolução de projeto para eliminação de folga.

Um eixo em máquinas de uso diário pode ser tão simples quanto um fuso trapezoidal e uma porca de bronze adequadamente bem ajustados. Esse sistema deve ter alguma folga mecânica, mesmo quando novo, de outra maneira ele vai travar. O melhor ajuste entre parafuso e porca vai desgastar ao longo do tempo, mesmo quando bem lubrificado. Folga pode ser um problema nesses dispositivos e piora com o tempo. Não há nada a fazer exceto trocar a porca quando a folga exceder os limites práticos. A porca é geralmente feita de um material mais macio (latão ou bronze) para desgastar deliberadamente antes do fuso de avanço, mais caro. Mas há sistemas melhores.

Porca dividida – Ajustável

A maioria das máquinas de qualidade industrial é montada com porcas divididas de bronze – duas porcas correndo no mesmo eixo roscado – com um pequeno espaço entre elas. Vimos um exemplo no Capítulo 3 no eixo *X*, avanço transversal na maioria dos tornos. A folga é ajustável para um mínimo ao mover uma porca relativamente à outra – então travando-as nesta posição no carregador pareado. Ajustada corretamente, ela pode ter pouquíssima folga, mas pouco acima de zero ela irá desgastar. Se ajustado para zero, o sistema terá muita fricção e o travamento será um problema (Fig. 6-23).

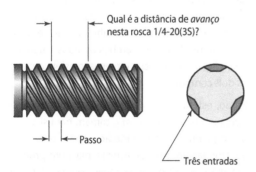

Figura 6-22 Calcule o avanço.

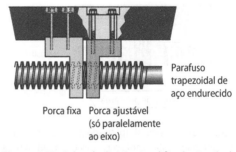

Figura 6-23 Folga da divisão simplificada ajustável e porca.

Fresadoras manuais se caracterizam por dispositivos similares nos seus eixos X, Y e Z. Esses sistemas requerem ajuste periódico para compensar o desgaste.

Porcas divididas pré-carregadas – Autoajustante

O próximo maior projeto de folga também usa o conceito da porca dividida, mas agora as duas porcas têm uma forte mola (ou pistão hidráulico) posicionada entre elas. Isso permite que a porca ajustável se movimente lateralmente (dentro de uma distância muito pequena) relativamente à outra. A mola empurra a porca deslizante para longe da porca fixa. Nesse sistema, a pressão é exercida em ambos os lados da face da rosca criando folga zero para cargas até um determinado valor (Fig. 6-24).

Elas se compensam continuamente para o desgaste no fuso, mesmo quando o desgaste não é uniforme. O problema é que elas frequentemente desgastam mais nos seus centros de deslocamento do que nas suas extremidades. O sistema de porca carregada com mola pode compensar esses padrões variáveis de desgastes para folga, pois se ajusta constantemente, mas a precisão é perdida.

O sistema de porca dividida rígida não pode se acomodar a um desgaste desigual. Ajustada corretamente para a seção central desgastada, ela irá apertar e possivelmente esmagar as extremidades do fuso.

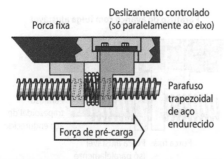

Figura 6-24 Sistema simplificado de porca dividida pré-carregada utiliza mola ou pressão hidráulica para forçar o afastamento das porcas.

Mas a porca dividida pré-carregada tem duas limitações. Primeiro, a ação da mola acelera o desgaste da porca. As porcas devem ser trocadas em uma programação baseada no uso. A outra é que a mola pode ser fechada pelas cargas extremas de usinagem, fazendo o eixo pular ou saltar, o que não é uma coisa boa durante o corte. Como tal, eixos de fusos acionados por molas são limitados a máquinas CNC pequenas com baixa carga apenas. Uma solução para o problema de desgaste é usar porcas de Delron® ou Teflon® ou algum outro plástico de alta densidade que deslize extremamente bem no fuso de metal. Entretanto, eles também não podem resistir a pesadas cargas de usinagem.

Para aumentar a resistência à carga de usinagem, projetistas podem adicionar pressão hidráulica entre as duas porcas. Contudo, as porcas são então sujeitas a um desgaste ainda maior. A solução final para máquinas industriais com grandes carregamentos é o fuso de esferas.

Fusos de esferas – Alimentação contínua

Enquanto outros dispositivos de eixo único tem sido testados para equipamento CNC, continuamos retornando para os **fusos de esferas** como sistema de translação a escolher. Novamente, uma pré-carga é usada entre duas porcas divididas, mas dessa vez a pressão é tão grande que nenhuma força de usinagem pode superar a força de separação entre as porcas. Sobre toda essa carga lateral, a fricção pode ser tão grande entre a porca e o fuso que o sistema pode travar ou as porcas podem desgastar quase que imediatamente. A solução para a fricção é abandonar a rosca trapezoidal e usinar e retificar precisamente o entalhe da rosca em espaços semiesféricos em ambos os lados – porca e fuso (Fig. 6-25). Isso cria um espaço esférico entre os dois componentes.

Então, esferas precisas são introduzidas entre a porca e o fuso. Elas rolam e tomam para si a carga enquanto reduzem a fricção a quase zero. Mas, ao projetar um fuso de esferas, mais um problema aparece – se o eixo se mover além da largura

Fuso e porca de esferas

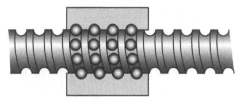

Figura 6-25 Fuso de esfera e porca simples.

da porca, as esferas rolam para fora dela e, então, um canal de recirculação cerca o par de porcas (Fig. 6-26). Pode ser tão simples quanto um tubo conduzindo da abertura em uma extremidade de uma porca para a abertura da extremidade oposta da outra porca. Conforme o fuso translada a uma grande distância, as esferas rolam para fora nos canais para serem puxadas para a terminação oposta, assim continuam recirculando.

Fusos de esfera de entradas múltiplas e única

Para tomar vantagem dos processadores centrais nos novos controladores CNC, fusos de esferas apresentam roscas de múltiplas entradas. Máquinas CNC mais antigas e outros dispositivos como sistemas de direção de caminhões usam roscas de esferas de entrada única.

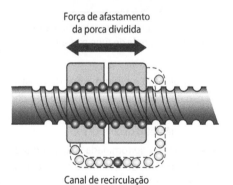

Figura 6-26 O fuso de esfera é o mais popular eixo de acionamento na translação em CNC.

Revisão da Unidade 6-1

Revise os termos-chave

Ângulo hélice (roscas)
Ângulo criado na rosca de modo que o triângulo retângulo tenha seu cateto oposto igual ao avanço da rosca e o adjacente igual à circunferência da rosca.

Avanço
Distância que uma rosca translada em uma revolução completa.

Carga axial (rosca de fuso)
Força lateral do fuso sob uma porca, paralela ao eixo do fuso.

Carga radial (roscas de parafusos)
Força do parafuso contra a porca, tendendo a manter a porca travada na posição em relação ao parafuso quando apertado.

Entrada múltipla
Roscas com mais de um filete helicoidal.

Escoriação
Deformação do metal sob cargas pesadas. Causa manchas e o travamento de fixadores roscados.

Espanamento
Cisalhamento do filete da rosca por força excessiva.

Forma dente de serra
Rosca projetada para carregamento em apenas uma direção.

Forma quadrada
Projetada para múltiplas translações – não usada normalmente hoje.

Forma trapezoidal
Rosca construída em um triângulo de 29°.

Fuso de esferas (recirculantes)
Porcas separadas com uma forte pré-carga forçando-as no fuso. Esferas esféricas preen-

chem o espaço vazio entre as porcas e o fuso. O parafuso-esférico tem folga zero e pouquíssima fricção.

Impulso
Ação dos filetes que é o *empurrão* ao longo do eixo da rosca.

Parafuso prisioneiro
Parafusos sem cabeça – roscas em ambas as extremidades.

Translação
Função da rosca que move um objeto.

Reveja os pontos-chave

- Avanço é o produto do passo pelo número de entradas. Esses dois números são os mesmos em uma rosca de entrada única.
- As roscas para tubos são especificadas com passos diferentes das roscas de fixação comuns, de modo que nenhuma rosca não tubular possa ser acidentalmente montada neles.
- A forma de rosca trapezoidal é um triângulo truncado 29° oferecendo mais área de contato em comparação com roscas de 60°.
- Roscas de dentes de serra são especificadas quando a translação ou o impulso em uma direção é a função do dispositivo.

Responda

1. Verdadeiro ou falso? A rosca de *dentes de serra* é designada para o impulso em uma única direção, mas tem menos superfície de contato entre a porca e o parafuso, em comparação com uma rosca triangular padrão de 60°. Se esta afirmativa for falsa, o que irá torná-la verdadeira?
2. Identifique a forma da rosca mostrada na Fig. 6-27.
3. Na Figura 6-28, o parafuso tem 8 FPP. Qual é o avanço?
4. Escreva a forma correta de chamar no desenho as roscas de tubos na Fig. 6-29. Re-

quer olhar o manual. Que forma da rosca é utilizada nesta rosca?

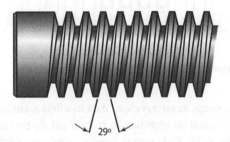

Figura 6-27 Identifique esta forma de rosca.

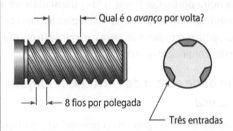

Figura 6-28 Calcule o avanço.

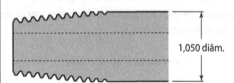

Figura 6-29 Escreva a denominação para esta rosca de tubo (parede de tubo padrão).

5. Consultando em um manual de construção de máquinas, qual seria o passo correto de uma rosca cônica para tubo NPT, com diâmetro de $2\frac{1}{2}$ pol ?
6. Como seria denominada a rosca do tubo da Questão 5 se fosse para selar sem um composto selante?
7. Como é o tamanho do diâmetro interno do tubo mostrado na Fig. 6-29 na Questão 4?

8. Descreva as três funções principais de roscas.

9. Verdadeiro ou falso? A diferença entre ângulos de hélice de uma rosca de entrada única e uma rosca de dupla entrada de mesmo diâmetro e passo é que na rosca de dupla entrada o ângulo é maior. Observe a Figura 6-20. Se esta afirmativa for falsa, o que irá torná-la verdadeira?

10. a. Nomeie duas razões pelas quais um projetista possa especificar uma rosca de mão esquerda.
    b. Identifique uma razão funcional para usar roscas de múltiplas entradas em vez de uma rosca de entrada única.

» Unidade 6-2

» Coleta e uso de informações de roscas a partir de referências

Introdução Você precisará fazer cálculos ao configurar a usinagem e a medição de roscas especializadas. Elas serão baseadas nos livros de referência, gráficos de especificação e dados de empresas. Aqui, nos concentraremos no manual de construção de máquinas, mas muitas outras fontes devem alcançar os mesmos resultados. Tenha em mente que esta unidade pretende prover um conhecimento profissional dos tipos de informação necessária e como encontrá-las quando você precisar delas – não tente memorizar os dados.

Há pouca instrução necessária, apenas a prática é requerida. A seguir, estão alguns exemplos com respostas encontradas no fim desta seção. Cheque-as conforme avançar.

Não há novos termos nem pontos-chave para revisar na Unidade 6-2. Siga para a Unidade 6-3.

Revisão da Unidade 6-2
Responda

Resolva os seguintes enigmas, os quais tipificam uma configuração personalizada de uma rosca na indústria.

Os Problemas 1 e 2 referem-se a esta rosca de uso geral:

TRAPEZOIDAL 1,0-8

1. Qual será o menor diâmetro externo possível para o parafuso (rosca externa)? Este é o menor tamanho limite do eixo antes do rosqueamento.

2. Você está prestes a configurar e furar uma rosca trapezoidal interna para a especificação mostrada aqui. Quão larga poderá ser a crista plana quando esta rosca está na dimensão final?

3. Você deve *facear* uma área plana mínima em um gabarito de perfuração para aceitar a porca borboleta padrão de $\frac{1}{2}$ pol. Qual diâmetro de alargador você deve obter? Veja as dicas nas Respostas se você estiver em dúvida.

4. Você foi designado para tornear uma rosca de dentes de serra tipo B. Para fazer isso, você vai precisar para retificar o ângulo interno da broca para quantos graus?

5. Você está retrabalhando a rosca de ignição e precisa de informação sobre várias dimensões. Você suspeita que seja uma rosca métrica. Onde você vai procurar?

6. Na verdade, existem dois tipos comuns de normas americanas para roscas trapezoidais, quais são eles?

7. Finalize a sua verificação. Verificando o índice, liste os vários tópicos importantes em que você pode encontrar informações sobre roscas. Veja se você pode encontrar mais do que eu encontrei em três minutos ou menos.

8. Vire-se para dois temas na sua lista ou na minha em que você não tenha nenhuma informação, tais como rosca laminada ou roscas aeronáuticas. Leia apenas os dados técnicos suficientes para satisfazer a sua curiosidade e depois pare.

>> Unidade 6-3

>> Configurações de torno manual para roscas técnicas

Introdução Esta unidade discute como configurar um torno manual para produzir diferentes roscas técnicas. Contudo, muito também se aplicará a configurações de torno CNC. Antes de prosseguir, há uma opção de rosqueamento que não discutimos, o **macho de rosqueamento** ou o macho de cabeça colapsável. Seu propósito principal é acelerar a produção de roscas de alta qualidade. Montados em um eixo-árvore de um torno ou torre de ferramentas, eles cortam roscas rápida e precisamente com repetibilidade dentro de 0.001 pol.

Como mostrado na Fig. 6-30, eles são fornecidos com castanhas intercambiáveis que podem ser configuradas para cortar aproximadamente cada variação e forma de rosca possível que discutimos. Enquanto estiver sendo alimentada, cortando a rosca, ela trava no tamanho da rosca até tocar uma alavanca de desengate que abre a matriz ou contrai o macho. Então, eles podem ser retirados a altas velocidades em vez de desrosqueá-los.

Eles fazem rosca de alta qualidade rapidamente. Uma vez que a matriz ou o macho é configurado no diâmetro de rosca correto e o torno em sua melhor rotação, a configuração é fornecida com um fluxo intenso de refrigerante ou óleo de corte de rosca (sempre essencial ao cortar roscas) e essas matrizes de produção reproduzem alta qualidade hora após hora.

Figura 6-30 Cabeçotes de rosqueamento (ferramentas de deslocamento) produzem roscas externas com qualidade pelo corte avante em um passe, e então abrindo de estalo para um retorno rápido para fora da peça.

Termos-chave

Ferramenta invertida
Configuração de rosca de mão esquerda pela qual a ferramenta de corte é virada de cabeça para baixo para permitir cortar no sentido do mandril com rotação reversa do eixo.

Deslocamento reverso
Configuração de rosca de mão esquerda pela qual a ferramenta de corte desloca para longe do mandril durante a passagem da rosca.

Macho de rosqueamento
Ferramenta de corte de produção de rosca que corta internamente, mas contrai para permitir uma rápida remoção ao completar a rosca.

Configurações de rosca de mão esquerda

Há duas opções para modificar a configuração de rosqueamento normal de entrada única (Capítulo 3):

      Ferramenta invertida   **Deslocamento reverso**

Método da ferramenta invertida para roscas de mão esquerda

Aqui, a ferramenta de corte de rosca é montada de ponta-cabeça em seu porta-ferramenta (Fig. 6-31). O eixo gira no sentido horário quando visto a partir do contraponto – ao contrário da rotação normal, então a ação de corte é para cima em vez de ser para baixo (veja a Dica da área).

Nessa configuração, durante o corte, a ferramenta desloca para a esquerda do operador, na direção normal, em direção ao mandril. Isso significa que a ferramenta de rosqueamento pode iniciar o trabalho de forma segura e conveniente como torneando uma rosca normal, dessa forma, fornecendo um pouco de tempo e espaço para engatar a embreagem de meia-porca.

Também, no fim de cada passada da rosca, pode ser retirada para criar uma saída de rosca (rosca incompleta na extremidade). Então, este método pode ser usado quando nenhum canal de saída de rosca é permitido na peça.

> **Ponto-chave:**
> O método de ferramenta inversa fornece a distância de escape necessária no caso de você perder o ponto de engate da alavanca da meia-porca! Deve ser usado quando não é permitido canal de saída de rosca na peça.

Embora a configuração seja uma pouco complexa, isso faz uma boa peça. A próxima configuração, deslocamento reverso, não oferece espaço para erro de engate. Usar isso e perder a marca de início significa uma peça arruinada!

> **Dica da área**
> **Considerações sobre segurança** *Os cames apenas bloqueiam* Antes de executar um retrocesso no torno (sentido horário) certifique-se de que o mandril esteja montado sobre o eixo-árvore usando cames de travamento modernos, não um parafuso na ponta do eixo. Em alguns raros tornos mais antigos, mandris rosqueados podem perigosamente desapertar devido às forças opostas do giro reverso. A maioria que utiliza fusos rosqueados, então, não irá girar para o sentido inverso (para trás).
>
> *Torres de ferramentas sólidas* Uma torre de ferramentas com abertura lateral ou sólida deve ser usada, pois é capaz de resistir à força para cima. A torre escolhida deve permitir que a aresta de corte alcance a linha de centro vertical da peça. Torres de mudança rápida de ferramenta não são permitidas à medida que a ação tende a arrancar o corpo da ferramenta da torre.

Ferramenta para rosqueamento de mão esquerda A ferramenta de rosquear pré-moldada com a forma da rosca correta é retificada no ângulo de saída de mão esquerda com a ferramenta posicionada na vertical (corte à sua direita normalmente).

Ferramenta de ângulo composto Similar ao corte do rosqueamento de mão direita, para garantir que o corte ocorra na aresta de corte correta da ferramenta de corte, o ângulo composto é oscilado para um pouco menos da metade do ângulo da forma da rosca. Nesse método, ele é oscilado no sentido anti-horário, para a mesma posição como se as roscas fossem com hélice da mão direita. Este método funciona para roscas internas também, mas a direção do ângulo composto é invertida.

Roscas de mão esquerda – Ferramenta invertida

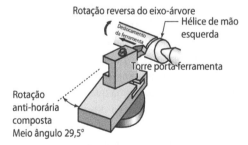

Figura 6-31 A ferramenta é montada de cabeça para baixo para usinar as roscas de mão esquerda.

Método ferramenta de trajeto inverso para roscas de mão esquerda

Este método é um pouco mais simples de configurar, uma vez que a ferramenta de corte é montada na posição normal, com o ângulo de saída de mão esquerda – para cortar à sua direita. A ferramenta começa na extremidade da peça junto à placa do torno. Para esse método, mude o sentido de deslocamento da ferramenta de tal forma que o parafuso guia envie a ferramenta para longe do mandril quando a meia-porca estiver engatada, com o eixo rosqueando para frente, na rotação normal.

Saída de rosca necessária Se não for possível o canal de saída de rosca, então o método de deslocamento inverso da ferramenta não pode ser usado. A ferramenta deve começar a partir de um ponto estático de parada enquanto você busca no volante de posicionamento para travar na posição. Para fazer isso, um canal deve existir no ponto em que a ferramenta vai iniciar (Fig. 6-32).

Dica da área
Abandone as regras do disco de posicionamento! Em ambos os métodos de usinagem de uma rosca de mão esquerda, o disco de posicionamento está girando para trás, para a direção que vocês estão acostumados a ver. Embora as regras ainda sejam válidas para roscas de mão esquerda, para um iniciante, isso seria uma boa ideia para simplificar o engate, soltando a alavanca na mesma marca toda vez. Isso remove uma pequena variável em uma configuração contrária excêntrica. Eu marco a linha que pretendo usar no mostrador com um marcador vermelho só para ter certeza.

Configuração da rosca de múltiplas entradas

Aqui está como configurar e usinar roscas de múltiplas entradas em um torno manual. O truque

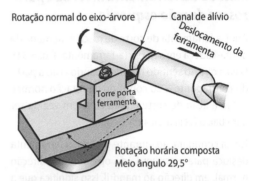

Figura 6-32 Roscas de mão esquerda podem ser produzidas pela reversão do deslocamento da ferramenta enquanto o fuso gira normalmente.

dessa configuração é executá-la para indexar de forma precisa para diante (gire a peça uma fração de volta) após cada usinagem de uma entrada completa, pronto para usinar outra entrada. Se isso for uma rosca de dupla entrada, a peça deve ser indexada meia volta depois de concluir o primeiro filete de rosca. Daqui resulta que ela deve ser indexada um terço de volta para cada filete de rosca para uma rosca de três entradas e assim por diante. A configuração é feita de duas maneiras diferentes.

Método 1   Fixação entre os centros

Se o número de entradas é duas ou três, um disco de arraste pode ser usado para criar um espaçamento correto entre os inícios da ferramenta. Posicionando a ponta do arrastador em um vão, uma rosca completa é feita. Em seguida, sem deslocar a placa de castanhas, o contraponto é recolhido, o arrastador é retirado da fenda e a peça é rotacionada para a próxima fenda na placa representando o múltiplo. A maioria das placas de castanhas apresenta três fendas igualmente espaçadas com uma quarta oposta a uma delas, para criar roscas de duas entradas. Para múltiplos maiores, use uma placa de arraste com seis fendas igualmente espaçadas.

No exemplo da Fig. 6-33, uma rosca de três entradas está sendo produzida. Roscas de entradas múltiplas comuns são de duas, três e quatro.

> **Ponto-chave:**
> **Roscas múltiplas**
>
> A. Para cada rotação do fuso durante o rosqueamento, a ferramenta tem de se mover lateralmente a uma distância igual ao avanço, não ao passo. Defina as engrenagens de troca rápida para o avanço, não o passo.
>
> B. A ferramenta deve ser retificada com folga lateral maior do lado de corte do que para as roscas normais, devido ao aumento do ângulo de hélice da rosca. A broca deve ser extremamente aliviada na superfície lateral da aresta de corte (semelhante à ferramenta de sangramento axial – folga maior de um dos lados do que no outro).
>
> C. Depois ter começado uma rosca, nunca mude a marcha para rotação ou coloque o eixo-árvore em posição neutra. Se você fizer isso, a coordenação entre fuso e a ferramenta será perdida e as roscas serão danificadas.

Método 2 Indexação de todo o mandril

Cames igualmente espaçados fixados na parte detrás da placa do torno também podem ser usados para indexar a peça para roscas de múltiplas entradas. Esta pequena dica funciona especialmente bem para peças difíceis de fixar entre centros no torno. Deixando a peça apertada na placa, desbloqueie os cames para removê-los da ponta do eixo do torno. Indexe o valor necessário e remonte o mandril. Antes de fazer essa configuração, conte o número de cames posicionados para ter certeza de que seu número de entradas é adequado para o número na placa (geralmente seis cames).

Com exceção da operação de indexação, todos os outros aspectos de produção de roscas de múltiplas entradas permanecem os mesmos, incluindo a medição da profundidade da rosca. Um lembrete, usar a coordenação especial da profundidade da rosca no eixo X faz o controle de profundidade ficar fácil também (lembre-se da Dica da área na Unidade 3-6 relativa à coordenação dos discos).

Produção de roscas cônicas

De tempos em tempos, operadores de máquinas devem produzir uma rosca cônica personalizada. Ela pode ser cortada em um torno manual apresentando um acessório cônico ou posicionando o contraponto fora do centro.

Método do acessório de conicidade

Esta configuração é escolhida para peças adequadas para fixação de um mandril, ou não tão facilmente adaptado para o torneamento com o contraponto deslocado (Fig. 6-34). Como explicado na Unidade 6-1, você deve iniciar a configuração calculando tanto o ângulo do cone como a inclinação por polegada para definir a diferença angular entre as formas do suporte e do acessório. A maioria dos fixadores são formados em ambas as unidades. Ao usar ângulos, tenha em mente que se deve calcular o meio-ângulo, um lado em relação ao eixo da peça, e não o ângulo interno total.

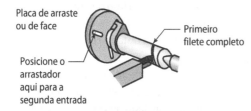

Figura 6-33 Esta configuração vai produzir uma rosca de três entradas. A ponta do arrastador é colocada em cada ranhura, em seguida, uma única rosca é produzida com o avanço correto.

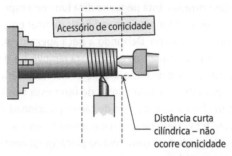

Figura 6-34 Uma rosca cônica pode ser feita com um acessório de conicidade ou com o contraponto deslocado para fora do centro. Se estiver usando o acessório de conicidade, libere para a parte plana.

Dica da área

Um acessório de conicidade tem uma folga mecânica considerável. Portanto, quando a ferramenta começa a mover-se na direção Z, a ação em X para por um tempo até que as folgas mecânicas sejam removidas e a ferramenta comece a mover-se para dentro ou para fora. Isso significa que há uma pequena distância em que não será produzida conicidade – a ferramenta move-se em linha reta. Para resolver isso, certifique-se de que a ferramenta seja engatada suficientemente fora da peça para acomodar a parte reta antes que corte o metal.

Uma vez que a parte cônica do eixo é usinada e corretamente verificada, produzir a rosca não é diferente das roscas cilíndricas. O ângulo composto é torneado ligeiramente menor do que a metade do ângulo da rosca e os discos micrométricos são ajustados para zero. Se uma parada de rosca estiver disponível no torno, para ajudar a limitar os golpes de saída e de entrada no eixo X, é uma boa ideia usá-la. A parada de rosca impede o início da ferramenta na posição errada durante os cortes sucessivos.

Deslocamento do cabeçote móvel

A peça mantida entre centros com o contraponto deslocado da metade do ângulo do cone pode ser usada para roscas cônicas. Não há um movimento mecânico para a ferramenta – as roscas são facilmente produzidas sem preocupação com a seção cilíndrica.

Dica da área

Se usar o método do contraponto descentrado, quando duas peças de comprimento ligeiramente diferentes são rosqueadas, o ângulo do cone será ligeiramente diferente. Desenhe um esboço a lápis se isso não for imediatamente óbvio para você.

Revisão da Unidade 6-3

Revise os termos-chave

Deslocamento reverso
Configuração de rosca de mão esquerda pela qual a ferramenta de corte desloca para longe do mandril durante a passagem da rosca.

Ferramenta invertida
Configuração de rosca de mão esquerda pela qual a ferramenta de corte é virada de cabeça para baixo para permitir cortar no sentido do mandril com rotação reversa do eixo.

Macho de rosqueamento
Ferramenta de corte de produção de rosca que corta internamente, mas contrai para permitir uma rápida remoção ao completar a rosca.

Reveja os pontos-chave

- Para cada rotação do fuso durante o rosqueamento, a ferramenta tem de se mover lateralmente a uma distância igual ao avanço, não ao passo.
- Ao cortar roscas de múltiplas entradas, a ferramenta deve ser retificada com folga lateral maior do lado do corte do que para roscas normais.
- Existem dois métodos de usinagem com ponta única de uma rosca de mão esquerda. Na direção do mandril com a ferra-

menta de cabeça para baixo e o eixo girando para trás ou com a ferramenta para cima e o eixo girando para frente, mas que se desloca a partir do mandril até a extremidade mais distante da peça.

Responda

1. Ao configurar um torno para cortar uma rosca de múltiplas entradas, você deve ajustar a transmissão para o passo ou para o avanço da rosca? Por quê?

Questões de pensamento crítico

2. Uma rosca cônica com um ângulo interno de 34° deve ser usinada. Como você fará essa configuração?

3. Qual é o avanço desta rosca? $\frac{3}{4}$-12 Três entradas
4. Pode um objeto com uma rosca cônica de ângulo interno 12,5° ser feito em um torno manual equipado com um acessório de conicidade?
5. Se a Questão 4 for possível, para qual ângulo você deve definir o acessório de conicidade?

REVISÃO DO CAPÍTULO

Unidade 6-1

Depois da leitura do manual de construção de máquinas, tenho certeza de que você percebeu que nós somente tocamos os pontos fundamentais sobre as variações nas roscas técnicas. Em minha aprendizagem, nós as estudamos por um semestre inteiro! O resto de seu aprendizado vai acontecer no trabalho quando a natureza do negócio da sua oficina determinar quais especialidades de roscas você precisará entender e fazer. Por exemplo, um operador da área aeroespacial na Califórnia estará fazendo roscas radicalmente diferentes em comparação com um fabricante de matrizes e ferramentas em Detroit.

Unidade 6-2

Apesar de que trabalhar com gráficos e extensos livros de especificações publicados e todos os números que eles contêm possa parecer chato, claramente engenheiros e gerentes devem ter um conhecimento profundo de seu uso. Mergulhar profundamente nele é um investimento no seu próprio futuro!

Unidade 6-3

Poucos operadores de máquinas modernos recomendariam a produção de grandes lotes de roscas técnicas usando um torno manual. Isso seria um plano de trabalho garantindo a ida rápida para fora dos negócios. No entanto, em um ambiente de oficina de trabalho ou em uma oficina de ferramentaria de apoio à produção CNC, sua habilidade nesta área será essencial! É muito gratificante saber que você é a única pessoa ao redor que pode fazer roscas difíceis no torno manual!

Questões e problemas

1. Além da fixação, nomeie as outras duas funções de dispositivos roscados. Descreva cada uma.
2. Qual forma de rosca é construída sobre um triângulo de 29°?
3. Qual forma de rosca apresenta um raio de raiz?
4. Por qual motivo de engenharia a rosca de raio na raiz foi inventada?
5. Por qual motivo funcional às vezes usamos a hélice de rosca da mão esquerda?
6. Descreva brevemente quatro maneiras de fabricar uma rosca de mão esquerda.
7. Um parafuso de aço de cabeça sextavada tem três linhas sobre sua cabeça, igualmente espaçadas. A qual classe de rosca pertence?
8. Para qual função a rosca dente de serra é projetada?
9. Que vantagem uma rosca trapezoidal oferece em relação à forma de rosca 60°?
10. Identifique duas maneiras possíveis para indexar uma rosca de três entradas em um torno manual.
11. Quando torneando uma rosca cônica com ferramenta simples, existem duas configurações possíveis. Identifique-as.

Problemas

12. O passo de uma determinada rosca é 0,07692 pol., mas quando uma porca é rotacionada em cima dela, ela avança um pouco mais de 0,300 pol. Explique.
13. Qual é o número de fios por polegadas para o parafuso do Problema 12?
14. Explique o que é diferente sobre a seguinte rosca em comparação com uma rosca de forma padrão unificado: $\frac{7}{16}$ pol. - 18 UNCJ.

Questões de pensamento crítico

Ambos os parafusos mostrados na Fig. 6-35 têm um problema na sua fabricação.

No Parafuso A, o diâmetro primitivo é menor do que deveria ser cerca de 0,010 pol. No entanto, o diâmetro externo está certo. Em outras palavras, a barra cilíndrica a partir da qual o parafuso foi feito está no diâmetro correto, mas os filetes são muito pequenos.

No Parafuso B, o maior diâmetro está menor cerca de 0,010 pol., mas o diâmetro primitivo da rosca verifica-se correto.

15. Quando cada um desses parafusos é montado com uma porca usinada corretamente, como eles se encaixam?
16. Como cada um desses parafusos se comportará quando usado? Quais são os seus pontos fracos?
17. Para configurar e usinar uma rosca de $\frac{1}{4}$ pol. -20 UNC, você deve saber o diâmetro primitivo. Do manual de construção de máquinas, identifique o mínimo e o máximo valor do DP para uma rosca de classe 2.

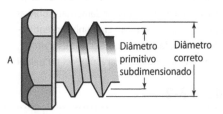

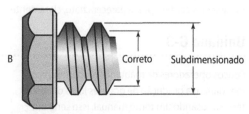

Figura 6-35 Como se ajustará uma porca corretamente usinada em cada parafuso com problema?

18. Uma rosca $\frac{7}{16}$-18 UNC é medida e todas as dimensões são encontradas estando dentro da tolerância incluindo o diâmetro primitivo. Em seguida, o diâmetro externo do eixo e as cristas da rosca são danificados. Para reparar isso, o diâmetro ao longo do comprimento inteiro do eixo é torneado rebaixando 0,015 pol. Em seguida, um cossinete é passado ao longo dos filetes. Quanto o retrabalho muda o diâmetro primitivo?

Perguntas de CNC

19. Descreva sucintamente o conjunto fuso e porca mais popular em CNC. Por que é usado?
20. Nomeie três ou mais razões para escolher tornos CNC para produzir roscas especiais sempre que possível.
21. Qual é a único filete de rosca que pode ser feito em um torno CNC que o torno manual não pode fazer?

RESPOSTAS DO CAPÍTULO

Respostas 6-1

1. É falsa. A rosca de dentes de serra possui mais área de contato do que uma rosca de 60°.
2. É uma rosca trapezoidal de mão esquerda. (Não é importante se você esqueceu a mão da hélice.)
3. 0,375 ou $\frac{3}{8}$ pol. Calculado: O passo é $\frac{1}{8}$ pol. = 0,125 × 3.
   O avanço é três vezes o passo.
4. De "Dimensão Básica - Norma Americana de Roscas Cônicas de Tubo" $\frac{3}{4}$-14 NTP (Norma Nacional de Roscas Cônicas para Tubo). Usa uma forma triangular de 60°.
5. 8 fios por polegada $2\frac{1}{2}$-8NPT.
6. $2\frac{1}{2}$-8 NPTF (ajustado a seco)
7. $\frac{3}{4}$ pol. (assumindo que é um tubo de parede padrão)
8. Montagem (única ou múltipla), translação (objetos em movimento), vedação (líquidos e gases).
9. É verdade. Ângulos de hélices mais acentuados transladam mais.
10. a. A rosca de mão esquerda é escolhida quando a função determina que a rosca de mão direita não irá executá-la corretamente. Poderia ser para a segurança ou para alterar o impulso para a direção torneada.
    b. A rosca múltipla é escolhida para aumentar o avanço.

Respostas 6-2

1. 0,995 pol.
   1,00 pol. – 0,05 × passo = 0,125 × 0,05 = 0,006 (mas nunca mais do que 0,005 pol. menor do que a nominal)
2. (Dica: Encontrado nas Fórmulas Básicas para Uso Geral de Rosca Trapezoidal.)
   Resposta: 0,0463 pol. truncada básica.
   Fórmula: $F_{CN} = 0,3707 \times$ passo
3. (Dica: Observe sob o cabeçalho de porcas no índice ou assunto pesquisado.) O rebaixo deve ter $\frac{3}{4}$ pol. de diâmetro mínimo. O fator D no gráfico.
4. A ferramenta deve ser retificada a 50°. (Dica: Forma de rosca de filetes dentes de serra.)
5. Encontrados nos sistemas de rosca de parafuso de velas (imperial e métrico).
6. Trapezoidal e Ponta Trapezoidal

7. Aqui estão quinze lugares óbvios:
   Rosca aeronáutica
   Normas ANSI (Instituto Nacional de Normas Americanas)
   Máquinas automáticas de parafuso
   Parafusos e porcas – ou outra fonte de informação importante
   Normas britânicas
   Roscas usinadas
   Ferramentas de rosquear
   Dispositivos medidores de rosca
   Parafusos de máquinas
   Porcas e parafusos (parafusos e porcas)
   Tubo
   Sistemas de roscas de parafuso - Principal fonte
   Machos
   Corte de roscas (Roscas usinadas)
   Rosca laminada

Respostas 6-3

1. Para o avanço porque essa é a distância que a ponta da ferramenta deve mover-se lateralmente em uma rotação.
2. Em um torno CNC, nem o método do acessório cônico nem o deslocamento do contraponto irá produzir como um passo cônico.
3. $\frac{10}{12}$ pol. $\times$ 3 = 0,25 pol. de avanço
4. Sim
5. $\frac{12,5}{2}$ = 6,25

Respostas para as questões de revisão

1. Transladar – Para mover um dispositivo; impulso, forçar um dispositivo com carga axial; selar, manter os líquidos dentro de um tubo; juntar, conectar tubos.
2. Roscas trapezoidais.
3. É mais usado na rosca triangular padrão de 60°, mas poderia ser colocado em qualquer rosca.
4. Para evitar forças concentradas na base da rosca com os cantos agudos.
5. A rosca de mão direita não funciona corretamente na aplicação.
6. Machos de mão esquerda e cossinetes; tornos CNC; deslocamento reverso no torno manual; ferramenta invertida, eixo reverso no torno manual.
7. É provavelmente uma de classe 2, pois a maioria dos parafusos é, mas as três linhas não vão dizer isso. Elas dizem que é um parafuso SAE de grau 5.
8. Para transformar mais força em uma direção do que na outra.
9. Reduzir o desgaste por atrito, aumentando a superfície carregada.
10. Usando um disco de acionamento ou de face com três ranhuras ou os cames em um mandril de seis cames.
11. Ajustar o contraponto à metade da distância de conicidade; posicionar o acessório cônico na metade do ângulo correto ou a inclinação por pé.
12. 0,3077/0,07692 = Quatro entradas
13. 1/0,0769 = 13 FPP
14. Para reduzir a quebra dos filetes ou eixo no canto agudo da intersecção entre a face e a raiz do filete.
15. Como cada um vai ajustar?
    O parafuso A vai ajustar frouxamente, a folga entre o parafuso subdimensionado e a porca correta da máquina é muito grande.
    O parafuso B vai ajustar corretamente, sem excesso de folga.
16. Quais são seus pontos fracos?
    O parafuso A tenderá a espanar mais facilmente, uma vez que tem uma rosca triangular mais fraca.
    O parafuso B não tenderá a espanar muito mais do que uma rosca de diâmetro completo.
    Fato de apoio: Lembre-se que o truncamento normal para causar 75% de engajamento dos filetes só reduz a resistência ao espanamento de uma rosca normal em cerca de 4%. O Parafuso B é um pouco mais truncado.

17. De um Máx. de 0,2164 para um Mín. de 0,2108 de "Série Unificada de Roscas de Parafusos".
18. Nenhuma mudança – reduzir o diâmetro externo afeta apenas a crista da rosca, mas não a rosca.
19. O parafuso de esferas é um par de porcas com uma pré-carga grande entre elas. O espaço circular entre a porca e o parafuso é preenchido com esferas recirculantes para eliminar a folga e reduzir o atrito.
20. Ao mudar as linhas do programa e a ferramenta de corte, o controle pode fazer uma rosca de múltiplas entradas, mão esquerda ou cônica. Um torno CNC pode fazer roscas de passo variado. A rotação pode ser ajustada na ou perto da velocidade de corte correta. Melhoras no acabamento da rosca, na vida da ferramenta e na precisão. O tempo é reduzido consideravelmente.
21. Roscas de passo variável só são possíveis em tornos CNC.

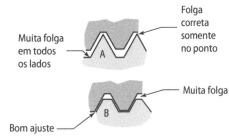

Figura 6-36 Revise a Questão 15.

» capítulo 7

Metalurgia para mecânicos – Tratamentos térmicos e medida de dureza

Objetivos deste capítulo

» Identificar os vários tipos de ligas do sistema numérico
» Usar o sistema AISI para dados de usinagem
» Listar os quatro grupos de aço
» Identificar a numeração dos vários aços ferramenta
» Descrever os três principais estados do aço
» Reconhecer a têmpera do aço para máxima dureza
» Revenimento do aço para dureza controlada
» Definir o aço recozido para um estado mais mole
» Identificar os métodos profissionais de endurecimento superficial
» Explicar o processo de endurecimento de superfície
» Realizar um tratamento superficial, após uma demonstração, usando o método de endurecimento sólido ou em caixa
» Listar as condições do alumínio
» Identificar as ligas de alumínio incluindo as condições de tratamento térmico
» Listar os três métodos mais comuns do teste de dureza
» Identificar testes destrutivos e não destrutivos
» Relacionar a dureza para funcionalidade e usinabilidade
» Realizar um teste de dureza Rockwell
» Converter unidades de dureza entre Rockwell, Brinell e Shore
» Definir ductibilidade, maleabilidade e elasticidade
» Comparar o limite de escoamento com resistência à tração dos metais
» Identificar as propriedades físicas e diferenças nas ligas usando o manual de construção de máquinas

Introdução

Este capítulo vai aperfeiçoar seu conhecimento em metais. Seu objetivo é o de entender por que o tratamento térmico do metal é frequentemente necessário no planejamento de um trabalho, aprender os fundamentos do tratamento térmico dos aços que podem ser feitos por você e como testar a dureza nos metais.

Há cinco razões pelas quais os vários implementos na Fig. 7-1 podem ter suas condições físicas alteradas antes, durante e depois da usinagem, na conformação e soldadem. Para:

- **fazê-los mais duros** visando melhor durabilidade ou características de resistência.
- **fazê-los mais moles** objetivando melhorar a usinabilidade ou a durabilidade no longo prazo.
- **aliviar a tensão** criada durante sua formação original na siderurgia ou usinagem, soldagem ou outros processos.
- **mudar as propriedades químicas**, as quais permitem um tratamento térmico posterior.
- **estabilizar** o metal para futuras alterações no formato.

Nível de exatidão

Similar à usinagem, o tratamento térmico pode ser realizado para aproximar as tolerâncias usando equipamentos exatos e processos normalizados, mas também quando são exigidos menos requisitos. Quando a rastreabilidade, a qualidade de produto e o funcionamento são críticos, os processos são realizados por especialistas (Fig. 7-2). Mas a vantagem do tratamento térmico na ferramentaria é outra questão. Em muitas oficinas, há a necessidade de maior ou menor dureza em componentes de fixação e localização e em outros itens como mordentes de morsa de aço. Há coisas que fazemos internamente na oficina para mantermos o trabalho contínuo, porém não serão vendidas a consumidores. Usando um pequeno forno elétrico ou um maçarico o técnico pode-se executar o básico.

Aprender a realizar os tratamentos térmicos mais simples é o principal objetivo do Capítulo 7, mas

Figura 7-2 Na manufatura moderna, a maioria das oficinas contratam tratamentos térmicos certificados de oficinas externas que possuem equipamento especial e pessoal especializado em tratamento térmico.

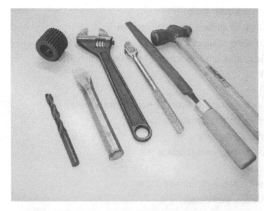

Figura 7-1 Muitos itens são tratados termicamente para vários estados de dureza e durabilidade.

você também será beneficiado com uma pequena amostra da habilidade dos especialistas e do trabalho que eles realizam. Vai entender o uso de poderosos fornos de alta temperatura a gás e elétrico e outros equipamentos térmicos. Uma vez que essas máquinas sedentas por energia alcançarem a temperatura, elas continuarão energizadas! Então, a menos que a oficina tenha uma necessidade constante de tratamentos térmicos, não é prático manter uma instalação. Atualmente, a maioria das oficinas envia suas peças certificadas para uma terceira empresa que serve uma área industrial (Fig. 7-3).

Medir dureza é um requisito básico para um mecânico. Você deve ser capaz de levar sua peça para um durômetro a fim de testar a sua dureza e determinar se está correta de acordo com o projeto, ou para testar um metal desconhecido para saber a velocidade de corte correta.

>> Unidade 7-1

>> Aço e outras ligas

Introdução Como aprendemos no Capítulo 5, do livro *Introdução à Manufatura*, o aço é fornecido em grandes grupos conhecidos como aços liga, aços ferramenta e aços inoxidáveis. Esses grupos podem ser chamados também de aços para consumo, aços para aplicações técnicas e aços não corrosivos.

Há dezenas de grupos e subtipos dentro deles. Contribuem para essa lista a maior parte dos fabricantes de aço, que oferecem ligas proprietárias (com sua própria fórmula patenteada). Então, similar a outras especificações que estudamos, memorizar dados não é o objetivo, mas saber onde encontrar a informação e como usá-la.

Algumas referências criam uma quarta classificação para aços, *aços ao carbono* ou às vezes chamados de *aços carbono*. Esses são aços com fórmula simples usados na carroceria de carros, nos guias de cortadores de grama, nas telhas metálicas e em muitas outras aplicações. Dependendo da quantidade de carbono, aqueles acima de uma porcentagem conhecida (Unidade 7-2) podem receber tratamentos térmicos para aumentar sua dureza. Esses são aços praticamente puros, sem outros metais ou minerais adicionados para obter características superiores, além de dureza. O aço carbono não dobra, se deforma ou recebe carga variável como outras ligas de aços com mais elementos. Neste texto, vamos considerar os aços carbono como o material base entre as ligas de aços.

Conversa de chão de fábrica

"Liga" Lembre-se, a palavra liga possui dois sentidos. Primeiro, como um substantivo, denota uma combinação específica de mais de um metal, uma fórmula para um aço em particular ou outro metal. Por exemplo, a liga 4340 é um aço cromo molibdênio (aço níquel carbono com cromo e molibdênio). Mas, sendo um verbo, ligar, a palavra também significa o ato de combinar metais. Por exemplo, quando "ligamos" cromo e níquel com aço, obtemos aço inoxidável.

Quando estiver realizando tratamentos térmicos, é crucial identificar a liga exata. Esta unidade é uma introdução às formas que o aço (e outras ligas de metal) são especificamente designadas.

Figura 7-3 Mecânicos com habilidade de realizar seu próprio tratamento térmico em ferramentaria, de fazer pequenos trabalhos ou reparos aumentam seu potencial na carreira.

Os tratamentos térmicos, tempos e meios de resfriamento variam a partir de uma determinada fórmula de aço.

Ponto-chave:
Temperaturas de tratamento térmico e métodos de resfriamento variam dependendo do elemento predominante na liga e do conteúdo de carbono.

Termos-chave

Aços ferramenta
Grupo de aços modificados especificamente para usos extremos.

Aços resistentes à corrosão (ARC)
Aço inoxidável usado nos ramos médico, alimentício e outras aplicações em que a ferrugem é um problema.

Liga
Fórmula específica para um metal.

Liga de aço (aço SAE)
Grupo de aços específicos para produção de peças.

Têmpera
Resfriamento rápido do metal de uma alta para uma baixa temperatura a fim de criar dureza.

O sistema numérico

Antigamente, os aços (e a maioria dos outros metais comercializados) eram identificados com um número dentre vários sistemas numéricos, dependendo da marca do fabricante e onde seria utilizado. Cada organização ou associação profissional desenvolvia um sistema para uma determinada finalidade.

AISI	American Iron and Steel Institute (Instituto Americano para Ferro e Aço) – usado quase sempre para usinagem
SAE	Society of Automotive Engineers (Sociedade dos Engenheiros Automotivos)
ASTM	American Society for Testing Materials (Sociedade Americana para o Teste de Materiais)
ASME	American Society of Mechanical Engineers (Sociedade Americana dos Engenheiros Mecânicos)
ANSI	American National Standards Institute (Instituto Nacional-Americano para Normalização)
AWS	American Welding Society (Sociedade Americana de Soldagem)

Havia ainda outras organizações militares e governamentais que classificavam os metais. Unindo os sistemas, a ASME criou o Sistema Numérico Unificado (Unified Numbering System –UNS), que veremos a seguir.

Tente isto
Abra seu manual de construção de máquinas na seção "AISI, SAE and UNS Numbers for Plain Carbon" – "Alloy and Tool Steels". Observe a similaridade entre os sistemas. Observe também que o sistema UNS adiciona uma letra para auxiliar na identificação dos grupos de ligas de aço, similar aos aços ferramenta. Mantenha um marcador nesta seção, porque em seguida virão os exercícios.

Ponto-chave:
Em razão de seu uso popular no campo da usinagem, a partir deste ponto em diante, vamos usar o sistema de classificação AISI.

Classificação do aço – Elemento modificador principal primeiro

No sistema numérico AISI, as maiores famílias são identificadas pelo primeiro dígito ou pelos dois primeiros dígitos da série. Eles denotam o segundo elemento mais comum além do aço carbono, o que dá uma ideia geral de como a **liga** vai se comportar e como deve receber o tratamento térmico.

Por exemplo, todos aços que têm o metal pesado molibdênio como elemento secundário começam com 4. O 4340 é um tipo particular de liga de aço encontrado nas bicicletas "mountain bike", por exemplo. Ele também é um aço com molibdênio, mas possui propriedades ligeiramente diferentes. Sendo um pouco mais barata, a liga 4130 é usada para peças automotivas com alta demanda, como os eixos.

Para iniciar seu vocabulário, eis aqui quatro grupos úteis para aprender:

Número	Tipo
1xxx	Aços carbono (incluindo aços maleáveis ou doces)
2xxx	Aços níquel
3xxx	Aços níquel-cromo (inoxidáveis)
4xxx	Aços molibdênio

Tente isto

Para se acostumar com o sistema e encontrar essas informações, responda às seguintes questões. Lendo rapidamente o manual, você verá que há três tipos de informação sobre as várias ligas:

- liga numerada com os elementos
- descrição global das características do grupo
- aplicações recomendadas

As questões seguintes levam-no a três áreas do manual.

A. Você é escolhido para fazer anéis elásticos (um elemento circular de retenção). Eles precisam ser feitos com o aço correto. Qual liga de aço você recomendaria?

B. Como você verá na Unidade 7-2, o carbono é o principal fator para selecionar a temperatura para o tratamento térmico. Qual a quantidade de carbono usada na liga específica da Questão A?

C. O projeto diz para usar um aço inoxidável da liga 30316. Ela pode ser endurecida por tratamento térmico? Se você não encontrar essa informação, veja a dica na resposta.

Respostas

A. Aço 1060.

B. 0,55 a 0,65% de carbono. (*Dica:* Veja em **aços resistentes à corrosão,** abreviado para **ARC**.)

C. Não, ele não pode ficar mais duro. Esse grupo de aços inoxidáveis é muito resistente à corrosão, mas não pode ser endurecido por tratamento térmico para mudar suas características. Entretanto, eles podem ter as tensões aliviadas.

Conversa de chão de fábrica

Tendemos a pensar que os metais são as coisas mais duráveis e bonitas que já vimos: o aço nos nossos carros, o alumínio nas janelas ou o bronze e o ouro em obras de arte, joias e moedas. Mas há dezenas de metais que você nunca verá. De fato, de todos os elementos conhecidos, há mais metais do que qualquer outro grupo! Alguns são raros e muito difíceis de extrair suas ligações químicas com outros elementos, outros são muito mais valiosos que o ouro e alguns possuem propriedades estranhas e incríveis.

O metal mercúrio derrete em 238 °F, enquanto o tungstênio derrete em 6170 °F (quase três vezes a temperatura de fundição do aço). Mais interessante, a forma pura do metal sódio (o material do sal de cozinha) não apenas funde em uma temperatura normal (98 °F), mas nessa temperatura ele reage com oxigênio tão rápido que inflama! Há metais que derretem na sua mão, mas solidificam-se quando derramados em uma mesa. Há outros que se dissolvem na água! De fato, o sódio quase explode na água! Pegue sua enciclopédia e procure elementos metálicos. Você ficará maravilhado com o que encontrará lá. Metalurgia é uma ciência fascinante!

Identificação de aços ferramenta

O segundo grupo de aços é designado para aplicações mais severas. Em geral, eles são mais caros que as **ligas de aço**, mas há exceções. Em virtude do custo e de suas propriedades extremas, eles não são constantemente especificados como produtos comerciais, mas são mais usados na aplicação de ferramentas. Os aços ferramenta geralmente têm alto teor de carbono, ligas minerais e metais. Eles são adaptados para usos em matrizes, punções, ferramentas de torno para madeira, brocas e fresas. No entanto, ferramentas comuns como martelos, limas e talhadeiras não são feitas com os aços ferramenta, mas comumente de ligas de aço AISI.

Aços ferramenta são identificados por uma letra seguida de um número. A letra não só identifica a família da liga, mas também o procedimento geral para o tratamento térmico. Quando o aço é resfriado rapidamente, de altas temperaturas para uma muito inferior, ele torna-se mais duro – isso se chama **temperar** o aço. Assim, a classe W de aços ferramenta é temperada em água. Mas a água pode ser muito violenta e quebrar alguns aços; então, para alguns, o correto é temperar em óleo (o grupo O), o qual abaixa a temperatura mais lentamente que a água. Ainda há outros supersensíveis à taxa de têmpera e endurecem por ficar expostos ao ar corrente, os aços ferramenta A.

Por ora, preocupe-se com os seguintes tipos e encontre uma tabela mais completa no manual:

Veremos os aços ferramenta novamente depois de examinarmos um pouco os processos de tratamento térmico.

Designação	Aplicação	Meio de têmpera
A	Componentes de moldes para serviços médios	Ar (têmpera muito lenta)
D	Componentes de moldes pesados	Óleo/ sais (têmpera média)
M	Ferramentas de cortar metais (HSS)	Sais fundidos (Têmpera lenta)
M,T	Ferramentas de corte de tungstênio	Sais fundidos
W	Pinos, buchas e eixos para serviços médios	Água
O	Pinos, buchas e eixos que precisam de mais resistência	Óleo

Ponto-chave:
A. Cada tipo precisa de uma determinada têmpera e cada tipo de liga precisa de diferentes temperaturas antes e depois da têmpera.
B. Aços ligados para aplicações de produção são designados com séries de quatro, cinco ou seis números. O primeiro ou segundo dígitos identifica o grupo do elemento principal e sua fórmula específica. Os outros dígitos identificam as ligas específicas.
C. Aços ferramenta para aplicações pesadas são identificados por uma letra seguida de um número, que não apenas diz o tipo, mas também alguma coisa sobre o tratamento térmico necessário.

Revisão da Unidade 7-1
Revise os termos-chave
Aço ferramenta
Grupo de aços modificados especificamente para usos extremos.

Aços resistentes à corrosão (ARC)
Aço inoxidável usado nos ramos médico e alimentício e em outras aplicações em que a ferrugem é um problema.

Liga
Fórmula específica para um metal.

Liga de aço (aço SAE)
Grupo de aços especificados para produzir peças.

Têmpera
Resfriamento rápido do metal que passa de uma alta temperatura para uma baixa a fim de criar dureza.

Reveja os termos-chave
- Devido ao uso popular na área da usinagem, neste livro usaremos o sistema AISI de classificação de aço.
- Cada liga precisa de diferentes temperaturas e processos para realizar o tratamento térmico.

Responda
As Questões serão adiadas para a Unidade 2.

>> Unidade 7-2

>> Tratamento térmico do aço

Introdução O tratamento térmico do aço muda a temperatura da peça em três estágios, para poder alterar sua dureza permanentemente. Algumas transições são lentas e outras muito rápidas. Algumas precisam de altas temperaturas – de 500° a 2800° F –, enquanto outras são relativamente baixas – de 275° a 500° F. Realizar quaisquer dessas operações requer o manuseio de um metal muito quente, assim a segurança precisa ser considerada! Há um conjunto de equipamentos muito bem definidos de proteção contra o calor que veremos nesta unidade.

> **Ponto-chave:**
> **Segurança**
> Os vestuários de segurança nas oficinas comuns não são adequados para realizar tratamentos térmicos de metais. Seu instrutor lhe mostrará exatamente qual equipamento é necessário no seu laboratório.

Aqui, vamos aprender como realizar três processos em aços tratáveis termicamente na oficina – têmpera, revenimento e recozimento. O objetivo é mudar a dureza e a condição física do metal.

Termos-chave

Austenita
Solução com fina granulação de carbono e ferro que não é estável. Ela reverte em camadas irregulares de metal mole, quando se deixa resfriar lentamente.

Choque térmico
Rápida redução da temperatura mediante a imersão. Cada liga precisa de um determinado nível de choque térmico para formar a estrutura cristalina de máxima dureza.

Descarbonetação
Distúrbio da superfície do aço por onde moléculas de carbono migram para superfície formando uma crosta preta. É causada por longo período de sobreaquecimento.

Martensita
Estrutura desejável de cristal permanente, criada a partir do resfriamento da estrutura austenítica através da têmpera.

Normalizado (aço)
Aço que que foi aquecido abaixo do ponto crítico e resfriado lentamente, deixando-o livre de tensões, mas com um pouco de dureza física. É um subconjunto do recozimento.

Recozido
Estado mais mole do aço, quando 100% da dureza foi retirada.

Recozimento
Retirar 100% da dureza de um aço para levá-lo ao seu estado mais mole.

Revenido (termo de tratamento térmico)
Para reduzir a dureza a partir da dureza máxima, é a condição frágil a partir do aquecimento a uma temperatura abaixo do ponto crítico.

Temperatura crítica
Ponto no qual o carbono começa a se dissolver nos cristais de ferro e na austenita. Veja a temperatura de transformação.

Temperatura de transformação
Veja temperatura crítica.

Os três estados do aço

Um pouco de carbono faz uma grande diferença no aço! Para ser tratável termicamente (habilidade de ser endurecido), o aço deve ter um mínimo de $\frac{3}{10}$ de 1% (0,3%) até no máximo 3%. Alguns aços exóticos contêm 4%, mas, em geral, o carbono acima de 3% tem pouco ou nenhum efeito na dureza.

> **Ponto-chave:**
> Lembre-se do 0,3 a 3% máximos de carbono. O conteúdo de carbono tem tudo a ver com o processo de tratamento térmico.

O aço doce (baixo carbono) abaixo do limite de 0,3% não pode ser endurecido sem antes mudar seu conteúdo de carbono – o qual veremos na Unidade 7-3. Os aços tratáveis termicamente podem ser divididos nos três seguintes estados físicos.

1. **Recozido**
   O estado mais mole, a melhor usinabilidade e o mais fácil para usinar.

2. **Dureza máxima**
   A condição mais dura que um aço é capaz. A maior parte dos aços é muito frágil para usar neste estado e, frequentemente, muito dura para qualquer usinagem, exceto na retificação ou eletroerosão.

3. **Revenido**
   Um estado menor, porém de dureza mais útil. A condição que um produto será colocado ao longo de sua vida como um objeto útil.

Três passos do processo de endurecimento

Para realizar seu próprio endurecimento do aço, o metal deve seguir três passos. Aqui está um rápido exemplo. Vamos discutir cada um deles com mais detalhes a seguir.

1. **Alta temperatura**
   Aquecimento até uma temperatura de pré-têmpera de 1300 para 1900 °F, dependendo da liga (de 700 a 1000 °C). A temperatura varia conforme a liga. Essa é chamada de **temperatura crítica** ou também de **temperatura de transformação** (Fig. 7-4).

2. **Têmpera**
   Um rápido resfriamento para criar a desejada dureza máxima. Obtém-se mergulhando o metal em água, salmoura, óleo, ar ou em sais fundidos. Uma vez resfriado, o metal fica duro demais para uso prático. Ele tende a trincar se for usado nessa dureza e pode até mesmo trincar durante a têmpera, ou logo a seguir, devido à tensão interna criada durante o processo (Fig. 7-5).

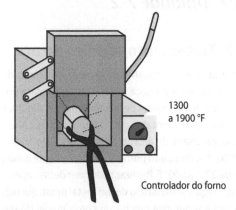

Figura 7-4 Aqueça a uma temperatura de conversão recomendada.

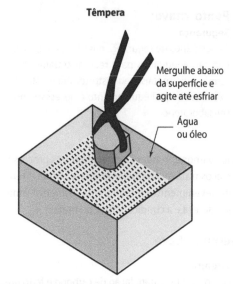

Figura 7-5 Tempere para congelar a estrutura, criando a dureza máxima desejada.

3. **Revenimento**
   Reaquecer o aço e mantê-lo em uma temperatura controlada mais baixa, visando reduzir a fragilidade do aço completamente endurecido para uma condição utilizável (Fig. 7-6). Nada é feito no aço além de deixá-lo resfriar lentamente em ar corrente ou ainda mais len-

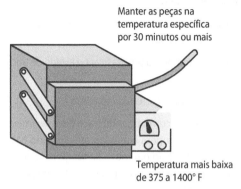

Figura 7-6 Após a têmpera, a peça deve retornar para o forno o mais breve possível, em uma temperatura menor predefinida.

tamente, para alguns aços ferramenta, envolvendo-o em um manta isolante.

Passo a passo

Eis os passos que você dará para endurecer o aço.

Passo 1 Elevando para a temperatura de endurecimento Aqueça o metal ligeiramente acima (de 50° a 100° F) do estado de *transformação*. Nesse ponto, os cristais do aço mudam de camadas grosseiras separadas para camadas de metal com carbono, em finos cristais com carbono em uma solução uniforme. Esse estado é chamado de *estrutura de* **austenita** e o aço é chamado de *austenítico*.

Quando ele é mantido em temperatura elevada até ficar uniformemente quente (chamado de imersão), a estrutura interna forma uma camada fina desejada e bem distribuída. A mudança na estrutura não é instantânea, mas leva tempo. Assim, o aço precisa ficar imerso nessa temperatura por um tempo, aproximadamente, uma hora para cada polegada de espessura.

Assim, se ele é temperado rapidamente enquanto está nesse estado, os cristais da estrutura travam-se na condição mais dura que são capazes de atingir.

> **Ponto-chave:**
> Excedendo levemente a temperatura de transformação e mantendo-a cria uma estrutura austenítica: fina e com grãos bem misturados. Mas seu estado não é estável, ele volta a uma estrutura grosseiramente separada quando deixado resfriar lentamente.

O aço austenítico é uma boa condição, mas não é estável. Se for deixado resfriar lentamente, os grãos de austenita vão se separar novamente em camadas de materiais não duros. Mas se resfriado rapidamente o suficiente com o meio correto, os grãos ficam finos e presos na dureza máxima. Nesse estado, o aço é conhecido como **martensita** – o objetivo do processo.

Aqui estão algumas conversões de temperatura para memorizar e impressionar seus amigos! Note a relação inversamente proporcional do carbono com a temperatura.

Porcentagem de carbono	Temperatura de transformação
0,65 a 0,80	1450 a 1550 °F
0,80 a 0,95	1410 a 1460 °F
0,95 a 1,10	1390 a 1430 °F
1,10 e superior	1380 a 1420 °F

Passo 2 Têmpera Para criar a ação de travamento da estrutura, diferentes ligas precisam de várias quantidades de **choque térmico**, a taxa com a qual o calor é conduzido para fora do metal quente. Se o choque for muito pequeno, o aço não atingirá a dureza máxima, a dureza não será uniforme e ficará praticamente impossível de prever como será. Ela será mais mole que a dureza máxima e haverá nela pontos duros e moles – uma condição bastante indesejável. Ela também tende a quebrar nos contornos entre as áreas, e as seções finas endurecem-se mais. A única maneira de conseguir uma dureza completa e uniforme é manter o metal na temperatura prescrita e depois temperá-lo na taxa fixada (Fig. 7-7).

Para levar o aço a seu estado de dureza máxima, você deve saber:

- Qual é a temperatura correta de transformação para esta liga?
- Quanto tempo ela precisa ficar no estado de transformação?
- Qual é o meio correto da têmpera?

Para temperar corretamente, o aço deve ser imerso no meio de têmpera e movido até o líquido parar de borbulhar. Não o remova da têmpera somente para ver se está frio – isso pode resultar em pontos duros e moles.

Um choque muito forte! Temperar muito rapidamente pode ser prejudicial para o metal. Algumas ligas se quebram quando recebem um choque muito forte. São fornecidos gráficos pelo fabricante para cada aço em particular. Muitas companhias de aço fornecem um livro de referência para suas linhas de aço.

Figura 7-7 Para evitar empenar ou tensionar a peça, mergulhe-a completamente no líquido e depois agite para resfriar todos os lados uniformemente.

Diversos meios de têmpera conduzem o calor para fora da peça em várias taxas. Por exemplo, a água fria absorve calor mais rápido que a água quente. Entre as duas têmperas em termos de choque térmico, vamos usar salmoura, água misturada com sal. As têmperas em água são rápidas demais para vários aços de alto carbono, assim geralmente aquece-se o óleo nas pequenas oficinas ou até mesmo deixa-se à exposição ao ar ambiente para os aços se endurecerem.

Ponto-chave:
Diferentes ligas necessitam de diversas taxas de resfriamento – não muito rápido nem muito lento.

Dica da área
Têmpera A maneira correta de mergulhar peças quentes (Fig. 7-8). Mergulhe peças quentes no meio de têmpera com suas superfícies mais amplas verticalmente, o que fará a peça ser rodeada pelo líquido o mais simultâneo possível, chamado de "mergulho vertical". Mantenha a peça bem abaixo da superfície e mova-a constantemente, realizando o movimento da Figura 7-8 para retirar o vapor fervente e expor todos os lados da peça ao líquido. Também mantenha-se movimentando para cima e para baixo no tanque. Não jogue apenas a peça no fundo do tanque, uma vez que o lado que estiver para baixo não estará exposto ao líquido.

É importante que nenhuma área da peça resfrie a uma taxa diferente por causa da vaporização do líquido ao redor da peça quente ou da maneira que é mergulhada no tanque. Não mergulhar corretamente e não balançar a peça resulta em empenamento, trincas, pontos fracos e tensão interna desnecessária.

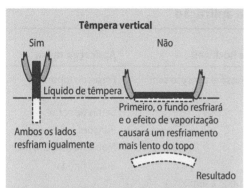

Figura 7-8 A maneira certa e a maneira errada de temperar uma peça.

Têmpera composta Algumas peças com seções finas ou complexas irão trincar ou empenar quando temperadas em água, mesmo se este for o meio correto e o mergulho for realizado corretamente. Se isso acontecer, tente isto: tempere-os por alguns segundos em óleo, e então transfira-os rapidamente para água enquanto ainda estão quentes. Se você fizer isso, a parte mais acentuada do choque será retirada. *Cuidado!* Quando estiver movendo a peça do óleo para a água, o óleo na superfície irá vaporizar e pode incendiar. Use o vestuário protetivo para tratamento térmico completo e tenazes longas para segurar a peça; trabalhe apenas em locais ventilados de tratamento térmico. Não tente uma têmpera dupla sem supervisão.

Passo 3 Revenimento do aço temperado Agora, o aço está em seu estado de máxima dureza, mas duro demais pra ser utilizado. Revenir o aço é reduzir a sua dureza para ser útil e não trincar sob carga; para isso, é necessário aquecer até a exata temperatura, bem abaixo da temperatura de transformação. Isso é realizado colocando a peça em um forno elétrico (ou usando um maçarico) e mantê-la até a temperatura ficar uniforme em toda peça, geralmente uma hora e meia ou mais por polegada, dependendo do volume total de metal, da temperatura desejada e da liga.

> **Ponto-chave:**
> Quanto maior a temperatura de revenimento, menor será a dureza resultante. Maior temperatura = menor dureza. Temperaturas de revenimento variam de aproximadamente 400 °F até mais de 1200 °F. Para evitar a formação de trincas por tensão térmica, aços temperados devem ser revenidos imediatamente após a têmpera.

Aqui, também, é crucial que toda a peça tenha a mesma temperatura. Depois que ela é aquecida e imersa, geralmente é colocada em um estande de arame; então, o ar pode circular em volta dela, resfriando-a lentamente. Todos devem compreender que não se pode tocar na peça com as mãos quando estiver neste estágio. Alguns aços sensíveis devem ser colocados em mantas isolantes ou caixas de aço para resfriar com segurança.

> **Ponto-chave:**
> Depois que o revenido é finalizado, há pouca ou nenhuma diferença na dureza resultante da maneira como foi resfriado. O metal precisa ser resfriado lentamente até a temperatura ambiente sem nenhum degrau de transição.

Temperaturas de revenimento e dureza

Na Unidade 7-5, vamos aprender como medir a dureza e o que os números resultantes significam. Por ora, preciso de uma escala para ilustrar a relação inversa da temperatura de revenido com a dureza. Um dos sistemas mais populares para comparar dureza é o Índice Rockwell. Quando um teste Rockwell é realizado em uma dureza típica, um bloco de aço ferramenta por exemplo, taxa-o de 63 a 65 na dureza máxima. Quando a

> **Conversa de chão de fábrica**
>
> Revenimento também é chamado de **revenido**, pois diminui a fragilidade.

Temperaturas típicas de revenimento e sua aplicação

Temperatura de trabalho (graus Fahrenheit)	Índice de dureza Rockwell	Aplicação típica
375 a 400	58 a 62 (Maior admissível para uso sem fragilidade)	Fresas de topo
450	56 a 58	Serras de corte
500	54 a 56	Punções
500	52 a 54	Matriz de dobramento
600	48 a 52	Bucha furada
1.300 (1 hora – resfriamento lento)	Normalizado (discutido a seguir)	
1.400 Resfriamento lento no forno	Recozido	

peça está recozida (mais mole), ele estará perto de 20. Para referência, o aço doce, o qual não pode ser endurecido, deverá marcar muito próximo de 0 (zero). Gráficos de trabalho (Fig. 7-9) ou tabelas de temperatura de trabalho como as apresentadas a seguir provêm metade da informação necessária para realizar seu próprio tratamento térmico.

Recozindo, aliviando tensão e normalizando o aço

Todos os processos de tratamento térmico são subconjuntos do revenimento. Eles são obtidos colocando o metal em temperatura de revenimento muito alta. Cada processo amolece o metal, mas possui diferentes objetivos.

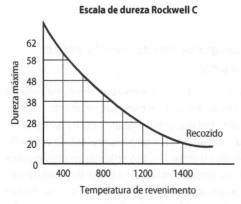

Figura 7-9 Curva de dureza típica conforme a temperatura de revenimento aumenta.

Recozimento leva o metal ao estado mais mole Recozimento é a retirada de 100% da dureza, levando o aço ao seu estado mais mole. É realizado para deixar o metal mais usinável ou remover pontos endurecidos. Para recozir o aço, a peça é colocada no forno ajustado para *logo acima da temperatura de transformação* e depois deixada lá para resfriar lentamente (geralmente desligando o forno, mas sem abri-lo). A peça pode também ser envolvida em uma manta isolante, enterrando-a em areia seca ou colocando-a em um recipiente fechado.

Alívio de tensão Tensões internas podem ser induzidas no metal de diversas maneiras: pela usinagem, soldagem, flexão e deformação ou até mesmo nos laminadores onde foi originalmente feito. Para aliviar essa tensão, o metal é aquecido *logo abaixo da temperatura de transformação* e mantido aquecido por uma ou duas horas, dependendo da espessura, depois, é resfriado em um regime muito lento no forno, com reduções de temperatura.

Normalização Também é um processo de alívio de tensão, mas desta vez a temperatura máxima é *mais baixa que o ponto de transformação descrito para cada liga* – ligeiramente menor que a temperatura para o alívio de tensão. Durante a normalização, o metal precisa ser resfriado em uma escala. A normalização é vista como um revenimento muito severo e longo. Ele alivia a tensão, mas sem retirar toda a dureza do objeto, deixando-o praticamente sem tensão e ligeiramente duro. A diferença entre normalização e alívio de tensão é que aquela pode ser realizada apenas em metais tratados termicamente, visto que aços carbono não podem ser endurecidos, mas apenas receber o alívio de tensão para se tornar um **aço normalizado**.

Ponto-chave:
Os três processos precisam de uma redução lenta e controlada.
A. Recozimento ocorre acima da temperatura de transformação (recristalização).
B. Alívio de tensão ocorre logo abaixo da temperatura de transformação.
C. Normalização ocorre na temperatura descrita de transição ou levemente abaixo dela.

Dica da área
Alta temperatura *Cuidado!* Esta unidade não é sobre a maneira correta de usar um maçarico oxi-acetilênico. Você já deve estar treinado para usá-lo corretamente. Peça uma demonstração e um teste de segurança de seu instrutor.

Aquecimento uniforme Enquanto os melhores resultados são realizados em um forno controlado, você pode ser chamado para realizar um tratamento térmico usando um maçarico. Se isso acontecer, é importante aquecer a peça uniformemente. Concentre a chama em partes mais espessas enquanto passa a chama em outras partes (Fig. 7-10). O aporte de calor (onde você direciona a chama) baseia-se no volume da peça. Isso ajuda a criar um aquecimento interno igual em toda peça.

Movimentando a chama para uniformização

Figura 7-10 Quando estiver usando um maçarico, tenha certeza de aquecer toda peça concentrando em seções mais espessas.

Descarbonetação Em altas temperaturas necessárias para realizar os tratamentos térmicos, o carbono no aço pode se mover devido à alta energia cinética molecular. Próximo da temperatura de transformação, o carbono pode migrar para a superfície da peça – chamado de **descarbonetação**, uma condição muito indesejável (Fig. 7-11). São vistos pontos negros na superfície branca do aço quente, intencionalmente sobreaquecido. Depois de resfriar, o carbono migrado encontra-se em flocos na superfície. Abaixo desses flocos, a superfície está grossa. A camada mole destruída pode ser tão profunda quanto 0,060 pol. Se não reintroduzir mais carbono, não é possível endurecer por causa da falta de carbono.

Chama rica em carbono Para ajudar a prevenir a descarbonetação, a chama do maçarico pode ser ajustada para ficar mais rica em carbono do que uma chama normal de soldagem. Para fazer isso, reduza a taxa de oxigênio para acetileno na mistura (Fig. 7-12). Uma chama rica parece menos focada, mais laranja, sem o cone azul da chama neutra. Não é quente o suficiente para outras aplicações, mas durante o tratamento térmico migrará menos carbono devido aos altos níveis de carbono cercando o aço quente.

Tempo e temperatura Também, para controlar a migração, não sobreaqueça a peça como foi feito intencionalmente na Fig. 7-11. Traga-a uniformemente para a temperatura de transformação descrita (avermelhada para laranja incandescente, dependendo da liga) e depois tempere imediatamente. Se você mantiver acima ou no ponto crítico por tempo extra, o carbono continuará a migrar para a superfície.

Ponto-chave:
A descarbonetação é uma função da temperatura e do tempo
Para evitar a descarbonetação, não sobreaqueça e mantenha as peças em alta temperatura mais tempo que o necessário para o aquecimento uniforme.

Flocos de carbono | Carbono perdido

Figura 7-11 Flocos de carbono negro podem ser vistos nesse aço sobreaquecido conforme ele passa da temperatura crítica. O resultado é mais acentuado quando ele resfria – o carbono livre é removido do aço.*

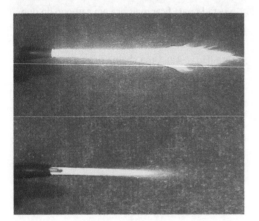

Figura 7-12 A chama rica acima não é tão eficiente, mas tende a não remover carbono durante o tratamento térmico.

Quando você deve usar um maçarico – Controle de temperatura benéfico

Os fornos comerciais podem ser ajustados para qualquer temperatura entre 300 °F e, aproximadamente, 2.600 °F. Eles seguram a temperatura em 2% da temperatura desejada, podendo registrar e gravar perfis de temperatura a fim de criar um certificado para o processo (Fig. 7-13). Nos tratamentos térmicos de oficinas em geral, para o controle do forno elétrico, usamos um alcance de 5, 7 ou 10%, dependendo do controle de qualidade.

No entanto, quando fornos controlados não estiverem disponíveis ou a peça for grande demais para a câmara, o próximo item que propicia um melhor controle de têmperatra é o *pirômetro* (Fig. 7-14), um dispositivo para medir altas temperaturas. Na indústria, há dois tipos: aqueles que precisam tocar a peça com uma sonda, assim como os termômetros convencionais, e aqueles que medem oticamente e não precisam tocar a peça quente. Eles são mais usados onde a temperatura é muito alta para ficar perto das peças.

Pirômetros são comuns em oficinas de tratamento térmico, mas é improvável que você tenha um em uma pequena oficina. Quando forno e pirômetro estiverem indisponíveis, vamos estabelecer algumas dicas de controle de temperatura. Eles não são precisos o suficiente para realizar um tratamento térmico crítico, mas funcionam bem para propósitos de uso.

Controle da temperatura usando o brilho da cor – Incandescência do aço

Conforme as moléculas do aço (e aquelas de muitos outros metais) aquecem, começam a irradiar energia como luz visível, fenômeno denominado "iridescência". Começando com um vermelho fraco, o metal brilha à medida que a energia sobe para temperaturas mais altas. Com a prática, esse brilho pode ser um indicador aproximado para temperatura (Fig. 7-15). Essa sequência na figura foi tirada enquanto a peça era aquecida.

Escala da temperatura do aço	Temperatura aproximada
Avermelhado	1100 °F
Vermelho brilhante (*vermelho cereja*)	1300 °F
Laranja	1450 °F
Laranja brilhante	1650 °F
Laranja claro (*branco quente*)	1800 °F

* N. de E.: Para ver estas fotos coloridas, acesse o site loja.grupoa.com.br e busque pelo título do livro. Na página do livro, acesse o conteúdo online.

Figura 7-13 Um forno comercial pode controlar a temperatura com uma exatidão de 2%.

Observe que aços carbono derretem entre 2000 e 2200 °F.

> **Ponto-chave:**
> Estimo a temperatura diferenciando pela incandescência, mas não se pode saber além de ±200 °F, apenas após algumas experiências guiadas.

A única maneira de pegar o jeito disso é trabalhar com bons oficiais ferramenteiros e ver uma demonstração.

Controle de baixas temperaturas de revenimento

Há duas maneiras de saber o quão quente o metal está ficando depois que ele começa a brilhar: o lápis térmico e a coloração do óxido de superfície.

1. **Lápis térmico**
   Esses pequenos gizes portáteis são formulados especialmente para derreter em diferentes temperaturas (Fig. 7-16). Eles podem ser adquiridos com variações de 50 °F indo de 250 até 1200 °F. Quando a temperatura de trabalho é menor que 700 °F, algumas linhas são desenhadas no metal frio, em vários pontos, assim é possível acompanhar o calor ao longo da peça. Para temperaturas maiores que 700, tenha três gizes prontos próximos da temperatura desejada. Risque com os três a superfície quente. A tempe-

Figura 7-14 Um pirômetro pode medir a temperatura de metais quentes.

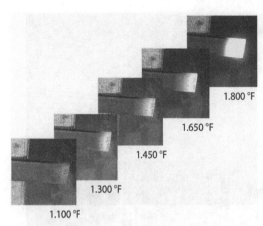

Figura 7-15 Aprenda a identificar a temperatura pela incandescência.*

Cor dos óxidos para várias temperaturas (aço carbono)

Cor	Temperatura
Amarelo pálido	430 °F
Amarelo palha	450/460 °F
Amarelo escuro	480/490 °F
Marrom-amarelo	500 °F
Marrom-roxo	520 °F
Roxo claro	530 °F
Roxo	540 °F
Roxo escuro	550 °F
Azul	560 °F
Azul escuro	570 °F
Azul claro	600 °F e acima

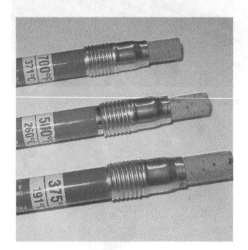

Figura 7-16 Um lápis térmico "Tempilstick®" pode ser usado para indicar temperaturas de 250 até 1200 °F.

ratura média deve derreter, mas não a alta temperatura.

2. **Fuja do sobreaquecimento**
Não exceda a temperatura do revenido, especialmente em seções finas, onde é o principal desafio. Uma vez derretido, o giz não indica mais nenhuma informação.

*N. de E.: Para ver estas fotos coloridas, acesse o site loja.grupoa. com.br e busque pelo título do livro. Na página do livro, acesse o conteúdo online.

Dica da área
Coloração de óxidos de superfície e temperaturas Aqui está outra dica que o ajudará na determinação da temperatura de revenimento quando nenhum outro indicador de baixa temperatura estiver disponível. O aço limpo e brilhante reage com o oxigênio do ambiente quando aquecido. Os óxidos mudam de cor conforme a temperatura aumenta (Fig. 7-17). O aço brilhante na figura foi aquecido em uma extremidade. Iniciando em temperaturas ambientes, ele mostra um amarelo palha claro aproximadamente em 400 °F e então prossegue por uma série de mudanças de cor, para um azulado claro antes de atingir o ponto da incandescência avermelhada. O problema aqui é que a temperatura da superfície nem sempre diz a temperatura do núcleo. Diferentes ligas também variam ligeiramente nas suas cores do espectro, portanto, esta dica, embora usual, deve ser considerada como uma estimativa aproximada. Entretanto, óxidos coloridos podem ser úteis quando nenhum outro dispositivo de controle de temperatura está disponível. Limpe a superfície do metal, na qual você vai determinar a temperatura. É bom não utilizar o menor nível de temperatura. Se um

produto finalizado é testado e constatado que está muito duro, não há problemas em retemperá-lo em uma temperatura ligeiramente maior, causando menor dureza.

Entretanto, aquecê-lo demais na primeira vez é uma viagem sem volta! Não há meio de uma peça sobretemperada aumentar um pouco a dureza! É preciso endurecê-la completamente para revenir depois.

Figura 7-17 Várias cores de óxidos podem ser usadas como indicadoras de temperatura no aço.*

Equipamento de segurança necessário

O tratamento térmico de metais necessita de equipamentos de proteção e vestimenta corretos (Fig. 7-18).

1. **Proteção extra dos olhos**
   Óculos de segurança e uma máscara completa para o rosto desenvolvidas para altas temperaturas. Eles devem ser parcialmente espelhados para refletir o calor.

2. **Extintor**
   Disponível imediatamente.

3. **Casaco protetor contra altas temperaturas**
   Feito para tratamentos térmicos, com mangas longas.

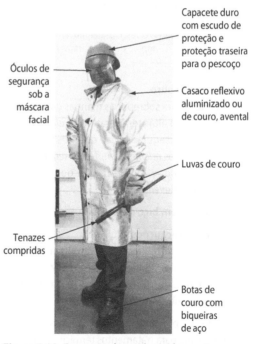

Figura 7-18 Este operador está vestido corretamente para um serviço de tratamento térmico seguro.

---

* N. de E.: Para ver estas fotos coloridas, acesse o site loja.grupoa.com.br e busque pelo título do livro. Na página do livro, acesse o conteúdo online.

> **Conversa de chão de fábrica**
>
> **Peças quentes tornam-se escorregadias!** Peças muito aquecidas acima da temperatura de transformação tornam-se escorregadias na sua superfície. Segure-as com muito cuidado.

> **Conversa de chão de fábrica**
>
> **Sais líquidos** Sais fundidos são usados em muitas aplicações de tratamentos térmicos, de altas e baixas temperaturas. Eles são um meio eficiente tanto para aquecimento quanto para têmpera. Até agora, discutimos os sais líquidos como um meio de têmpera, mas ele também pode ser usado para altas temperaturas (Fig. 7-19). Mas uma dúvida comum surge: é o mesmo sal usado na minha comida?
>
> A resposta é "não". A definição de um sal é a neutralização da mistura de um ácido e uma base. Antes de fundir, o sal granulado se assemelha ao sal de cozinha. Para identificar as diferenças dos sais para tratamentos térmicos, eles são algumas vezes impressos em várias cores. Eles definitivamente não são o tradicional tempero de suas batatas fritas!

4. **Luvas de couro**
   Longas para sobrepor as mangas da capa, isoladas para altas temperaturas. *Cuidado!* Você não deve segurar peças quentes com essas luvas! *Peças quentes sempre são seguradas por longas tenazes.* Sempre tenha dois pares disponíveis de *tenazes*.

5. **Sapatos com bico de aço**

6. **Outras precauções**
   Tenha certeza de que há alguém ao alcance de sua voz, quando estiver realizando tratamentos térmicos. Memorize onde está o *lavador de olhos* mais próximo.

Além disso, é prudente ter alguém de apoio, vestido corretamente para tratamentos térmicos, aguardando pela transferência de peças quentes. Um segundo par de tenazes frequentemente pode salvar o dia!

Figura 7-19 Um banho de sal líquido a 1300° F.

Meios de têmpera para tratamentos térmicos

Em oficinas profissionais, muitos materiais líquidos diferentes são usados para a têmpera. Mas em ferramentarias e pequenas oficinas, há três:

- água fria – pode ser aquecida para evitar excesso de choque térmico;
- salmoura – água com sal para reduzir sua condutibilidade;
- óleo de tratamento térmico – uma maneira mais lenta e mais branda, com menor choque térmico.

O óleo de tratamento térmico é formulado especificamente para não pegar fogo, a menos que todo o recipiente esteja aquecido além de seu ponto de ignição. Mas ele vai incendiar quando a peça quente for acidentalmente removida antes do resfriamento completo.

Sal derretido, ar e têmpera composta

Para reduzir ainda mais o choque térmico, as oficinas de tratamento térmico fazem têmpera em sais líquidos. Sais fundidos se tornam líquido próximos a 350 °F. Mantido em um tanque aquecido eletricamente, esse resfriamento é muito suave em relação a choques térmicos.

Ponto-chave:
Usando seguramente o óleo de têmpera

Controle da chama Uma vez que a peça quente é mergulhada em óleo de tratamento térmico, nunca remova até que a fervura cesse, a menos que esteja realizando uma têmpera dupla. Caso contrário, se a peça quente oleosa entrar em contato com o oxigênio, se inflamará. Se você acidentalmente a removeu, mergulhe-a de volta e o fogo se apagará. Nunca realize um tratamento térmico com outro óleo diferente dos especificados para têmpera! Óleo de lubrificação não pode ser usado.

Não sobreaqueça a cuba de óleo Não use um pequeno volume de óleo de têmpera para tratar muitas peças. Se o reservatório é pequeno, com cada têmpera ele se tornará mais quente, o que reduz o choque progressivamente e aumenta o perigo de incêndio. Se estiver usando um pequeno forno como na Fig. 7-3, isso não é geralmente um problema, uma vez que poucas peças podem ser carregadas e aquecidas para sobreaquecer um reservatório de tamanho comum (quatro ou cinco galões).

Aços ferramenta endurecidos ao ar – Têmpera ao ar

Em termos de suavidade, o ar corrente retira calor suficiente para uma família de aços ferramenta com alto teor de níquel, conhecidos como "aços ferramenta endurecidos ao ar" (Fig. 7-20). Designado pela letra A, exemplos comumente usados são A-2 e A-6, aços para matriz. Uma vez aquecida a sua temperatura de transformação, a qual é geralmente maior que outros aços ferramenta, eles são removidos do forno e colocados em prateleiras que permitem ao ar circular em volta da peça quente. Isso providencia uma taxa de resfriamento suficiente para transformar os cristais austeníticos em martensita.

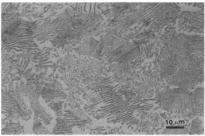
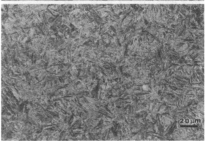

Figura 7-20 Compare microfotografias de um aço 4140 recozido, grosseiro e em camadas (parte superior da foto) para a mesma liga, com uma dureza de 54 na escala Rockwell C, onde a estrutura é fina e bem distribuída.*

Revisão da Unidade 7-2
Revise os termos-chave

Austenita
Solução com finos grãos de carbono e ferro que não é estável. Ela vai voltar a camadas grosseiras de metal mole se deixada resfriar lentamente.

Choque térmico
Rápida redução de temperatura pelo resfriamento. Cada liga necessita de um determinado nível de choque térmico para seus cristais travarem na dureza máxima.

Descarbonetação
Distúrbio da superfície do aço por onde as moléculas de carbono migraram para a superfície formando uma casca preta. Causada por um sobreaquecimento muito longo.

---
* N. de E.: Para ver estas fotos coloridas, acesse o site loja.grupoa.com.br e busque pelo título do livro. Na página do livro, acesse o conteúdo online.

Martensita
Estrutura desejável criada pelo resfriamento da estrutura austenítica usando a têmpera.

Normalizado (aço)
Aço que foi aquecido logo abaixo do ponto crítico e resfriado lentamente para deixá-lo livre de tensão, mas mantendo um pouco de sua dureza física. Um subconjunto do recozimento.

Recozido
Estado mais mole do aço, em que 100% da dureza foi retirada.

Recozimento
Retirar 100% da dureza de um aço, levando-o para seu estado mais mole.

Revenido (termo de tratamento térmico)
Para reduzir a dureza a partir da dureza máxima, condição frágil, aquecer a temperaturas abaixo do ponto crítico.

Temperatura crítica
Ponto em que o carbono começa a se dissolver nos cristais de ferro e austenita no aço. Veja "temperatura de transformação".

Temperatura de transformação
Veja "temperatura crítica".

Reveja os pontos-chave

- Aços tratáveis termicamente vão de 0,3 a até próximo de 3% máximo de carbono.
- Excedendo ligeiramente a temperatura de transformação, cria-se uma estrutura austenítica: fina com grãos bem misturados. Temperando, mantêm-se os grãos na martensita desejável.
- Para endurecer uma liga em particular, você deve saber sua temperatura específica de endurecimento e o meio correto de têmpera.
- Quanto mais alta a temperatura de revenimento, menor será a dureza resultante. É fundamental que todas as seções da peça atinjam uma temperatura uniforme.
- Normalizar, aliviar a tensão e o recozimento são processos similares, necessitam do aquecimento da peça próxima ou da temperatura crítica e depois o resfriamento lento.

Responda
A partir da leitura do capítulo e do manual de construção de máquinas.

1. Liste os passos necessários para levar o aço à dureza máxima.
2. Liste os vários meios de têmpera usados no tratamento térmico do aço:
   a. para tratamentos realizados na oficina;
   b. para tratamentos profissionais.
3. O pirômetro ótico é um método de monitorar a temperatura do aço em altas temperaturas. Essa afirmação é verdadeira ou falsa? Se é falsa, o que a tornaria verdadeira? Nomeie mais dois métodos.
4. Para tratar um aço termicamente, ele deve ter seu conteúdo de carbono acima de 3%. Essa afirmação é verdadeira ou falsa? Se é falsa, o que a tornaria verdadeira?
5. Defina aço recozido.
6. Para revenir o aço, o que deve ser feito?
7. Por que o aço não é usado no seu estado de máxima dureza?
8. Nomeie as três razões pelas quais um metal é tratado termicamente, além de endurecê-lo e amolecê-lo.
9. Descreva a estado de transformação do aço.
10. Após revenir uma peça de aço a 500° F, ele foi testado e verificou-se que é duro demais para utilização. O que deve ser feito?
11. Começando com um aço recozido, o que deve ser realizado para reveni-lo para uma dureza prescrita?
12. Liste os quatro métodos de monitoramento de temperatura para revenimento,

em ordem de exatidão. Quais são métodos da oficina?

13. À medida que a temperatura de revenimento é elevada, o revenimento se tornará cada vez mais duro na maioria dos aços ferramenta. Essa afirmação é verdadeira ou falsa? Se for falsa, o que a tornaria verdadeira?

» Unidade 7-3

» Tratamento termoquímico do aço

Introdução   O aço doce pode ser modificado adicionando carbono e sua superfície ficará quase tão dura quanto a do aço ferramenta. Esse processo cria uma casca de aço de alto carbono (chamada de *revestimento*), de um a dois milímetros de profundidade. Depois de adicionar o revestimento de carbono, a superfície do aço pode ser endurecida normalmente.

Assim como existem outras formas de tratamento térmico, há métodos para o controle da profundidade do revestimento e para os processos na oficina. Nesta unidade, discutiremos outros métodos e nos concentraremos em como realizá-los na oficina.

Aços são endurecidos superficialmente por duas razões

Para endurecer o aço doce   Isso é geralmente realizado para economizar no uso de ligas de aço caras em um produto que tem uma dureza superficial que resiste à abrasão e desgaste.

Para mudar as propriedades dos aços ligados   Outros aços precisam ser muito duros por fora e tenazes por dentro. Por exemplo, um eixo de um automóvel feito de liga de aço tratada termicamente e revenida pode resistir a flexão e cargas pesadas, mas também deve ser muito dura na superfície do rolamento (Fig. 7-21). Em outras palavras, o aço tem duas exigências: dureza da superfície e tenacidade interna. Isso é possível usando o processo termoquímico em uma liga de aço com médio a alto carbono.

Termos-chave

Cementação
Adicionar carbono à parte exterior da superfície do aço. É realizada com líquidos, sólidos e gases.

Endurecimento superficial
Muitos processos que modificam a superfície do aço adicionando carbono e endurecendo-a.

Nitretação
Processo de endurecimento por gases que adiciona nitrogênio e depois mais carbono a uma fina casca em aços formulados especialmente.

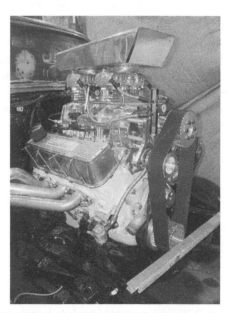

Figura 7-21   Os eixos nesse carro esportivo precisam ser tratados termicamente com tenacidade para resistir a 800 HP de potência sem trincar; ao mesmo tempo, eles devem ser duros na sua superfície para assentar os rolamentos (veja a Fig. 7-22).

O processo de endurecimento superficial

Se cortássemos e abríssemos o eixo da Fig. 7-21, ele deve aparecer como o desenho da Fig. 7-22. A superfície externa foi modificada com carbono extra e depois temperado para ter grãos finos. O endurecimento superficial cria um conjunto de características para a função do eixo. O núcleo precisa ser flexível e não propenso a quebras por fadiga, mas sua superfície externa deve ser dura para resistir ao desgaste. Isso é possível usando o endurecimento por revestimento ou de superfície.

A parte revestida se extende de 0,015 a 0,200 pol., dependendo do processo usado (oficina ou comercial). Uma pequena zona de limite ocorre onde a quantidade de carbono cai rapidamente, conduzindo para o núcleo a estrutura original não modificada. Esse núcleo pode ser de ligas de aço que também são tratadas termicamente, mas com uma dureza muito menor. Esse processo também pode ser usado para modificar aços de baixo carbono incapazes de receber tratamento térmico.

Antes do endurecimento, o conteúdo de carbono aumenta elevando a temperatura do aço de 1500 para 1650° F, o que está um pouco além do que deveria ser o ponto de transformação, assumindo que o aço tem carbono suficiente para converter. Nesse ponto, devido à energia térmica, as moléculas de carbono começam a migrar para fora –vimos isso quando uma casca de carbono se formou fora da peça (Fig. 7-10). Mas, uma vez que o carbono moveu-se para fora, ele pode também migrar para dentro se o material da superfície for rico em carbono.

> **Ponto-chave:**
> Logo que o aço é aquecido ligeiramente acima da temperatura crítica, ele é imerso em um material rico em carbono – sólido, gasoso ou líquido. Veja a Conversa de chão de fábrica.

Endurecimento superficial na oficina

Em todo trabalho de ferramentaria, usamos o processo de **endurecimento superficial**, o qual envolve o metal aquecido em pó de carbono, feito apenas para este propósito. Isso produz uma casca com profundidade de 0,015 pol. a no máximo 0,045 pol., dependendo do número de vezes que o aço é aquecido e revestido com o composto. Comparado a processos comerciais, o carbono não pode penetrar muito. Mas, além de profundidades pequenas, isso oferece algumas vantagens:

- pode ser realizado com um maçarico ou em um forno pequeno;
- é um método relativamente simples e rápido para endurecer uma peça de aço;
- as áreas específicas podem ser endurecidas enquanto outras continuam moles;
- o composto não é caro e, se usado moderadamente, pode endurecer muitas peças.

Aquecer e acondicionar a peça juntamente com um composto produz uma casca de 0,015 pol. (uma imersão quente e depois têmpera) até 0,045 pol. de profundidade (imersão, limpeza, reaquecimento e reimersão repetidamente até três ou quatro vezes e depois têmpera). Esse processo também gera uma superfície aproximadamente 20% mais dura.

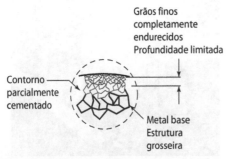

Figura 7-22 Uma micrografia simulada da seção de um eixo mostra claramente cristais de alto carbono na superfície, e depois o gradual crescimento de uma estrutura grosseira abaixo do revestimento.

Três passos para aumentar o conteúdo de carbono

Adicionar carbono à superfície do aço não é complexo, envolve o aquecimento do metal e depois a exposição ao composto.

Passo 1 Aquecer a 1500°-1650° F

Passo 2 Cercar com composto de carbono (Fig. 7-24)

Passo 3 Tempo de absorção – Mantendo a temperatura   Há duas maneiras de executar este último passo, dependendo se um forno ou um maçarico for usado.

Processo com maçarico   Se a oficina não tem um forno ou se é necessária uma profundidade da casca menor que 0,5 mm, deve-se apenas enterrar a peça aquecida em um composto de carbono e deixar esfriar naturalmente até produzir resultados. Depois de limpar o compósito sobressalente da peça, pode-se repetir esse processo para adicionar mais profundidade, mas nunca tão profundo quanto o próximo método.

Figura 7-23   O composto para endurecimento superficial é rico em carbono. Ele é feito para transferir carbono, mas não incendiar.

Forno controlado   Um revestimento mais profundo é conseguido colocando a peça aquecida em uma bandeja de aço cheia de composto. Volta-se a peça ao forno elétrico mantendo-o na temperatura de absorção por uma hora ou mais.

Passo 4 Têmpera   A têmpera deve ser realizada logo após o revestimento ser criado.

Se estiver usando um maçarico, o metal é removido do composto e depois resfriado o suficiente para manipulação. A seguir, a casca sobressalente do compósito é removida, o metal é reaquecido de 1500 a 1650° F e então mergulhado em água fria.

Se estiver usando o método de absorção no forno, é possível levar o metal quente diretamente do forno para o tanque de têmpera. O problema é que a casca de composto sobressalente vai contaminar a água. A menos que você esteja planejando trocar a

Conversa de chão de fábrica

No passado, os ferreiros usavam carvão vegetal, carvão em pó e até carbonizavam pedaços de madeira para induzir o carbono no metal quente. Mas você pode perceber o problema com esses materiais – o fogo. A peça precisava ser enterrada longe o bastante para o oxigênio não atingir a superfície quente. Hoje, usamos compostos especialmente formulados e preparados (Fig. 7-23) que parecem com areia preta de grãos grossos. Eles são carbonos estabilizados e não incendeiam ou liberam vapores perigosos.

Figura 7-24   Após a remoção do forno, usando longas tenazes, a peça aquecida é rapidamente enterrada no composto de endurecimento.

água, é melhor remover a peça do forno, esfriá-la, limpá-la e depois reaquecer e temperar. Mas, para evitar trincas, a têmpera tem de ser realizada logo após a peça ser revestida.

Métodos de endurecimento de superfície profissionais

Embora esses métodos não sejam tarefas para mecânicos, você deve saber um pouco sobre eles.

Cementação a gás

Cementação a gás é um endurecimento superficial altamente controlado onde uma camada profunda e uniforme é necessária, até 3mm. Esse processo não altera a superfície da peça tanto quanto ao endurecimento por empacotamento (Fig. 7-25). Após colocar as peças em um forno selado, o interior do forno tem seu oxigênio purgado, deslocado com nitrogênio, e então o forno e as peças são aquecidos para temperatura crítica. Nesse ponto, gás natural pré-aquecido inunda o forno para deslocar o nitrogênio. O gás rico em carbono é mantido em pressão positiva por algum tempo, dependendo da profundidade desejada na casca. O gás contribui com o carbono, mas não queima, uma vez que não possui oxigênio.

A profundidade da casca é controlada pela pressão e pelo tempo de exposição. A casca pode alcançar uma profundidade máxima de aproximadamente 3mm.

Cementação em sal fundido

Ao usar sais compostos aquecidos eletricamente até atingir seu estado líquido, similar à têmpera em sais, para alcançar a temperatura crítica necessária para mover o carbono, um ambiente enriquecido pode ser criado adicionando compostos de carbono ao líquido. Esse processo de endurecimento superficial traz algumas vantagens sobre outros métodos.

Figura 7-25 Um forno elétrico ou a gás para cementação precisa ser operado apenas por pessoas treinadas.

Ciclo mais rápido – o líquido aquecido transfere calor e carbono para a peça mais rapidamente que qualquer outro método;

há menor distorção;

ocorre o endurecimento seletivo – veja a Dica da área do cobre.

> ### Dica da área
> **Usando chapas de cobre como uma barreira de carbono** O cobre não funde na temperatura necessária para tratar termicamente o aço. As chapas de cobre no aço param a movimentação do carbono para dentro ou para fora da superfície; entretanto, ele é usado para proteger a superfície durante tratamentos térmicos de aços de alto carbono. Ele também serve como uma máscara seletora em áreas da peça que não devem ser endurecidas superficialmente.
>
> Esta dica pode ser utilizada para proteger partes precisas do processo de descarbonetação durante um tratamento térmico normal. Por exemplo, um molde de forma complexa em aço ferramenta pode ser pré-banhado com cobre e, depois, tratado termicamente. Uma vez que o cobre é retirado da peça depois do tratamento térmico, o acabamento fica próximo do original! O cobre forma uma barreira contra a descarbonetação.
>
> A blindagem de cobre pode ser usada também durante a cementação líquida onde algumas áreas seletas da peça precisam ficar intactas, sem carbono. Apenas superfícies limpas sem o escudo de cobre absorverão o carbono dos sais. Similar ao estêncil, o cobre protege áreas seletas da peça.

Endurecimento por nitrito gasoso

Este método é único, pois modifica o aço de uma maneira diferente. Os aços formulados para esse processo vão produzir uma dureza bem superficial, de poucos milésimos, quando a sua estrutura é modificada por nitrogênio e não carbono. O processo é similar à cementação a gás, exceto pelo fato de que o gás aquecido é amônia. O gás amônia necessita de precauções extras, portanto, esse processo é realizado apenas em oficinas de tratamento térmico especializadas. A **nitretação** é relativamente rápida, se comparada com outros processos de endurecimentos de superfície, e produz uma casca muito dura, mas bastante fina na peça.

Revisão da Unidade 7-3

Revise os termos-chave

Cementação
Adicionar carbono à superfície externa do aço. Realizado com líquidos, sólidos e gases.

Endurecimento superficial
Muitos processos que modificam a superfície do aço ao adicionar carbono e depois endurecer essa casca.

Nitretação
Procedimento de endurecimento a gás que adiciona mais nitrogênio que carbono a uma casca fina ao redor de um aço especialmente formulado.

Reveja os pontos-chave

- O aço recebe um revestimento para modificar e endurecer a superfície de aços doces e para mudar as propriedades dos aços ligados.

Responda

1. Usando o método de cementação sólida, a dureza da casca é dependente da duração do *tempo no forno*, enquanto o metal em questão é exposto ao composto de carbono. Essa afirmação é verdadeira ou falsa? Se for falsa, o que a tornaria verdadeira?
2. Liste os passos necessários para criar uma peça de aço endurecida superficialmente.
3. Usando o método de cementação sólida, quando você não deve repor a peça empacotada no forno?
4. Nomeie e descreva brevemente os processos de endurecimento superficial profissionais.
5. Descreva por que podemos endurecer superficialmente o aço.

» Unidade 7-4

» Ligas de alumínio e condições de tratamento térmico

Introdução Em razão de sua baixa relação peso-resistência e da alta disponibilidade na crosta terrestre, o alumínio é um metal muito comum na manufatura moderna. Pode sofrer tratamento térmico para melhorar suas características físicas, mas seu modo de aquecer e temperar rapidamente é exatamente o oposto da forma como é feita com o aço (veja a Seção de Revisão).

Conversa de chão de fábrica

Alumínio para aeronave As séries 5000, 6000 e 7000 de alumínio são frequentemente chamadas de *ligas para aeronave* devido à sua resistência superior e à capacidade de receber um tratamento térmico para melhorar suas propriedades. Entretanto, elas são usadas em muitas outras aplicações e produtos.

Algumas ligas de alumínio podem ser endurecidas para adquirir mais resistência e durabilidade. As ligas também são amolecidas para aumentar a maleabilidade e conformadas ou estiradas facilmente, sem que haja nenhum tipo de fissura. Como o aço, o alumínio também pode armazenar tensões internas causadas por fundição, laminação, usinagem, soldagem, dentre outros procesos. Ele pode ser abrandado quando submetido a tratamentos térmicos, mas isso é realizado mediante processos muito diferentes do aço.

Nenhuma liga de alumínio acidentalmente se endurece, nem pode ser deliberadamnete endurecida por tratamento térmico, além do limite de usinabilidade. Assim, o recozimento não é usado para levá-lo de volta à usinabilidade, mas a liga é recozida para facilitar o dobramento, estiramento e conformação.

A Unidade 7-4 fornece informações sobre as possíveis condições de tratamento térmico do alumínio. Quando um desenho de engenharia especifica um alumínio com um certo tratamento térmico, o material deve atender às especificações, mas esta unidade não vai tratar de como fazê-lo. O tratamento térmico de alumínio não é uma especialidade executada por operadores de máquina.

Ponto-chave:
As especificações de alumínio geralmente incluem não só a identificação da liga, mas o tratamento térmico também.

Como o tratamento térmico possui muitas variações, a designação completa inclui não somente a liga, mas também o tratamento térmico exato e, frequentemente, a maneira pela qual ela foi colocada nessa condição.

Termos-chave

Condição de tratamento térmico
Dureza do tratamento térmico e o processo para o alumínio.

Conformação
Qualquer processo que dá forma (mas não o corte) ao metal, quando ele não está no estado líquido.

Ligas de alumínio

Similares ao aço, as ligas de alumínio são especificadas por números (Fig. 7-26). O primeiro dígito identifica o material com maior parcela na liga. Os números restantes identificam elementos específicos no subgrupo. Por exemplo, a liga 5052 é modificada com magnésio.

O alumínio é fornecido em ligas fundidas e, também, em barras e folhas laminadas. Todas as ligas que são trabalhadas a frio ou a quente, depois que são formadas na fundição, são chamadas de **conformadas**, em referência ao trabalho do metal após a solidificação. A seguir, são listados os maiores grupos:

Figura 7-26 A liga, a dureza e o método de revenimento podem ser identificados na barra de alumínio.

Letra	Condição
F	Fabricado, incluindo tensões de trabalho e soldagem (muitas vezes não é utilizado nesta condição).
O	Recozido – estado mais mole usualmente criado para operações de conformação posteriores.
H	Endurecido e será um processo específico; por exemplo; H1 5 endurecido por deformação e recozido.
W	Condição mole instável em que o alumínio será conformado e depois endurecido.
T	Tratado termicamente para uma dureza por um processo específico. Esta é a categoria comum para os produtos acabados. Números que seguem a letra indicam qual a dureza e processo utilizados. Por exemplo, 5051-T65 é endurecido para o nível 6, utilizando o processo número 5.

Tipo	Principais elementos (metal ou minério)
1000	Ferro e silício
2000	Cobre
3000	Manganês
4000	Alto silício
5000	Magnésio
6000	Magnésio/silício
7000	Zinco/magnésio/silício/cobre

Condições de tratamento térmico

O processo de tratamento térmico (também chamado de **condição de tratamento térmico**) é indicado por uma letra e um número, ou, frequentemente, por uma série de números que seguem os números da liga, separados por um traço. Por exemplo, 5051-T6 é endurecido na condição T usando o processo 6 (encontrado no manual). Esta é uma liga alumínio-magnésio e foi feito o processo T6. Cada letra denota um estado físico. Você deve lembrar desses aqui mencionados.

Revisão da Unidade 7-4

Revise os termos-chave

Condição de tratamento térmico
A dureza do tratamento térmico e o processo para o alumínio.

Conformação
Qualquer processo que forme (mas não corte) o metal quando não estiver no estado líquido.

Reveja os pontos-chave

- Especificações do alumínio incluem a liga, a condição de tratamento térmico e o processo pelo qual chegou a essa condição.
- Quando um alumínio específico é designado no desenho, todos os critérios devem ser satisfeitos, incluindo o processo pelo qual foi colocado em certa condição, caso seja uma peça legal.
- O tratamento térmico do alumínio requer banhos quentes e frios, assim, os equipamentos específicos não são normalmente utilizados nos processos de oficina.

> **Responda**
>
> Utilizando o manual de construção de máquinas como referência.
>
> 1. Descreva a liga de alumínio designada por 7075-T6-51.
> 2. Liste as diferentes condições de revenimento de alumínio.
> 3. Quais condições seriam mole e estável?
> 4. Quanto cobre (abreviado Cu) e silício estão em uma típica liga de alumínio 6061?

» Unidade 7-5

» Medindo a dureza do metal

Introdução Além de verificar o tratamento térmico, pode ser necessária a verificação da dureza para realizar alguma produção específica. Mesmo que seja ruim para o planejamento, ocasionalmente, um trabalho chega na máquina com uma liga desconhecida ou sua composição é sabida, mas a dureza não. É possível utilizar uma lima para grosseiramente testar a usinabilidade do metal, porém a melhor maneira de selecionar o tipo de ferramenta, velocidade e avanço é a medição real de dureza.

Termos-chave

Brinell
Testar a dureza medindo o diâmetro da marca do penetrador esférico.

Elasticidade
Propriedade usada pelo sistema Shore para testar a dureza.

Escleroscópio
Dispositivo que executa o teste de Shore, que mede o recuo de um martelo com ponta de diamante sobre a peça em teste.

Rockwell
Teste de dureza medindo a profundidade de um penetrador.

Shore
Teste de dureza que mede o recuo de um martelo com ponta de diamante.

Propriedades usadas para testar a dureza

À medida que o metal se torna mais duro ou mais mole, suas propriedades físicas se alteram. Vamos estudar essas propriedades na Unidade 7-6, mas, por enquanto, estamos interessados em duas. Os três testes a ser estudados usarão estas propriedades.

1. **Maleabilidade**
   Esta é a capacidade do metal de ser deformado sem cisalhar ou trincar. Do estudo da formação de cavaco, você se lembra que materiais mais duros resistem mais à deformação, assim estimar esta propriedade pode fornecer um valor relativo dureza.

2. **Elasticidade**
   Elasticidade é a capacidade de alongar sem se romper. Pode ser medida soltando um objeto com dureza conhecida em sua superfície. Quanto mais dura for a peça, mais o objeto teste recuará.

Teste de dureza Rockwell

O método **Rockwell** é amplamente utilizado em metais duros e moles. Este sistema estima a maleabilidade medindo a profundidade com que um objeto pontudo, com forma e tamanho conhecidos, penetra em determinado material com certa força. Em virtude da capacidade da escala de dureza Rockwell, este é o teste mais popular em ferramentas, pequenas produções e laboratórios de testes.

Números das escalas Rockwell

Existem muitas escalas no sistema Rockwell. Para este tópico, empregaremos a escala Rockwell C, utilizada em aço endurecido. A escala C começa em 0 (aço recozido) e vai até 68, mais duro que o aço rápido, quase uma ferramenta de metal duro. É simbolizada com um R maiúsculo e a escala em subscrito:

$$R_c$$

> **Ponto-chave:**
> A escala Rockwell C aumenta à medida que a dureza aumenta. O teste Rockwell compreende uma vasta gama de durezas de materiais.

Os dois passos para o teste Rockwell

Para executar um teste Rockwell, uma peça com uma superfície lisa e limpa é colocada no que poderia ser descrito como um micrômetro grande ou um eixo-árvore de precisão (Fig. 7-27).

Passo 1 Calibragem da carga O objeto do teste é ajustado em cima do batente mais baixo, que é estável e não sofre movimento quando pressionado pela parte superior. Em seguida, um penetrador de diamante cônico é colocado em contato e acionado de encontro ao metal com uma força predeterminada de 10 Kg (22 libras). Isso faz o ponto cônico penetrar no metal em 0,003 a 0,006 pol. Essa é a carga inicial de calibração. Nesse ponto, um relógio indicador grande é posicionado na posição zero (Fig. 7-28).

Passo 2 Teste de carga Com a pressão sobre o penetrador e o indicador ajustado em zero, são adicionados 10 Kg na carga. Enquanto o diamante se aprofunda mais na superfície do metal, a profundidade é convertida para o indicador, mas em uma

Figura 7-28 A carga inicial é colocada sobre o penetrador e depois o mostrador é ajustado para zero.

relação inversa. Quanto mais profundo o diamante penetra, mais mole está o metal, portanto, menor o número que deve aparecer no mostrador. Inversamente, quando a ponta do diamante não consegue ir muito fundo, o metal é duro e registra um número maior no indicador (Fig. 7-29).

> **Ponto-chave:**
> *Passo 1*   Encoste na superfície a carga inicial, ajuste o mostrador em zero. *Passo 2*   Adicione a segunda carga – meça a profundidade da penetração.

Teste de dureza Brinell

O teste **Brinell**, o segundo mais popular, é muito similar ao Rockwell, na medida em que um *penetrador* é forçado na amostra, entretanto, é medido o *diâmetro* produzido por uma esfera de metal duro de tamanho conhecido na superfície da peça. Esferas de aço temperado são utilizadas para testar materiais moles, enquanto as de carboneto de tungstênio são usadas para metais mais duros (Fig. 7-30).

Como as esferas Brinell não são confiáveis a durezas mais elevadas, este teste é corretamente utilizado para materiais moles ou medianamente duros, e em produtos pequenos, não para a grande maquinária.

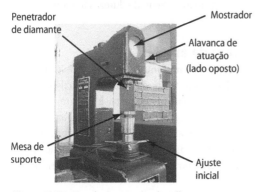

Figura 7-27 Um durômetro Rockwell tem uma estrutura forte, com um mostrador para indicar a profundidade que o penetrador de diamante entra na peça: uma penetração mais funda indica um metal mais mole.

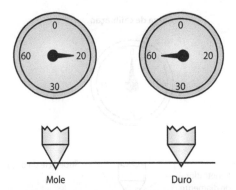

Figura 7-29 Por acionamento manual ou automático, a carga de teste é adicionada ao penetrador. A penetração superficial indica um metal mais duro. O aumento da profundidade mostra um metal mais mole.

> **Ponto-chave:**
> Brinell é usado corretamente em metais relativamente moles e meio duros. Como tal, a maioria dos desenhos de fabricação especificam as faixas de dureza em Brinell.

Números da escala Brinell

A escala vai de 160 para aço recozido até cerca de 700 para aço de alta dureza. Esses oferecem três vantagens sobre Rockwell:

Figura 7-30 O teste de dureza Brinell mede o diâmetro do círculo feito por uma esfera de aço duro. Brinell discrimina bem metais mais moles, mas não é muito aplicável em metais mais duros.

1. A escala Brinell está relacionada à resistência do metal à tração (que investigaremos na Unidade 7-6). Resumidamente, a resistência à tração determina quanta força é necessária para deformar permanentemente uma polegada quadrada de metal, puxando-o. A resistência à tração é expressa em libras por polegada quadrada ou newtons por milímetro quadrado.

> **Ponto-chave:**
> As leituras em Brinell são aproximadamente duas vezes a resistência à tração em mil unidades de libra. Por exemplo, um metal com dureza 260 Brinell significa que uma polegada quadrada exigiria 130.000 libras de força para deformar permanentemente.

2. A escala Brinell tem uma faixa muito mais ampla se comparada à escala Rockwell, permitindo uma melhor discriminação entre metais mais moles com pequenas diferenças de dureza. Isso pode ser útil em casos nos quais uma pequena variação de dureza pode fazer uma grande diferença no desempenho do material em serviço.

3. O sistema Brinell tem uma escala única que abrange toda a gama de dureza, enquanto o sistema Rockwell deve ser trocado entre faixas, quando se mede durezas menores.

> **Dica da área**
> **Teste, mas não inutilize!** Os teste Rockwell e Brinell são testes destrutivos. Eles criam uma marca permanente no metal. É um erro comum as pessoas com pouca experiência fazerem o teste no lugar errado da peça. Os testes devem ser realizados somente em superfícies não funcionais ou no local exato indicado pelo desenho.

Teste de dureza Shore

O teste **Shore** é muito diferente do dois anteriores: ele mede a elasticidade, não a maleabilidade.

Se uma ponta de prova de precisão é solta de uma altura conhecida sobre a superfície de teste, seu recuo pode ser medido. Quanto mais duro o metal, mais alto o objeto recuará. Para este teste, um martelo com ponta de diamante com peso exato é solto a uma altura de 255 mm na superfície do objeto de prova. Ele salta para trás retendo a maior leitura.

O teste Shore tem duas vantagens sobre Rockwell e Brinell:

ele não apresenta marcas profundas permanentes e não é destrutível.

O **escleroscópio**, o instrumento que faz o teste, é pequeno e portátil (Fig. 7-31). Assim, ele pode ser levado até a peça, enquanto nos sistemas Brinell e Rockwell é a peça que deve ser levada para o teste.

O teste de Shore requer os dois requisitos a seguir.

1. **Horizontal, superfície de teste plana**
A peça a ser testada deve ter uma superfície plana o suficiente para suportar o dispositivo, e deve ser posicionada horizontalmente de modo que a torre do martelo seja orientada na vertical e perpendicular à superfície da peça a ser testada.

2. **Amostra sólida**
A superfície da peça deve ser sólida o suficiente para causar uma verdadeira leitura do recuo. Qualquer superfície endurecida, mo-

Figura 7-31 O escleroscópio Shore é um durômetro portátil que mede a altura do recuo de um martelo de queda com ponta de diamante.

vimento indesejável da peça ou superfícies flexíveis gerarão dados falsos, assim como superfícies esféricas e de formas não usuais podem absorver parte do recuo.

Dureza e trabalho do operador

Hoje um aluno trouxe um pedaço de aço inoxidável para o laboratório a partir do qual ele pretendia fazer um modelo do rotor de um motor a

Velocidade de corte com base na dureza da peça

			Velocidade em pés/min	
R_c/Brinell	Produto típico	Usinabilidade	Aço rápido	Carboneto
20/226	Aço carbono doce	Bom	100	210
30/286	Haste de broca	Razoável	80	180
40/371	Cabeça de machado	Ruim	50	120
45/421	Cinzel, madeira	Fim da escala de aço rápido	X	80*
50/475	Cinzel, metal	Fim da escala de metal duro	X	40
60/625**	Fresa de topo de HSS	Apenas retificar	X	X

* Considerado o fim da usinabilidade prática, a vida da ferramenta e a dureza da peça tornam-se problemas maiores depois desta linha. Condições extremas de usinagem indicam a necessidade de retificação.
** Número médio – 600 está além do teste Brinell padrão com penetrador esférico.

jato. Ele comprou-o em um sucata local e não sabia qual a liga ou a dureza da peça. E perguntou: "Que velocidade de corte devo usar?". Um teste de dureza fornece as informações necessárias para a instalação da máquina.

Lembre-se de quando procurar a velocidade de corte recomendada para qualquer trabalho, dois dados devem ser cruzados: dureza da ferramenta e dureza da peça.

A seguir, é mostrado um gráfico de linha com durezas de amostras de Rockwell C e Brinell. Em caso de dúvida, consulte-o.

Questão de pensamento crítico

O aço inoxidável do aluno se adere a um ímã e foi testado com dureza de 40. Vamos admitir que ele era da série 400 (aço inoxidável martensítico), provavelmente 416, pois havia muitas fábricas de navios na região. Como ele estava no laboratório de Engenharia I, havia apenas ferramentas de corte de aço rápido. Com base no gráfico mostrado, em qual velocidade de corte o aluno deve configurar?

Resposta

Ele deve usar 50 pés por minuto utilizando fluido refrigerante e uma ferramenta de aço rápido e observar a ação do corte como um falcão. A dureza do metal está no limite da capacidade de usinagem do aço rápido. Se ocorrer um incidente com uma ferramenta sem fio, a peça deverá ser refugada ou recozida. Ele sabe que suas ferramentas seriam gastas muito mais rapidamente que o normal e que não deve ir além do que o primeiro estágio de desgaste. Ganhar esse tipo de consciência é o grande objetivo para os problemas seguintes.

Revisão da Unidade 7-5

Revise os termos-chave

Brinell
Testar a dureza medindo o diâmetro da marca do penetrador esférico.

Elasticidade
Propriedade usada pelo sistema Shore para testar a dureza.

Escleroscópio
Dispositivo que executa o teste de Shore, o qual mede o recuo de um martelo com ponta de diamante sobre a peça em teste.

Rockwell
Teste de dureza medindo a profundidade de um penetrador.

Shore
Teste de dureza que mede o recuo de um martelo com ponta de diamante.

Reveja os pontos-chave

- Os números da escala Rockwell C aumentam à medida que a dureza aumenta. O teste de Rockwell abrange uma vasta gama de dureza.
- Teste Rockwell: *Passo 1* Encoste na superfície a carga inicial, defina o mostrador em zero. *Passo 2* Adicione a segunda carga e anote a profundidade da penetração.
- A escala Brinell é usada corretamente em metais moles e meio duros. Como tal, a maioria dos desenhos de fabricação especificam as faixas de dureza em Brinell.
- Teste, mas não inutilize!

Responda

1. Quais são as duas propriedades usadas nos testes de metais?
2. Liste os três testes mais comuns de dureza do metal e descreva seus métodos.
3. Dos três testes de dureza, qual não marca a peça?
   - Rockwell
   - Brinell
   - Shore
4. Resuma a tabela de velocidades de corte com relação à dureza de peça. Veja as seções do teste de dureza em um manual de construção de máquinas.

5. Uma peça tem dureza 42 na escala Rockwell C. Qual deve ser a dureza em Brinell?
6. Utilizando a peça do Problema 5, qual é a resistência à tração da peça?
7. Descobrimos que existem várias escalas Rockwell. Identifique a escala correta Rockwell para:
   a. metais extremamente moles;
   b. metais duros;
   c. metais meio duros;
   d. peças endurecidas superficialmente.

Dica da área
Cada uma dessas escalas utiliza uma quantidade diferente de força e um penetrador diferente.

8. Um teste Brinell é realizado e foi encontrado o número 344; qual seria o equivalente na leitura Shore?
9. Uma fresadora está ajustada para usinar um bolsão usando uma fresa de topo de aço rápido. A peça tem uma dureza 328 Brinell. A rotação para a fresa de pol. é de 400 rpm. Isso está correto? Se não, qual é a velocidade correta? Use a velocidade de corte baseada na tabela de dureza e converta para rpm.

» Unidade 7-6

» Propriedades físicas dos metais

Introdução Além do corte ou abrasão de um metal em uma peça, a maioria dos metais podem ser formados por dobramento, forjamento, extrusão, trefilação, laminação, fundição de metal líquido e extrusão de metal semilíquido (metal amolecido que flui por meio de um molde). Existem submétodos dentro de cada categoria. Antes de qualquer processo ser escolhido para formar um metal, o processista deve saber a maneira como ele se comporta enquanto está sendo trabalhado. A propriedade que "prevê" a sua cooperação ou a recusa de ser moldada é a *maleabilidade*, que é a capacidade de ser movido permanentemente de uma forma para outra sem se quebrar. Mas a maleabilidade é apenas uma das várias características que um metal vai exibir. Você deve saber mais sobre cada um.

Há três agrupamentos de propriedades atribuídas aos metais: físicas, químicas e elétricas. Cada uma tem um significado para a manufatura. Propriedades químicas e elétricas são importantes para o trabalho de projeto, entretanto, na Unidade 7-6 vamos nos limitar à exploração de características físicas, uma vez que essas afetam a preparação das máquinas.

Na escolha de um metal para um projeto, os engenheiros ponderam fatores como dureza, desgaste, resistência à corrosão, tenacidade contra benefício, usinabilidade, disponibilidade e **soldabilidade** (a capacidade de ser soldado). Tudo isso está ligado às características físicas.

Termos-chave

Ductilidade
Medida da capacidade de ser deformado para uma seção mais fina, em um eixo, sem se quebrar.

Eutética
Liga que se funde a uma temperatura mais baixa que qualquer um dos elementos construtivos.

Limite elástico (elasticidade)
Medida da capacidade de ser tensionado por dobramento, tracionamento, torsionamento etc., sem deformação permanente.

Maleabilidade
Medida da capacidade de ser deformado em múltiplas direções sem se romper.

Newton
Unidade padrão do SI de força = impulso gravitacional de 1 kg.

Resistência máxima (tensão última)
Resistência final de um metal em lb/pol.^{2} ou N/cm^2. O metal fratura-se neste ponto.

Soldabilidade
Alguns metais podem ser soldados e outros não. Alguns podem ser soldados apenas usando materiais e processos especiais.

Tensão de escoamento
Ponto onde o limite elástico é excedido.

Características dos metais

Maleabilidade

Um metal é maleável quando pode ser deformado por extrusão, laminação ou forjamento sem se trincar, separar ou quebrar. Um metal que tem boa maleabilidade pode ser deformado em todas as direções. O ouro possui uma maleabilidade tão alta que pode ser laminado ou forjado com seções de inacreditável 0,00001 pol. (um centésimo de milésimo de uma polegada)! Alumínio se comporta quase como o ouro nessa característica e usamos folhas de alumínio todos os dias em nossas casas.

Em outras palavras, os metais mais duros da mesma liga não podem ser tão deformados sem se trincar. Essa relação é o principal fator que contribui para a usinabilidade de um metal. Um metal menos maleável resiste menos à deformação, criando mais calor, e requer velocidades de corte mais baixas.

No entanto, metais muito maleáveis são, por vezes, também difíceis de trabalhar. Por exemplo, é difícil usinar o chumbo a uma certa dimensão, porque ele é tão suave que "se contorce" ao ser cortado. Não vai resistir à força de corte. É semelhante ao cortar uma esponja em um torno. Ligas mais moles e alumínio com tratamento térmico também tendem a ser "pegajosas". Em vez de formar cavacos regulares que ejetam de brocas e fresas, elas grudam em toda a face da ferramenta e obstruem a aresta de corte. Já discutimos esse problema anteriormente.

Ponto-chave:
Maleabilidade é a capacidade de ser deformado em todas as direções e é inversamente relacionada com a dureza.

Ductilidade é uma propriedade associada à maleabilidade. Um metal que é dúctil pode ser facilmente conformado por extrusão ou laminação, mas em uma *única direção*. Cobre é um metal mole dúctil; é facilmente delineado em fios e tubos.

Ponto-chave:
Ductilidade é a propriedade que deforma o metal em uma única direção. É uma subpropriedade da maleabilidade.

Tensões de resistência, escoamento e limite de elasticidade

Essas três propriedades são a capacidade de suportar tensões (trefilar, extrudar, dobrar e outras). Cada uma é diretamente proporcional à condição de tratamento térmico da liga.

Os três estágios da resistência mensurável

Para entender as diferentes fases, realizaremos um teste em 1 pol.^{2} ou 1 cm^2 de um certo metal. Este é um teste de **resistência máxima** à tração – significa que vamos puxar o metal até separá-lo por completo. Aumentaremos a tensão progressivamente até que se rompa e os três estágios são observados (Fig. 7-32).

Fase 1 Limite de elasticidade Até certa pressão ser atingida, nada acontece de forma permanente com a peça sendo testada. Ela esticará uma quantidade pequena, mas retornará ao seu comprimento original quando a força for removida. A força permaneceu dentro do **limite elástico** do material da peça teste. Um projeto seguro garante que a liga escolhi-

Conversa de chão de fábrica

Ligas incríveis Combinar metais produz alguns resultados bizarros. Por exemplo, uma liga eutética funde a uma temperatura muito mais baixa do que qualquer um dos elementos a partir do qual foi feita. A solda de estanho é **eutética**. Feita pela fusão de chumbo a 621 °F e de estanho a 449 °F, a solda derrete a uma temperatura muito mais baixa de 350 °F. Combinando diferentes quantidades de cada metal, afeta a temperatura de fundição e esse efeito pode ser representado graficamente. O ponto eutético de fusão está na parte inferior de uma linha em forma de funil; o ponto mais baixo de fusão é chamado de ponto eutético.

Outro fato estranho surge quando se adiciona bismuto de metal à combinação de solda de estanho. Bismuto é uma fusão do metal rosado a 520 °F, o que reduz ainda mais o ponto eutético. A nova liga não só derrete muito abaixo da temperatura de ebulição da água, uma temperatura de 149 °F para a eutética, mas em uma proporção particular de bismuto para o chumbo e estanho, ele apresenta a propriedade de um volume constante do líquido para o sólido. Nenhuma outra liga faz isso. Essa característica torna-se útil em usinagens técnicas e complexas.

Comercialmente chamado de "Cerro-True", ele é usado quando os materiais delicados precisam de um suporte para ser usinados sem dobrar, flexionar ou vibrar. Liquefeito, este surpreendente metal é fundido ao redor ou dentro de peças delicadas para apoiá-las durante a usinagem. Devido ao fator zero de retração, o metal líquido permanece de suporte para a peça quando esta volta à forma sólida. Tanto a peça como o suporte Cerro-True são usinados em conjunto. Após o corte estar completo, o cavaco e a peça são colocados em água quente em que o eutético derrete e pode ser retirado do fundo do tanque para ser reutilizado!

Uma segunda versão desse metal chama-se "Cerro-Bend". Utilizando proporções ligeiramente diferentes, ele se expande pouco quando solidifica a partir do estado líquido. Esta propriedade é usada para preencher e dar suporte a tubos de metal para evitar enrugamento e colapsos quando são dobrados em torno de raios relativamente pequenos. Após a dobra, a remoção do metal fica fácil no reservatório de água quente.

Maior do que suas partes! Outro fato surpreendente: muitas ligas alcançam propriedades maiores que qualquer um de seus componentes individuais. Um exemplo excepcional está no metal cobre-berílio, frequentemente utilizado em molas condutoras. Embora seja 97% de cobre, com apenas 2% de belírio e 1% de cobalto, é possível tratar a liga termicamente a uma dureza de 50, duro o suficiente para usinar aço doce!

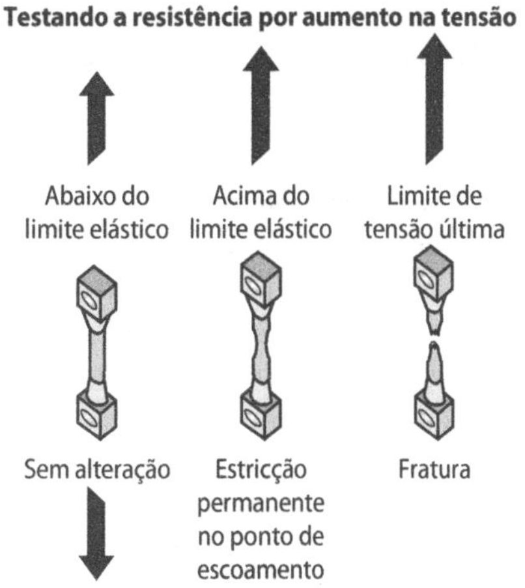

Testando a resistência por aumento na tensão

Abaixo do limite elástico	Acima do limite elástico	Limite de tensão última
Sem alteração	Estricção permanente no ponto de escoamento	Fratura

Figura 7-32 Um teste de tensão de ruptura apresenta três estágios de metal: abaixo, acima do limite elástico e na tensão máxima, onde se quebra.

da irá executar dentro de uma margem de segurança abaixo do seu limite elástico.

Fase 2 Tensão de escoamento Em seguida, com uma força maior, que é diferente para cada liga e tratamento térmico, a peça começa a deformar-se permanentemente. A peça não voltará à sua forma original se a força cessar. O limite elástico foi excedido. Esse ponto de deformação permanente é anotado em libras por metro quadrado ou newton por milímetro quadrado (MPa), denominada **tensão de escoamento**. O ponto de escoamento deve ser conhecido pelo ferramenteiro que estiver conformando uma peça em um

Conversa de chão de fábrica

Unidades de força Tensões de resistência, escoamento e limites elásticos são expressos em dois sistemas de unidades: imperial – libras por polegada quadrada, ou SI – newtons por centímetro quadrado.

Newton é uma unidade internacional básica de força. Para reproduzir um newton, você deve medir a quantidade de força gravitacional em 1 kg de massa. Em outras palavras, 1 newton de força é quanto 1 kg de massa é puxada em direção ao centro da Terra.

Lembre-se: 1 newton é uma unidade padrão de força igual a pouco mais de duas libras. É a força da gravidade sobre 1 kg de massa.

capítulo 7 » Metalurgia para mecânicos – Tratamentos térmicos e medida de dureza

437

molde que precise dobrá-la. Ele indica em libras por polegada quadrada ou MPa quanta força deve ser exigida para causar uma deformação permanente do metal.

Fase 3 Tensão de resistência Enquanto a força continua a aumentar, a resistência ao alongamento começa a diminuir em uma curva acelerada. Ele começa a separar-se rapidamente e, em seguida, se rompe. Chegou à sua *força máxima* expressa como sua resistência à tração em libras por polegada quadrada ou **newtons** por centímetro quadrado (veja a Conversa de chão de fábrica).

Deve notar-se que algumas ligas têm pouca ou nenhuma capacidade de se alongar, portanto, elas vão desde o limite elástico diretamente para o ponto de ruptura. Muitas ligas fundidas apresentam este comportamento.

Revisão da Unidade 7-6

Revise os termos-chave

Ductilidade
Medida da capacidade de um metal ser deformado para uma seção mais fina, em um eixo, sem se quebrar.

Eutética
Liga que funde a uma temperatura mais baixa do que qualquer um dos elementos construtivos.

Limite elástico (elasticidade)
Medida da capacidade de um metal ser tensionado por dobramento, tracionamento, torsionamento etc. sem deformação permanente.

Maleabilidade
Medida da capacidade de um metal ser deformado em múltiplas direções sem se romper.

Newton
Unidade padrão do SI de força = impulso gravitacional de 1kg.

Resistência máxima (tensão última)
Resistência final de um metal em lb/pol.^{2} ou newtons/cm^2. O metal fratura neste ponto.

Soldabilidade
Alguns metais podem ser soldados e outros não. Alguns podem ser soldados apenas usando materiais e processos especiais.

Tensão de escoamento
O ponto onde o limite elástico é excedido.

Reveja os pontos-chave

- Maleabilidade é a principal propriedade física. É a capacidade de ser deformado em todas as direções; está inversamente relacionada à dureza.
- Ductilidade é a propriedade que permite ao metal ser deformado em uma só direção.
- Há três estágios no teste de tração: limite elástico, ponto de escoamento e tensão última.

Responda

1. Utilizando dez palavras ou menos, defina: maleabilidade, ductilidade e elasticidade.
2. Newton é uma unidade de massa que descreve a resistência à tração de um metal. Essa declaração é verdadeira ou falsa? Se for falsa, o que a tornaria verdadeira?
3. Qual será o maior valor para qualquer liga, a tensão de resistência ou de escoamento?
4. Como são as forças de tensão expressas por várias ligas?
5. Você precisa fazer um eixo para uma máquina de processamento de alimentos e supõe que o aço inoxidável seja o melhor material para a aplicação. Deve suportar pelo menos 40.000 libras por pol.^{2} de tensão com uma margem de segurança de 5%. Será que o aço inoxidável 30302 é aceitável?
6. Muitos entusiastas de carros se gabam de suas "Mag" (rodas de magnésio), mas, na verdade, a maioria dessas rodas são feitas de alumínio! A tensão de resistência do alumínio é maior ou menor que a do magnésio fundido?
7. Das duas ligas de aço 4130 e 4340, qual tem o maior limite de escoamento?

REVISÃO DO CAPÍTULO

Unidade 7-1

Aços liga, ferramenta e muitas variedades de outros materiais que usinamos são apenas a ponta do iceberg. Toda vez que leio sobre metais, encontro supresas. Fazendo pesquisas para escrever esta seção, aprendi dez coisas novas sobre os metais excêntricos e suas propriedades. Apenas para enriquecimento, veja onde você pode obter amostras de laboratório de alguns metais e ligas que pode ser requisitado a usinar, mesmo que não sejam comuns. Compare seu peso com o do aço. Descubra quão raro são os elementos na face terrestre. São eles ligas ou elementos puros? Pesquise o que é necessário para extraí-los da terra. Alguns metais são realmente abundantes, mas tão rigidamente ligados a outros elementos que ficam muito caros para serem utilizados. Onde são encontrados e que países os controlam? Esse é um grande problema, pois muitos são necessários nos Estados Unidos para manter a manufatura rodando, mas eles são minerados a milhares de quilômetros de distância e seu fornecimento é controlado por outros governos. Aqui estão algumas sugestões para sua lista:

Magnésio   Berílio-cobre

Berílio puro (menos denso que o alumínio e mais caro que o ouro)

Titânio   Estanho

Tântalo   Molibdênio

Hastalloy®   Cobalto

Níquel   Tungstênio puro

Cromo   Magnésio

Inconnell

Unidade 7-2

Semelhantemente à habilidade especial de cortar roscas padronizadas usando um torno manual, a habilidade de realizar seu próprio tratamento térmico no aço ferramenta separa um mero operador de máquina de um mecânico de usinagem. Atualmente, este não é um requisito necessário para um operador CNC, no entanto, se sua carreira planeja progredir para ferramentaria, o tratamento térmico se torna uma habilidade essencial. Um conhecimento mais abrangente é necessário para se tornar um processista, engenheiro, projetista ou programador.

Unidade 7-3

Todos os outros processos de tratamento térmico alteram as propriedades físicas do metal. O endurecimento superficial muda a composição química do aço, adicionando mais carbono à liga. No entanto, usando o processo de endurecimento sólido de composto de carbono em torno do aço quente, o carbono só pode migrar além dos cristais quentes de austenita se o processo for repetido duas ou mais vezes. Após a têmpera, forma-se uma casca fina de 0,045 pol. de espessura na melhor condição. Para *migrar* carbono mais profundamente, será necessário um processo mais técnico desempenhado por um especialista.

A área onde onde este processo mais afeta o operador é no planejamento da retificação do trabalho depois de endurecido superficialmente usando o processo em caixa. O desafio é planejar o passe de desbaste que deixe a quantidade correta sobre o metal para acabamento após o endurecimento superficial. Se a camada não é muito profunda (0,030 pol. em média), ela pode ser retificada completamente.

Unidade 7-4

O tratamento térmico do alumínio é um processo muito diferente quando comparado ao aço e um bom exemplo das variações da metalurgia. É exatamente o oposto em todos os aspectos quando comparado ao aço. Quando o alumínio é aquecido e revenido, geralmente em água muito fria, ele entra no estado mais mole, não o mais duro. Mas, se deixado para esfriar naturalmente, com o tempo, ele vai retornar a um estado mais duro por um processo chamado de envelhecimento. Por outro lado, se utilizarmos uma temperatura menor, simliar a do revenimento do aço, o processo acelera. Portanto, aqui também ocorre o oposto, aquecendo-se depois do revenimento aumentam-se a velocidade do processo e a dureza do alumínio.

Embora seja o terceiro elemento mais abundante na crosta terrestre, atrás do oxigênio e silício, o alumínio é um metal difícil de extrair, porque forma fortes ligações com outros minerais e metais. Encontrado em muitos compostos no oceano e na maioria dos continentes, existe apenas uma forma, a bauxita, que pode ser economicamente refinada. Mas, mesmo assim, o processo requer quantidades enormes de energia elétrica.

Talvez uma de suas propriedades mais interessantes é que em seu estado puro se forma um óxido que é quase impermeável a novas reações ou a corrosão. O alumínio puro literalmente cria o seu próprio revestimento anticorrosivo. Porém, o alumínio sem liga é demasiado maleável para se usar em produtos. Assim, para tirar vantagem do óxido, os fabricantes de ligas de alumínio revestem-nas com uma fina camada de alumínio puro, chamado de *revestimento*. Ele oxida e protege a liga para possíveis reações ou corrosões.

Unidade 7-5

Ao contrário do tratamento térmico, medir a dureza e compreender as escalas Rockwell e Brinell não são habilidades adicionais do operador moderno. Elas são uma parte integral do trabalho. Existem outros sistemas e métodos, mas os dois, Rockwell e Brinell, são as formas mais populares de teste de dureza. Com essa informação, podemos saber quão rápido um metal pode ser usinado. Esta é uma informação importante para a alta produção de hoje em dia, entretanto, como os computadores e as máquinas da próxima geração evoluem, a utilização da dureza vai se tornar ainda mais crítica.

Unidade 7-6

Para compreender as várias propriedades físicas dos metais durante a usinagem, é útil entender o tratamento térmico e a medição de dureza. Isso se torna especialmente verdadeiro quando se maximiza a produção e a vida de corte da ferramenta durante uma usinagem CNC.

Ao entrarmos no ramo da ferramentaria, uma compreensão profunda dessas propriedades é fundamental. As ferramentas utilizadas devem ser escolhidas calculando as forças que serão utilizadas no processo, e aquelas são caras. Por, exemplo um estampo progressivo de três estágios (ele molda e corta o metal em etapas) pode facilmente custar US$ 15.000 ou mais. O fabricante deve calcular a tensão de cisalhamento exata do metal que está sendo formado para que funcione direito. Se a punção não se ajustar ao furo da matriz (ambos com muita ou pouca folga, não irão funcionar), eles irão falhar catastroficamente ou precisarão de reafiação constante.

Questões e problemas

1. Que fatos encontrados no sistema de designação AISI ajudam a indicar como uma determinada liga deve ser tratada? Em outras palavras, o que faz a diferença em temperaturas críticas e têmperas?
2. Identifique e descreva os três grupos gerais nos quais se dividem os aços. Algumas referências incluem um quarto grupo. Qual é ele?
3. Em termos de carbono, qual a linha que divide um aço doce de um tratável termicamente?
4. Qual família AISI inclui os aços doces?
5. Usando o manual de construção de máquinas, qual é a temperatura crítica requerida para tratar termicamente um aço AISI 1019?
6. Qual é a temperatura crítica para um aço AISI 1095?
7. Identifique e descreva os três estágios no tratamento térmico do aço. O que deve ser feito para colocar o aço em cada estágio?
8. Quando o aço é aquecido acima da temperatura crítica e depois temperado, o que ocorre?
9. Após a têmpera, porque revenimos o aço?

Questões de pensamento crítico

10. Por que não economizamos tempo aquecendo o aço a uma temperatura pouco abaixo da crítica e depois temperando-o? Isso não economizaria o passo de revenimento?
11. Qual é o outro nome para o revenimento do aço?
12. Quais são os meios corretos para temperar esses aços ferramentas: A-2, O-1 e W-2?
13. Qual é o objetivo de aquecer o aço acima da temperatura de transformação (temperatura crítica) e depois temperá-lo?
14. Identifique duas razões pelas quais devamos endurecer superficialmente uma peça de aço.
15. Descreva os processos de endurecimento superficial que podem ser realizados na sua oficina.

Problemas de livros da referência

16. Descreva completamente a informação contida no alumínio com a especificação: 7075-T651.
17. Qual é a resistência à tração do 7075-T651? Qual é o índice de dureza Brinell esperado para este alumínio nesta condição de revenimento?
18. Nomeie os dois ensaios de dureza mais comuns na América do Norte e descreva sucintamente cada um.
19. Liste e descreva pelo menos cinco propriedades físicas dos metais.

Pergunta de CNC

20. Verdadeira ou falsa? Excetuando quando estamos desempenhando uma usinagem HSM (usinagem de alta velocidade), normalmente não nos preocupamos com a condição de tratamento térmico ou liga de alumínio. Se a afirmação é falsa, o que a tornaria verdadeira?

RESPOSTAS DO CAPÍTULO

Respostas 7-2

1. a. Aquecer para a *alta temperatura descrita*.
   b. Resfriar no *meio descrito*.
2. a. Água, ar, óleo de tratamento térmico.
   b. Água, ar, óleo de tratamento térmico, sais fundidos.
3. É verdadeiro. Um forno controlado é a melhor maneira. A cor do brilho é a menos usual.
4. É falso, o aço precisa ter 0,3 a 3% de carbono.
5. Aço no seu estado mais mole.
6. Revenimento é uma redução de dureza para um nível controlado e útil. Aquece-se a uma temperatura específica abaixo do ponto crítico e então deixa-se resfriar.
7. Aço completamente endurecido é frágil.
8. Para mudar a composição química, adicione carbono; para remover a tensão criada pela usinagem, por tratamentos térmicos, conformação ou soldagem; para estabilizá-lo de mudanças de longo prazo.
9. Resposta curta e aceitável: "A temperatura com a qual a estrutura do aço se torna fina e endurecerá se resfriada nesse estado". Resposta longa: "A temperatura com a qual o aço se transforma em austenita, uma condição com finos grãos que não é estável. Se resfriada por têmpera, o aço se torna martensita dura".
10. Ele precisa ser rerevenido em temperaturas *maiores* que 400° F, para reduzir ainda mais a dureza.
11. Alta temperatura, têmpera e depois revenir.
12. Forno controlado, pirômetro, lápis térmicos e óxidos de superfície. Sem um forno controlado são usados lápis térmicos e óxidos.
13. Falsa – apenas a relação oposta. – Conforme a temperatura aumenta, a dureza diminui.

Respostas 7-3

1. Falso. O metal não está duro depois do forno, mas estará pronto para ser endurecido. Entretanto, a profundidade do aço modificado depende do tempo e da temperatura.
2. Aqueça em alta temperatura; cerque-o com compósito de carbono (forma sólida); mantenha a temperatura por um certo tempo; limpe e reaqueça até a temperatura de transformação; tempere; faça o revenimento, se necessário.
3. Apenas quando a casca for muito fina ou quando não houver um forno controlado disponível.
4. Cementação a gás; nitretação; sais fundidos; expondo o aço aquecido a uma atmosfera rica em carbono – ou nitrogênio – para mudar a casca fina do metal.
5. Na temperatura de transformação (crítica), as moléculas de carbono podem migrar para dentro ou para fora do aço. Se houver um material rico em carbono cercando o aço, a maior parte do carbono migrará para dentro dele.

Respostas 7-4

1. 7075 é uma liga de alumínio de alta resistência com uma elevada proporção de componentes adicionados. T6 indica que foi tratada termicamente por solubilização, 5 no último campo mostra que foi aliviada de tensões, e 1 na 51 indica que foi aliviada por estiramento (esta é uma condição comum para a aplicação em aeronaves).
2. F, O, H, W, T.
3. condição O.
4. 0,25% de cobre, 0,60% de silício (encontrado em composições de alumínio conformado).

Respostas 7-5

1. *Ductilidade* é a habilidade de deformar; *elasticidade* é o dobramento sem deformação permanente.
2. a. Brinell – Teste de dureza mediante a leitura do diâmetro de uma marca feita por um penetrador esférico.
   b. Rockwell – Teste de dureza mediante a leitura da profundidade de um penetrador.
   c. Shore – Teste de dureza mediante a leitura do recuo de um martelo com ponta de diamante.
3. Embora o teste Shore deixe uma marca muito superficial, é considerado não destrutivo.
4. Metais mais duros exigem velocidades de corte mais lentas para uma dureza de 45 na escala Rockwell C, sendo o limite superior para usinagem.
5. 390.
6. Aproximadamente 180 KSI (180,000 lb/pol.^{2}).
7. a. escala E.
   b. escala A.
   c. escala B.
   d. escala D.
   A escala C representa a maior parte do uso para Rockwell. Lembre-se: "C" para teste de dureza maiores e mais profundas.
8. Shore 51.
9. Está correto. Brinell de 328 é cerca da metade entre 286 e 371. Extrapolando uma velocidade recomendada de 75 pés/min.
   Utilizando a fórmula para $rpm = \dfrac{SS \times 4}{0{,}75}$
   $rpm = 400$

Respostas 7-6

1. Maleabilidade é a capacidade de ser deformado em qualquer direção sem se romper; ductilidade é a capacidade de ser deformado em uma direção sem se quebrar; elasticidade é a capacidade de sofrer tensões sem deformações permanentes.
2. Falso, newton é uma unidade de *força*, não de massa. É a força que a gravidade exerce sobre 1 kg de massa.
3. A tensão de ruptura é a última tensão e sempre será o maior valor.
4. Em unidades de força por área quadrada. Libras por polegada quadrada ou newtons por centímetro quadrado.
5. Sim, a tensão de resistência à tração do 30302 é 85 K. Do livro *Strength of Materials – Strength of Iron and Steel*.
6. Sim e não, dependendo da condição de tratamento térmico do alumínio; alumínio – 19 K lb/pol.^{2} mínimo até 48 K máximo; magnésio – 22 até 40. O alumínio com tratamento térmico pode ser uma escolha segura e é muito mais barato.
7. 4340.

Respostas para as questões de revisão

1. O elemento mais abundante na liga é a quantidade de carbono.
2. Ligas de aço, usada para produtos de consumo; aços ferramenta, utilizada para aplicações de alta demanda, em geral, mais caro; aços inoxidáveis, utilizado onde a corrosão é um problema. Algumas referências incluem aços carbono simples, como um grupo.
3. Cerca de 0,3% ($\frac{3}{10}$ de 1%).
4. O grupo que começa com 1xxx.
5. Teor de carbono = 0,15 a 0,20%. Desculpe, isso foi uma pegadinha! 1019 é um aço carbono, com teor de carbono abaixo de 0,3%. Não pode ser endurecido.

6. Teor de carbono do 1095 = 0,90 a 1,03%. A variação cai para 1390° até 1430 °F. A temperatura média para a conversão seria de 1410 °F.
7. *Recozido*, estado mais mole. Aqueça-o até a temperatura crítica e esfrie-o lentamente; *completamente endurecido*, condição mais dura por toda a parte, aqueça até a temperatura crítica e esfrie bruscamente; *revenido*, reduz a dureza a uma condição útil para a aplicação, aqueça o aço duro em uma temperatura mais baixa por um tempo específico.
8. Cristais austeníticos congelam em uma estrutura de grão fino com teor de carbono uniformemente distribuída. Torna-se completamente duro.
9. Por que o aço será demasiado frágil, na maioria dos casos, para sua utilização. Ele pode até rachar devido à tensão interna formada na têmpera.
10. Devido à dureza não estará completo, será imprevisível e não uniforme. O aço será duro em finas seções e estará sujeito à fratura.
11. Revenido.
12. A-2 = têmpera a ar; O-1 = têmpera a óleo (óleo de tratamento térmico); W-2 = têmpera à água.
13. Choque térmico para congelar a estrutura austenística.
14. a. Para criar uma casca endurecível no exterior do aço doce.
    b. Para criar uma casca endurecível em aço liga, que deve ser tenaz no interior e duro no exterior.
15. O aço é aquecido desde 1300° até 1.600 °F; retire-o do forno e coloque-o em um composto de carbono.
    a. Deixe esfriar por pouco tempo.
    b. Retorne-o para o forno, para reaquecer junto do composto de carbono a fim de obter uma casca mais profunda. Reaqueça e esfrie para terminar o endurecimento. Revenido (pode não ser necessário).
16. Liga 7075 = modificada com zinco, silício, e magnésio; T6 = tratada termicamente e envelhecida artificialmente; 51 = aliviadas por estiramento. Respostas 16 e 17 são do manual de construção de máquinas, sobre ligas não ferrosas.
17. 83.000 lb/pol.^{2} (83 ksi); Bh = 150.
18. Rockwell – uma ponta de prova é inserida na superfície e a profundidade é medida. Para materiais mais duros, o penetrador possui um diamante cônico pontiagudo. Para mais moles, é uma esfera de metal duro. A escala Rockwell é útil para medir a dureza de materiais desde os moles até os de alta dureza. A escala Brinell – uma esfera de metal duro endurecida é inserida na peça a ser testada e é medida a largura da penetração. Brinell é usado principalmente em materiais moderadamente duros, utilizados em produção.
19. *Maleabilidade*: a capacidade de ser deformada (esticada, comprimida, puxada e assim por diante) em todas as direções, sem se quebrar ou trincar; ductilidade: subpropriedade da maleabilidade, a capacidade de ser deformado em uma direção; elasticidade: a capacidade de resistir a flexão, alongamento e compressão com nenhuma alteração permanente em relação à forma; tensão de resistência à tração (tensão última): o ponto em que a liga parará de alongar e romperá; tensão de escoamento: o ponto (em PSI) em que o limite elástico da liga é excedido; soldabilidade: algumas ligas podem ser soldadas, outras não, e algumas somente utilizando materiais e processos especiais.
20. É verdade, mas, na usinagem das mais novas ligas de alumínio com alto teor de silício, devemos escolher ferramentas de metal duro revestidas com diamante, as quais podem suportar a abrasão e são mais eficientes quando é utilizada a rotação exata (rpm). Isso não foi abordado na leitura.

» capítulo 8

Planejamento de trabalho

A fabricação de uma única peça com o formato mais simples requer escolhas cuidadosas antes de ser colocada em operação. Mais precisamente, se não planejar o mais simples ou qualquer trabalho, fácil ou complexo, será difícil completar o trabalho, ou ele será de baixa qualidade, inútil, ou até mesmo perigoso!

O operador que se destaca no planejamento tem grande oportunidade para avançar, pois possui uma das maiores habilidades em nossa atividade. Mas é difícil ganhar essa competência, isso é diferente daquelas discutidas anteriormente, por quatro razões. Primeira, planejar soluções muitas vezes é como uma matriz na qual qualquer trabalho pode tomar caminhos muito diferentes pela oficina em seu modo de concluir o trabalho. Algumas sequências são mais rápidas, enquanto outras levam a uma precisão mais repetitiva, algumas reduzem os custos ou tempo, e por aí vai. Cada trabalho apresenta um quebra-cabeça com um conjunto quase infinito de soluções, cada uma com vantagens e desvantagens na realização. Não há uma resposta única ou perfeita. Segunda, o planejamento muitas vezes requer um pensamento inventivo além das soluções convencionais. Alguns projetos novos geram um novo desafio: como segurar um objeto de formato estranho quando ele se aproxima da conclusão ou qual é a quantidade de material suficiente para o desbaste, mas não demais para ter uma fabricação econômica.

Objetivos deste capítulo

- » Responder as sete perguntas principais que levam a planos bem-sucedidos.
- » Escrever um plano de trabalho para a eficiência e a qualidade de quatro trabalhos.
- » Achar e corrigir sequências operacionais que não são seguras.
- » Encontrar e organizar sequências que levam à baixa qualidade.

Terceira, os planos nunca estão completamente concluídos. Mesmo o melhor projeto pode mudar após o trabalho estar em andamento. À medida que meios mais seguros são descobertos ou que novas ideias aparecem, nós as introduzimos como parte de operações normais para melhorar a capacidade. Na indústria, vi um mesmo trabalho passar pela oficina dezenas de vezes e, antes de cada operação, são implementadas melhorias com base na última operação.

Quarta, escrever projetos requer uma compreensão completa de todos os tipos de máquinas e de todas as operações que elas podem realizar. Se você seguiu a sequência do livro, está nesse ponto agora. Agora, você pode ver um quadro maior – que a oficina funciona como uma unidade.

Neste capítulo, depois de algumas dicas para o sucesso, apresentamos seis quebra-cabeças sobre fabricação de peças para os quais nossas soluções (revisadas por vários instrutores) são oferecidas. Quatro trabalhos não foram planejados ainda e dois já estão feitos, mas eles podem necessitar de melhoramentos. Você precisará comparar sua solução com a nossa, discuti-la com outros, e então decidir por si mesmo se seus planos são a melhor solução.

TRÊS TIPOS DE SUCESSO PLANEJADO

Na oficina, há três tipos diferentes de planejamento. Eles trabalham juntos para manter tudo funcionando perfeitamente:

- fluxo de trabalho;
- fluxo de oficina;
- sequência de operações.

Decisão 1 Fluxo de trabalho Este é o caminho de qualquer peça, única ou em lotes, pela oficina. Por exemplo, lixaremos a superfície da peça antes ou depois do tratamento térmico? Será que o trabalho vai primeiro para a fresadora e depois para o torno mecânico? Esses planos devem ocorrer primeiro.

Fluxo de oficina Esta é a operação do dia a dia da oficina. Ela cronograma e movimenta os trabalhos pela oficina simultaneamente. Sem planejamento, as peças chegam às estações críticas de trabalho (exemplo: torno CNC ou lixadeira de superfície) ao mesmo tempo. Quando elas entram em conflito, deve ser dada prioridade a uma, enquanto as outras são paradas, redirecionadas ou enviadas para outra oficina. Manter a carga de trabalho total movimentando-se eficientemente também pode ser denominado *carga da oficina* ou *planejamento de chão de fábrica*. Sendo uma tarefa de gerenciamento, o fluxo de oficina está além dos objetivos do Capítulo 8, mas ocupa uma grande parte nas operações.

O fluxo de oficina é vital. A maioria das grandes companhias empregam especialistas nesta área. Eles mantêm planilhas de trabalho e quadros na parede em que eles alteram marcações para rastrear tudo. Mas mesmo os especialistas recorrem frequentemente a um programa de gerenciamento, quando os recursos visuais não podem resolver a matriz. O gerenciamento baseado em PC prevê pontos de gargalo, assim como programas, e ajusta sequências para evitá-los.

O fluxo de oficina é descrito perfeitamente como um rio de trabalhos fluindo. Novos trabalhos entrarão rio acima todos os dias. Cada um tem sua própria prioridade e potencial de afetar aqueles já em atividade. Muitas vezes, a prioridade de um trabalho mudará no meio do circuito. De repente, ele passará de normal à alta prioridade: o cliente precisa disso agora! Isso muda tudo na sua rotina. Isso causa turbulência, o que então perturba outros trabalhos de baixa prioridade. Você pode ver que apenas um computador com programação específica poderá reagendar o fluxo, quando as coisas não saem como planejadas, que é quase sempre!

Ausências e avarias As duas piores barragens no fluxo ocorrem quando o operador falta ao trabalho naquele dia ou uma máquina quebra, especialmente se essa estação é um dos gargalos! Se estiver disponível, outro operário poderá substituí-lo ou o trabalho será movido para "pular" outro trabalho. No entanto, toda uma série de perturbações dispara.

Sequências operacionais O terceiro tipo de planejamento é o problema do operador, o qual é uma sequência lógica de operações. Elas são instruções passo a passo, destinadas a alcançar as dimensões e especificações do desenho.

Sendo uma das maiores habilidades em nossa atividade, o operador que se destaca no planejamento tem grande oportunidade de avançar. Aqui está o que vamos aprender no Capítulo 8 para melhorar essa habilidade.

» Unidade 8-1

» Planejando o trabalho corretamente

Introdução Aprender com a prática é a única maneira de aprender a planejar. Com um pouco de orientação, na Unidade 8-1 você está prestes a planejar quatro trabalhos, cada um mais complexo que o outro. Então, ao compilar suas melhores ideias, compare-as com as minhas. Essa é a chave aqui, tentar e, em seguida, comparar.

Termos-chave

Referência temporária
Planejar uma sequência de cortes que crie uma referência para ser eliminada, quando não for mais necessária.

Sobremetal para prender
Sobremetal aplicado para fixar uma barra no mandril do torno, além do que é necessário para a peça.

Questões primárias

Um plano consistente deve responder a seis ou sete perguntas, dependendo se será ou não usinado por métodos CNC. Todas têm de ser respondidas ao mesmo tempo ou quase, e estão interligadas, cada uma afetando as outras. Use as informações abaixo como uma lista de verificação para escrever o seu projeto.

☐ *Qual máquina entra em primeiro?*
A resposta vai depender do número e da complexidade de peças no lote e dos tipos de máquinas disponíveis para este trabalho. A prioridade do trabalho também afeta a decisão, uma vez que um trabalho de alta prioridade pode pular à frente de outros de determinadas máquinas.

☐ *Como é a peça a ser fixada e posicionada durante a usinagem?*
Muitas vezes ignorada pelos iniciantes, essa deve ser resolvida logo após você decidir qual máquina realizará o primeiro trabalho. Uma escolha incorreta pode levar uma variação desnecessária ser introduzida no trabalho.

☐ *O trabalho precisa de retenção da peça e sobremetal de material para referência?*
O sobremetal de material bem planejado para prender ou para criar superfícies de referência temporárias pode economizar tempo e dinheiro.

☐ *Os primeiros cortes conduzem a uma referência confiável?*
Os primeiros cortes vitais devem criar referências que serão utilizadas para mover as peças entre as etapas.

☐ *A sequência global é eficiente?*
Várias operações podem ser realizadas em uma etapa?

☐ *Fixações ou ferramentas de corte especiais são justificadas?*
Essa decisão se baseia em dois fatores: o tamanho do lote e a probabilidade de completar o trabalho usando apenas fixações ou ferramentas de corte padronizadas. Por exemplo, são justificadas castanhas macias para a morsa ou o mandril? Esta decisão fundamenta-se frequentemente na quantidade de peças, mais peças no lote justificam ferramental especializado.

☐ *Ponto de referência (apenas para trabalhos em CNC)*
Uma vez que nossos projetos são limitados a máquinas operadas manualmente, não usaremos este fator no Capítulo 8. Mas deve estar na lista de perguntas ao planejar um trabalho que será usinado a partir de um programa. Deve ter um ponto zero escolhido, um lugar onde todas as coordenadas são definidas para $X = 0,0$, $Y = 0,0$ e $Z = 0,0$.

Este ponto de referência é aplicável para o programa, o conjunto de ferramentas de fixação e a configuração da máquina. Todos no circuito têm de saber onde ele está localizado na peça ou no método de retenção. Escolher sabiamente esse ponto é uma decisão primária que deve ser feita no momento em que as outras questões são decididas.

Os próximos desafios chamam a atenção para essas questões. Eis algumas dicas sobre como respondê-las.

Sobremetal de material

Planejar para fixação e operações intermediárias

Embora o sobremetal deva ser transformado em cavaco, o que consome tempo e dinheiro, às vezes, por planejar a quantidade certa no lugar certo, os custos dos materiais adicionados são compensados por maior segurança e qualidade, ou o sobremetal fornece uma maneira muito mais eficiente para segurar e cortar a peça. Até agora, neste texto, o sobremetal tem sido apresentado como um mínimo admissível para usinar completamente a superfície. Mas há mais dois aspectos.

> **Ponto-chave:**
> Há momentos em que é muito rentável planejar o sobremetal para além de um corte mínimo de limpeza. É usado para trabalho de fixação de objetos difíceis e planejar uma referência temporária para iniciar o trabalho corretamente.

Sobremetal para fixação da peça

Aqui está um exemplo de material para fixação da peça para um trabalho de torno (chamado de **sobremetal de material** para prender no trabalho de torno).

Você está prestes a tornear cinco pesos de bronze para prumo (ponteiros oscilantes para indicar uma linha vertical) (Fig. 8-1). Eles são feitos a partir de uma barra de bronze de diâmetro de 1 pol., um material relativamente caro. Esse material não se encaixa no orifício do eixo-árvore do torno, de modo que a alimentação por barra e corte da peça não é uma opção, mas há duas outras:

1. **Serrar tarugos em comprimentos determinados** (Fig. 8-2)
   Tornear a forma até a metade, invertendo para terminar o trabalho.

2. **Serrar com material de aperto** (Fig. 8-3)
   Segurar um comprimento extra, usinando o formato inteiro em uma etapa.

Ambas as opções requerem que a barra seja cortada em pedaços antes da usinagem. Mas o sobremetal para prender (plano 2) incluiria 2 pol. de material adicional por peça. Vamos comparar.

1. Cortar para 3,100 pol. de comprimento. Primeiro, vamos tornear a ponta e a seção recartilhada, deixando um pequeno ressalto entre o diâmetro da barra e o diâmetro de 1,437 pol. Isso pode ser feito em um mandril padrão de três pinças. Em seguida, vamos revertê-la empurrando o ressalto contra a castanha macia (Fig. 8-2). As castanhas macias ajudam a garantir a concentricidade dos segundos cortes e não estragam as recartilhas acabadas. Com o ressalto temporário apoiado nas castanhas, é possível terminar a forma.

2. Por outro lado, que tal cortar a barra em pedaços de 5 pol. de comprimento? (Veja a Fig. 8-3.) Isso deixa uma distância mínima de 1,5 pol. para apertar no mandril a fim de que a

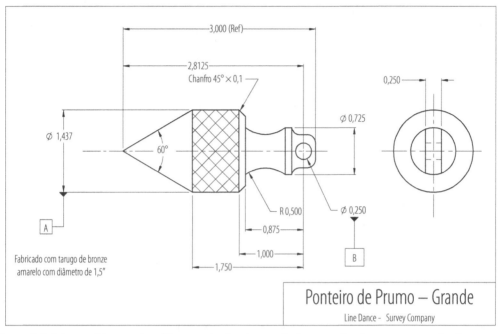

Figura 8-1 Existem várias maneiras diferentes de planejar sequências operacionais para este ponteiro de prumo.

forma inteira possa ser torneada e cortada no final da operação. Não é necessária nenhuma ferramenta especial e todo o perfil pode ser torneado em uma só etapa.

Questão de pensamento crítico O plano 2 é mais econômico? Provavelmente, embora um pouco de bronze seja perdido em cada parte. Contudo, é mais rápido e seguro, e a forma terá maior concentricidade entre os extremos. Porém, o tarugo extra de bronze também é caro. A resposta final poderia ser Tempo de estudo versus Custo da matéria-prima. (Veja a Conversa de chão de fábrica.)

Conversa de chão de fábrica

No plano 2, um fato pequeno, mas significante, tem de ser considerado quando lotes se tornam grandes: o sobremetal será cortado fora como uma ponta sólida. Um pedaço de metal sólido obtém um preço melhor quando é reciclado, assim, compensa em parte o custo adicional de sobremetal.

Segunda operação
- Duas operações separadas
- Custo adicional para ferramenta especial
- Problemas potenciais de concentricidade

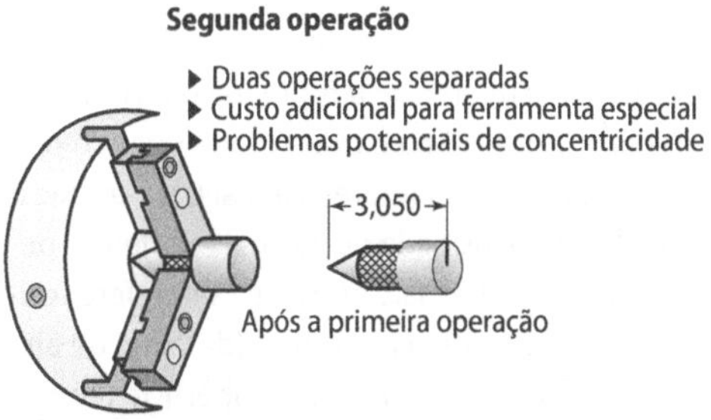

Figura 8-2 Opção 1 – A segunda de duas etapas.

Ponto-chave:
Neste exemplo, é provável que o plano 2 seja mais econômico, mas há situações em que projetos similares ao plano 1 poderiam funcionar melhor.

Cortes iniciais a partir da referência básica do projeto

A decisão de como criar um(s) ponto de referência confiável no início do trabalho está relacionada com o sobremetal de material. A menos que as peças possam ser terminadas em uma etapa, como o plano 2,

capítulo 8 » Planejamento de trabalho

449

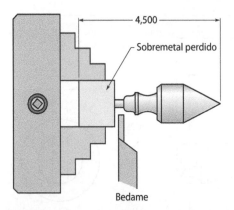

Figura 8-3 Opção 2: Corte todas as características em uma etapa, depois tire a peça fora do trabalho acabado.

essas terão de ser movidas de uma etapa para a próxima ou para outra máquina. O ressalto no plano 1, que nos permitiu inverter as peças para podermos localizá-las nas castanhas macias com relação à extremidade pontiaguda, era uma referência **temporária**.

Referência temporária

Assim, a terceira razão para o sobremetal planejado é criar uma referência temporária para os próximos cortes. Essa etapa extra é usada quando não se consegue cortar a referência real para começar o trabalho. Ela é usinada no início do projeto e, depois etapas sequenciais ou cortes são referenciados a ela até que uma referência (detalhe) de alta prioridade possa ser cortada. A superfície temporária então simula uma referência de alta prioridade até poder ser criada uma. Em seguida, após conformar a peça, se a superfície temporária não for mais necessária, é removida. É claro que o objetivo é sempre minimizar essa quantidade prevista.

> **Ponto-chave:**
> Bons projetos começam com primeiros cortes vitais que geram controle sequencial durante as operações restantes. O primeiro conjunto de operações pode ser tão simples quanto endireitar dois lados de um bloco ou facear no torno, mas é o ponto de referência a partir do qual todas as operações sequenciais se originam.

Recorde o enquadramento de uma peça na fresadora (Capítulo 4). Depois de estabelecer um elemento confiável de referência, todos os cortes sequenciais foram feitos colocando aquela superfície contra a castanha fixa da morsa.

Método e ferramental de fixação

A próxima pergunta primordial é: como o trabalho será fixado nessa máquina para fazer os primeiros cortes? Isso deve ser respondido antes de escrever as sequências de cortes ou um programa. A razão óbvia é a segurança e eficiência, mas a razão sutil é para controlar a variação. Sua escolha do método de fixação elimina ou causa variação no trabalho? Em vez de discutir isso aqui, um problema foi criado especialmente para desafiar seu pensamento neste aspecto de planejamento.

> **Ponto-chave:**
> Sempre analise o método de fixação e pergunte se ele causa alguma variação desnecessária.

Note também que cada problema exige que você usine diferentes números de peças. A quantidade no lote muda um pouco o pensamento, especialmente em ferramentas de fixação. Maiores peças podem justificar ferramentas especiais (mandril, castanha da morsa ou dispositivo macio de fixação), enquanto pequenos lotes são resolvidos mais economicamente utilizando morsas padrão e mandris, apesar de demorarem mais tempo.

Problema 1   Ferro fundido | Cantoneiras

Agora é a sua vez! Planeje e escreva um conjunto de operações para usinar estas quatro cantoneiras de precisão, incluindo fresamento de semiacabamento e retificação final em todas as superfícies marcadas com indicação de 64 µpol. (Fig. 8-4).

Instruções

- Usinar apenas elementos que têm superfícies com dimensões acabadas.

- Sobremetal de 6 mm em cada face da peça fundida a ser usinada.
- Deixar 0,4 mm de sobremetal para retificação após fresar cada face.

Folha de planejamento de trabalho

Nome do trabalho: Cantoneiras de ângulo reto
Número de peças: 4 usinadas em conjunto combinados
Material: Ferro fundido
Ferramentas especiais ou Fixação:

Utilizando este modelo, escreva um plano de usinagem completo em uma folha de papel. Adicione mais números sequenciais se necessário. Em seguida, compare a sua versão final com a minha.

Sequência	Operação	Comentários
005		
010		
015		
020		
025		
030		
035		
040		
045		
050		

Problema 2   Válvula esférica

Estas válvulas esféricas (Fig. 8-5) devem ser usinadas a partir de um forjado de bronze preciso. Cada uma tem 0,10 pol. de sobremetal em todas as dimensões a ser usinadas. Inclua operações para fazer todos os furos e ranhuras. Ao concluir, vá para as respostas e compare seu plano com o meu.

Instruções

- Escreva seu plano para produzir (Qtde. 150).
- Planeje esse trabalho sem as vantagens do equipamento de CNC.
- Como você mudaria o plano se fresadoras e tornos CNC estivessem disponíveis?

Problema 3   Porca de aperto roscada

Você está prestes a usinar cinco dessas porcas de aperto roscadas da barra de aço SAE 4130 com 1,00 pol. de diâmetro e tratamento térmico prévio para 28 R_c (Fig. 8-6). Estude a figura e escreva seu plano em uma folha de papel.

Instruções

- Faça cinco dessas chaves.

Problema 4   Parafuso posicionador

Esses parafusos de fixação especiais (Fig. 8-7) podem precisar de mais de uma etapa para concluir ou não? Note que eles são feitos de aço macio, mas nem o tamanho nem o formato da matéria-prima foram especificados.

Instruções

- Faça 25 parafusos nesse lote.
- *Escolha a matéria-prima* da forma e o tamanho.
- Pode ser necessário que você procure por formatos e tamanhos padrões de barras de aço no manual de construção de máquinas.
- Esse problema 4 é um desafio de tempo *versus* qualidade.

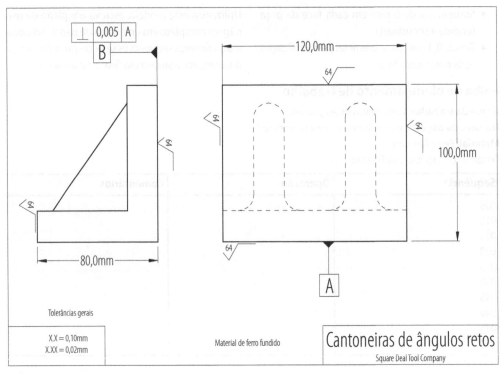

Figura 8-4 Problema de planejamento 1 – Cantoneiras de ângulos retos.

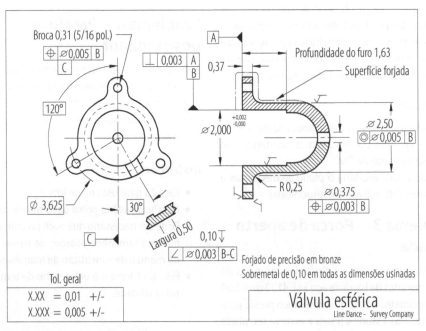

Figura 8-5 Planejamento 2 – Válvula esférica.

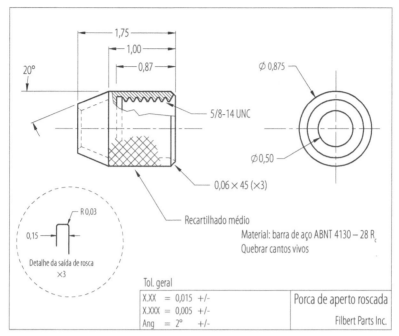

Figura 8-6 Problema de planejamento 3 – Porca de aperto roscada.

>> Unidade 8-2

>> Solução de problemas

Os planejadores mais experientes não conseguem prever todas as armadilhas que surgem no início da usinagem. Os projetos são melhorados regularmente, como parte de operações normais. No entanto, como seu instrutor, quero adicionar alguns conselhos: modere ao criticar um plano ou as instruções. Se a segurança e qualidade estão em risco, vá em frente, mas faça-o com delicadeza.

Folha de planejamento do trabalho 8-5

Nome do trabalho: Chavetas de travamento
Número de peças: 15
Material: Barra de aço laminada a frio de 1,0 por $\frac{3}{8}$ pol. comprimento de 45 pol.
Ferramentas especiais ou fixação: nenhuma

Sequência	Operação	Comentário
005	Serrar com comprimento de 3,0	Sobremetal de 0,125 em cada extremidade
010	Ângulo traçado	
015	Ângulo bruto de serra	Deixar sobremetal de usinagem de 0,030
020	Fresar ângulo de 18°	Inclinar o cabeçote da fresadora
025	Fresar retângulo de 2,75 × 0,875	
030	Cementar e temperar 48 R_c min	
035	Perfurar um furo de $\frac{1}{4}$ pol. e chanfrar os dois lados	

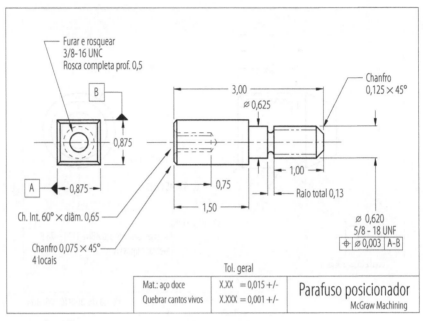

Figura 8-7 Problema de planejamento 4 – Parafuso posicionador.

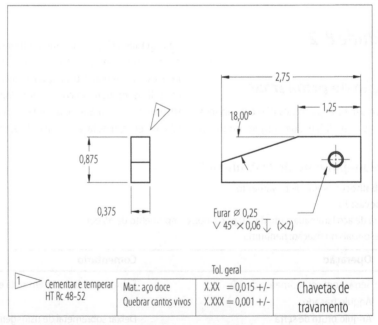

Figura 8-8 Problema do Planejamento 5 – Chavetas de travamento.

Ver problemas nas ordens de serviço e melhorá-las é uma habilidade necessária para a competência tanto na usinagem manual quanto em CNC. Problemas que causam erros de peças e riscos de segurança devem ser eliminados quando são encontrados. Aqui está um exemplo (Fig. 8-8).

> **Ponto-chave:**
> Em toda oficina, há um procedimento de revisão oficial que informa a todos os envolvidos sobre alterações desse. Nunca escreva ou altere uma ordem de serviço ou plano sem autorização.

Problema 5 Chavetas de travamento

Depois de rever o plano apresentado, edite-o ou o redirecione completamente para resolver problemas de sequenciamento, se existirem. Ao concluir, compare suas melhorias com as minhas. (*Dica*: Há pelo menos quatro grandes erros neste plano.)

Problema 6 Suporte de braço duplo

Você vai fazer um lote de suportes de braço duplo (Fig. 8-9) a partir de um bloco sólido de alumínio. Depois de ler o plano original, edite-o com melhorias ou apague-o completamente e começe de novo, se sentir necessidade.

Agora, escreva seu próprio plano para o suporte de braço duplo. Não precisa tomar o caminho que escolhi aqui.

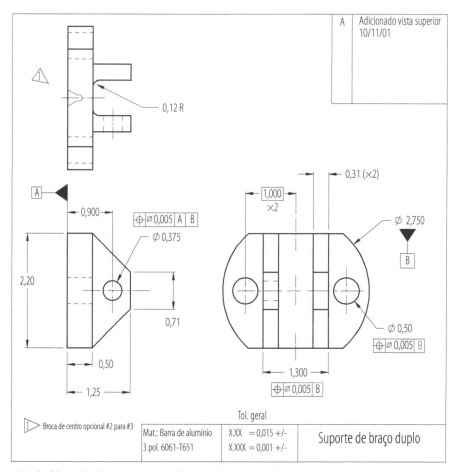

Figura 8-9 Problema do planejamento 6 – Suporte de braço duplo.

Folha de planejamento do trabalho

Nome do trabalho: Suporte de braço duplo
Material: Alumínio Alumínio 6061-T651
Barra de diâmetro de 3,0 pol.
Serrada em comprimento de 15 pol.
Quantidade 17
Ferramenta ou fixação Torno com garras macias/fresa torno

Sequência	Operação	Comentário
005	Tornear Diâm. 2,750 (2 barras)	Placa de quatro castanhas e contraponto
		Parte torneada de 14 pol. de extensão
		Sobremetal de fixação e faceamento da peça
010	Facear e cortar comp. de 1,5	Placa de três castanhas macias – contraponto
		Criar elemento de referência A
		Sobremetal para fresamento
015	Fresar profundidade de 2,20 x 0,50	Morsa de mordentes macios (Fig. 8-10)
		Diâm. 2,750 – Referencial B
020	Fresar peça reversamente 1,3 x 0,25 Rc	Morsa padrão com diâm. 2,20 Diâm. 1,300 entre faces
025	Fresar orelhas 0,31	
030	Perfurar passante 0,375	Torno com fim de parada
035	Traçar perfil da orelha	
040	Serrada bruta	Deixar sobremetal de 0,060
045	Fresar lados de ângulos	
050	Fresar diâmetro de 1,25	
055	Remover todas as rebarbas e arestas vivas	

Operação 015

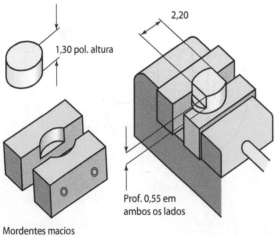

Figura 8-10 Operação 015 para suporte de braço duplo.

RESPOSTAS DO CAPÍTULO

Problema 1   Cantoneiras de ângulo reto

Justificativa

Primeiramente, usinei uma superfície temporária (E), o que conduz a um fresamento confiável na face A e, em seguida, na B. Para fresar E, cada placa foi primeiramente apoiada na face bruta A, sobre a mesa de fresa (Fig. 8-11). Em seguida, foi feito um corte de desbaste com 80% de remoção, criando um referencial temporário que representa a "superfície média A". Mais tarde, a superfície E será fresada para 100,8 mm na pré-retificação, após o referencial A ser completado.

Por que o passo intermediário? O problema principal era usinar completamente a face A com cerca de 5,6 mm de profundidade, deixando 0,4 mm para retificação.

> **Ponto-chave:**
> Para usinar a face A paralelamente à sua superfície média fundida bruta pode ser difícil fazer como um primeiro corte, porque ela precisa ser nivelada no plano do cortador. No entanto, criar a superfície temporária torna isso mais fácil.

Para entender a razão desse passo extra, imagine que houve muito pouco sobremetal na matéria-prima original em todos os lados do aço fundido, em vez dos generosos 6 mm. O desafio era posicionar a superfície bruta A o mais horizontal possível, considerando todas as irregularidades de fundição, de modo a limpar completamente e ainda deixar material para retificação. Com tão pouco sobremetal original, o passo intermediário seria absolutamente necessário para orientar a superfície média A quando ela foi usinada (Fig. 8-12).

Seguindo o processo do referencial de fresagem

Após a superfície A ser usinada, as operações restantes são simplificadas. O próximo corte seria usinar a superfície B em relação à superfície A, alojadas em uma morsa ou mesa de fresa. Então, com as superfícies críticas de 90° sob controle, a dimensão de 80,0 mm poderia ser usinada para um tamanho de pré-retificação de 80,8 mm (0,4 mm de sobremetal para cada lado), e a dimensão de 120 mm seria fresada para 120,8 mm.

As operações de retificação seguiriam uma sequência semelhante, exceto pelo fato de que nenhuma referência temporária é necessária. O trabalho pode começar retificando B em relação a A, uma vez que agora elas são confiáveis. Assim, A se-

Figura 8-11 Usinando a superfície de referência E nas cantoneiras.

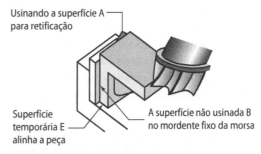

Figura 8-12 Usinando referência A relativa à superfície E.

005	Cortar a superfície temporária E	Peça apoiada no elemento bruto A Cortar E limpando 80%
010	Apoiando em E Cortar a face A	
015	Fresar face B	Apoiar na face A
020	Fresar 100,8 mm	Apoiar em A – acabar superfície E com sobremetal de retificação de 0,8 (0,4 para cada superfície)
025	Fresar 80,8 mm	Apoiar em B
030	Fresar 120,8 mm	Apoiar em A – indexar com B
035	Retificar superfície B	Apoiar em A
040	Retificar A	
045	Retificar 100 mm	
050	Retificar 80 mm	
055	Retificar 120 mm	
060	Quebrar todos os cantos vivos – remover as rebarbas	

ria acabada com 90° em relação a B e as dimensões de 80 e 120 mm seriam completadas.

Problema 2 Válvula esférica

Justificativa da operação 005

Meu plano para torno/fresa manual seria fazer dois conjuntos de castanhas de alumínio macio para uma placa de três castanhas. Então, para a primeira operação 005, prenderia a peça dentro do furo referência B. A cúpula ficaria para fora (Fig. 8-13). A peça se alojaria sobre a superfície bruta A, paralela à face do mandril, como está mostrado.

Usinando 0,1 pol. em cada superfície (face do flange e diâmetro exterior), cria-se um suporte de referência intermediário, composto pelo novo diâmetro de 2,50 pol. e da face do flange. Diferentemente do Problema 1 de fundição, a superfície do flange e o diâmetro podem ser usinados com o tamanho final, porque quando forjados são mais precisos em seu estado bruto, enquanto fundidos frequentemente apresentam irregularidades. Eu usinaria em primeiro todas as 100 peças nessa configuração.

Essas superfícies intermediádias seriam usinadas de qualquer forma, mas agora representam a média das referências brutas A e B, que serão usadas para criar A e B.

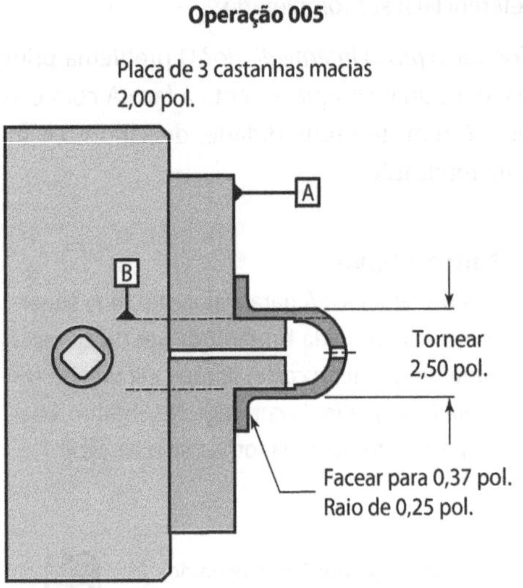

Operação 005

Placa de 3 castanhas macias
2,00 pol.

Tornear 2,50 pol.

Facear para 0,37 pol.
Raio de 0,25 pol.

Figura 8-13 Operação 005 - Válvula esférica.

Operação 010

Agora, inverta a peça para usinagem das referências A e B. Ao inverter a cúpula e segurar nas superfícies intermediárias recém-criadas, pode-se usinar as duas referências críticas em perpendicularismo perfeita uma para a outra. Castanhas perfuradas de alumínio macio seriam uma boa ideia para garantir concentricidade e prevenir danos no exterior das cúpulas (Fig. 8-14). Nessa altura, o furo

Operação 010

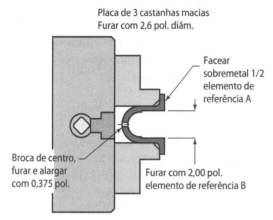

Figura 8-14 Operação 010 – Plano para a válvula esférica.

Gabarito de furação simples

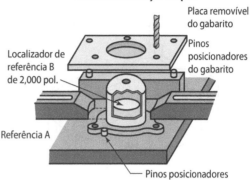

Figura 8-15 Perfurando a válvula esférica com um gabarito feito na oficina.

de 0,375 pol. seria perfurado menor, aumentado para ter concentricidade e, depois, alargado para assegurar o tamanho e a tolerância de posição em relação a B.

Usinadas nessa sequência, cada peça deverá ser repetida exatamente e a relação entre as referências A e B seria garantida pela usinagem delas na mesma etapa. Para este grande lote, ferramentas especiais foram justificadas – castanhas macias para torno, duas vezes.

Questão de pensamento crítico Depois de estabelecer as características de referência, existem duas possibilidades para prosseguir com os furos e ranhuras. Uma é mais precisa, enquanto outra é mais rápida. Analise cuidadosamente as duas versões do meu plano, cada um tem um sutil problema em potencial.

Plano mais preciso – duas etapas

A ranhura central tem uma relação de angularidade básica de 30° com a referência B, com uma tolerância apertada de 0,003 pol. Nesta versão do plano, perfuramos primeiro os furos com o lado da cúpula para cima, posicionando a peça sobre o posicionador referencial B (1,9995 pol.) e a face A para baixo. A peça é agora localizada nas referências reais (Fig. 8-15).

Colocando a peça com o furo de referência B sobre um pino localizador de 1,9995 pol. e apoiada em um pino lateral para assegurar que os orifícios sejam perfurados corretamente nas orelhas do flange, os furos podem ser perfurados com gabarito ou em CNC relacionados à referência B.

Agora, inverta a peça, com a face A para cima, segurando no diâmetro original de 2,50 pol. e localizando-a sobre um pino em um furo usinado, frese a ranhura. Isso pode exigir mordentes macios de morsa ou uma placa plana recortada para receber a cúpula.

Solução mais rápida – uma etapa A ranhura e os furos podem ser usinados em uma única etapa (Fig. 8-16). Ao localizar o diâmetro original de 2,50 pol. e a face do flange, e apoiado em um pino ao lado do flange, os furos e ranhuras poderiam ser usinados com a cúpula para baixo.

Solução de problemas

Ambos os planos para perfurar os furos e fresar a ranhura têm os seus próprios erros potenciais. Você poderia encontrá-los? Você consegue corrigi-los? Faça sua investigação e escolhas agora. Depois, leia o que segue.

Plano de duas etapas – erro potencial No plano de duas etapas, o furo de 2,00 pol., referência B, é localizado sobre um pino de precisão com uma folga de MMC de 0,0005 pol., na condição de ajuste

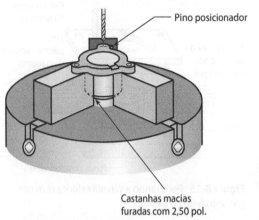

Ranhura perfurada e/ou fresada

Pino posicionador

Castanhas macias furadas com 2,50 pol.

Figura 8-16 Perfurar e fresar a ranhura usando a placa do torno com castanhas macias para fixar a peça.

mais apertado, para fazer os furos. Referência B, o furo usinado tem uma tolerância de diâmetro de mais de 0,002 pol. A diferença entre o tamanho do furo B e do localizador permitirá o movimento em qualquer direção, o que será transferido para a localização do furo, degradando sua localização precisa. Como pode ser resolvido esse problema e manter este projeto?

Uma solução poderia ser em vez de um pino posicionador de 2,00 pol., segurar internamente com mordentes macios, concentricamente com a referência B, enquanto usina os furos.

Dica da área
No Problema 1, um atalho seria parafusar a placa do torno usada para fixar a peça para o primeiro corte direto na mesa da fresadora! Um pino pode ser instalado em uma castanha que estabelece a referência C, e localiza a borda do flange.

Plano de uma etapa – Possível erro Segurar na superfície de 2,500 pol. não é a referência, lembre-se: *ela a representa*. Se houver qualquer erro axial ou de perpendicularidade nessas duas superfícies intermediárias, em relação a A e B, esse erro será repassado para os furos e ranhuras. Contudo, a probabilidade de isso acontecer é baixa.

Folha de planejamento de trabalho
Nome: Porca de aperto roscada
Número de peças: Qtde. = 5
Material: Barra de aço ABNT 4130 1,0 28 R_c
Ferramenta ou fixação

Sequência	Operação	Comentários
005	Faceamento de desbaste	Três castanhas – Projetar 1,5 pol. da placa
010	Broca de centro e broca de 0,375	
015	Tornear diâmetro de 0,857	Carboneto TNR-16
020	Recartilhar	Recartilha diamante média
025	Tornear cônico externo	Rotação composta 15°
030	Alargar diâmetro de 0,573	Menor diâmetro da rosca
035	Alargar cone interno	Mesmo ângulo de cone de 15°
040	Formar chanfros DI, DE	0,65 x 45°
045	Alargar saída de rosca	Ferramenta para ranhura interna
050	Rosca -14	Ferramenta para rosca interna
055	Cortar no comprimento	Comprimento de 1,75
060	Formar chanfro de 0,03	Fixar em mandril roscado

No entanto, se este problema ocorrer, não há nenhuma solução. Se o erro é grande o bastante para afetar a posição do furo e da ranhura, este plano deve ser descartado! Por outro lado, se o erro entre as superfícies temporárias e as referências A e B é zero ou muito pequeno, esse plano é de longe o mais rápido, além de assegurar a relação entre os furos e ranhuras, visto que eles são feitos em uma única etapa. Esta solução deve ser considerada em primeiro lugar, uma vez que os elementos são usinados em uma única etapa.

Solução CNC

Se uma fresadora CNC estivesse disponível, este trabalho poderia progredir de forma diferente. A primeira etapa usaria os mordentes macios externos de uma morsa ou mandril indexador de fresadora para fixar a peça com a cúpula para baixo. Assim, as operações de 005 até 025 seriam usinar os referenciais A e B, todos os furos e a ranhura. Cortando todos os elementos críticos em uma única etapa garantiria a relação entre os elementos. A grande vantagem das fresadoras CNC é que elas podem gerar o referencial circular A e fresar ou perfurar todos os outros elementos também. Após a primeira etapa, a peça pode ser carregada em um torno para terminar o subordinado, o flange e o diâmetro de 2,500 pol. relativo às referências.

Problema 3   Porca de aperto roscada

Justificativa

Este projeto é uma conclusão em uma única etapa de todas as dimensões e elementos sem reposicionamento das peças. Ele garante concentricidade além de um período de ciclo rápido.

Todos os elementos serão usinados em uma fixação, exceto o chanfro de 0,030 pol. no furo de 0,50 pol. Para resolver isso, a última etapa é uma daquelas ideias criativas; veja a Dica da área que se segue ao plano.

Dica da área
Mandril roscado   Veja Fig. 8-17. Fixar as porcas acabadas para o chanfro interno de 0,03 pol. era o único problema no meu plano. Uma pinça pode prender sobre a recartilha, mas existe um potencial para danos nos pontos altos formados pelas pontas de diamantes. No entanto, se um objeto roscado à direita tal como este é aparafusado em um mandril roscado, a ação de corte tenderá a apertá-lo. Se esse mandril é feito com um ressalto de tal modo que a peça não possa apertar demais, o chanfro pode ser formado com pouco perigo de estragar a peça. Certifique-se de parafusar a peça firmemente antes da usinagem de modo que não aperte demasiado! Prendendo-a com uma lixa e alicate vai desparafusá-la.

Mas que tal uma etapa criativa que termina todos os detalhes antes de cortá-lo? A Fig. 8-18 mostra como fazer isso.

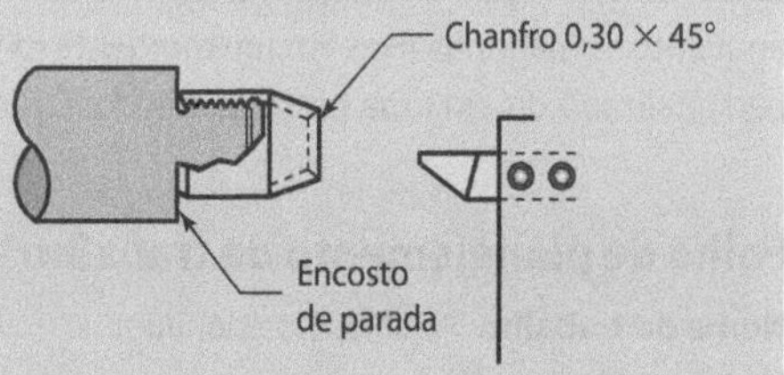

Figura 8-17 Usando um mandril roscado para usinar o chanfro final.

Figura 8-18 Outra opção é alargar o chanfro antes de cortar a porca da barra, o que pode economizar outra etapa.

Problema 4 Parafuso posicionador

Justificativa

Para começar meu plano, escolhi uma barra laminada a frio *esquadrejada* de 1,0 pol., cortada em dois comprimentos, comprida o suficiente para tornear cinco peças, com alimentação de barra, uma de cada vez. Deixei sobremetal para separação e também para a fixação da quinta peça final. Cada barra tinha o comprimento de cinco peças, para que eu pudesse colocar cada uma na pequena retificadora de superfície e retificar a dimensão de 0,875 pol.

Leia este plano e veja se você pode melhorá-lo; há uma solução melhor que você já pode ter encontrado.

Para iniciar o trabalho, *terminei as superfícies de referência esquadrejada, apesar de as duas barras serem longas*. Usando a referência do processo de fresamento e de retificação, completei a dimensão quadrada de 0,875 pol. Depois, levei-as para tornear, enquanto as mantinha fixas em um mordente macio personalizado ou em uma pinça quadrada. É possível fazer um furo quadrado no centro das garras do mandril. Pode-se também usar um mandril universal de duas garras com garras macias personalizadas.

Uma placa com quatro castanhas funcionaria, mas haveria um monte de indicações para manter o quadrado no centro do fuso a cada vez. Além disso, as superfícies de referência necessitariam ser protegidas das marcas do mandril. Uma vez que cada peça teve de ser torneada em ambas as extremidades, esse ferramental adicional se justifica para até dez peças.

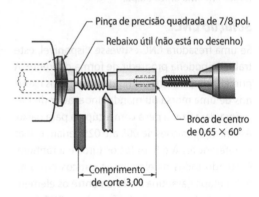

Figura 8-19 Usando uma pinça quadrada para estabelecer um referencial axial A-B.

Folha de planejamento de trabalho

Nome do trabalho: Parafuso posicionador
Número de peças: 10
Material: Quadrado LF 1,0 – 2 pedaços de comprimento de 19,0 pol.
Ferramenta ou fixação: pinça quadrada de 0,875 ou castanhas macias de 0,875 macho de $\frac{5}{8}$ 18

Sequência	Operação	Comentários
005	Fresamento do referencial 0,9 × 0,9	Sobremetal de 0,025 para retificação
010	Retificar superfície quadrada de 0,875	
015	Tornear diâmetro 0,625	Tornear com pinça 0,875
020	Formar saída de rosca	
025	Rosquear $\frac{5}{8}$ 18	
030	Cortar	
035	Reverter em castanhas macias	Usar parada de material no furo do fuso
040	Broca de centro – Broca	
045	Escarear	
050	Rosquear no torno	Cuidado: não segurar o macho com a mão
055	Quebrar cantos vivos	

Seu projeto torneia as peças com o furo roscado virado para fora (Fig. 8-19)? Se assim for, você pode fazer todas as operações na peça em uma etapa, e seria mais rápido que o meu. Virei a peça de volta para cada uma das extremidades, o que tornou o comprimento dos elementos mais difícil de controlar. Usando o projeto de uma etapa, pode-se fazer em CNC da mesma forma.

Folha de planejamento de trabalho 8-5 (meu plano melhorado)

Nome do trabalho: Chavetas de travamento
Número de peças: 15
Material: Barra de 1, 0 por $\frac{3}{8}$ pol. LF e comprimento de 48 pol.
Ferramental especial ou de fixação: nenhum

Sequência	Operação	Comentários
005	Cortar tarugo em três pedaços iguais de comprimento 16 pol.	
010	Fresar tarugo com altura de 0,875	Uma etapa
015	Retificar superfície do tarugo para espessura de 0,312	Uma etapa
020	Serrar para o tamanho de 2,85	Sobremetal de 0,05 para cada extremidade
025	Fresar 2,75 x 0,875	
030	Perfurar 0,25, chanfrar os dois lados	
035	Fresar ângulo de 18°	Incline o cabeçote da fresadora
040	Cementar para 48 R_c mínimo	
045	Quebrar cantos vivos	

Problema 5 Chavetas de travamento

Aqui estão os erros. Você encontrou os cinco?

1. **Problema de suficiência de material**
   As 45 pol. de metal não foram suficientes; não havia material de corte adequado para os cortes de serra!

2. **Dimensão esquecida**
   Não houve provisionamento para a dimensão de 0,312; as chavetas foram deixadas com uma espessura de 0,375.

3. **Problemas de sequência**
   Fresar primeiro o ângulo foi um grande erro. O retângulo deveria ter sido terminado primeiro. Fresando a dimensão de 0,875 e retificando a dimensão de 0,312 na barra, muitas alimentações de peças seriam evitadas. Ao fazê-lo, o ângulo poderia ter sido cortado sem uma operação de traçagem.

4. **Problema de usinar após o tratamento térmico**
   A perfuração após a cementação é difícil ou impossível. Perfure enquanto está na forma retangular; é fácil de segurar e posicionar.

5. **Operação esquecida**
   Não houve operação de acabamento da peça.

» apêndice I

Tamanhos de furo para rosqueamento (polegada e métrico)

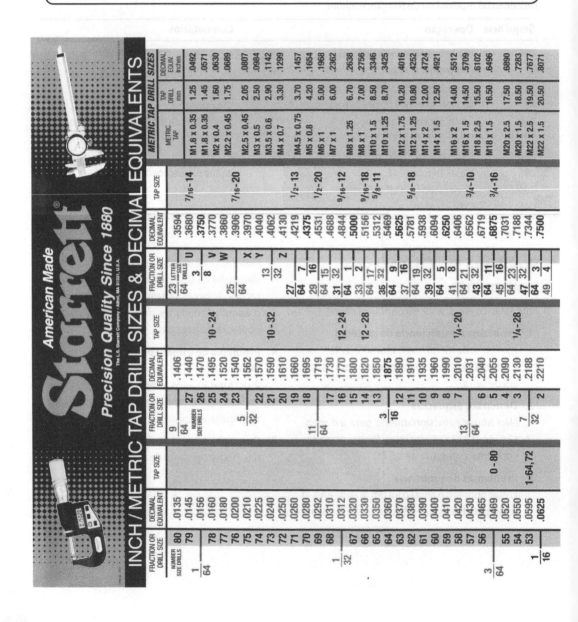

Drill #	Decimal	Fraction	Decimal	Tap	Decimal	Fraction	Decimal	Tap	Metric	mm	Decimal
52	.0635				.2280		.7656	7/8-9	M24 x 3	21.00	.8268
51	.0670				.2340		.7812		M24 x 2	22.00	.8661
50	.0700			2-56,64	.2344	25/32	.7969		M27 x 3	24.00	.9449
49	.0730	15/64			.2380	51/64	.8125	7/8-14	M27 x 2	25.00	.9843
48	.0760				.2420	13/16	.8281				
47	.0781				.2460	53/64	.8438		M30 x 3.5	26.50	1.0433
46	.0785			3-48	.2500	27/32	.8594		M30 x 2	28.00	1.1024
45	.0810	1/4			.2570	55/64	.8750	1-8	M33 x 3.5	29.50	1.1614
44	.0820			3-56	.2610	7/8	.8906		M33 x 2	31.00	1.2205
43	.0860	17/64			.2656	57/64	.9062				
42	.0890			4-40	.2660	29/32	.9219		M36 x 4	32.00	1.2598
41	.0935			4-48	.2720	59/32	.9375	1-14	M36 x 3	33.00	1.2992
40	.0938	9/32	5/16-18		.2770	61/64	.9531		M39 x 4	35.00	1.3780
39	.0960				.2810	63/32	.9688		M39 x 3	36.00	1.4173
38	.0980				.2812		.9844				
37	.0995	19/64			.2900	1	1.0000	11/8-7			
36	.1015	5/16	5/16-24		.2950	13/64	1.0469	11/8-12			
35	.1040			5-40	.2969	17/64	1.1094	11/4-7			
34	.1065			5-44	.3020		1.1250		PIPE THREAD SIZES (NPSC)
33	.1094			6-32	.3125	11/8			THREAD	DRILL
32	.1100	21/64	3/8-16		.3160	111/64	1.1719	11/4-12	1/8-27	11/32
31	.1110				.3230	17/32	1.2188	13/8-6	1/4-18	7/16
30	.1130				.3281	11/4	1.2500		3/8-18	37/64
29	.1160			6-40	.3320	119/64	1.2969	13/8-12	1/2-14	23/32
28	.1200	11/32	3/8-24		.3390	111/32	1.3438	11/2-6	3/4-14	59/64
	.1250				.3438	13/8	1.3750		1-111/2	15/32
	.1285				.3480	127/64	1.4219	11/2-12	11/4-111/2	11/2
	.1360			8-32,36	.3580	11/2	1.5000		11/2-111/2	13/4
	.1405								2-111/2	27/32
									21/2-8	221/32
									3-8	31/4
									31/2-8	33/4
									4-8	41/4

LETTER SIZE DRILLS

Letter	Decimal
A	.2340
B	.2380
C	.2420
D	.2460
E-1/4	.2500
F	.2570
G	.2610
H	.2660
I	.2720
J	.2770
K	.2810
L	.2900
M	.2950
N	.3020
O	.3160
P	.3230
Q	.3320
R	.3390
S	.3480
T	.3580

apêndice I

>> apêndice II

Desenho de fabricação do calibrador de brocas

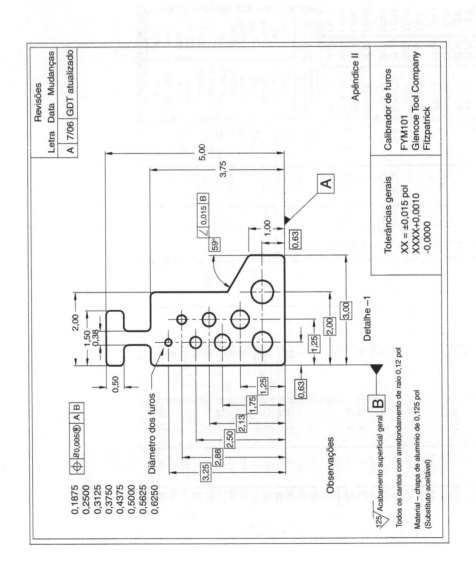

>> apêndice III

> *Rotações para furação – Tamanhos comuns de broca para seis materiais*

Observações:

- Todas as rotações estão baseadas em ferramentas de aço rápido (HSS).
- Se a máquina não tiver a RPM listada, mude para a rotação imediatamente menor.
- Os dados estão simplificados para aprendizado. Para um listagem completa de letra, número, fração e RPM no sistema métrico, veja o manual de construção de máquinas.
- Ou calcule sua RPM, utilizando a seguinte fórmula simplificada:

$$\frac{4 \times \text{Velocidade da superfície}}{\text{Diâmetro do objeto rotacional}}$$

Diâmetro	Aço de baixo carbono	Aço carbono revenido	Alumínio	Latão mole	Ferro Fundido	Aço inox revenido
1/8	3.200	2.880	8.000	5.600	3.200	2.880
3/16	2.133	1.920	5.333	3.733	2.133	1.920
1/4	1.600	1.440	4.000	2.800	1.600	1.440
5/16	1.280	1.152	3.200	2.240	1.280	1.152
3/8	1.066	960	2.667	1.867	1.067	960
7/16	914	823	2.285	1.600	914	823
1/2	800	720	2.000	1.400	800	800
9/16	711	640	1.778	1.244	711	711
5/8	640	576	1.600	1.120	640	576
11/16	581	523	1.454	1.018	582	523
3/4	533	480	1.333	933	533	480
13/16	492	443	1.230	862	492	443
7/8	457	411	1.143	800	457	411
15/16	426	384	1.066	747	426	384
1	400	360	1.000	700	400	360
1 1/16	376	339	941	658	376	339
1 1/8	355	320	888	622	355	320
1 3/16	336	303	842	589	336	303
1 1/4	320	288	800	560	320	288

» apêndice IV

Velocidades de corte recomendadas para seis materiais em pés/min

Observações:

- Os números foram adaptados para uma aprendizagem conveniente e segura.
- Com experiência, as velocidades de corte mostradas podem ser excedidas.
- Fixações robustas, refrigerantes e muitos fatores combinados determinam o resultado final.

Ferramenta de corte	Aço de baixo carbono	Aço carbono revenido	Alumínio	Latão mole	Ferro Fundido	Aço inox revenido
HSS	100	80	250 a 350	175	100	80 a 100
Carbeto	300	200	750 a 1000	500	250	200 a 250

>> **apêndice V**

Superabrasivos

Superabrasives
Grinding Wheel Selection Guide
Surface, Cylindrical, Centerless and ID

Superabrasive Specifications

		DIAMOND SPECIFICATION WET					
Surface	Carbide	ASD150-R75B99					
	Ceramics, Composites	SD320-R100B69					
	Tool Steel (Rc 50+)						
Cylindrical	Carbide	ASD180-R75B99					
	Ceramics, Composites	SD320-R100B80					
	Tool Steel (Rc 50+)						
Centerless	Carbide	ASD150-R75B99E					
	Ceramics, Composites	ASD150-R75B99E					
	Tool Steel (Rc 50+)						
ID	Carbide	SD100-R100B99					
	Ceramics, Composites	ASD320-R75B615					
	Tool Steel (Rc 50+)						

	CBN SPECIFICATION WET	DRY
	CB100-T B99	AZTEC III-100W
		CB100-B99
	CB150-T8A	
	B180-H150Vi	

Examples of a Typical Specification:

DIAMOND TYPE	GRIT SIZE	GRADE	CONCENTRATION	BOND	BOND MODIFICATION	DIAMOND DEPTH
ASD	150	R	75	B	99	1/8

Troubleshooting Guide: Dry Grinding

PROBLEM	POSSIBLE CAUSES	SUGGESTED CORRECTIONS
Burning (excessive heat)	Wheel loaded or glazed	Break wheel with a dressing stick
	Excessive feed rate	Reduce in-feed of wheel or work piece
	Wheel too durable	Use finer cutting specification or slow down wheel speed
Poor Finish	Grit size too coarse	Select a finer grit size
	Excessive feed rate	Reduce in-feed of wheel or work piece
Chatter	Wheel out of truth	True wheel, ensure fits not slipping on mount

Troubleshooting Guide: Wet Grinding

PROBLEM	POSSIBLE CAUSES	SUGGESTED CORRECTIONS
Burning (excessive heat)	Wheel loaded or glazed	Re-dress wheel
	Poor coolant placement	Apply coolant directly to wheel/work piece interface
	Excessive material removal rate	Reduce down-feed and/or cross-feed
Poor Finish	Excessive dressing	Use lighter dressing pressure
		Stop dressing as soon as wheel cleans up using a dressing stick rapidly
	Grit size too coarse	Select a finer grit size
	Poor coolant flow or location	Apply heavy flood so it reaches wheel/work interface

Diamond and CBN Basics

USE DIAMOND FOR:	USE CBN FOR:
Cemented Carbide	High Speed Tool Steels
Glass	Hardened Carbon Steel
Ceramics	Alloy Steels
Fiberglass	Aerospace Alloys
Plastics	Abrasion-Resistant Ferrous Materials
Abrasives	

In general, CBN is used to grind ferrous materials, and diamond is used to grind nonferrous materials.

TYPES OF DIAMOND
RESIN BOND PRODUCTS
AMD: A blocky shaped armored diamond that prevents excessive wear when a high percentage (over 20%) of the area is steel or braze. 100-400 grit.
ASD: An armored diamond that is the most versatile of the diamond types. Used where 1/3 or less of the total area is steel. 60-600 grit.
ACD: A armored diamond used mostly on dry applications where no steel or braze is contacted. A second choice to ASD when dry grinding 100% carbide, as it improves edge holding ability. 60-600 grit.
A70: An armored diamond with the advantages of ASD, plus longer wheel life when no steel or braze is contacted. 60-400 grit.
A40: An armored diamond, similar to ASD, except freer cutting and wider cutting. 60-400 grit.
AMD: A blocky shaped diamond similar to RMD and AMD. Used when grinding carbide and steel contacts in excess of 6 of total area. 60-400 grit.
Di: A synthetic diamond suitable for wet or dry grinding when freer cutting is desired. 60-400 grit.

VITRIFIED BOND PRODUCTS
D: A designation used for diamond micro sizes. Available in micron 40/50 through 24 through 320

METAL BOND PRODUCTS
MSD: Commonly used kind of strong, fragmented shaped diamond for general purpose applications on ceramics, glass and other non-metallics.
RGD: Most commonly used metal bonded diamond. Blend of strong blocky shaped diamond for metal/resin applications for glass, ceramics, refractories, and other non-metallic.
MSD: The strongest, blockiest, toughest, premium quality diamond for high performance applications on glass, refractories, and other non-metallics. MSD is premium priced.

TYPES OF CBN
RESIN BOND PRODUCTS
B: A strong uncoated CBN crystal. Used with resin bond, it provides a freer cut. 60-mesh sizes.
CB: A coated CBN crystal having excellent abrasive retention. 60-400 grit.
C1B: A coated CBN crystal that is slightly freer cutting than CB.
C1B: The most durable CBN abrasive. C5B is a high performance, premium quality, coated CBN crystal for premium grinding. 60-320 grit.

VITRIFIED BOND PRODUCTS
1/8: A strong uncoated CBN crystal commonly used for internal grinding. Available in grits 60 through 400.
C1B: A premium quality CBN crystal designed to provide exceptional performance in high material removal rate applications. Available in grits 80-320. Results show 10% to 25% less power draw compared to B types.

METAL BOND PRODUCTS

Typical Superabrasive Wheel Shapes

6A2C WHEEL

CBN TYPE	GRIT SIZE	GRADE	CONCENTRATION	BOND	BOND MODIFICATION	CBN DEPTH
B	240	H	150	V	i	1/8

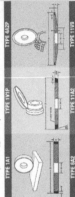

D = Diameter
H = Hole
E = Back Thickness
T = Thickness
X = Abrasive Depth

TYPE 1A1   TYPE 1V1P   TYPE 14A2   TYPE 442P
TYPE 6A2   TYPE 11V9

apêndice V

470

Chatter	Wheel out of truth — Glazed by truing — Wheel loaded
Wheel will not cut	True wheel, remove tilt and slipping on reset
Slow cutting	Low feeds and speeds
Short wheel life	Incorrect coolant flow, Low wheel speed, Excess dressing, Wheel too soft or too hard

Expected Surface Finish by Grit Size

DIAMOND GRIT SIZE	EXPECTED FINISH MICRO INCH AA	MAXIMUM DEPTH OF CUT PER PASS FOR GRIT SIZE
100	24 TO 32	0.001" TO 0.002"
120	16 TO 18	0.001" TO 0.002"
150	14 TO 16	0.001" TO 0.002"
180	12 TO 14	0.0007" TO 0.001"
220	10 TO 12	0.0007" TO 0.001"
320	8	0.0004" TO 0.0006"
400	7 TO 8	0.0004" TO 0.0006"

Expected Surface Finish (RMS) for Sprayed Coatings

GRIT CONCENTRATION	CERAMICS Cr Oxide 99%	Cr Oxide 96%	Al Oxide	AITi
150/75	19	25	22	22
220/75	15	19	17	18
280/75	13	13	13	15
500/75	7	10	7	8
B150/75				

CBN GRIT SIZE	FOR HIGH SPEED STEEL EXPECTED FINISH WITH OSCILLATION	EXPECTED FINISH PLUNGE
100	35 TO 40	40 TO 45
120	30 TO 35	35 TO 40
150	25 TO 30	30 TO 35
180	20 TO 25	25 TO 30
220	15 TO 20	20 TO 25
320	10 TO 15	15 TO 20
400	4 TO 8	5 TO 10

METALS 420ss	NiCr	NiCrMo
	21	20	21

CARBIDES	86/11	88/12	83/12 Wc/Co
	22	25	26
	17	19	17
	14	15	12
	8	8	8

SafetyTIPS

Safe operating practices must be part of every grinding wheel purchase or use. The great benefits of using and lowest overall abrasive cost can be realized only if proper care and use techniques become standard practice.

Be sure to read any safety material/guidelines provided with the abrasive product.

Always check the wheel for cracks or damage before use. Before mounting the wheel, use a tachometer to measure the spindle speed.

Ensure the mounting flanges, backplate or adapter supplied by the machine manufacturer are used and kept in good condition. ANSI Safety Requirements B7.1 are used as mounting requirements. Check mounting flanges for equal and correct diameter and use finishes when supplied.

⚠ It is the user's responsibility to refer to and comply with ANSI B7.1

For Your Protection

Safety Glasses / Face Shield Warning Messages - Norton provides information on the safe use of abrasive products. Please read it carefully.

Face Protection - Always wear face protection when using abrasive products.

Safety Gloves - Grinding applications are conducted in high temperatures. The use of safety gloves is recommended.

Always mount, true and dress the wheel in conformance with the guidelines published in the ANSI Safety Requirements B7.1.

Ensure the correct wheel guard is in place before starting the wheel. Allow the wheel to come up to full operating speed before starting to grind for a minimum of 1 minute, and stand out of the plane of rotation.

NEVER use a portable, high speed air sander that exceeds safe operating speed.

NEVER exceed the maximum operating speed marked on the wheel being used. The following formula may be used to calculate Wheel Speed in RPM:
SFPM = Spindle Speed in RPM x Wheel Dia. in Inches x .262

Avoid dropping or bumping the wheel.

Speed - Check machine speed against safe maximum operating speed before starting the grinding wheel. Do not overspeed the wheel.

Wheel Speed - Always use the wheel guard as supplied by the machine manufacturer.

When not using the wheel, store the wheel in the original packing materials. This protects the wheel from chips and cracking, as well as provides easy identification of the wheel.

For more information on product safety, see your Norton Distributor for these publications:
- (Primer on Grinding Wheel Safety) (form 474)
- ANSI B7.1 Safety Requirements for the Use, Care and Protection of Abrasive Wheels
- Federal Hazard Communication Standard 29 CFR 1910.95, 1910.132, 1910.133, 1910.134, 1910.138 and 1910.1200.
- Material Safety Data Sheets
- Other applicable regulations

When mounting Type 1 cut-off grinding wheels, only use flanges of equal diameter.

Respiratory Protection - Always use the correct and protective measures appropriate to the material being ground.

⚠ **WARNING** This warning icon appears on our products and packaging. It is intended to draw your attention to the specific safety warning practices outlined after it.

For more info call 1 800 424-0600 or visit us at www.nortonabrasives.com

---

CBN: A strong coated CBN crystal used as an end bond modifications. CBN is the most commonly used metal bond. Available in grits 60 through 400.

SUPERABRASIVE WHEEL GRIT SIZE

Superabrasive grit size rule of thumb is to be no less than to throw grit sizes finer than a conventional abrasive grit size wheel, to achieve the same relative finish. A vitrified conventional wheel with 80 grit would require a 150 grit Diamond or CBN wheel to produce similar finishes.

DIAMOND WHEEL GRADES

The most common Diamond Resin Bond grades are H,N and R grade. H is least durable, N is midrange durability, R is most durable.

The most common Diamond Vitrified bond grades are N (least durable), P (midrange durability), R (most common).

The most common Diamond Metal Bond grades are L (least durable), N (most common). Unlike resin and vitrified bond the grade is not always designated for metal bonds.

CBN WHEEL GRADES

For Resin Bond CBN, the grade indicates the relative amount of CBN: Q is least durable, T is midrange durability, W is very durable, Z is extremely durable (most CBN/highest concentration).

Vitrified Bond CBN is available in grades E (least durable/least setting) to K (most durable/hardest setting). Non-vitrified CBN has grade and concentration markings.

Metal Bond CBN R most common grades are Q (least cutting/least durable), T (freer cutting/less W), but more durable than Q), W (most durable).

DIAMOND CONCENTRATION

Concentration is the relative amount of diamond by carat weight in a wheel. Concentrations can range from 25 to 200. Standard concentrations are equivalent to percentages of:
100 Concentration: 25% (diamond/CBN) volume of the abrasive section
75 Concentration: 18% (diamond/CBN) volume of the abrasive section
50 Concentration: 12.5 (diamond/CBN) volume of the abrasive section

The higher the number, the more superabrasive there is in the wheel thus more cutting teeth and the wheel would be harder acting.

BOND SYSTEMS

Resin Bonds (B): For most Precision Grinding operations, including cylindrical, surface, and internal grinding and Tool & Cutter grinds. The exceptional fast and cool cutting action is the reason they are suited to sharpen multi-tooth cutters, reamers, etc. Easy to true and dress.

Metal Bonds (M): MSL available in various shapes for dry, offhand reconditioning of carbide tools and composite materials.

Vitrified Bonds (V): Popular in offhand grinding of carbide tools, suitable for Carbide Creep Feed and Internal grinding, and are very durable for holding form/shape.

Rules of Thumb

Coarse Grits:	Best life and stock removal rate, good form holding
Fine Grits:	Low stock removal, best finish and good life
High Wheel Speed:	Better finish and form holding, harder acting
Low Wheel Speed:	Worse finish and form holding, softer action, shorter life
High Concentration:	Longer life, better form holding, harder acting
Low Concentration:	Shorter life, soft acting
Diamond Wheels:	Wet = 3500 – 6500 SFPM; dry = 4500 – 6500 SFPM
CBN Wheels:	Wet grind = 6500 – 9500 SFPM
Water Content:	Highest stock removal rate, fair finish
Oil Coolant:	Lower stock removal rate, better finish

AFTER TRUING – Truing is critical because wheel geometry is that the wheel is precisely formed and running concentric with the center line of the machine spindle.

AFTER DRESSING – Dressing exposes new grain. It is a cleaning/sharpening process. For resin bond dressing sticks. The grain should be 1 or 2 grit sizes finer than the superabrasive grain in the wheel. A 120 grit bond, use same grit size or one size coarser than the wheel. Vitrified bonds generally do not require stick dressing.

SAINT-GOBAIN
ABRASIVES

apêndice V

471

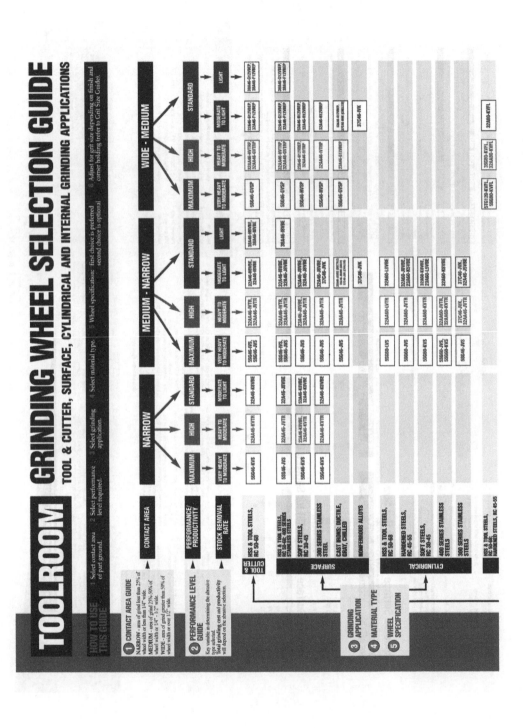

apêndice V

apêndice V

Créditos

Capítulo 1

1.3: Cortesia de Mike Fitzpatrick; **1.12:** © McGraw-Hill Higher Education, Inc./Lake Washington Technical College, Kirkland, WA; **1.14, 1.15, 1.16:** Cortesia de Mike Fitzpatrick; **1.19:** De "Modern Metal Cutting" 1996, © Sandvik Coromant; **1.20:** Cortesia de Mike Fitzpatrick; **1.26:** © McGraw-Hill Higher Education, Inc./Lake Washington Technical College, Kirkland, WA.

Capítulo 2

2.1: Cortesia de L. S. Starrett Co.; **2.2:** © McGraw-Hill Higher Education, Inc./Fotografia de Prographics at Milwaukee Area Technical College; **2.3, 2.5:** Cortesia de Mike Fitzpatrick; **2.7:** © McGraw-Hill Higher Education, Inc./Lake Washington Technical College, Kirkland, WA; **2.8:** Cortesia de Mike Fitzpatrick; **2.10:** © McGraw-Hill Higher Education, Inc./Fotografia de Prographics at Milwaukee Area Technical College; **2.15, 2.16, 2.17, 2.18:** Cortesia de Mike Fitzpatrick; **2.20:** © McGraw-Hill Higher Education, Inc./Fotografia de Prographics at Milwaukee Area Technical College; **2.23:** Cortesia de Morgan Branch CNC/Arlington, WA; **2.24, 2.25, 2.26, 2.28, 2.29:** Cortesia de Mike Fitzpatrick; **2.30:** © McGraw-Hill Higher Education, Inc./Lake Washington Technical College, Kirkland, WA; **2.33, 2.34, 2.38:** Cortesia de Mike Fitzpatrick; **2.42:** © McGraw-Hill Higher Education, Inc./Lake Washington Technical College, Kirkland, WA; **2.44:** Cortesia de Bridgeport Machines, Inc./Bridgeport, CT; **2.57:** Cortesia de Mike Fitzpatrick; **2.58:** © McGraw-Hill Higher Education, Inc./Fotografia de Prographics at Milwaukee Area Technical College; **2.62:** © McGraw-Hill Higher Education, Inc./Lake Washington Technical College, Kirkland, WA; **2.64, 2.66:** Cortesia de Mike Fitzpatrick; **2.72:** Cortesia de Smiths Aerospace-Actuation Systems/Yakima, WA; **2.75, 2.76:** © McGraw-Hill Higher Education, Inc./Lake Washington Technical College, Kirkland, WA; **2.77, 2.78, 2.91:** Cortesia de Mike Fitzpatrick.

Capítulo 3

3.10: Cortesia de Mike Fitzpatrick; **3.23:** Cortesia de Landis Threading Systems; **3.30, 3.31, 3.32:** © McGraw-Hill Higher Education, Inc./Lake Washington Technical College, Kirkland, WA; **3.37, 3.38, 3.40, 3.41, 3.42, 3.43, 3.44, 3.50, 3.56, 3.57:** © McGraw-Hill Higher Education, Inc./Fotografia de Prographics at Milwaukee Area Technical College; **3.38:** © McGraw-Hill Higher Education, Inc./Fotografia de Prographics at Milwaukee Area Technical College; **3.62, 3.63:** © McGraw-Hill Higher Education, Inc./Lake Washington Technical College, Kirkland, WA; **3.66, 3.69:** © McGraw-Hill Higher Education, Inc./Fotografia de Prographics at Milwaukee Area Technical College; **3.78:** © McGraw-Hill Higher Education, Inc./Lake Washington Technical College, Kirkland, WA; **3.85:** Cortesia de Tyee Aircraft/Everett, WA; **3.91, 3.92, 3.94, 3.108:** © McGraw-Hill Higher Education, Inc./Lake Washington Technical College, Kirkland, WA; **3.110:** Cortesia de Okuma America Corp.; **3.111:** © McGraw-Hill Higher Education, Inc./

Fotografía de Prographics at Milwaukee Area Technical College; **3.112:** Cortesía de Morgan Branch CNC/Arlington, WA; **3.114:** De "Modern Metal Cutting, 1996, © Sandvik Coromant; **3.122:** © McGraw-Hill Higher Education, Inc./Fotografía de Prographics at Milwaukee Area Technical College; **3.125:** Cortesía de Universal Aerospace/Arlington, WA; **3.127:** Alloris Tool Technology Co., Inc./Clifton, NJ; **3.133:** © McGraw-Hill Higher Education, Inc./Lake Washington Technical College, Kirkland, WA; **3.135, 3.136, 3.137:** © McGraw-Hill Higher Education, Inc./Fotografía de Prographics at Milwaukee Area Technical College; **3.138:** © McGraw-Hill Higher Education, Inc./Lake Washington Technical College, Kirkland, WA; **3.139:** Cortesía de Kennametal Corporation; **3.140, 3.141, 3.143, 3.157:** © McGraw-Hill Higher Education, Inc./Lake Washington Technical College, Kirkland, WA; **3.164, 3.165:** Cortesía de Mike Fitzpatrick.

Capítulo 4

4.2: Cortesía de Iscar Metals, Inc.; **4.4:** Cortesía de Kennametal, Inc.; **4.7, 4.15:** © McGraw-Hill Higher Education, Inc./Lake Washington Technical College, Kirkland, WA; **4.22:** Cortesía de Aloris USA; **4.23:** Cortesía de Bridgeport Machines, Inc./ Bridgeport, CT; **4.28:** Cortesía de Tyee Aircraft, Inc./Paine Field, WA; **4.31:** © McGraw-Hill Higher Education, Inc./Fotografía de Prographics at Milwaukee Area Technical College; **4.42, 4.43:** Cortesía de Cincinnati Machine; **4.44:** Cortesía de Okuma America Corp.; **4.54:** Cortesía de Bridgeport Machines, Inc.; **4.56, 4.57:** © McGraw-Hill Higher Education, Inc./Fotografía de Prographics at Milwaukee Area Technical College; **4.58:** Cortesía de Bridgeport Machines, Inc.; **4.59:** © McGraw-Hill Higher Education, Inc./Fotografía de Prographics at Milwaukee Area Technical College; **4.60:** Cortesía de Bridgeport Machines, Inc.; **4.61, 4.62, 4.62a:** © McGraw-Hill Higher Education, Inc./Lake Washington Technical College, Kirkland, WA; **4.64:** Cortesía de Tyee Aircraft/Everett, WA; **4.65:** © McGraw-Hill Higher Education, Inc./Fotografía de Prographics at Milwaukee Area Technical College; **4.74:** Cortesía de Iscar Metals; **4.75, 4.80:** © McGraw-Hill Higher Education, Inc./Fotografía de Prographics at Milwaukee Area Technical College; **4.81:** © McGraw-Hill Higher Education, Inc./Lake Washington Technical College, Kirkland, WA; **4.82:** Cortesía de Kurt Manufacturing Company; **4.86:** © McGraw-Hill Higher Education, Inc./Fotografía de Prographics at Milwaukee Area Technical College; **4.87:** © McGraw-Hill Higher Education, Inc./Lake Washington Technical College, Kirkland, WA; **4.96:** Cortesía de Cincinnati Machine; **4.97:** Calculadora de Iscar Metals (Blue) Kennametal, Inc. (Yellow); **4.101:** Cortesía de Kurt Manufacturing/Industrial Products Division; **4.105, 4.106, 4.111:** © McGraw-Hill Higher Education, Inc./Lake Washington Technical College, Kirkland, WA; **4.125, 4.126, 4.127, 4.128:** Cortesía de Kurt Manufacturing/Industrial Products Division; **4.133:** Cortesía de Bridgeport Machines, Inc./Bridgeport, CT.

Capítulo 5

5.1, 5.2: Cortesía de Chevalier Machinery, Inc./Santa Fe Springs, CA; **5.3:** Cortesía de Smiths Aerospace-Actuation Systems/Yakima, WA; **5.4, 5.6, 5.7:** Cortesía de Chevalier Machinery, Inc.; **5.13:** Cortesía de Norton Company/Worcester, MA; **5.14, 5.18:** Cortesía de Chevalier Machinery, Inc.; **5.21:** © McGraw-Hill Higher Education, Inc./Fotografía de Prographics at Milwaukee Area Technical College; **5.22, 5.23, 5.25:** Cortesía de Chevalier Machinery, Inc.; **5.28:** Cortesía de Landis Gardner/Waynesboro, PA; **5.29:** Cortesía de Chevalier Machinery, Inc.; **5.30:** © McGraw-Hill Higher Education, Inc./Fotografía de Prographics at Milwaukee Area Technical College; **5.31:** Cortesía de Chevalier Machinery, Inc.; **5.32, 5.34:** © McGraw-Hill Higher Education, Inc./Fotografía de Prographics at Milwaukee Area Technical College; **5.38, 5.41, 5.42, 5.43, 5.57:** Cortesía de Chevalier Machinery, Inc.; **5.60:** ©

McGraw-Hill Higher Education, Inc./Fotografia de Prographics at Milwaukee Area Technical College; **5.63:** Cortesia de Norton Company; **5.64:** Cortesia de Okuma America; **5.67:** Cortesia de Landis Gardner Company/Waynesboro, PA; **5.70:** Cortesia de Maximum Advantage-Carolinas, Precision Grinding Machinery/Tega Cay, SC; **5.72:** Cortesia de RSS Grinders & Automation, Inc.; **5.75:** Cortesia de Get An Edge-Tool Grinding Service/Mukilteo, WA; **5.76:** Cortesia de Get An Edge-Tool Grinding Service/Mukilteo, WA; **5.78:** Cortesia de Smiths Aerospace-Actuation Systems/Yakima, WA; **5.79:** Cortesia de Mike Fitzpatrick; **5.81:** Cortesia de Blanchard Division of DeVlieg Bullard II, Inc.

Capítulo 6

6.1: Cortesia de Universal Aerospace/Arlington, WA; **6.12:** © McGraw-Hill Higher Education, Inc./Fotografia de Prographics at Milwaukee Area Technical College; **6.13:** Cortesia de RIGID Tools; **6.15, 6.16:** Cortesia de Emhart Fastening Technologies; **6.30:** Cortesia de Landis Threading Systems.

Capítulo 7

7.1: Cortesia de Mike Fitzpatrick; **7.2:** Cortesia de Procedyne Corp.; **7.3, 7.7:** © McGraw-Hill Higher Education, Inc./Fotografia de Prographics at Milwaukee Area Technical College; **7.11, 7.12:** Cortesia de Mike Fitzpatrick; **7.13:** Cortesia de Engineered Production Systems/Div. of Engineered Product Sales Corp.; **7.14:** Cortesia de Spectrodyne, Inc.; **7.15, 7.16, 7.17:** Cortesia de Mike Fitzpatrick; **7.18:** © McGraw-Hill Higher Education, Inc./Fotografia de Prographics at Milwaukee Area Technical College; **7.19:** Cortesia de Fluid-Therm Corp.; **7.20:** Cortesia de George VanderVoort, Buehler, Ltd.; **7.21, 7.23:** Cortesia de Mike Fitzpatrick; **7.24:** © McGraw-Hill Higher Education, Inc./Lake Washington Technical College, Kirkland, WA; **7.25:** Cortesia de SECO/WARWICK Corp.; **7.26:** Cortesia de Mike Fitzpatrick; **7.27:** Cortesia de Tyee Aircraft/Paine Field, WA; **7.31:** Cortesia de Mike Fitzpatrick; PIII.1: Cortesia de Contour Aerospace/Everett, WA; PIII.2: © McGraw-Hill Higher Education, Inc./Lake Washington Technical College, Kirkland, WA.

Índice

A

Abrasivos, tipos de, 315–321
  abrasivo de diamante, 319–321
    artificial, 319–321
    natural (D), 319–321
    sintético, 319–321
  carboneto de silício (C), 312–314, 318–321
  friabilidade do abrasivo, 313–315, 317–318
  nitreto cúbico de boro (CBN), 313–317, 319–321
  nitreto de boro (B), 313–317, 319–321
  óxido de alumínio (A), 312–314, 317–319
    de alumina, 312–315, 317–318
    graus de dureza, 313–315, 317–319
    pureza, 317–319
  super abrasivos, 315–318
Aço brilhante, 416–418
Acúmulo de cavaco, 9–10, 20–21, 279–280
  Veja também Entupimento
Adaptador cone Morse, 36–38, 43–44
Afiando brocas, 88–97
  reconhecendo uma ferramenta danificada, 90–91
    inspeção antes da montagem, 90–91
    observação de sinais enquanto perfura, 90–91
  retificação da ferramenta, 91–93
    ângulo de folga, 91–92
    ângulo de ponta (ângulo de guia), 91–92
    controle pela leitura das faíscas, 92–93
    lista de verificação de segurança, 91–93
    segurando a ferramenta para afiação, 91–92
  verificando e corrigindo a forma, 94–95
    ângulo errado, 94–95
    centro morto longo em brocas curtas, 94–95
    mantenha a ferramenta fria, 94–95
    verificando o centro morto, 90–91, 94–95
Alargadores, 8–9, 48–52
  concha, 49–51
  cônicos, 49–51
  de hélice reversa, 49–51
  de máquinas, 48–51
  especiais, 49–51
  expansivos, 49–51
  perfuração do furo piloto para o alargador, 51–53
  selecionando brocas para alargadores, 51–53
  selecionando o método de fixação mandril ou cone, 42–45
  selecionando por tamanho, 38, 40–43
    alargadores acima do tamanho, 40–43
    alargadores especiais abaixo do tamanho, 40–42
    diâmetro padrão e não padrão, 40–43
    marcas de diâmetro, 38, 40
    medição nas margens, 40–42
    reafiamento para reduzir o tamanho, 40–42
Ângulo de folga (incidência), 2–3, 5–6
Ângulo de posição, na ferramenta de sangramento, 121–122
Aresta postiça, 9–10, 17–18
Arrastador, 106–108, 116–117
Arrasto de calcanhar, 5–6
Assento ou mesa (torno), 126–129
Associação Nacional dos Construtores de Máquinas Ferramentas, 229–230
Atolar o volante, 193–194
Avanço em mergulho (avanço para baixo da retificadora), 328–329, 332–333
Avanço por dente APD (Carga de Cavacos), 279–280, 282–283

B

Batentes finais de morsa, 298–299
Básico sobre ferramentas de torneamento, 167–191
  direção da ferramenta de corte, 173–175
    ângulo composto, 167–169, 173–175
    ângulo de inclinação, 173–175
    versão neutra, 173–175
  formato da ferramenta, 167–175
  material da ferramenta de corte, 173–181
  posicionamento em ferramentas de tornear com centro vertical, 186–190
    cabeçote móvel, 187–188
    método calibrador de altura dedicada, 187–188
    método capturando um objeto plano, 187–190
  suporte porta-ferramentas de torno manual, 182–188
    carga de ferramentas padrão, 183–184
    indexação, 184–188
    por que escolher uma torre porta-ferramentas?, 184–188
    resistência do suporte porta-ferramentas, 182–183
    suporte com balancim e porta-ferramentas, 182–184
    suporte porta ferramentas sólido, 183–184
    troca rápida, 183–188
    variedades industriais, 182–183
Batimento radial, 158–159
Broca espiral, 36–38
Brocas de ponta piloto, 45–48

C

Canal de chaveta, ou chaveta, 230–231, 243–244
Capabilidade do processo (Cp), 195–196, 199–200
Carboneto cimentado, 167–169, 175–177
Carreiras, começando em CNC, ix–x
Cavacos,
   elimina, 240–241
   quebra, 240–241
Chanframento, 83–84, 106–108, 111–113
Colapso na aresta, 82–83
Comparações de exatidão, 106–108
Compensação, 134–135
Componentes do torno, 126–146
   acessórios de suporte de trabalho, 138–142
      controle de batimento da peça, 139–140
   ajustes de porca dupla para folga, 133–135
   avental, 126–127, 131–132
   cabeçote, 127–130
   cabeçote móvel, 126–127, 137–139
      avanço do mangote, 137–138
      deslocamento lateral, 137–139
      posição Z, 137–138
   caixa de engrenagens, 136–138
      de mudança rápida, 137–138
      mudança de engrenagem no torno, 136–138
   carro principal do torno, 126–127, 131–132
   carro transversal, 131–134
      divisórias para a medida do diâmetro, 131–134
   eixo árvore e o seu cone, 129–132
      alimentação de barras pelo eixo árvore, 129–131
      balanço do torno, 131–132
      segurança para barras longas, 130–131
   estrutura e barramento, 126–129
   luneta fixa, 139–142
   luneta móvel, 138–140
      parafusada a frente do corte, 138–140
      parafusada atrás do corte, 139–140
   réguas para ajuste de escorregamento, 126–127, 133–135
   sistemas de acionamento de eixo, 140–143
      alavanca de meia porca, 126–127, 142–143
      alavancas de acoplamento simples ou duplo, 140–142
      direção de avanço, 140–142
      relógio indicador para corte de roscas, 126–127, 142–143
      reversão em movimento ou não, 142–143
      sistema de acoplamento para rosqueamento, 142–143
      sistemas de avanço, 140–142
   torno superior, 126–127, 134–137
      escala de graduação angular, 136–137
      lubrificando, 136–137
      mantendo o suporte, 136–137
Cone do mandril R-8 para máquina, 264–265
Configurações de fresadoras pré-CNC, 279–300
   apalpando uma máquina de cabeçote universal, 286–292
      alinhamento do eixo A, 289–291
      alinhamento do eixo B, 290–292
      testando e desbastando o alinhamento, 288
   calculando as velocidades de avanço para fresagem, 282–285
   configurando morsas para fresadoras, 283–287
      alinhamento, 285–286
      configuração de um parafuso pivotante, 285–286
      limpe-a primeiro, 285–286
      morsas indicativas, 285–286
   esquadrejando o corpo de uma peça usando o processo de referência, 294–298
      criando a borda de referência, 295–296
      usine a borda final no tamanho, 295–298
      usine a borda paralela oposta e para a dimensão, 295–296
      usine um canto esquadrejado, 295–296
   fresagem concordante *versus* discordante, 279–283
   indicando um furo para localização do ponto de referência, 296–300
      aumentar a vida da ferramenta com engajamento radial, 298–300
      configurações de morsas especializadas, 296–299
      conjunto indicador de furo, 279–280, 296–298
      indicadores coaxiais, 279–280, 296–298
      indicadores verticais, 296–298
      mordentes macios para morsas, 296–299
      morsas compostas com rotação e inclinação, 298–299
   lista de verificação para, 279–280
   localização da referência em uma fresadora, 291–295
      localizador de bordas, 279–280, 291–295
Conicidade, 106–108, 113–114
Controle. *Veja também* CNC
   por som, 52–53
Controle de alta temperatura, 415–420
   controle de temperatura benéfico, 415–420
   pirômetro, 415–418
   usando o brilho da cor, 416–418
Cortadores de fresagem, 261–271
   barra de tração, 261–262, 265–266
      compressão direto, 265–266
      engajamento, 265–266
      porca de tensão, 265–266
   brocas e alargadores, 266–267
   cones de fresadora, 261–265
      cone do mandril R-8 para máquina, 264–265
      o cone padrão ISO/ANSI para máquinas de fresagem, 261–263
      pinça R-8, 261–262, 264–265
      tração no cone do mandril para fresagem, 262–263
      transferência de torque, 262–263
   fresas de inserto de metal duro, 268–271
      tabela de identificação de pastilhas de metal duro para, 269
   montagem das fresas, 261–262
   seleção de rotação, 266–270
Corte tangencial, 271–273, 276–278,
Cortes interrompidos, 23–25, 173–175
Crateração, 9–10, 17–20
Cunha de sacar broca, 36–38, 43–44

D

Dados empíricos, 67–68, 70–71
Deflexão do cortador, 271–275
Diâmetro de raiz. *Veja* Diâmetro primitivo
Diâmetro primitivo (DP), 378–379
Difusão, do cavaco na linha de corte, 11–12
Dispositivos, 54–55, 64–66

E

Eixos coordenados, 279–280, 292–294
Engajamento (rosca), 73–74, 78–79

Engineers (ASME), 379–380, 405–406
Entupimento, 23–24, 61–62
Escantilhão, 201–205
Escareador flutuante, 36–38, 51–52
Escoriação, 374–375
Escudo de proteção, 90–92
Espanamento,
   do filete da rosca, 374–378
Espec-Mil (especificações militares), 380–382
Expressões angulares, 111–113
   canais, 121–122
   corte, 106–108, 120–122
      cavacos mais espessos que a largura do canal, 120–121
      comprimento da peça, 120–121
      derrubando uma peça, 121–122
      trepidação e avaria na ferramenta, 120–121
      velocidade de corte constante, 120–121
   faceamento, 106–112
      faceando um passe para a dimensão, 109–112
      indicadores digitais, 110–112
      necessidade pela velocidade, 110–112
   formando, 116–119
   furação e alargamento, 110–113
      começando o furo no centro, 111–113
      exatidão de diâmetro, 110–113
      exatidão na profundidade do furo, 111–113
      limite de rpm da placa, 111–113
   limando, 123–124
   lixando, 123–124
   mandrilamento, 106–108, 116–117
      deflexão da barra mandrilar, 116–117
      operação cega, 116–117
      remoção dos cavacos para fora do furo, 116–117
   métodos de preparação para usinagem angular, 113–117
      deslocando o cabeçote móvel, 114–-117
      dispositivo para cones, 114–116
      formando o ângulo, 114–116
      rotacionando o eixo superior, 113–116
   problemas de pegada, 109–110
   recartilhamento, 106–108, 122–123
   rosqueamento, 117–120
      machos no cabeçote móvel, 117–120
      matrizes e machos industriais, 119–120
      matrizes manuais (ou machos), 119–120
   sangramento axial, 121–123
   torneamento cilíndrico, 106–110
      a razão diâmetro-comprimento determina a preparação, 108–110
      exatidão no torneamento, 108–109
      parada do eixo Z, 108–109
   torneando ângulos e superfícies cônicas, 106–108, 111–117
   tornos manuais *versus* programados, 106–108

F

Faixas de velocidades da furadeira, 67–71
   calculando a rotação, 68–71
      fórmula métrica curta, 70–71
      fórmulas de rotação, 68–71
      velocidade de corte, 67–69
   métodos para acessar rpm, 67–69
      CAM, cálculo embutido da rotação dentro do programa, 68–69
      discernimento baseado na experiência, 68–69
      por fórmula, 67–68
      tabelas de rotações, 67–68
      velocidade e avanço específicos, régua de cálculo, 68–69
   quadros de velocidade de furadeiras, 68–69
Ferramenta de carboneto com inserto, 173–177
Ferramenta para quebra de cavaco, 121–122
Ferramentas de cobalto HSS, 167–169, 173–175
Ferramentas de corte, 1–33
   ajustando o avanço, 25–27
      aumentar o avanço, 25–27
      desbaste pesado e depois diminua o avanço, 25–27
      diminuir o avanço, 25–27
   alterando a forma da ferramenta, 23–24
   alterando ângulos de saída, 15–18
      ferramentas mais duras encurtando a linha de cisalhamento, 15–16
      refrigerantes encurtando a linha de cisalhamento, 15–16
      variação, 15–16
   ângulo de folga (incidência), 2–3, 5–6
   ângulo de posição, 2–3, 5–9
   ângulos de saída, 2–5
      geometria positiva *versus* geometria negativa, 2–5
      verificando brocas, 4–5
   corte *versus* ângulo, 2–5
      deformação de cavaco, 2–5, 11–15
      superfície de saída, 2–5
   experimentos com formação de cavaco, 12–16
      calor interno, 13–15
      cavaco de aço azulado, 13–15
      com massa de modelagem, 12–15
      examinando cavacos, 13–15
      usinabilidade, 13–16
   força, atrito e calor, 11–14
      atrito e calor externos, 11–14
      calor interno de deformação, 12–14
   formação, 23–25
   mecânica e forces na formação de cavaco, 9–22
   medindo antes de usar, 38, 40
   mudando a dureza das ferramentas, 24–25
      ferramenta dura *versus* tenaz, 21–22, 24–25, 175–177
      mudando para uma ferramenta mais dura, 24–25
      mudando para uma ferramenta mais tenaz, 24–25
   mudando as velocidades de corte, 24–27
      aumentando a rotação de corte, 25–27
      diminuindo a rotação de corte, 24–25
      segurança em, 24–25, 55–56
   mudando os ângulos de posição, 23–24
   prevenindo formação de crateras e aresta postiça de corte, 17–20
      ferramentas mais duras, 18–20
      lubrificantes no refrigerante, 18–20
      refrigerantes causam cavacos mais finos, 18–20
      superfícies de saída revestidas eletricamente, 18–20
   raio de canto, 2–3, 5–9
      muito pouco, 6–9
      para facilitar entrada e saída, 6–8
      trepidação, 2–3, 6–8, 23–24
   raio de ponta, 2–3, 8–10
      corte suave, 8–9
      ferramentas mais resistentes, 8–9
      melhor acabamento, 8–9

solução de problemas, 27–29
utilização de ferramentas de geometria negativa, 11–12, 15–16, 18–21
    fenômeno da zona de contorno, 9–10, 18–21
    fluxo plástico, 9–10, 20–21
variáveis de controle, 21–27
Ferramentas flutuantes, 36–38
Ferramentas para afiação de discos, 344–346
    bastão dressador, 339–340, 344–345
    dressadores com diamante, 345–346
Ferro fundido,
    usando o corte convencional no fresamento, 282–283
Ferro fundido/cantoneiras, 450–452, 457–459
Flanges (rebolo), 339–340
Fluido de rosqueamento apropriado, 80–81
Folga mecânica, 133–134
Formas de roscas, 375–385
    aplicações críticas de roscas e fixadores, 380–383
    carga axial, 374–378
    carga radial, 374–378
    com controle de folga, 386–390
    com raiz de raio controlado, 381–383
    de dente de serra, 374–375, 378–379
    de entrada múltipla, 374–375, 385–387, 389–390
    de mão-esquerda, 383–386
    de tubulação, 379–382
    fusos de esferas (alimentação contínua, recirculante), 374–375, 387–390
        fusos de esfera de entrada única, 389–390
        fusos de esfera de entradas múltiplas, 389–390
    graus de prisioneiros, 383–385
    insertos roscados, 381–385
    porca dividida (ajustável), 386–
    porcas divididas pré-carregadas (autoajustante), 387–389,
    quadradas, 374–375, 378–380
    trapezoidal, 374–379
        ângulo de hélice íngreme, 374–375, 385–386
        avanço de distância, 374–375, 385–387
        distância do passo, 385–386
        rendimento mecânico da troca, 386–387

unificadas, 375–376
variações para qualquer forma de rosca, 383–387
Formato da ferramenta, 167–175
    barra de mandrilar, 170–175
        com pastilhas de metal duro, 173–175
        pré-formadas, 170–171
    ferramenta de cortes e canais, 169–170
    ferramentas de forma, 169–170
    ferramentas de rosqueamento, 169–171
    ferramentas de torneamento, 169–170
    preparando, 170–175
        alinhamento do eixo vertical, 172–175
        controle de profundidade e balanço, 170–172
        tolerâncias, 170–171
        universal, 170–171
Fresa de topo em concha, 261–263
Fresadoras tipo Bridgeport, 240–241
Fresas, 229–307
    cabeçote, 257–261
        cabeçote de fresadoras ferramenteiras universais, 257–258
        cabeçote de fresadoras verticais convencionais, 257–258
    como uma fresadora trabalha, 248–262
    comparando fresadoras modernas de fuso vertical e horizontal, 248–250
    envelope de trabalho, 248–252
    evite erros e acidentes, 270–279
        ação incorreta do operador, 275–276
        avaliar a rigidez e a fixação, 271–273, 278–279
        compensadores de folga, 271–273, 276–278
        controlando os cavacos, 278–279
        cortador não afiado, 275–276
        deixando uma chave na porca da barra de tração ao movimentar o fuso, 271–273, 276–278
        escolha errada do cortador, 274–275
        forças e ângulo de entrada na peça, 276–278
        fresagem concordante com avanço agressivo, 276–278
        peça não fixada corretamente, 270–275

        usando grampos de mesa com o suporte do bloco de apoio, 270–271
        usando morsas para fresadoras, 273–275
        velocidades de avanço altas e irreais, 275–278
        velocidades de fuso erradas, 274–275
    fresadoras horizontais, 249–250
    fresadoras verticais, 251–256
        carro vertical, 248–249, 251–253
        coluna e base, 251–252
        mesa e carro tranversal, 248–249, 252–253
        leitores digitais de posição X-Y-Z, 256–258
        mesa de usinagem e sistema de alimentação, 253–257
        canais em T, 253–256
        cuidados com a mesa, 256–257
        notação do eixo, 252–256
        eixo linear, 248–249, 252–253
        eixo rotativo, 248–249, 252–254
        identificação de eixos A, B e C, 253–254
        sistema de eixos ortogonais, 248–249, 252–253
Furos cegos, 36–38, 51–52
Fusos de avanço, 375–376

G

Gabarito, 54–55, 64–66
Gabarito de ponta de broca, 44–45
Geometria neutra, 15–16
Geometria positiva, 11–12, 15–16
Grampos para placa magnética, 339–340, 350–351
Guia, 36–38, 47–48
Guias rabo de andorinha, 126–127, 133–134

H

Haste, 36–38, 40, 42–43

I

Institute (ANSI), 405–406
Instituto Americano para Ferro e Aço – *American Iron and Steel Institute* (AISI), 405–406
Instituto Nacional-Americano para normalização – *American National Standards*
ISO *International Standards Organization*, 380–382

J
Jogo ou folga mecânica, 133–134

L
Leitores digitais de posição X-Y-Z, 256–258
Limpeza, mínima (M/L), 80–81
Linha de cisalhamento, 11–16
Localizador de centro, 73–74, 78–79, 279–280, 294–295

M
Mandril "Jacobs", 42–43
Margens, 36–38, 40–42
Material da ferramenta de corte, 173–181
  ferramentas de aço rápido (HSS), 173–175
  ferramentas de inserto de metal duro (carboneto), 173–177
    Identificação do Porta-ferramentas, 178
    padrão industrial de designação, 175–181
    quebra-cavaco, 167–169, 176–178, 182–183
    Sistema de codificação padrão para pastilhas de metal duro, 180–181
    Sistema Métrico de Identificação do Porta-ferramentas, 179
    formas de pastilha, 176–178
      círculo inscrito (CI), 167–169, 176–178
    controle de geometria da ferramenta, 175–177
Materials (ASTM), 405–406
Medindo a dureza do metal, 429–435
  dureza e o trabalho do operador, 433–435
  propriedades utilizadas para testar a dureza, 429–431
    elasticidade, 429–431
    maleabilidade, 430–431
  teste de dureza Brinell, 429–432
    números da escala Brinell, 431–432
    penetrador, 431–432
  teste de dureza de Shore, 429–434
    amostra sólida, 433–434
    escleroscópio, 429–430, 433–434
    horizontal, superfície de teste plana, 433–434
  teste de dureza Rockwell, 429–431
    calibrando a carga, 430–431
    números das escalas Rockwell, 430–431
    teste de carga, 430–431
Meio ângulo, 113–114
Metalurgia para mecânicos, 403–444
  aço e outras ligas, 405–409
    aço inoxidável, 405–406
    aços ao carbono, 405–406
    aços ferramenta, 405–409
    definição de liga, 405–408
    grupos de, 405–406
    liga de aço, 405–408
  alterar as condições físicas do metal, 403–404
    alívio de tensão, 403–404
    amolecer, 403–404
    endurecimento, 403–404
    estabilizar para futures alterações, 403–404
    mudar propriedades químicas, 403–404
  classificação do aço, 406–408
    aços resistentes à corrosão (ARC), 406–408
    elemento modificador principal primeiro, 406–408
  endurecimento superficial na oficina, 424–426
    aquecer, 424–425
    cercar com composto de carbono, 424–425
    mantendo a temperatura, 424–426
    processo com maçarico, 424–426
    processo de forno controlado, 425–426
    temperar, 425–426
  identificação de aços ferramenta, 406–409
    lista de designação, 408–409
    temperar, 405–409
  ligas de alumínio, 426–430
    condições para tratamentos térmicos, 428–430
    medindo a dureza do metal, 429–435
    métodos de endurecimento de superfície profissionais, 425–428
      cementação a gás, 423–428
      cementação em sal fundido, 426–428
      endurecimento por nitrito gasoso, 423–424, 426–428
  nível de exatidão, 403–405
  processo de endurecimento, 409–416
  propriedades físicas dos metais, 434–438
    características do metal, 435–438
  sistema numérico unificado (Unified Numbering System – UNS), 405–408
  tratamento termoquímico do aço, 423–428
    para endurecer o aço doce, 423–424
    para mudar as propriedades dos aços ligados, 423–424
  tratamentos térmicos do aço, 408–422
Métodos de fixação de peças, 145–169
  a regra da chave voadora, 149–150
  fatores de decisão, 145–148
    batimento, 146–148
    pegada, 145–148, 151–153
    requisitos de operação/trabalho, 145–148
    tempo de virada da placa, 146–148
  fixação com castanhas moles, 145–146, 164–166
    espessura igual, 164
    garantindo a aderência da placa, 165–166
    para aranhas, 165–166
    protetores, 164
    usinadas, 164–166
  gabaritos de torno, 145–146, 156–159
    acessórios potencialmente perigosos, 156–158
    bloco de suporte de madeira, 157–158
    com limites de rpm, 158–159
    placa lisa, 157–159
  mandris, 154–157
    mandris expansivos de precisão, 156–157
    rosca, 154–157
    suporte do cabeçote móvel, 154–155
    usando um parafuso, 154–155
  montagem de placas e outros acessórios no torno, 159–161
  pinças, 145–146, 151–155
    adaptador da pinça, 154–155
    barra de tração, 154–155
    formas moles e personalizadas, 153–154
    montando pinças, 153–155
    suporte da pinça, 154–155
  placa de castanhas independentes, 145–146, 149–153

placa universal de três castanhas, 146–150
    castanhas reversíveis, 148–150
    disco de rosca espiral, 145–148
placas com pinos cam lock, 145–146, 161–164
    desmontagem, 161–162
    leitura dos indicadores cam lock, 162–164
    montagem, 162–163
placas de quatro castanhas, 149–153
prendendo materiais com precisão entre centros, 158–161
    arrastador, 158–159
    contra ponta rotativa, 145–146, 159–161
    placa arrastadora, 158–159
    ponta fixa, 145–146, 158–161
Métodos de posicionamento da furadeira, 74–79
    colocando uma boca desalinhada na posição, 75–76
    método de traçagem por puncionamento, 74–76
        fure no tamanho, 75–76
        fure o piloto até a profundidade correta, 75–76
        localização da traçagem dos furos, 74–75
        posicione visualmente e faça um círculo para testar o posicionamento, 74–76
        punção piloto, 74–75
        puncionamento de centro, 74–75
    traçado/localizador do centro, 73–74, 77–79
Mínima limpeza (M/L), 80–81
Montando, afiando, e balanceando um rebolo, 339–348
    aquecimento do rebolo, 347–348
    balanceando o rebolo, 342–345
        balanceamento dinâmico, 339–340, 343–345
        balanceamento estático, 339–340, 343–344, 347–348
        balanceamento primário do rebolo, 342–343
        folga na montagem, 343–344
    dressar/centralizar o disco, 339–340, 344–348
        afiação da lateral do disco, 345–348
        ferramentas para afiação de discos de precisão, 344–346
        rebolo empastado, 339–340, 344–345

estilos de montagem de flange de disco, 342–343
    direta, 342–343
    troca rápida, 342–343
inspeção da montagem do rebolo, 347–348
inspecionando o novo disco, 341–342
    a identificação, rotação, e tamanho, 339–340
    por trincas e lascas, 341–342
    teste sonoro, 339–342
lista de verificação para, 347–348
montar o disco na retificadora, 341–343
remoção do disco antigo, 339–348
torque da porca flangeada do disco, 342–343

N
Newtons (unidade padrão do SI de força), 435–436
Ninho de rato, 192–193

O
Obstrução, 61–62. *Veja também* Entupimento
Operações de fresagem, 230–249
    alargamento, 230–231, 239–240, 242–244
    cortando formas, 237–240
        afiação de ferramenta CNC, 239–240
        corte de raios, 237–240
        em raios de canto, 230–231, 237–238
        fresa de nariz de touro, 230–231, 239–240
        fresa de topo de ponta esférica, 230–231, 239–240
        modelos de formas personalizados, 239–240
    corte em ângulo, 236–238
        alinhamento do traçado, 236–237
        inclinando a peça, 236–238
        inclinando o cabeçote, 237–238
        rotacionando a peça, 237–238
    fresagem de embutidos 230–231, 235–237
        corte profundo inclinado, 230–231, 235–236
        inclinação espiral para corte profundo, 235–236
        mergulhando para o corte em profundidade, 230–231, 232–236

        penetração nos cantos devido à folga 236–237
    fresagem de face, 230–235
        contato radial (CR), 230–231
        cortadores, 231–235
        cortadores flutuantes, 232–235
        cortes escalonados, 231–232
        fresas de faceamento, 231–234
        fresas de topo, 232–234
        profundidade de corte (PDC), 230–231
        taxa de remoção, 231–232
    fresagem periférica, 230–231, 234–236
        fresagem concordante, 230–231, 234–235
        fresagem discordante, 230–231, 234–235
    fresamento de degrau, 235–236
    fresas planas, 243–244
    furação/alargamento, 239–243
        furação Pica-Pau, 240–241
        perfurando em fresadoras aríete e torre, 240–243
        precisão do furo, 239–240
        refrigerante de alta pressão através da ferramenta, 240–241
        refrigerante externo com alta pressão, 240–241
        refrigerantes, precisão e vida da ferramenta, 240–241
        repetibilidade de posicionamento, 239–240
        repetibilidade do diâmetro, 239–241
    indexação e trabalho espaçado, 230–231, 244–246
    operação e mesa rotativa, 244–246
    perfilamento, 230–231, 234–236
    trabalho com cortador eixo-árvore, 230–231, 243–246
        eixos-árvore biapoiados, 243–246
        fresagem em conjunto, 230–231, 244–246
        fresagem em paralelo, 230–231, 244–246
        porta fresas, 243–244
Operações de furação e máquinas, 35–104
    afiando brocas, 88–97
    brocas especializadas, 85–88
        calibradora, 73–74, 86–88
        canhão, 73–74, 85–88
        escalonadas, 73–74, 86–88
        espada, 73–74, 85–87
    broqueando e rosqueando furos em uma furadeira, 78–80
        selecionando a broca para macho correta, 78–79

utilizando uma tabela brocas para machos, 78–80
configuração da furadeira, 61–66
   peças de fixação, 63–65
configurações especializadas, 84–87
   broqueando furo inclinado em relação a uma face ou referencial, 84–87
   perfurando em uma peça cilíndrica, 84–85
desafios para o sucesso da perfuração, 36
escareamento, 73–74, 82–85
   escareador com parada micrométrica, 83–85
   versus chanframento, 83–84, 106–108, 111–113
escolha da broca certa e do alargador, 36–38
   sistemas de tamanho diferente da broca, 36–38, 40
   tabela de equivalência decimal da broca, 39
fatores da velocidade de avanço da furadeira, 67–68, 70–72
   acabamento esperado e precisão do furo, 71–72
   disponibilidade refrigerante, 71–72
   força da instalação, 71–72
   profundiade do furo, 70–71
   tamanho da broca, 71–72
   tipo de material, 71–72
ferramentas básicas de perfuração, 36–53
ferramentas de haste cônica, 43–45
   centragem precisa, 43–44
   limpar superfícies cônicas antes da montagem, 43–45
   luvas adaptadoras cone Morse, 43–45
   projeto sólido com autorretenção, 43–44
   torque positivo, 43–44
ferramentas de haste reta, 42–44
   brocas de haste rebaixada, 36–38, 42–43
   limitações do mandril, 42–44
furadeira com cabeçote engrenado ou radial, 54–55, 58–61
furadeiras motorizadas, 58–59
furadeiras padrão, 54–59
   acionamentos de velocidade variável, 55–59
   furadeiras de coluna, 55–59
   furadeiras sensíveis ou de bancada, 54–56
   fusos, 54–56

furadeiras sempre seguras, 59–62
   cabelo ou roupa enroscados no fuso, 59–61
   cavacos que voam para fora, 59–62
   peças não fixadas girando for a de controle, 59–61
   perfurar até uma profundidade controlada, 61–62
gabaritos de perfuração, 64–66
   buchas de deslizamento, 54–55, 65–66
   buchas de guia intercambiáveis, 54–55, 65–66
geometria da broca, 44–49
   adição de um ângulo de saída negativo para impedir a autoalimentação, 47–48
   centro morto, 36–38, 48–49
   folga, 48–49
   ponto de broca piloto, 45–48
   reconhecimento de danos na broca, 47–48
   variação do ângulo de ponta, 44–46
métodos de rosqueamento, 79–81
   acessórios de cabeçote de rosqueamento, 79–81
   rosqueamento manual usando a furadeira como guia do macho, 79–80
   rotacionando o macho pelo motor, 79–80
morsas de furadeiras, 61–64
operações de rebaixamento e faceamento de assentos, 73–74, 80–83
perfuração por furadeira e operações secundárias, 73–89
placas de fixação da peça como referência vertical, 64–65
prevenindo a perfuração do torno ou da mesa, 64–65
rotação do alargador, 70–71
tabela de brocas para machos, 39
velocidades e avanços para perfuração, 67–74
Operações de retificação e retificadoras, 309–372.
   adicionando controle CNC, 311–312
   blocos transpassadores, 349–351
   cantoneiras de precisão, 349–350
   compensação 2D para forma do rebolo, 311–314
   compensação 3D para forma do rebolo, 312–314
   desmagnetização da peça, 339–340, 351–352
      em peças eletromagnéticas, 351–352
      em placas manuais, 351–352

   dureza do aglomerante, 313–315, 321–323
      centralização do disco, 313–315, 322–323
      colunas, 313–315, 321–322
      empastamento, 313–315, 321–322
      graus de A (mole) até Z, 313–315, 317–319, 322–323
      propriedade de autodressamento, 313–315, 317–318, 322–323
   fatores de controle, 325–327
   fatores de decisão para escolha do rebolo, 315–317
   grampos de placa magnética, 339–340, 350–351
   manutenção de ferramentas magnéticas de fixação, 350–352
   mesas de seno com placa magnética, 350–351
   operação com uma retificadora plana, 353–355
      limpando todas as superfícies, 353–355
      orientações de profundidade de corte, 353–354
   planejamento com segurança, 312–314
   processos de retificação plana rotativa, 363–366
   registro de operações de retificação, 355–366
   remoção da peça da placa, 354–355
   retificadora plana alternativa, 328–339
   retificadoras cilíndricas, 357–363
   retificadoras tipo Blanchard, 357–358, 365–366
   retificar uma placa plana e paralela, 351–354
   seleção do rebolo correto, 311–329
   sistema numérico ANSI, 317–318
   tamanho do grão, 313–315, 319–322
   tipos de abrasivos, 315–321
   tipos de aglomerantes, 313–315, 323–326
      metálicos, 325–326
      resinoide, 312–314, 325–326
      vitrificados, 312–314, 325–326
   usando placas magnéticas com segurança, 347–350
      calços retificados, 339–340, 348–349
      fatores de segurança crítica, 348–349
      retenção completa, 349–350

retificação flutuante, 339–340, 349–350
Operações de torneamento, 105–227
  componentes do torno, 126–146
  medição de roscas, 212–216
  métodos de fixação de peças, 145–169
  movimentação e posicionamento, 133–135
    ajuste de folgas, 133–135
  operações de torno, 106–126
  rosqueamento de ponta única, 201–213
  segurança de torno, 190–196
  soluções de problemas de configuração de torno, 195–202
Operações de torno, 106–126

P

Padrão industrial de designação, 175–181
Parada de rosca, 210–211
Parafusos de translações, 374–376
Pastilhas indexáveis, 167–169, 173–177
Penetração da broca, 67–68, 70–71
Perfuração por golpes, 54–55, 61–62,
Planejamento de trabalho, 445–463
  cortes iniciais baseados na referência básica de projeto, 450–451
    método e ferramental de fixação, 447–448, 450–451
    referência básica de projeto, 447–448, 450–451
  planejando o trabalho corretamente, 447–463
  planejar para fixação e operações intermediárias, 447–448
  problemas, 450–463
    chavetas de travamento, 453–455, 463–463
    ferro fundido/cantoneiras, 450–452, 457–459
    parafuso posicionador, 451–455, 461–463
    porca de aperto roscada, 451–453, 460–462
    suporte de braço duplo, 453–456
    válvula esférica, 451–453, 458–461
  questões primárias, 447–448
  sobremetal de material, 447–451
  sobremetal para fixação da peça, 447–451
    sobremetal para prender, 447–448
  solução de problemas, 453–456

três tipos de sucesso planejado, 445–447
  fluxo de oficina, 446–447
  lidando com ausências e avarias, 446–447
  sequências operacionais 446–447
Ponta em espora, 45–48
Ponto de contato, 11–12
Ponto de interferência, 11–12
Processo de endurecimento, 409–416
  controle de alta temperatura, 415–420
  controle de baixa temperatura, 416–420
    usando coloração de óxidos de superfície, 416–420
    usando lápis térmico, 416–418
  elevando para a temperatura de endurecimento, 410–411
    austenita, 409–411
    martensita, 409–411
  equipamento de segurança necessário, 419–421
    casaco protetor contra altas temperaturas, 419–420
    extintor, 419–420
    lavador de olhos próximo, 419–420
    luvas de couro, 419–420
    proteção extra dos olhos, 419–420
    sapatos com bico de aço, 419–420
    tenazes compridas, 420–421
  meios de têmpera, 420–422
    ar, 420–422
    óleo de têmpera, 420–422
    sal líquido, 420–421
    têmpera composta, 420–421
  passo a passo, 410–414
  revenido, 414–416
    descarbonetação, 409–410, 414–416
    uniformidade em, 414–415
  revenindo o aço temperado, 413–414
  têmpera, 411–414
    choque térmico, 409–412
    procedimento para, 411–412
    têmpera composta, 413–414
  temperaturas de revenimento e dureza, 409–410, 413–415
    alívio de tensão, 414–415
    normalizado, 409–410, 414–415
    recozimento, 409–410, 414–415
    temperatura crítica, 409–411, 414–415
  três estados do aço, 409–410
    dureza máxima, 409–410

recozido, 409–410, 414–415
revenido, 409–410
usando um maçarico, 415–420
Produtividade, 23–24, 27–29
Projeto com válvula esférica, 451–453, 458–461
Projeto de chavetas de travamento, 453–455, 463–463
Projeto de parafuso posicionador, 451–455, 461–463
Projeto de porca de aperto roscada, 451–453, 460–462
Projeto de suporte de braço duplo, 453–456
Propriedades dos metais, 435–438
  ductibilidade, 435–436
  maleabilidade, 435–436
  resistência, 436–438
    limite de elasticidade, 435–438
    tensão de escoamento, 435–438
  soldabilidade, 435–436
Quebra-cavaco, 167–169, 176–178, 182–183

R

Rebaixo, 36–38, 43–44
Rebolos
  escudo de proteção do rebolo, 90–92
  estrutura, 313–315, 321–325
    discos porosos, 323–325
    escoamento do fluido refrigerante ejetando o cavaco, 322–325
    espaço de formação de cavacos, 322–323
    estruturas a partir de 1 (fechadas), até 16, 323–325
    resfriamento do rebolo, 323–325
Rebolos com mandril, 362–363
Recartilhamento, 106–108, 122–123
Referência Zero (RZ), 279–280, 291–292
Referência Zero para o Programa (RZP), 279–280, 291–292
Régua de ajuste, 126–127, 133–135
Retificação plana, 328–339
  alternativas para máquinas que não têm refrigerante, 333–335
    criar uma operação ou preparação de resfriamento, 333–335
    escolha um rebolo resfriável, 333–334
    menor remoção por minuto, 334–335
    pulverizador de refrigerante, 333–334

configurando, 332–334
  comprimento correto do curso e largura, 332–333
  diretrizes para instalação e operação, 332–333
  passos e limites no eixo Z, 333–334
ejeção do cavaco, 334–335
injeção de baixa pressão *versus* de alta pressão, 333–334
injeção de refrigerante, 333–334
  deformação lubrificada, 333–334
  para ejeção do cavaco, 333–334
métodos de fixação da peça, 336–339
  desmagnetização da peça, 328–329, 336–337
  garantir uma instalação segura, 337–339
  morsas na retificação de precisão, 336–337
  placa magnética permanente, 328–329, 336–338
  placas magnéticas, 336–339
razão fluido refrigerante – água, 334–335
reduzir a produção de calor, 334–335
refrigerantes para as operações de retificação, 333–337
retificadoras hidráulicas de produção, 330–332
  guia hidrostática, 328–332
  iniciando, 330–332
retificadoras manuais ou para ferramentaria, 328–332
retirar o calor indesejado do trabalho e de acessórios de fixação, 334–335
vida estendida do rebolo, 334–335
Retificadora cilíndrica, 357–363
  barramento articulado, 358–360
  interna, 362–365
    brunidoras, 362–365
    retificadoras de diâmetro interno (DI), 362–365
  retificar conicidades elevadas, 358–360
    girar o cabeçote principal ou o rebolo, 358–360
    usando uma fixação interna universal, 358–360
  tipo com centro, 358–360
  tipo sem centro, 357–363
    avanço frontal, 357–358, 361–363
    avanço longitudinal, 357–358, 361–362
    rebolo ou disco de arraste, 357–358, 361–362

Rosca de ressalto, 201–202, 210–211
Roscas de parafusos técnicos, 373–400
  ciclos (fixos) fechados, 373–374
  coletando e usando informações de roscas a partir de referências, 390–393
  configuração da rosca de múltiplas entradas, 393–396
    fixação entre os centros, 394–396
    indexação de todo o mandril, 394–396
  configuração de torno manual para roscas técnicas, 391–397
  configurações de rosca de mão-esquerda, 391–394
    abandone as regras do disco de posicionamento, 393–394
    ferramenta de ângulo composto, 393–394
    ferramenta para rosqueamento de mão-esquerda, 393–394
    método de ferramenta inversa, 391–394
    método ferramenta de trajeto inverso, 391–394
  famílias de tarefas, 374–376
    formando um selo e unindo, 375–376
    prender e montar, 374–376
    transmitir movimento e/ou impulso (denominado translação), 374–376
  matriz expansiva, 391–393
  produzindo roscas cônicas, 394–397
    método do acessório de conicidade, 394–397
    método do deslocamento do cabeçote móvel, 396–397
  variações de roscas técnicas, 374–391
Roscas de tubulação, 379–380
  designações Americanas de Rosca de Tubulação, 379–382
    NPSM (Reta Mecânica para Tubo Americana), 380–382
    NPT (Cônica para Tubo Americana National), 379–380
    NPTF (Vedação-Seca para Tubo Americana), 379–382
  diferenças nominais para 379–380
Rosqueamento, 117–120. *Veja também* Operações de furação e máquinas; Roscas de parafusos técnicos
  machos no cabeçote móvel, 117–120
  matriz ou macho manual, 119–120
  matrizes e machos industriais, 119–120

Rosqueamento com penetração perpendicular, 117–119, 201–213
  configurando as seleções de engrenamento em rosqueamento, 205–206
    alavancas de passo da rosca, 205–206
    avanço da rosca, 205–206
    hélice à direita, 205–206
    relógio indicador para corte de rosca, 201–202, 205–206
    rpm, 205–206
  configurando o carro superior, 204–205
  configurar para o rosqueamento, 201–206
    método para fixação, 201–202
    preparação da peça, 201–204
    referenciar o anel graduado – eixo X e carro superior, 205–206
    retificar o bit da rosca, 203–205
  cortando a rosca, 205–209
    coordenando a profundidade da rosca, 209–210
    engatar o relógio indicador para corte de rosca, 208–209
    engate da alavanca de meia porta, 201–202, 206–209
    parada de rosca, 210–211
    passes de rosqueamento, 208–209
    primeiro passo – posicionar a ferramenta e os eixos, 206–209
    procedimento de parada, 208–209
  posicionando o bit, 204–206
    centralizando a altura vertical, 205–206
    configurando o ângulo de posição, 205–206
  roscas métricas, 208–210
  rosqueamento interno, 209–211
    bit de cabeça para baixo, 210–211
    bit para cima, no lado mais distante do furo, 210–211
    progressão interna, 209–210
    rosqueamento para fora, 209–210
Rosqueamento com penetração perpendicular, 201–202, 204–205
Rótulos de assentamento, em discos, 341–342
RZP. *Veja* Referência Zero para o Programa

S

Saída de rosca, 201–202, 210–211
Segurança de torno, 190–196
  certifique-se de que as proteções de placa estão no lugar, 192–193

classes de perigo, 190–192
conheça o seu equipamento, 190–191
construir com segurança em toda preparação, 191–193
controlando cavacos, 192–195
   mantendo os cavacos longos varridos, 194–195
   quebra de cavacos em forma de "C", 192–195
fique fora da zona de perigo, 194–195
inicie com velocidades moderadas, 194–195
observe a chave de placa, 194–195
vestindo-se para o trabalho, 194–195
Sinterização, 167–169, 175–177
Sistema de codificação padrão para pastilhas de metal duro, 180–181
Sistema de Identificação do porta-ferramentas, 178
Sistema métrico de identificação do porta-ferramentas, 179
Sistema numérico unificado (*Unified Numbering System – UNS*), 405–408
Sobrerevenimento, 90–91, 94–95
Sociedade Americana de Soldagem – *American Welding Society* (AWS), 405–406
Sociedade Americana dos Engenheiros Mecânicos – *American Society of Mechanical Engineers* (ASME), 380, 406
Sociedade Americana para o Teste de Materiais – *American Society for Testing Materials* (ASTM), 406
Sociedade de Engenheiros Automotivos, 385–386, 405–406
Soluções de problemas de configuração de torno, 195–202
   calculando a rpm do torno, 195–197

controle do operador, 199–201
   avaliando a capabilidade do processo (Cp), 195–196, 199–200
   Controle Estatístico do Processo (CEP), 195–196, 200–201
   passos para solucionar problemas, 200–201
   resolução de problemas quando as coisas não acontecem conforme o plano, 199–200
planjeando a operação, 196–197
   ferramentas de corte, 196–197
   método para fixação, 196–197
   suporte da peça, 196–197
   suporte de porta-ferramenta, 196–197
preparação sugerida, 196–200
   ajuste o torno para torneamento, 198–199
   chanfrar, 199–200
   ferramenta de sangramento, 199–200
   fixar na placa novamente para torneamento, 198–199
   obtendo o acabamento final, 198–199
   preparação da extremidade, 196–197
   referenciando o eixo, 195–196, 198–199
   torneamento, 198–199

T

Taxa de remoção, 11–12, 334–335
Taxas de dureza/resistência, 21–22, 24–25, 175–177
Teste de dureza Brinell, 429–432
   números da escala Brinell de dureza, 431–432
   penetrador, 431–432

Teste de dureza Rockwell, 429–431
   calibrando a carga, 430–431
   número das escalas Rockwell, 430–431
   testando a carga, 430–431
Teste de dureza Shore, 429–434
   amostra sólida, 433–434
   escleroscópio, 429–430, 433–434
   horizontal, superfície de teste plana, 433–434
Torneamento cilíndrico, 113–114
Torno mecânico, 140–142
Tornos de raio, 133–134
Transições,
   cones para, 111–113

U

Usinagem, 1–463
   fresas e operação de fresagem, 229–307
   geometria das ferramentas de corte, 1–33
   metalurgia para mecânicos – tratamentos térmicos e medida de dureza, 403–444
   operações de furação e furadeiras, 35–104
   operações de retificação de precisão e retificadoras, 309–372
   operações de torneamento, 105–227
   planejamento de trabalho, 445–463
   rosas de parafusos técnicos, 373–400

V

Varão, 140–142
Velocidade de avanço, 67–68, 70–71
Velocidade de corte, 67–69